"十二五"职业教育国家规划教材
经全国职业教育教材审定委员会审定

精细化工概论

陆新华　丁志平　主编

化学工业出版社

·北京·

内容简介

《精细化工概论》介绍了各类精细化学品的新进展、新技术、新产品和相关发展趋势。具体内容包括绪论、无机精细化学品、日用化学品、食品添加剂、胶黏剂、功能高分子、农药、其他精细化工产品。编者在编写上力求理论紧密联系生产实际、产品生产紧密结合先进技术的原则，希望能为学生和其他读者的使用提供相关信息。

本教材可作为高等职业院校精细化工专业的教材，也可供化工类其他各专业师生作为选修课教材使用，还可供化工企事业单位科研技术管理人员参考。

图书在版编目（CIP）数据

精细化工概论 / 陆新华，丁志平主编. — 5 版.
北京：化学工业出版社，2025.5. —（"十二五"职业
教育国家规划教材）（高等职业教育教材）. — ISBN
978-7-122-47444-5

Ⅰ. TQ062

中国国家版本馆 CIP 数据核字第 2025D03Y37 号

责任编辑：王海燕　蔡洪伟　　　装帧设计：关　飞
责任校对：李露洁

出版发行：化学工业出版社
　　　　　（北京市东城区青年湖南街 13 号　邮政编码 100011）
印　　装：河北延风印务有限公司
787mm×1092mm　1/16　印张 18½　字数 542 千字
2025 年 7 月北京第 5 版第 1 次印刷

购书咨询：010-64518888　　　　售后服务：010-64518899
网　　址：http://www.cip.com.cn
凡购买本书，如有缺损质量问题，本社销售中心负责调换。

定　　价：49.00 元　　　　　　　版权所有　违者必究

前　言

精细化工产品附加值高、需求增速快，是石化行业稳增长、转型升级的重要引擎，是制造业高质量发展不可或缺的物质支撑。精细化工是衡量一个国家化工水平的标杆，也是体现一个国家科技水平的标杆之一。精细化学品以它的功能性和最终使用性直接服务于社会，是人类文明的重要标志。

本教材自2005年出版第一版以来，由于内容实用、系统，受到全国职业院校师生和广大读者的好评。为更好服务于院校教学，教材始终与时俱进，近20年来多次重印、修订。2015年出版的第三版教材经全国职业教育教材审定委员会审订立项为"十二五"职业教育国家规划教材。

本教材的编写、修订始终结合教育部高等职业教育化工技术类专业教学指导委员会对化工技术类专业教学的具体要求，以高等职业教育化工技术类专业学生培养目标为依据进行编写，同时深入企业、走访专家，力求反映精细化工产业的新工艺、新技术和新要求。为了保持教材的先进性，让读者更好地使用本书，编者进行了第四次修订。

本次修订在保持原书特色的基础上，结合当前高等职业教育"三教"改革的要求，更新了教材的内容，补充了微课、视频二维码资源，更方便读者学习。本次修订主要有以下特点：

（1）新增与时俱进的内容。主要是紧密对接精细化工产业升级和数字化改革，将高新技术如纳米技术、信息技术、现代生物技术等与传统精细化学品制备相融合，结合精细化工过程安全高效、绿色发展的需求，及时将精细化工新技术、新工艺、新规范、新配方纳入教材中。展示精细化工对人类发展的贡献与责任，引导学生树立职业志向，客观、科学地认知精细化工。

（2）设立三个学习目标：知识目标、能力目标、素质目标。明确学习任务。

（3）丰富数字资源。瞄准产业高端，结合精细化工2.0，重点围绕先进技术应用、精细化工转型升级、绿色发展、创新创业等共建课程资源，校企共建面向学生、教师、企业员工和社会学习者"能学、辅教、促改、助培"的配套数字化教学资源。

本教材共分八章，依次为绪论、无机精细化学品、日用化学品、食品添加剂、胶黏剂、功能高分子、农药、其他精细化工产品。

本书由南京科技职业学院陆新华、丁志平任主编，南京科技职业学院张媛、胡瑾、杭磊、都宏霞、陈腊梅、徐翠香、杨晓东、蒋蕻以及江苏艾津作物科技集团有限公司张申伟、万华化学集团股份有限公司张彦参编。其中，第一章、第三章由陆新华、张媛编写；第二章由丁志平、胡瑾编写；第四章由丁志平、胡瑾、张媛编写；第五章由丁志平、杭磊编写；第六章由陆新华、杭磊、都宏霞、陈腊梅编写；第七章由陆新华、张媛、张申伟编写；第八章由陆新华、丁志平、徐翠香、杨晓东、杭磊、蒋蕻、张彦编写。全书由陆新华统稿，南京科技职业学院蒋丽芬教授主审。

本书在编写过程中，编写团队配套建设了相关的教学资源（包括习题及答案、电子教案、教学视频），方便读者学习与参考，具体资源可登录 www. cipedu. com. cn 免费下载。

本教材既是高等职业教育精细化工技术专业的专业课教材，也是化工技术类专业其他专业的选修课教材，还是化工类企事业单位工程技术人员和营销人员的工具书。

由于编写人员水平有限，书中难免有不足之处，敬请广大读者批评指正。

编　者

2025 年 4 月

目　录

配套二维码资源目录

第一章 绪 论

📖【学习目标】

知识目标

(1) 了解精细化工所涉及的领域、发展前景及其在国民经济中的作用;

(2) 掌握精细化工的定义、分类及特点;

(3) 了解本课程的性质、讨论范围及学习方法。

能力目标

(1) 能说出典型精细化工产品及其应用范围;

(2) 能解释精细化学品与通用化学品的区别;

(3) 能根据本课程的性质与内容,选择合适的学习方法。

素质目标

(1) 培养良好的学习兴趣与学习习惯;

(2) 培养实事求是、科学严谨的工作作风。

第一节 精细化工的定义与范畴

在我国"精细化工"一词,是近五十年内才逐步为较多的人所知并给予了应有的重视的。

在国外,"精细化工"是"精细化学工业"(fine chemical industry)的简称,就是生产"精细化学品"的工业。

"精细化学品"(fine chemicals)这个词在国外出现已较久,本指医药、染料和香料等一类技术难度大、质量要求高、产量小的化工产品,是与通用化工产品或大宗化学品相区分的一个专用术语。所谓通用化学品,就是以天然资源(煤、石油、天然气、矿物、农副产品等)为基本原料,经过简单加工而制成的大吨位、附加价值率与利润率较低、应用范围较广的化工产品;而精细化学品,一般是以通用化学品为起始原料,采用复杂的生产工艺进行深度加工,制成小批量、多品种、附加价值率和利润率高,具有专用功能并提供应用技术和技术服务的化工产品。随着化学工业及其相关工业的迅速发展,精细化工产品日益增多。特别是近 30 年来,由于一些工业国家更加致力于发展精细化工而形成了许多独立的行业和门类。

精细化工的
定义及特点

回顾精细化工的发展过程,首先兴起热潮的是资源和能源比较缺乏的工业国家。如瑞士等欧洲国家,既缺少化学工业的基本原料,又没有一般大宗化工商品的广大市场,显然其唯一出路是转向大力发展精细化学品的生产;又如日本,第二次世界大战后主要利用国外资源和能源发展了本国的石油化工,由于面临巨额设备投资费的负担和激烈竞争中产品价格下跌的压力,为扭转这种被动局面,亦逐步将经营目标转向精细化工领域,这样它不仅争得了高额利润,而且充分利用了石油化工产生的各种衍生物和废弃物。

需要特别指出的是，随着科学技术的进步，处于新技术革命前沿的材料科学、信息科学和生命科学的崛起，客观上又极大地促进了精细化工的迅猛发展，使精细化工的生产门类、品种不断增加，领域日益扩大，从而成为充满活力的朝阳工业。

关于精细化工的定义，在发达国家已经展开了较长时间的讨论。然而迄今为止，仍是众说纷纭，尚无简明、确切而又得到公认的科学定义。

我国目前所称的精细化学品的含义，概括起来讲，就是"精细化学品是深度加工的、具有功能性或最终使用性的、品种多、产量小、附加价值高的一大类化工产品"。所谓功能性，是指该化学品通过物理作用、化学作用或生物作用，而产生某种功能或效果。所谓最终使用性，是指该化学品不需再加工即可供用户使用。一般说来，精细化学品应具备如下特点：

① 品种多，产量小，主要以其功能进行交易；

② 多数采用间歇生产方式；

③ 技术要求比较高，质量指标高；

④ 生产占地面积小，一般中小型企业即可生产；

⑤ 整个产品产值中原材料费用的比率较低，商品性较强；

⑥ 直接用于工农业、军工、宇航、人民生活和健康等方面，重视技术服务；

⑦ 投资小，见效快，利润大；

⑧ 技术密集性高，竞争激烈。

我国和日本所称的精细化学品，欧美国家大多将其分为精细化学品和专用化学品，其依据更侧重于从产品的功能性来区分。精细化学品是按其分子的化学组成（即作为化合物）来销售的小量产品，强调的是产品的规格和纯度；专用化学品则是根据它们的功能来销售的小量产品，强调的是产品功能。如何区别精细化学品与专用化学品，可归纳成以下六点：

① 精细化学品多为单一化合物，可用化学式表示其成分，而专用化学品很少是单一的化合物，常常是若干种化学品组成的复配物，通常不能用化学式表示其成分；

② 精细化学品一般为非最终使用性产品，用途较广、专用化学品的加工度高，为最终使用性产品，用途针对性强；

③ 精细化学品大体是用一种方法或类似的方法制造的，不同厂家的产品基本上没有差别，而专用化学品的制造，各生产厂家互不相同，产品有差别，有时甚至完全不同；

④ 精细化学品是按其所含的化学成分来销售的，而专用化学品是按其用途销售的；

⑤ 精细化学品的生命期相对较长，而专用化学品的生命期较短，产品更新很快；

⑥ 专用化学品的附加价值率、利润率更高，技术密集性更强，更需依靠专利保护或对技术诀窍严加保密，新产品的生产完全需依靠本企业的技术开发。

实际上，欧美国家广泛使用"专用化学品"这个词，而很少使用"精细化学品"这个词。因为精细化学品是通往专用化学品的"阶梯"，且随着新技术革命的不断深入，有独特功能的专用化学品将保持较高的发展速度。

精细化学品与非精细化学品在某些情况下并无明显的界限。例如：一些磷酸盐在作为食品添加剂或阻燃剂使用时，属于精细化学品，而它们在农业上主要作为肥料；又如医用水杨酸和食品添加剂用的苯甲酸属于精细化学品，而它们用作化工原料时属于基本有机产品；再如某些试剂和高纯物属于精细化学品，含有较多杂质的同种产品则往往属于普通的化工原料。

精细化工目前还处于发展阶段，由于各个国家的科技、生产、生活水平不一，经济体制和结构差别更大，很显然，对精细化工的范围和分类不可能相同。

我国的精细化工分别隶属于化工、医药、轻工、石化、农业等部门，较长时间也尚无比较明确而统一的说法。1986 年，为了统一精细化工产品的口径，加快调整产品结构，发展精细化工，原化工部对精细化工产品的分类作出了如下暂行规定：

① 农药；

精细化工的分类

② 染料；

③ 涂料（包括油漆和油墨）；

④ 颜料；

⑤ 试剂和高纯物；

⑥ 信息用化学品（包括感光材料、磁性材料等能接收电磁波的化学品）；

⑦ 食品和饲料添加剂；

⑧ 黏合剂（现称胶黏剂，下同）；

⑨ 催化剂和各种助剂；

⑩ 化工系统生产的化学药品（原料药）和日用化学品；

⑪ 高分子聚合物中的功能高分子材料（包括功能膜、偏光材料等）。

其中催化剂和各种助剂，又包括以下种类：

① 催化剂　炼油、石油化工、有机化工、合成氨、硫酸、环保用催化剂和其他催化剂；

② 印染助剂　柔软剂、匀染剂、分散剂、抗静电剂、纤维用阻燃剂等；

③ 塑料助剂　增塑剂、稳定剂、发泡剂、塑料用阻燃剂等；

④ 橡胶助剂　促进剂、防老剂、塑解剂、再生胶活化剂等；

⑤ 水处理剂　水质稳定剂、缓蚀剂、软水剂、杀菌灭藻剂、絮凝剂等；

⑥ 纤维抽丝用油剂　涤纶长丝用、涤纶短丝用、锦纶用、腈纶用、丙纶用、维纶用、玻璃丝油剂等；

⑦ 有机抽提剂　吡咯烷酮系列、脂肪烃系列、乙腈系列、糠醛系列等；

⑧ 高分子聚合物添加剂　引发剂、阻聚剂、终止剂、调节剂、活化剂等；

⑨ 表面活性剂　除家用洗涤剂以外的阳性、阴性、中性和非离子型表面活性剂；

⑩ 皮革助剂　合成鞣剂、涂饰剂、加脂剂、光亮剂、软皮油等；

⑪ 农药用助剂　乳化剂、增效剂等；

⑫ 油田用化学品　油田用破乳剂、钻井防塌剂、泥浆用助剂、防蜡用降黏剂等；

⑬ 混凝土用添加剂　减水剂、防水剂、脱模剂、泡沫剂（加气混凝土用）、嵌缝油膏等；

⑭ 机械、冶金用助剂　防锈剂、清洗剂、电镀用助剂、各种焊接用助剂、渗碳剂、汽车等机动车用防冻剂等；

⑮ 油用添加剂　防水、增黏、耐高温等各类添加剂，汽油抗震、液力传动、液压传动、变压器油、刹车油添加剂等；

⑯ 炭黑（橡胶制品的补强剂）　色素炭黑、乙炔炭黑等；

⑰ 吸附剂　稀土分子筛系列、氧化铝系列、天然沸石系列、二氧化硅系列、活性白土系列等；

⑱ 电子工业专用化学品（不包括光刻胶、掺杂物、MOS 试剂等高纯物和高纯气体）　显像管用碳酸钾、氟化物、助焊剂、石墨乳等；

⑲ 纸张用添加剂　增白剂、补强剂、防水剂、填充剂等；

⑳ 其他助剂　玻璃防霉（发花）剂、乳胶凝固剂等。

需要指出的是，上述分类主要是原化工部所规定的，并未包含我国精细化工的全部内容，例如医药制剂、酶、化妆品、香料、精细陶瓷等。

无机精细化工是精细化工当中的无机部分。无机精细化工在整个精细化工中，相对起步较晚、产品较少。然而，近年来崛起的趋势越来越明显，不管是类别还是品种，都在以较快的速度增长，并且对其他部门或化工本身的科技发展起着越来越重要的作用。

第二节　精细化工在现代化建设中的作用

新中国成立前，我国就有了诸如油漆、染料、医药、农药等精细化学品的生产，但一般只能生产少量低档产品和加工产品，其规模很小，工艺和设备落后，而无机精细化工几乎是空白，最常用的无机盐试剂要从国外进口。精细化工产品品种合计还不到上百种。

新中国成立以后，随着国民经济的高速发展，精细化学品的生产快速发展起来，生产门类不断扩展，品种不断增加。目前已能基本满足国民经济各部门的需要，且有部分出口创汇。特别值得一提的是无机新材料的发展历史和功绩。无机新材料是 20 世纪 50 年代末期配合"两弹一星"研制而发展起来的。目前我国已形成有特种玻璃、玻璃纤维与特种纤维、石英玻璃、玻璃钢与高性能复合材料、特种陶瓷、人工晶体、特种密封材料和特种胶凝材料等在内的多个类别，涵盖3000 余种产品的新兴产业，为国防建设、高技术经济建设作出了巨大贡献。

最近几年国内精细化工行业都在关注一个问题：21 世纪精细化工的发展趋势。自从 20 世纪90 年代后期以来，我国决定加大在能源、信息、生物、材料等高新技术领域的投资力度，化工作为传统产业没有被列入国家优先发展的行列，有的人认为其是"夕阳工业"。但事实并非如此，特别是精细化工，由于它在国民经济中的特殊地位，由于它和能源、信息、生物化工以及材料学科之间的紧密联系，在我国现代化建设中的作用将越来越重要，成为不可替代、不可或缺的关键一环。精细化工在中国乃至于世界，依然是"朝阳工业"，前景一片光明。

一、精细化工在国民经济中的地位

我国是个人口大国，十多亿人的生存及生活质量与精细化工息息相关。增加粮食产量，需要多种高效低毒的农药、植物生长调节剂、除草剂、复合肥料；抵抗疾病需要多种医药、抗生素；石化工业生产需要催化剂、表面活性剂、油品添加剂和橡胶助剂等。服装、丝绸工业需要高质量的染料、纺织助剂、颜料；美化环境、改善居住条件需要不同的涂料、胶黏剂等。

精细化工的作用

在军事工程、高空、水下、特殊环境等条件下需要各种不同性质和功能的材料。如宇宙火箭、航空与航天飞机、原子反应堆、高温与高压下的作业、能源开发等不同环境下需要的高温高强度结构材料。从功能角度来说，各种具有热学、机械、磁学、电子与电学、光学、化学与生物等功能材料，这些都无一不与精细化学品有关。

新能源电池电解液材料是精细化工行业的重要细分领域之一。受益于新能源汽车市场的增长，近年来锂电池出货量保持持续增长态势。根据高工锂电数据，2022 年全国锂电池出货量为658GWh，同比增长 101%。锂离子电池产量的上升带动上游锂离子电池材料行业的快速增长。2022 年我国电解液出货量为 84.4 万吨，同比增长 68.8%。锂离子电池电解液锂盐及功能性添加剂作为锂离子电池电解液的重要组成部分，下游市场需求也保持快速增长。正由于精细化工对国民经济和人民生活的重大贡献，国家先后将精细化工列为"六五""七五""八五"和"九五"国民经济发展的战略重点，并作为七大重点工程之一来抓。

进入 21 世纪以来，在国家政策和资金的支持及市场需求的引导下，我国精细化工行业保持了良好的发展势头，市场呈现出快速发展的趋势。到目前我国精细化工市场竞争能力大幅度提高，且已逐渐成为全球精细化工产业最具活力、发展最快的市场。根据国家统计局、中国化工学会、中商产业研究院相关数据，2021 年中国精细化工市场规模约为 5.5 万亿元，2016～2021 年的年复合增长率达 8%，预计 2027 年市场规模有望达到 11 万亿元。截至 2023 年，全国注册的精细化工企业（含中小型）超过 2.5 万家，涵盖电子化学品、新能源材料、生物医药、高端涂料等 50 余个细分领域。年产值 2000 万元以上的规模以上企业约 1.2 万家（2022 年工信部数据），占化工行业规模以上企业总数的 35% 以上。全国已建成 62 个国家级化工园区，其中 90% 以上将精细化工列为重点发展方向（如上海化工区、南京江北新材料科技园）。

精细化工的发展，推动了农业、医药、纺织印染、皮革、造纸等行业进步，进而提升了人们在衣、食、用等生活层面的品质水平。

精细化工的发展，直接为石油和石油化工三大合成材料（塑料、橡胶和纤维）的生产及加工、农业化学品的生产，提供催化剂、助剂、特种气体、特种材料（防腐、防高温、耐溶剂）、阻燃剂、膜材料，各种添加剂，工业表面活性剂、环境保护治理化学品等，保证和促进了石油和化学工业的发展。

　　精细化工的发展，提高了化学工业的加工深度，提高了大的石油公司、大的化工公司的经济效益。

　　精细化工的发展，提高了国家的化学工业的整体经济效益，增强了国家的经济实力。

　　当今，精细化工已成为世界化学工业发展的战略重点之一，也是化学工业激烈竞争的焦点之一。2022年3月，工业和信息化部、国家发展和改革委员会、科学技术部、生态环境部、应急管理部、国家能源局六部门联合印发《关于"十四五"推动石化化工行业高质量发展的指导意见》明确提出大力发展化工新材料和精细化学品，加快产业数字化转型，推进我国由石化化工大国向强国迈进。2024年7月，工业和信息化部、国家发展和改革委员会、财政部、生态环境部、农业农村部、应急管理部、中国科学院、中国工程院、国家能源局等9部门联合发布《精细化工产业创新发展实施方案（2024—2027年）》（以下简称《实施方案》）明确提出，精细化工附加值高、需求增速快，是石化化工行业稳增长、转型升级的重要引擎，是制造业高质量发展不可或缺的物质支撑。2023年我国精细化工产业营业收入约3.9万亿元，生产产品超过3万种，农药、染料、涂料、颜料、食品和饲料添加剂等产量世界第一。

二、国内外精细化工的发展现状

　　2024年，全球500强中有50家化工企业，其中巴斯夫公司、杜邦公司、赫斯特公司、拜尔公司和道化学公司等，它们都有百余年的历史，在20世纪70年代以前都大力发展石油化工，后来逐渐转向精细化工。德国是发展精细化工最早的国家。它从煤化工起家，在20世纪50年代以前，以煤化工为原料的精细化学品占80%左右，但由于煤化工的工艺路线和效益不佳，1970年起以石油为原料的化工产品比例猛增到80%以上。

　　巴斯夫集团是一家总部位于德国路德维希港的跨国化工公司，成立于1865年，是全球最大的化学品制造商之一。公司业务涵盖化学品、塑料、功能性解决方案、农业解决方案等多个领域。其发展历程中的重要里程碑包括：19世纪末，开始生产合成染料，成为全球染料市场的主要供应商。20世纪初，进入化肥和基础化学品领域，业务范围进一步扩大。20世纪中后期，通过并购和自主研发，拓展至塑料、涂料、功能性材料等领域。21世纪，加强全球化布局，重点关注可持续发展与创新。

　　美国杜邦公司是世界上最大的化学公司，成立于1802年。它从1980年前后才从石油化工大幅度地转向精细化工，比德国和日本起步晚，但发展速度却很快。该公司对以往通用产品以提高质量、降低成本和提高市场竞争力为目标，20世纪80年代以来，扩大了专用化学品的生产，主要为农药、医药、特种聚合物、复合材料等精细化工产品的生产。该公司的长远目标为发展生命科学制品，即保健品、抗癌与抗衰老等药物和仿生医疗品。

　　巴斯夫公司、赫斯特公司和拜尔公司是德国化工企业的三大支柱。它们多以兼并、转让、出售为手段，加大投入力度，以技术力量的强弱，实施核心业务，尽量提高核心业务的比重和主导产品的市场占有率。重点开发保健医药用品、农用化学品、电子化学品、医疗诊断用品、信息影像用品、宇航用化学品和新材料等高新领域，大大提高了精细化工产品的科技含量和经济效益。

　　发达国家不断地根据经济效益和发展的需要，以及市场、环境和资源的导向，进行化学工业产品结构的调整，其转轨的焦点都集中在精细化工方面，发展精细化工已成为世界性趋势。

　　经过几十年的发展，国内也涌现出了一批国际知名的精细化工企业。

　　万华化学集团股份有限公司位于2024年度中国精细化工百强榜第五，是一家全球化运营的化工新材料公司，2024年营业收入超2000亿元，业务涵盖聚氨酯、石化、精细化学品、新兴材料、未来产业五大产业集群，主要从事异氰酸酯、多元醇等聚氨酯全系列产品、丙烯酸及酯等石化产品、水性涂料等功能性材料、特种化学品的研发、生产和销售，是全球最具竞争力的MDI制造商之一，欧洲最大的TDI供应商。2024年6月底，位于烟台化工产业园的万华化学新材料事业部一期年产20万吨高性能聚烯烃弹性体（POE）项目全流程贯通，并顺利产出合格产品。

这也标志着，中国首套大规模自主研发的 POE 工业化装置一次性开车成功。

中国石化集团南京化学工业有限公司（以下简称南化公司）始建于 1934 年，前身是近代著名爱国实业家范旭东先生于 1934 年创办的永利化学工业公司铔厂，是中国化工的摇篮。原南京化工厂前身是始建于 1947 年的国民政府资源委员会中央化工厂筹备处京厂，是中国精细化工的发祥地。建厂 90 年来，南化公司先后在煤化工、催化剂、精细化工、大型化工设备制造等领域创造了数十项全国化工之最，培养了 5 名院士，向国家输出 1.3 万多名人才。

南化公司现为无机化工、有机化工、精细化工、化工机械、化工科研开发的重要基地，是国家级企业技术中心。有煤化工、苯化工和精细化工等生产装置 28 套，总产能 310 万吨。主要化工产品三大系列：一是以煤、盐、硫磺为原料的无机化工产品，包括合成氨、氢气、硫酸、稀硝酸、浓硝酸、烧碱；二是以苯为原料的有机化工产品，包括苯胺、硝基苯、环己酮、氯化苯、硝基氯苯、环己胺、己内酰胺（合资）；三是以橡胶助剂为主体的精细化工产品，包括防老剂 TMQ、防老剂 6PPD/4010NA、RT 培司。

三、精细化工面临的机遇

精细化工与人们的日常生活紧密联系在一起，它与粮食生产地位一样重要，关系到国家的安全。因此精细化工产业是中国的支柱产业之一。在 21 世纪之初，精细化工就被商务部列入发展重点之一。这是精细化工面临的良好机遇之一。

精细化工生产的多为技术新、品种替换快、技术专一性强、垄断性强、工艺精细、分离提纯精密、技术密集度高、相对生产数量小、附加值高并具有功能性、专用性的化学品。许多国内外的专家学者把 21 世纪的精细化工定位为高新技术。在国外的高新技术园区，譬如法国巴黎西南郊的 Les Ulis 高新技术园区，就有很多精细化工企业。在我国国内也一样，在上海、苏州、杭州、南京等地的高新技术开发区都有大量的精细化工企业。而只要是高新技术企业，都可享受到政策、融资、外贸、征地、用人等方方面面的优惠条件。这是精细化工面临的良好机遇之二。

目前世界范围内都在进行产业的结构调整。随着环境保护要求的不断提高，欧盟国家、美国和日本等工业发达国家，陆续把许多化工企业向发展中国家转移。虽然他们有转移污染的企图，但也确实把一定数量的具有较高技术含量的精细化学品生产转移到国外，而且这种趋势在不断地扩大。从世界经济版图来看，可以接受这种转移的主要是亚洲、南美洲和非洲。亚洲经济发展迅猛，特别是东亚和南亚一带，自然资源和人力资源得天独厚，经济和技术水平达到了相当的程度。其中中国和印度最有竞争力。由于中国政局稳定，政策优惠，市场容量大，一心一意搞经济建设，改革开放以来，已经打下了坚实的基础，因此中国比印度更胜一筹。据统计，20 世纪外商在中国有近 20000 家化工企业，其中精细化工企业达 2500 多家。这对我国的精细化工生产水平的提高、精细化工行业的发展具有推动作用。这是精细化工面临的良好机遇之三。

随着世界和我国高新技术的发展，不少高新技术如纳米技术、信息技术、现代生物技术、现代分离技术、绿色化学技术等，将和精细化工相融合，精细化工为高新技术服务，高新技术又进一步改造精细化工，使精细化工产品的应用领域进一步拓宽，产品进一步高档化、精细化、复合化、功能化，往高新精细化工方向发展。所以各种高新技术的良性互动，是精细化工面临的良好机遇之四。

面对这样四个良好机遇，我国的专家学者和有识之士，一致认为精细化工在中国是朝阳产业，前途无量。

四、精细化工发展方向

按照经济发展和合作组织（OECD）的规定，根据技术密集度的情况，汽车、机械、有色冶金、化工属于中技术产业。高新技术及其产业是按其研究开发含量高而确定的特定领域，如航天航空、信息产业、制药等。作为化学工业分支的精细化工大体也属于中新技术范畴，但作为精细化学品的高性能化工新材料、制药、生物化工等已确定属于高新技术范畴。21 世纪是知识经济时代，一场以生物工程、信息科学和新材料科学为主的三大前沿科学的新技术革命必将对精细化学工业产生重大的影响。精细化工的发展必定是越来越加重技术知识的密集程度，并与高新技术相辅相成。

1. 纳米技术与精细化工的结合

所谓纳米技术，是指研究由尺寸在 $0.1\sim100nm$ 之间的物质组成的体系的运动规律和相互作用，以及可能的实际应用中技术问题的科学技术。纳米技术是 21 世纪科技产业革命的重要内容之一，它是与物理学、化学、生物学、材料科学和电子学等学科高度交叉的综合性学科，包括以观测、分析和研究为主线的基础科学，和以纳米工程与加工学为主线的技术科学。不容否认纳米科学与技术是一个融科学前沿和高科技于一体的完整体系。纳米技术主要包括纳米电子、纳米机械和纳米材料等技术领域。正如 20 世纪的微电子技术和计算机技术那样，纳米技术是 21 世纪的崭新技术之一。对它的研究与应用必将再次带来一场技术革命。

由于纳米材料具有量子尺寸效应、小尺寸效应、表面效应和宏观量子隧道效应等特性，使纳米微粒的热磁、光、敏感特性、表面稳定性，扩散和烧结性能，以及力学性能明显优于普通微粒，所以在精细化工上纳米材料有着极其广泛的应用。具体表现在以下几个方面。

（1）纳米聚合物 用于制造高强度重量比的泡沫材料、透明绝缘材料，激光掺杂的透明泡沫材料、高强纤维、高表面吸附剂、离子交换树脂、过滤器、凝胶和多孔电极等。

（2）纳米日用化学品 纳米日用化妆品、纳米色素、纳米感光胶片等将把我们带到五彩缤纷的世界。

（3）胶黏剂和密封胶 国外已将纳米材料纳米 TiO_2 作为添加剂加入胶黏剂和密封胶中，使胶黏剂的黏结效果和密封胶的密封性都大大提高。其作用机理是在纳米 TiO_2 的表面包覆一层有机材料，使之具有亲水性，将它添加到密封胶中很快形成一种硅石结构，即纳米 TiO_2 形成网络结构，限制胶体流动，固体化速度加快，提高粘接效果，由于颗粒尺寸小，更增加了胶的密封性。

（4）涂料 在各类涂料中添加纳米 TiO_2 可使其抗老化性能、粗糙度及强度成倍地提高，涂料的质量和档次自然升级。因纳米 TiO_2 是一种抗紫外线辐射材料（即抗老化），加之其极微小颗粒的比表面积大，能在涂料干燥时很快形成网络结构，同时增加涂料的强度和粗糙度。

（5）高效助燃剂 将纳米镍粉添加到火箭的固体燃料推进剂中可大幅度提高燃料的燃烧热、燃烧效率，改善燃烧的稳定性。纳米炸药将使炸药威力提高千百倍。

（6）贮氢材料 FeTi 和 Mg_2Ni 是贮氢材料的重要候选合金，吸氢很慢，必须活化处理，即多次进行吸氢-脱氢过程。Zaluski 等用球磨 Mg 和 Ni 粉末直接形成 Mg_2Ni，晶粒平均尺寸为 $20\sim30nm$，吸氢性能比普通多晶材料好得多。普通多晶 Mg_2Ni 的吸氢只能在高温下进行（当 $p_{H_2}\leqslant20Pa$，则 $T\geqslant250℃$），低温吸氢则需要长时间和高的氢压力；纳米晶 Mg_2Ni 在 200℃ 以下即可吸氢，无须活化处理。300℃ 第一次氢化循环后，含氢可达到 3.4%。在后续的循环过程中，吸氢比普通多晶材料快 4 倍。纳米晶 FeTi 的吸氢活化性能明显优于普通多晶材料。普通多晶 FeTi 的活化过程是：在真空中加热到 $400\sim450℃$，随后在约 7Pa 的 H_2 中退火、冷却至室温再暴露于压力较高（$35\sim65Pa$）的氢中，激活过程需重复几次。而球磨形成的纳米晶 FeTi 只需在 400℃ 真空中退火 0.5h，便足以完成全部的氢吸收循环。纳米晶 FeTi 合金由纳米晶粒和高度无序的晶界区域（约占材料的 20%～30%）构成。

（7）催化剂 在催化剂材料中，反应的活性位置可以是表面上的团簇原子，或是表面上吸附的另一种物质。这些位置与表面结构、晶格缺陷和晶体的边角密切相关。由于纳米晶材料可以提供大量催化活性位置，因此很适宜作催化材料。事实上，早在术语"纳米材料"出现前几十年，已经出现许多纳米结构的催化材料，典型的如 Rh/Al_2O_3、Pt/C 之类金属纳米颗粒负载在惰性物质上的催化剂，已在石油化工、精细化工、汽车尾气处理许多场合应用。在化学工业中，将纳米微粒用作催化剂，是纳米材料大显身手的又一方面。如超细硼粉、高铬酸铵粉可以作为炸药的有效催化剂；超细的铂粉、碳化钨粉是高效的氢化催化剂；超细银粉可以为乙烯氧化的催化剂；铜及其合金纳米粉体用作催化剂，效率高、选择性强，可用于二氧化碳和氢合成甲醇等反应过程

精细化学品的
发展趋势

中的催化剂；纳米镍粉具有极强的催化效果，可用于有机物氢化反应、汽车尾气处理等。已有人用胶体法制备了聚乙烯吡咯烷酮负载的 Pd 胶体超微粒子（平均粒径为 1.8nm）。发现其活性比一般的 Pd 催化剂高 2～3 倍，选择性几乎为 100%。两种以上的铂金属超微粒子或合金作催化剂也可获得较高的催化活性和选择性。例如用于催化环戊二烯常压液相加氢过程的化学还原法制备的非晶态 Ni-B 纳米催化剂和催化乙烯加氢的 Co-Mn/SiO$_2$ 纳米合金催化剂都具有良好的催化性能。用 Ni、Co、Fe 等金属纳米粒子与 TiO$_2$-γ-Al$_2$O$_3$ 混合、成型、焙烧，用于汽车尾气的净化，其活性与三元 Pt 族催化剂相似，600℃工作 100h 活性不下降。

2. 现代生物化工与精细化工的结合

随着人们生活水平的提高和环保意识的增强，市场对绿色、环保、高性能的精细化学品的需求不断增加。消费者不仅关注产品的使用性能，更加重视产品的安全性和环保性。这种市场需求的变化促使化工企业寻求新的生产技术和产品，而现代生物化工与精细化工的结合正好满足了这一需求。

现代生物化工凭借其先进的生物技术手段，为精细化工的发展注入了新的活力；而精细化工则为生物化工技术的成果转化提供了广阔的应用平台。二者结合不仅推动了传统化工产业的升级，也为解决能源、环境等全球性问题提供了新的思路和方法。这种结合是以生物技术为核心，利用酶工程、基因工程、代谢工程等先进手段，实现对精细化学品的高效、绿色、可持续生产，同时满足现代社会对高性能、高附加值化学品的需求。

(1) 医药领域

在医药领域，现代生物化工与精细化工的结合取得了丰硕的成果。通过基因工程技术，可以生产出各种疫苗、激素、抗体药物等生物药品。

熊去氧胆酸可用于治疗胆固醇结石、慢性胆汁淤积性疾病、脂肪性肝病、病毒性肝炎等，目前其制备工艺是以鹅去氧胆酸为底物，通过化学催化的氧化和还原反应实现，在氧化步骤用到 N-溴代丁二酰亚胺，在还原步骤则要用到兰尼镍或金属钯催化剂，转化工艺后处理成本较高，对环境压力大。中国科学院天津工业生物技术研究所朱敦明团队建立了"一锅"多酶法生物合成熊去氧胆酸新工艺，利用 7α-羟基甾体脱氢酶与 7β-羟基甾体脱氢酶作为催化剂，由鹅去氧胆酸制备熊去氧胆酸。在转化过程中首次将黄素还原酶与核黄素应用到 7α-羟基甾体脱氢酶对鹅去氧胆酸的氧化步骤中，实现氧化态辅酶的再生，共底物核黄素使用量仅为催化剂量，大大降低了鹅去氧胆酸的氧化转化成本。底物鹅去氧胆酸浓度不低于 20g/L，转化率大于 95%，产物熊去氧胆酸的粗分离产率为 95%，最终产物收率＞90%，产品光学纯度＞99%，目前该技术已经转让给相关企业，实现了吨级规模生产。

青蒿素是治疗疟疾的一线药物，传统生产方式依赖于从黄花蒿植物中提取青蒿酸，再通过化学半合成得到青蒿素。然而，植物提取法受种植周期、气候条件、土地资源等因素限制，产量波动大且成本较高。2012 年，中国科学院微生物研究所的王为善团队在 *Nature Biotechnology* 上发表突破性研究，通过合成生物学技术改造酿酒酵母，构建了完整的青蒿酸生物合成途径，实现了微生物发酵高效生产青蒿素前体。这一成果被业界视为合成生物学产业化的重要里程碑，为青蒿素的可持续供应提供了革命性解决方案。2020 年后，中国华立医药、昆药集团等企业也采用类似技术，使中国成为全球青蒿素供应的核心基地。

(2) 农药领域

生物农药是现代生物化工与精细化工结合的典型应用之一。生物农药具有低毒、低残留、对环境友好等优点，能够有效减少化学农药对环境和人体的危害。在农药中间体的合成中，生物转化法可以实现特定官能团的转换，如羟基化、酰化、磷酸化等，这些转换在化学方法中往往需要严苛的条件或会产生大量副产品。通过精确控制生物催化剂的选择和反应条件，可以高效地实现目标产物的合成，同时，保持较高的原料利用率和产物纯度。例如，某些微生物可以特异性地转化某些农药中间体，引入新的官能团或改变其化学结构，从而获得所需的活性分子。这些微生物催化的反应通常在常温常压下进行，大大降低了能耗和成本。此外，酶作为催化剂在中间体合成中也显示出极高的效率和专一性。此外，利用生物技术还可以开发出一些具有新型作用机制的农药，如昆虫信息素、植物生长调节剂等。

中国科学院微生物研究所谭华荣团队，长期致力于微生物次级代谢产物的研究。该团队通过生物合成技术与精细化工工艺的结合，成功实现了阿维菌素的产业化生产。团队从土壤中分离出天然产阿维菌素的放线菌，并通过基因工程技术改造菌株，显著提高阿维菌素的产量。采用高密度发酵技术，通过控制 pH、溶氧、补料策略等参数优化发酵工艺，将发酵效价提升至商业化水平（从原始菌株的几十 mg/L 提高到数 g/L）。利用大孔吸附树脂和超临界 CO_2 萃取技术，减少有机溶剂的使用，提高提取纯度（>95%）。将阿维菌素原药与环保助剂结合，开发出水分散粒剂、微胶囊剂等缓释剂型，延长药效并降低对非靶标生物的危害。目前，团队与华北制药集团、浙江钱江生化等企业合作，建成全球领先的阿维菌素生产线，我国现已成为该产品的最大生产国（占全球市场份额 60% 以上）。阿维菌素广泛应用于水稻、蔬菜、果树等作物的害虫防治（如红蜘蛛、根结线虫），减少化学农药用量 30%～50%，助力中国"双减"（减农药、减化肥）政策。产品出口至东南亚、南美等地，并被 FAO（联合国粮农组织）推荐为绿色防控首选药剂。

（3）表面活性剂领域

传统表面活性剂通常是由石油化工原料合成而成，对环境有一定的污染。而生物表面活性剂具有可降解性、环境相容性、较低的临界胶束浓度等优点，使其备受关注。生物表面活性剂主要是由细菌和真菌产生的一类两亲分子，根据其生化性质主要分为糖脂、脂肽和磷脂。生物表面活性剂在环境修复、农业和食品业等领域具有广泛的应用前景。

槐糖脂是一种由酵母菌合成的糖脂类生物表面活性剂，具有乳化、抗菌、可降解等特性，广泛应用于日化、石油开采、环境修复等领域。中国科学院上海有机化学研究所田志坚团队与江南大学陈坚院士团队将微生物发酵与绿色化学工艺结合：对生产菌株进行基因编辑，敲除副产物路径（如游离脂肪酸合成基因），使槐糖脂产率从 20g/L 提升至 400g/L（国际领先水平），进而引入外源酶基因（如脂肪酶），强化菌株对廉价原料（废弃食用油、工业甘油）的利用能力，降低生产成本 30% 以上，采用多阶段动态补料策略，结合在线代谢流分析（MFA），精准控制碳氮比和溶氧水平，缩短发酵周期至 72 小时（传统工艺需 120 小时），开发"膜分离-冷冻结晶"联用工艺，替代传统有机溶剂萃取，纯度达 90% 以上，且无有毒溶剂残留，通过酯化反应将槐糖脂亲水端改性为羧酸盐，使其在极端 pH 和高温下保持稳定性，与纳米二氧化硅复合，制成"抗菌-去污"双功能日化添加剂，实现了槐糖脂的高效生产与应用推广。

鼠李糖脂是一种主要以铜绿假单胞菌为菌体发酵而来的生物表面活性剂，表面性能良好，中性水溶液中其临界胶束浓度为 0.1mmol/L，比常见的化学离子表面活性剂低近 1～2 个数量级（如常温下十二烷基硫酸钠的 CMC 为 8.1mmol/L，月桂酸钠的 CMC 为 24.4mmol/L）。此外，鼠李糖脂除眼睛刺激以外，几乎没有皮肤刺激性，具有良好的生物相容性。浙江大学孟琴团队使用生物表面活性剂鼠李糖脂配制微乳，构建鼠李糖脂-角鲨烷-甘油-水微乳体系，可得到粒径为 44nm 左右稳定性良好的微乳液，在鼠李糖脂-角鲨烷-甘油-水微乳体系基础上配制微乳精华护肤品。研究发现，该配方得到的微乳精华外观澄清透明，流动性良好，pH 值在 6.0 左右，稳定性较强，能改善皮肤的弹性并提升水分值，且在 2h 内该作用能得到保持，为生物表面活性剂在微乳剂型化妆品中的应用提供必备的技术基础。

五、六大因素加速促进我国精细化工行业发展

1. 国家产业政策的大力支持

生产高附加值产品，调整产业结构，是精细化工行业的发展趋势。国家各部委正针对相关行业出台具体的产业规划，对产业结构升级的支持性政策也会陆续出台。国家有关部委制定的行业标准，从精细化工行业流程、产品、工艺、设备、研发、资质、资金等各方面引导精细化工企业投资高附加精细化工产品，鼓励企业在科学合理的前提下实施扩张重组，提高企业竞争力，提升行业集中度。部分产业政策及主要内容见表 1-1。

表 1-1　部分产业政策及主要内容

政策	发布日期	发布单位	主要内容
《中国制造 2025》	2015.5	国务院	进一步放宽市场准入，围绕重点行业转型升级和新一代信息技术、智能制造、增材制造、新材料、生物医药等领域创新发展的重大共性需求，形成一批制造业创新中心（工业技术研究基地），重点开展行业基础和共性关键技术研发、成果产业化、人才培训等工作。全面推进钢铁、有色、化工、建材、轻工、印染等传统制造业绿色改造。加强绿色产品研发应用，推广轻量化、低功耗、易回收等技术工艺。积极引领新兴产业高起点绿色发展，大幅降低电子信息产品生产、使用能耗及限用物质含量，建设绿色数据中心和绿色基站，大力促进新材料、新能源、高端装备、生物产业绿色低碳发展
《精细化工产业创新发展实施方案（2024—2027）》	2024.07	工业和信息化部、国家发展和改革委员会、财政部、生态环境部、农业农村部、应急管理部、中国科学院、中国工程院、国家能源局	到 2027 年，石化化工产业精细化延伸取得积极进展。围绕经济社会发展需求，攻克一批关键产品，对重点产业链供应链保障能力进一步增强；突破一批绿色化、安全化、智能化关键技术，能效水平显著提升，挥发性有机物排放总量大幅降低，本质安全水平显著提高；培育 5 家以上创新引领和协同集成能力强的世界一流企业，培育 500 家以上专精特新"小巨人"企业，创建 20 家以上精细化工为主导、具有较强竞争优势的化工园区，形成大中小企业融通、上下游企业协同的创新发展体系
《关于"十四五"推动石化化工行业高质量发展的指导意见》	2022.4	工业和信息化部	全面贯彻党的十九大和十九届历次全会精神，立足发展阶段，完整、准确、全面贯彻新发展理念，构建新发展格局，以推动高质量发展为主题，以深化供给侧结构性改革为主线，以改革创新为根本动力，统筹发展和安全，加快推进传统产业改造提升，大力发展化工新材料和精细化学品，加快产业数字化转型，提高本质安全和清洁生产水平，加速石化化工行业质量变革、效率变革、动力变革，推进我国由石化化工大国向强国迈进
《"十四五"全国农药产业发展规划》	2022.1	农业农村部、国家发展和改革委员会、科技部、工业和信息化部、生态环境部、市场监管总局、国家粮食和物资储备局、国家林草局	加强低风险化学农药的原始创新，推进农药创制、更新换代。加大微生物农药、植物源农药的研发力度。鼓励纳米技术在农药剂型上的创新应用。不断优化改进农药生产工艺，实现低碳节能清洁化生产
《中华人民共和国国民经济和社会发展第十四个五年规划和 2035 年远景目标纲要》	2021.3	国务院	改造提升传统产业，推动石化、钢铁、有色、建材等原材料产业布局优化和结构调整，扩大轻工、纺织等优质产品供给，加快化工、造纸等重点行业企业改造升级，完善绿色制造体系。深入实施增强制造业核心竞争力和技术改造专项，鼓励企业应用先进适用技术，加强设备更新和新产品规模化应用。建设智能制造示范工厂，完善智能制造标准体系。深入实施质量提升行动，推动制造业产品"增品种、提品质、创品牌"
《中国涂料行业"十四五"规划》	2021.3	中国涂料工业协会	"十四五"期间，涂料行业将与国家整体发展战略保持一致，实现可持续增长，积极推进产业升级，优化涂料产品结构，环境友好型涂料产品的占比逐步增加；涂料行业将加大科研科技改造投入，持续提升产品市场综合竞争力，努力实现涂料行业的高质量发展；坚持生态绿色发展，提高可再生资源利用率，提升废副产品资源化利用水平。减少碳排放，争取早日实现涂料行业碳达峰和碳中和目标；增强国际合作交流，扩大国内企业在国际市场上的影响力
《石油和化学工业"十四五"发展指南》	2021.1	中国石油和化学工业联合会	在精细与专用化学品领域，以解决催化技术、过程强化技术、两化融合技术等制约我国精细化工行业发展的共性关键技术为突破口，提升精细化工行业的整体技术水平
《产业结构调整指导目录（2024 年）》	2019.10	国家发展和改革委员会	鼓励产品包括：低 VOCs 含量的环境友好、资源节约型涂料，用于大飞机、高铁、大型船舶、新能源、电子等重点领域的高性能涂料及配套树脂，用于光诊疗、光刻胶、液晶显示、光伏电池、原液着色、数码喷墨印花、功能性化学纤维染色等领域的新型染料、颜料、印染助剂及中间体开发与生产，低 VOCs 含量胶黏剂，环保型水处理剂，新型高效、环保催化剂和助剂，功能性膜材料，超净高纯试剂，光刻 25 胶、电子气体、新型显示和先进封装材料等电子化学品及关键原料的开发与生产

2. 我国发展精细化工产业具备竞争优势

精细化工产品生产的主要原料是基础化工产品。我国化学工业经过多年的发展，已建立了较为完整的化工产业体系，化工产品品种齐全，一些重要原材料具备了较大的生产能力和产量基数，并有十余种主要化工产品产量居世界前列。我国化工行业完整的产业链体系，使得我国精细化工行业在国内可以得到允足、价格低廉的原料供给，丰富的人力资源和较低的人力要素成本，因此我国精细化工产业发展在国际上具备一定的比较优势。

3. 下游农药、医药行业的持续发展机遇

一方面，我国农药需求在结构调整的基础上将保持平稳增长。近几年，我国农药产量与销售额逐年上升，特别是除草剂和杀菌剂产品市场，产量和使用量增长迅速。化学除草面积增加，使我国除草剂用量迅速增长。农村经济比较发达以及大面积机械化耕作的地区，化学除草面积大幅增加，使近年来我国除草剂用量迅速增长。种植结构的变化促进了我国杀菌剂消费需求的增长。

根据中国农药行业协会 2023 年关于中国农药行业的报告显示，2023 年农药行业总产值 5230 亿元，其中流通产值 3400 亿元，销售额 2090 亿元。全国农药生产企业依法注册了 1600 余家，增加 168 家，农药总产量约为 150 亿公斤，全国农药施用量超过 290 亿公斤，同比上一年提高约 14%。2023 年，我国农药年销售额在 10 亿元以上的农药企业达 72 家，50 亿元以上的农药企业有 12 家，中国化工集团旗下的安道麦以 300.41 亿元稳居销售额首位。我国农药行业百亿元以上规模企业已达 4 家。2022 年全球农药销售额 20 强公司中，中国企业占据 12 席位，彰显了中国农药工业的大国力量。我国已成为全球最大的农药生产国和重要的农药原药生产基地。

另一方面，我国是世界工业医药大国，产业链完整，医药产品品种数量、生产能力位居全球前列。根据工业和信息化部发布的消息，"十四五"以来，我国医药工业主营业务收入年均增长 9.3%，利润总额年均增长 11.3%，全行业研发投入年均增长超 20%，基础研究取得原创性突破。医药行业的发展是医药中间体行业发展的基础，医药产品品种和医药企业产能的持续、快速增长将会持续加大对医药中间体的需求，从而推动医药中间体行业的快速发展。在国际分工体系日益深化的大趋势下，医药中间体产业的重心有望进一步从欧美地区向亚洲地区转移，我国的医药中间体产业规模将进一步扩大，不仅满足我国医药工业发展的需求，更能为全球原料药、仿制药和创新药等厂商提供关键医药中间体，促进世界医药工业的发展。

4. 发达国家产业转移给我国精细化工行业带来机遇

近年来，世界主要大型农药、医药生产企业为了节省研发支出，提高效率，降低风险，纷纷将产品战略的重点集中于最终产品的研究和市场开拓，而将涉及大量专有技术的中间体转向对外采购，充分利用外部的优势资源，重新定位、配置企业的内部资源。此外，由于发达国家人力成本高，超过专利保护期的农药原药和医药原料药已无生产优势，以中国与印度为代表的发展中国家逐渐成为农药、医药中间体和农药原药、医药原料药的主要生产基地。我国化学工业的基础良好，劳动力成本较低，在国际上具有较明显的比较优势。世界精细化工产业进一步向中国转移与集中，将为我国精细化工行业的发展带来难得的机遇。

5. 出口市场及相关利好政策给我国精细化工行业带来机遇

新兴经济体市场对精细化工产品的需求为中国化工产品开辟新的国际市场，以异丙胺为例，作为中国大陆生产的低碳脂肪胺中进出口贸易量较大的产品，主要的出口目的地是东南亚地区、南美和大洋洲，如东南亚地区的马来西亚、印度、印度尼西亚、泰国等，南美的巴西和阿根廷等，大洋洲的澳大利亚、新西兰等，这些地区对其进口均没有限制。

6. 保护环境的政策力度加大

在环保政策力度加大的情况下，作为耗能污染大户，精细化工行业首当其冲，对于有一定规模、环保治理规范的企业提供了更好的发展机遇。另一方面，制造环境友好型的产品也成为企业发展的重中之重。

第三节　我国精细化工行业发展前景及趋势

"十四五"中国石化工业必将进入以结构调整、产业升级、绿色发展为主要特征的高质量发展新时代。在"双碳"目标下，精细化工的绿色转型已成为全球共识，也是我国战略发展方向。

以智能制造和绿色制造为主线，深度改造提升优化传统产业；以供给侧结构性改革为主要方向，大力发展化工新材料和高端精细化学品，是"十四五"的两大重点任务。精细化工行业作为石化行业重要的细分领域，行业正处于由初、中级阶段向精细化工过渡时期，传统大宗通用级产品占比将逐渐下降，发展高技术高质量的产品是行业的重要发展方向。

一、产业政策的有力支持为行业发展提供良好的政策环境

近年来，国家支持精细化工行业、促进绿色低碳循环发展的政策纷纷出台。2022年4月7日，工信部等六部门联合印发《关于"十四五"推动石化化工行业高质量发展的指导意见》。意见中明确提出，以改革创新为根本动力，统筹发展和安全，加快推进传统产业改造提升，大力发展化工新材料和精细化学品，加快产业数字化转型，提高本质安全和清洁生产水平，加速石化化工行业质量变革、效率变革、动力变革，推进我国由石化化工大国向强国迈进。

2021年1月，《石油和化学工业"十四五"发展指南》明确要求，要在提升产业链供应链现代化水平上下功夫，引导传统行业控制产能总量，加快落后产能淘汰和无效产能退出，推动基础产品精深加工，向功能化、精细化、差异化发展，加快发展高端石化产品、化工新材料、专用化学品和生产性服务业。

2021年5月公布的《石油和化学工业"十四五"科技发展指南》中指出，在精细与专用化学品领域，以解决催化技术、过程强化技术、两化融合技术等制约我国精细化工行业发展的共性关键技术为突破口，提升精细化工行业的整体技术水平。

因此，根据"十四五"化工行业发展规划，未来可以从两大方面入手促进精细化工行业健康发展。其一，继续推进产能整合，淘汰落后产能；其二，通过清洁生产、绿色发展以及技术创新来实现产业价值链提升。

二、下游产业的迅速发展推动精细化工的发展

我国化学药品制剂市场需求不断增长，发展潜力较大。2013～2020年，中国化学药品制剂行业销售收入波动上升。2020年，化学药品制剂行业销售收入超过8800亿元，同比增长约为3.0%。医药与人民生活息息相关，因此化学药品制剂行业的需求市场只增不减。综合来看，精细化工医药了行业的需求市场潜力较大且未来发展趋势较好。随着国内老龄化进程加快、医疗保险体系不断健全及居民可支配收入上升等内部因素将长期拉动中国药品需求，中国医药市场规模持续保持高速增长，且增长速度高于全球平均水平，国内医药行业的高速增长将持续推动精细化工行业的快速发展。

三、"双碳"战略规划促进精细化工行业绿色发展

"碳中和"和"碳达峰"战略通过带有约束条件的发展，不断优化行业结构，提升行业技术水平，促进经济朝更高质量和更可持续的方向发展。据2021石化产业发展大会发布的分析，"双碳"战略的提出将对精细化工行业的运营模式、产品结构等将产生颠覆式影响，也将推动业内细分市场景气度提升，向绿色精细化工方向发展。实现绿色精细化工就要从以下两个方面入手，第一是采用无毒无害无污染的化学工艺有机合成原料，特别是可再生的生物质资源的利用。第二就是采用绿色化技术包括采用无污染催化剂的绿色催化技术、环保的电化学合成技术，以及生产过程不产生废水、废气、废渣的原子经济技术等。

 拓展阅读

精细化工的发展

精细化工产业作为化学工业的重要组成部分，不仅具有高技术密集度、高附加值的特点，还广泛服务于国民经济和高新技术产业的各个领域，对人类社会的发展和生态文明建设起到了至关重要的作用。

新中国成立以前，我国就有了诸如油漆、染料、医药、农药等有机精细化学品的生产，但一般只能生产少量低档产品和加工产品，其规模很小，工艺和设备落后，而无机精细化工几乎是空

白，最常用的无机盐试剂要从国外进口。

新中国成立以后，随着国民经济的高速发展，精细化学品的生产快速发展起来，生产门类不断扩展，品种不断增加。随着精细化工的发展，国家对精细化工产业发展的政策和建议也随之变化和调整：

（1）早期发展阶段　在精细化工产业初期，国家往往通过引进国外先进技术，鼓励企业进行消化吸收再创新，逐步提升自主创新能力。加强基础设施建设，如化工园区、研发平台等，为精细化工产业发展提供良好环境。

（2）快速发展阶段　国家出台一系列政策措施，如税收优惠、财政补贴等，鼓励企业加大研发投入，推动产业升级。强调创新驱动，鼓励企业建立研发中心，加强与高校、科研院所的合作，形成"产、学、研、用"一体化创新体系。提出绿色发展理念，推动精细化工产业向绿色化、低碳化方向发展，加强环保监管，减少污染物排放。

（3）现阶段［根据《精细化工产业创新发展实施方案（2024—2027年）》］　引导精细化工产业向高端化、绿色化、智能化方向发展，提升产品附加值和市场竞争力。聚焦关键产品和关键技术，加大研发投入，突破一批绿色化、安全化、智能化关键技术。推动化工园区建设，形成一批精细化工特色产业集群，促进大中小企业融通、上下游企业协同发展。加强人才培养和引进力度，建立健全人才选拔、使用、引进、培养体系，为精细化工产业发展提供人才保障。

思　考　题

1. 通用化学品的含义是什么？
2. 我国对精细化学品是如何定义的？
3. 精细化学品的特点是什么？
4. 精细化学品与专用化学品的区别是什么？
5. 精细化工在国民经济中有何地位？
6. 精细化工的发展将面临什么样的机遇和挑战？

第二章 无机精细化学品

【学习目标】

知识目标

（1）了解无机精细化学品与普通无机产品的区别；

（2）了解无机精细化学品的生产技术；

（3）熟悉典型无机精细化学品的生产过程。

能力目标

对典型的无机精细产品，能熟知其从原料到产品的生产过程。

素质目标

（1）培养关注和跟踪行业动态的职业素质；

（2）培养自主学习、主动学习的良好学习习惯；

（3）培养创新意识，善于发现问题、分析问题和解决问题。

无机物品种甚多，是由 100 多种元素以适当的组合而形成的庞大数目的无机化合物群体。以前人们对它的认识和应用主要只停留在表面的、容易认识的宏观特性上。随着人类的进步和科学的发展，特别是近代化学和物理学的发展，为揭示物质本质的奥秘提供了理论基础；加上各种分析方法和精密测试技术的发明，有力地推动了人们对无机物特性的更深层次的认识。值得指出的是量子化学、结晶化学和固体物理学的发展，对由宏观状态的认识深化到原子、电子等微观状态的了解，起了重要作用。例如，人们不仅已发现了晶体在离子或原子排列方面的缺陷，而且还深入地认识到了缺陷既有不利的一面，也有有利的一面。为此，努力地控制好晶体生长的条件，制出了大尺寸、完整性良好的单晶体。早期用于制成了以硅、锗晶体管为代表的固体电子器件，促进了电子技术的飞跃发展；近年来则用于集成电路、大规模集成电路，又为实现固体电子器件的小型集成化、高速化、复合化、高可靠性提供了必要的材料保证。另外，利用其有利的一面，根据杂质、缺陷与材料的结构敏感性功能的关系，人为地有目的地掺进特定杂质、控制缺陷，从而达到赋予晶体材料以各种各样的预期的性能。更有甚者，运用某种特殊工艺使原属晶体的材料完全变成杂乱无序的非晶体材料。这类材料同样在现代高新技术中找到了"英雄"用武之地，如在激光技术、红外技术、超导技术、新能源技术等方面的重要用途。

生产和科学技术的发展，以及人们现代生活水平的极大提高，对物质功能的要求也是无止境的。工程上需要的结构材料要求具有更高的强度、耐高温、耐疲劳、轻重量等；发展各种高新技术需要提供各种新功能材料。从电子、汽车工业到航空工业，进一步到机器人、能源工业、信息应用等领域，要求高性能的无可替代的新产品、新材料与之相匹配，而用作新材料的无机精细化工产品一般具有不燃、耐候、轻质、高强度、高硬度、抗氧化、耐高温、耐腐蚀、耐摩擦以及一系列光、电、声、热等独特性能，从而成为微电子、激光、遥感、航空航天、新能源、新材料以及海洋工程和生物工程等高新技术得以迅猛发展的前提和物质保证。例如，无机精细化工不仅提供了大量用于集成电路加工的超纯试剂和超纯电子气体，制造了大直径、高纯度、高均匀度、无缺陷方向的单晶硅用作半导体材料，而且砷化镓、磷化铟、人造金刚石相继进入了实用阶段，使电子器件实现了微型化、集成化、大容量化、高速度化，并有条件向着立体化、智能化和光集成化等更高的技术方向发展；无机精细化工产品也提供了取代铜质电线、电缆的用于光通信的 $SiO_2\text{-}GeO_2$ 石英系通信光纤，使光损耗已接近其理论极限；用于激光技术的工作物质钨酸钙、铝酸钇、磷酸钕锂、多种氟化物等的晶体，大功率固体激光材料及其非线性光学晶体的成功研制，为激光通信、激光制导、激光核聚变、激光武器等激光高新技术提供了物质保证；以多晶硅特别是非晶硅为材料的太阳能电池的技术发展和工业化，对世界性的能源紧缺来说是一个福音，将为空间技术、未来工业以及人民生活提供无公害的、取之不尽和用之不竭的能源。又如精细陶瓷制成的发动机应用于汽车工业，体积小、重量轻，可使热效率增加 45％，燃料消耗减少 34％；在混凝土中添加 2％左右的以亚硝酸钙为主要成分的混凝土添加剂，可以使桥梁等大型建筑的寿命延长 15～20 年，而且抗压强度也得到提高；研制出新型的固体电解质应用于电池、制碱、制钠以及磁流体发电等，将开辟节能的新途径。而这些新产品和新材料的绝大部分是从无机精细化学品工业中获得的，因此，高新技术材料工业为无机精细化学品工业创造了大量的机会，为化学工业的发展迎来了新的时代。

　　总之，在当今高新技术发展的时代，没有材料工业的技术进步，大量的制造业的问题不可能得到解决。对无机精细化学品工业而言，既提供了发展的机遇，同时也面临着艰巨的任务。

　　现代无机精细化学品在很大程度上（数量上）就是通过物理的和化学的新工艺方法，对其已有的无机物进行精细化加工而制得的。现已开发的新的无机精细化深度加工方法有十多种。本章将主要介绍其中已工业化应用的 6 种工艺方法及其所生产产品的新功能和新用途。

第一节　超　细　化

　　任何固态物质都有一定的形状，占有相应的空间，即具有一定的大小尺寸。通常所说的粉末或颗粒，一般是指大小为 1mm 以下的固态物质。当固态颗粒的粒径在 0.1～10μm 之间时称为微细颗粒，或称为亚超细颗粒。空气中飘浮的尘埃，多数属于这个范围。当粒径达到 0.1μm 以下时，则称为超细颗粒。超细颗粒还可以再分为三档；即大、中、小超细颗粒。粒径在 10～100nm 之间的称大超细颗粒；粒径在 2～10nm 之间的称中超细颗粒；粒径在 2nm 以下的称小超细颗粒。目前中小超细颗粒的制取仍较为困难，因此本节所述的超细粉体材料是指粒径在 0.01～0.1μm 之间的固态颗粒。由此可见，这里所述的超细颗粒是介于大块物质和原子或分子之间的中间物质态，是人工获得的数目较少的原子或分子所组成的，它保持了原有物质的化学性质，而处于亚稳态的原子或分子群，在热力学上它是不稳定的。所以对它们的研究和开发，是了解微观世界如何过渡到宏观世界的关键。随着电子显微镜的高度发展，超细颗粒的存在及其大小、形状已经可以被观察得非常清楚。

　　超细颗粒与其一般粉末比较，已发现它具有一系列奇特的性质，如熔点低、化学活性高、磁性强、热传导好、对电磁波的异常吸收等特性。这些特性主要是由于"表面效应"和"体积效应"所引起的。尽管超细颗粒有些特性和应用尚待进一步研究开发，上述的奇特性质已为其广泛应用开辟了美好的前景。

　　超细颗粒的粒径越细，熔点降低越显著。如银块的熔点为 900℃，其超细颗粒的熔点可降至 100℃以下，可以溶于热水；金块的熔点是 1064℃，而其粒径为 2nm 的超细颗粒的熔点仅为 327℃。由于熔点降低，就可以在较低的温度下对金属、合金或化合物的粉末进行烧结，制得各种机械部件，这不仅节省能耗、降低制造工艺的难度，更重要的是可以得到性能优异的部件。如高熔点材料 WC、SiC、BN、Si_3N_4 等作为结构材料使用时，其制造工艺需要高温烧结，当使用超细颗粒时，就可以在很低的温度下进行，且无需添加剂而获得高密度烧结体。这对高性能无机结构材料开辟更多更广的应用途径，有着非常好的现实意义。

超细颗粒的直径越小，其总比表面积就越大，表面能相应增加，具有较高的化学活性，可用作化学反应的高效催化剂，也可以用于火箭固体燃料的助燃添加剂。已有的实践表明，超细颗粒的 Ni 和 Cu-Zn 合金为主要成分制成的催化剂，在有机物氢化方面的效率是传统催化剂的 10 倍；在固体火箭燃料中，加入不到 1%（质量分数）的超细颗粒的铝粉或镍粉，每克燃料的燃烧热量可增加 1 倍左右。

　　目前，超细颗粒的制备途径大体上有两个方面：一是通过机械力将常规粉末材料进一步超细粉化；二是借助于各种化学和物理的方法，将新形成的分散状态的原子或分子逐渐生长成或凝聚成所希望的超细颗粒。前者难以得到微米级以下的粉末，这有待于技术的进一步发展来实现；后者是当今超细化的主要方法，其最大优点是容易制得超细粉末，具体方法很多，若按原料物质的状态分，可分为气相法、液相法和固相法。

　　一般说来，固相法具有简单易行、成本低等优点；但存在着产品粒径大、粒度及组成不均匀、易混入杂质等缺点，达不到对产品质量的要求，因此处于逐渐被淘汰的状态。气相法与固相法正相反，具有产品粒径小、粒度和组成均匀、纯度高等特点，但该法需要设备庞大且复杂，操作要求较高，成本也偏高，因此，对经济和技术实力有限的工厂，则难以推广。液相法虽在产品质量的某些方面还赶不上气相法，但具有设备简单、易于操作、成本低等优点，所以成为首选的方法。

一、气相法

　　气相法目前分为：物理气相沉积（PVD）法和化学气相沉积（CVD）法两种。

　　物理气相沉积（physical vapor deposition，PVD）法是利用电弧、高频电场或等离子体等高温热源将原料加热，使之汽化或形成等离子体，然后通过骤冷，使之凝聚成各种形态（如晶须、薄片、晶粒等）的超细粒子。其优点是可以通过输入惰性气体和改变压力，从而控制超细粒子的尺寸。该方法特别适合于制备由液相法和固相法难以直接合成的非氧化系（如金属、合金、氮化物、碳化物等）的超细粉，粒径通常在 $0.1\mu m$ 以下，且分散性很好。其中真空蒸发法是目前在理论上研究最多和制造超细粉最常用的方法之一。具体操作：一般是将原料放入容器内的加热架或坩埚中，先将系统抽真空至 $10^{-4}Pa$ 以下，然后注入少量惰性气体（He 或 Ar）或 N_2、NH_3、CH_4 等载气（压力从 10Pa 至数万帕），加热原料使之蒸发，使其凝聚在温度较低的基板上或钟罩壁上，生成超细粉。该法的优点是可以通过改变载气压力来调节微粒大小，微粒表面光洁，粒度均匀。此法也存在粒子形状难以控制、最佳工艺条件难以掌握等问题。

　　CVD 法是以金属蒸气、挥发性金属卤化物或氢化物、有机金属化合物等蒸气为原料，进行气相热分解反应，或两种以上单质或化合物的反应，再凝聚生成超细粉。其中等离子体作为高温热源已得到广泛的应用。如用于制造高熔点碳化物（如 TaC）和高熔点氮化物（如 BN）以及氧化物（如 SnO_2、SiO_2 和 TiO_2 等）超细粉。此法制得的超细粉体既有单晶和多晶，还有非晶的，这主要是由制备条件决定的。其中多晶粒子和非晶粒子在外形上一般呈球形，而多数情况下生成的单晶粒子虽有棱角，但在整体上也还是近似球状。在用 CVD 法合成超细粉时，若反应平衡常数足够大，反应率最终可达 100%，生成粒子的直径 D 与单位体积中反应体系的成核数 $N(cm^{-3})$、气相反应物的浓度 $c_0(mol/cm^3)$ 有如下关系：

$$D = (6c_0M/\pi N\rho)^{1/3}$$

　　式中，M、ρ 分别为生成物的分子量和密度。可见，粒子的尺寸由反应物浓度与生成物的分子量之比所决定，而成核数又是反应温度及气相组成的函数。因此，通过对这些制备条件的控制就可以达到对粒径的控制。

二、液相法

　　液相法是目前实验室和工业上经常采用的制备超细粉体材料的方法。该法的主要优点是粒子的化学组成、形状、大小较易控制，易于均匀添加微量有效成分，在制备过程中还可以利用种种精制手段来提高纯度。特别适合于制备组成均匀、纯度高的复合氧化物超细粉体材料。液相法一般可分为物理法和化学法两大类，其中化学法更常采用，是一类应用广泛且实用价值较高的方法。以下侧重介绍化学法。

1. 化学法

化学法是通过化学反应，如离子之间的反应或水解反应，生成草酸盐、碳酸盐、氢氧化物、水合氧化物等有效成分的沉淀物，沉淀颗粒的大小和形状可由反应条件来控制。然后再经过滤、洗涤、干燥，有时还需经过加热分解等工艺过程，最终得到超细粉体材料。必须注意的是加热分解过程温度的高低和加热时间的长短，不仅影响颗粒的大小，还会影响颗粒的晶型及粉料的性能。化学法包括许多具体方法，其中研究和应用较多的主要有沉淀法、醇盐法、水热法。沉淀法又包括直接沉淀法、共沉淀法、均匀沉淀法、水解法、胶体化学法等，水热法亦包括水热氧化、水热沉淀、水热合成、水热还原、水热分解、水热结晶等。沉淀法是工业化采用最多的方法；水热法目前在我国仍属试验研究阶段。

（1）沉淀法　沉淀法是在原料溶液中添加适当的沉淀剂，使原料溶液中的阳离子形成各种形式的沉淀物。如果原料溶液中有多种成分的阳离子，经沉淀反应后，就可以得到各种成分均一的混合沉淀物，这就是所谓的共沉淀法。利用该法可以制备含有两种以上金属元素的复合氧化物超细粉。如向 $BaCl_2$ 和 $TiCl_4$ 混合溶液中滴加草酸溶液，能沉淀出 $BaTiO(C_2O_4)_2 \cdot 4H_2O$，经过滤、洗涤和加热分解等处理，即可得到具有化学计量组成的、所需晶型的 $BaTiO_3$ 超细粉。

共沉淀法目前已广泛应用于制备钙钛矿型、尖晶石型、PLZT、$BaTiO_3$ 系材料，敏感材料、铁氧体以及荧光材料的超细粉。在制备过程中，需要特别重视的是洗涤操作。因为原料溶液中的阴离子和沉淀剂中的阳离子即使有少量没有清洗掉，也将会对产物超细粉今后的烧结等性能产生不良影响。此外，为防止干燥后的粉末聚结成团块，可用乙醇、丙醇、异丙醇或异戊醇等分散剂进行适当的分散处理。

在沉淀法的操作过程中，一般是向金属盐溶液中直接滴加沉淀剂。这样势必造成沉淀剂的局部浓度过高，使沉淀中极易夹带其他杂质和产生粒度不均匀等问题。为了避免这类问题的产生，可在溶液中预先加入某种物质，然后通过控制体系中的易控条件，间接控制化学反应，使之缓慢地生成沉淀剂。只要控制好生成沉淀剂的速度，就可以避免浓度不均匀现象，使过饱和度控制在适当的范围内，从而控制离子的生长速度，获得粒子均匀、夹带少、纯度高的超细粒子。这个方法就是均匀沉淀法。该法常用的试剂有尿素，其水溶液在 70℃ 左右发生分解反应：

$$(NH_3)_2CO + H_2O \longrightarrow NH_4OH + CO_2 \uparrow$$

生成的 NH_4OH 起到沉淀剂的作用。继续反应，可得到金属氢氧化物或碱式盐沉淀。采用氨基磺酸可制得金属硫酸盐沉淀。

一些金属盐溶液在较高温度下可以发生水解反应，会生成氢氧化物或水合氧化物沉淀，再经加热分解后即可得到氧化物粉末，这种方法称为水解法。已用于工业生产的如 $NaAlO_2$ 水解可得 $Al(OH)_3$ 沉淀，$TiOSO_4$ 水解可得 $TiO_2 \cdot nH_2O$ 沉淀。加热分解后可分别制得氧化铝和二氧化钛超细颗粒。又如 $ZrOCl_2$ 和 YCl_3 混合溶液经水解、热分解后，可制得粒径小于 $0.1\mu m$ 的 Y_2O 和 ZrO_2 的固溶体。

超细颗粒的制备：均匀沉淀法

胶体化学法是目前仍在开发研究的方法之一，其大体过程是：先采用粒子交换法或化学絮凝法，或胶溶法制得透明水溶胶，选择适当的表面活性剂进行憎水性处理，然后用有机溶剂进行冲洗制得有机溶胶体，再经脱水和减压蒸馏，在低于所用表面活性剂分解温度下进行热处理，即可制得球状超微粒产品。据报道已有人制得了粒径在 10nm 以下的超微粒子的氧化铁、二氧化钛、氧化铝等产品。但如何提高经济效益、防止环境污染、提高有机溶剂再循环使用率等，都期待进一步妥善解决。

（2）醇盐法　所谓醇盐法就是利用金属醇盐的水解制备超细粉体材料的一种方法。首要条件是要有金属醇盐化合物作为原料。

金属醇盐是金属置换醇中羟基的氢而生成的含 M—O—C 键的金属有机化合物的总称。化学通式为 $M(OR)_n$，M 为金属，R 代表烷基或烯丙基。

合成预定金属元素醇盐所用的方法，主要取决于金属醇盐中心金属原子的电负性。一般说来，常用的合成方法主要有 6 种：

① 金属与醇直接反应或催化下的直接反应；

② 金属卤化物与醇或碱金属醇盐反应；

③ 金属氢氧化物或氧化物与醇反应；

④ 金属有机盐与碱金属醇盐反应；

⑤ 醇解法制备醇盐；

⑥ 电化学合成法。

金属醇盐一般具有挥发性，如果需要高纯度的，则较易精制。金属醇盐容易进行水解，产生构成醇盐的金属氧化物、氢氧化物或水合物沉淀。水解过程只需加水，不需添加其他任何物质，因此生成的沉淀可以保持高纯度。水解后的沉淀物经过过滤、洗涤、干燥、脱水（氧化物除外），即可得到高纯度的超细粉。应用该法生产超细粉的例子很多，由金属醇盐合成钛酸钡或钛酸锶就是典型的例子。将 $Ba(OC_3H_7)_2$ 和 $Ti(OC_5H_{11})_4$ 以等分子进行混合，然后进行水解，再经过过滤、干燥等处理，即可得 $BaTiO_3$ 超细粉，粒径可以小于 15nm，纯度可达 99.98% 以上。该法特别适用于制造组分精确、粒度均匀和纯度高的电子陶瓷粉末原料。其致命缺点是成本很高。

（3）水热法　指在水溶液中或大量水蒸气存在下，以高温高压或高温常压所进行的化学反应过程。如在无机合成反应中，有一些反应从热力学角度分析，认为是可以进行的反应，但在常温常压下实际的反应速度却极慢，甚至丧失其实用价值。而在水热条件下，情况则立即得到明显改善，有可能得到人们所需要的超细粉。

水热反应用于制备无机材料超细粉及晶体材料。自 1982 年召开第一届国际水热反应学术会议以来，水热制备超细粉末和晶体材料引起了世界性的重视。初步研究认为，水热条件（高温高压）下可以加速水溶液中的离子反应和促进水解反应，有利于原子、离子的再分配和重结晶等，因此具有很广的实用价值。根据水热反应的类型不同，还可以分为水热氧化、水热沉淀、水热合成、水热分解、水热还原、水热结晶等不同过程。用水热法制备的超细粉品种很多，如 ZrO_2、Al_2O_3、TiO_2、$\gamma\text{-}Fe_2O_3$、CrO_2 等。

2. 物理法

物理法的主要过程是将溶解度大的盐的水溶液雾化成小液滴，使其中的水分迅速蒸发，而使盐形成均匀的球状。如再将微细的盐粒加热分解，即可制得氧化物超细粉。该法与沉淀法比较，由于不需添加沉淀剂，可以避免随沉淀剂可能带入的杂质。已用这类方法生产的超细粉有PLZT、铁氧体、氧化锆、氧化铝等。由于盐类分解往往会产生大量的有害气体，对环境造成污染，所以在很大程度上限制了这类方法的工业化生产。属于这类方法的有：喷雾干燥法、喷雾热解法、冷冻干燥法等。由于前两种方法工业上使用较多、较普遍，其过程简单、容易理解，所以下面仅介绍冷冻干燥法。

冷冻干燥法是一种新型方法，属于低温合成方法，它是合成金属氧化物和复合化合物等超细粉的有效方法之一。该法是以可溶性盐为原料，配制成一定浓度的水溶液，溶液的浓度一定要根据实际情况认真选择，一般小于 0.1mol/L。溶液的浓度对有效的冷冻干燥是非常重要的。将该含盐水溶液经过喷嘴喷雾，生成粒径大约在 0.1mm 的小液滴。为了保证液滴的大小，必须控制好喷嘴前的水溶液压力。喷雾是在较低的温度下进行的，以保证小液滴能在较短的时间内急速冷冻，此过程中还要注意避免发生冰-盐分离现象。接着，迅速在减压真空条件下加热，使冰升华，生成无水盐。在此过程中，为了有利于干燥迅速进行，真空度一般控制在 13Pa 左右，而不是越高越好。加热干燥过程还必须严加控制，不使冷冻的液滴溶化，保证冰的升华。只有控制得法，才能得到松散的无水盐。最后煅烧热分解，得到氧化物或复合氧化物超细粉。

用冷冻干燥法制备的超细粉，一般具有颗粒直径小、粒度分布和组成均匀、不会引入任何杂质、纯度高、比表面积大等优点。但该法与沉淀法比较，生产过程仍相当复杂。使用者可根据具体要求选择采用。

三、超细化的应用举例

1. 超细白炭黑

白炭黑属于硅系白色补强型粉体材料，是合成水合硅酸和硅酸盐的总称，包括沉淀 SiO_2、$CaSiO_3$、$MgSiO_3$、$Al_2(SiO_3)_3$ 等。由于它们具有与炭黑媲美的性能和外观上为白色的特性，故统称为白炭黑。不过通常讲的白炭黑大多是指 SiO_2。其生产方法分为沉淀法和气相法，由于生产方法不同，其性能和用途也有所不同。

白炭黑又称水合硅酸、轻质二氧化硅，表达式一般写成 $mSiO_2 \cdot nH_2O$。随着石化工业的发展，合成橡胶产量逐年增加，因其强度大多低于天然橡胶，因此，必须使用补强剂，炭黑则是优良的橡胶补强填充剂。然而炭黑有两个缺点：一是生产能耗高，而且原料受能源的限制；二是黑色不能满足人们对色彩的需要。因此，近年来白炭黑的生产和应用不断发展。

（1）白炭黑在橡胶中的应用　白炭黑用作补强剂，用量最大的是橡胶领域，其用量占总量的70%。白炭黑能大幅提高胶料的物理性能，降低轮胎的滚动阻力，同时不损失其抗湿滑性能。超细白炭黑作为补强填料，用于生产绿色轮胎，可代替炭黑用于胎侧，能显著提高胎侧抗撕裂强度和耐裂口增长性能，而对硫化时间无明显影响，胎侧的耐臭氧老化性能则决定于抗氧剂和白炭黑用量。在轮胎的胎面胶中添加白炭黑可以提高胎面的抗切割、抗撕裂性能。白炭黑填充的胶料与普通炭黑填充的胶料比较，滚动阻力可降低30%。

（2）在涂料中的应用　白炭黑折射率为 1.45～1.50，用于清漆中具有良好的光学性能，含有白炭黑消光剂的漆膜，消光剂粒子均匀地分布于涂膜中，当入射光到达凹凸不平的漆膜表面时，发生漫反射，形成低光泽的亚光和消光外观。对于给定粒径的白炭黑消光剂来说，其消光效率随着孔隙率的增大而提高。白炭黑的平均粒径及其粒径分布对光泽度起到重要作用。白炭黑粒径分布的范围越窄，其消光效率越高。白炭黑可以用有机涂覆物（主要是高分子蜡）进行表面处理以改善分散性，并能改进涂膜的抗划伤性。采用大孔隙率、最佳粒径分布以及表面处理适宜的白炭黑消光剂可以得到最佳的消光效果。目前国外消光剂的发展方向主要是大孔容积、易分散、高透明、低粉尘及表面处理。

（3）在造纸工业中的应用　用白炭黑做纸张的上胶剂，可提高纸张的白度和不透明度，改进印刷性、耐油性、耐磨性、手感及光泽度。用于晒图纸，可使纸表面质量好、油墨稳定、背面无裂纹；用于叠氮纸，可生产优质蓝图纸；用于铜版纸，可代替钛白，特别是用于新闻纸，可使纸张减轻 10%左右，这样不仅纸薄，而且提高强度，防止油墨渗透，使印刷文字清晰，还可以增加透明度。

（4）牙膏中的应用　白炭黑是目前牙膏用摩擦剂的主要品种之一。其具有比表面积大、吸附能力强、粒径均匀、性质稳定、无毒无害等特征，可作为较好的牙膏原料。其折射率与牙膏中其他配料的折射率非常接近，适合作透明牙膏的配料。白炭黑在牙膏中应用时间不长，但已显示出多种功能，除作摩擦剂外，还可作缓蚀剂、增稠剂、触变剂。

此外，白炭黑在农药、医药、胶黏剂等产品中也有各种不同的使用效果，并增添有益的功能。

2. 超细碳酸钙

超细碳酸钙具有白炭黑的类似特点，是又一种补强填充材料；国外在 20 世纪 30 年代就将其纯粹作为增强填充材料。其原料是资源丰富的石灰石。随着超细化和表面改性技术的发展和应用，一种具有补强功能的材料——超细活性碳酸钙，作为橡胶制品的白色补强填充材料替代炭黑，以达到节能、美化生活、提高经济效益等目的。

碳酸钙粉体由于制备条件不同，可以得到不同晶形、粒径、纯度、白度的产品。这些产品还会因选用不同的表面处理剂和分散剂而改变其表面性质，从而得到不同性质、不同用途的新产品。

表 2-1 列示了碳酸钙因其粒径不同而导致性能的不同。

表 2-1　碳酸钙粉体粒径的分类与性能

类　　别	粒径范围	在制品中显示的性能
超微细	<20nm	具有透明或半透明的补强剂
超细	20～100nm	补强剂
微细	100～1000nm	半补强剂
超微粉	1～5μm	半补强剂或增量剂
微粉	>5μm	增量剂

从表 2-1 中得知，超细碳酸钙是超细白色粉末，粒径在 $0.02～0.1\mu$m 之间。其主要特性除决定于粒径微细化外，还决定于结构复杂化和表面活性化的情况。由于超细化、结构复杂化、表面活性化使其在橡胶中、塑料制品中具有良好的分散性，从而使产品光艳、伸长率大、抗张力高、抗撕裂强、耐弯曲、耐龟裂，可用于油墨、造纸、食品、医药等工业部门。我国已研制成功了 SG101、SG102、SG201、SG202 四种不同规格的超细碳酸钙，应用于橡胶、塑料、制革和食品等工业，收效良好。在天然橡胶中加入 SG202，可使橡胶制品提高屈挠 1～5 倍，抗张提高 37%～44%，在 100℃时热老化系数达 0.9 左右；在合成橡胶中更显示出其优越性，用于氯丁、丁腈、丁基、丁苯等胶料中，使硫化强力度提高 33%～41%，屈挠提高 1～7 倍，强力硫化曲线平坦，撕裂强度好，相对密度轻，可以节约生胶 5%～10%。用于电缆、印刷、手套、食品等不同产品中，性能均有很大提高，是理想的补强填充材料。

3. 纳米二氧化钛

纳米二氧化钛是一种附加值很高、用途极广的科技新型无机材料，在电子陶瓷、高档涂料、防晒化妆品、催化剂及其载体、功能纤维、光敏材料以及环保等领域有着极其广泛的应用，如利用纳米 TiO_2 的光电性和光敏性，可制纳米 TiO_2 的感光材料，用于传真和彩色复印材料，利用纳米 TiO_2 的高静电容量和感光性能制备高性能的感光材料，利用纳米 TiO_2 的对紫外线的吸收率高（可达 95% 以上）的特性，可作为塑料的抗老化剂和化妆品中的紫外线吸收剂，除此以外，还可制作气体传感器和湿度传感器。纳米 TiO_2 的主要质量指标见表 2-2。

表 2-2　纳米 TiO_2 的主要质量指标

项目	单位	指标		检测方法
		A 晶型	R 晶型	
晶相		A 型	R 晶型	PW-1700 型 X 射线荧光光谱仪
纯度	%	98.5	98.5	VF-320 型 X 射线荧光光谱仪
外观		白色	本白色	目测
粒径	nm	<15	<100	IEM-2000JCX 型透射电子显微镜
比表面积	m²/g	>100	>10	ssT-03 型孔径与表面测定仪
pH 值		6～8	6～8	pH 计(1∶10 水分散液)
表面性质		亲水性	亲水性	溶解试验
灼烧损失	%	<3.5	<4.0	马弗炉
干燥损失	%	<2.5	<2.5	水分快速测定仪
水溶物	%	<0.25	<0.25	VF320 型 X 射线荧光光谱仪
酸溶物	%	1	1	VF320 型射线荧光光谱仪
As	×10⁻⁶	<10	<10	VF320 型射线荧光光谱仪
Pb	×10⁻⁶	<20	<20	VF320 型射线荧光光谱仪

国内外已实现工业化生产的一般采用的是钛醇（即烷氧基钛）液相或气相水解法、四氯化钛高温氧化法、硫酸氧钛液相溶胶法〔钛原料化合物分别为 $Ti(OR)_4$、$TiCl_4$、$TiOSO_4$〕等，其工艺如下。

① $Ti(OR)_4$ 气相水解法　采用干法生产工艺、以 $TiCl_4$ 和醇制备的烷氧基钛为原料，低温干燥直接得到纳米 TiO_2，不经过热处理除水，产品是无定型超细 TiO_2，流动性好。

② $TiOSO_4$ 溶胶——凝胶法　采用湿法生产工艺，以硫酸法生产 TiO_2 过程中的中间产物为原料，使用有机表面活性剂处理，不经过热处理除水，产品为定型超细 TiO_2，具有较好的透明性和分散性。

③ $TiCl_4$ 火焰水解法　采用干法生产工艺，以氯化法生产 TiO_2 过程中的中间产物为原料，其产品为锐钛矿和金红石混合物晶型 TiO_2，光催化活性高。

④ H_2TiO_3 中和法　采用湿法生产工艺，以硫酸法生产 TiO_2 过程中的中间产物为原料，采用解聚剂使 TiO_2 解聚，通过不同的热处理温度，控制产品的晶型。

我国国内采用较多的是 H_2TiO_3 中和法，其工艺流程如图 2-1。

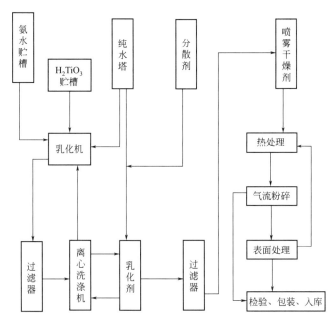

图 2-1　H_2TiO_3 中和法生产纳米 TiO_2 工艺流程

由于 $Ti(OR)_4$ 价格昂贵，而且以它作原料，其纳米 TiO_2 的收率仅为 23％，生产成本较高，同样 $TiCl_4$ 的价格与 $Ti(OR)_4$ 接近，生产中还会释放出 HCl 气体，既腐蚀设备又污染环境。

由于偏钛酸中含有一定量 SO_3^{2-}、SO_4^{2-}，在与纯水混合会从中游离 SO_3^{2-}、SO_4^{2-}，因此采用氨水进行中和并经多次洗涤除去 SO_3^{2-}、SO_4^{2-}，得到中性或略偏碱性的纯化湿 H_2TiO_3。为避免纯化湿 H_2TiO_3 微粒在随后的干燥除水过程中产生附聚助团。在乳化机中应加入少量的分散剂，对 H_2TiO_3 粒子表面形成粒子保护层，防止成团。经过滤器后的 H_2TiO_3 溶液经喷雾干燥，脱出其物理水。由喷雾干燥过滤器出来的粉体需进一步热处理，一方面脱除化学结合水，使得 $H_2TiO_3 \Longrightarrow TiO_2 + H_2O$，生成 TiO_2；另一方面，利用温度的高低，控制 TiO_2 的晶型。最后经气流粉碎和表面处理后，即得成品。

该工艺具有如下特点。

① H_2TiO_3 原料来源广泛，无毒性和危险性，价格低廉。

② 制作工艺过程简单，投资少，操作易控制，常温常压下液相反应，无腐蚀作用。

③ 废水、废气产量少。

④ 产品质量稳定，纯度高。

⑤ 生产成本低，是烷基钛法生产成本的 10％。

第二节 单 晶 化

单晶化

大多数的无机物都是以固态形式存在或使用的。固体的状态有单晶态、多晶态和非晶态 3 种形式，另外也有由它们组合而成的复合态。单晶态是整个固体中原子的排列都是规则有序的结构。或者说，在单晶体中，原子和原子集团总是在三维空间中有规律地重复。非晶态只是短程有序，而无长程有序周期性的结构。多晶态是许多微小单晶的聚合体，即由许多取向不同的晶粒组成。通常情况下，一般固体都以多晶态形式存在，如所有的金属和陶瓷，仅玻璃属于非晶态。由于晶体的热学、电学、声学、光学、磁学及力学等性质都与晶体内部原子排列的特点紧密相关。所以如果能够通过某种办法，将通常情况下的多晶态物质制成具有一定使用尺寸的单晶体或非晶体，那么就可以赋予原物质以新的特性和功能，使其具有更多更大的使用价值，变成为新型功能材料。

一、从 Al_2O_3 到蓝宝石

Al_2O_3 是人们非常熟悉的金属铝的氧化物，具有微孔结构的活性氧化铝，可用作吸附剂、干燥剂、催化剂和催化剂载体等。氧化铝多晶长纤维，也具有很多用途。这里介绍氧化铝的单晶体。纯的氧化铝单晶体就是通常所说的蓝宝石，其实它并不是蓝颜色的宝石，而是无色透明的，所以也有叫白宝石的。真正的蓝宝石是掺钛的。早期这种宝石全是天然的，数量也很少，只是用来作装饰品，镶嵌在皇冠上或者做成绚丽多彩的戒指。后来，人们发现它还有许多奇特的性能，从而跨进科学的大门，变成为发展高新技术不可缺少的重要材料。诸如，蓝宝石的绝缘性能好，介电损耗小，耐高温，耐酸、碱腐蚀，导热性好，机械强度也足够高，可以加工成平整的表面，所以它成为一种很好的集成电路衬底材料。用它制成的半导体器件，具有高速、低功耗特点，已用于微型电子计算机中；用它制成的厚膜集成电路可用于电子手表，用它做成的薄膜电路可用于微波放大器、振荡器等；利用它介电损耗小的特性，可制成微波用微调电容器和微波波导；利用它良好的光学特性，可制成光学传导器及其他光通信器件；利用它的声学特性，可制成超高频滤波器、延迟线等声表面波器件；利用它既耐碱金属腐蚀又透明的特性，可制成钾、铷等特殊光源的灯管；利用它强度高、不易破碎，可作坦克车上的防弹窗口材料等。

在上述的许多用途中，对蓝宝石单晶体（实际上是晶片）的要求是很高的，要求晶体的缺陷越少越好。因此对蓝宝石晶体生长提出了很高的要求。生长蓝宝石单晶体的方法很多，可用焰熔法、引上法（又叫提拉法）等方法来制取。但为了适应蓝宝石晶片的形态，可采用导模法的生长技术，直接制得片状蓝宝石晶体。这样可以避免单晶体材料在切割、研磨等过程中的大量浪费。用导模法生长片状蓝宝石单晶，是将氧化铝原料放在钼坩埚内，置电炉中加热。为了防止钼在高温下的氧化，炉中通入保护性气体（如氩气）等。生长过程为：把原料熔融，在熔体中插入一个中间开有槽的导模，通过它就可以拉出片状单晶体。改变槽的尺寸，就可以得到不同规格的片状单晶体。如果采用圆筒状导模，就可得到管状蓝宝石单晶体，用来制造钾、铷等特殊光源的灯管就是这种方法制造的。应用这种方法还可生长出太阳能电池用的片状硅单晶体，以及制造大有用途的声表面波器件、延迟线、滤波器等的片状铌酸锂单晶体等。用于坦克防弹窗口的蓝宝石单晶体，由于尺寸大而厚，导模法不适用，而是采用一种更新的梯度法生长单晶体技术。即把装有氧化铝原料的钼坩埚放在钨热交换器上，在热交换器里通氦气，坩埚底部正中央放着一块蓝宝石籽晶，坩埚和热交换器都放在真空石墨加热炉中。当原料熔化后，通过缓慢降低炉温和控制氦气的流量，就能在籽晶上长成大块的蓝宝石单晶体。使用这种方法可以得到质量很好的直径达 30cm、厚度为 12cm 的蓝宝石单晶体。

二、红宝石与第一台激光器

红宝石是掺铬的氧化铝单晶体。由于铬离子部分地取代了氧化铝晶格中的铝离子，而使晶体带红色，所以相对于蓝宝石人们把它叫作红宝石。随着掺铬离子量的增加，红色由浅变深。由于红宝石晶体的硬度和耐磨性能超群，因此，除用作装饰品外，它大量用来制造手表、仪表的微型轴承。1960年世界上第一台固体激光器就是采用红宝石晶体作为工作物质的，至今红宝石在激光的应用和研究中仍占有重要地位。作为激光工作物质用的红宝石，其单晶体铬离子的含量一般在 0.05%～0.1%（质量分数）之间，用它制成的激光器发出波长为694.3nm 的红色激光。

红宝石单晶体采用焰熔法或引上法进行生长。由于前法所用设备简单，晶体生长速度快，所以是目前生长高熔点单晶体常用的方法。大体过程是：料斗中装着高纯度氧化铝细粉（铬已均匀掺入），小锤周期性地敲打料斗，使粉料下落，进入氢氧气混合燃烧的高温区（2000℃以上），此时粉料熔化成小液滴，掉落在支座上，支座缓慢向下移动，随着时间的推移，单晶体就逐渐生长起来。

三、新的单晶体层出不穷

近代科学技术的发展，制出了各种各样的单晶体，各种单晶体也为科技的发展发挥了许多重要的和特殊的贡献。掺钕的钇铝石榴石单晶体是目前认为最好的激光的工作物质。它发出的激光在性能上迄今还没有一种晶体能全面地胜过它，它能发出几种波长的激光，最强的波长为 $1.06\mu m$ 的红外激光。制备方法常用引上法生长，简单过程是在用钼片或铱金做成的坩埚中装入高纯原料，用电阻（或高频）加热的方式使原料熔化，然后把籽晶浸入熔体中，再缓慢地把籽晶向上提，从籽晶开始单晶体就会逐渐长大。为了得到良好的单晶体，需要有一个始终保持稳定和合适的炉温场分布、合适的籽晶提拉速度和旋转速度等条件。

作为光纤通信用的微型激光器光源，要求用几毫米大小的一片单晶片就能够发出足够强的激光来，而且要求颜色比较纯、光束发散程度比较小等。现已发现磷酸盐、硼酸盐、钨酸盐一类的单晶体，基本上都适合作为微型激光器的工作物质。例如，磷酸钕锂，分子式为 $LiNdP_4O_{12}$，外观是一种浅紫色的透明单晶体。它的制法是把碳酸锂、氧化钕、磷酸氢铵等原料配好后放在铂坩埚里加热到 1000℃ 左右，将插入的籽晶慢慢地往上拉，使在籽晶上长出磷酸锂钕单晶体。

可以用作激光工作物质的还有 $CaWO_4$：Nd^{3+}、CaF_2：Nd^{3+} 等。其他还有很多各种用途的单晶体，如砷化钾、磷化铟、磷化镓等几十种单晶体化合物半导体，虽然制造比硅、锗单晶体复杂得多，但由于使用在高频、高速、发光、激光、微波、集成电路等器件方面具有很多的优越性和光明前景，所以近年来发展很快。又如钽酸锂、碘酸锂、稀土石榴石、水晶等单晶体都是单晶体中的佼佼者，具有这样或那样的功能供人们选用。近年来，对老产品单晶硅材料的要求也越来越高，总的趋势是向着高纯度、大直径、高均匀性、无缺陷晶体的方向发展。国外高纯度硅的杂质浓度已降到 $10^{-12}g/g$，超纯硅的杂质浓度已在 $10^{-12}g/g$ 以下，直径达到 150mm 以上。由于用量逐年增加，更要求进一步降低成本和能耗。

第三节　非　晶　化

非晶化

此前，众所熟悉的非晶态材料仅有窗玻璃，它的主要成分是非晶态二氧化硅。所谓"非晶态"是相对晶态而言的，是物质的另一种结构状态。由于它们往往比同类晶态材料具有更优异的物理和化学性能，因此越来越受到材料科学家的青睐和重视。近年来，非晶态材料已成为现代材料科学中广泛研究的一个十分重要的新领域，也是一类发展迅速的重要的新型材料。

非晶态材料是由晶态材料变来的。非晶态材料与晶态材料相比有两个最基本的区别：一是非晶态材料中原子排列不具有周期性，二是非晶态材料属于热力学的亚稳态。在晶态中，原子的排列是规则的、有序的，共有 32 种基本排列方式，从一个原子位置出发，在各个方向每隔一定的距离，一定能够找到另一个相同的原子；而在非晶态中，原子的排列是混乱的，排列方式千变万化、无章可循。由于这种混乱情况，所以至今对非晶态材料还没有一个确切的定义。但它却有几个别名：有叫无定型材料、无序材料，也有叫玻璃态材料。非晶态材料的发展目前还处于上升的初期，在许多方面的探索和研究还有待于进一步地深入。

目前，非晶态材料包括非晶态金属及合金、非晶态半导体、非晶态超导体、非晶态电介质、非晶态离子导体、非晶态高聚物以及传统的氧化物玻璃。

一、坚硬耐蚀的"理想新金属"

非晶态合金是在研究合金快速淬火处理过程中意外发现的。这一发现从根本上解决了晶态和非晶态之间的转变难题，大大促进了对非晶态金属（包括合金）的研究和应用。非晶态金属又称金属玻璃，按组成可分为两大类：金属-半金属合金系和金属-金属合金系。前者是由金、铁、镍、钴、钯或铂之类元素与约 $15\%\sim35\%$（原子）的半金属元素（硼、碳、硅、磷、锗等）形成的合金；后者主要是由元素周期表中ⅡA族金属、过渡金属、稀土金属以及ⅣA族、ⅤA族金属等组合形成的合金。非晶态金属由于处于非晶状态，因此具有高强韧性、高耐腐蚀性、高透磁性、低磁致收缩、低磁致损耗、高电阻、超电导性、高催化性能、吸附氢气、耐放射性等。目前，非晶态金属已逐渐用于各工业部门，且应用前景非常广阔，现简介其部分特性和用途。

1. 非晶态合金具有高强度、高韧性

一些非晶态合金的强度非常高，抗拉强度可达相应晶态合金的 5～6 倍，这使高强度钢望尘莫及。但由于目前仅能制得条带形或薄片形的非晶态合金，所以尚且还只能用于制作轮胎、传送带、水泥制品及高压管道的增强材料，以及制作各种切削刀具和保安刀片等。随着科学技术的发展，非晶态合金只要能制得型材，依其优异的力学性能，它不仅可以充分发挥高强度和高韧性的作用，而且有望大大降低成本，由液体金属一次直接成型，省去了铸、锻、轧、拉等工序，且边角料也可全部回收，在能源和材料上都有很大的节省。

2. 非晶态合金对酸、碱、盐具有高的耐腐蚀性

非晶态合金的显微组织均匀，没有位错、层错、晶界等缺陷，使腐蚀液"无隙可钻"，同时非晶态合金自身的活性很高，能够在表面上迅速地形成均匀的钝化膜，或者一旦钝化膜局部破裂，也能立即自动修复。这使它的耐蚀性全面胜过不锈钢。利用非晶态合金几乎完全不受腐蚀的特性，可以制造耐腐蚀的管道和设备、电池的电极以及用作海底电缆的屏蔽等。

3. 非晶态合金具有磁导率和磁感应强度高、矫顽力和损耗低的特性

目前比较成熟的非晶态软磁合金主要有铁基、铁-镍基和钴基三大类。铁基和铁-镍基软磁合金的饱和磁感强度高，可代替配电变压器和电机中的硅钢片，使变压器本身的电耗降低一半；使电机的铁损降低 75%，节能意义极大。钴基非晶态合金不仅初始磁导率高、电阻率高，而且磁致伸缩接近于零，是制作磁头的理想材料。特别难得的是非晶态合金的硬度高，耐磨性也比坡莫合金好，因而使用寿命长。另外，非晶态合金的饱和磁感比铁氧体高，用作磁头可以明显改善高频响应和清晰度。

4. 非晶态合金可用作催化剂

对于金属催化剂，一般认为其活性的大小与晶体结构及位错等缺陷的密度有关。非晶态合金是从高温熔融状态急速冷却制得的，它一方面在表面上保持了液态时原子的混乱排列，有利于对反应物的吸附；另一方面表面保持均匀的液态结构，不会出现偏析、相分凝等不利于催化的现象。这已在 CO 氢化反应催化和电解催化等过程中得到证实，非晶态合金比对应的晶态合金的活性高出几十倍，甚至几百倍。但是，也存在一些问题，如许多化学反应是放热反应，温度升高会使非晶态转变为晶态，使催化活性下降；还有，目前的非晶态合金大多数为薄带状，若能生产出

粉末状用作催化剂才是理想的。

5. 非晶态合金具有超导电特性

非晶态合金可以用作不脆的超导材料；其热膨胀系数小，适合于制作精密零件等。

非晶态合金的制备，最重要的条件是要有足够快的冷却速度，并冷却到材料的再结晶温度以下。但在一定的快速冷却条件下，也并不是所有的材料都可以成为非晶态材料。例如，普通的氧化物玻璃即使在缓慢冷却时也能得到非晶态，而大多数纯金属即使在 $10^6 K/s$ 的冷却速度下也无法非晶化。可见，要使一种材料非晶化，还得考虑材料本身的内在因素，这主要和材料各组元的化学本质及各组元的含量有关。

目前，制造非晶态合金的方法大体上分为液相急冷法、气相冷凝法和镀层法三类。气相冷凝法又包括真空蒸镀法、离子注入法、溅射法、化学气相定积法等。镀层法则分为电解电镀和无电解电镀。液相急冷法可以制造薄片、薄带、细线、粉末等多种产品，而且可以批量生产，因此人们更为重视。在众多液相急冷法中，喷枪急冷法、活塞急冷法、抛射急冷法都只能得到数百毫克重的非晶态薄片；离心急冷法、单辊急冷法、双辊急冷法都可用来制作连续的薄带，适合于工厂生产。目前在生产中大多采用单辊法，薄带的宽度已可达 100mm 以上，长度可达 100m 以上，可以满足变压器等制作对材料的要求。非晶态合金用作防腐蚀设备或管道的镀层，上面的方法都不适用，而是通过化学催化反应的方法在金属或非金属表面上沉积一层非晶态合金。此法属无电解电镀方法。

非晶态合金目前还存在一些不尽如人意的地方。如非晶态合金属于热力学的亚稳态，它随着时间的推移会发生转晶。尤其是温度越高，非晶态转变成晶态的速度就越快。所以它只适用于低温场合。非晶态材料的杨氏模量大约只有晶态材料的一半，这是其致命的弱点，严重影响其广泛应用。应该说，非晶态合金仍然是一种很年轻的新型材料，随着不断地发展和完善，前景十分广阔。

二、半导体材料的新秀

目前，研究得最多、实用价值最大的非晶态半导体主要有两类：即非晶态的硅和硫属半导体。特别是非晶态硅，其在理论和应用方面的研究都非常活跃。

晶态硅自 20 世纪 50 年代以来，已研制成功了名目繁多、功能各异的各种固体电子器件和灵巧的集成电路。非晶硅（α-Si：H）是一种新兴的半导体薄膜材料，自 20 世纪 70 年代问世以来，它作为一种新能源材料和电子信息材料，取得了迅猛发展。非晶硅太阳能电池是目前非晶硅材料应用最广的领域，也是太阳能电池的理想材料，光电转换效率已达 13%，这种太阳能电池将成为无污染的特殊能源。2022 年全球太阳能电池的总产量为 $2.2 \times 10^6 MW$，其中非晶硅太阳能电池为 $1.9 \times 10^5 MW$，占总产量的 8.6% 左右。与晶态硅太阳能电池相比，它具有制备工艺简单、原材料消耗少、价格比较便宜等优点。

非晶硅的用途很多，且应用正在日新月异地发展着。它可以制成非晶硅场效应晶体管，用于液晶显示器、集成式 α-Si 倒相器、集成式图像传感器以及双稳态多谐振荡器等器件中作为非线性器件；利用非晶硅膜可以制成各种光敏、位敏、力敏、热敏等传感器，利用非晶硅膜制作静电复印感光膜，不仅复印速度会大大提高，而且图像清晰、使用寿命长等。相信在不久的将来，它还会有更多的新器件产生。

非晶硅的制备：由非晶态合金的制备可知，要获得非晶态，需要有高的冷却速率，而对冷却速率的具体要求则随材料而定。硅要求有极高的冷却速率，用液态快速冷却淬火的方法目前还无法得到非晶态。近年来，发展了许多气相淀积非晶态硅膜的技术，其中包括真空蒸发、辉光放电、溅射及化学气相淀积等方法。一般所用的主要原料是单硅烷（SiH_4）、二硅烷（Si_2H_6）、四氟化硅（SiF_4）等，纯度要求很高。非晶硅膜的结构和性质与制备工艺的关系非常密切，目前认为以辉光放电法制备的非晶硅膜质量最好，设备也并不复杂。以下简介辉光放电法。

辉光放电法是利用反应气体在等离子体中发生分解反应而在衬底上淀积成薄膜，实际上是在等离子体帮助下进行的化学气相淀积。等离子体是由高频电源在真空系统中产生的。根据在真空中施加电场的方式，可将辉光放电法分为直流电、高频法、微波法及附加磁场的辉光放电。在辉光放电装置中，非晶硅膜的生长过程就是硅烷在等离子体中分解并在衬底上淀积的过程。对这一过程的细节目前虽了解得很不充分，但这一过程对于膜的结构和性质却有很大影响。

硫属半导体是 S、Se 或 Te 的金属化合物或这几种化合物的混合物。这类材料在性质上属于半导体材料，但又像玻璃一样是非晶态。为了与一般氧化物玻璃和结晶半导体相区别而把它们称为玻璃半导体，又因为它们的主要成分是周期表中的硫属元素，故又称为硫属半导体，或叫硫属玻璃。硫属半导体的品种很多，迄今为止研究得较充分的硫属半导体有：As_2S_3、As_2Se_3、As_2Te_3 及 As_2Se_3-As_2Te_3、As_2Se_3-As_2Te_3-Te_2Se 等。硫属半导体的应用主要是基于它在光、热、电场等外界条件作用下引起的性能和结构变化。可用于制作太阳能电池、全息记录材料、光-电记录材料、复印机感光膜、硫属玻璃光刻胶等。

三、积极开发非晶态无机盐

非晶态碳酸钙已经制备成功，可以说是碳酸钙的一个新品种。据报道，非晶态碳酸钙在室温、真空下放置 30 天，或在空气中放置 3 天后，仍为非晶态；但在空气中放置 4 天就出现结晶相，放置时间越长，结晶度越高，所以应在真空或惰性气体中保存。非晶态 $CaCO_3$ 具有比表面积大、溶解度高等特点。利用其比表面积大，可用作吸附剂、生物陶瓷、新型化合物等；利用其溶解度高，可用作食品和医药制品，更容易被人体吸收。开发更多这类产品显然也是很有意义的。

第四节　表面改性化

表面改性化

表面改性就是对固体物质的表面通过改性剂的物理化学作用或某一种工艺过程，改变其原来表面的性能或功能。当今世界对性能优异的先进材料的需求日益增长。这一需求导致整个表面改性技术领域的迅速发展。一批早先未经开发的或者认为是不可能实现的新用途涌现出来。根据对不同的材料表面所需获得的不同的性能或功能，表面改性技术的具体方法已经很多。这样不仅显著地扩大了表面改性的范围，而且在很多方面开创了新用途。

本节主要针对粉体材料，且更侧重于超细粉末材料的表面改性。众所周知，超细粉体材料具有巨大的比表面积，有突出的表面效应，易团聚，发散极为困难，不好使用已成为最致命的缺点。因此，表面改性也就成为超细粉体材料研究和开发中的一个重要的、不可回避的课题。另外，对粉体材料进行处理后还会明显地改变某些性能，如改善耐久性、耐药性、耐光性、耐热性、耐候性，提高表面活性，以及使表面产生新的物理、化学和力学性能等。

粉体材料表面改性的具体方法很多，根据表面改性剂的类别，可分为无机改性和有机改性两类；也有分为表面活性剂改性、偶联剂改性、无机盐改性三类的；还有根据表面改性剂与颗粒间有无化学反应，分为表面活性改性和表面包覆改性两大类。以下主要从无机改性和有机改性两类情况来介绍。

一、无机改性

表面改性处理现已是无机颜料制备工艺过程中重要的工艺步骤之一。钛白是最重要的无机颜料品种，其产量约占无机颜料总产量的一半以上，未经处理的钛白粉在油漆中使用时，由于其表面的光化学活性作用，会加速对形成漆膜的高分子化合物降解的催化作用，从而加速成膜物质的粉化。为了解决这一问题，现普遍在分散的二氧化钛粒子表面包覆一层或多层 Al_2O_3、Al_2O_3-SiO_2、Al_2O_3-SiO_2-TiO_2 等无机氧化物。表面改性剂的用量，一般占钛白颜料总量的 2%～5%。如果能同时控制改性剂中的微量铁含量，通过这样处理后的钛白粉不仅用途广，而且在白度、着色力、分散性、耐候性等方面都有较好的效果，因此很受用户欢迎。经过这样处理后的钛白粉称为通用型钛白粉。

对室外使用的涂料，其耐候性有着更高的要求，这时虽仍可用硅、铝、钛、锆的水溶胶进行处理，但其加入量增至 7%～10%。这样形成的较厚致密膜便起到了对 TiO_2 表面的自然氧化-还原过程的防护作用，增强了用作室外涂料的耐候性。

由于涂料使用场合不同，在其亲水和亲油性能方面的要求有时会有所差别。为使钛白粉的亲水性能稍好一些，可调整改性剂的用量。当 SiO_2 的用量大大高于 Al_2O_3 的处理量时，即可达到目的。为了进一步改善亲油性和分散性，还需要用适量的有机化合物来处理。

碳酸钙粉体是另一种用量很大的无机填料，为了提高其耐候性，可以采用偏磷酸、焦磷酸或聚磷酸的钠盐水溶液处理，表面将形成磷酸钙薄膜，从而使碳酸钙粉体的 pH 降低 1～5，明显地提高了耐候性，扩大了应用范围。如果碳酸钙粉体用硅酸酯处理，则会在表面形成二氧化硅包膜。这样的碳酸钙粉体若分散在有机高分子中，借助于硅醇基的作用，有可能形成链状或网状结构，从而起到增黏和补强的作用。

用于表面改性处理的无机改性剂的品种不是很多，主要有铝、钛、锆、硅、磷、氟化物等的盐类或水溶胶，利用它们在粉体的表面形成一层氧化物包膜或复合氧化物包膜，以提高无机粉体的热稳定性、耐候性和化学稳定性，以及适度改善在有机物中的分散性。该方法除较多地用于填料、颜料、阻燃剂的表面改性处理外，其他还可以用于精细陶瓷原料粉的表面处理。

二、有机改性

无机粉体填料在高聚物中的使用是其主要用途。无机粉体表面性质的亲水疏油性和在高聚物内部的不易分散性，不仅影响了无机粉体的应用范围和使用量，而且降低甚至失去其补强效果。为了改变这种现象，采用有机改性剂处理是较为理想有效的途径。与无机改性剂品种较少正好相反，有机改性剂品种很多。常用的有机改性剂可以分为两大类：表面活性剂和偶联剂。

属于表面活性剂的品种有脂肪酸、树脂酸及其盐类，阴离子表面活性剂，木质素等。使用量一般为粉体重量的 0.1%～10%。涂覆的方法有以下 3 种。

① 将表面活性剂粉碎或磨碎，直接与粉体进行简单的物理混合。该操作是在带夹套加热的高速捏合机中进行，简单方便，出料后就可直接包装，适应性较广。

② 用一种合适的惰性溶剂（也可以是水），先对表面活性剂进行溶解或分散，再与粉体混合，达充分混合后，再将溶剂蒸发掉。这样处理后的表面活性剂与粉体之间就不是简单的机械混合，而是其紧紧地包裹在粉体颗粒的表面上。一般情况下效果较好。

③ 湿法表面处理主要适用于碳化法生产的碳酸钙颗粒的表面处理，又分为碳化前加入表面活性剂和碳化后加入表面活性剂两种操作。

碳化前加入表面活性剂，就是在制备氢氧化钙悬浮液时将表面活性剂溶于其中，然后通入二氧化碳气体进行碳化反应，直至终点；而后过滤、干燥、粉碎，即可得到已处理好的碳酸钙粉体。此种操作的缺点是容易产生泡沫，发生冒塔，所以不常采用。若有适当消泡措施，表面改性的效果还是很好的。例如在二硫代氨基羧酸及其盐的存在下进行氢氧化钙的碳化反应，可制得超细活性碳酸钙。这种活性碳酸钙与橡胶、塑料等有机高分子化合物之间的亲和力强，使用后的机械强度有明显提高，表面的活性基还具有硫化促进作用，加入橡胶中可以节省硫化促进剂的添加量。

碳化后加入表面活性剂，就是在碳化后的碳酸钙的料浆中加入一定量的表面活性剂，充分搅拌，使其均匀地涂覆在碳酸钙颗粒的表面；然后过滤、干燥、粉碎，即得产品。这是常用的处理方法，效果也是好的。

利用表面活性剂对无机粉体进行表面改性处理，其改性剂品种多、来源容易、操作简单、价格便宜，是改性剂选配恰当效果显著的一类方法，适用于无机超细补强材料、无机阻燃剂粉体、无机颜料及填料等的表面处理。中国科学院过程工程研究所团队开发了高效、可控的纳米碳酸钙制备技术，并通过表面改性改善纳米碳酸钙的分散性和界面相容性。改性纳米碳酸钙应用于橡胶复合材料中，拉伸强度提高了 20%～30%，耐磨性提高了 15%～20%；用于塑料复合材料中，材料的冲击强度提高了 25%～30%，弯曲模量提高了 20%～25%。目前相关技术已应用于轮胎、密封件、汽车零部件、包装材料等产品的制造。

偶联剂表面改性品种随着科技的发展数量在不断增加。根据中心金属元素的不同而主要分为硅烷系、钛酸酯系、铝酸酯系、锆铝酸酯系等。典型的偶联剂均为含硅或金属原子的有机化合物，其分子结构是以金属原子为中心，一侧连接亲水基，一侧连接亲油基。硅烷系列偶联剂是最早开发的一类偶联剂，其应用广，用量大，但价格较贵。钛酸酯偶联剂是继硅烷偶联剂之后于20世纪70年代末开发的一种新型偶联剂。其他偶联剂则是近年来才开发的品种，目前还处于应用开发阶段。

偶联剂用于表面改性处理，是先将其加入惰性溶剂或水中，再加低分子聚合物或脂肪酸及其盐类的分散剂，通过机械乳化变成乳浊液，喷洒到粉体物料表面上，或者按一定比例加入粉体的浆料中，充分搅拌后，再经干燥即可。用偶联剂处理后的无机粉体颗粒，由于偶联剂的一端有亲无机基团，该基团会与粉体颗粒表面发生键合反应或交联反应，从而使其引入有机基团（就是偶联剂另一端的亲有机基团）。这些有机基团可以与树脂发生缠绕或交联反应，增大了粉体颗粒与树脂的界面黏合力。这不仅可以提高填充量，而且可以起到对树脂的增强作用，使制品具有良好的弹性和抗冲击能力。

偶联剂的品种不同，使用场合不同。从经济效益着眼，对具有相近效果的偶联剂，则应选用价廉的偶联剂。硅烷系偶联剂的价格较昂贵，主要用于超细沉淀白炭黑对合成橡胶补强等要求高的场合。其中德国迪高沙公司（已并入赢创工业集团）的 Si-69 牌号偶联剂和我国的 KH-845-4 硅烷偶联剂，用于超细沉淀白炭黑对丁苯橡胶等合成橡胶的补强效果特佳，是沉淀白炭黑表面改性处理技术的重要突破，其补强作用可以与炭黑的补强效果媲美。其他硅烷系偶联剂用于硅灰石粉体、云母粉体、高岭土粉体等方面的表面改性处理，也产生了好的效果。

钛酸酯偶联剂和铝酸酯偶联剂都是在硅烷系偶联剂的基础上开发的新系列产品。它们目前应用于对碳酸钙粉体的表面改性处理，收到了较为满意的效果：具有明显的补强作用，能提高复合体系的流动性，提高制品的抗冲击强度。全面考核的结果表明，铝酸酯偶联剂比钛酸酯偶联剂具有更多的优越性：其成本比钛酸酯偶联剂低，色浅，无毒，常温时为固体，使用方便，热稳定性高等。偶联剂的用量，一般来讲为粉体材料用量的 0.5%～3% 为宜。

三、复合改性

表面改性处理除需严格的工艺程序和科学配方外，表面改性剂的选择是改性能否成功的关键。一定要根据使用的具体环境和要求改善的性能来选择改性剂。所选择的改性剂不一定仅限于一种，多数情况下可选用几种，复合使用，取长补短，以期取得更理想的效果。如前面所述，钛白粉的改性处理就是采用硅、铝等元素化合物的水溶胶进行复合处理。特别是用于高聚物的各种各样的填料、粉体助剂，为了提高其耐热性、耐候性和化学稳定性，往往先用无机改性剂进行包膜，而为了提高其亲油性，增强与聚合物的亲和力，往往需要再用有机改性剂——表面活性剂或偶联剂——做进一步表面改性，从而取得更为理想的综合效果。

第五节 薄 膜 化

薄膜化

薄膜是一种物质形态，膜材十分广泛，可以是单质元素、化合物或复合物，也可以是无机材料或有机材料。薄膜与块状物质一样，可以是非晶态的、多晶态的或是单晶体的。

近 20 年来，薄膜科学迅速发展，在制备技术、分析方法、结构观察和形成机理等方面的研究都包含了极其丰富的内容。其中无机薄膜的开发和应用更是日新月异，十分引人注目。无机薄膜从类型上可分为玻璃膜、陶瓷膜、金属膜、沸石膜等。从薄膜的厚度看，已有厚度仅为 10^{-3}～10^{-1} μm 的超薄膜制品。从应用范围看，有用于气体分离的，有既用于分离，又具有催化反应功能的；还有用于既防腐蚀，又具有装饰效果的；特别值得提及的是用于电子信息技术，功能各种各样，不仅为电子制品的小型化、轻量化、高密度化和高可靠性发挥了决定性的作用，而且通过薄膜组合产生了新的特殊功能。

薄膜技术目前还是一门正在发展的边缘学科，其中不少问题还正在探讨之中。薄膜的性能多种多样，有电性能、力学性能、光学性能、磁学性能、催化性能、超导性能等。因此，薄膜不仅在工业上有着广泛的应用，特别是在现代电子工业领域中也占有极其重要的地位，也是世界各国在这一领域竞争的主要内容，并且从侧面代表了一个国家的科技水平。

现有的制膜工艺已经很多，有涂布法、溶胶-凝胶法、化学溶液镀膜法、氧化法、离子成膜法、物理蒸发法、化学堆积法、分子束外延法等。如何选择方法，则要根据具体情况而定。有时制取某一种薄膜有几种方法可供选择，但主要应根据薄膜的功能要求和工艺繁简程度等因素综合考虑来决定。

一、难得的金属耐蚀保护膜

从本章第三节已知，非晶态合金薄膜是一种无晶界的、高度均匀的单相体系。也不存在一般金属或合金所具有的晶态缺陷：位错、层错、空穴、成分偏析等。因此，它不存在晶体间腐蚀和化学偏析，具有极强的防腐蚀性能。作为防腐蚀材料，非晶态合金薄膜（或称镀层）可以取代不锈钢或劣材，是节约资源、节约能源、降低成本的有效途径，具有广阔的应用前景。

这种耐腐蚀性很高的非晶态合金镀层技术是近年来才发展起来的新兴技术。它是通过化学催化反应，在金属或非金属表面沉积一层非晶态物质。以非晶态镍磷合金为例，非晶态 Ni-P 合金中，没有晶态 Ni-P 合金所具有的两相组织，无法构成微电池。特别是化学沉积的非晶态 Ni-P 合金，成分较电解沉积者更为均匀。所以，化学沉积的非晶态 Ni-P 合金可用于许多耐腐蚀的场合。一般认为，化学沉积非晶态 Ni-P 合金的反应式为：

$$H_2PO_2^- + H_2O \longrightarrow H^+ + 2H^+ + HPO_3^{2-}$$

$$Ni^{2+} + 2H \longrightarrow Ni\downarrow + 2H^+$$

$$H_2PO_2^- + H^+ \longrightarrow P\downarrow + H_2O + OH^-$$

此过程的最佳工艺条件为 $Ni^{2+}/H_2PO_2^- \approx 0.4$，温度 $80\sim90℃$，pH 值 $4.0\sim5.0$，获得的沉积层磷含量在 $11.5\%\sim14.5\%$ 之间。反应生成物 Ni-P 沉积在材料表面，形成完整、均一的镀层。该镀层是由一种取向混乱无序的微晶原子团所构成，且为以硬球无序密堆型排列的微晶结构。这种结构不存在周期性重复的晶体有序区，则不存在晶界和晶界缺陷，从而改变了原来材料的表面性能，使其具有良好的耐腐蚀性能。对金属材料原来敏感的点蚀、晶间腐蚀、应力腐蚀和氢脆等易腐蚀性，都得到了较好的改善。采用这种镀层作为金属腐蚀表面的防护手段，在石油、化工、化肥、农药、医药、食品、能源、交通、电子、军工、机械等方面应用，显然是非常有意义的。

利用类似的方法，还可以制得 Co-P、Ni-C-P、Fe-P 等几种非晶态合金镀层，它们都具有耐腐蚀、耐磨等功能。

二、多功能薄膜——SnO₂

P、Ni-C-P、Fe-P 等几种非晶态合金镀层，二氧化锡薄膜已在许多领域得到了广泛的应用，越来越受到有关科技工作者的重视。二氧化锡薄膜有纯二氧化锡薄膜、掺杂膜、复合膜，其中掺锑、掺磷、掺氟的二氧化锡薄膜的应用最广。由于二氧化锡具有良好的吸附性及化学稳定性，因此容易沉积在诸如玻璃、陶瓷材料、氧化体材料及其他种类的衬底材料上。二氧化锡薄膜的主要用途有：薄膜电阻器、透明电极、气敏传感器、太阳能电池、热反射镜、光电子器件、电热转换等。

当作为电阻器使用时，由于它具有较低的电阻温度系数和良好的热稳定性，而且随着薄膜的厚度、掺杂的浓度以及掺杂元素的不同，可以将电阻温度系数控制在一个很小的范围内，依此可用来制造高稳定性的薄膜电阻器。

当作为气敏传感器时，一般是在绝缘基板上生长一层二氧化锡薄膜，再引出电极。当环境中某种气体的含量变化时，二氧化锡薄膜电阻随之变化。因此这种固态气敏传感器具有灵敏度高、结构简单、使用方便、价格便宜等优点。近年来得到了迅速发展。二氧化锡薄膜传感器可用来探测一氧化碳、二氧化碳、氢气、硫化氢、乙醇等多种气体和烟尘，有较理想的效果。

二氧化锡薄膜的制备工艺简单，工艺类型繁多，较常使用的方法有化学气相淀积工艺、喷涂热解工艺、溅射工艺、蒸发工艺等。

三、电子信息材料之最

薄膜技术在工业上有着广泛的应用，特别是在当今和今后的电子工业领域中占有极其重要的地位。例如半导体超薄膜层结构材料，现已成为当今半导体材料研究的最新课题。这种薄膜材料的迅速发展，不仅推动了半导体材料科学和半导体物理学的进步，而且以全新的设计思想，使微电子和光电子器件的设计从传统的"杂质工程"发展到"能带工程"，出现了以"电子特性和光学特性的剪裁"为特点的新发展趋势。这是 P-N 结、晶体管发明以来，半导体科学的一次最重大的突破。由于超薄层微结构半导体材料要求精确地控制到原子、分子尺度（几个埃）的数量级，因此制备这种薄膜必须采用最先进的材料生长设备，如分子束外延（MBE）、金属有机物化学气相淀积（MOCVD）和化学束外延（CBE）等先进的材料生长设备和技术。

例如，在半导体领域，氮化镓（GaN）基无机薄膜已成为 5G 通信射频器件的核心材料。通过金属有机化学气相沉积（MOCVD）技术，在蓝宝石或 SiC 衬底上外延生长的 AlGaN/GaN 异质结薄膜，凭借其高达 $2 \times 10^{13}/cm^2$ 的二维电子气浓度和超过 $1500cm^2/(V \cdot s)$ 的电子迁移率，显著提升了器件的高频特性。基于此制备的高电子迁移率晶体管（HEMT）在 28GHz 毫米波频段下，功率密度可达 8W/mm 以上，功率附加效率（PAE）超过 70%，完全满足 5G 基站对高频、高功率器件的严苛要求。同时，采用原子层沉积（ALD）技术制备的 Al_2O_3/GaN 界面钝化层，将器件漏电流降低至 $10^{-7}A/mm$ 量级，显著提升了器件可靠性。此外，通过引入 In 组分形成的 InAlN/GaN 超晶格结构，使二维电子气面密度进一步提升至 $3 \times 10^{13}/cm^2$，为 6G 通信所需的太赫兹器件奠定了材料基础。这些突破性进展使 GaN 基薄膜成为新一代通信技术不可或缺的关键材料。

无机薄膜在电子信息材料中得到了最广泛的应用。从普通的薄膜电阻器、薄膜电容器的介电体层，到大规模集成电路的门电极、绝缘膜、钝化晶体管膜，显示和记录用的透明电膜，光电薄膜的发光层，以及贮存信息用的磁盘、光盘、光磁盘等，几乎应有尽有、琳琅满目，为当代电子信息技术的发展和小型化立下了汗马功劳。

第六节 纤 维 化

纤维化

无机纤维材料历史悠久，作为主要无机纤维的天然石棉，由于具有致癌的缺点，已不再受人们的欢迎。而随着高科技的发展，对材料提出了更高的要求，世界工业强国都非常重视开发无机纤维材料，在高科技领域取得了意想不到的效果，加速了无机材料纤维化的发展。

目前的无机纤维就其形态而言大致可分为：单晶纤维、短纤维及连续纤维三类。若按其晶相可分为：单晶、多晶、无定形及多相四种。

单晶纤维也称晶须，它没有晶格缺陷，抗张强度很高，是作为高强度复合材料、补强材料的理想物质，而且不随温度的变化而影响其性质。

短纤维是研究开发较多的品种，也是种类和用量较多的品种，可作为隔热、隔声、过滤轻质材料。

连续纤维也称长纤维，是引人注目的无机纤维，除碳纤维和玻璃纤维外，最受重视的是氧化铝纤维和碳化硅纤维。尤其是氧化铝纤维，具有高温下抗张强度极佳的优点，可与玻璃、陶瓷或金属制成复合材料，用途甚广。

无机纤维作为保温、隔热、隔声、耐火、耐腐蚀的节能材料，始终受到人们的青睐。它不仅具有经济效益，而且还具有社会效益和生态效益。

高性能无机纤维主要是指碳纤维、硼纤维、碳化纤维和氧化铝纤维，用于树脂、金属和陶瓷基体的增强，其高的比强度和比模量使复合材料具有比纯金属更佳的物理性能，尤其是碳化纤维和氧化铝纤维的复合材料在军事和空间技术方面起着无可比拟的作用。

以金属（如铝、镁、钛或其合金）为基体，用纤维、晶须或纤维粉粒增强复合而成的复合材料，其强度可增至铝的 10 倍，硬度为钢的 2 倍，密度只有钢的 1/3。它比高聚物基体复合材料具有更高的强度、硬度和热稳定性。用它制造飞机，飞机飞得更高、更快、更灵活。

若以陶瓷为基体，以连续或不连续纤维、晶须为增强材料制成的陶瓷复合材料，比普通陶瓷具有更高的强度和可靠性，主要用于高性能军事设备、宇航引擎、切削工具及耐磨的机械部件。概括起来，高性能增强纤维复合材料具有以下优点。

① 比强度和比刚度高。这是由于空间技术发展对材料性能提出了更高要求所确定的。这样不仅可以减轻飞行器的重量，宇航飞行器的重量每减少 1kg，就可节约 500kg 的发射燃料；而且飞行器将飞得更高更快。

② 高温性能好，可以在 1000℃ 左右的高温下稳定有效地工作。

③ 抗疲劳和抗热震性良好，可以使突发事故的破坏性减到最小，而且可以防止由于热应力急剧增大而引起材料的破坏。

④ 使用寿命长。可以进行局部修补，这是单一材料不可能达到的。

纤维的制备方法很多，主要方法是将其原料在高温下熔融，然后通过强幅淬冷，使其在瞬间纤维化。在淬冷过程中，还可加一些改性剂，使其表面改性或使纤维头钝化。

一、氧化铝纤维

把氧化铝制成纤维形态，就是氧化铝纤维材料。目前制备氧化铝纤维材料已有多种方法，如熔融法、溶液抽丝法、浸渍法等。但应用较多的是溶液抽丝法。主要品种有 α-Al_2O_3 短纤维、γ-Al_2O_3 长纤维。

氧化铝纤维是为了在金属基体复合材料和陶瓷基体复合材料中的应用而开发的。它可以与熔融金属铸塑，制成航天工业、汽车工业等所需的强度高、重量轻的元件。与其他增强纤维相比，氧化铝纤维突出的优点是具有极佳的抗化学腐蚀性和抗氧化性，尤其是在高温下更显其特点。但它比硼纤维和碳化纤维的性能要略差些。

Al_2O_3 短纤维具有超高温绝热的特点，最高使用温度可达 1482～1650℃，其成品形式有纸、毡、散装纤维、板材、真空成型制品等，有十分显著的节能效果，越来越受到人们的欢迎。其用途主要有以下几点。

① 作为增强纤维可用于金属、塑料、橡胶和陶瓷中。可以用于增强的金属基质有铝、镁、铜、铁、镍、钛以及各种合金。由于它不易与熔融金属反应，因此特别适用于强化金属，提高复合材料在高温下的比强度、比弹性、抗疲劳强度、耐蚀性等特点。

② 作为耐火绝热材料，由于氧化铝纤维质轻、导热性低、热容小、热稳定性和机械稳定性高，可以制成各种板材、多用毡等产品，广泛用于高温炉、电炉、原子反应堆等处。例如，多用毡用于高温炉，间歇操作时可节能 20%～50%，连续操作时可节能 40%～70%，可见是非常理想的保温材料。另外，还可以制成耐高温和突然闪热的防护服布、耐火护墙板、以及能经受多次 1200℃ 淬火的浇注材料等。

③ 作为过滤材料，用不同的氧化铝纤维可制成过滤管和过滤片，用于油水乳剂和油水混合液，甚至乳胶液的分离，也可用于过滤除去固体颗粒。

④ 作为催化剂载体，氧化铝纤维毡可作为铂催化剂的载体。这种催化剂可将汽车和摩托车尾气中的一氧化碳转化为二氧化碳，减少对环境的污染；同时，由于用氧化铝做载体，还可大大

提高其使用寿命。

此外，氧化铝纤维还可以在耐磨材料、电池填充电解质、塑料及建筑中广泛应用。

二、碳化硅纤维

碳化硅纤维是备受重视的无机纤维材料，特别在资源利用中极为关注。碳化硅纤维发展很快，原因是碳化硅纤维的强度和韧性与硼纤维非常接近，但其原料价格低、生产率高，与硼纤维相比效益要高得多。同时它还在热稳定性和耐高温方面优于碳化纤维。

碳化硅纤维的晶形、长短与制造工艺密切相关。用蒸汽沉淀法生产的碳化硅单丝直径可达 $140\mu m$。用于金属基体复合材料的开发；用热解法将聚碳硅烷纤维制成的碳化硅长丝，其直径为 $15\mu m$，主要用于陶瓷基体复合材料的开发；用稻壳热解法制成的碳化硅晶须，直径为 $0.6\mu m$，既可制造金属基体复合材料，用于航天领域的高温元件，也可制造陶瓷基体复合材料，用于制造切削工具。碳化硅纤维总的说来具有密度小、强度高、纤维直径小、导电性高、X 射线透过性强、热膨胀系数小、耐热性和耐药品性好等特点。

碳化硅纤维与金属或陶瓷制成的复合材料，其主要用途有以下方面。

① 用作航天工业材料。碳化硅纤维复合树脂用于制作飞机的主体和机翼，其重量减轻 2/3；用于制作火箭的外壳，不仅重量轻、强度高，而且热膨胀系数也大大减少。

② 用作体育器材。由于该材料质轻、强度高、耐热性能好，可以广泛用于制造赛艇、赛车、摩托车和轻快自行车；也可制造网球拍等。

③ 用作医疗器材。由于该材料的 X 射线透过性强、材质强度高，用于制造 X 光机的部件和人造关节。

④ 用于特殊的地下电缆、输水管道、桥梁等的工程材料。

⑤ 用于高科技领域。

 拓展阅读

武汉超级混凝土

在桥梁建设领域，中国科研人员成功研发出武汉超级混凝土，这一技术结合了超细化技术和纤维增强技术，通过优化设计和特定工艺，制成了目前世界上最强、最硬的混凝土，其抗压强度高达 400MPa，远超普通住宅墙体的混凝土强度（30MPa）和普通钢材的抗压强度（235MPa）。这种超级混凝土被应用于济南市凤凰路黄河大桥的建设中，有效解决了钢桥疲劳开裂的问题，显著提高了桥梁的寿命和性能。武汉超级混凝土的特色如下：

（1）超高强度与韧性　武汉超级混凝土的抗压与抗折强度是普通混凝土的 5～10 倍，其韧性更是普通混凝土的 250 倍，仅次于钢材。这种强度与韧性的结合，使得它在承受极端载荷和冲击时表现出色，大大提高了桥梁的承载能力和安全性。

（2）优异的耐久性　由于内部结构非常致密，几乎没有毛细孔，武汉超级混凝土能够有效抵抗液体和气体的渗透，从而在各种恶劣环境下保持长期稳定性。这种耐久性减少了桥梁的后期维护成本，延长了使用寿命。

（3）绿色环保　在施工中，武汉超级混凝土能够降低 50% 以上的二氧化碳排放，相比普通混凝土和高性能混凝土，其用量更小、使用寿命更长、后期养护成本更低，因此在经济性和环保性方面也具有显著优势。

武汉超级混凝土的成功研发和应用，是中国在超高性能混凝土技术领域的一次重大创新和突破。在这一技术的研发过程中，科研人员通过不断优化设计和特定工艺，成功解决了超高性能混凝土制备和应用的多个技术难题。同时，他们还积极推动该技术的产业化进程，为国内外桥梁建设提供了优质的材料和技术支持。

思 考 题

1. 什么是物理气相法？什么是化学气相法？什么是沉淀法、水解法？
2. 白炭黑有哪些用途？
3. 什么是红宝石与蓝宝石？它们的主要成分是什么？
4. 如何制备非晶硅？
5. 什么叫表面改性？
6. 画出以偏钛酸为原料制备纳米 TiO_2 的流程简图，并进行流程综述。

第三章　日用化学品

📖 【学习目标】

知识目标

（1）了解日用化学品的现状及发展趋势；

（2）掌握日用化学品的生产原理、常用原料的性能和作用；

（3）熟悉典型日用化学品的生产工艺和配方技术。

能力目标

（1）能正确确定生产过程中的一般工艺条件；

（2）能解决日用化学品生产过程中的一般工艺技术问题；

（3）能根据需求提出日用化学品配方的改进意见。

素质目标

（1）培养语言表达能力、逻辑思维能力、团队合作能力、信息技术使用能力和创新能力；

（2）培养分析问题、解决问题及创造性思维的能力。

第一节　概　　述

日用化学品概述

日用化学品是指精细化学品中用于人们在日常生活中的化妆品、洗涤剂、香精、皮革用油、文化用品、干电池、火柴、感光材料等的化学品。人类很早就有了使用日用化学品的记载。

随着中国经济的飞速发展和人民生活水平的不断提高，依托庞大的人口基数，中国已经成为全球最大的日化消费品市场之一。据中研普华产业院研究报告，近年来，日化用品市场规模持续增长，主要得益于消费者对个人护理和家居清洁产品需求的增加。据统计，2023 年中国大日化行业的规模已高达 7372 亿元，且近年来保持稳健增长，年增长率在 10％左右。其中，化妆品市场占据了最大的份额，规模在 2300 亿左右，个人护理品市场约为 900 亿元，洗涤剂市场约为 1800 亿。全球日化用品市场规模已超过 1000 亿美元，预计未来几年内将继续保持增长态势。线上销售渠道成为日化产品的重要阵地，进一步推动了市场规模的扩大。

中国日化产业目前已初步形成了几个产业集群，两大制造业板块。产业集群主要是以广东为中心的珠江三角洲地区和以上海为龙头的长江三角洲地区。珠江三角洲是我国最大的日化产品生产地，长江三角洲正成为外商联系海外市场与进军内地市场的非常有利的地区。在制造业方面，中国日化行业基本已形成两大板块，其中以广东为主的华南区约占全国 70％，以上海、江浙为主的华东地区约占 20％，其他区域占 10％左右。

一、日用化学品及其类别

日用化学品是指人们日常生活中经常使用的精细化学品。它和我们的生活息息相关，我们从早到晚都离不开日用化学品：从早晨起来洗脸刷牙，到晚上沐浴，甚至有的人夜晚还要用一些护理用品。日化用品不是生活的必需品，但它是高质量生活的保证。

我们常说的日用化学品主要有以下几类：洗涤用品（detergent）、化妆品（cosmetic）、口腔卫生用品（oral）。其中洗涤用品和化妆品是日用化学品的两大类，占了日用化学品产量的70％，还有一些产品，例如墨水、胶水、鞋油等。

二、日用化学品的生产特点

① 对原材料和辅料的要求比较严格；
② 对生产设备要求经济、高效、安全、合理；
③ 生产工艺过程和操作条件严格控制；
④ 包装和装潢要精美。
本章主要介绍化妆品和洗涤剂。

第二节 化 妆 品

化妆品分类
及性能要求

根据2021年国家药品监督管理局发布的《化妆品标签管理办法》，化妆品是指以涂抹、喷洒或者其他类似方法，散布于人体表面的任何部位，如皮肤、毛发、指甲、唇齿等，以达到清洁、保养、美容、修饰和改变外观，或者修正人体气味，保持良好状态为目的的化学工业品或精细化工产品。化妆品按使用部位分类，主要有：肤用化妆品，指面部及皮肤用化妆品；发用化妆品，指头发专用化妆品；美容化妆品，主要指面部美容产品，也包括指甲头发的美容品；特殊功能化妆品，指添加有特殊作用药物的化妆品。

一、化妆品的分类

化妆品种类繁多，有各种各样的分类方法，世界各国分类方法也不尽相同。如按产品使用目的和使用部位分类、按剂型分类、按生产工艺和配方特点分类、按性别和年龄组分类等。各种分类方法都有其优缺点。世界各国化妆品分类往往来源于商业统计年报，目前，多数是按产品的使用部位、使用目的和剂型进行混合分类。

按照我国化妆品生产、销售和有关化妆品法规实施情况，我国化妆品一般可分为七大类，即护肤类、发用类、美容类、口腔用品、芳香化妆品、气雾剂制品和特殊用途类化妆品。

1. 护肤类

（1）洁肤用品 清洁霜和乳液、洗净用化妆水、浴油、浴盐、泡沫浴剂、浴皂、磨砂膏、卸妆油和膏等。

（2）护肤用品 雪花膏、冷霜、润肤霜（包括营养霜、晚霜、珍珠露等）、护肤啫喱膏和啫喱水、手和体用护肤霜和乳液、浴后润肤油、剃须后润肤剂（包括霜、乳液、水剂和皂、粉剂等）、日光浴后护肤油和膏等。

2. 发用类

（1）清洁毛发用品 通用型香波（透明和膏状）、药效型香波（祛臭、酸性平衡、去头屑和止痒、滋养型香波等）、调理型香波（二合一香波、油性、蛋白质和定型香波等）、特殊型香波（香气香波、损伤型头发用香波、儿童香波、染发香波和干洗香波等）。

（2）护发用品 护发素、发油、焗油、发乳、发蜡、免洗护发素（爽发霜）、润发啫喱等。

（3）美发用品 原型发胶、定型啫喱水和啫喱膏等。

3. 美容类

（1）唇和鼻美容用品 唇膏（透明、液体、彩色、变色和液晶唇膏等）、护唇油膏和鼻影笔等。

（2）胭脂 干粉、蜡基、膏状胭脂、湿粉等。

(3) 眼部美容用品　染睫毛膏、眼影膏、眼线笔和眉笔等。

(4) 指甲美容用品　指甲油、指甲光亮剂、指甲营养剂和指甲油清除剂等。

(5) 香粉类　扑粉、水粉、彩虹粉、粉饼和水粉饼、粉条、粉底霜、艳丽粉饼和爽身粉等。

4. 口腔用品

牙膏（膏状和啫喱状）、漱口液、牙粉、牙粉饼和口腔清新剂等。

5. 芳香化妆品

(1) 液体芳香用品　香水、古龙水、花露水、香体露和除臭香水等。

(2) 固态芳香用品　香粉、清香袋、香水条、香锭和晶体芳香剂等。

6. 气雾剂制品

润肤露、润肤摩丝、剃须摩丝、发胶、发用摩丝、染发摩丝、发油、驱蚊露、祛臭剂和止汗剂等。

7. 特殊用途类化妆品

生发水、染发剂（暂时性、永久性和半永久性）、烫发剂、脱毛剂、美乳霜、苗条霜、除臭剂、祛斑剂（汗斑和肝斑）、防粉刺制品和防晒、晒黑、防晒斑制品（霜、乳液和油剂）等。

二、化妆品的性能要求

化妆品是人类日常生活使用的一类消费品，除满足有关化妆品法规的要求外，作为商品，它也应满足一般商品的基本性能要求。

1. 安全性

化妆品几乎每天都要用于健康的皮肤，因此必须保证长期使用对人体的安全性，即无毒性、无刺激性、无诱变致病作用。化妆品的安全性试验常做以下两种。

(1) 毒性　毒性一般选用大白鼠、小白兔的急性口服或注射。毒性试验中的半致死量，即毒性值用致死量的 50% 剂量（半致死量 LD_{50}）表示，一般 LD_{50} 大于 5000mg/kg，其毒性较小，安全性大。LD_{50} 大于 2000mg/kg 即为低毒性物质。开发新的化妆品原料时，应做毒性试验测定 LD_{50} 值，LD_{50} 小于 2000mg/kg 的物质，使用应谨慎。

(2) 刺激性　指化妆品涂布于人较为敏感的部位时，在一定的时间内，皮肤对化妆品所起的反应。具体实验方法是：将待验品涂布于肘或腹部面积为 0.025cm×0.025cm，经 48h 后观察皮肤的反应，如发痒、红肿、出现丘疹为阳性。如无上述现象则为阴性。应注意的是由于个体差异的存在，在做刺激性实验时，被抽样的人应具有代表性，而且应大于 25 人。

2. 稳定性

要考虑最终使用阶段和货架寿命，要求产品在胶体化学性能方面和微生物存活方面能保持长期的稳定性，在有效期内不变质。

3. 舒适性

化妆品必须使人们乐意使用，不仅色香兼备，而且必须有使用舒适感。美容类化妆品强调美学上的润色；芳香类产品则在整体上赋予身心舒适的感觉。

4. 有效性

化妆品要有助于皮肤保持正常的生理功能以及容光焕发的效果。

三、化妆品的原料

化妆品的种类、剂型较多，产品更新快。开发的趋势是减少合成原料，尽可能采用从天然植物中提取的原料。要求产品的刺激性低、功能多、功效好。具有特殊功效的产品受到重视，用应用生物技术提取制备的原料合成的化妆品更是备受消费者青睐。

化妆品的原料较多，按用途及性能，可分为基质原料和辅助原料两大类。各种原料及功能见表 3-1 和表 3-2。

表 3-1　化妆品的基质原料及主要功能

基质原料	主 要 功 能
油脂类	护肤,使皮肤柔软光滑,滋润保水
蜡类	护肤,使皮肤柔软光滑,滋润保水
粉类	遮盖、爽滑、收敛、吸收
溶剂(乙醇)	溶剂作用、杀菌、清凉
香料	清心明目,产生一种舒适愉快的感觉

表 3-2　化妆品的辅助原料及主要功能

辅助原料	主 要 功 能
乳化剂	使化妆品稳定,阳离子乳化剂有杀菌防腐作用
助乳化剂	对乳化剂有辅助作用,并可以调节 pH 值
色素	辅助作用,并赋予化妆品一定的颜色
防腐剂	抑制细菌产生,防止氧化分解
滋润剂	滋润保水
收敛剂	收敛皮肤毛孔及汗腺
发泡剂	产生泡沫
pH 值调节剂	调节化妆品的 pH 值
其他	赋予化妆品某种特殊功能,如抗过敏,减少斑点,防止出汗过多,增白、防臭、抗静电等

1. 基质原料

基质原料是构成化妆品的基本,在化妆品中所占比例最大。露类化妆品以油脂为基质原料,粉类以金属无机盐(滑石粉、高岭土、钛白粉等)为基质原料,香水类以乙醇为基质原料。各类化妆品中的基质原料占有较大比例,添加适量的辅助原料,经适当的方式加工,即形成化妆品商品。随着化妆品研究开发工作的深入发展,可用于化妆品的原料不断增加,但基质原料仍以下面的几种为主。

(1) 油脂类原料　油脂是动物脂肪、植物油、矿物油及蜡类的总称。一般溶于非极性有机溶剂及热的乙醇中,不溶或极微溶于水。能用于化妆品的油脂主要包括下列几种。

① 羊毛脂　自洗涤羊毛的废水中提取而成,是含有胆甾醇或蜡醇及多种酸的复杂混合物,外观微黄或黄色,有羊膻气味。因有一定的气味及颜色,在化妆品中的用量受到限制。经化学方法改造结构后的羊毛脂衍生物,改善了其气味及颜色,保留了其柔软、润滑及防止脱脂等功能。

羊毛脂经高压催化加氢,得到无气味、几乎纯白色的羊毛醇,长期存放不易酸败,使用很普遍。

② 蜂蜡　从蜜蜂房提取精制而得。方法是将蜂房置于热水中加热,热水提取物倾于模中,然后摊成薄层,于日光下暴晒漂白即得。蜂蜡含虫蜡酸、棕榈酸等,色泽微黄,略带蜂蜜气味。

③ 鲸蜡　从抹香鲸大脑中提取制得,主要成分为月桂酸、豆蔻酸、棕榈酸、硬脂酸及其他酯类,外观为珠白色,半透明固体,无色无味,在空气中易氧化酸败。

④ 硬脂酸　从催化加氢后的植物油或牛脂中分离提取制得,外观为白色固体,其镁盐、锌盐等衍生物是化妆品中常用的良好乳化剂。

⑤ 白油　从石油精馏得到。收集常压下沸程为 330～390℃ 的馏分,除去烯烃、芳烃或催化加氢即得到无色透明几乎无味的白油。

⑥ 椰子油　从椰子果肉中提取制得,主要成分为月桂酸和肉豆蔻三甘油酯,含有少量的硬脂酸、油酸、棕榈酸及挥发性油。半固体状,主要用作合成表面活性剂的原料。

⑦ 蓖麻油　从蓖麻籽中提取制得,主要成分为蓖麻油甘油酯,是一种具有特殊气味,外观无色或微黄色的黏稠液体,著名的土耳其红油即为蓖麻油磺化产物。

(2) 粉类原料

① 粉质原料的类型　粉质原料也叫粉体。粉体主要用于美容化妆品中。化妆品中使用的粉体有三类:有色粉体、白色粉体和充填粉体。

有色粉体和白色粉体的作用是可遮盖脸上色斑、粗糙的肌肤和不良的脸色,防止脸上因油脂的分泌物而呈现油光,可使皮肤有光滑的手感,并可散射紫外线、过滤阳光,同时可赋予皮肤宜人的色彩。此外粉体有吸收皮脂和汗的性质，广泛用于彩妆类如香粉、胭脂、眼影粉等。

充填粉体是一种遮盖力小的白色粉体，是有色粉体的稀释剂，用于调节色调，同时赋予制品扩展性，它对皮肤有附着性，对汗和皮脂有吸收性。充填粉体在皮肤上要有良好的扩展性。为提高扩展性，以前使用滑石粉和云母粉，近年来国外使用球状粉体、多为球状树脂粉末，如尼龙、聚苯乙烯、聚甲基丙烯酸甲酯等有机粉体和球状二氧化硅、球状二氧化钛等无机粉体。

② 粉质原料的性质

a. 遮盖力　粉体可遮盖肌肤的色斑和不良的肤色。具有良好遮盖力的粉体有钛白粉、锌白粉，碳酸钙也可用于遮盖，同时碳酸钙还可阻挡紫外线。

b. 伸展力　指粉体涂敷于肌肤时，可形成薄膜，平滑伸展，有圆润触感的性能。滑石粉的伸展力最好，还可使用淀粉、金属皂、云母、高岭土等。

c. 附着力　指粉体容易附着于皮肤上，不易散妆的性能，金属皂的附着力最好。

d. 吸收力　指粉体吸收汗腺和皮肤分泌的多余的分泌物，消除油光的性能。轻质碳酸钙、碳酸镁、淀粉、高岭土等的吸收性均较好。

(3) 香水类原料　香水类原料是液体化妆品的基质原料，主要功能是作为溶剂，兼有一定的清凉及杀菌作用，常用的为乙醇，其来源分别由含淀粉植物经发酵及乙烯催化加氢制得。

2. 辅助原料

能使化妆品成形、稳定，并赋予化妆品色、香及其他特定功能的原料称为辅助原料。辅助原料占比不大，但却十分重要，配方中辅助原料添加量及种类是否适当，直接关系到化妆品的存放时间、消费者是否乐于使用、其特定功能是否具备等重要问题。

(1) 乳化剂　乳化剂是表面活性剂使用的一个方面。化妆品可用的乳化剂现有 $200\sim300$ 种，品种繁多，性能各异。选择和应用乳化剂必须考虑其类型和效率，应从经济方面（价格因素、用量多少等）、性能方面（配伍性、稳定性等）及商品方面（色、香、产品外观等）等多方面考虑选择合适的乳化剂。

(2) 助乳化剂　能对乳化过程起辅助作用的物质称为助乳化剂。一般助乳化剂为无机物或有机的碱性化合物，如 KOH、NaOH、硼砂、三乙醇胺、二乙醇胺等，此类化合物能与含羧酸基的化合物形成表面活性剂，因而具有一定的乳化功能。

(3) 香精　香精的加入能赋予化妆品优雅舒适的香气，使消费者易于接受。选择合适的香型往往是化妆品配方成败的关键。

(4) 色素　色素的加入能赋予化妆品一定的颜色，以满足消费者的感官及心理需求。化妆品中使用的色素分为天然色素、合成色素、无机色素三种。化妆品中使用的色素，其质量标准与食用色素相近，选用时应注意。

(5) 抑菌防腐剂　具有抑制细菌或其他微生物生长的物质称为抑菌防腐剂。

大部分化妆品中含有脂肪、蛋白质、维生素、胶质等有机物，易受到微生物作用而变质。因此，化妆品中必须加入适量的抑菌防腐剂，以保证产品在保质期内的质量。

(6) 抗氧化剂　具有防止氧化或延缓油脂酸腐败作用的物质称为抗氧剂。油脂的酸败分为水解酸败和氧化酸败，光照、水分、金属离子及氧化是酸败的条件，酸败后的油脂分子发生降解，并产生令人不愉快的气味，其黏度、色泽也发生改变。抗氧剂的作用是防止或延缓酸败的发生，使产品的贮存期延长，其用量一般为 $0.01\%\sim0.1\%$。

常用的抗氧剂一般为分子中含有还原基团的有机物，按结构可以分为以下几类。

① 酚类　没食子酸丙酯、二叔丁基对甲酚等。

② 醌类　维生素 E 等。

③ 胺类　乙醇胺、二乙醇胺、谷氨酸、胳元等。

④ 酸类　抗坏血酸、柠檬酸等。

⑤ 无机物　磷酸、亚磷酸及其盐类。

(7) 洗涤发泡剂　是一类在洗漱过程中产生泡沫的物质，为表面活性剂。

（8）收敛剂　能使皮肤毛孔收缩的物质。常用的收敛剂为铝、锌等金属盐类，主要用于抑汗化妆品。

（9）胶黏剂　胶黏剂是使固体粉质原料黏合成型，或使含有固体粉质原料的膏状产物成为悬浮稳定的原料。在液体或乳状液类产品中黏合剂还兼有增稠、调节黏度、提高乳液稳定性的作用。常用的胶黏剂为天然或合成树脂类高分子化合物，在水中可溶胀或溶解。如阿拉伯树胶、果胶、淀粉和纤维素以及它们的衍生物。

（10）滋润剂　滋润剂能保证产品在使用时有一定的湿度，起到滋润作用。具有吸水保水作用的多羟基化合物，如甘油、丙二醇、山梨醇等均为常用滋润剂。

（11）其他辅助原料　因使用目的及对象不同，在化妆品中加入一定的特殊原料后，常赋予化妆品某种特殊功能。如用于指甲油中的成膜物质硝化纤维；用于防晒霜中的水杨酸薄荷酯；用于防止日晒脱皮的2-羟基乙酸；用于卷发化妆品种的含有巯基（—SH）的化合物；用于增白霜中的脱氢醋酸及其盐类；用于减少色素沉积的L-抗坏血酸-2-磷酸镁盐；用于治疗单纯性疱疹等皮肤病的干扰素和渗透剂；用于治疗粉刺的水杨酸等铵盐；用于治疗银屑病（俗称牛皮癣）的羟基萘衍生物，以及一系列抗紫外线辐射的化合物，如4-叔丁基-4-甲氧基苯甲酰甲烷、N-硬脂基硬脂酸酰胺、对二甲胺苯甲酸辛醋、腺苷三磷酸三钠盐等均属于有特定功能的化妆品原料。

四、化妆品生产的主要工艺

化妆品与一般的精细化学品相比较，生产工艺比较简单。生产中主要是物料的混合，很少有化学反应发生，常采用间歇式批量生产，生产过程中所用的设备比较简单，包括混合、分离、干燥、成型、装填及清洁设备。下面介绍化妆品生产中涉及的主要工艺。

1. 混合与搅拌

化妆品是由动物、植物、矿物中提取的原料混合均匀而成的专用化学品。以粉体为主的化妆品，则需要粉碎机、混合机、与油性成分相伴的拌和机。对乳膏一类的乳化剂品，要将水、油、乳化剂加以混合乳化，则需要乳化机。

在化妆品生产中的物料混合，是指使多种、多相物料互相分散而达浓度场和温度场混合均匀的工艺过程。桨叶式搅拌器结构简单，转速为 $20\sim80\text{r/min}$，适用于低黏度液体的搅拌。此种搅拌在化妆品工业上使用较多，常用于搅拌黏度低的液体和制备乳化或固体微粒含量在10%以下的悬浮液。

2. 乳化技术

化妆品中产量最大的是膏霜类化妆品，乳化成分散体系所占比例很大。乳化技术是生产化妆品过程中最重要而最复杂的技术。在化妆品原料中，既有亲油成分，如油脂、脂肪酸、酯、醇、香精、有机溶剂及其他油溶性成分；也有亲水成分，如水、酒精；还有钛白粉、滑石粉这样的粉体成分。欲使它们混合均匀，采用简单的混合搅拌即使延长搅拌时间也达不到分散效果，必须采用良好的混合乳化技术。因此，下面介绍乳化液的制备及乳化剂选择的有关内容。

胶体的稳定性

将互不相溶的两相以一定的粒度彼此分散所形成的分散体系，称为乳状液。乳状液中的两相一般分为油相和水相。油分散于水中形成的乳状液称为水包油型乳状液，用 O/W 表示；水分散于油中形成的乳状液称为油包水型乳状液，用 W/O 表示。另外还有水外包一层油、油外又包一层水的所谓的多重乳状液体系。

乳状液中被分散的相称为分散相，另外一相称为分散介质或连续相。

（1）决定乳状液类型的因素　决定乳状液类型的条件如下。

① 使用亲油性强的乳化剂易生成 W/O 型乳状液，使用亲水性强的乳化剂易生成 O/W 型乳状液。

② 互不相溶的两种液体，在不使用乳化剂时，一般以两相中体积大的一相为连续相。

③ 乳化过程的搅拌方法和条件。

④ 乳化容器内壁若为易被润湿的表面，易形成 O/W 型乳状液；反之，易形成 W/O 型乳状液。

（2）乳状液的稳定性　乳状液是热力学上的不稳定体系，长期放置将使油相和水相分离，即解乳或破乳。在制备乳状液时，为提高稳定性，可考虑使用以下几种措施。

① 减小两相的密度差。

② 提高连续相的黏度。

③ 加入合适的乳化剂以降低两相间的界面张力。

④ 保持乳状液粒子的界面上有比较扩散的双电层。

⑤ 保持乳状液粒子表面的吸附层有一定程度的机械强韧性。

（3）乳化剂的选择方法

① 根据乳化对象选择乳化剂制备乳状液　首先应根据不同对象与不同乳状液类型来选择适当的乳化剂。乳化剂一般用量为 3%～5%。如果乳化剂选择不恰当，用量增加至 30%，也难以得到性能良好的乳状液。表 3-3 为不同乳化对象要求乳化剂具有的亲水亲油平衡值（hydrophile lipophile balance，简称 HLB）。

表 3-3　不同乳化对象要求乳化剂具有的 HLB 值

乳化对象	HLB 值		乳化对象	HLB 值	
	O/W 型	W/O 型		O/W 型	W/O 型
植物油	7～9	—	日本蜡	12～14	—
牛脂	7～9	—	固体石蜡	11～13	—
石蜡	9	4	脂肪酸酯	11～13	—
轻质矿物油	10	4	液体石蜡	12～14	6～9
重质矿物油	10.5	4	甘拉巴蜡	14.5	—
石油	10.5	4	羊毛脂	14～16	8
凡士林	10～13	—	油酸	16～18	7～11
挥发油	13	—	油醇	16～18	7～8
鲸蜡油(C16)	13	—	硬脂酸	17	—
蜂蜡	10～16	—			

② 按 HLB 值选择乳化剂　选择适合的乳化剂主要靠实践经验，需要不断地摸索和研究。表 3-4 列举了一些不同乳化对象要求乳化剂具有的 HLB 值。选择乳化剂时，应选择 HLB 值相近的表面活性剂作为乳化剂进行乳化试验。一般来说，使用复配的乳化剂较单一结构的乳化剂效果好。表 3-4 为部分表面活性剂的 HLB 值。

表 3-4　各种表面活性剂的 HLB 值

化学名称	HLB 值	化学名称	HLB 值
山梨糖醇三油酸酯	1.8	聚乙二醇 400 单硬脂酸酯	11.6
山梨糖醇三硬脂酸酯	2.1	油酸三乙醇胺盐	12.0
丙二醇单硬脂酸酯	3.4	壬基苯酚聚氧乙烯醚($n=9$)	13.0
山梨糖醇酐倍、半油酸酯	3.7	聚乙醇 400 单月桂酸酯	13.1
乙二醇单硬脂酸酯(非自乳性)	3.8	山梨糖醇酐单月桂酸酯聚氧乙烯醚($n=4$)	13.3
山梨糖醇单硬脂酸酯	4.3	山梨糖醇酐单硬脂酸酯聚氧乙烯醚($n=20$)	14.9
丙二醇单月桂酸酯	4.5	山梨糖醇酐单油酸酯聚氧乙烯醚($n=20$)	15.0
山梨糖醇酐油酸酯	4.3	硬脂醇聚氧乙烯醚($n=20$)	15.3
二甘醇单硬脂酸酯	4.7	油酸聚氧乙烯醚($n=20$)	15.4
甘油单硬脂酸酯(自乳性)	5.5	山梨糖醇酐单棕榈酸酯聚氧乙烯醚($n=20$)	15.6
二甘醇单月桂酸酯	6.1	鲸蜡聚氧乙烯醚($n=20$)	15.7
山梨糖醇苷单棕榈酯	6.7	硬脂酸聚氧乙烯醚($n=30$)	16.0
山梨糖醇酐单月桂酸酯	8.6	聚乙烯醚($n=40$)	16.9
月桂醇聚氧乙烯醚($n=4$)	9.5	油酸钠	18.0
山梨糖醇酐单硬脂酸酯聚氧乙烯醚($n=5$)	9.6	硬脂酸聚氧乙烯醚($n=100$)	18.8
山梨糖醇酐单油酸酯聚氧乙烯醚($n=5$)	10.0	油酸钾	20.0
山梨糖醇酐三硬脂酸酯聚氧乙烯醚($n=4$)	10.5	十六烷基乙基吗啉硫酸盐	25～30
山梨糖醇酐三油酸酯聚氧乙烯醚($n=4$)	11.0	月桂基硫酸酯钠盐	约 40
聚乙二醇 400 单油酸酯	11.4		

③ HBL 值和其他方法相结合的选择方法　利用 HLB 值来选择乳化剂，虽然常用，但其不足之处在于未考虑乳化剂与乳化对象之间的化学结构间的相互关系。

一般阴离子表面活性剂作为乳化剂使用之时，乳状液粒子带同种电荷相互排斥，易获得稳定的乳状液。

乳化剂的憎水基团与被乳化对象结构相似或乳化剂在被乳化物中易溶时，乳化效果一般较好。当乳化剂的憎水基团与被乳化物亲和力较强时，不但乳化效果好，且乳化剂用量也减少。

(4) 乳化方法　工业上制备乳状液的方法可按乳化剂、水的加入顺序与方式大致分为转相乳化法、自然乳化法、机械乳化法 3 种。

① 转相乳化法　先将加有乳化剂的油类加热成液体，然后边搅拌边加入温水，开始时加入的水以微滴分散于油中，呈 W/O 型乳状液，再继续加水，随水量的增加乳状液逐渐变稠，至最后黏度急剧下降，转相为 O/W 型乳状液。

② 自然乳化法　易于流动的油状液体如矿物油，常用自然乳化法，即将乳化剂先溶于矿物油中，然后投入大量水中。油滴在水中逐渐缓慢下沉，表面不断被乳化，同时不断分裂成若干细小油滴，并进一步被乳化，直至最后完全形成乳化液。

自然乳化法过程中，水不断从油的表面浸入油内部。当乳化剂预先溶于油中，自然乳化效果不好时，可先将微量的水与乳化剂一起加入油中来改善自然乳化效果。极少量加入可以在油相中先形成水的通道，使水易于浸入，达到改善自然乳化效果。黏度高的油类自然乳化困难时，可稍提高操作温度。

③ 机械乳化法　机械乳化法是使用匀化器、胶体磨等乳化机械来进行乳化的方法。

匀化器的操作原理是将欲乳化的混合物在很高的压力条件下从一小孔挤出。胶体磨的主要部件是定子和转子，定子和转子的平面分为平滑状及皱纹状两类。当转子的转速以 $1000 \sim 2000$ r/min 转动时，产生很大的剪切力，液体在定子与转子间的空隙中通过时，产生机械乳化作用。用人工和普通搅拌器不能乳化的物质，如用匀化器或胶体磨进行机械强制乳化，一般均能得到较好的乳化效果。

3. 分离与干燥

对于液态化妆品，主要生产工艺是乳化，而对于固态化妆品，涉及的单元操作有分离、干燥等，在产品制作的后阶段，还需要进行成型处理、装填和清洁。分离操作包括过滤和筛分。过滤是滤出液态原料中的固体杂质，生产中采用的设备有批式重力过滤器和真空过滤机。筛分是筛去粗的杂质，得到符合粒度要求的均细物料，有振动筛、旋转筛等设备。干燥则是除去固态粉料、胶体中的水分，清洁后的包装瓶也需经过干燥，采用的设备有厢式干燥器、轮机式干燥器等。

五、化妆品生产工艺与设备

1. 水处理设备

水在整个化妆品生产过程中所占的地位是极其重要的。一般化妆品中含水分 $30\% \sim 70\%$，而生产工艺中用水量更大。生活用水中含有一定量的钙、镁、钠、铁、锰等离子，以及有机物及细菌等杂质，如果直接用于化妆品的生产，将极大地影响产品质量。因此，化妆品用水都必须进行预处理。所用设备介绍如下。

(1) 蒸馏装置　是制备蒸馏水的设备，通过高温灭菌，同时降低钙、镁离子的含量。分电热蒸馏水器（实验室用）、蒸馏塔、多效蒸发器等。

(2) 离子交换器　是通过离子交换树脂降低水的硬度，制备去离子水的装置。主要是采用 OH^- 型的阴树脂和 H^+ 型的阳树脂联合吸附除去水中的各种离子和盐类达到制取高纯水的目的。采用离子交换法进行水质处理一般较蒸馏法经济。

(3) 电渗析淡化器　电渗析淡化器是在外加直流电场的作用下，当含盐水流经阴阳离子交换膜和隔板组成的隔离室时，水中的阴阳离子开始定向移动。由于阳离子交换膜只允许阳离子通过而阻挡阴离子，阴离子交换膜只允许阴离子通过而阻挡阳离子，所以淡水隔离室中的离子迁移到浓水隔离室中去，从而达到原水淡化的目的。

目前工厂中用离子交换柱来制得去离子水，但没有解决水中杂菌问题，故还采用紫外线照射、通臭氧、氯气等方法来消毒灭菌。

2. 膏霜类化妆品生产工艺与设备

膏霜类护肤品最基本的作用是能在皮肤表面形成一层护肤薄膜，可保护或缓解皮肤因气候的变化、环境的影响等因素所造成的直接刺激，并能为皮肤直接提供或适当弥补其正常生理过程中的营养性组分。其特点是不仅能保持皮肤水分的平衡，使皮肤润泽，而且还能补充重要的油性成分、亲水性保湿成分和水分，并能作为活性成分的载体，使之为皮肤所吸收，达到调理和营养皮肤的目的。同时预防某些皮肤病的发生，增进容貌和肤色的美观与健康。

膏霜类护肤品按其产品的形态可分为：产品呈半固体状态、不能流动的固体膏霜，如雪花膏、香脂，产品呈液体状态，能流动的液体膏霜，如各种乳液。

而按乳化类型来分，常见的膏霜类产品基本可分为两大类，即水包油型（O/W）乳化体和油包水型（W/O）乳化体。

（1）香脂　香脂，通常也分为 W/O 型和 O/W 型，是一种含油较高的乳化体，擦用后在皮肤上留下一层油脂薄膜，可阻止皮肤表面与外界干燥、寒冷的空气接触，使皮肤保持水分、柔软及滋润皮肤，适合于干性皮肤及严寒季节。

（2）润肤霜　润肤霜属于固态膏霜，如表 3-5 所示。其组成中大部分是水，因此其特点是油而不腻，使用后滑爽、舒适。涂在皮肤上，部分水分蒸发后，便留下一层油膜，能抑制皮肤表皮水分的过量蒸发，对防止皮肤干燥、开裂或粗糙，保持皮肤的柔软起到重要作用。

表 3-5　润肤霜的配方示例　　　　　　　单位:%（质量分数）

组　　分	含　　量	组　　分	含　　量
白油	10	K_{12}	1
DC-200	4	甘油	8
IPP	4	香精	0.2
凡士林	3	防腐剂	2
硬脂酸	2	抗氧剂	0.1
1618 醇	2	水	余量
单甘酯	1		

（3）乳液　乳液又名奶液，同样可分为 W/O 型和 O/W 型乳化体，其含油量低于润肤霜和香脂，含油量小于 15%，其外观呈流动态，乳液制品使用感好，较舒适滑爽，无油腻感，它可弥补皮肤角质层水分。

（4）粉底霜　粉底霜的主要作用是美容化妆前打底，使不易散妆，也可用于美容化妆后的显影定妆。它可以遮盖皮肤本色，遮蔽或弥补面部缺陷，并赋予粉底颜色，调整肤色，使其滑嫩、细腻，如表 3-6 所示。

表 3-6　粉底霜配方示例　　　　　　　单位:%（质量分数）

组　　分	含　　量	组　　分	含　　量
异硬脂酸异丙酯	5.0	丙二醇	3.6
鲸蜡醇	5.0	丁二醇	2.4
二甲基硅油	2.0	PEG-20	1.8
聚氧乙烯甲基葡萄糖苷硬脂酸酯	1.2	精制水	65
钛白粉	8.0	丙烯酸酯聚合物	3.0
铁黄	0.6	三乙醇胺	0.9
铁红	0.2	防腐剂	适量

粉底霜的特点如下。

① 具有遮盖性，主要依靠产品中的白色粉体，如钛白粉等，既可遮盖皮肤本色，又可阻挡

紫外线照射，具有防晒作用。

② 具有吸收性，能吸收油脂，使皮肤无油腻感。

③ 具有黏附性，对皮肤有较好的黏附性，并耐潮湿的空气及汗水，不易脱落，不易散妆。

④ 具有滑爽性，易在棉布涂覆，并形成均匀薄膜。

膏霜类乳化化妆品的生产工艺流程如图 3-1。

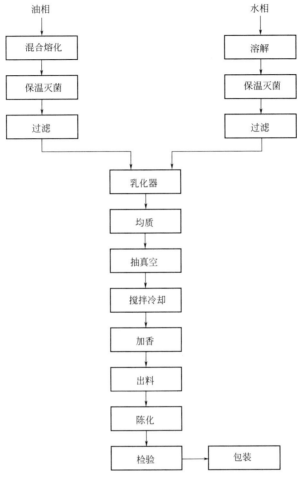

图 3-1　膏霜类乳化化妆品生产工艺

生产膏霜类化妆品的设备主要包括以下几种。

① 真空乳化器　设备基本构造同开式搅拌机，只是在密闭条件下操作，真空度为 93.3～98.7kPa。真空乳化器有以下优点：可使奶液、膏霜气泡降至最低，增加了产品表面粗糙度；减少了氧化反应，增加了产品的白度；避免杂菌污染，且采用灭菌高压空气出料，或胶体泵出料；中心轴底部装有均质器搅拌，转速可达 10000r/min，制备出的膏体颗粒小、均匀、细腻。

② 乳化搅拌锅　乳化搅拌锅是制作膏霜类产品应用得最多、最重要的设备。锅体一般采用耐腐蚀搪瓷乳化锅或不锈钢材料制成。

在生产过程中，乳化搅拌锅都是采用间歇操作。物料由上部锅盖加料口加入，在搅拌器的作用下迅速混合，并进行乳化。如需要加热或冷却，可以在乳化锅夹套内通入蒸汽或冷却水。乳化搅拌完成后，根据工艺要求搅拌冷却至出料温度，将乳剂从底部出料口放出。

③ 均质乳化搅拌器　均质乳化搅拌器简称均质器，是一种具有较强的剪切、压缩、冲击等

作用的高效搅拌设备。

均质器的搅拌部分是以涡轮叶轮和外壳组成，由于叶轮的高速旋转将在叶轮下边和上边产生压力差而造成对流反复循环。在对流循环作用下，物料受到由高速旋转的叶轮通过外壳产生强力剪切、压缩和冲击等作用，瞬间剪切，均匀混合，使内相颗粒分散，制造出有特殊效果、稳定理想的乳剂。

④ 胶体磨　迅速地同时将液体固体、胶体粉碎呈微粒化，并进行混合、乳化。简单搅拌器乳化后进行胶体磨乳化，可制得很细腻的膏体。特别适用于蜜粉类产品。

（5）超声波乳化器　超声波是指振动频率超过人的听觉上限的振动波，通常包括20kHz的振动波。超声波在化学工业中用于乳化搅拌、凝聚尘雾、促进化学反应等。超声波发生器分机电型和机械型两类。前者是利用机电换能器把高频电能转变为超声能；后者是利用高速气流或液流冲击金属簧片或空腔而产生超声能。化妆品用乳化器一般是用簧片式超声波乳化器，利用高速液流冲击簧片产生超声波，进而乳化原料混合物。

3. 水状化妆品生产工艺与设备

水状化妆品的主要品种有香水、古龙水、花露水、化妆水。前三种统称为香水类化妆品或芳香类化妆品，其组成主要是以酒精作基质原料，加入较多的香料香精和少量的色素；而化妆水中含有大量营养物质，可调节皮肤水分和油分，达到清洁、润肤、柔软和收敛作用。

香水类化妆品的原料为香精、乙醇、水、色素。当水质量较差时加入乙二胺四乙酸钠（EDTA）、柠檬酸及其钠盐、葡萄糖酸等软水剂以及少量的抗氧化剂。

（1）香水　香水是含有香精和少量水分的乙醇溶液，具有芬芳浓郁的香气，其主要作用是喷洒于衣物、手、头发上，使之散发令人愉快的香气，是重要的化妆品品种。

香水中的香精用量，一般在15%～20%之间，乙醇用量为80%～85%。存在于香水的少量的水分，可以使香气挥发得更好。在某些香水中，香精用量可以降至7%～10%，如果在其中加入0.5%～1.2%的豆蔻酸异丙酯能使香水涂擦、喷洒在织物上形成一层膜，从而使香气挥发速度减慢，达到留香持久的目的。

香水是化妆品中品位较为高贵的一类芳香佳品，其品种的高低除了与各种原料的质量和用量有关外，还与调配技术有关。高级香水，其香精多选用天然的花、果的芳香油或浸膏及动物香料来配制，此类天然香料的市场价格一般超过黄金的价格，用这类香料配制的香水的香气高雅，留香持久，价格也较昂贵。低档香水所用香料多用人工合成香料配制，香料含量一般在5%左右，与使用天然香料配制的香水相比香气稍差且留香时间也短，价格也相对较低。

（2）花露水　花露水主要在气温较高的季节用于沐浴祛除汗臭，其次消除公共场所的污秽气。其组成为70%～75%的乙醇，20%的水和2%～5%的香料及少量色彩淡雅的色素，要求产品的香气易散发，并有一定的留香能力。由于70%～75%的乙醇对细菌的杀灭作用最强，因此花露水具有一定的杀菌作用。

花露水的香型多以清香的薰衣草油为主体，也有玫瑰麝香型的产品。其颜色以淡雅的淡绿色、湖蓝、黄色为好。其价格较香水低。

（3）古龙水　古龙水又称科隆水，因其最早流行于德国的科隆镇而得名。古龙水为男性用花露香水，其中香精用量为2%～5%，乙醇用量为75%～80%。传统的古龙水香精用量为1%～3%，乙醇用量为65%～75%。

古龙水的香型以舒适、清香的香型为主。香精中主要含有香柠檬油、薰衣草油、橙花油、迷迭香油等。在男性用化妆品中占首位。

（4）化妆水　化妆水是一种透明液体化妆品。其组成配方中，乙醇的用量为20%～50%，以及少量的多元醇类，适量的精制水，并加有醇溶性润肤剂或中草药浸出物等。

化妆品中含有大量的营养物质，可以给皮肤提供丰富的营养，调控皮肤的水分和油分，滋润肌肤使之更加柔软，富有光泽，恢复青春活力。营养成分溶于水中，皮肤更容易吸收，达到最佳效果。化妆水中的表面活性剂可以除去存在于皮肤上的污物，清洁皮肤，以保证皮肤正常的生理活动。化妆水中的保湿剂除了给皮肤以滋润外，还可以调节皮肤的水分，使之保持柔软、不致干燥。除此之外，化妆水还有收敛毛孔的作用，这样可以使皮肤看上去光洁细腻，一些加有药物的疗效化妆水还具有祛斑、防晒、增白和杀菌等作用。化妆水按其使用的目的和功能可分为：洁肤化妆水、收敛化妆水和柔肤化妆水（表3-7～表3-9）。

水状化妆品的生产过程主要包括混合、熟化、冷冻、过滤、调色、成品检验、装瓶等工艺。典型生产工艺流程如下（图3-2）。

表 3-7　洁肤化妆水配方实例　　　　　　　　单位：%（质量分数）

组　　分	含　量	组　　分	含　量
聚乙二醇1500	5.0	三乙醇胺	2.0
聚乙二醇4000	5.0	乙醇	20.0
羟乙基纤维素	0.1	去离子水	66.7
聚氯乙烯(15)油醇醚	1.0		

表 3-8　收敛化妆水配方实例　　　　　　　　单位：%（质量分数）

组　　分	含　量	组　　分	含　量
聚氯乙烯(20)油醇醚	1.0	乙醇	20.0
甘油	5.0	去离子水	73.4
柠檬酸	0.1	香精	0.2
磺基石炭酸	0.2	防腐剂	0.1

表 3-9　柔肤化妆水配方实例　　　　　　　　单位：%（质量分数）

组　　分	含　量	组　　分	含　量
甘油	3.0	聚氯乙烯($n=20$)月桂酸醇醚	0.5
丙二醇	4.0	乙醇	15.0
缩水二丙乙醇	4.0	去离子水	余量
油酸	0.1	香精	0.1
聚氯乙烯($n=20$)失水	1.0	色素	0.1
山梨酸单月桂酸酯	1.5	防腐剂	0.1

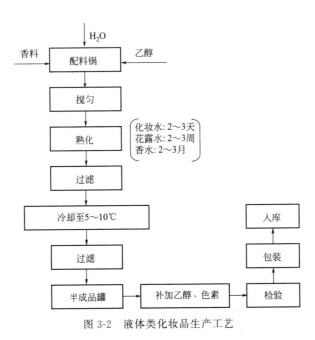

图 3-2　液体类化妆品生产工艺

① 混合　混合是将各种主要原料按配方在容器中机械混匀的过程，是水状化妆品的主要工序。主要原料经混合后存放一段时间，香精中含萜类化合物较高的精油，其中的萜类化合物沉淀析出，因而有利于成品的澄清度并改善寒冷条件下的抗浑浊性能。混合用容器以不锈钢最好，或者使用搪瓷、搪银、搪锡等设备。传统的古龙水是在木质容器中混合并熟化的。

② 熟化　水状化妆品在熟化过程中发生较为复杂的化学反应，为了加速这些反应的发生，可采用物理熟化法和化学熟化法。物理熟化法包括：机械搅拌，空气鼓泡，红外、紫外光线照射，超声波处理，机械搅动等方法。化学熟化包括空气氧化或臭氧鼓泡氧化。

水状化妆品的熟化时间需多久，看法尚不一致。影响熟化时间的因素包括原料的质量、温度的高低、熟化的方法、有无光照等。有人认为，香水熟化期至少为 3 个月。古龙水及化妆水至少为两周。如果条件允许，熟化期尽可能长一些为好。具体的熟化期应视生产厂家的经验及具体情况而定。熟化期从产品中沉淀出的不溶物，必须在下一工序中过滤除去。

③ 冷冻　含水量较高的古龙水、花露水、化妆水如果在 35℃ 下过滤或温度更低时，就会出现水不溶物而使产品呈半透明状，即使加热这种沉淀也不会重新溶解，产品就此浑浊。应避免此种现象出现而影响产品外观及质量。上述几类水状化妆品，经过冷冻后使水不溶物充分沉淀出来，然后过滤除去。冷冻温度一般为 $-7 \sim 5℃$。

④ 过滤　过滤一般使用帆布、石棉滤垫或滤纸。少量生产时用滤纸过滤。大量生产时石棉滤垫或帆布加压过滤。加压过滤时，加入适量的助滤剂，可在滤垫上形成一薄层，使滤孔紧密，有助于滤除熟化过程中析出的细小不溶物及胶体颗粒。

⑤ 调色　加色工艺在过滤后进行，否则色素会被助滤剂吸收。但香水商品中，为了防止在衣物或手帕上留下斑迹，通常不加色素。

⑥ 成品检验　用适当的仪器，测定成品的色泽、密度、折射率、乙醇含量等。

⑦ 装瓶　盛装成品的瓶子最后水洗应使用蒸馏水或去离子水。装瓶在 25℃ 左右为宜。在瓶上部留出 5%～10% 的空隙，以防止贮存期间，温度升高时，瓶内产品受热而膨胀导致瓶子破裂。

生产水状化妆品常用的设备有配料锅、贮存罐、过滤机、液体装罐机等。这些生产设备除可用于制造香水、花露水、化妆水外，还能用于制造冷烫液、生发液等。

① 过滤机　过滤机是制作液体化妆品的重要设备之一。许多液体粗制品都含有各种杂质，如香水、花露水制品因冷冻而析出的蜡质或其他沉淀物，因此必须用过滤机进行过滤、精制，除去杂质。

过滤机有板框压滤机、叶滤机、转筒式真空过滤机等几种。过滤机因其构造不同而各有特点，板框压滤机具有占地面积小、过滤面积大、构造简单、易于操作和使用可靠等优点，因此，适用于香水、花露水、化妆水等各种液体化妆品及液体原料的过滤。

② 贮存罐　在制作液体化妆品的过程中，首先要将刚配制好的粗制品进行贮存陈化处理，即将料液粗制品装入贮存罐置于阴凉而通风避光处或存于地下室，经 1～3 月的陈化熟成，料液发生一系列的物理和化学变化，使其香气充分地协调统一，从而提高产品的质量。

贮存罐一般采用不锈钢、搪瓷、玻璃等材料制成，不宜采用铁质容器。

③ 配料锅　制作液体化妆品常用的配料锅多采用不锈钢、搪瓷或玻璃材料。一般来讲，锅内常附有机械搅拌，通过搅拌可使料液混合均匀。配料锅的规格、容量可根据生产规模确定。

制造花露水也可采用空气混合器，即采用 98～294kPa 的压缩空气通过管道进入配料贮存器内的多孔喷管，将配好的花露水进行充分混合。空气混合虽比较安全，但有大量的乙醇气体排出，使乙醇的蒸发加快。由于空气中的氧对乙醇有一定的氧化作用，氧化的生成物对香水、花露水等有不利影响。

④ 液体灌装机　液体灌装机是计量和灌装液体化妆品产品的重要设备。使用液体自动灌装机时可自动地进行计量和灌装，灌装效率很高。液体自动灌装机主要是由贮槽和自动计量装置组成的。其贮槽的大小和计量数量可根据需要进行调整。

4. 香粉类化妆品生产工艺与设备

香粉类化妆品是一定粒度的固体粉质原料以粉状或饼状形式包装的化妆品，其主要作用是调节皮肤色调，消除面部油光，防止油腻皮肤过分光滑和过黏，吸收汗液和皮脂增强化妆品的持续性，产生滑嫩、细腻、柔软绒毛的肤感。这就要求香粉要具有遮盖力、附着性、滑爽性和吸收性四大特点。

① 遮盖力　香粉类化妆品的色泽应接近皮肤的颜色，涂覆于皮肤之上，使皮肤具有健康的肤色，弥补皮肤的缺陷，遮盖皮肤皲裂、黄褐斑、小疵等。常用的"遮盖剂"有氧化锌、二氧化钛、碳酸镁。遮盖力以单位质量的遮盖剂所能遮盖的黑色表面积来表示。上述三种常用遮盖剂中，二氧化钛的遮盖力最强。

② 滑爽性　滑爽性是香粉类化妆品的重要性能。香粉类化妆品只有具备了滑爽易流动的特性，才能涂覆均匀，并产生光滑感。起滑爽功能的主要物质是滑石粉，其用量一般大于50%。滑石粉的主要化学成分是硅酸镁（$3MgO \cdot 3SiO_2 \cdot H_2O$），高质量的滑石粉具有薄层结构。用于香粉类化妆品的滑石粉细度应是99%以上通过200目分析筛子。

③ 吸收性　吸收性是指香粉类化妆品对香料、油脂和水分的吸收性质。如果吸收性过强，易使皮肤干燥。香粉类化妆品一般选用沉淀碳酸钙、碳酸镁、胶性高岭土、淀粉或硅藻土等材料作为吸收剂。碳酸钙和胶性高岭土能消除滑石粉闪光；碳酸镁的吸收功能较碳酸钙大3～4倍，特别对芳香物质有优良的混合性能。在香粉类化妆品中，较多使用碳酸钙和碳酸镁作为吸收剂。

④ 附着性　香粉类化妆品涂覆在皮肤上要有优良的吸附性能，不易脱落。常用硬脂酸盐和棕榈酸盐作为香粉的附着剂。其中，硬脂酸锌盐和镁盐使用普遍。这些金属盐类的相对密度小、色白、无异味。在香粉类化妆品中，硬脂酸盐及棕榈酸盐包附粉粒外表面，赋予香粉憎水性能，不易被水浸湿，从而避免香粉过多吸收皮肤表面的水分而使皮肤干燥。附着剂的用量根据产品的配方而确定，一般为5%～15%。

（1）香粉　香粉是不含油相，全由粉体原料配合构成的一类香粉。其大致由粉料、色素、香精等组成，如表3-10所示。

表 3-10　香粉配方实例　　　　　　　　　　　单位：%（质量分数）

组　　分	含量			组　　分	含量		
	配方 1	配方 2	配方 3		配方 1	配方 2	配方 3
滑石粉	50.0	62.0	42.0	碳酸镁	—	5.0	5.0
氧化锌	15.0	15.0	15.0	高岭土	—	12.0	13.0
硬脂酸锌	3.0	5.0	5.0	沉淀碳酸钙	15.0	—	15.0
大米淀粉	15.0	15.0	—	香精及颜料	适量	适量	适量

不同类型的香粉适用于不同类型的皮肤和不同气候条件下。香粉使用的原则是，遮盖皮肤上的雀斑、褐斑等皮肤缺陷，保持皮肤光滑、湿润，以达到增色加艳的效果。对于油性皮肤使用吸收性和干燥性强的香粉，以吸收皮肤分泌的过多的油脂；对干性皮肤则选用吸收性和干燥性较差的香粉。在气候炎热、空气潮湿的地区，皮肤易出汗，需使用吸收性较好的香粉；在气候寒冷、空气干燥的地区，皮肤易于干燥皲裂，需使用吸收性较差的香粉。吸收性较差的香粉配方中一般碳酸钙和碳酸镁的用量较少，而硬脂酸镁、硬脂酸锌的用量相对较大。无机盐用量的减少和有机盐用量的增加，使香粉的吸水性降低。另外，在香粉中加入适量的脂肪类化合物的产品称为加脂香粉，其生产方法是将脂类化合物先溶解于挥发性有机溶剂中，然后同粉料混合均匀，最后在真空条件下使溶剂挥发除去。用此方法生产的加脂香粉产品，脂类化合物用量不超过5%～6%，且分布十分均匀。当用量过高时，会引起香粉结块，不易涂覆。

一般香粉的生产过程比较简单，主要是混合、磨细及过筛，有的是磨细过筛后混合，有的是混合、磨细后再过筛。生产上制备细粉的方法一种是磨碎，如采用万能磨粉碎机、球磨机和气流磨粉碎机等设备；另一种方法是将粗细颗粒分开，如采用筛子和空气分细机等设备。关于这些设备的结构和使用方法，不能——详述，但对一般生产操作中应注意的事项必须着重指出。

① 混合均匀　无论生产上用何种方法，必须使香粉配方中的各种成分混合得十分均匀。如果粉粒的细度要求小于 769μm，分细必须采用筛子以外的方法，如空气分细机等。在磨细时最好先通过 40～60 号的粗筛子，筛去可能混入的杂物，以免损伤磨粉设备和混入成品中。

② 香精的混合　适宜的方法是将香精和一些吸收性较好的物质先进行混合，然后再与香粉的其他原料混合均匀，一般是将香精和全部或部分碳酸钙在拌粉机内拌和均匀，置于密封的不锈钢容器中数天使吸收完全，然后再与其他的原料混合均匀，经过这样的处理，可使香粉的香精自然和谐。

③ 应保持生产设备的清洁。香粉有可能在生产设备中受到污染。

④ 正确地调节机器设备以防止产生高热　在加工过程中机器设备产生高热，对香粉质量有明显影响，如采用磨粉机和带有刷子的筛子时，由于强力的摩擦就有可能产生高热，因此正确地调节机器设备，使产生的热量达到最小是很重要的。

⑤ 包装　有时香粉的质量也会受装粉机影响，如装粉机在装粉时装得太快或者装得太紧可能会产生热，使香味或色泽受到影响；另外包装盒子也要注意，盒子不能有气味，因为有些粘盒子的胶在炎热和潮湿的环境里容易霉臭，会影响香粉的质量。

（2）粉饼　粉饼是将香粉制成块状的产品，其使用目的和效果与香粉相同。制成块状的目的是便于携带、防止倾翻及飞扬。但由于剂型不同，在产品使用性能、配方组成和制造工艺上有所不同。

粉饼的组成如下。

① 粉料、色素、香精：同香粉。

② 水溶性胶黏剂：常用阿拉伯胶、羧甲基纤维素钠盐 CMC、通常添加少量的保湿剂如甘油、丙二醇、山梨醇等。

③ 油溶性胶黏剂：包括十六醇、硬脂酸单甘酯、角鲨烷、羊毛脂、羊毛脂衍生物、地蜡、蜂蜡、液体石蜡等。

④ 防腐剂、抗氧剂。

典型配方实例如表 3-11 所示。

表 3-11　粉饼配方实例　　　　　　　　　　　单位：%（质量分数）

组　　分	含　　量	组　　分	含　　量
滑石粉	50.0	羊毛脂	0.5
高岭土	10.0	十六醇	1.5
锌白粉	8.0	CMC	0.06
硬脂酸锌	5.0	海藻酸钠	0.03
碳酸镁	5.0	防腐剂	适量
碳酸钙	10.0	香精	适量
色素	适量	去离子水	余量
白油	4.0		

5. 美容化妆品

美容化妆品主要是对人体的某些部位进行装饰性化妆，以达到显现的体感，或突出某些部位的色泽目的。分为唇膏、胭脂、眼影、眼线膏、指甲油等。

（1）唇膏　唇膏又称口红，是使唇部红润有光泽，达到滋润、保护嘴唇、增加面部美感及修正嘴唇轮廓起衬托作用的产品，是女性必备的美容化妆品之一。

由于唇膏是涂抹在唇部的一种美容化妆品，很可能在饮食过程中摄取入口，所以色体颜料须经主管部门批准。唇膏作为近似医药品的呼声越来越高，每种原料都必须经过严格试验。

一般唇膏的组成是着色剂占 10%，油性基料占 90%，其中蜡类硬化剂占 20%～25%，油及油脂占 65%～70%。

唇膏配方实例如表 3-12 所示。

表 3-12　唇膏配方实例　　　　　　　　　　　　单位：%（质量分数）

组　　分	配方 1 蓖麻油型	配方 2 液体石蜡型	配方 3 变色型	组　　分	配方 1 蓖麻油型	配方 2 液体石蜡型	配方 3 变色型
蜂蜡	12.0	8.5	10.5	豆蔻酸豆蔻酯	—	10.0	—
虫蜡	10.0	—	5.5	卡那巴蜡	—	—	3.5
蓖麻油	45.7	—	38.7	小烛树蜡	—	—	7.5
豆蔻酸异丙酯	3.0	—	20.5	白凡士林	—	49.7	—
可可脂	5.0	—	3.0	硬脂酸丁酯	—	—	8.5
十六醇	4.0	15.0	—	颜料	5.0	8.5	2.0
石蜡	8.0	8.0(液体)	—	二氧化钛	2.0	—	—
硬脂酸单甘油酯	5.0	—	—	香精、抗氧剂	0.3	0.3	0.3

唇膏还有大量的颜料粉体，成型后有一定的硬度，产品外观要求较高。颜料粉体在基质上的均匀分散是唇膏制造的关键，因此，在生产工艺方面有一些要求。

唇膏生产工艺可分为四个阶段：颜料的研磨、颜料相与基质的混合、铸模成型和火焰表面上光等。生产工艺流程如图 3-3 所示。

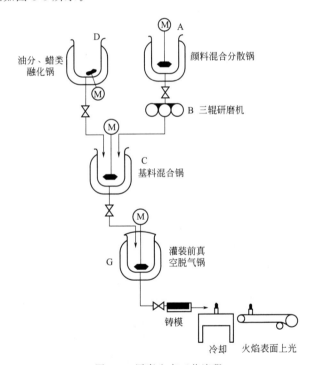

图 3-3　唇膏生产工艺流程

（2）胭脂　胭脂是涂抹于面颊上，使面部呈现立体感和健康气色的化妆品。近年来，为增强立体感，造成阴影，其色彩也越来越丰富。定妆后，为修饰面颊的气色和增强脸部造型，胭脂是必不可少的美容化妆品。早期制成的胭脂呈膏状，现代生产的胭脂有粉质块状、透明状、膏状和凝胶等多种剂型，其中使用较多的是固体块状。

① 胭脂块　粉饼状的胭脂是目前最为流行的一种，也是最难制作的一种。它既要有鲜艳的色泽、质地细腻润滑、涂抹容易，又要能承受一定的压力而不碎。其大致组成主要包括粉体、胶

黏剂、颜料等，配方实例见表 3-13。

表 3-13　胭脂配方实例　　　　　　单位：%（质量分数）

组分	普通型	珠光型	组分	普通型	珠光型
滑石粉	70.0	51.5	液体石蜡	—	1.7
高岭土	10.0	3.0	甘油	3.3	—
二氧化钛	3.0	5.0	凡士林	—	1.5
硬脂酸锌	5.0	5.0	珠光粉	—	20.0
淀粉	3.0	—	着色颜料	5.0	2.8
硫酸钡	—	4.0	抗氧剂、香精	适量	适量
氧化锌	—	5.0	去离子水	适量	—

②胭脂膏　配方实例见表 3-14。

表 3-14　胭脂膏（油膏型）配方实例　　　　　　单位：%（质量分数）

组　　　分	含量	组　　　分	含量
液体石蜡	23.0	着色颜料	1.25
精制地蜡	15.0	高岭土	20.0
凡士林	20.0	二氧化钛	4.2
肉豆蔻酸异丙酯	9.0	香精、抗氧剂、防腐剂	0.55
羊毛酸异丙酯	7.0		

③棒状胭脂　配方实例见表 3-15。

表 3-15　棒状胭脂配方实例　　　　　　单位：%（质量分数）

组　　　分	含量	组　　　分	含量
巴西棕榈蜡	3.0	肉豆蔻酸异丙酯	6.0
小烛树蜡	6.0	蓖麻油	64.8
地蜡	3.0	抗氧剂	0.1
蜂蜡	2.0	香精	0.1
十六烷基硬脂酸酯	10.0	着色颜料	5.0

④胭脂胶冻　为透明而带有震颤弹性的红色胶冻。主要成分是羧乙烯聚合物及卡波泊 934，乙二胺四乙酸钠、三乙醇胺、聚乙二醇及红色颜料。它具有美容护肤双重功能，使用后在皮肤表面形成一层极薄的弹性薄膜，不仅能保持底彩的原有美观，而且具有一定润展皱纹的功效。

⑤胭脂水　为流动液体，透明带色，易于扩散，具有适当黏度与快干性能。

（3）眼影　眼影是涂敷于上眼皮及外眼角形成阴影和色调反差，显示出立体美感，达到强化眼神而美化眼睛的化妆品。眼影主要有粉质眼影块和眼影膏两种。

①粉质眼影块　目前粉质眼影块很流行，用马口铁或铝质金属制成底盘，压制成各种颜色和形状。颜色以冷色调为主，蓝、灰、绿粉质眼影块有 5～10 种商品，各种深灰色调，配套包装于一塑料盒内，便于随意使用。原料与粉质胭脂块基本相同，但滑石粉不能含有石棉和重金属，应选择滑爽及半透明状的片状滑石粉。因此眼影粉块中含有氧氯化铋珠光原料，如果滑石粉颗粒过于细小，就会减少粉质的透明度，影响珠光色调效果。如果采用透明片状滑石粉，则珠光色调效果更好。碳酸钙由于不透明，适用于制造无珠光效果的眼影粉块。

颜料主要采用无机颜料如氧化铁棕、氧化铁红、群青、炭黑和氧化铁黄等。颜料着色的色调各有深浅，应根据需要调整颜料的配比，由于颜料的品种和配比不同，所以黏合剂用量也各不相同。

②眼影膏　眼影膏的外观和包装与唇膏基本相同，是颜料粉体均匀分散于油脂和蜡基的混合物，或乳化体系的商品。眼影膏不如粉状眼影块流行，但其持久性较好。眼影膏多数为无水

型，适用于干性皮肤。

6. 发用化妆品

发用类化妆品是用来清洁、营养、保护和美化人们头发的化妆品。它包括洗发化妆品、护发化妆品、生发化妆品、染发化妆品、烫发化妆品、脱毛化妆品、剃须化妆品等。下文主要介绍洗发类化妆品和护发类化妆品。

（1）洗发类化妆品　香波是英语 shampoo 一词的译音，它是为清洁人的头皮和头发并保持美观而使用的化妆品。是一种以表面活性剂为主制成的液体状、固体状或粉末状的制品。主体原料随香波形态的变化及功能的多样化而变化。从香波的演变历史来看，1950 年是以肥皂为主的洗发粉，由于肥皂会与硬水中的钙镁离子生成黏腻的钙镁皂，洗后感觉不好；1955～1965 年，随着合成洗涤剂的发展，一段时间，以烷基硫酸盐为基础的粒状、浆状香油上市；20 世纪 70 年代以 AS、AES 为主体的液状香波逐步发展至不仅是清洁剂，而向多功能的方向发展，对原料的要求更严格，pH 值最好是中性或微酸性及洗后有良好的感觉等。近年来，由于洗发的次数增加，要求香波脱脂力低、性能温和，有柔发性能的调理香波和对眼睛无刺痛的婴儿香波日趋盛行。此外，具有洗发、护发、美发、去头屑等功能性的洗发液也不断问世。

① 洗发水　洗发水与其他洗发产品的不同之处是活性物含量低，产品的外观透明清晰，黏度低。主要作用是清洗头发。随着科技发展及消费水准的提高，由简单的清洗功效，发展为调理性，如光泽、易梳理、抗静电性等，甚至已发展到修复受损的头发的特殊功效，如营养洗发水、香气洗发水、去屑止痒洗发水、头发晒后修复洗发水等。

② 洗发膏（洗头膏）　洗发膏又称膏状香波，是国内开发较早、至今仍很流行的香波品种。为不透明和具有不同深浅颜色的膏状皂型香波。去污力强，特别适宜于油性头发、污垢较多的男性消费者，使用方便，运输也方便，至今又发展添加中草药提取液如首乌、疗效剂如去屑止痒剂等，产品品种增加，有一定的市场占有率。洗后头发光亮、柔软、顺服。

③ 香波　香波有透明、珠光、膏冻不等的外观，性能有调理、酸性、药效、特效等，还有按发质区分的如干性发用香波、中性发用香波、油性发用香波。特点是洗净性好，具备抗硬水性和特有的溶解性。各种表面活性剂、添加剂赋予香波不同功能，增加了产品的自身价值。使香波成为洗发、洁发、护发、美发等化妆型产品。

目前市场上香波主要品种有透明香波、珠光香波、乳状香波、调理香波、去头屑香波、二合一香波（洗发、护发）、三合一香波（洗发、护发、去头屑）、凝胶状香波等。配方实例见表 3-16。

表 3-16　香波配方实例　　　　　　　　　单位：%（质量分数）

组　　成	透明型	儿童型	珠光型	调理型
烷基醚硫酸钠 AES(70%)	12.0	6.0	15.0	18.0
月桂酸二乙醇酰胺	5.0	—	3.0	4.0
椰油酰氨基甜菜碱	4.0	5.0	5.0	—
乙二醇单硬脂酸酯	—	—	1.5	—
阳离子变性纤维素醚	—	—	—	1.0
咪唑啉两性表面活性剂	—	12.0	—	5.0
防腐剂、色素、香精	适量	适量	适量	适量
去离子水	余量	余量	余量	余量

目前，香波的发展极快，尤其对使用时的触感和使用后的效果更为注重，为了提高使用的触感如涂布性、湿梳性等，随配方的更新，操作制法也在不断改变。以前均为热法生产为主，目前已开始采用冷法生产来满足产品原料的性能需求。

（2）护发类化妆品　使用以高级脂肪醇为阴离子表面活性剂的香波，由于这类表面活性剂脱脂力较强，用后会使头发变干。另外，由于烫发及染发的普及，头发自身也受到损伤，失去光泽而变得干枯，还易发生头发断裂。为了改变上述状况，普及了以阳离子表面活性剂、阳离子季铵盐为基础的护发用品。

常用的护发用品有发油、发蜡、发乳、发膏等品种。

① 发油　发油即头油，用动、植物油脂加入一定的香精制成，市售新产品中也有双色头油，为油、水（或为油不溶性溶剂）加入适量乳化剂，使用时摇动即可。发油的作用在于修饰头发使之光泽，亦起到头发整形功效。

② 发蜡　发蜡可使头发定型，多为男性用品。可增加头发光亮度，是美发化妆品。

产品为半固体的油、脂和蜡的混合物。适用于干性头发和难以梳理成型的硬性头发。缺点是太黏难洗。

③ 发乳　发油与发蜡两种护发产品仅能增加光泽，补充头发上的油分，来达到一定的护发效果。而发乳是乳化型的产品，尤其是 O/W 的发乳，水分易被头发吸收，又能有油脂残留在头发上，使用时油腻感减少，易于洗除。所以发乳不仅能起保护和滋养头皮的作用，还能促进头发的生长和因水分的补充而减少断裂。

发油、发蜡、发乳配方见表 3-17。

表 3-17　发油、发蜡、发乳配方实例　　　　　单位:％（质量分数）

组　　分	发油	发蜡	发乳
聚氧乙烯硬脂酸山梨醇酯	—	—	2.0
单硬脂酸酯山梨醇酯	—	—	2.0
凡士林	—	43.0	7.0
液体石蜡	73.0	31.0	31.0
硅油	2.0	2.0	2.0
石蜡	—	17.0	—
肉豆蔻酸乙酯	23.0	—	3.0
香精、防腐剂、色素等	2.0	适量	2.0
去离子水			余量

④ 护发素　护发素是继香波后出现的护发新秀，以阳离子表面活性剂（季铵盐类）为主要成分，它能吸附在头发表面成膜，从而使头发柔软、光润、抗静电，使头发易于梳理成型。护发素也叫漂洗护发剂、润丝膏，以单一的季铵盐为主体，掺和油分，继而为了增加功效添加营养剂和疗效剂；使用方法有洗发后使用的洗除型及洗发后使用的涂抹型两种；外观有不透明型和透明型等。配方如表 3-18。

表 3-18　护发素配方实例　　　　　单位:％（质量分数）

组　　分	含量	组　　分	含量
十六烷基三甲基溴化铵	1.0	水溶性羊毛脂	1.0
十八醇	3.0	香精、柠檬黄色素	适量
硬脂酸单甘油酯	1.0	水	余量

由于阴离子表面活性剂与阳离子表面活性剂复合配制、使用会降低效用，随阳离子共聚物及调理香波问世，但还存有在头发上易积集的弊病等。日常，还是以洗发、护发分开使用效果更佳。

⑤ 焗油膏　头发按发质可分为沙发、钢发、绵发等几种，焗油膏是当代用于美发、护发的高级发用化妆品，并替代了护发素，效果更佳。焗油膏对烫过的发质效果明显，焗油除具有增光泽、抗静电、整发固发作用外，对保养头发，对干、枯、脆等受损头发的修复功能更为突出。可使沙发发质的女性长发不再蓬散而是光亮柔顺美丽。

通常用焗油膏来护发的方法采用焗油机进行蒸汽焗油处理和用较热的毛巾热敷处理，热度大些效果更好，然后用水漂洗一下即可，见表 3-19。

表 3-19　焗油膏配方实例　　　　　　　单位:%（质量分数）

组　分		含量	组　分		含量
油相	苯甲酸月桂醇酯	4.0	水相	阳离子瓜尔胶	0.5
	硬脂醇聚氧乙烯醚			桑蚕丝水解物	1.0
	改性硅油	4.0		精制水	83.0
	羊毛脂衍生物	2.0	其他	吡咯烷酮羧酸钠	适量
	貂油	3.0		防腐剂	适量
	皮肤助渗剂	2.0		香精	适量
	乳化剂	适量			
	维生素 E	适量			

⑥ 摩丝　摩丝（mousse）来自法语，意为泡沫或解释为起泡的膏霜。摩丝于 1982 年在英国和德国出现，1983 年在美国出现。

摩丝为气溶胶型化妆品，使用时可喷出洁白、易消散的，具有弹性的泡沫，容易在头发上涂敷，具有调理和定型双重功效，因此容易将头发调理固定成各种新潮发型。

摩丝是以高分子聚合物为主要原料的发泡型护发定型产品，是由成膜剂、乳化剂、发泡剂、护发剂、保湿剂、精制水、抛射剂等组成的，详见表 3-20。

表 3-20　摩丝配方实例　　　　　　　单位:%（质量分数）

组　分	含量	组　分	含量
PVP/VA 聚合物	2.0	乙醇	10.0
脂肪醇聚氧乙烯醚(A_{25})	3.0	防腐剂	适量
JR-400	1.5	香精	适量
1831	0.6	丙烷/丁烷(40/60)	15.0
甘油	5.0	精制水	适量

⑦ 发用啫喱　发用啫喱有发用啫喱膏和啫喱露两种产品。一般来说，发用啫喱是水溶性的护发型产品，它不含酒精或抛射剂等易燃易爆物，因此可带上飞机、火车、轮船，方便外出旅游。发用啫喱不仅价格低廉，而且无毒无害，因此市场需求量较大，前景广阔。

啫喱膏又名发用凝胶或头发增厚剂。商品为浅绿色或无色填有彩色珠光颜料的透明弹性胶冻，易于在头发上涂展，有湿润感，无油腻感，能使头发柔软，且能保持发型。发用凝胶可分为调理凝胶和定型凝胶两类。调理凝胶可改善头发的梳理性、体感和光泽。定型凝胶具有良好的护发定型作用。发用凝胶主要由成膜剂、凝胶剂、中和剂、溶剂和添加剂等组成，详见表 3-21。

表 3-21　啫喱膏配方实例　　　　　　　单位:%（质量分数）

组　分		含量	组　分		含量
A	卡波树脂	0.6	B	EDTA	0.02
	氨基甲基丙醇	0.9		甘油	2.0
	精制水	91.3		防腐剂	适量
	丙烯酸酯共聚物	3.26	C	聚氧乙烯氢化蓖麻油	0.15
				香精	适量

啫喱露是露液状的护发定型产品。商品外观为无色或淡红、草绿、海蓝、柠檬等不同颜色的水溶性护发产品。啫喱露是由基质原料、碱剂、添加剂和精制水等组成的。一般来说，基质是由卡波树脂（carbopol resin）、PVP 等水溶性增稠树脂或成膜物构成。碱剂是由三乙醇胺或 10% 氢氧化钠溶液等构成。啫喱露的添加剂有防晒剂、保湿剂、防腐剂、着色剂、香精等。

第三节　合成洗涤剂

一、洗涤剂概述

1. 洗涤剂定义及分类

根据国际表面活性剂会议（C.I.D）用语，所谓洗涤剂，是指以去污为目的而设计配合的制品，由必需的活性成分（活性组分）和辅助成分（辅助组分）构成。作为活性组分的是表面活性剂，作为辅助组分的有助剂、抗沉淀剂、酶、填充剂等，其作用是增强和提高洗涤剂的各种效能。

严格地讲，洗涤剂包括肥皂和合成洗涤剂两大类。

所谓肥皂是指至少含有 8 个碳原子的脂肪酸或混合脂肪酸的碱性盐类（无机的或有机的）的总称。根据肥皂阳离子不同，可分为碱性皂和金属皂（非碱金属盐）。

另外，根据肥皂的用途可分为家用和工业用两类，家用皂又分为洗衣皂、香皂、特种皂等；工业用皂则主要指纤维用皂。

此外，也可按照肥皂的制造方法、油脂原料、脂肪酸原料、产品形状等分类。

合成洗涤剂是近代文明的产物，起源于表面活性剂的开发，是指以（合成）表面活性剂为活性组分的洗涤剂。

合成洗涤剂通常按用途分类，分为家用和工业用两大类，如图 3-4 所示。

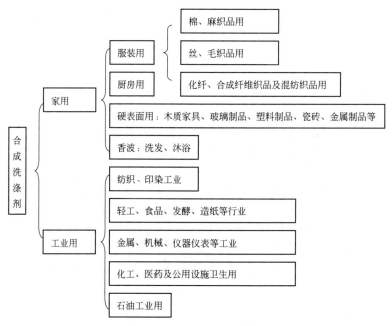

图 3-4　合成洗涤剂的分类

按产品状态，合成洗涤剂又分为粉状洗涤剂、液体洗涤剂、块状洗涤剂、粒状洗涤剂、膏状洗涤剂等。根据前瞻网的调研，我国洗涤剂生产整体规模趋于稳定，但洗护产品结构发生巨大变化。2008 年我国洗衣液产品的市场普及率不足 4%，但到 2023 年，洗衣液已占据中国衣物洗护品类的主导地位，销售额占比高达 49%。其次是洗衣凝珠，占比 13%，而曾经家家户户都在使用的洗衣粉，销售市场份额降

胶束的知识

CMC 的测定

至 8%。

2. 洗涤剂用表面活性剂

表面活性剂是洗涤剂的必要活性组分和主要原料，洗涤剂中使用的表面活性剂主要有以下品种。

(1) 阴离子表面活性剂 是洗涤剂中使用最广泛的一类，其亲水基团带负电荷，具有良好的去污、发泡和乳化能力。常用品种有：

① 烷基苯磺酸钠（LAS，ABS） R—⟨苯环⟩—SO_3Na，烷基苯磺酸钠是当今世界生产洗涤剂用量最多的表面活性剂。市场上各种品牌的洗衣粉几乎都是用它作主要成分而配置的，其产量占表面活性剂总产量的三分之一左右。

60 年代以前用于洗涤剂的烷基苯磺酸钠来自四聚丙烯苯，为支链的烷基苯磺酸钠，称为硬性烷基苯磺酸钠（ABS）。由于它的生物降解性差，当前世界普遍采用的是直链 $C_{11} \sim C_{13}$ 烷的线性烷基苯磺酸钠（LAS），称为软性烷基苯磺酸钠。其生物降解性显著好于支链产品。

② 烷基硫酸盐（AS） $ROSO_3Na$，19 世纪 30 年代初期，德国实现了 AS 的工业化，并作为合成洗涤剂的活性物使用至今。烷基硫酸钠又称脂肪醇硫酸钠，也是商品洗涤剂的主要成分之一，更是阴离子表面活性剂的一个重要品种。它的分散、乳化力和去污力都很好，可用作重垢织物洗涤剂、轻垢液体洗涤剂，用于洗涤毛、丝织物，也可配制餐具洗涤剂、香波、地毯清洗剂、牙膏等。

烷基硫酸钠通常由脂肪醇以硫酸化试剂三氧化硫、发烟硫酸或氯磺酸硫酸化后，再经中和而制得。

③ 脂肪醇聚氧乙烯醚硫酸盐（AES） $RO(C_2H_4O)_n SO_3Na$，AS 的缺点之一是溶解度小，不充分稀释则得不到透明液体。因此，在高级醇加成上环氧乙烷而得到烷基聚氧乙烯醚，然后再进行硫酸化，经中和得到 AES。

AES 易溶解于水，在较高浓度下也显示低浊点。而且去污力及发泡性都好。被广泛用作香波、浴液、餐具洗涤剂等液洗配方，当它与 LAS 复配时，有去污增效效果。

④ 仲烷基磺酸钠（SAS） RSO_3Na，仲烷基磺酸钠是以平均碳数为 C_{16} 的烷烃，经磺化工艺制得的产品。

仲烷基磺酸盐是重要的阴离子表面活性剂，具有良好的润湿性，去污力强，泡沫适中，溶解性好，皮肤刺激小，生物降解性优良。同时与其他表面活性剂的配伍性好，可广泛用于配制各种液体洗涤剂，也可用于配制洗衣粉等洗涤用品。

⑤ α-烯基磺酸盐（AOS） 烯基磺酸盐是多年来广为开发的阴离子型表面活性剂。它的去污性能好，可完全生物降解，耐硬水性好，皮肤刺激性小，原料供应充足，因此，受到洗涤剂行业的普遍重视。AOS 可广泛用于各类液体、粉状洗涤剂配方，尤其适宜于重垢洗涤剂的配制。

AOS 为 α-烯烃经三氧化硫磺化后制得的产品，为烯基磺酸盐、羟基磺酸盐、多磺酸盐等组成的混合物。

⑥ 脂肪酸甲酯磺酸盐（MES） $R-\underset{\underset{SO_3Na}{|}}{\overset{\overset{H}{|}}{C}}-COOCH_3$，高碳脂肪酸甲酯磺酸盐是利用天然油脂制得的一种磺酸盐表面活性剂，它用途广泛，性能优良，具有良好的钙皂分散能力和较好的去污力，生物降解性好，毒性低。可用于皂粉、块状皂、液体洗涤剂等的配制。在配方中加入 MES 特别适宜于低温及在高硬度水中的洗涤。

(2) 阳离子表面活性剂 阳离子表面活性剂的亲水基团带正电荷，主要用于柔软、抗静电和杀菌功能，通常不单独用于洗涤剂，而是与其他表面活性剂复配使用。常用的品种有：

① 十六烷基三甲基溴化铵（CTAB） 因其可以破坏细菌细胞膜（革兰氏阳性菌和部分阴性菌），多用于消毒洗手液、湿巾、硬表面清洁剂。还可以作为柔顺与抗静电剂，在织物护理中吸

附于纤维表面，减少摩擦和静电，但需避免与阴离子表面活性剂复配。

② 烷基咪唑啉季铵盐　烷基咪唑啉季铵盐在洗涤剂中主要有柔顺、抗静电、抗菌等功能。相比传统季铵盐（如 DODMAC），抗静电持久性更强，且对织物透气性影响小，适合用于高端织物护理和低刺激性配方。

③ 酯基季铵盐　酯基季铵盐是一类含有酯键（—COO—）的阳离子季铵盐表面活性剂。典型结构如三乙醇胺双酯季铵盐，由长链脂肪酸（如棕榈酸或硬脂酸）与三乙醇胺酯化后经季铵化反应生成。相比传统季铵盐，酯基季铵盐具有更高的生物降解性，能提供优异的柔软和抗静电能力，主要用于织物柔顺剂和多功能洗涤剂中。

（3）两性表面活性剂　两性表面活性剂是一类同时带有正电荷和负电荷基团的表面活性剂，其电荷性质随溶液 pH 值的变化而改变（例如甜菜碱类、氨基酸类等）。它们在洗涤剂中的应用广泛，因其独特的物理化学性质（如温和性、低刺激性、抗静电性、协同增效等），成为多种洗涤产品中的重要成分。

① 椰油酰胺丙基甜菜碱（CAPB）　CAPB 是一种典型的两性离子表面活性剂，分子中同时含有带正电荷的季铵基团和带负电荷的羧酸基团。其在酸性条件下表现为阳离子性，中性或碱性条件下呈两性，因此具有优异的兼容性和稳定性，是洗发水和沐浴露中的核心成分之一。其温和性源于分子结构的低刺激性，即使在高浓度下也不会破坏皮肤或头皮的脂质屏障。例如，在含SLES（月桂醇聚醚硫酸酯钠）的配方中，CAPB 通过与 SLES 复配，显著降低后者的脱脂力和刺激性，同时通过分子间电荷作用形成胶束结构，提升体系黏度（增稠效果可达 30%～50%），使泡沫更加绵密持久。

② 月桂基二甲基氧化胺（OA-12）　OA-12 属于氧化胺类两性表面活性剂，分子中同时含有极性的 $N \rightarrow O$ 键和非极性长链烷基。其在酸性条件下显弱阳离子性，中性条件下呈非离子性，赋予其多功能性。OA-12 是餐具洗涤剂的关键成分之一。与直链烷基苯磺酸钠（LAS）复配时，OA-12 能降低 LAS 的临界胶束浓度（CMC），提升去污效率，尤其在低温（<25℃）和硬水（$Ca^{2+}>200mg/m^3$）条件下表现优异。在洗衣液中，OA-12 可吸附于合成纤维（如涤纶）表面，形成亲水膜以减少静电，同时抑制细菌滋生。例如，某品牌浓缩洗衣液添加 1%～3% 的OA-12，使涤纶衣物的静电吸附灰尘量减少 60%。OA-12 还能稳定阴离子表面活性剂（如 AES）的泡沫结构，延长泡沫寿命。在洗手液中，添加 5% 的 OA-12 可使泡沫体积增加 40%，并提高产品的感官体验。

③ 氨基酸型表面活性剂　氨基酸型表面活性剂由天然脂肪酸（如椰油酸）与氨基酸（如谷氨酸）缩合而成，分子中带有羧酸基团和氨基，pH 敏感性显著。其等电点通常在 4.5～5.5 之间，在弱酸性条件下表现为阴离子性，接近人体皮肤的 pH（5.5），因此具有极佳的亲肤性。椰油酰基谷氨酸钠是氨基酸洗面奶的核心成分。其温和性源于分子结构的低脱脂力（仅为 SLS 的1/3），可选择性清除多余皮脂而不破坏屏障功能。例如，某品牌洁面霜通过椰油酰基谷氨酸钠与甲基椰油酰基牛磺酸钠复配，实现"洗后不紧绷"的体验。氨基酸表面活性剂的泡沫量较传统阴离子表面活性剂（如 SLES）少，但通过复配增稠剂（如黄原胶）或非离子表面活性剂（如APG），可改善泡沫质感。氨基酸表活可完全生物降解，且生产过程中碳排放较低。其原料来自可再生资源（如椰油、棕榈油），符合可持续发展需求。

（4）非离子表面活性剂　非离子表面活性剂在洗涤剂中因无电荷特性、耐硬水性强、低泡且兼容性优异而被广泛应用，尤其在低温、高电解质或复配体系中表现突出。

① 脂肪醇聚氧乙烯醚（AEO）　$RO(CH_2CH_2O)_n-H$，脂肪醇聚氧乙烯醚是非离子表面活性剂系列产品中典型的代表。以高碳醇与环氧乙烷进行聚氧乙烯化反应制得的产品，它与 LAS一样，是当今合成洗涤剂的主要活性物之一。

② 烷基酚聚氧乙烯醚（APE）　$R—\langle\bigcirc\rangle—O(CH_2CH_2O)_nH$，烷基酚聚氧乙烯醚也是洗涤剂中常用的非离子表面活性剂。它是由烷基酚与环氧乙烷加成聚合而得。常用的烷基酚有辛烷基

酚、壬烷基酚等。目前 APE 全世界的消费量在约为 50 万吨。主要是用于各类液状和粉状洗涤剂配方，但由于生物降解性的原因，有些国家和地区已开始限制 APE 的用量。

③ 脂肪酸烷醇（酰胺）酰胺　　$RCON(CH_2CH_2OH)_2$，烷醇酰胺是一类特殊的非离子表面活性剂，是洗涤剂常用的活性组分之一，与其他表面活性剂复配，可以提高产品的去污力，增加泡沫稳定性和黏度。因此可用于配制香波、餐具洗涤剂等液体洗涤剂。

④ 烷基糖苷（APG）　　APG 是国际上 20 世纪 90 年代开发出的一种新型表面活性剂，由于具有高表面活性，泡沫丰富，去污和配伍性好，而且无毒，无刺激，生物降解迅速且彻底，受到了各国的普遍重视。被认为是继 LAS、醇系表面活性剂之后，最有希望的一代新的洗涤用表面活性剂。

APG 是由天然的脂肪醇及天然碳水化合物制得，无论在生态、毒理等方面，还是在皮肤病理学方面都是安全的，因此，APG 又称绿色产品。在洗涤剂行业，APG 可广泛用于配制洗衣粉、餐具洗涤剂、香波及浴液、硬表面清洗剂、液体洗涤剂等。

3. 洗涤助剂

合成洗涤剂中除表面活性剂外还要有各种助剂，才能发挥良好的洗涤能力。助剂本身有的有去污能力，但很多本身没有去污能力，加入洗涤剂后，可使洗涤剂的性能得到明显的改善，因此，可以称为洗涤强化剂或去污增强剂，是洗涤剂中必不可少的重要组分。

一般认为，助剂有如下几种功能：①对金属离子有螯合作用或有离子交换作用以使硬水软化；②起碱性缓冲作用，使洗涤液维持一定的碱性，保证去污效果；③具有润湿、乳化、悬浮、分散等作用，在洗涤过程中，使污垢能在溶液中悬浮而分散，能防止污垢向衣物再附着的抗再沉积作用，使衣物显得更加洁白。

洗涤剂助剂可分为无机助剂和有机助剂两大类，其主要品种简述如下。

（1）三聚磷酸钠（STPP）　　三聚磷酸钠又称五钠，是洗涤剂中用量最大的无机助剂。它与 LAS 复配可发挥协同效应，大大提高 LAS 的洗涤性能，因此可认为两者是黄金搭档。

三聚磷酸钠在洗涤剂中作用很多，如对金属离子有螯合作用，软化硬水；与肥皂或表面活性剂的协同效应；对油脂有乳化去污性能；对无机固体粒子有胶溶作用；对洗涤液提供碱性缓冲作用；使粉状洗涤剂产品具有良好的流动性，不吸潮、不结块等。

除五钠外，焦磷酸钠、焦磷酸钾、三偏磷酸钠、六偏磷酸钠、磷酸三钠等磷酸盐都是洗涤剂中重要而且常用的助剂，其作用也大体相同。

近年来，由于水域污染，造成藻类大量繁殖，因此磷的用量受到限制，许多地区已在逐步寻求磷的代用品，但目前为止，尚未找到从价格、性能等方面可以完全取代磷酸盐的洗涤剂助剂。

（2）碳酸盐　　碳酸盐在洗涤剂行业中应用的有碳酸钠、碳酸氢钠、倍半碳酸钠和碳酸钾等。在浓缩洗衣粉中，碳酸钠是最重要的助剂之一。

（3）硅酸盐　　合成洗涤剂工业中应用最多的硅酸盐是偏硅酸钠和水玻璃。它的作用是：缓冲作用，即维持一定的碱度；保护作用，可以使纤维织物强度不受损伤；起软化硬水的作用；同时它还具有良好的悬浮力、乳化力、润湿力和泡沫稳定作用；使粉状洗涤剂松散，易流动，防结块。

硅酸盐和碳酸盐配伍，是无磷洗涤剂的主要助剂。

（4）4A 分子筛　　4A 分子筛是由人工合成的沸石，由于钠离子与铝硅酸离子结合比较松弛，可与钙离子、镁离子交换，因此可以软化硬水。4A 沸石与羧酸盐等复配，是重要的无磷洗涤剂助剂，有很大发展前途。

（5）过硼酸钠或过碳酸钠　　过硼酸钠或过碳酸钠都是含氧漂白剂，加在洗涤剂配方中使洗涤剂有漂白作用。如可制成彩漂洗衣粉等。过硼酸钠在欧洲和美洲各地区应用于洗衣粉中，应用量很大，起漂白、消毒和去污作用。但它的漂白作用只有在高温下（70～80℃）才完全起作用，低温时需加入活化剂才可使用。

（6）荧光增白剂　　白色物体，如纺织品或纸张等，为了获得更加令人满意的白度，或者某些浅色印染织物需要增加鲜艳度时，通常加入一些能发射出荧光的化合物来达到目的，这种能发射出荧光的化合物被称为荧光增白剂。

洗涤剂中所用的荧光增白剂的结构大致有下列几种：二苯乙烯类荧光增白剂、香豆素类荧光增白剂、萘酰亚胺类荧光增白剂、芳唑类荧光增白剂、吡唑类荧光增白剂等。

（7）络合剂　络合剂可以和硬水中的钙、镁离子等螯合，形成溶解性的络合物而被消除。有干扰的重金属离子也可使用多价螯合剂使之变成无害。因此，通过选择合适的、有效的多价螯合剂，可使重金属离子钝化。消除这些金属离子对表面活性剂、过氧化物漂白剂、荧光增白剂等的不良影响，提高洗涤剂的去污性能。

二、合成洗涤剂的制造工艺技术

1. 粉状洗涤剂的成型技术

粉状洗涤剂的成型方法随着市场上对产品质量、品种、外观的发展要求而不断地变化。从最初时的盘式烘干法，到 20 世纪 40 年代末喷雾干燥技术开始用于洗衣粉制造，开始用的是厢式喷粉，后改为高塔喷粉法。50 年代中期高塔喷雾空心颗粒成型法开发成功，该法所得产品呈空心颗粒状态，易溶解但不易吸潮、不飞扬，因而细粉产品随之被逐渐淘汰。近几年来由于消费者对加酶、加漂白剂、加柔软剂洗衣粉的需要日益增长，以及对浓缩、超浓缩无磷、低磷等多品种的要求，新兴起的无塔附聚成型方法备受欢迎。其他如干混法、附聚成型-喷雾干燥组合工艺、气胀法也在不断发展中。

（1）高塔喷雾干燥成型法　喷雾干燥法是当前生产空心颗粒合成洗衣粉最普遍使用的方法。喷雾干燥成型技术在全球洗涤剂市场占主导地位。

高塔干燥法是先将活性物单体和助剂调制成一定黏度的料浆，用高压泵和喷射器喷成细小的雾状液滴，与 200～300℃的热空气进行传热，使雾状液滴在短时间内迅速干燥成洗衣粉颗粒。干燥后的洗衣粉经过塔底冷风冷却、风送、老化、筛分制得成品。而塔顶出来的尾气经过旋风分离器回收细粉，除尘后尾气通过尾气风机而排入大气。

喷雾干燥法的类型按照料浆的雾状液滴与热风接触的方式，可分为顺流式和逆流式两种方法。

① 顺流式喷雾干燥法　是指从热风炉出来的热空气，从塔的上部旋转进入塔内，料浆同样也是从塔顶喷下来，喷下来的料浆通过迅速旋转的转盘产生离心力而成雾状液滴散落下来，与热风接触，同时从塔顶顺流而下被干燥成粒子。

② 逆流式喷雾干燥法　是用高压泵将料液送至塔顶，经喷嘴向下喷出，热风则是从塔底经过进热风口的导向板进入塔内，顺塔壁以旋转状态由下向上经过塔顶。因此，从喷嘴喷射出来的料浆液滴与来自塔下方的热风接触，在塔内徐徐下降，与热风形成逆流接触传热，并逐渐干燥成粒子。

顺流干燥法得到密度为 100～150g/L、水分含量 3%～10% 的轻质粉。这种粉多为空心球粒，其中一些易于破碎成粉尘。逆流干燥得到堆密度 300～500g/L、水含量 7%～15%、一般为 10% 左右的粉状产品。

由于逆流干燥中气体在与仍然潮湿的液滴接触后才离开塔，因而其温度较低，因此逆流干燥的热效率较高。

由于世界各地几乎都希望得到高密度洗衣粉，到目前为止，大多数洗衣粉的喷雾干燥都采用逆流方式。

喷雾干燥法主要过程有料浆的制备、干燥介质的调控、喷雾干燥、成品包装等工序，其生产流程框图和生产流程图如图 3-5 和图 3-6 所示。

料浆配制是否恰当，对产品的质量和产量影响很大。洗涤剂活性物和各种助剂要严格按照配方中规定的比例和按一定的次序进行配料，不可颠倒。正常情况下应先在配料罐中加入定量的烷基苯磺酸钠和水并加热到 40～50℃，再顺序投入 CMC、荧光增白剂，升温至 50～55℃ 后投入三聚磷酸钠，由于三聚磷酸钠的水合作用，温度会进一步升高，控制温度在 60～65℃，再投入碳酸钠和甲苯磺酸钠，待以上物料溶解后，最后加入硅酸钠和芒硝。硅酸钠有利于改善料浆的结构并且使成品颗粒均匀、自由流动性好、不易结块。三聚磷酸钠和碳酸钠均可吸水生成含结晶水的

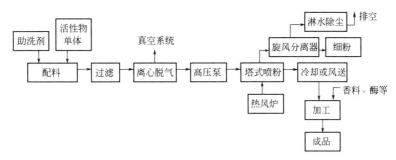

图 3-5 气流式喷雾干燥法生产过程示意

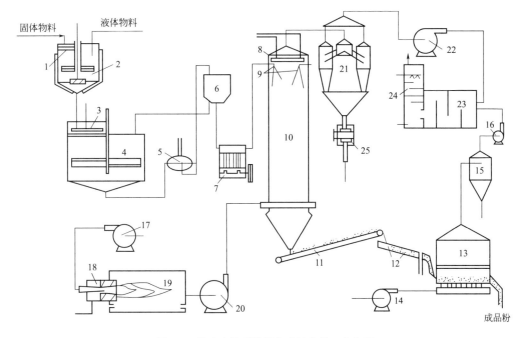

图 3-6 塔式喷雾干燥制合成洗衣粉工艺流程

1—筛子；2—配料缸；3—粗滤器；4—中间缸；5—离心脱气机；6—脱气后中间缸；7—三柱式高压泵；
8—扫塔器；9—喷粉枪头；10—喷粉塔；11—输送带；12—振动筛；13—沸腾冷却；14—鼓风机；
15—旋风分离器；16—引风机；17—煤气炉一次风机；18—煤气喷头；19—煤气炉；20—热风鼓风机；
21—圆锥式旋风分离器；22—引风机；23—粉仓；24—淋洗塔；25—锁气器

水合物，从而在保持产品自由流动性的前提下增加成品中的水含量。甲苯磺酸钠或二甲苯磺酸钠有利于调节料浆黏度，增加流动性。芒硝和碳酸钠可提高产品的表观密度。全部组分投入后，料浆中的固体成分总含量一般应为 60%～65%，黏度保持在 0.5Pa·s（70℃）左右。料浆的浓度对以后的干燥成型影响最大，稀薄的料浆水分多，干燥时消耗热量过多并且干燥后成品颗粒小、颗粒壁薄、易粉碎成粉末。料浆的黏度要适宜，过黏则影响雾化，从而影响产品的干燥成型。料浆的温度不可过高，若超过 100℃时，则所得成品易变粉末状，温度不应超过 70℃。此外，料浆在配制好后，不但要过滤而且还需要脱气，使料浆结构紧密，有利于提高产品的表观密度。脱气后的料浆应送入老化罐内停留片刻（30～40min），待三聚磷酸钠形成含结晶水的水合物，可改善干燥后成品粉的流动性和抗压性。

喷雾干燥料浆经高压泵以 5.9～11.8MPa 的压力通过喷嘴，呈雾状喷入塔内，与高温热空气相遇，进行热交换。料浆的雾化是实现高塔喷雾干燥效率的关键环节。料浆雾化后雾滴的状态，取决于料浆原来的性状，高压泵的压力以及喷枪的位置、数量，喷嘴的形式、结构、尺寸等。

喷粉塔应有足够的高度，以保证液滴有足够的时间在下降过程中充分干燥，并成为空心粒状。目前我国的逆流喷雾干燥塔有效高度一般大于20m。小于20m的塔，空心粒状颗粒形成不好，影响产品质量。如包括塔顶、塔底的高度在内，塔总高约25～30m。塔径有4m、5m及6m三种，一般认为直径小于5m的不易操作，容易造成黏壁。大塔容易操作，成品质量好，但是塔过大而产量过小时，热量利用就不经济。一般直径6m、高20m的喷粉塔，能获得年产量15～18kt的空心粒状产品。

干燥后的产品颗粒降落到塔的锥形底部。为保持产品空心颗粒形态不受损坏，产品的传输要在一定的装置中进行，多采用风力输送装置。从喷雾塔排出的产品温度仍然较高，约70～80℃，通过风送不仅使产品被空气逐渐冷却，同时也起到使产品老化的作用，以使成品颗粒更加坚实牢固并保持一定水分，滑爽易流动。从喷雾塔刚出来的产品还含有颗粒不整的产品及细粉，应在风送过程中再把它们分离、筛析出来。

从喷粉塔顶排出的尾气中一般还含有 $1.5～3g/m^3$ 的粉尘，约占产量的 $2\%～3\%$，因此要经旋风分离器分离回收。为了保护环境，旋风分离器还应带有密封排粉装置。尾气经旋风分离器和湿式洗涤器两道处理达到排放标准后排空。

（2）附聚成型法　所谓附聚是指固体物料和液体物料在特定条件下相互聚集而成为一定的颗粒状产品的一种工艺。

工艺流程主要为预混合、附聚、老化、调理、筛分、后配料、包装工序，如图3-7及图3-8。

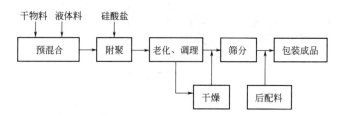

图 3-7　附聚成型工艺示意

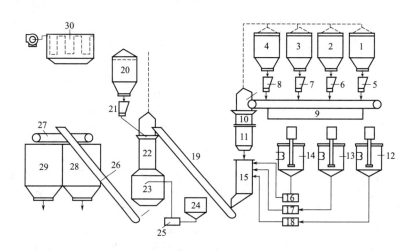

图 3-8　洗衣粉附聚成型装置流程

1～4—洗衣粉原料粉仓；5—三聚磷酸钠流量计；6—纯碱（碳酸钠）流量计；7—芒硝（硫酸钠）流量计；
8—少量粉料流量计；9—水平皮带输送机；10—粉体预混器；11—粉体混合器；
12—非离子硫磺保温罐；13—液体硅酸钠或水保温罐；14—其他活性物保温罐；
15—造粒成型机；16—其他活性物计量泵；17—液体硅酸钠计量泵；18—非离子硫磺计量泵；
19—皮带输送机；20—酶仓；21—酶流量计；22—酶-洗衣粉混合器；
23—加香器；24—香料罐；25—香料计量泵；26—成品皮带输送机；
27—进料仓输送带（双向）；28,29—成品贮槽；30—除尘器

2. 液体洗涤剂的制造

液体洗涤剂的生产，一般只需复配混合或均质乳化，相对来讲，设备比较简单一些。对一般的产品，仅需一个搅拌设备即可生产。但对原料组分多、生产工艺要求苛刻、产品用途有较高要求的中高档产品，生产液体洗涤剂应采用化工单元设备、管道化密闭生产，以保证工艺要求和产品质量。

液体洗涤剂生产工艺所涉及的化工单元操作和设备，主要是：带搅拌的混合罐、高效乳化或均质设备、物料输送泵和真空泵、计量泵、物料贮罐、加热和冷却设备、过滤设备、包装和灌装设备。把这些设备用管道串联在一起，配以恰当的能源动力即组成液体洗涤剂的生产工艺流程。

生产过程的产品质量控制非常重要，主要控制手段是物料质量检验、加料配比和计量、搅拌、加热、降温、过滤、包装等。

液体洗涤剂的生产流程如图 3-9 所示，主要包括以下过程。

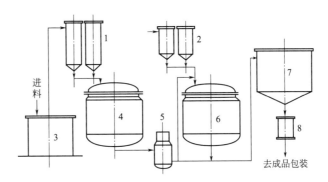

图 3-9　液体洗涤剂生产流程示意

1—主料加料计量罐；2—辅料加料计量罐；3—贮料罐；4—乳化罐（混合罐）；5—均质机；
6—冷却罐；7—成品贮罐；8—过滤器

① 原料准备。液体洗涤剂的原料种类多，形态不一，使用时，有的原料需预先熔化，有的需溶解，有的需预混。用量较多的易流动液体原料多采用高位计量槽，或用计量泵输送计量。有些原料需滤去机械杂质，水需进行去离子处理。

② 混合或乳化。对一般透明或乳状液体洗涤剂，可采用带搅拌的反应釜进行混合，一般选用带夹套的反应釜。可调节转速，可加热或冷却。

对较高档的产品，如香波、浴液等，可采用乳化机配制。乳化机又分为真空乳化机和普通乳化机。真空乳化机制得的产品气泡少，膏体细腻，稳定性好。

在按照预先拟定的配方进行混配操作时，混配工序所用设备的结构、投料方式与顺序、混配工序的各项技术条件，都体现在最终产品的质量指标中。比如配置洗衣液时，温度达到 $40\sim50$℃时需先加入易溶解成分及增溶剂，再投入 AES，避免出现 AES 凝胶。

在配置液体洗涤剂时，pH 值及黏度的控制亦十分重要。如采用 LAS 与 AES 复配，pH 值大于 8.5，再继续投入其他成分就会出现浑浊，使产品不易呈透明状。影响产品黏度的因素很多，如原料中的无机盐杂质、各成分的配伍性及加料顺序等。

混配工序操作温度不宜太高，投料过程一般控制在 60℃左右，投完全部原料后保温继续搅拌至物料充分混合或乳化完全。料液降温至 40℃以下再在搅拌下分别加入防腐剂、色素及香料等。

③ 混合物料的后处理。包括以下过程：

a. 过滤　从配制设备中制得的洗涤剂在包装前，须滤去机械杂质。

b. 均质老化　经过乳化的液体，其稳定性往往较差，如果再经过均质工艺，使乳液中分散相中的颗粒更细小、更均匀，则产品更稳定；均质或搅拌混合的制品，放在贮罐中静置老化几小时，待其性能稳定后再进行包装。

c. 脱气　由于搅拌作用和产品中表面活性剂的作用，有大量气泡混于成品中，造成产品不均匀，性能及贮存稳定性变差，包装计量不准确，可采用真空脱气工艺，快速将产品中的气泡排出。

d. 灌装　小批量生产可采用高位槽手工灌装；规模化生产则采用灌装机流水线作业。

三、衣物用洗涤剂配方

衣物用洗涤剂的品种很多，每一种洗涤剂都是根据一定的要求而设计的，配制的产品必须满足使用者的要求。通常有如下一些要求：产品的色泽要浅，气味要纯正，染色产品色泽要均匀一致，不沾染衣物，产品的贮存稳定性要好，不产生公害。洗涤剂中的各种组分都具有一定的功能，对人体和环境要安全、毒性低，将它们混合在一起时，既要考虑到相互配合时的相容性和加工性能，以保证产品具有良好的使用性能，如去污、泡沫等，又要考虑到产品的经济性。配方的目的就是充分发挥洗涤剂中各种组分的作用，配制出性能优良、成本较低的产品。

1. 粉状衣物洗涤剂配方

洗涤剂根据需要可以制成粉状、液体和块状等形式。粉状衣物洗涤剂即合成洗衣粉。合成洗衣粉的配方是生产中很重要的一个环节。配方中，各组分原料之间的相互影响是比较复杂的。目前尚缺乏完整的理论依据来指导配方，主要是根据实验和经验来决定。制定配方时须全面综合考虑各种因素。

(1) 普通洗衣粉配方　在洗衣粉中起主导作用的成分是表面活性剂，如烷基苯磺酸钠、烷基磺酸盐、烯基磺酸盐、脂肪醇聚氧乙烯醚、脂肪醇聚氧乙烯醚硫酸盐、烷基硫酸盐等。这类物质大都是以石油化学产品或油脂化学产品为原料合成的，它们在水中能迅速溶解，并能显示出良好的起泡、增容、乳化、润湿、分散、去污等性能。这些物质在洗衣粉中加入量的多少以及它们本身质量的优劣，对于洗衣粉的整体质量影响最大。

同时，为了降低洗衣粉的成本，进一步改善洗衣粉的综合洗涤去污效果，在洗衣粉中还要加入一些助洗剂及填充剂。洗衣粉中常用的助洗剂有三聚磷酸钠、硅酸钠（水玻璃）、碳酸钠、硫酸钠（芒硝），并常配入1%～2%的CMC作抗再沉积剂、0.1%的荧光增白剂。为改善料浆的流动性，增加成品粉的含水量，加入1%～3%的甲苯磺酸钠等助剂。也有的洗衣粉中加了色料及香精以改善产品的色泽及气味。如表3-22、表3-23为几种洗衣粉的具体配方。

表3-22　国内洗衣粉配方实例

组分	质量分数/%	作　用
烷基苯磺酸钠	25	洗衣粉的主要活性成分，主要起去污作用
三聚磷酸钠	16	洗涤助剂，主要起软化硬水等作用
纯碱	4	洗涤助剂，主要提供碱性作用
硅酸钠	6	pH值调节剂
CMC	1.2	抗污垢再沉积剂
荧光增白剂	0.1	增白剂
对甲苯磺酸钠	2.4	助溶剂
过硼酸钠	1	漂白剂
硫酸钠	余量	填充剂，降低配方成本

表3-23　复配型洗衣粉配方实例　　　　　　　　　单位：%（质量分数）

组　分	配方1	配方2	配方3
LAS	15	10	20
AEO$_9$	0.7	0.3	1
TX-10	2	2	1.5
AES	0.3	—	—
总计	18	12.3	22.5
三聚磷酸钠	20	10	30
纯碱	5	15	—
硅酸钠	8	8	8
芒硝	34.5	47	22.9
CMC	1.4	1	1.4
荧光增白剂	0.1	—	0.2
其他	硼砂1	—	对甲苯磺酸钠2.4
水分	余量	余量	余量

这类洗衣粉的 pH 在 9.5～10.5 之间，碱性较强，适于洗涤棉、麻、粘胶纤维及聚酯、尼龙、聚丙烯腈等纤维织品，不适合洗涤对碱性不稳定的蛋白质类纤维，如丝、毛织品。

近年来国内出现了用多种表面活性剂复配制造的复配洗衣粉尤其在普通洗衣粉配方中加入非离子表面活性剂或少量肥皂，制成了低泡洗衣粉。该类产品去污力强、泡沫少、易漂洗，特别适宜于洗衣机洗涤。

（2）浓缩洗衣粉　浓缩洗衣粉完全采用非离子表面活性剂，去污力强，泡沫低，漂洗容易，特别适宜于洗衣机应用。其配方如表 3-24 所示。

（3）特殊功效洗涤剂　在洗衣粉配方中加入酶制剂、过氧化物、聚醚及二氯异氰尿酸钠，制成的粉剂具有各自不同的特性，可以洗去奶渍、菜汁，也可使织物漂白，同时聚醚可以消泡，可制成低泡具有消毒杀菌功能的洗衣粉。

表 3-24　浓缩洗衣粉配方实例　　　　　单位：%（质量分数）

组　　分	含量	组　　分	含量
脂肪醇聚氧乙烯醚	6	荧光增白剂	0.7
壬基酚聚氧乙烯醚	9	香精	0.1
三聚磷酸钠	40	硫酸钠	22
碳酸钠	20	水分	平衡
羧甲基纤维素钠	1.0		

2. 衣物用液体洗涤剂配方

液体洗涤剂是仅次于粉状洗涤剂的第二大类洗涤制品。洗涤剂由固态（粉状、块状）向液态发展也是一种必然趋势，因为液体洗涤剂与粉状洗涤剂相比，有如下优点。

① 节约资源，节省能源。液体洗涤剂的制造中不需添加对洗涤作用并无显著益处的硫酸钠，也不需要喷粉成型这一工艺过程，可节省大量的能源。

② 无喷粉成型工序即可避免粉尘污染，对于环境保护和操作人员的安全明显有利。

③ 液体洗涤剂易于通过调整配方，加入各种不同用途的助剂，得到不同品种的洗涤制品，便于增加商品品种和改进产品质量。

④ 液体洗涤剂通常以水作介质，具有良好的水溶性，因此适于冷水洗涤，省去洗涤用水的加热，应用方便，节约能源，溶解迅速。

但也存在包装、运输价格较高等缺点。

液体洗涤剂按剂型来分，有以下几类。

（1）重垢型液体洗涤剂　弱碱性液体洗涤剂，有时也称重垢液体洗涤剂，可以代替洗衣粉和肥皂，具有碱性高、去污力强的特点。重垢液体洗涤剂是 20 世纪 70 年代开始发展起来的；在美国和西欧，重垢液体洗涤剂的使用现在越来越多，目前，我国重垢型液体洗涤剂商品很少，使用亦很少。

目前，重垢型液体洗涤剂有两种。一种为不加助剂，活性物较高，可达 30%～50%，多为复配型产品；另一种用加入 20%～30% 的助剂，而表面活性剂的含量通常为 10%～15%。

液体洗涤剂中使用的表面活性剂一般是水溶性较好的，如烷基苯磺酸钠、硫酸盐、醇醚、烷醇酰胺、烷基磺酸盐等。

因柠檬酸钠、焦磷酸钾的溶解性好，是液体洗涤剂中最常用的助剂，用于水的软化。有时也可加入少量三聚磷酸钠。

为了提高衣用液体洗涤剂的去污能力，不得不加入具有硬水软化作用等的助剂，pH 缓冲剂，这些物质溶解度都有限，为了获得表面透明的均匀液体，还需加入增溶剂。弱碱性液体洗涤剂中常用的增溶剂有尿素、低碳醇、低碳烷基苯磺酸钠等。

含助剂重垢型液体洗涤剂配方见表 3-25。

表 3-25　重垢型液体洗涤剂配方实例　　　　　单位：%（质量分数）

组　分	高泡型		低泡型	
	含磷	无磷	含磷	无磷
LAS	13	9	—	—
AEO	—	—	10	10
肥皂	—	2	—	—
烷基醇酰胺	3	1	—	—
焦磷酸钠	25		25	—
柠檬酸钠		21		20
硅酸钠	—	3	5	10

（2）轻垢型液体洗涤剂　洗衣用的轻垢型液体洗涤剂用于洗涤羊毛、羊绒、丝绸等柔软、轻薄织物和其他高档面料服装。这类洗涤剂不要求有很高的去污力，但要求洗涤剂不能损伤织物，洗后的织物应保持柔软的手感，不发生收缩、起毛、泛黄等现象，对皮肤刺激低，性能温和。

轻垢型液体洗涤剂所用的主要是阴离子表面活性剂和非离子表面活性剂，如线型烷基苯磺酸的钠盐、钾盐、三乙醇胺盐、脂肪醇聚氧乙烯醚硫酸盐、脂肪醇聚氧乙烯醚、烷基醇酰胺等，不需加入碱性助洗剂。

液体洗涤剂通常为透明溶液，好的配方产品，要求其浊点不要太高或太低，以保证在正常贮运及使用时，溶解良好，而且呈透明的外观。配方实例见表 3-26。

表 3-26　轻垢型液体洗涤剂配方实例　　　　　单位：%（质量分数）

组　分	含量	组　分	含量
十二烷基磺酸钠	12.0	荧光增白剂	0.3
脂肪醇聚氧乙烯醚硫酸钠	8.0	香精、色素	0.1
脂肪醇聚氧乙烯醚	5.0	去离子水	余量
乙醇	6.0		

（3）液体漂白洗涤剂　对于白色织物，希望经常洗涤后保持原有白度，不泛黄；对于彩色织物希望洗涤后能增白、增艳、色彩明亮；有些衣物，希望能保持本色。这就要用到液体漂白洗涤剂。

漂白洗涤剂可分为两类。一种是将高效漂白剂加入液体洗涤剂配方中，使其除具有良好的洗涤去污作用外，还具有漂白作用。该类漂白液体洗涤剂洗涤衣物时，具有漂白、去渍功效。令浅色衣物更加洁白卫生，并有一定的除菌效果。

液体洗涤剂中常用的漂白剂有双氧水、过碳酸钠、过硼酸钠，过氯酸盐等。对于过碳酸钠及过硼酸钠，为防止有效氧损失过多，需作稳定处理，如可用硅酸钠包覆处理。用硅酸钠包覆的过碳酸钠，用于液体洗涤剂配方，40℃和80%相对湿度时存放14天，残留的有效氧为85.4%，如果过碳酸钠不用硅酸钠包覆，则活性氧保存率仅有3.1%。

另一种液体漂白洗涤剂仅具有漂白杀菌作用，而不具备洗涤作用，是专门由高效漂白剂组成的液体产品。一般也是含氧漂白剂。具有漂白除去斑渍、特效漂除顽固污渍等作用。可令白色衣物更洁白，有色衣物更加鲜艳。同时有杀菌、去霉、辟臭作用。还可漂洗由于使用劣质洗衣粉变黄的衣物。

配方实例见表 3-27。

表 3-27　液体漂白洗涤剂配方实例　　　　　单位：%（质量分数）

组分	含量	组分	含量
过氧化氢(35%)	15	磷酸(85%)	1.0
脂肪醇聚氧乙烯醚(AEO-9)	5	硅酸钠	0.5
羟基乙叉二膦酸(HEDP)	0.5	黄原胶	0.2
去离子水	余量		

（4）液体消毒剂　液体消毒剂的性能与消毒洗衣粉相同，即同时具有洗涤去污及消毒杀菌多种用途，适合于衣物的清洗消毒。另外有些公用设施的纺织用品希望能够消毒，以杀灭细菌，防止传染疾病，这类洗涤剂中除洗涤剂主要活性物外，还要添加功能性助剂消毒剂。

这类洗涤剂中，最常用的是在以非离子表面活性剂为主要洗涤活性物的配方中，加入阳离子表面活性剂，如洁尔灭、十二烷基三甲基溴化胺等。这些阳离子表面活性剂有良好的杀菌作用。

四、厨房用洗涤剂配方

厨房用洗涤剂是家庭日用洗涤剂中最常用最重要的一类。由于厨具的不同，又可分为许多不同类型的专用洗涤剂，如餐具洗涤剂、炉灶清洗剂、抽油烟机专用清洗剂等。

餐具洗涤剂
的配制

1. 餐具洗涤剂

餐具洗涤剂又称洗涤灵、洗洁精，用于洗涤附着于金属、陶瓷、玻璃、塑料等材质的餐具表面上的油脂、蛋白质、碳水化合物或这些物质的热分解物，除餐具以外也用于洗涤蔬菜和水果。在合成洗涤剂分类中，餐具洗涤剂属于轻垢型洗涤剂，且大部分制成液体产品。

在合成洗涤剂中，最早出现的液体洗涤剂就是用于洗涤餐具，后来将洗涤餐具、蔬菜、水果的液体洗涤剂统称为餐具洗涤剂。

这些产品都应符合以下基本要求。

① 由于与食品及皮肤有密切接触，因此必须对人体绝对安全，对皮肤要尽可能温和。

② 去油污性能好，能有效地清除动植物油污及其他污垢。

③ 用于洗涤蔬菜、水果等时无害，即使残留于蔬菜、水果上也不影响其风味和色彩，不损伤其外观。而且除可清洗水果蔬菜上的污垢外，能有效地洗去残存的农药、肥料等。

④ 不损伤玻璃、陶瓷、金属制品的表面，不腐蚀餐具、炉灶等厨房用具。

⑤ 不影响食品的外观和口感、气味。

在餐具洗涤剂产品的表观性能方面有外观、气味、色泽、低温稳定性、高温稳定性和黏度等指标要求。

中国目前大部分产品都是手洗餐具洗涤剂，大多属轻垢型液体洗涤剂，其组成及制造类似于衣料用轻垢型液体洗涤剂，使用方法也类似。

但同衣物用液洗相比，对用料则更加严格一些，如餐具洗涤剂中不允许使用荧光增白剂，对甲醇等有毒溶剂的限量很低，对所用主要活性物，即表面活性剂的选择也更严格。

餐具洗涤剂中所用的表面活性剂一般要求是：优良的除油性、乳化性、润湿性；对皮肤作用温和；良好的起泡力或低泡、抑泡性；生物降解性好；颜色浅、无异味；溶液黏度易于调节；对人体无毒。

餐具洗涤剂较重视去污力和泡沫两方面的功能。因此，餐具洗涤剂中，一般不使用发泡性低的表面活性剂。

除表面活性剂外，因为对皮肤的刺激性要求严格，因此现代餐具洗涤剂配方中，一般还增加了对皮肤柔和性好、手感舒适的成分。

另外关于消除餐具洗涤剂在餐具上形成斑的问题，产品开发研究者已有了解决方法。形成斑点和条纹的原因是自来水中含有镁、钙等离子，在强碱性洗涤剂中产生沉淀，于是在釉面上形成斑点和条纹。如果在配方中加入葡萄糖酸钠、硅酸钠、聚天冬氨酸等组分，即可消除餐具斑点问题，同时保持清洁效果与餐具光泽。

保护釉面不受洗涤剂侵蚀问题是现代餐具洗涤剂重点研究课题之一。已经筛选出一些有效的釉面保护剂，如乙酸铝、甲酸铝、磷酸铝、铝酸钠、锌酸盐、硼酸盐及其混合物。这些物质在餐具洗涤剂中的添加量为 3%～15%。有些碱性洗涤剂中加入 25% 水溶性氨基多羧酸化合物和 1%～20% 的釉面保护剂，显示出良好的性能。

此外，餐具洗涤剂中也要配加助溶剂、增泡剂、增稠剂、香精等。

餐具洗涤剂一般制成透明状液体洗涤剂，调制成适当的浓度和黏度。并且碱性不可太强，一般 pH 值在 10.5 以下，见表 3-28。

表 3-28　液体餐具洗涤剂配方实例　　单位：％（质量分数）

组　分	含量	组　分	含量
LAS	7	NaCl	2
AES	8	香精	0.1
尼纳尔	2	水	余量

2. 餐具用消毒洗涤剂

消洗剂除具有洗涤作用外，还具有消毒杀菌作用。消洗剂由于担负着食品卫生防疫的保障作用，所以对产品的质量规格有十分严格的要求。消洗剂不但要符合一般餐具洗涤剂的理化指标，还要符合国家规定的卫生指标，并且须通过急性口服毒性试验、皮肤敷贴试验、眼睛刺激试验、致突变试验等对产品的毒理性能进行评价，最后还应具有消毒杀菌效果的实验证明。产品色泽应清淡、无异味，液体产品应清澈透明、黏度适中，对油质污垢乳化、分散性能优良，对水果蔬菜上的寄生虫卵、灰尘、化肥及残留农药的去除能力强，使用后不影响食品的外观与色、香、味及营养成分。

消洗剂有粉状、膏状、液状产品。它的配方组成包括表面活性剂、消毒杀菌剂、增溶剂、助剂、黏度及 pH 值调节剂、防腐剂、香精等，见表 3-29。

表 3-29　粉状餐具消毒洗涤剂配方实例　　单位：％（质量分数）

组　分	含量	组　分	含量
二氯异氰脲酸钠	2	硅酸钠	35～40
三聚磷酸钠	30～45	纯碱	余量

3. 厨房设备清洗剂

厨房设备指专门加工和贮存食品的一些常用设备。其清洗与餐具清洗有所不同；污垢不同，污垢载体不同，清洗方式也不同。随着洗涤剂向专用化发展，各类不同用途的专用清洗剂不断面市。

如含有柠檬酸三钠、蓖麻醇酸镁的清洗剂可用于铜制厨房用具的清洗。

含有聚醚、单乙醇胺、乙二醇二丁醚的洗涤剂可用于炉灶的清洗。

含有烷基苯磺酸钠、苛性钠、乙二醇单甲醚的碱性洗涤剂专门用于抽油烟机的清洗及烤箱和烤架的清洗。

含甲酸、4-N-甲胺偶氮基苯磺酸钠及六偏磷酸钠的洗涤剂专门用于壶垢的清洗。表 3-30、表 3-31 为油垢清洗剂配方。

表 3-30　强碱型油垢清洗剂配方实例

组　分	质量份	组　分	质量份
氢氧化钠	80	硅酸钠	100
磷酸三钠	80	十二烷基硫酸钠	5
三乙醇胺	35	水	1000
碳酸钠	80		

表 3-31　溶剂型油垢清洗剂配方实例　　单位：％（质量分数）

组　分	含量	组　分	含量
乙二醇二丁醚	5	单乙醇胺	4
AEO-9	2	水	89

五、玻璃清洗剂配方

玻璃是常用的透明材料，玻璃表面的清洗显得格外重要。从数量最多的门窗玻璃，到光学透镜、玻璃容器的清洗，玻璃清洗剂已经形成了一个品种繁多的硬表面清洗剂系列。这类产品的社会效益是显而易见的。

从清洗对象分类，有通用玻璃清洗剂、窗玻璃清洗剂、玻璃防雾剂、汽车挡风玻璃清洗剂、瓶子清洗剂、超声波清洗玻璃用清洗剂、玻璃制品油斑和酸性污垢清洗剂、机洗瓶用清洗剂、车辆玻璃油膜去除剂、生产车间天窗玻璃清洁剂、防锈洗瓶剂等。

从剂型看，玻璃清洗剂有液体洗涤剂、气雾剂型洗涤剂、浓缩玻璃清洁剂、固体玻璃清洁剂等多种剂型。其中家庭日用玻璃清洗剂多以气雾剂包装。使用时距离污染表面 20cm 处喷射，标准用量一般是每平方米喷 8～10 次，喷后立即用干布或海绵抹净，不需水冲，用后玻璃光洁如新。

1. 通用玻璃清洗剂

通用玻璃清洗剂主要由表面活性剂、溶剂、助剂等复配而成。

表面活性剂起润湿、乳化和分散等作用，赋予玻璃清洗剂以良好的去污性质。玻璃清洗剂中常用的表面活性剂有脂肪醇聚氧乙烯醚、烷基醇胺、聚醚等。

玻璃清洗剂中常添有有机溶剂，以降低溶液的凝固点和增加其透明度，并可使玻璃产生防雾效果。最常用的溶剂有乙二醇单丁醚、异丙醇、乙醇、甘油等。溶剂也有去除油污的辅助洗涤作用。

玻璃清洗剂中一般含助剂量较少。主要有碱性助剂（调整产品的 pH 值），常用的有氨水、乙醇胺等，助溶剂如甲苯磺酸钠，金属离子螯合剂如 EDTA-2Na 等。同时也添加一定的色素及香精。有色的玻璃清洗剂因配方中添加了蓝色染料而多为蓝色。

这类清洗剂，去污性能好，玻璃擦后清净、透亮。产品多为蓝色透明液体或气溶胶状产品。主要用于玻璃、陶瓷、聚合材料、涂漆表面清洗油污。洗后表面风干，可长期保持光亮。如表3-32 为通用玻璃清洗剂配方。

表 3-32　通用玻璃清洗剂配方实例　　　　　　单位：％（质量分数）

组　　分	含量	组　　分	含量
AEO-9	6	乙醇	2
甲苯磺酸钠	3	异丙醇	10
LAS	3	水	余量

2. 汽车挡风玻璃清洗剂

该类清洗剂除表面活性剂、溶剂、助剂外，一般还加入一定的防雾剂。使用本品，可有效清除玻璃表面的污垢，使玻璃光亮如初，并有一定的防雾作用。

最常用的汽车挡风玻璃清洗剂是由丙二醇、丙二醇醚、异丙醇、丁基溶纤剂等溶剂，加少量低泡表面活性剂复配而成的轻垢型液体洗涤剂。使用时，按配方要求，用水稀释成一定浓度后，用来擦洗汽车玻璃。

另外也有气雾剂型的汽车挡风玻璃清洗剂，即将玻璃清洗剂封装于用液化石油气加压的喷雾罐中，用于清洗汽车玻璃油膜及油污。

3. 玻璃防雾剂

主要成分为多种表面活性剂、高聚物、防冻剂和其他助剂。具有防雾、防尘、抗静电、清洗等多重效能。

用于汽车挡风玻璃、穿衣镜、眼镜等的防雾。涂上防雾剂，在正常情况下可保持 10 天左右的时间不生雾结霜。在恶劣条件下（如浴室）可保持 3 天不生雾。

产品多为透明液体。使用时用棉纱或海绵将本品涂遍所需的防雾玻璃上，然后擦净。

4. 酸性玻璃清洗剂

除表面活性剂、溶剂、助剂外，一般以乙酸将产品调至酸性，使 pH 值为 3～4。

如以丁基溶纤剂、AES、乙酸等溶于水中制得的酸性玻璃清洗剂，可去除一般的污物和硬水污痕。配方中溶剂和表面活性剂的比例合适可提供均匀的清洗效果，甚至在炎热夏季，也不会出现清洗痕迹。酸性玻璃清洗剂有优良的使用性能，尤其有较高的油脂溶解力，对诸如柜台面或涂漆表面等也有清洁效果。

 拓展阅读

配方中的变与不变

在日用化学品的广阔世界里，配方与工艺是产品创新与品质保证的核心。从洗发水、沐浴露到牙膏、护肤品，每一种产品背后都蕴含着复杂的配方设计和精细的生产工艺。然而，在这些看似纷繁复杂的配方与工艺背后，却隐藏着一种深刻的哲学——变与不变。配方和工艺既是变化和发展的，又遵循着一定的规律，在变化与发展中存在着一定的不变。

一、配方与工艺的变

1. 市场需求的变化

随着消费者对健康、环保、功能性的要求不断提高，产品配方必须不断调整以满足这些需求。例如，在洗发水领域，早期的洗发水主要注重清洁功能，配方中多含有硫酸盐类表面活性剂。然而，随着消费者对头皮健康的关注增加，无硫酸盐、低刺激、含有天然植物提取物的洗发水逐渐兴起。这种变化不仅体现在原料的选择上，还体现在生产工艺的调整上，如采用更温和的乳化、分散技术，以减少对头皮的刺激。

2. 科技进步的推动

新型表面活性剂、功能性添加剂、生物技术的不断涌现，使得产品性能得到显著提升。例如，在护肤品领域，纳米技术、微囊化技术、生物发酵技术的应用，使得活性成分能够更有效地渗透皮肤，发挥功效。同时，这些新技术也推动了生产工艺的革新，如自动化生产线的引入，不仅提高了生产效率，还保证了产品质量的稳定性。

3. 法规政策的引导

随着环保意识的增强，各国政府纷纷出台相关法律法规，限制或禁止某些有害化学物质的使用。例如，欧盟的《化学品注册、评估、授权和限制法规》（称 REACH 法规）要求对所有化学物质进行注册、评估、授权和限制，这促使企业不得不重新评估和调整配方，寻找更环保、更安全的替代品。此外，针对特定人群（如儿童、孕妇）的法规要求，也促使企业开发更加温和、无刺激的产品。

二、配方与工艺的不变

1. 基础理论的支撑

尽管配方与工艺在不断变化，但它们始终建立在坚实的化学、物理和生物学理论基础之上。这些基础理论为配方设计提供了科学依据，确保了产品的安全性和有效性。例如，表面活性剂的性质决定了其在清洁产品中的去污能力；乳化剂的选择和用量直接影响乳液的稳定性；皮肤生理学的知识则指导了护肤品中保湿、抗氧化等成分的选择和配比。这些基础理论的不变性，为配方与工艺的创新提供了稳定的基石。

2. 质量控制的原则

无论配方如何变化，质量控制的原则始终不变。确保产品质量稳定、安全、有效是日用化学品生产的核心。这要求企业在配方设计时充分考虑原料的相容性、稳定性，以及生产工艺的可行性。在生产过程中，通过严格的原料检验、过程控制、成品检测等手段，确保每一批产品都符合质量标准。此外，建立完善的质量管理体系，如 ISO 9001、GMP 等，也是保证产品质量稳定不变的重要措施。

3. 用户体验的导向

用户体验是日用化学品配方与工艺不变的追求。无论市场如何变化，消费者对产品的基本需求——如清洁、舒适、有效——始终不变。因此，在配方与工艺的创新中，始终要围绕用户体验进行。例如，在洗发水领域，虽然配方中的活性成分可能不断变化，但提供清爽、柔顺、易冲洗的洗发体验始终是消费者的基本需求。这要求企业在创新过程中，不仅要关注新技术的应用，还要通过消费者测试、市场调研等手段，确保新产品能够满足消费者的期望。

三、多角度、动态分析配方与工艺

1. 原料与技术的综合分析

原料的选择不仅影响产品的性能，还决定了生产成本和环保性。因此，要关注原料的来源、性质、价格以及环保要求。技术的选择也至关重要。不同的生产工艺对原料的利用率、产品的稳定性和生产效率有着重要影响。因此，在配方设计时，要充分考虑原料与技术的匹配性，以实现最佳的产品性能和经济效益。

2. 市场需求与法规政策的动态考量

市场需求和法规政策是驱动配方与工艺变化的重要外部因素。因此，在学习和分析过程中，要密切关注市场动态和法规政策的变化。通过市场调研、消费者测试等手段，了解消费者的需求和偏好；通过关注相关法规政策的发布和实施，了解行业标准和限制。这些信息的获取和分析，有助于企业及时调整配方和工艺，以适应市场变化和法规要求。

3. 创新创业精神的激发

学习和分析日用化学品配方与工艺的过程，也是激发学生创新创业精神的过程。通过了解行业前沿技术、分析市场需求和法规政策的变化，学生可以从中发现创新点和创业机会。例如，在护肤品领域，随着消费者对天然、有机产品的需求增加，可以开发以植物提取物为主要成分的护肤品；在清洁产品领域，可以探索更加环保、高效的表面活性剂替代品。这些创新点不仅有助于提升产品的竞争力，还能为企业带来新的增长点。

日用化学品的配方与工艺是一个充满变化与发展的领域。市场需求的变化、科技进步的推动以及法规政策的引导，共同驱动着配方与工艺的不断创新。然而，在这种变化中，我们也看到了不变的力量——基础理论的支撑、质量控制的原则以及用户体验的导向。这些不变的因素为配方与工艺的创新提供了稳定的基石和导向。

思 考 题

1. 化妆品的原料有哪些？其作用是什么？
2. 化妆品中使用的水溶性高分子是什么？其作用是什么？
3. 矿物油和凡士林各有何优缺点？
4. 简述乳状液的生产过程并说明搅拌速度、温度控制对乳状液的影响。
5. 洗涤剂的主要组成是什么？
6. 影响洗涤剂去污作用的因素有哪些？
7. 三聚磷酸钠、硅酸盐、碳酸钠在洗涤剂中各起什么作用？

第四章　食品添加剂

📖 【学习目标】

知识目标

（1）了解食品添加剂的分类、发展现状以及发展趋势；

（2）熟悉各种典型食品添加剂的使用标准和应用范围；

（3）掌握防腐剂、抗氧化剂等典型食品添加剂的合成路线、作用机理等。

能力目标

（1）能安全合法使用食品添加剂，改善食品品质；

（2）能读懂食品标签上的配料表并熟悉其应用；

（3）能分析和优化典型食品添加剂的生产工艺。

素质目标

（1）培养遵纪守法、尊重生命的良好品质；

（2）培养团队合作精神和创新精神；

（3）培养严谨求实的科学态度。

第一节　概　　述

食品是维持人类生存的基本物质，随着生产水平和人民生活水平的不断提高，人们对食品的要求也不断提高，食品添加剂便是随着食品工业发展而逐步形成和发展起来的。食品添加剂可以起到提高食品质量和营养价值，改善食品感官性质，防止食品腐败变质，延长食品保藏期，便于食品加工和提高原料利用率等作用以及适应某些特殊需要。

由于生活习惯不同，世界各国对食品添加剂的定义也不尽相同，联合国粮农组织（FAO）和世界卫生组织（WHO）联合食品法典委员会对食品添加剂定义为：食品添加剂是有意识地一般以少量添加于食品，以改善食品的外观、风味、组织结构或储存性质的非营养物质。按照这一定义，以增强食品营养成分为目的的食品营养强化剂不包括在食品添加剂范围内。

《中华人民共和国食品安全法》第一百五十条，中国对食品添加剂定义为：食品添加剂是指为改善食品品质和色、香、味以及为防腐、保鲜和加工工艺的需要而加入食品中的人工合成或天然物质，包括营养强化剂。

一、食品添加剂的分类

食品添加剂按其来源不同可分为天然和人工合成两大类。天然食品添加剂是指以动植物或微生物的代谢产物为原料加工提纯而获得的天然物质；人工合成的食品添加剂是指采用化学手段、通过化学反应合成的食品添加剂。

按照使用目的和用途可分为：

① 为提高和增补食品营养价值的，如营养强化剂；

② 为保持食品新鲜度的，如防腐剂、抗氧剂、保鲜剂；

③ 为改进食品感官质量的，如着色剂、漂白剂、发色剂、增味剂、增稠剂、乳化剂、膨松剂、抗结块剂和品质改良剂；

④ 为方便加工操作的，如消泡剂、凝固剂、润湿剂、助滤剂、吸附剂、脱模剂；

⑤ 食用酶制剂；

⑥ 其他。

二、对食品添加剂的一般要求

对于食品添加剂的要求，首先应该是对人类无毒无害，其次才是对食品色、香、味等性质的改善和提高。因此，对食品添加剂的一般要求有如下几方面：

① 食品添加剂应进行充分的毒理学鉴定，保证在允许使用的范围内长期摄入而对人体无害。食品添加剂进入人体后，应能参与人体正常的新陈代谢或能被正常的解毒过程解毒后完全排出体外或因不被消化吸收而完全排出体外，而不在人体内分解或与其他物质反应生成对人体有害的物质。

② 对食品的营养物质不应有破坏作用，也不影响食品的质量及风味。

③ 食品添加剂应有助于食品的生产、加工、制造及储运过程，具有保持食品营养价值，防止腐败变质，增强感官性能及提高产品质量等作用，并应在较低的使用量下具有显著效果，而不得用于掩盖食品腐败变质等缺陷。

④ 食品添加剂最好在达到使用效果后除去而不进入人体。

⑤ 食品添加剂添加于食品后应能被分析鉴定出来。

⑥ 价格低廉，原料来源丰富，使用方便，易于储运管理。

三、食品添加剂的使用标准

理想的食品添加剂应是有益而无害的物质，但有些食品添加剂，特别是化学合成的食品添加剂往往具有一定的毒性。这种毒性不仅由物质本身的结构与性质所决定，而且与浓度、作用时间、接触途径与部位、物质的相互作用与机体机能状态有关。只有达到一定浓度或剂量，才显示出毒害作用。因此食品添加剂的使用应在严格控制下进行，即应严格遵守食品添加剂的使用标准，包括允许使用的食品添加剂品种、使用范围、使用目的（工艺效果）和最大使用量。食品添加剂在食品中的最大使用量是使用标准的主要数据，它是依据充分的毒理学评价和食品添加剂使用情况的实际调查而制定的。

毒理学评价除做必要的分析检验外，通常是通过动物毒性试验取得数据，包括急性毒性试验、亚急性毒性试验和慢性毒性试验。在慢性毒性试验中还包括一些特殊试验，如繁殖试验、致癌试验、致畸试验等。

（1）急性毒性试验 是指给予一次较大的剂量后对动物体产生的作用进行判断。可以考察摄入该物质后在短时间内所呈现的毒性，从而判定该物质对动物的致死量（LD）或半数致死量（LD_{50}）。半数致死量是指能使一群被试验动物的一半中毒死亡所需要的投产剂量，单位为 mg/kg 体重。同一物质对不同动物的 LD_{50} 是不一样的，采取不同的投药方式，LD_{50} 也不相同，食品添加剂主要使用经口 LD_{50} 数据来粗略地衡量急性毒性高低（表 4-1）。

表 4-1 经口 LD_{50} 和毒性分级

毒性分级	LD_{50}（大白鼠）/（mg/kg）	毒性分级	LD_{50}（大白鼠）/（mg/kg）
极毒	<1	低毒	500~5000
剧毒	1~50	相对无毒	5000~15000
中毒	50~500	实际无毒	>15000

一般投药剂量大于 5000mg/kg 而被试验动物无死亡时，可认为该品急性毒性极低，即相对无毒；无须再做 LD_{50} 精确测定。

（2）亚急性毒性试验 是进一步检验受试验物质的毒性对机体重要器官和生理功能的影响，

并估计发生这些影响的相应剂量，为慢性毒性试验做准备。其内容与慢性毒性试验基本相同，仅试验期长短不同，亚急性毒性试验期一般为3个月左右。

（3）慢性毒性试验　是考察少量被测物质长期作用于机体所呈现的毒性，从而确定被试验物质的最大无作用量和中毒试剂量。

最大无作用量（MNL），亦称最大无效果量、最大耐受量或最大安全量，是指长期摄入仍无任何中毒现象的每日最大摄入剂量，单位是mg/kg体重。中毒试剂量就是最低中毒量，是指能引起机体某种最轻微中毒的最低剂量。

慢性毒性试验对于确定被测物质能否作为食品添加剂具有决定性作用，它是保证长期（终生）摄入食品添加剂而对本代健康无害并对下一代生长无害的重要指标。

慢性毒性反应的基础是积蓄作用，是指某些物质少量多次进入机体，使本来不会引起毒性的少剂量由于蓄积作用而导致中毒的一种现象。

依据毒理学数据（主要是MNL值）和食品添加剂使用情况的实际调查，可确定某一种或某一组食品添加剂的使用标准，其一般程序如下。

① 据动物毒性试验确定最大无作用量（MNL）。

② 把动物试验数据用于人体时，由于存在个体和种系差别，必须定出一个合理的安全系数，即据动物毒性试验数据的最大无作用量缩小若干倍用于人体，一般安全系数定为100倍。

③ 人体每日允许摄入量（ADI），由动物最大无作用量（MNL）除以100（安全系数）获得，单位为mg/kg体重。

④ 将每日允许摄入量ADI值，乘以人平均体重求得每人每日允许摄入总量（A）。

⑤ 根据人群的膳食调查，搞清膳食中含有该添加剂的各种食品的每日摄入量（C），分别计算出每种食品中含有该添加剂的最高允许量（D）。

⑥ 根据最高允许量（D），制定出该添加剂在每种食品中的最大使用量（E），最大使用量为该种添加剂使用标准中的主要内容。在某些情况下，E和D二者相吻合，但为人体安全起见，原则上总是希望食品中的最大使用量（E）略低于最高允许量（D）。

中国政府为了保障人民身体健康，保证食品卫生，制定了一系列有关食品添加剂的卫生法规。有关中国允许使用的食品添加剂品种、使用范围及最大使用量，请参见《食品安全国家标准　食品添加剂使用标准》（GB 2760—2024），本书各章节中不再叙述。

第二节　防　腐　剂

防腐剂

食品中含有丰富的营养物质，很适宜微生物生长繁殖，微生物侵入食品则导致食品腐败变质。防腐剂是一类具有抗菌作用，能有效地杀灭或抑制微生物生长繁殖，防止食品腐败变质的物质。添加食品防腐剂并配合其他食品保存方法对防止食品腐败变质有显著的效果，并且使用方便，因而防腐剂在目前食品防腐方面起着重要的作用。

一、防腐剂常用品种

防腐剂按组分和来源可分为化学防腐剂和天然防腐剂。由于化学防腐剂价格低廉，仍普遍应用于食品防腐中。我国最常用的为有机化学防腐剂如苯甲酸及其盐类、山梨酸及其盐类、丙酸及其盐类等，及无机化学防腐剂如亚硫酸及其盐类、亚硝酸盐类等。

（1）苯甲酸及其盐　苯甲酸又名安息香酸，纯品为白色有丝光的鳞片或针状结晶，质轻无味或微有安息香或苯甲醛气味。苯甲酸相对密度1.2659，熔点122.4℃，沸点249.2℃，于100℃左右开始升华，能与水汽同时挥发，常温下难溶于水，溶于热水及乙醇、氯仿等有机溶剂。

苯甲酸及其盐属于酸性防腐剂，有效成分为苯甲酸，苯甲酸及其盐对多种微生物细胞呼吸酶系的活性有抑制作用，特别是具有较强的阻碍乙酰辅酶A缩合反应的作用，同时对微生物细胞膜功能也有阻碍作用，因而具有抗菌作用，在酸性条件下（pH＜4.5）苯甲酸防腐效果较好，pH＝3时抗菌效果最强。苯甲酸及其盐进入人体肝脏后，在酶的催化作用下大部分与甘氨酸化合成马尿酸，剩余部分与葡萄糖醛酸化合形成葡萄糖苷酸而解毒从尿排出，不在体内积蓄。苯甲酸是比较安全的防腐剂，目前还未发现任何有毒作用。甲苯氧化法是目前食品级苯甲酸的主要生产方法。食品级的苯甲酸应符合 GB 1886.183—2016 质量指标所作的规定。因其工艺简单，价格低廉，在我国广泛应用于汽水、果汁类、酱油、罐头和酒类等食品的防腐。

苯甲酸的钠盐水溶性好，常代替苯甲酸作防腐剂使用。但其防腐效果不及苯甲酸，这是因为苯甲酸钠只有在游离出苯甲酸时才能发挥防腐作用。

（2）山梨酸及其盐 山梨酸化学名称 2,4-己二烯酸（$CH_3CH=CHCH=CHCOOH$），无色针状或白色结晶粉末，无臭或微有刺激臭味，不溶于水而溶于乙醇，熔点 $132\sim135℃$，沸点 228℃（分解），长期暴露于空气中则被氧化变色。

山梨酸及其钠、钾盐是国际粮农组织（FAO）和世界卫生组织（WHO）向各国重点推荐的低毒、高效保鲜防腐剂。山梨酸及其盐可与微生物酶系统中的巯基结合，破坏许多重要酶系的作用，它对霉菌、酵母菌、好氧性微生物有明显抑制作用，抑菌最适 pH 值低于 $5.0\sim6.0$，其抑菌效果比苯甲酸高 $5\sim10$ 倍，毒性仅为苯甲酸的五分之一，且对食品风味无不良影响。

山梨酸钾是山梨酸与碳酸钾或氢氧化钾中和生成的盐，其水溶性比山梨酸好且溶解状态稳定，使用方便，但防腐效果稍差。

另外，山梨酸的钠盐、钙盐等也具有抗菌防腐性能。

（3）对羟基苯甲酸酯类 又称尼泊金酯，主要有甲酯、乙酯、丙酯、丁酯、异丁酯等。中国允许使用的品种为乙酯和丙酯。它们是一些无色或白色结晶，几乎无臭、无味，稍有涩感，难溶于水而溶于 NaOH 溶液及乙醇、乙醚等溶剂。

该类防腐剂的作用在于抑制微生物细胞的呼吸酶系与电子传递酶系的活性以及破坏细胞膜结构，它们对霉菌、酵母菌的作用较强，而对细菌中的革兰氏阴性杆菌及乳酸菌的作用较差。对羟基苯甲酸酯的抗菌力比苯甲酸、山梨酸强，其抗菌性也是来源于未电离分子发挥的作用。由于羧基酯化后，分子可以在更宽的 pH 值范围内不发生电离，所以 pH 值为 $4\sim8$ 抗菌效果均好。随着烷基链的增长，抗菌效果亦增加，但是淀粉的存在会影响其抗菌效果。

对羟基苯甲酸酯的生产是使苯酚钾与二氧化碳反应制得对羟基苯甲酸，再与相应的醇酯化而成。

（4）常用防腐剂比较 苯甲酸及其盐、山梨酸及其盐和对羟基苯甲酸酯是国内外常用的三类防腐剂，现就以下几方面对三类防腐剂进行比较。

① 安全性 三类防腐剂安全性均好，见表4-2。比较看来安全性顺序为：山梨酸类＞对羟基苯甲酸酯类＞苯甲酸类。

表 4-2　三类防腐剂安全性比较

防腐剂名称	LD_{50}（大白鼠）/(mg/kg 体重)	MNL/(mg/kg 体重)	ADI/(mg/kg 体重)
山梨酸类	10.5	2500	$0\sim25$
对羟基苯甲酸酯类	$5\sim8$	1000	$0\sim10$
苯甲酸类	$2.7\sim4.4$	500	$0\sim5$

② 防腐效果 影响防腐剂效果的因素比较多，不宜简单加以比较。另外各类防腐剂对不同种类微生物的作用也不同。笼统地说，对羟基苯甲酸酯类的抗菌作用稍强，但水溶性较差，苯甲酸对产酸菌作用较差；山梨酸对细菌的作用稍弱，对嫌气性芽孢形成菌及嗜酸乳杆菌几乎无效；而对羟基苯甲酸酯对细菌特别是革兰氏阴性杆菌及乳酸菌作用较差。

③ pH 值 三类防腐剂使用时要求的 pH 值分别为：山梨酸 pH 值 5 以下、苯甲酸 pH 值 4.5 以下、对羟基苯甲酸酯 pH 值 $4\sim8$。

④ 价格及其他 苯甲酸类防腐剂价格低廉，山梨酸类价格偏高，而对羟基苯甲酸酯类价格更高。另外，苯甲酸有不良味道，山梨酸类在空气中稳定性不良，易被氧化着色，而对羟基苯甲

酸酯类水溶性低，使用不便。

（5）影响防腐剂效果的因素

① pH 值　苯甲酸类、山梨酸类均属酸型防腐剂，它们的防腐作用源于未电离的防腐剂分子。在低 pH 值下，溶液中氢离子浓度高，可以抑制防腐剂电离而使未电离酸分子比例增大，防腐作用因而增强。所以 pH 值越低，它们的防腐作用越好。

② 食品染菌程度　在使用等量防腐剂的条件下，食品染菌情况越重，防腐效果越差。在防腐剂允许使用量范围内，防腐剂的作用只能杀死或抑制少量微生物，因此防腐剂应在食品新鲜状态（含有少量或基本不含有微生物）下加入食品并配合加热及包装等保存方法，方能有效地防止食品腐败。如果食品染菌严重，食品中已有大量微生物存在，则同样量的防腐剂不能起到彻底杀灭和抑制微生物的作用，而加大防腐剂的用量又势必超过防腐剂的允许使用量，是不可行的。换句话说，防腐剂可以保持新鲜食品不发生腐败变质，却不能使已腐败变质的食品（严重染菌）恢复到新鲜状态。

③ 在食品中的溶解分散状况　防腐剂应均匀地分散在食品中，否则有的部分过少，达不到防腐效果，而过多部分又超过使用标准。

④ 加热　加热可以增强防腐效果，加热杀菌时加入防腐剂可以缩短灭菌时间。例如在 56℃ 时，使酵母的营养细胞数减少到 1/10 需要 180min，若添加 0.01% 的对羟基苯甲酸丁酯，则时间可缩短为 48min；若加入量为 0.5%，则灭菌时间仅需 4min。也就是说，加热与防腐剂之间产生协同效果。但苯甲酸和山梨酸在酸性条件下能随水蒸气挥发，用于酸性食品时，不宜在加热前添加，将视情况可在冷却过程中加入。

⑤ 多种防腐剂并用　每种防腐剂都有自己的作用范围，当两种或两种以上防腐剂并用时，往往产生协同效应，比单独使用效果更好，如在果汁中并用苯甲酸和山梨酸，可以扩大抗菌范围。但由于使用标准的限制，通常采用同一类防腐剂并用，如山梨酸与山梨酸钾并用，几种对羟基苯甲酸酯类并用。另外食盐、糖、醋等物质与防腐剂也有协同效应。

二、其他防腐剂

具有防腐作用的物质很多，中国目前批准使用的防腐剂品种，除前面介绍的三类以外，还有丙酸钙（钠）、双乙酸钠、脱氢醋酸、葡萄糖 δ-内酯和乳酸链球菌素等。现简要介绍如下。

（1）丙酸及其钙盐、钠盐　丙酸及其盐类的抑菌作用较弱，但对霉菌、需氧芽孢杆菌和革兰氏阴性杆菌有效，特别对能引起面包等食品产生黏丝状物质的好气性芽孢杆菌等抑制效果很好，而且对酵母菌几乎无效，所以广泛用于面包、糕点类食品防腐。

丙酸可认为是食品的正常成分，也是人体代谢的正常中间产物，因而基本无毒。丙酸的生产采用乙烯与 CO 经羰基合成得到丙醛，再氧化得到丙酸。

（2）脱氢醋酸　脱氢醋酸是由醋酸裂解成双乙烯酮，再经催化缩合（氢氧化钠、叔胺等为催化剂）而成：

$$4CH_3COOH \longrightarrow 2 \begin{array}{c} CH_2=C-O \\ | \quad\quad | \\ H_2C-C-O \end{array} \longrightarrow \begin{array}{c} O \\ \\ \end{array} \quad\quad (4-1)$$

脱氢醋酸的作用主要是抑制霉菌和酵母菌，但在较高剂量下，也能抑制细菌的生长。虽然是酸型防腐剂，但它的抑菌作用不受 pH 值的影响，可在中性条件下使用。它的热稳定性很好，抗菌作用一般不受其他因素影响。通常用于腐乳、酱菜、原汁橘浆的防腐。

（3）双乙酸钠　分子式 $CH_3COONa/CH_3COOH \cdot H_2O$，由醋酸和碳酸钠中和后浓缩精制而成。为白色结晶，有醋酸气味，易吸湿，极易溶于水，对细菌和霉菌有良好的抑制能力。

（4）葡萄糖酸 β-内酯　对霉菌和一般细菌均有抑制作用，用于水产品可保持食品外观光泽鲜亮，不褐变及保持肉质弹性。

（5）乳酸链球菌素　是乳酸链球菌属微生物的代谢产物，一种类似蛋白质的物质，由氨基酸组成。对酪酸杆菌有抑制作用，可防止干酪腐败；对肉毒梭状芽孢杆菌作用很强，用于肉类罐头防腐作用明显，且可降低灭菌温度和缩短灭菌时间。与山梨酸并用，可发挥广谱抑菌作用。

（6）富马酸及其酯类　富马酸即反式丁烯二酸。以富马酸二甲酯为代表的富马酸及其酯类均具有一定的抗菌活性，富马酸二甲酯作为食品添加剂，具有低毒和广谱抗菌的特点，且不受食品成分及 pH 值等因素的影响，是很有前途的食品防腐剂。

（7）天然防腐剂　随着社会经济的发展，人们对于食品添加剂的要求越来越高，特别是在食品安全卫生方面更是如此。而目前的化学合成防腐剂均有一定毒性，因此，在开发安全、高效、经济的新型防腐剂的同时，充分利用天然防腐剂对食品安全卫生更为有利，也更符合消费者需要，天然食品防腐剂是食品工业今后发展的重要趋势之一。

自然界中具有防腐性能的物质很多，现简单介绍几种天然防腐剂。

① 溶菌酶　含有 129 个氨基酸，分子量 17500，等电点 10.5～11.0。它能溶解许多细胞的细胞膜，对革兰氏阳性菌、枯草杆菌等有抗菌作用。因为羧基和硫酸会影响溶菌酶活性，所以一般与其他抗菌物质配合使用。

② 鱼精蛋白　是一种分子量小（5000）、结构简单的球形蛋白，含大量氨基酸，存在于鱼的精子细胞中。对枯草杆菌、干酪乳杆菌等均有良好抗菌作用，在碱性介质中抗菌力更强，其热稳定性很好，与其他食品添加剂如甘氨酸等复配后，抗菌效果更好，适用范围更广。

③ 果胶分解产物　果胶存在于苹果、柑橘等水果和蔬菜中，是一种多糖物质，被酶分解后，表现出良好的抗菌性能。

④ 海藻糖　是一种无毒低热值的二糖，存在于蘑菇、海虾、蜂蜜等中，防腐作用由其抗干燥特性所决定，因此除防腐作用外，不会使食品品质发生变化。

⑤ 壳聚糖　是从虾壳、蟹壳中提取的一种天然多糖，含量为 49.6% 时，对大肠杆菌、金黄色葡萄球菌等均有抗菌性，与醋酸钠配合使用，抗菌作用增强。

⑥ 其他　还有甘露聚糖、蚯蚓提取液、香辛料提取物及甜菜碱等多种天然抗菌物质也被开发并进行过大量研究，有些国家已批准用于食品中。

三、杀菌剂

杀菌剂是用来杀灭微生物的物质，也属于防腐剂范畴。物质的杀菌与抑菌往往与浓度及作用时间有关，同一物质，浓度高或作用时间长可以杀菌，浓度低或作用时间短则只能起抑菌作用。另外，同一种抗菌物质对不同种类微生物的作用也不完全相同，对某种微生物可起到杀菌作用的物质对其他微生物可能仅有抑菌作用。用来作杀菌剂的物质主要有两类，即氧化型杀菌剂和还原型杀菌剂。还原型杀菌剂由于它的还原能力而具有杀菌作用和漂白作用，如亚硫酸及其盐类，中国食品添加剂使用卫生标准将其归为漂白剂类；氧化型杀菌剂是借助它本身的氧化能力而起杀菌作用，杀菌消毒能力强，但化学性质较不稳定，易分解，作用不能持久，且有异臭味，所以很少直接用于食品，多用于对设备、容器、半成品及水的杀菌、消毒，主要包括氯制剂和过氧化物。

（1）漂白粉　漂白粉是次氯酸钙、氯化钙、氢氧化钙的混合物，一般组成为 $CaCl(ClO) \cdot Ca(OH)_2 \cdot H_2O$，具体组成因生产条件不同有些差异，起杀菌作用的有效氯含量为 30%～38%。

漂白粉水溶液中的有效氯具有很强的氧化杀菌和漂白作用。有效氯侵入微生物细胞的酶蛋白，或破坏核蛋白的巯基，或抑制其他对氧化作用敏感的酶类，导致微生物死亡。漂白粉对细菌的繁殖型细胞、芽孢、病毒、酵母、霉菌等多种微生物均有杀菌作用，高温、高浓度、长时间及低 pH 值条件下，杀菌作用增强。

（2）漂白精　即高纯度漂白粉，基本组成为 $3Ca(ClO)_2 \cdot 2Ca(OH)_2 \cdot 2H_2O$，有效氯含量在 60%～75%，杀菌作用更强，主要用于果蔬杀菌及油脂漂白等。

（3）过醋酸　亦称过氧乙酸，分子式 CH_3COOOH，有强烈的醋酸气味，易分解生成氧、醋酸和水，对细菌、真菌、病毒等均有强杀菌作用，是广谱高效型杀菌剂，在低温下仍有良好的杀菌性能。过醋酸由过氧化氢和冰醋酸在 H_2SO_4 存在下反应制成，大型生产可由乙醛氧化而成。

第三节　抗氧化剂

除了微生物的作用外，氧化作用也是导致食品变质的重要因素之一。例如油脂的氧化降解、维生素及色素的氧化等。食品氧化使食品出现变色、褪色，产生异味、臭味等现象，使食品质量下降，营养物质遭到破坏，甚至产生有害物质引起食物中毒。因此，防止食品氧化成为食品工业中的重要问题。防止食品氧化可采取避光、降温、干燥、排气、充氮密封等措施，配合使用抗氧化剂可以获得更显著的效果。食品抗氧化剂是可以阻止或延缓食品氧化、提高食品质量稳定性和延长储存期的物质。按来源不同可分为天然抗氧化剂和化学合成抗氧化剂；按溶解性不同可分为油溶性抗氧化剂和水溶性抗氧化剂。

油溶性抗氧化剂可以均匀地分布在油脂中，对油脂及含油脂的食品具有很好的抗氧化作用。常用的品种如丁基羟基茴香醚（BHA）、二丁基羟基甲苯（BHT）、没食子酸丙酯（PG）等。水溶性抗氧化剂能溶于水，主要用于防止食品氧化变色以及因氧化而降低食品的风味和质量，还能防止罐头容器里面的镀锡层的腐蚀。常用的品种有抗坏血酸及其钠盐、异抗坏血酸及其钠盐等。天然抗氧剂是从动植物体或其代谢物中提取的具有抗氧化能力的物质，如生育酚混合浓缩物、茶多酚、植酸等。中国目前批准使用的抗氧化剂品种有 BHA、BHT、PG、异抗坏血酸钠和茶多酚。

一、抗氧化剂常用品种

（1）丁基羟基茴香醚（BHA）　它通常是 2-叔丁基-4-羟基苯甲醚（2-BHA）和 3-叔丁基-4-羟基苯甲醚（3-BHA）的混合物：

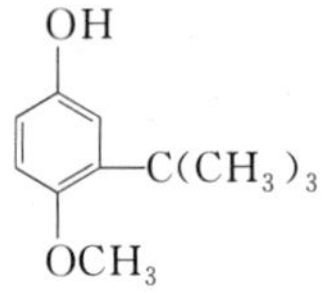

2-BHA 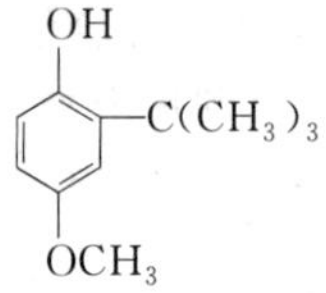　　　　　　3-BHA

一般采用对苯二酚和叔丁醇为原料，在磷酸催化下制得中间体叔丁基对苯二酚，然后与硫酸二甲酯进行半甲基化反应而得，或由对羟基苯甲醚与叔丁醇在 80℃ 酸催化下反应制得。它是无色或浅黄色蜡状固体，熔点 57～65℃，随 2-BHA 和 3-BHA 异构体所占比例不同而异；BHA 不溶于水，易溶于油脂及乙醇、丙二醇、丙酮等，热稳定性很高，在弱碱性条件下不容易破坏，故在焙烤食品中也可使用。单独使用时，抗氧化效果 3-BHA 比 2-BHA 好，两者混合使用时具有协同效应，可以提高抗氧化效果。另外，BHA 还有相当强的抗菌力，与金属离子作用不着色。

毒性：大白鼠经口 LD_{50} 为 2900mg/kg，ADI 为 0～0.5mg/kg。

（2）二丁基羟基甲苯（BHT）　二丁基羟基甲苯又称 2,6-二叔丁基对甲苯酚。结构式为：

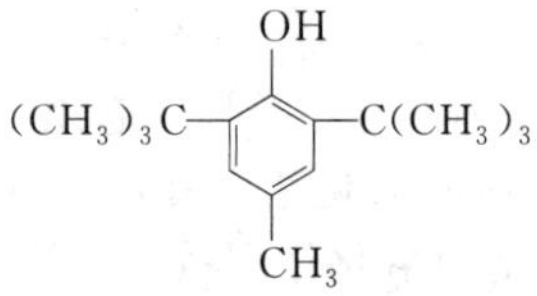

一般是以对甲酚和异丁醇为原料，用浓硫酸、磷酸等作催化剂，异丁醇经三氯化铝脱水形成异丁烯，经硅胶通入对甲酚中进行烷基化反应，生成物用 Na_2CO_3 调 pH 值至 7～8，再经洗涤后用乙醇重结晶、过滤、干燥制得。BHT 为无色或白色结晶粉末，不溶于水、甘油，易溶于乙醇、丙酮及大豆油、棉籽油、猪油等；BHT 抗氧化作用较强，耐热性好，与金属离子不发生着色反应，通常的烹调温度对它的影响不大，用于长期保存食品和焙烤食品很有效。与 BHA 或柠檬酸、抗坏血酸等复配使用可显著提高抗氧效果。

毒性：大白鼠经口 LD_{50} 为 $1700\sim1970mg/kg$，最大使用量 $0.2g/kg$，与 BHA 混合使用时总量不超过 $0.2g/kg$。

（3）没食子酸丙酯（PG） 结构式为：

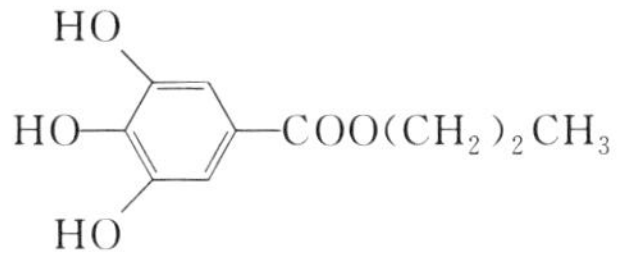

一般采用没食子酸与丙醇进行酯化反应，用活性炭脱色后经乙醇重结晶制得纯晶，为白色或浅黄褐色晶体粉末或乳白色针状结晶。难溶于水，易溶于乙醇、乙醚、丙二醇等，微溶于棉籽油、花生油、猪油脂等；它对油脂的抗氧化作用较 BHA、BHT 强，与柠檬酸等增效剂并用，抗氧化作用更强，但还不如 PG 与 BHA 和 BHT 并用时的抗氧化作用强，三者混合使用再加增效剂，抗氧效果最好。PG 使用量达 0.01% 时，因自动氧化着色，故常与 BHA 等复配使用，用量约 0.005% 时即有良好抗氧效果。PG 可与金属离子发生变色反应，加柠檬酸增效剂可同时起到螯合金属离子，防止变色的作用。

毒性：大白鼠经口 LD_{50} 为 $3600mg/kg$。

（4）L-抗坏血酸及其钠盐 L-抗坏血酸又称维生素 C。结构式为：

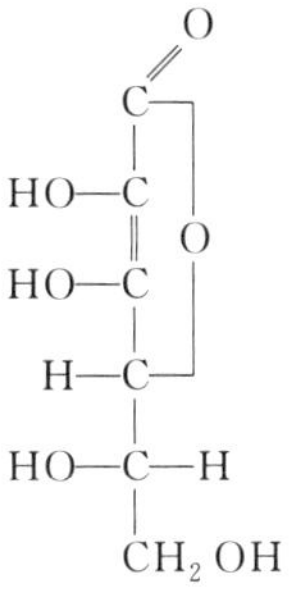

L-抗坏血酸为白色至微黄色晶体粉末或颗粒，无臭，有酸味，熔点 $190℃$，易溶于水，溶于乙醇，不溶于乙醚、氯仿和苯等。L-抗坏血酸热性能差，遇光颜色逐渐变深，在水溶液中易氧化，中性及碱性溶液中分解尤甚。

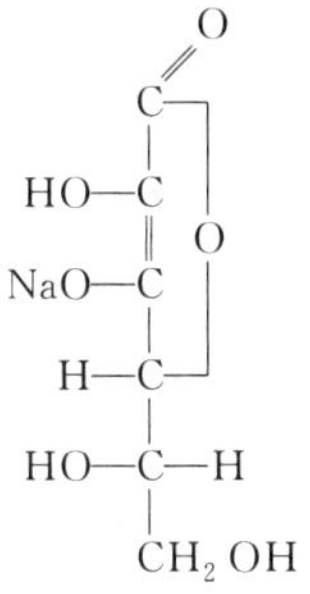

L-抗坏血酸结构中烯醇式羟基易氧化脱氢，具有强还原性，可消耗食品及环境中的氧，可还原高价金属离子使食品的氧化还原电位降低到还原区域，因此具有抗氧化作用，用于防止啤酒、果汁等褪色、变色、风味变劣，还能抑制水果蔬菜的酶褐变，在肉制品中可防止变色及阻止产生亚硝胺，这对防止亚硝酸盐在肉制品中产生有致癌作用的二甲基亚硝胺具有重要意义。

L-抗坏血酸呈酸性，不适宜加入酸性食品，可用其钠盐代替。

L-抗坏血酸除具有抗氧化作用外，还是重要的营养强化剂，具有生理活性，参与机体的代谢过程，促进抗体形成，增强机体对疾病的抵抗力，以及解毒和促进铁的吸收等多种作用。

制法：以葡萄糖为原料，在镍催化剂作用下，加压氢化生成山梨糖醇，再经醋酸杆菌发酵氧化生成 L-山梨糖，然后在浓硫酸催化下，与丙酮反应生成双丙酮-L-山梨糖，最后在碱性条件下用高锰酸钾氧化即得。其钠盐的制备是在 L-抗坏血酸溶液中加入碳酸钠或碳酸氢钠，放置片刻后加入异丙醇沉淀而得。

维生素 C 及其钠盐用作抗氧剂在国外十分广泛，中国主要用作食品营养强化剂，而将其立体异构体抗坏血酸钠作为抗氧剂使用。

（5）异抗坏血酸及其钠盐 异抗坏血酸是维生素 C 的一种立体异构体，在化学性质上与维生素 C 极为相似，但抗氧化能力远远超过抗坏血酸，它几乎没有抗坏血酸的生理活性作用，但不会影响人体对抗坏血酸的吸收和利用，人摄取异抗坏血酸后，在体内可转变为维生素 C，美国食品与药物管理局（FDA）将其列为一般公认安全物质。食品中加入异抗坏血酸除起到抗氧化作用外，还可保护维生素 C 不被氧化，保护了食品的营养作用。

异抗坏血酸的制备是由葡萄糖接种假单胞菌属的荧光杆菌经通气发酵得 α-酮葡萄糖酸钙，再用甲醇和硫酸使其形成甲酯后，添加甲醇氢氧化钠溶液进行烯醇化反应而得。结构式为：

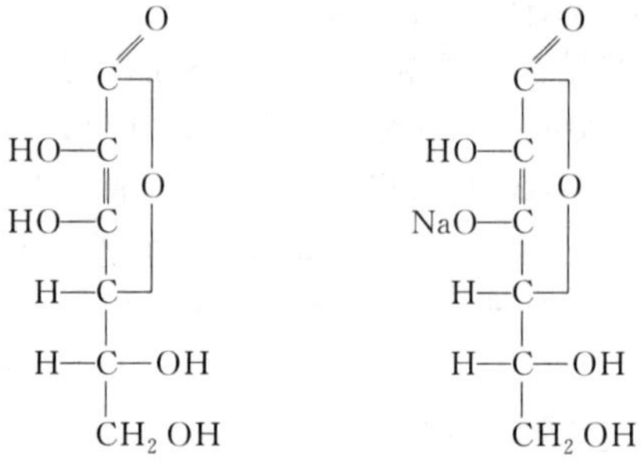

异抗坏血酸   异抗坏血酸钠

异抗坏血酸钠是由异抗坏血酸与氢氧化钠或碳酸钠反应得到，为白色至黄白色晶体粉末，无臭，微有咸味，熔点 200℃ 以上（分解）。易溶于水，几乎不溶于乙醇，干燥状态下暴露于空气中相当稳定，但在水溶液中，当有空气、金属、光、热作用时，则易氧化。它的抗氧化性能与异抗坏血酸相同，中国食品添加剂使用卫生标准将异抗坏血酸钠列为食品抗氧化剂，用于果蔬罐头、果酱、啤酒、果汁、肉及肉制品等。

毒性：大白鼠经口 LD_{50} 为 9400mg/kg，FDA 将其列入一般公认安全物质。

（6）生育酚混合浓缩物　生育酚即维生素 E。天然维生素 E 广泛存在于高等动植物体中，有防止动植物组织内的脂溶性成分氧化的功能，结构通式为：

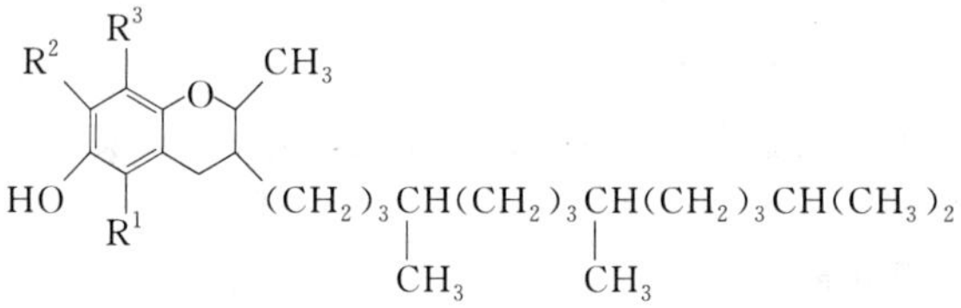

天然维生素 E 有 α-型、β-型、γ-型、δ-型、ζ-型、ε-型、η-型 7 种异构体，作为抗氧化剂使用的生育酚是 7 种异构体的混合物，工业上以小麦胚芽油、米糠油、大豆油、棉籽油、亚麻仁油为原料，将其中不皂化物用苯处理，除去沉淀物后再加乙醇，除去沉淀物再进行真空蒸馏而得。因原料油及加工方法不同，产品的总浓度和同分异构体的组成也不一样，较纯的含生育酚总量可达 80% 以上，大豆油制取的生育酚组成为 α-型 10%～20%，γ-型 40%～60%，δ-型 25%～40%。

生育酚混合浓缩物为黄至褐色透明黏稠液体，相对密度为 0.932～0.955，不溶于水，溶于乙醇，可与丙酮、乙醚、氯仿及油脂混溶，属油溶型抗氧剂。它的抗氧化性能来自苯环上 6 位的羟基，羟基结合成酯后则失去抗氧化性。一般情况下，生育酚对动物油脂的抗氧化效果比对植物油效果好，生育酚热稳定性好，在高温下仍具有较好的抗氧化效果；生育酚的耐光、耐紫外线、耐放射线的性能也较 BHA、BHT 强，它具有防止维生素 A 在 γ 射线照射下的分解作用，防止 β-胡萝卜素在紫外线照射下的分解作用及防止甜饼干在日照下的氧化作用；另外，近年来的研究结果表明，生育酚还有阻止咸肉中产生亚硝胺致癌物的作用。

（7）茶多酚　茶多酚也称维多酚，是从绿茶中提取出来的一类多酚化合物，以儿茶素含量最高，占茶多酚总量的 60%～80%。茶叶中一般含有四种具有抗氧化能力的儿茶素：儿茶素（EC）、没食子儿茶素（EGC）、儿茶素没食子酸酯（ECG）和表没食子儿茶素没食子酸酯（EGCG），抗氧化能力依次为 EGCG ＞ EGC ＞ ECG＞EC。儿茶素的抗氧化性能是由于儿茶素分子中的酚羟基在空气中容易氧化成酮，尤其是在碱性、高温及潮湿条件下，氧化反应更易进行。茶多酚的抗氧化性能优于生育酚混合浓缩物和 BHA，与苹果酸、柠檬酸、酒石酸及抗坏血酸和生育酚都有良好的协同作用。

茶多酚的制法是将绿茶加入热水中浸提，经过滤、减压浓缩后加入等容量的三氯甲烷萃取，溶剂层用于制取咖啡碱，水层加入 3 倍容量的醋酸乙酯进行萃取，醋酸乙酯层经浓缩喷雾干燥后得粗品，再精制即得。产品为白褐色粉末，易溶于水、乙醇、醋酸乙酯等。茶多酚对人体无毒且能杀菌消炎，强心降压，对促进人体维生素 C 积累有积极作用，对尼古丁、咖啡等有害生物碱还有解毒作用。因此，常饮茶有益人体健康。中国已将茶多酚列为食品抗氧剂，可用于油脂、火腿、糕点馅，最大使用量为 0.4g/kg。可先将其溶于乙醇，加入一定量柠檬酸配成溶液，然后喷涂或添加于食品。

结构式：

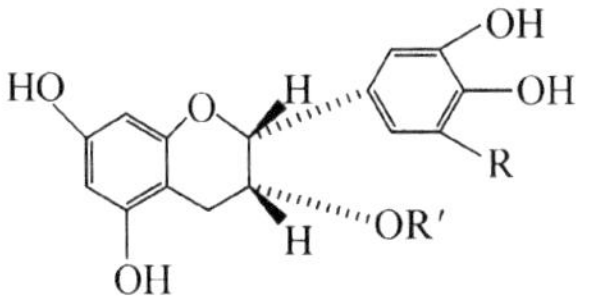

$$EC：R=R'=H$$
$$EGC：R=OH，R'=H$$
$$ECG：R=H，R'=-C(=O)-(3,4-OH)$$
$$EGCG：R=OH，R'=-C(=O)-(3,4-OH)$$

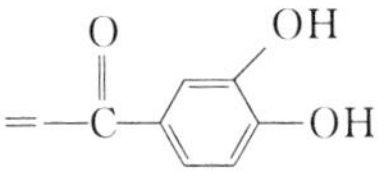

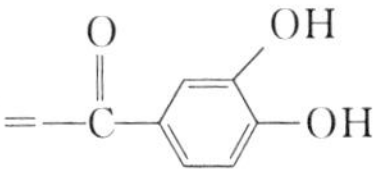

(8) 植酸 又称肌醇六磷酸，易溶于水，为浅黄色或浅褐色黏稠状液体，是水溶型抗氧化剂，有很强的抗氧化性能。制法是以玉米、米糠或小麦为原料，用稀酸提取。分离提取液，去除蛋白质，碱化后分离沉淀，再洗涤、脱色、浓缩至 40% 以上制成。也可采用肌醇与磷酸合成的方法制备。主要用于油脂食品、鱼、肉、蛋、面包及糕点中。

毒性：小鼠经口 LD_{50} 为 4192mg/kg。

二、抗氧化剂的作用机理

抗氧化作用机理比较复杂，有多种可能性。有一些抗氧化剂是借助于还原反应，降低食品内部及环境中的氧含量，例如有些抗氧化剂本身极易氧化，从而使环境中的氧首先与抗氧化剂反应而保护了食品；有些抗氧化剂可以放出氢原子将油脂在自动氧化过程中产生的过氧化物分解破坏，使其不能形成醛酮等产物；有些抗氧化剂可与过氧化物结合，中断油脂自动氧化过程中的连锁反应，从而阻止氧化过程继续进行；还有些抗氧化剂的作用特点在于阻止或减弱氧化酶类的活性，从而达到抑制食品氧化的目的。

现以油脂自动氧化为例说明抗氧化剂的作用机理。

油脂的自动氧化具有游离基反应历程，油脂在氧的作用下，产生过氧化物游离基：

$$RH+O_2 \longrightarrow R\cdot+\cdot OH \quad （链引发） \tag{4-2}$$
$$R\cdot+O_2 \longrightarrow RCOO\cdot \quad （链增长） \tag{4-3}$$

这种过氧化物游离基具有攻击油脂分子产生新的游离基的能力，从而使油脂自动氧化反应以连锁反应方式进行下去。

$$RCOO\cdot+RH \longrightarrow RCOOH+\cdot R （链传递） \tag{4-4}$$

BHA、BHT 以及没食子酸丙酯等抗氧化剂是一些酚类化合物，它们作为氢的提供者（或游离基的承受者），可与过氧化物游离基反应形成氢过氧化物。

$$RCOO\cdot+AH \longrightarrow RCOOH+\cdot A （AH 表示抗氧化剂） \tag{4-5}$$
或 $$R\cdot+AH \longrightarrow RH+A\cdot \tag{4-6}$$

这样，过氧化物游离基就不能再进攻油脂分子以及形成新的游离基，从而中断了自动氧化连锁反应。而抗氧化剂游离基是比较稳定的，它不能引起一个链传递反应，但能与其他游离基结合而终止链反应：

$$A\cdot + \cdot A \longrightarrow A—A \qquad (4-7)$$

$$A\cdot + RCOO\cdot \longrightarrow RCOOA \qquad (4-8)$$

当有另外的供氧体（还原剂）存在时，抗氧剂可以再生：

$$A\cdot + BH \longrightarrow AH + B\cdot \qquad (4-9)$$

抗氧化剂游离基的稳定性由其结构决定。酚类抗氧剂形成游离基后，氧原子上不成对的单电子可与苯环上的电子云产生共轭效应，使游离基的能量下降，稳定性提高。

$$\text{〈〉—OH} \longrightarrow \text{〈〉—O}\cdot + H\cdot \qquad (4-10)$$

有些物质本身没有抗氧化作用，但与抗氧剂配合使用时，能增强抗氧化剂的作用，这类物质被称作抗氧化剂的增效剂。现在广泛使用的增效剂有柠檬酸、磷酸、酒石酸、抗坏血酸等酸性物质。一般认为这些增效剂可以与促进油脂自动氧化的微量金属离子生成螯合物，起到钝化金属离子的作用；也有人认为增效剂可与抗氧化剂游离基作用使抗氧化剂再生：

$$A\cdot + SH \longrightarrow AH + S\cdot \qquad (SH\ 表示增效剂) \qquad (4-11)$$

两种或两种以上抗氧化剂混合使用或与增效剂并用往往比单一使用效果显著，这种现象称为"协同作用"或"增效作用"。一般认为，这是由于不同抗氧化剂分别在不同阶段终止油脂氧化的连锁反应，而增效剂起到了钝化金属离子催化剂的作用。

需要注意的是，抗氧化剂只能阻碍食品氧化，延缓食品氧化开始的时间，不能使已变质的食品恢复新鲜状态，因此抗氧化剂应在油脂开始氧化以前加入。另外，油脂的自动氧化在经过一段诱导期后，氧化反应速度会迅速加快，生成大量过氧化物，若此时添加抗氧化剂，即使加入量很大，也很难起到抗氧化作用。

添加抗氧化剂还需注意要使其充分地分散于食品中，才能发挥其作用；对于可促进氧化反应的光、热、氧以及金属离子等因素，应尽量使其与食品绝缘，如采用密封、避光、真空或充氮以及低温储藏等方法，方可使抗氧化剂有效地发挥作用。

第四节　食　用　色　素

食品的质量，除了营养价值和卫生安全性以外，还要求食品具有较好的颜色和风味。食品的色泽是人们鉴别食品质量优劣的一项重要感官指标。适宜的食品颜色还可以增进人的食欲。而许多天然食品在加工及储藏过程中又很容易发生褪色或变色现象，直接影响食品的感官质量。因此，使用色素对食品着色以及在加工和储存过程中保护色素物质不被破坏是十分重要的。

食用色素包括天然色素和人工合成色素两类。

一、天然色素

天然色素是指存在于自然资源中的有色物质，按其来源不同可分为植物色素、动物色素和微生物色素；按照化学结构不同，可分为四吡咯衍生物（或卟啉类衍生物）、异戊二烯衍生物、多酚类色素、酮类衍生物、醌类衍生物等；按溶解性质不同，又可分为水溶性色素和脂溶性色素。

认识食用色素

食用天然色素是由自然资源中经物理提取等方法获得的天然色素物质。另外，也可用化学方法合成出与天然色素结构相同的人工合成天然色素。

1. 四吡咯衍生物类

这类化合物是由 4 个吡咯环的 α-碳原子通过亚甲基（—CH—）相连而成的复杂的共轭体

系，这个环系也叫卟啉（图4-1），呈平面形，在四个吡咯环中间的空隙里以共价键和配位键跟不同的金属元素结合，如在叶绿素中结合的是镁，而在血红素中结合的是铁。同时四个吡咯环上的β位上还各有不同的取代基。这类化合物的分子中存在共轭双键闭合系统，因此有特殊的吸光能力，能呈现出各种颜色。叶绿素和血红素属于这一类化合物。

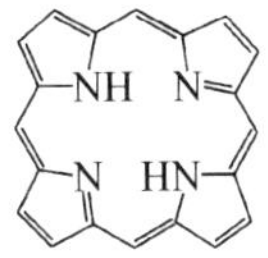

图4-1　卟啉结构

（1）叶绿素及叶绿素铜钠盐　叶绿素是一切绿色植物绿色的来源，是植物进行光合作用所必需的催化剂。它是由叶绿酸、叶绿醇和甲醇构成的二醇酯（图4-2），当3位上的R为甲基时，为叶绿素a；R为醛基时，为叶绿素b，通常a：b＝3：1。叶绿素在植物细胞内与蛋白质结合成叶绿体，细胞死亡后叶绿素游离出来，由于叶绿素很不稳定，对光和热较为敏感。在酸性条件下，分子中的镁原子可被氢原子取代生成暗绿色至绿褐色的脱镁叶绿素；在碱性溶液中，叶绿素可水解生成颜色仍为鲜绿色的叶绿酸（盐）、叶绿醇和甲醇。叶绿酸盐为水溶性，比较稳定；在适当条件下叶绿素分子中的镁原子可以被铜、铁、锌等金属离子取代，生成物中以铜叶绿酸钠的色泽最为鲜亮，对光和热也很稳定，可以作为食品着色剂使用。铜叶绿酸钠（也称叶绿素铜钠）的制法一般是以干燥的蚕沙或含叶绿素丰富的植物为原料，用酒精或丙酮等提取出叶绿素，然后使之与硫酸铜或氯化铜作用，铜取代出叶绿素中的镁，再将其用苛性钠溶液皂化，制成膏状物或进一步制成粉末状的铜叶绿酸钠。叶绿素铜钠为墨绿色（粉末），无臭或微有氨臭，有吸湿性，易溶于水呈蓝绿色，微溶于乙醇和氯仿，几乎不溶于乙醚和石油醚，水溶液中加入钙盐有沉淀析出。

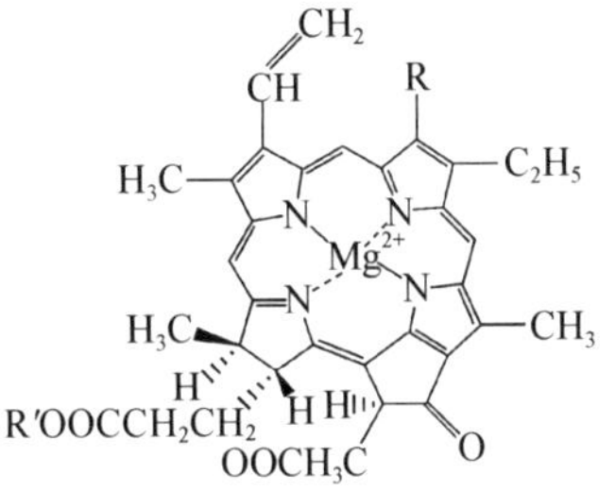

图4-2　叶绿素结构

$(CH_3)_2CH(CH_2)_3CH(CH_2)_3C=CHCH_2-$

叶绿素a：R＝CH_3
叶绿素b：R＝CHO

毒性：小鼠经口$LD_{50}＞10000mg/kg$，ADI为0～15mg/kg（FAO/WHO 1980年规定）。

（2）血红素　血红素是高等动物血液和肌肉中的红色色素，是由一个铁原子和卟啉环构成的铁卟啉化合物。铁原子还可以配价键形式与蛋白质结合，一分子血红素和一条肽链组成的球蛋白结合成肌红蛋白；四分子血红素和一分子四条肽链组成的球蛋白结合成血红蛋白（肌红蛋白结构如图4-3所示）。铁原子配位数为6，因此铁剩余一个配位数结合氧、二氧化碳、氧化氮等物质。动物屠宰放血后，由于对肌肉组织供氧停止，所以新鲜肉中的肌红蛋白保持还原状态，使肌肉的颜色呈稍暗的紫红色，当鲜肉存放在空气中，肌红蛋白和血红蛋白与氧结合形成鲜红色的氧合肌红蛋白和氧合血红蛋白；氧合肌红蛋白在氧或氧化剂存在下，亚铁血红素被氧化成高铁血红素，形成棕褐色的变肌红蛋白，这就是新鲜肉在空气中久放肉色变成棕褐色的原因。

另外，亚铁血红素可与氧化氮（NO）结合生成鲜桃红色的亚硝基亚铁血红素，亚硝基肌红

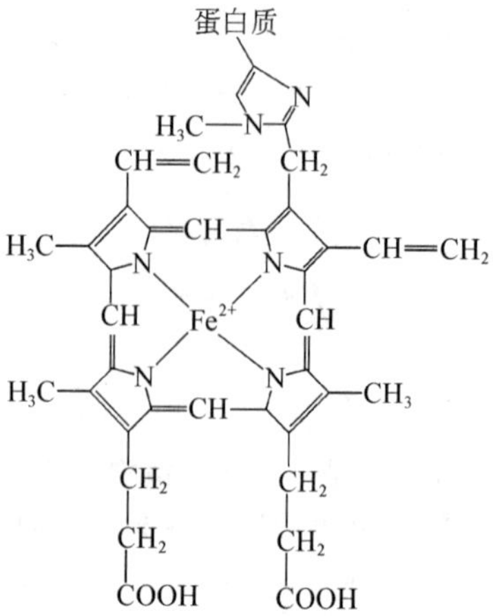

图 4-3　肌红蛋白结构

蛋白对热、氧的作用较氧合肌红蛋白更稳定。亚硝基血红蛋白和亚硝基肌红蛋白受热后，蛋白质发生变性，生成较稳定的鲜红色的亚硝基血色原。利用这个原理在肉制品加工中用亚硝酸盐等发色剂保持肉制品的鲜艳颜色。

2. 异戊二烯衍生物类——类胡萝卜素

类胡萝卜素是以异戊二烯残基为单元组成的共轭双键为基础的一类色素，属于多烯。类色素广泛存在于植物的叶、花、果实、块根、块茎中，一些微生物也能合成，而动物体内一般不能合成类胡萝卜素。已知的类胡萝卜素达 300 种以上，颜色从黄、橙、红至紫色都有，不溶于水而溶于脂肪溶液，属于脂溶性色素。类胡萝卜素又可分为胡萝卜素类（其结构为共轭多烯烃，溶于石油醚，微溶于甲醇、乙醇）和叶黄素类（是共轭多烯烃的含氧衍生物，以醇、醛、酮、酸的形态存在，溶于甲醇、乙醇和石油醚）。

胡萝卜素类着色物质主要是番茄红素和它的同分异构物 α-胡萝卜素、β-胡萝卜素及 γ-胡萝卜素，它们呈现红色、橙红色。番茄红素是番茄的主要色素物质，另外也存在于桃、杏、西瓜等水果中，胡萝卜中主要含有 α-胡萝卜素、β-胡萝卜素和少量番茄红素，β-胡萝卜素在自然界中含量最多，分布也最广，它们的结构式如下：

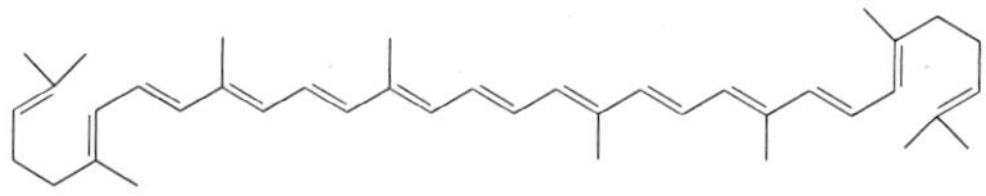

番茄红素

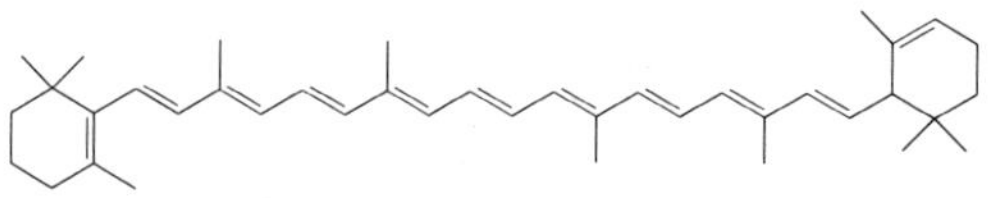

α-胡萝卜素

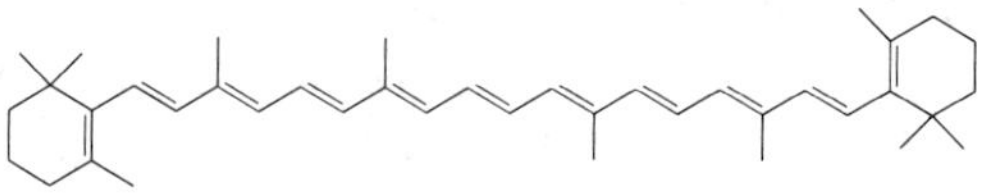

β-胡萝卜素

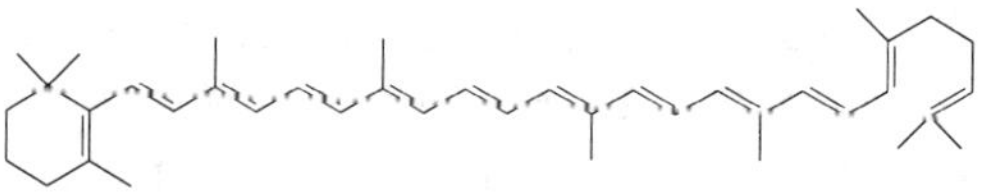

γ-胡萝卜素

叶黄素类多呈浅黄、黄、橙等颜色，在绿色叶子中的含量常为叶绿素的两倍，常见的叶黄素主要有以下几种。

① 叶黄素　3,3′-二羟基-α-胡萝卜素，广泛存在于绿色叶子中。

② 玉米黄素　3,3′-二羟基-β-胡萝卜素，在玉米、桃、蘑菇中存在较多。

③ 隐黄素　3-羟基-β-胡萝卜素，存在于黄玉米、南瓜、柑橘等中。

④ 番茄黄素　3-羟基番茄红素，存在于番茄中。

⑤ 柑橘黄素　5,8-环氧-β-胡萝卜素，存在于柑橘皮、辣椒等中。

⑥ 虾黄素　3,3′-二羟基-4,4′-二酮-β-胡萝卜素，存在于虾、蟹、牡蛎、昆虫等体内，与蛋白质结合时为蓝色，虾黄素被氧化后变成砖红色的虾红素（3,3′,4,4′-四酮-β-胡萝卜素）。

⑦ 辣椒红素　在红辣椒中存在较多。结构式为：

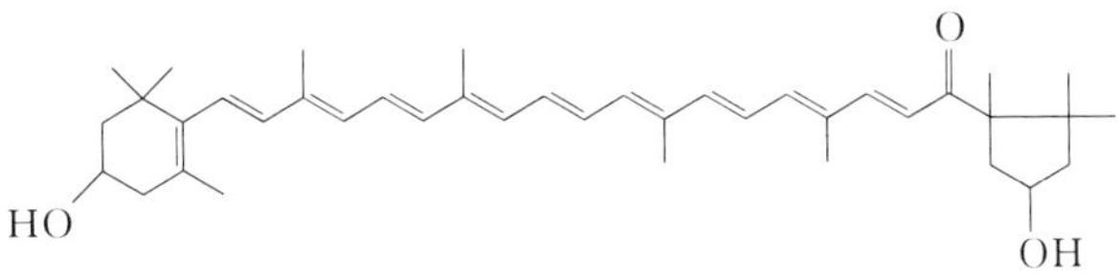

辣椒红素

⑧ 辣椒玉红素　是红辣椒中的主要色素。结构式为：

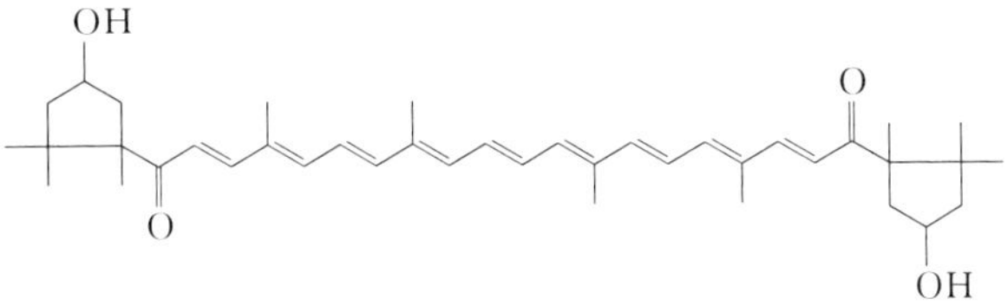

辣椒玉红素

类胡萝卜素还可通过糖苷键与还原糖结合，如藏花酸与两分子龙胆二糖结合而成的藏花素（又称栀子黄色素）是多年来唯一已知的类胡萝卜素糖苷。结构式为：

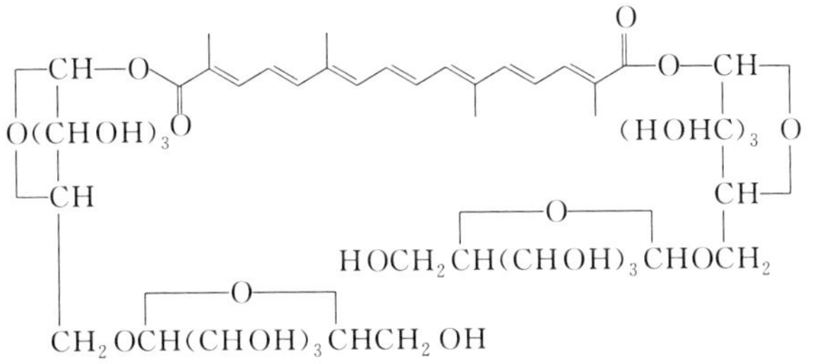

藏花素

藏花素主要存在于藏红花和栀子中，近年来还从细菌中发现并分离出多种类胡萝卜类糖苷。

胡萝卜素类有很强的亲脂性，但它的含氧衍生物则随着分子内含氧基团数目的增多，亲脂性逐渐减弱。

类胡萝卜素含有高度共轭双键发色团和羟基等助色团，双键位置和基团不同，吸收光谱也不同，因而具有不同的颜色。每个双键又可能存在顺、反异构，对颜色也有影响。天然存在的类胡萝卜素全部都是反式结构的，颜色较深。顺式双键数目增加，会使颜色变浅。光、热、酸等因素也能使反式变为顺式而使颜色变浅。类胡萝卜素对热和 pH 值较稳定，但光和氧对其有破坏作用。

类胡萝卜素是较早广泛用于油质食品着色的一类天然色素。中国已批准使用的此类食用色素有β-胡萝卜素、辣椒红色素、玉米黄色素和栀子蓝色素等。

① β-胡萝卜素　为紫红色或暗红色晶体粉末，有轻微异味，不溶于水，在氯仿中溶解度为4.3g/100mL，低浓度时呈橙黄色至黄色，高浓度时呈橙红色，受光、热、空气等影响后，色泽变浅，遇重金属离子特别是铁离子则褪色。

采用胡萝卜或其他含胡萝卜素的天然物为原料,可用物理方法提取 β-胡萝卜素。若从含油脂多的原料提取,需先皂化,不皂化物用石油醚萃取。浓缩的石油醚溶液中加二硫化碳或乙醇,即可析出粗 β-胡萝卜素。另外, β-胡萝卜素还可由化学方法合成: β-紫罗兰酮经过 C_{14} 、 C_{16} 、 C_{19} 的各种醛进行格利雅反应,使两分子结合成 β-C_{40}-二醇,再经脱水和加氢而得。

② 玉米黄色素 玉米黄色素是从正己烷由玉米淀粉的副产品黄蛋白中提取出来的,提取液经减压浓缩得血红色油状物,主要成分为玉米黄素和隐黄素,不溶于水,溶于石油醚、丙酮和油脂等,低于 $10\,^{\circ}\mathrm{C}$ 时变为橘黄色半凝固油状物,稀溶液为柠檬黄色,耐光、耐热性差,但耐金属离子性好,人体吸收后可转变为维生素 A,是无毒物。

③ 辣椒红色素 辣椒红色素是以红辣椒为原料,用酒精或丙酮反复提取后,以石油醚重结晶而得,主要成分是辣椒红素、辣椒玉红素和辣椒素,为深红色晶体粉末或膏体,不溶于水,溶于乙醇、油脂及有机溶剂,乳化分散性及耐热、耐酸性均好,耐光性差, Fe^{3+} 、 Ca^{2+} 、 Co^{2+} 等可使其褪色,与铜离子形成沉淀,无毒性。

④ 栀子蓝色素 由栀子果实用水提取的黄色素,经食品加工用酶处理后形成蓝色素。

3. 多酚类色素

这类化合物是 2-苯基苯并吡喃的衍生物,苯环上都具有两个或两个以上羟基,故称多酚类色素。多酚类色素是植物中主要的水溶性色素。最常见的有花黄素、花色素和儿茶素。

黄酮类也称花黄素,多呈浅黄色或无色,偶为鲜明橙黄色。它的基本结构是 2-苯基苯并-γ-吡喃酮(即黄酮),黄酮的熔点 $100\,^{\circ}\mathrm{C}$,结构式为:

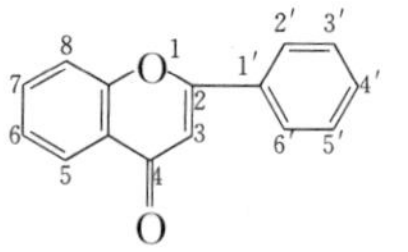

黄酮

黄酮分子中 C-3 位上的氢原子被羟基取代后,即得 3-羟基黄酮,许多种植物色素都含有这个环系而被称为黄酮类色素,例如:

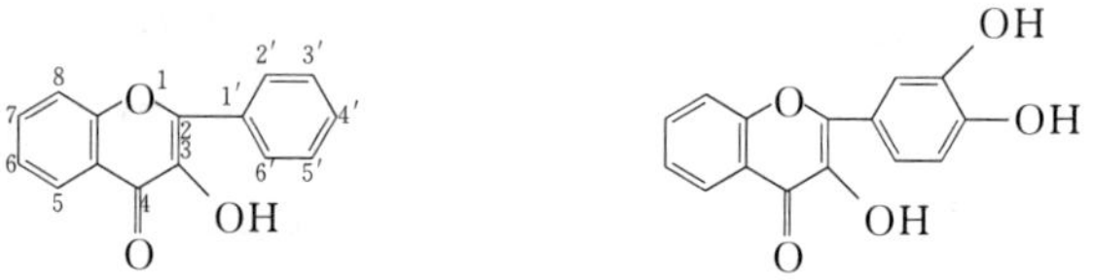

3-羟基黄酮   橡精

自然界中广泛存在的黄酮素有如下几种。

① 槲皮素(栎素) 为 $5,7,3',4'$-四羟基黄酮醇。

② 旃那素 为 $5,7,4'$-三羟基黄酮醇。

③ 圣草素 为 $5,7,3',4'$-四羟基黄酮。

④ 杨梅素 为 $5,7,3',4',5'$-五羟基黄酮醇。

⑤ 柚皮素 为 $5,7,4'$-三羟基黄酮。

黄酮类以苷的形式广泛存在于植物组织中,苷位置在 $3,5,7$ 位上,成苷的糖主要有葡萄糖、鼠李糖、半乳糖、木糖、阿拉伯糖、芸香糖 [β-鼠李糖($1\rightarrow6$)葡萄糖] 和 β-新橙皮糖 [β-鼠李糖($1\rightarrow2$)葡萄糖] 等。

黄酮类易溶于碱液(pH 值 $11\sim12$),生成苯丙烯酰苯(查耳酮型结构)而呈黄色、橙色乃至褐色,在酸性条件下又恢复为闭环结构,颜色消失。以橙皮素为例:

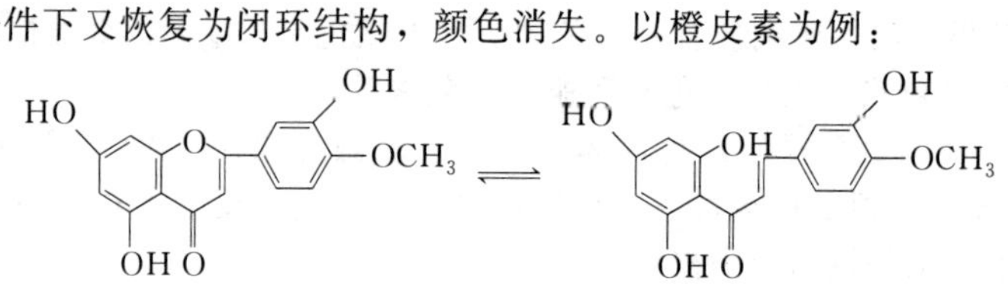

$$(4\text{-}12)$$

黄酮类在乙醇溶液中，在镁粉和浓盐酸还原作用下生成花色素。各种花和果实因所含的色素不同而呈现不同的颜色，这些色素的结构和黄酮色素相似，在植物体内结合成苷，称为花色苷。花色苷用稀酸处理后就分解成糖和一个非糖体，这个非糖体就叫作花色素，为稳定的蟒盐。花色素都含有 2-苯基-3-羟基苯并吡喃的环系，1 位上的氧成为锌盐，花色素的基本结构如下：

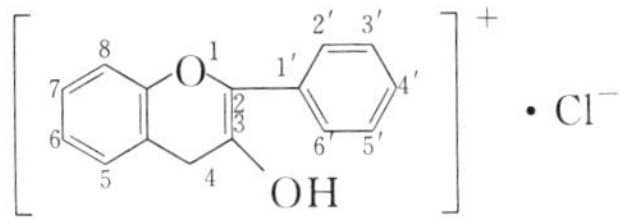

花色素

分解花色苷时一般都用盐酸，所以生成的花色素都是盐酸盐，已知花色素有 20 种，常见的有如下几种。

① 氯化洋绣球素　3,5,7,4'-四羟基花色素。

② 矢车菊色素　3,4,7,3',4'-五羟基花色素。

③ 氯化翠雀素　3,5,7,3',4',5'-六羟基花色素。

④ 芍药色素　3,5,7,4'-四羟基-3'-甲氧基花色素。

⑤ 牵牛花色素　3,5,7,4',5'-五羟基-3'-甲氧基花色素。

⑥ 锦葵色素　3,5,7,4'-四羟基-3',5'-二甲氧基花色素。

花色素对介质的 pH 值十分敏感，结构及颜色随 pH 值变化而改变。以矢车菊色素为例：

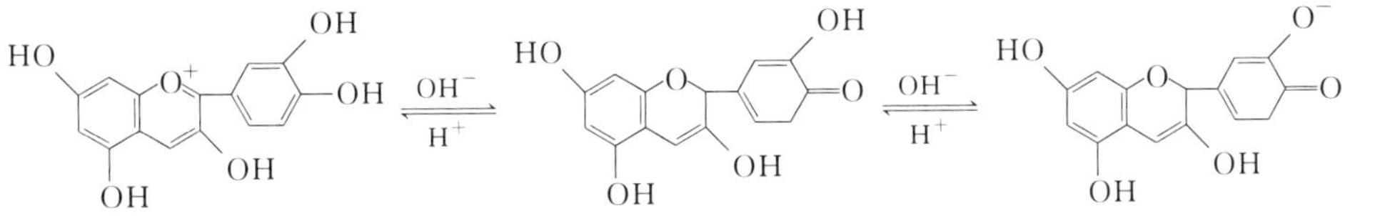

(4-13)

pH<3，阳离子，红色　　　　　pH=8.5，紫罗兰色　　　　　pH>11，阴离子，蓝色

花色素与 Ca、Mg、Mn、Fe、Al 等金属结合，生成紫红、蓝色或灰紫色等深色色素；花色素在光、热、氧作用下也会很快变成褐色；另外，二氧化硫可与花色素发生加成反应，使花色素褪色成黄色。

(4-14)

花色素与盐酸共热生成无色花色素，无色花色素也广泛存在于植物中，在一定条件下，无色花色素可转变为有色的花色素，一些果蔬罐头肉质变红、变褐即是由于其中的无色花色素转变为有色花色素造成的。

下面介绍几种以多酚类色素为主要成分的天然食品着色剂。

① 红花黄色素　是红花中所含的黄色色素，结构如下：

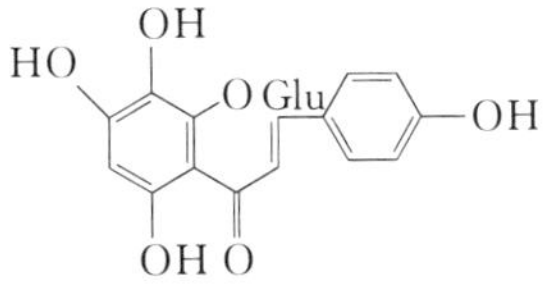

Glu 为葡萄糖基

红花黄色素为黄色均匀粉末，可溶于水、乙醇、丙二醇，不溶于油脂，pH 值 2~7，色调稳定，耐光性良好，耐热性一般，铁离子可使其发黑，其他金属几乎无影响。制法是由菊科植物红花的干燥花瓣加水浸提后精制、浓缩、干燥而成。其残渣再用 NaOH 水溶液萃取还可提取出红花红色素。

② 高粱红色素　主要成分为 5,7,4'-三羟基黄酮。由高粱种子、高粱壳经水、乙醇、丙二醇配

制的溶液浸提后，过滤、浓缩、干燥制成，为棕红色液体、糊状、块状或粉末状物，略有特殊气味。溶于水，pH 值在 4～12 易溶，水溶液呈酸性时为棕红色液体，随 pH 值增加，颜色加深，不溶于石油醚、油脂等，对光、热稳定，但能与金属离子配合成盐。

③ 黑豆红色素　主要成分是矢车菊-3-葡萄糖苷，由黑豆种皮经乙醇提取后精制干燥制成，产品为紫红色粉末，易溶于水和稀乙醇溶液，酸性溶液呈红色，随 pH 值增加，颜色加深，具有较强的耐光热性和着色效果。

④ 玫瑰茄红色素　主要成分为氯化飞燕草色素和氯化矢车菊色素。制法是将玫瑰茄的花萼用乙醇浸提，经过滤使色素萃取液与花萼分离。滤离的花萼粉碎后再用含 1% 盐酸的乙醇溶液提取，两次提取液合并后于 30℃下减压浓缩制成浓缩液或蒸干制成粉末。玫瑰茄红色素为玫瑰红色着色剂，可溶于水，耐热、耐光性良好，在饮料、糖果中能良好地着色，对 Fe、Ca 稳定性较差。

另外，葡萄皮红色素、越橘红色素、可可壳色素等主要成分也是多酚类色素物质。

4. 酮类衍生物

有红曲色素和姜黄素两类。

① 红曲色素　来源于微生物，是红曲霉菌丝所分泌的有色物质，主要有 6 种成分。结构式为：

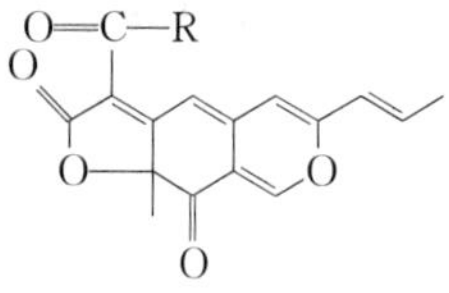

橙色
红斑红色素：R＝C_5H_{11}
红曲玉红素：R＝C_7H_{15}

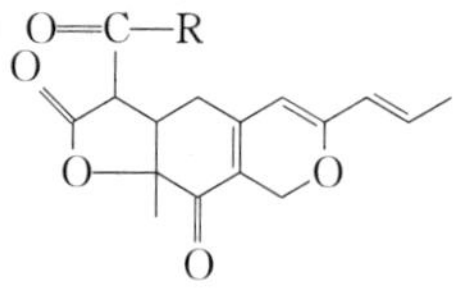

黄色
红曲素：R＝C_5H_{11}
黄红曲素：R＝C_7H_{15}

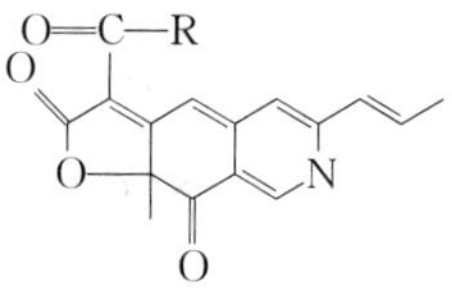

紫色
红斑红曲胺：R＝C_5H_{11}
红曲玉胺：R＝C_7H_{15}

不同菌种分泌的红曲色素组成不同，具有实际意义的是醇溶性的红斑红色素和红曲玉红素。

红曲色素与其他食用天然色素相比，稳定性极好，耐光、耐热性好，对 pH 值稳定，几乎不受氧化剂、还原剂及金属离子的影响。红曲色素对蛋白质的染着性好，一旦染色后经水洗不褪色。

红曲色素由发酵法制得，先将米煮熟，用红曲霉接种后经培养制成红曲米，再用乙醇抽提而得。

毒性：小鼠腹腔注射 LD_{50} 为 6960mg/kg。

② 姜黄素　存在于多年生的草本植物姜黄的根茎中，具有二酮结构：

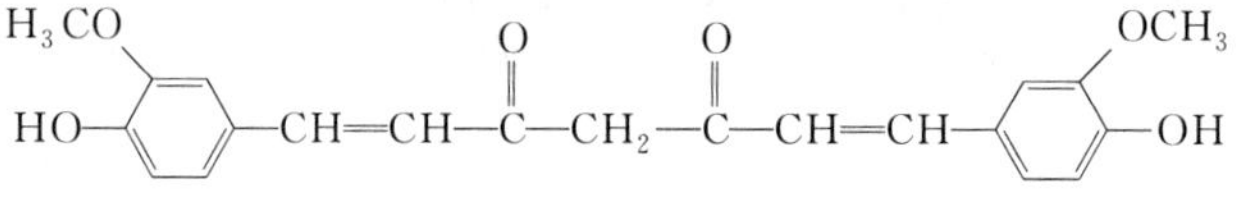

纯姜黄素为黄色结晶粉末，具有胡椒的芳香并稍有苦味，不溶于水，溶于乙醇和丙二醇，易溶于冰醋酸和碱液中，酸性及中性时为黄色，碱性时为红褐色，着色力强。

食用的姜黄色素系由植物姜黄的根茎干燥粉碎后用丙酮等有机溶剂提取、浓缩、干燥而得。

毒性：小鼠经口 LD_{50}＞2000mg/kg，ADI 为 0～0.1mg/kg，属无毒性色素。

5. 醌类衍生物

虫胶红色素和胭脂虫色素属于此类。

① 虫胶红色素　属于动物色素，是紫胶虫寄生在植物上所分泌的紫胶原胶中的一种色素，有溶于水和不溶于水两大类，均为蒽醌衍生物，溶于水者称为虫胶红酸，现已分离出虫胶红酸 A、B、C、D、E 五种成分：

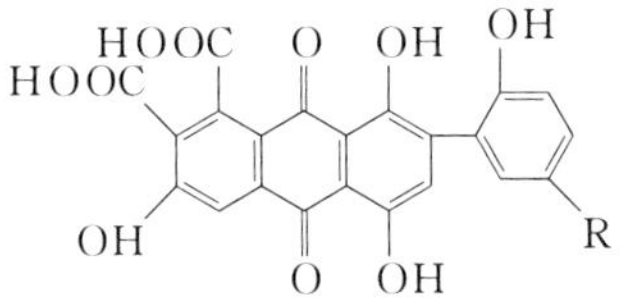

A：R＝—CH$_2$CH$_2$NHCOCH$_3$
B：R＝—CH$_2$CH$_2$OH
C：R＝—CH$_2$CHNH$_2$COOH
E：R＝—CH$_2$CH$_2$NH$_2$

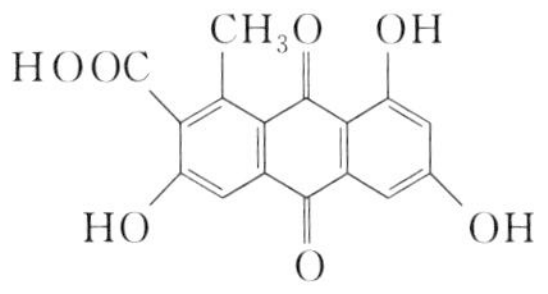

虫胶红酸（D）

虫胶红又称紫胶红、紫草茸色素，为鲜红色粉末，微溶于水、丙二醇和乙醇，且纯度越高，在水中溶解度越低，能溶于 Na$_2$CO$_3$ 等碱性溶液，溶液色调随 pH 值变化：pH＝3～5，橙红色；pH＝5～7，红至紫红色；pH＞7，紫红色；pH＞12，褪色。在酸性条件下对光、热稳定，对金属离子（特别是铁）敏感。

制法：将虫胶与植物枝条一起砍下称为紫梗，将紫梗破碎后加水浸渍，取色浆用稀 HCl 溶液酸化、除渣，然后加 CaCl$_2$ 溶液使之形成色素沉淀，过滤后将沉淀溶于盐酸中，再经过滤精制而得。

毒性：大白鼠经口 LD$_{50}$ 为 1800mg/kg，安全性高。

② 胭脂虫色素　是寄生于胭脂仙人掌上的胭脂虫体内的色素，主要成分为胭脂红酸，为蒽醌衍生物。结构式为：

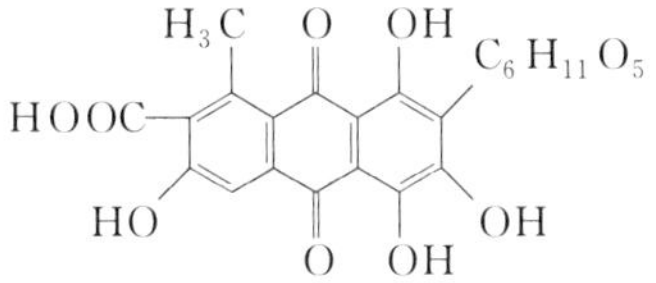

胭脂虫色素由雌性胭脂虫干体磨细后用水提取而得红色色素，为红色菱形晶体或棕红色粉末，难溶于冷水而溶于热水、乙醇、碱水和稀酸。酸性时呈橙黄色，中性时呈红色，碱性时呈紫红色，对光、热稳定。安全性较高。

6. 甜菜花色素和甜菜黄素

① 甜菜红色素　是存在于红甜菜（俗称紫菜头）中的有色物质。甜菜红色素中以甜菜苷为主，其余还有甜菜苷配基、前甜菜苷和它们的 C$_{15}$ 异构体。

在碱性条件下，甜菜苷、甜菜苷配基或前甜菜苷配基可转变为甜菜黄素，在甜菜红色素水溶液中加入谷氨酸或谷氨酰胺，用 1mol 氨水调至 pH＝9.8，则可得到甜菜黄素Ⅰ或Ⅱ。

甜菜红色素为红紫至深紫色液体、粉末或糊状物，有异臭，易溶于水，不溶于乙醇、丙二醇和醋酸、乙醚等有机溶剂，对光、热、氧及金属离子均敏感，抗坏血酸对它可起一定保护作用。甜菜红色素系由红甜菜根用亚硫酸氢钠溶液热烫（95～98℃）10～15min，然后用水浸提、浓缩、干燥而成。红甜菜是人们长期食用的一种蔬菜，对人体健康无不良影响，故可认为不具有毒性。结构式为：

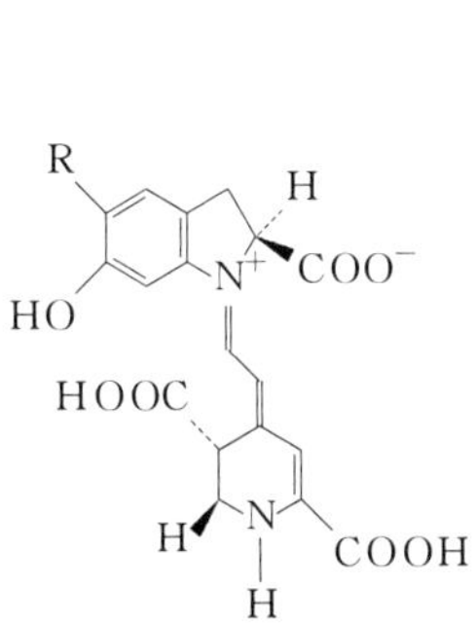

甜菜苷：R＝葡萄糖基
甜菜苷基：R＝OH
前甜菜苷：R＝葡萄糖-6-硫酸脂

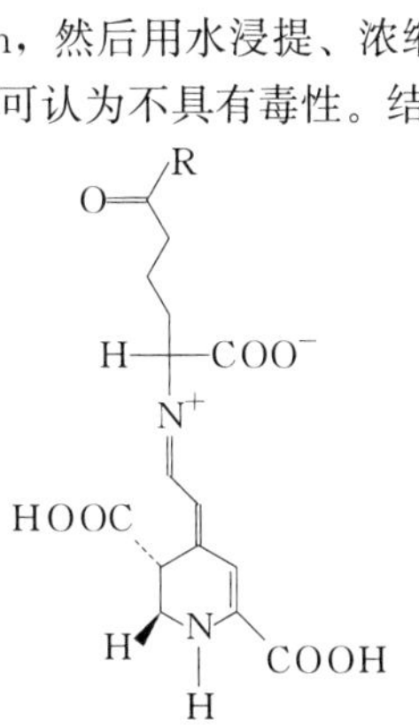

甜菜黄素Ⅰ：R＝NH$_2$
甜菜黄素Ⅱ：R＝OH

② 落葵红色素　是落葵果实中提取的水溶性红色素，主要成分为甜菜苷，成本低，色料价格高，使用方便。

毒性：小鼠经口 $LD_{50}>10000mg/kg$，属天然无毒类色素。

③ 天然苋菜红色素　由红苋菜可食部分经水提取、乙醇精制而成。主要成分为苋菜苷和甜菜苷。

天然苋菜红为水溶性，溶液为紫红色澄清液。当 pH$>$9 时，变为黄色，具有良好着色力，为无毒色素。

7. 其他色素

酱色，也称焦糖色，由蔗糖、饴糖、淀粉等在高温下不完全分解，脱水，聚合而成的红褐色或黑褐色混合物。主要成分为异蔗聚糖、焦糖烷、焦糖烯和焦糖炔。具有焦糖香味和苦味，可溶于水。水溶液呈透明状红棕色。制法有不加铵盐生产法和加铵生产法，前法是以蔗糖、转化糖、乳糖、麦芽糖浆等，在 160～180℃高温下加热约 3h 使之焦糖化，最后用碱中和而得，所用催化剂为酸碱或盐，如醋酸、柠檬酸、硫酸、氢氧化钠、氢氧化钙、碳酸氢钾或钠、硫酸钾/钠等。加铵法是以铵盐如亚硫酸铵作催化剂生产的，但因能生成强致癌物质 4-甲基咪唑，故一般不能食用。

毒性：大白鼠经口 $LD_{50}>15000mg/kg$，铵法生产的酱色 ADI 暂定 0～100mg/kg，非铵法 ADI 不作限制性规定。

二、人工合成色素

人工合成色素是一类通过化学合成方法制得的食品添加剂，主要用于赋予食品鲜艳的颜色或改善食品的色泽。它们通常具有较高的着色力、稳定性和低成本，因此在食品工业中广泛应用。然而，由于其化学合成特性，过量或不规范使用可能对人体健康造成潜在风险，因此其使用受到严格监管。

（1）柠檬黄　又称酒石黄，结构式如下：

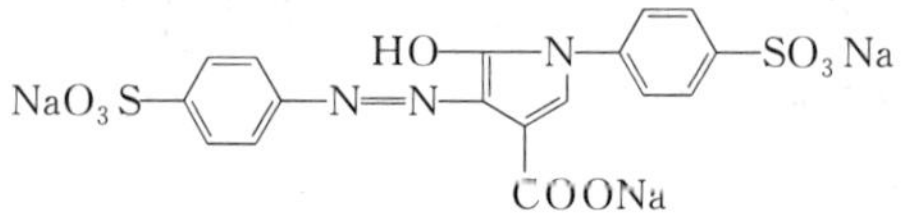

柠檬黄为橙黄至黄色颗粒或粉末，无臭，0.1%的水呈黄色，微溶于乙醇和油脂。耐光、耐热性强，在酒石酸中稳定，遇碱稍有变红，被还原时脱色。制法是将双羟基酒石酸钠与苯肼对磺酸缩合，碱化后用 NaCl 盐析、精制而成。

（2）新红　新红为水溶性偶氮类着色剂，化学名称为 2-(4′-磺基-1′苯偶氮)-1-羟基-8-乙酰氨基-3,6-二磺酸三钠盐，分子式为 $C_{18}H_{12}N_3Na_3O_{11}S_3$，分子量为 611.45。新红为红色粉末。易溶于水，水溶液为红色；微溶于乙醇；不溶于油脂。

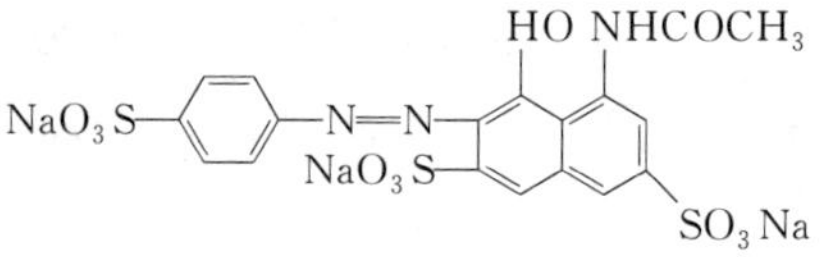

（3）苋菜红　亦被称为光酸性红，是一种常见的人工合成色素，属于偶氮类染料，结构式为：

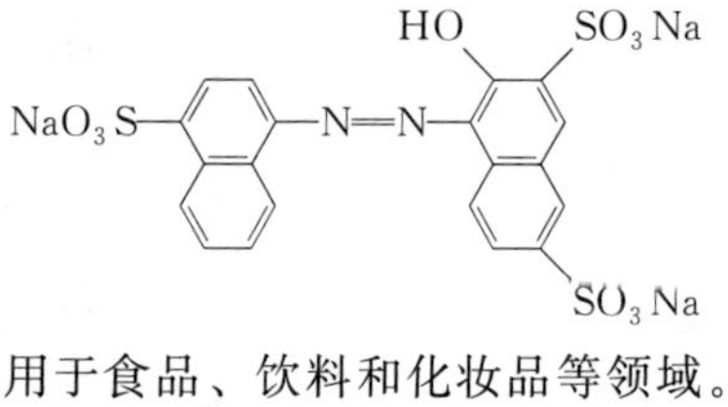

因其鲜艳的红色而被广泛应用于食品、饮料和化妆品等领域。在食品中，苋菜红主要用于糖果、糕点等食品和饮料的着色。

(4) 靛蓝 是一种还原染料，也是人类最早应用的天然染料之一，以其特征性的靛蓝色而得名。其化学名称为 5,5′-靛蓝素二磺酸的二钠盐，结构式如下：

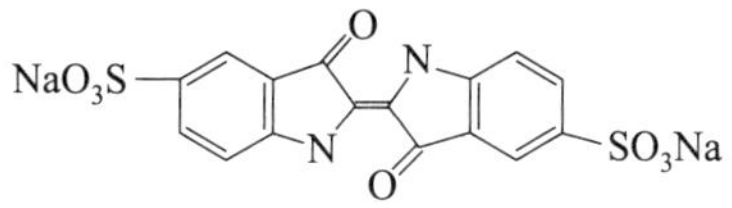

靛蓝溶于甘油、丙二醇，稍溶于乙醇，不溶于油脂。靛蓝的稳定性较好，不易受温度、光照等因素的影响，因此在食品加工中可以保持稳定的颜色。在糖果行业中，靛蓝常用于给巧克力、软糖等糖果着色，使它们呈现美丽的蓝色。在饮料行业中，靛蓝常用于给茶、咖啡、果汁等饮料着色，使它们呈现鲜艳的蓝色或紫色。此外，靛蓝还可以用于给果酱、糖果包装纸等着色。

(5) 胭脂红 又名丽春红 4R，是红色至深红色粉末，为国内外普遍使用的合成色素。本品耐酸性、耐光性好，但耐热性、耐还原性较差，遇碱变成褐色。本品多用于糕点、饮料、农畜水产品加工。

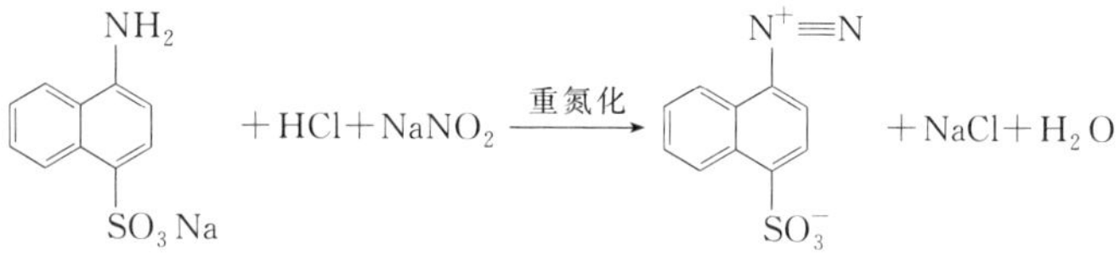

(6) 日落黄 又称晚霞黄，结构式为：

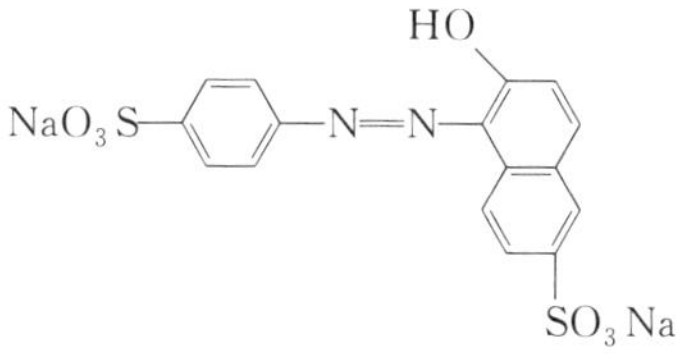

日落黄为橙红色颗粒或粉末，无臭，吸湿性强。易溶于水呈橙色，微溶于乙醇。耐光、耐热性强，在柠檬酸、酒石酸中稳定，遇碱变为褐红色，还原时褪色。制法是将对氨基苯磺酸重氮化后再与 2-萘酚-6-磺酸偶合，经 NaCl 盐析、精制而成。毒性：小鼠经口 LD_{50} 为 2000mg/kg，ADI 为 0～2.5mg/kg。

(7) 诱惑红 别名艳红、阿落拉红，其化学结构式为：

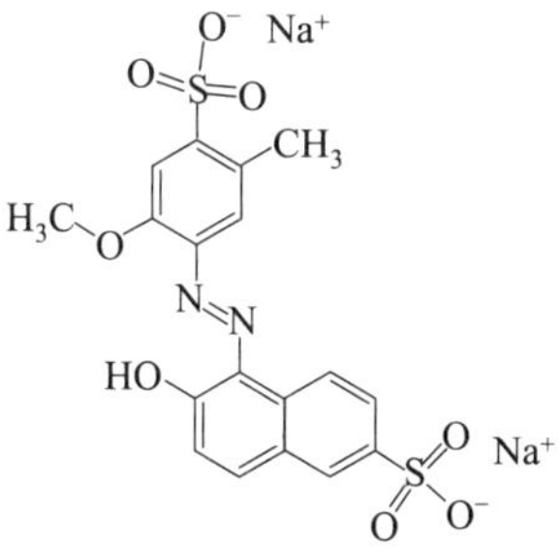

其主要由 2-甲基-4-氨基-5-甲氧基苯磺酸钠经重氮化后，与 α-萘酚-6-磺酸钠耦合而得。可制成相应的铝沉淀作为食品添加剂，可用于糖果包衣，最大使用量为 0.085g/kg；在炸鸡调料中最大使用量为 0.04g/kg；在冰淇淋中最大使用量为 0.07g/kg。另外，诱惑红在肉灌肠、西式火腿、果冻、饼干夹心等方面也有应用。

(8) 亮蓝 又名食用青色 1 号、食用蓝色 2 号，属水溶性非偶氮类着色剂。其化学结构为：

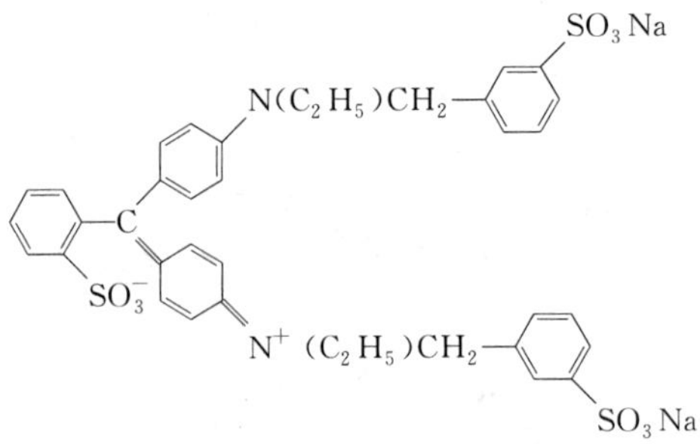

主要由邻苯甲醛磺酸与 α-(N-乙基苯胺)间甲苯磺酸的缩合物用重铬酸钾或二氧化铅氧化后中和，再用 Na_2SO_4 盐析、精制而成。可适用于糕点、糖果、饮料等的着色。本品安全性较高。大白鼠经口 $LD_{50} > 2000mg/kg$，ADI 为 $0 \sim 12.5mg/kg$。

（9）酸性红　又名偶氮玉红、二蓝光酸性红，为水溶性红色色素，常用于增强食品的视觉吸引力，尤其在酸性或中性环境中稳定性较好。其化学结构为：

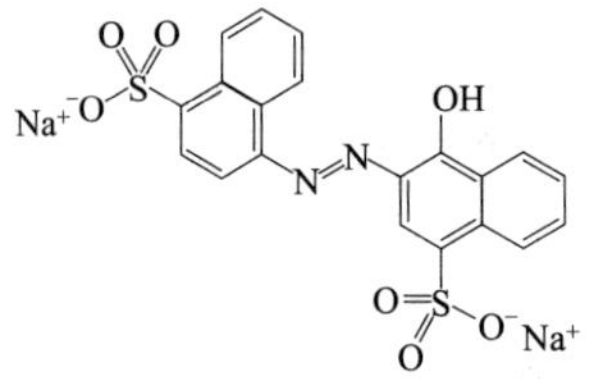

工业上通常先用对氨基苯磺酸在低温（0～5℃）下与亚硝酸钠（$NaNO_2$）及盐酸发生重氮化反应生成重氮盐，再与 2-萘酚-6-磺酸在碱性条件下（pH 8～10）结合，形成偶氮玉红钠盐。可用于饮料、糖果、果冻、冰淇淋和烘焙食品等。

（10）喹啉黄　又名柠檬黄、酒石黄，是一种水溶性偶氮类合成的食用黄色色素，其化学结构式如下：

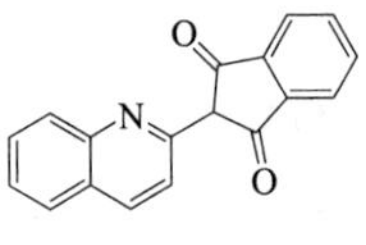

工业上通常先将 2-甲基喹啉与磺化剂（如发烟硫酸）在低温条件下反应，生成 2-甲基喹啉磺酸，再将磺化产物与氧化剂（如硝酸或过氧化氢）反应，生成喹啉黄中间体，用氢氧化钠溶液中和，生成喹啉黄钠盐。最后通过过滤、结晶、干燥等步骤纯化，得到最终产品。可用于饮料（如碳酸饮料、果汁饮料）、糖果、果冻、冰淇淋和烘焙食品（如蛋糕装饰、糖霜）等。

（11）赤藓红　又名新晶酸性红、樱桃红，其化学结构式如下：

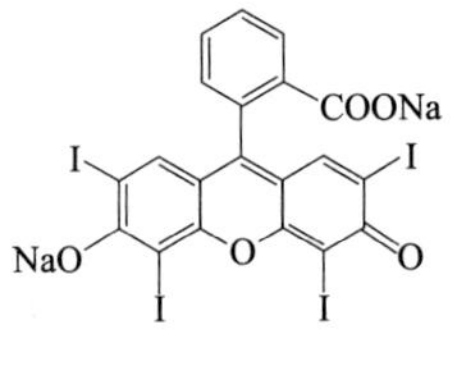

其主要由荧光素碘化而得。主要将间苯二酚、苯酐和无水氯化锌加热熔融，得到粗制荧光素。粗品荧光素用乙醇精制后，溶解在氢氧化钠溶液中，再加碘进行反应。加入盐酸，析出结晶，然后将其转变成钠盐，浓缩即得赤藓红。赤藓红可单独使用或与其他食用色素配合，用于糕点、农产水产加工品（樱桃、鱼糕、针锦八宝酱菜）等多种食品。

第五节　调　味　剂

要得到色、香、味俱佳的食品，离不开食品调味剂。食品调味剂可使食品更加美味、可口、促进消化液分泌和增进食欲，同时具有营养价值。食品调味剂主要分为酸味剂、甜味剂、咸味剂、鲜味剂、辣味剂、苦味剂、香料和清凉剂等。

一、酸味剂

酸味是由舌黏膜受到氢离子刺激引起的。因此，凡能在溶液中离解出氢离子的物质都具有酸味，以赋予食品酸味为主要目的的食品添加剂总称为酸味剂。酸味的 pH 值，无机酸 pH 值为 3.4～3.5，有机酸 pH 值为 3.7～3.9。人的唾液 pH 值通常为 6.7～9.0，酸中氢离子接触舌面呈酸味，氢离子被稀释或中和后酸味减弱或消失。酸味的强弱主要受呈味物质阴离子的影响，各种酸的酸味强弱不同，在同一 pH 值下，酸味由强到弱的顺序为：醋酸＞甲酸＞乳酸＞草酸＞盐酸。有机酸比无机酸的酸感强。另外，酸味感还与氢离子浓度、可滴定酸度和缓冲效应有关。酸味物质的阴离子还对酸的风味有影响，多数有机酸具有爽快的酸味，多数无机酸却具有苦、涩味。酸味给人爽快的刺激，具有增进食欲的作用，与其他调味剂配合是构成食品风味的重要因素。酸味剂还具有防腐作用，且有助于溶解纤维素和钙、磷等物质，是重要的食品调味剂。常用酸味剂介绍如下。

（1）醋酸　为无色透明液体，有强烈刺激味，味极酸。食醋是采用淀粉或饴糖为原料发酵制成的，含有 3%～5% 的醋酸，还含有其他的有机酸、糖、醇及酯类。醋酸是由乙醇发酵或乙烯氧化制成的。

（2）柠檬酸　又称枸橼酸，化学名称 3-羟基-3-羧基-1,5-戊二酸。工业上以淀粉或糖蜜为原料，经黑曲霉发酵制成。为无色透明或白色结晶粉末，其酸味柔美，除作酸味剂外，还用作防腐剂、抗氧化增效剂、酸化剂、增香剂和香料等，用途广泛。柠檬酸被公认为许多品酸的标准，应用历史长，在酸味剂中占有重要地位。

（3）乳酸　化学名称为 2-羟基丙酸，为无色透明或浅黄色糖浆状液体，有 d-型、l-型和 dl-型三种化学异构体。工业上制备乳酸是用淀粉、葡萄糖或牛乳为原料，接种乳酸杆菌经发酵生成乳酸。乳酸可作食品酸味剂、防腐剂、风味增强剂和 pH 值调节剂使用，用于饮料中还可有效地防止浑浊和沉淀。

（4）苹果酸　化学名称为 2-羟基丁二酸，在苹果中含量最高。为无色结晶或粉末，无臭，略带有刺激性的爽快酸味，微有苦涩感，酸味较柠檬酸强。苹果酸制法较多，如将苯催化氧化成顺丁烯二酸，再在加温下与水蒸气作用经分离制得 DL-苹果酸；由发酵法可制 D-苹果酸；以酒石酸为原料经氢碘酸还原也可制苹果酸。

苹果酸酸味柔和，持久性长，可全部或大部分取代柠檬酸。在低热量饮料中用苹果酸代替柠檬酸可以掩盖一些蔗糖替代品的后味，预计在新型食品和饮料中用途较大。

（5）富马酸　化学名称反丁烯二酸，又称延胡索酸。为白色结晶性粉末，有特殊酸味，难溶于水而易溶于乙醇和丙酮，酸味较柠檬酸强。低浓度的富马酸溶液可代替柠檬酸，但其在低温下水中溶解度低的弱点需要克服，如可与其他成分混合而增加水溶性。

毒性：大鼠经口 LD_{50} 为 8000mg/kg，ADI 为 0～6mg/kg，以石油为原料生产的富马酸，其毒性应重新研究。

（6）酒石酸　化学名称 2,3-二羟基丁二酸，为无色半透明或白色结晶性粉末，无臭，易溶于水，酸味是柠檬酸的 1.2～1.3 倍。酒石酸在葡萄中含量最高，其制法是以葡萄酒酿造过程中的沉淀物——酒石（主要成分酒石酸氢钾）为原料制成酒石酸钙，再用 H_2SO_4 将酒石酸游离出来，浓缩而成。

毒性：一般用量是安全的，但内服 75～90g 有死亡例。ADI 为 0～30mg/kg。

（7）偏酒石酸 是酒石酸高温下失水聚合而得，分子式为 $C_6H_{10}O_{11}$，微黄色质轻多孔固体，无味，难溶于水，有吸湿性，毒性极低。

（8）磷酸 为无机酸，透明无色黏稠液体，经浓缩可成无色柱状体，一般浓缩度为 85% ～98%，易潮解，有强烈收敛性和涩味。

（9）己二酸 白色晶体或结晶性粉末，溶于乙醇、丙酮，微溶于水，酸味柔和、持久。

二、甜味剂

能够赋予食品甜味的物质称为甜味剂。一些甜味剂不仅赋予食品甜味，而且具有较高的营养价值并供给人体热量，称为营养型甜味剂。有些甜味剂不提供或提供很少热量（只有同重量蔗糖热值的 2%），称为非营养型甜味剂，如糖精钠、甜蜜素、甜味素、甜叶菊糖苷、甘草等。非营养型甜味剂和一部分营养型甜味剂（如糖醇、木糖）在人体内的代谢与胰岛素无关，适合糖尿病患者食用。

营养型甜味剂中的蔗糖、果糖、葡萄糖、麦芽糖等属食品原糖，因此对其使用没有限制。中国食品添加剂使用卫生标准中列入的甜味剂有：糖精钠、甜叶菊糖苷、甜蜜素、麦芽糖醇、D-山梨糖醇、甘草、木糖醇、帕拉金糖、乙酰磺胺酸钾。甜味剂按其来源分为天然甜味剂和合成甜味剂两种。近年来，非营养型天然甜味剂受到人们广泛欢迎。

甜味剂的甜度现在还不能定量地测定，而是凭人们的味觉判断。一般是以蔗糖为标准，其甜度定为 100，其他甜味剂配成浓度相同的溶液与之比较得出相对甜度。也可将甜味剂配成可被感觉出甜味的最低浓度而得以 pH 值表示的甜度。

甜度受很多因素影响，一般说来，甜味剂的浓度越高，甜度越大。而温度升高，甜度降低，但是不同的甜味剂变化程度是不同的。介质对甜度也有影响，处于不同介质中的甜味剂甜度会有所不同。不同的甜味剂之间存在协同效应，混合使用可互相提高甜度。

主要的甜味剂品种有以下几种。

（1）糖精钠 化学名称为邻磺酰苯甲酰亚胺钠，结构式为：

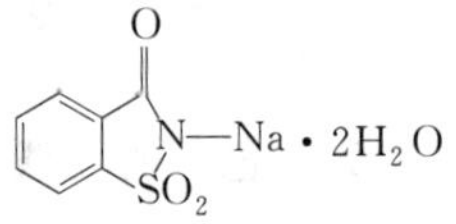

糖精钠为无色至白色结晶或晶状粉末，无臭，稀浓度味甜，含量大于 0.026% 则味苦，易溶于水，难溶于乙醇，甜度约为蔗糖的 500 倍，属化学合成非营养型甜味剂，对于其毒副作用争论多年，但目前仍未能肯定其毒性。

（2）甜叶菊糖苷 结构式为：

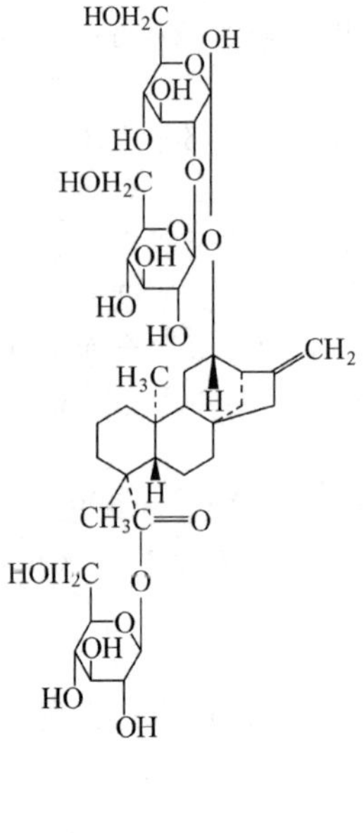

甜叶菊糖苷是由植物甜叶菊中提取出来的非营养型天然甜味剂。甜度约为蔗糖的 300 倍，是天然甜味剂中最接近蔗糖的一种，甜味纯正，残留时间长，后味可口，有轻快凉爽感，并有较好的耐热、耐酸碱性，且不被微生物利用，不发酵，不变色。

甜叶菊原产于南美洲，1971 年日本首先引种成功，并使原料鲜叶中的甜味成分提高 1 倍。1978 年中国从日本引种甜叶菊，现在已在 20 多个省市大面积种植。甜叶菊的加工提取方法一般是采用化学沉淀-离子交换、化学沉淀-树脂吸附-溶剂重结晶及化学沉淀-树脂吸附-离子交换等方法。例如：干叶粉→水浸取→沉淀剂沉淀→吸附树脂吸附→有机溶剂脱附→浓缩→粗品→溶解→活性炭脱色，阴阳离子树脂脱盐、脱色→浓缩→结晶干燥→成品。成品为白色至浅黄色晶体粉末，微溶于水（0.12%）和乙醇。

毒性：小鼠经口 $LD_{50}>15000mg/kg$，广泛认为甜叶菊糖苷无毒，食用安全可靠。

（3）环己基氨基磺酸钠（甜蜜素）　结构式为：

$$\text{⬡—NHSO}_3\text{Na}$$

甜度为蔗糖的 40～50 倍，为人工合成的非营养型甜味剂。由氨基磺酸钠与环己基胺加热反应制得，成品为白色结晶或晶体粉末，易溶于水，难溶于乙醇。

毒性：小鼠经口 LD_{50} 为 18000mg/kg，ADI 为 0～11mg/kg。目前有 40 多个国家认为它是安全的。

（4）天冬酰苯丙氨酸甲酯（甜味素）　结构式为：

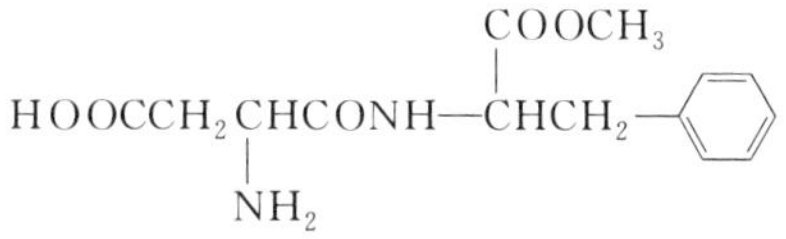

$$\text{HOOCCH}_2\text{CHCONH—CHCH}_2\text{⬡}$$
$$\text{（NH}_2\text{）（COOCH}_3\text{）}$$

由 L-天冬氨酸和 L-苯丙氨酸甲酯缩合而成（有报道用 DL-苯丙氨酸代替 L-苯丙氨酸，使成本下降 30%）。产品为白色结晶性粉末，微溶于水（约 1%）和乙醇，水溶液中不稳定，易分解而失去甜味，干燥状态可长期保存。甜味素的甜味纯正，性质最接近蔗糖，甜度为蔗糖的 150～200 倍，以甜度计，热量仅为蔗糖的 1/200，其最大缺点是热稳定性较差，不宜用于焙烤、油炸食品。

毒性：小鼠经口 $LD_{50}>10000mg/kg$，ADI 为 0～49mg/kg，进入人体后能迅速代谢为天冬氨酸和苯丙氨酸而被吸收利用，不会积蓄于组织中，认为是安全可靠的。

另外，天冬氨酸与其他氨基酸也能形成具有甜味的二肽衍生物。要使二肽衍生物具有甜味，必须具备的条件是：

① 肽的氨基端必须是天冬氨酸，其氨基与羧基游离；
② 二肽的氨基必须是 L-型；
③ 另一氨基酸为中性氨基酸；
④ 有酯基。例如：天冬氨酰蛋氨酸甲酯、天冬氨酰丝氨酸乙酯等。

（5）甘草　别名甜甘草、粉甘草，是豆科植物甘草的干燥根和茎，甜味成分主要是甘草酸，由甘草酸和两分子葡萄糖醛酸组成。结构式如下：

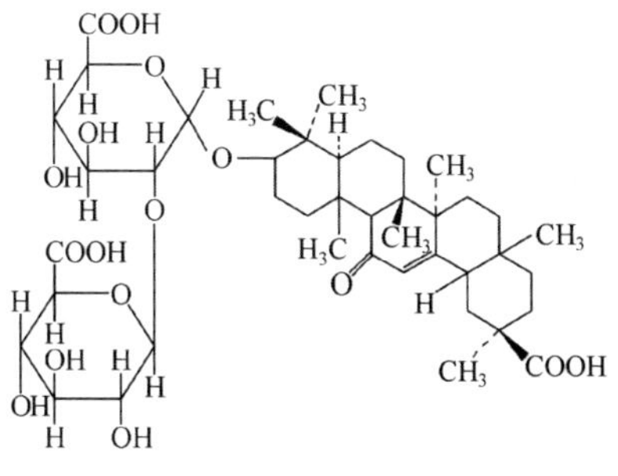

将甘草切碎，经水浸，取滤液蒸发浓缩可得甘草膏和甘草粉末。甘草粉末为浅黄色，味甜略带苦，水溶液为浅黄色，浓溶液为黑褐色，有特殊香气。中国自古以来将甘草作为药材和调味料使用，正常使用对人体无害。

（6）二氢查耳酮衍生物　一些黄酮类糖苷，如柑橘中含有的柚苷、橙皮苷等在碱性条件下还原生成开环化合物二氢查耳酮的衍生物，具有很强的甜味，是蔗糖的 100～200 倍。

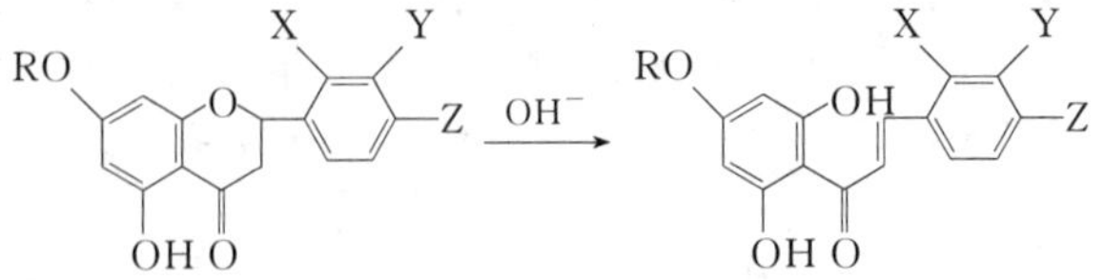

（4-15）

具有甜味二氢查耳酮类衍生物的结构与甜度如表 4-3 所示。

表 4-3　具有甜味二氢查耳酮类衍生物的结构与甜度

二氢查耳酮类衍生物	R	X	Y	Z	甜度
柚皮苷	新橙皮糖	H	H	OH	100
新橙皮苷	新橙皮糖	H	OH	OCH_3	1000
高新橙皮苷	新橙皮糖	H	OH	OC_2H_6	1000
4-O-正丙基新圣草柠檬苷	新橙皮糖	H	OH	OC_3H_7	2000
洋李苷	新橙皮糖	H	H	OH	40

二氢查耳酮类衍生物甜度高，后味无苦味，毒性小。黄酮类糖苷在未成熟的柑橘果实中含量很高，采用酶化学和化学反应相结合的方法，可生产二氢查耳酮类甜味剂，使未成熟的柑橘也能充分利用。

（7）糖醇类　糖醇类甜味剂品种较多，如麦芽糖醇、山梨醇、木糖醇等。它们是由麦芽糖、葡萄糖和木糖经催化加氢制得的。木糖醇甜度与蔗糖相仿。麦芽糖醇和山梨糖醇甜度分别为蔗糖的 75%～95% 和 50%～70%；木糖醇和山梨醇的热量与蔗糖相同，麦芽糖醇热量为蔗糖的 1/8；木糖醇进入人体后不需胰岛素就能进入细胞被利用，还有利于防止龋齿，麦芽糖醇食用后血糖不会升高，也不增加胆固醇和中性脂肪的含量。山梨糖醇在血液中不能转化成葡萄糖，不受胰岛素影响，它们均可作为好的疗效食品，适合糖尿病、高血压等病人食用。

三、鲜味剂

鲜味剂亦称增味剂或风味增强剂。可增强食品的鲜味，引起强烈食欲。常用的鲜味剂有谷氨酸钠（味精）、核苷酸及其盐类、天冬酰氨酸钠以及琥珀酸二钠盐等。

（1）谷氨酸钠　谷氨酸钠俗称味精，是 α-氨基戊二酸的一钠盐（或称谷氨酸一钠盐），其中 L-型谷氨酸一钠具有强烈的肉类鲜味（D-型无鲜味）。L-型谷氨酸存在于植物蛋白中，尤其是在麦类谷蛋白中含量最高。所以面筋在过去是制取谷氨酸钠的主要原料。现在味精的生产主要是采用发酵法，以糖类（淀粉或葡萄糖）为主要原料，适当加入一些硫酸铵、氨水、尿素等作为氮源，在特殊的微生物作用下发酵制成谷氨酸，中和到一定的 pH 值，即得谷氨酸钠。

谷氨酸同时具有鲜味和酸味，中和成一钠盐后酸味消失而鲜味显著；谷氨酸为二元酸，其二钠盐 pH 值为 9.2，无鲜味。作为味精的谷氨酸一钠盐含有一分子结晶水，易溶于水，其水溶液有浓厚的鲜味，与食盐共存时，鲜味尤其显著，食盐是味精的助鲜剂。

谷氨酸钠的鲜味与离解度有关，在等电点（pH=3.2）处鲜味最低；pH=6 时几乎全部解离，鲜味最高；pH>7 以上由于生成二钠盐而鲜味消失，即在酸碱介质中都会使鲜味降低。这是因为谷氨酸一钠的鲜味是由 α-氨基和 ε-羧基的两个基团因静电吸引形成五元环结构而引起的。

在碱性介质中氨基成为—NH_2，在酸性介质中羧基成为—COOH，使二者之间的静电吸引降低，导致鲜味降低以至消失。

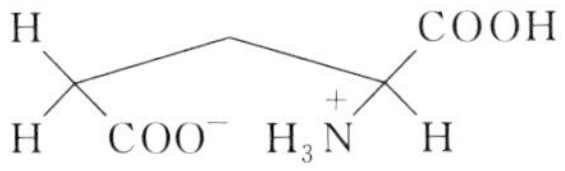

D-型谷氨酸钠由于立体方位阻碍了与味感受器的结合，因而无鲜味。

谷氨酸钠水溶液加热至120℃以上或长时间加热，发生分子内脱水生成羧基吡啶酮（可看作内酰胺），亦称焦性谷氨酸，鲜味消失且对人体健康不利。

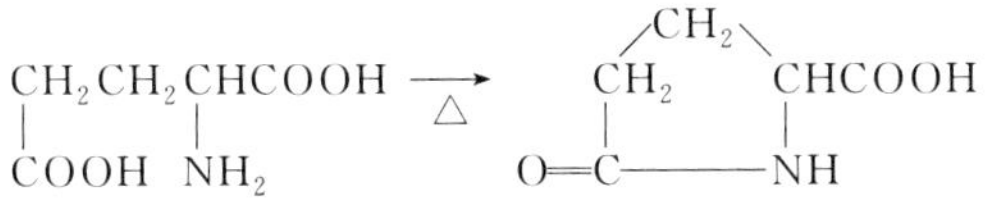

$$CH_2CH_2CHCOOH \xrightarrow{\triangle} (\text{结构式})$$

(4-16)

在碱性条件下加热会促进谷氨酸钠外消旋化作用而使鲜味降低。

毒性：小鼠经口 LD_{50} 为 16200mg/kg。味精是否对人体有不良影响曾经长期讨论过，1988年，FAO/WHO 联合食品添加剂委员会第 19 次会议肯定了谷氨酸钠的安全性，取消了对它的食用限量。

L-谷氨酸的二肽，如谷氨酰天冬氨酸二肽、谷氨酰谷氨酸二肽和谷氨酰丝氨酸二肽等都有类似谷氨酸的鲜味。

（2）鲜味核苷酸 鲜味核苷酸的结构特点为：

① 嘌呤核第六个碳原子上存在羟基（—OH）；

② 核糖第五个碳原子上存在磷酸基。磷酸基与核糖的 2 位或 3 位结合的核苷酸，无鲜味，具有嘧啶骨架的核苷酸类也没有鲜味。

结构式为：

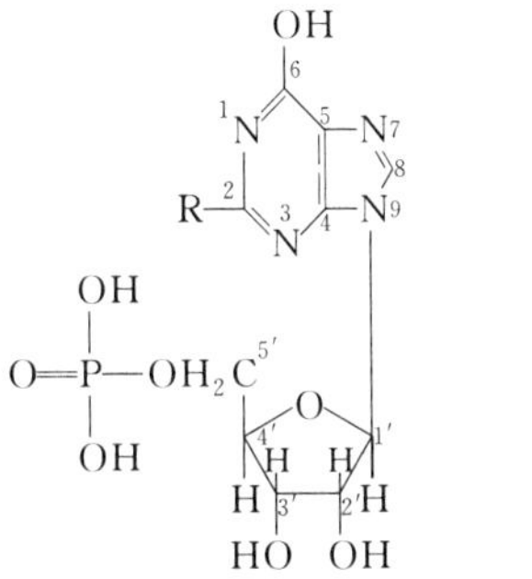

5′-磷酸肌苷酸（5′-IMP）：R＝H
5′-磷酸鸟苷酸（5′-GMP）：R＝NH_2
5′-磷酸黄苷酸（5′-XMP）：R＝OH

按照这一规律，合成了一些 2 位含硫的核苷酸，均有很强的鲜味（表 4-4）。

表 4-4　2-取代-5-核苷酸的鲜味相对强度

2-取代基	鲜味相对强度	2-取代基	鲜味相对强度
—H	1.00	—$S(CH_2)_2CH(CH_3)_2$	6.10
—NH_2	2.30	—$S(CH_2)_2OCH_2CH_3$	11.80
—OH	0.53	—SCH_2⬠(O环) 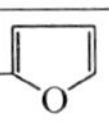	17.30
—SCH_3	8.20	—SCH_2CH_3	6.90

5′-磷酸鸟苷酸（5′-GMP）存在于少数植物体内，如香菇和酵母等；而 5′-磷酸肌苷酸（5′-

IMP）在各种动物体中均含有。在供食用的动物（畜、禽、鱼、贝）肉中，鲜味核苷酸主要是由肌肉中的三磷酸腺苷（ATP）降解产生的。

呈鲜味的核苷酸中，5′-IMP 和 5′-GMP 鲜味较强，二者混合使用具有协同增效作用。5′-核苷酸单独在纯水中并无鲜味，与味精共存时可增强味精的鲜度，以味精和 5′-核苷酸按 1∶1 混合时鲜味最强，1g 味精和 1g 5′-磷酸鸟苷酸相当于 60g 味精的鲜度。

鲜味核苷酸的工业制备可采取核酸酶解法，即用 5′-磷酸二酯酶分解核糖核酸（RNA）；也可采用发酵法，即糖经发酵生产核苷再进一步磷酸化成核苷酸。

中国批准使用的鲜味核苷酸有 5′-鸟苷酸二钠和鲜味核苷酸二钠（即 5′-鸟苷酸二钠＋5′-肌苷酸二钠）。

5′-鸟苷酸二钠为无色至白色结晶或晶状粉末，平均含有 7 个分子结晶水，有特殊的香菇鲜味，易溶于水，微溶于乙醇，在一般食品加工条件下对酸、碱、盐和热稳定。

毒性：大白鼠经口 LD_{50} 为 10000mg/kg。

鲜味核苷酸二钠盐是肌苷酸钠和鸟苷酸钠各半的混合物，肌苷酸钠为无色至白色结晶体，平均含有 7.5 个分子的结晶水，有特殊鲜海鱼滋味，易溶于水，微溶于乙醇，不潮解，对酸、碱、盐及热性能稳定，但遇动植物中的磷酸酯酶可分解失去鲜味。

毒性：大鼠经口 LD_{50} 为 14400mg/kg。

（3）琥珀酸二钠 即丁二酸二钠（$NaOOCCH_2CH_2COONa$），具有特异的贝类鲜味，与味精和鲜味核苷酸二钠复配使用效果更好。

（4）天冬酰氨酸钠 亦称 L-天冬氨酸钠，化学名称 α-氨基丁二酸一钠 ［$HOOCCH_2CHNH_2COONa \cdot H_2O$］为白色晶体粉末，味甘甜，带清淡鲜味，易溶于水，不溶于乙醇，对光、热、氧稳定。竹笋等植物性食物的鲜味即来自天冬酰氨酸钠。

四、咸味剂

咸味是中性盐所显示的味，只有氯化钠才产生纯粹的咸味，一般说来，盐的阴离子和阳离子的分子量越大，越有增大苦味的倾向，如 KBr 和 NH_4I 有咸苦味，$MgCl_2$、KI 等是苦味的。

咸味的产生虽与阴、阳离子互相依存有关，但阳离子易被味感受器蛋白质的羧基或磷酸基吸附而呈咸味，故咸味与盐离解出的阳离子关系更密切，而阴离子则影响咸味强弱和副味，咸味强弱与味神经对各种阴离子感应的相对大小有关。

食盐是人类普遍采用的咸味剂，它的主要成分 NaCl 是人类及其他动物生理上必需的成分，同时起食品防腐作用。但过量摄取可导致体内电解质失去平衡而引起高血压等疾病。国外试验证明：饮食中降低钠盐摄入量而增加钾盐摄入量，能有效降低年轻人高血压发病率，因此采用 KCl 部分替代 NaCl 制成低钠或减钠盐，但对食品味道稍有影响。国外还研制成功了一种称为 Zyest 的新型食盐代用品，属酵母型咸味剂，是用谷物酒精连续加压发酵生长培养酵母，再由酵母制取的。它可使食盐用量减少一半以上，且具防腐作用。日本研制了一种称为乌氨酰牛磺酸的人造食盐，味道很难与食盐区别。

五、其他呈味物质

1. 苦味物质

单纯的苦味是不可口的，但苦味不仅能对味感受器起强有力的刺激作用，而且与其他呈味物质调配得当，可以起到丰富和改进食品风味的作用。例如苦瓜、莲子、啤酒等都是具有一定苦味的美味食品。

有苦味的物质分子内一般含有—NO_2、—SH、—S—、—S—S—、—SO_3H、═C═S 基等。无机盐类中钙、镁、铵等离子也能产生苦味。苦味物质分子中存在分子内氢键，使整个分子的疏水性增高，可能是产生苦味的原因。

苦味是最易感知的一种味感。苦味物质种类很多，但与食品有关系的种类较少。

（1）咖啡碱、可可碱和茶碱 它们是嘌呤类衍生物，是食品中主要的生物碱类苦味物质。可可碱主要存在于茶叶、可可中，能溶于热水，难溶于冷水和乙醇；茶碱存在于茶叶中，含量极微，易溶于沸水，微溶于冷水；咖啡碱在咖啡和茶叶中含量较多，能溶于水、乙醇，易溶于热水。结构式为：

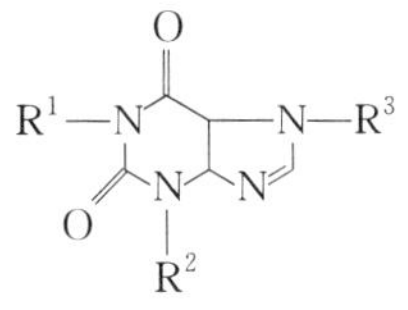

咖啡碱：$R^1 = R^2 = R^3 = CH_3$

可可碱：$R^1 = H$，$R^2 = R^3 = CH_3$

茶　碱：$R^1 = R^2 = CH_3$，$R^3 = H$

（2）α-酸和异α-酸　α-酸又称甲种苦味酸，在新鲜酒花中含量为 2%～8%，具有强烈的苦味及很强的防腐能力，占啤酒中苦味物质的 85% 左右。α-酸是多种混合物，在酒花与麦芽汁共煮过程中，酒花中的 α-酸 40%～60% 异构化成异 α-酸，它更易溶于麦芽汁中，是啤酒中最重要的苦味物质。结构式为：

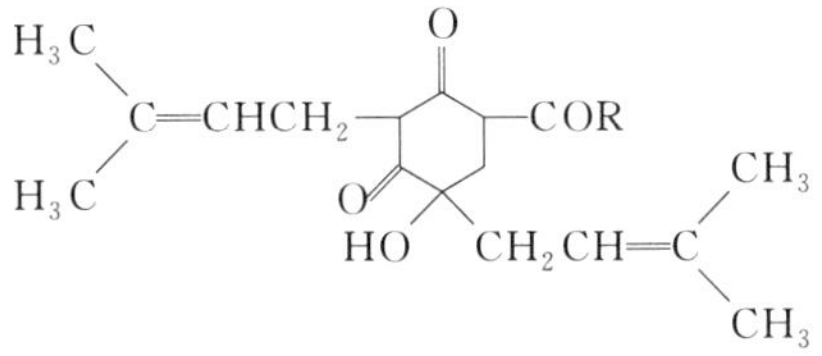

α-酸：$R = -CH_2CH(CH_3)_2$，$-CH(CH_3)_2$

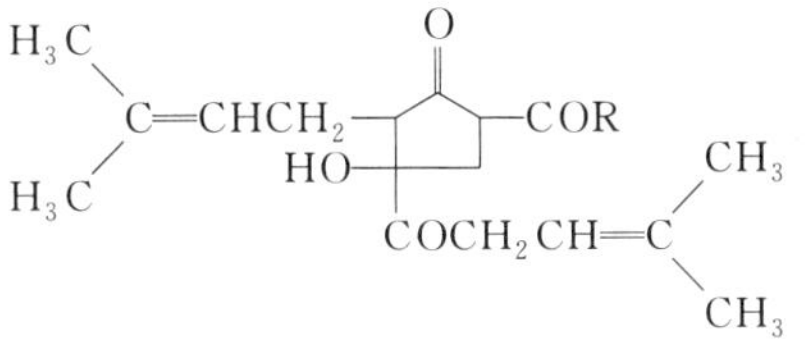

异 α-酸

（3）柚皮苷及新橙皮苷　它们是柑橘类果实中的主要苦味物质，属黄酮类糖苷，以新橙皮糖为糖苷基的黄酮类糖苷都有苦味，将新橙皮糖苷水解后苦味消失，据此可利用酶制剂水解柚皮苷和新橙皮苷以脱去橙汁苦味。

（4）胆汁　胆汁是动物肝脏分泌并储存在胆囊中的一种液体，味极苦，加工中稍不注意破损胆囊即可导致无法洗净的苦味，胆汁主要成分为胆酸、鹅胆酸及脱氧胆酸。结构式为：

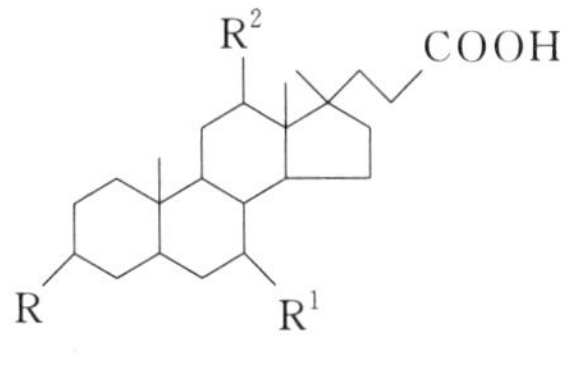

鹅胆酸：$R = R^1 = OH$，$R^2 = H$

脱氧胆酸：$R = R^2 = OH$，$R^1 = H$

胆　酸：$R = R^1 = R^2 = OH$

2. 辣味物质

适当的辣味可以增进食欲，促进消化液分泌并具有杀菌作用。辣味物质大多具有酰基、氨基、酮基、异氰基等官能团，多为疏水性强的化合物。辣味按其刺激性不同分为两种，即热辣味和辛辣味。热辣味或称火辣味，在口腔中引起一种灼烧感；辛辣味除作用于口腔黏膜以外，还有一定的挥发性，能刺激嗅觉器官，即有冲鼻刺激感，例如葱、姜、蒜、芥子等的辛辣味，实际上是对味感和嗅觉器官起双重刺激作用（表 4-5）。

表 4-5　辣味物质化学结构

化　合　物	结　构　式	存　在
辣椒素	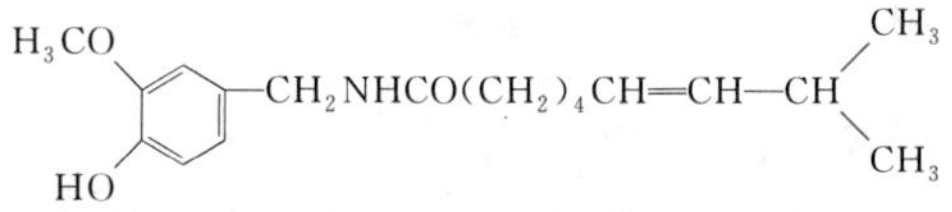 H_3CO—（苯环）—$CH_2NHCO(CH_2)_4CH=CH-CH(CH_3)_2$，HO—	辣椒
二氢辣椒素	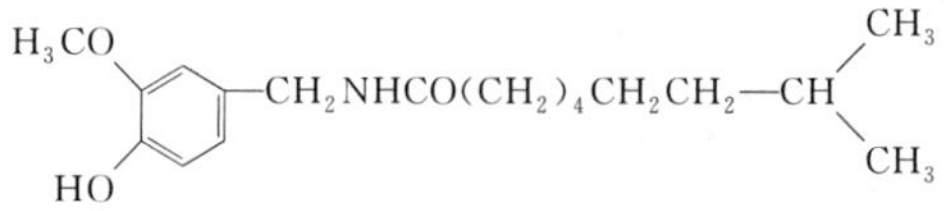 H_3CO—（苯环）—$CH_2NHCO(CH_2)_4CH_2CH_2-CH(CH_3)_2$，HO—	辣椒
山椒素	$CH_3(CH=CH)_3CH_2CH_2CH=CHCONHCH_2CH(CH_3)_2$	青椒
姜酮	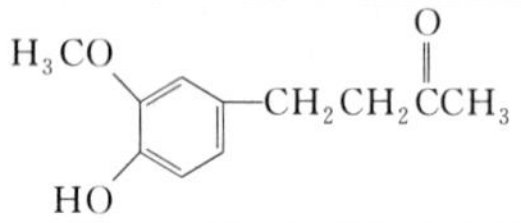 H_3CO—（苯环）—$CH_2CH_2 \cdot CCH_3$（酮基O） HO—	生姜
姜醇（姜辣素）	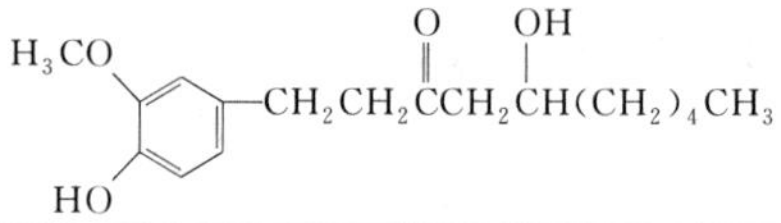 H_3CO—（苯环）—$CH_2CH_2CCH_2CH(CH_2)_4CH_3$（O、OH） HO—	生姜
胡椒碱	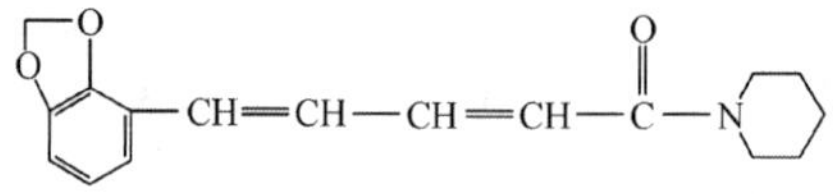 （亚甲二氧基苯）—$CH=CH-CH=CH-C$（O）—N（哌啶环）	胡椒
丙烯芥子油	$CH_2=CHCH_2NCS$	花椒、黑芥子
二丙烯基二硫化物	$CH_2=CHCH_2SSCH_2CH=CH_2$	蒜
丙基烯丙基二硫化物	$CH_2=CHCH_2SSCH_2CH_2CH_3$	蒜
二丙基二硫化物	$CH_3CH_2CH_2SSCH_2CH_2CH_3$	蒜、葱
甲基正丙二硫化物	$CH_3SSCH_2CH_2CH_3$	葱
S-甲基半胱氨酸亚砜	$CH_3SCH_2CHCOOH$（O、NH_2）	萝卜、甘蓝等

3. 涩味物质

当口腔黏膜蛋白质被凝固引起收敛时感到的味是涩味。它不是作用于味蕾，而是刺激触觉神经末梢引起的。

涩味的主要化学成分是多酚类化合物，其次是铁、明矾、醛类、酚类等物质。有些水果或蔬菜中存在果酸、香豆素、奎宁酸等，也引起涩味。柿子中以无色花色素为基本结构的多酚类化合物，就是柿子涩味的来源。另外，茶叶中（特别是绿茶）含有多酚类化合物，因而也有涩味。

第六节　乳化剂和增稠剂

一、乳化剂

食品是由水、油脂、碳水化合物等多种成分构成的混合体系，加入食品乳化剂能起到乳化、增容、分散、润湿、发泡、消泡等作用。在人造奶油、冰淇淋、面包、饼干和糕点、巧克力等食品中有广泛的应用，可以达到降低食品黏度，增加保水性和食品弹性，使食品组织细腻滑爽，缩短加工时间，增大体积和保持食品新鲜柔软，提高速溶食品溶解速度等效果。食品乳化剂用量约占食品添加剂总量的 50%，是食品工业中用量最大的添加剂。在长期的发展过程中形成了以脂肪酸多元醇酯及其衍生物和天然乳化剂大豆磷脂为主的食品乳化剂体系。

（1）甘油酯及其衍生物　由硬脂酸和过量的甘油在催化剂存在下加热酯化可得到硬脂酸甘油酯，有单酯、二酯和三酯。三酯即为油脂，没有乳化能力，二酯乳化能力也较差。目前产品有单双混合酯（MGD）和经分子蒸馏的蒸馏单甘酯（DMG，单酯含量≥90%）。单甘酯的 HLB 值为 2～3。

单甘酯经乙酐或冰醋酸酰化后可得乙酰化单甘酯；双乙酰酒石酸（酒石酸与乙酐反应产物）与单甘酯反应可得甘油双乙酰酒石酸单酯乳化剂；甘油经控制缩合后，再与硬脂酸进行酯化反应可得三聚甘油单硬脂酸酯。另外还有松香甘油酯（酯胶，主要成分为枞酸三甘油酯）和氢化松香甘油酯，以及乳酸甘油酯和柠檬酸甘油酯等。单甘酯与有机酸反应后改善了甘油酯的亲水性，提高了乳化性能和与淀粉的复合性能等，在食品加工中有独特的性能。

（2）蔗糖脂肪酸酯　蔗糖脂肪酸酯一般是由脂肪酸的低碳醇酯和蔗糖进行酯交换而得。蔗糖分子中有三个羟基，化学性质与伯醇类似，酯化反应即主要发生在这三个羟基上。控制酯化程度可以得到单酯含量不同的产品，HLB 值可以为 1～16。除长链脂肪酸蔗糖酯外，还有低级脂肪酸酯，如乙酸异丁酸蔗糖酯是由蔗糖与乙酸酐、异丁酸酐进行酯化反应而得，由于蔗糖分子中的 8 个羟基全部被酯化，故无乳化作用，具有较强的亲油性，主要起调节油相密度的作用。

（3）山梨醇酐脂肪酸酯及其衍生物　山梨醇酐脂肪酸一般是由山梨醇加热失水成酐后再与脂肪酸酯化而得，又称失水山梨醇脂肪酸酯。HLB 值为 4～8。这类乳化剂分类是以脂肪酸构成划分的，最常用的是山梨醇酐单硬脂酸酯（Span 60）、山梨醇酐三硬脂酸酯（Span 65）和山梨醇酐单油酸酯（Span 80）。

Span 类与环氧乙烷加成反应后得到 Tween（吐温）系列乳化剂，它们的特点是亲水性好，HLB 值为 16～18，乳化能力强，但产品有不愉快气味，用量过大时，口感发苦，常用品种如聚氧乙烯山梨糖醇酐单硬脂酸酯（Tween 60）和聚氧乙烯山梨糖醇酐单油酸酯（Tween 80）。

（4）丙二醇脂肪酸酯　丙二醇与脂肪酸酯化或与硬化油脂起酯交换反应可得单酯含量约为 80% 的丙二醇酯，经分子蒸馏可使单酯含量高于 90%。主要用于蛋糕和西点。丙二醇脂肪酸酯本身乳化性能不很强，常与甘油脂肪酸酯复配使用，提高乳化效果。

（5）大豆磷脂　简称磷脂，是大豆油加工中得到的副产品。水蒸气通入原豆油中，磷脂与水蒸气一起蒸出，冷却后磷脂浆胶状物沉淀下来，经离心脱水、减压干燥（60℃）得粗晶磷脂，粗磷脂精制后得到膏状、液状和粉状精制产品。

磷脂的主要成分是卵磷脂、脑磷脂和肌醇磷脂等，结构式为：

卵磷脂　　　　　　　　脑磷脂　　　　　　　　肌醇磷脂

磷脂中各种成分的相对比例不同，使大豆磷脂的性能表现也不同。采用不同的提取方法可以制成一系列成分不同的磷脂乳化剂品种（包括油包水和水包油两种类型），用途广泛。

（6）其他食品乳化剂　硬脂酰乳酸钠和硬脂酰乳酸钙分别为硬脂酰乳酸的相应盐和低分子乳酸聚合物及其相应盐的混合物。它们是阴离子型乳化剂，HLB 值约为 5.1，亲油性较好。主要用于小麦粉和面包中，是优良的面团调理剂和面包软化剂等。

木糖醇酐硬脂酸酯性能与甘油单硬脂酸酯、山梨醇酐单硬脂酸酯相似，聚氧乙烯木糖醇酐单硬脂酸酯为亲水性乳化剂，后者还具有良好的润湿、渗透和扩散作用。另外田菁胶、槐豆胶等从植物中提取的天然多糖类亲水性高分子物质，在水中形成水溶性亲水胶，可使增稠、稳定和乳化性能明显提高。酪朊酸钠（即酪蛋白酸钠）也具有良好的乳化作用和稳定作用，为水溶性乳化剂，应用广泛。

二、增稠剂

食品增稠剂又称糊料，是一种能改善食品物理性质，增加食品黏稠性，赋予食品柔滑适口感，且具有稳定乳化状态和悬浊状态作用的物质。食品增稠剂多是具有胶体性质的物质，分子中有许多亲水基团能与水发生水化作用，以分子状态分散于水中，形成高黏度的单相均匀分散体系。

增稠剂种类很多。天然增稠剂多是从海藻和含多糖类黏质物的植物中提取的，如淀粉、果胶、琼脂、海藻酸、卡拉胶等；也有从含蛋白的动物原料制取的，如明胶、酪蛋白等，另外还有化学合成的增稠剂，如羧甲基纤维素钠、海藻酸丙二醇酯及改性淀粉等。

（1）淀粉及改性淀粉 淀粉是传统的增稠剂，广泛存在于植物的种子、根、茎之中。经原料处理、浸泡、破碎、过筛、分离、洗涤、干燥和整理等工艺过程制成。

淀粉的主要成分是葡萄糖聚合而成的多糖，聚合度在 100～30000 之间。直链淀粉占 10%～20%，支链淀粉占 80%～90%。淀粉在水中加热到 55～60℃ 形成黏性半透明凝胶或胶体溶液，这个现象称为淀粉的黏化或糊化，其黏性随淀粉支链度的增加而增大。食品中加入淀粉，可以增加食品的黏着性和持水性。现代食品工业发展对淀粉的增稠稳定性能提出了更高的要求，例如黏度稳定性（特别是在酸性、高盐浓度、搅拌下的稳定性更为重要）、低温稳定性、透明度及高保水性等。这些要求普通淀粉难以达到。因此，采用化学改性、物理改性、酶改性等方法制成了多种改性淀粉，如环状糊精、酸化淀粉、氧化淀粉、酯化淀粉、醚化淀粉、交联淀粉、预胶凝淀粉等，成为用途更广、效果更好的食品增稠剂和稳定剂。例如，羧甲基淀粉（钠）是淀粉用 NaOH 处理后与氯乙酸或丙烯腈反应制成的醚化淀粉，糊液黏度高，在碱性和弱酸性溶液中稳定。若在 NaOH 存在下，淀粉与环氧丙烷反应可得羟丙基淀粉，反应有干法和湿法两种，干法反应效率高，时间短，可制取高取代度淀粉。取代度增加，淀粉的亲水性也增加。

淀粉与磷酸盐反应可制取磷酸一酯、二酯和三酯淀粉。随单磷酸酯取代度的增加，淀粉更易糊化。与原淀粉相比，有更高的黏度、透明度和胶黏性。改性淀粉的研究已有 100 多年历史，已有上千种改性淀粉品种。

（2）琼脂 琼脂是石花菜等红藻类植物的浸出物经干燥制成的多糖类物质，有条状和粉状两种产品。琼脂的主要成分是聚半乳糖苷，食用时不被酶分解，所以几乎没有营养价值。琼脂具有很高的吸水性和持水性，在冷水中不溶，浸泡时徐徐吸水膨胀软化，吸水率高达 20 倍。琼脂在热水中形成溶胶，冷却时凝结成透明的凝胶体。凝胶能力是琼脂品质的重要指标，优质琼脂的 0.1% 溶液即能凝胶，具有很强的黏性。琼脂耐热性也很好，热加工方便。琼脂生产首先是用水浸泡石花菜等原料并除去杂质，然后加硫酸或醋酸在 120℃、0.1 MPa 压力、pH 值 3.5～4.5 条件下加热水解。水解液过滤净化后在 0～10℃ 冷却凝固，切条后晾干即成条状琼脂。粉末琼脂则是由 6%～7% 的胶液在 85℃ 下喷雾干燥制成。

（3）果胶 果胶是异多糖类，是半乳糖醛酸与其甲酯的聚合物，或者说是聚半乳糖醛酸的部分羧基被甲醇酯化为甲氧基。一般植物中的果胶，其甲氧基含量占全部多聚半乳糖醛酸结构中可被酯化羧基的 7%～14%，称为高甲氧基果胶，即普通果胶。普通果胶中甲氧基含量越大，凝胶能力越大。甲氧基含量低于 1% 时称为低甲氧基果胶，其形成胶冻的性质相对于普通果胶有很大改变。普通果胶溶液必须在可溶性物质含量达 50% 以上时方可形成不可逆凝胶；而低甲氧基果胶溶液，只要有多价离子，如钙、镁、铝等离子存在，即使可溶性物质含量低于 1%，仍可因架桥反应而形成果胶酸盐的胶冻。用低甲氧基果胶制造果酱和果冻，不仅可以增加胶冻能力，还可人人节约用糖。

果胶广泛存在于水果、蔬菜及其他植物的细胞膜中，可由柑橘皮、苹果皮等提取。将果皮洗净加 1.8 倍热水、0.14% 盐酸，在 90～95℃ 萃取 30min，经压滤、真空浓缩后，在 40℃ 以下加入乙醇使果胶沉淀，经洗涤、干燥、粉碎、过筛得果胶粉。

果胶常用于果酱、果冻、果汁粉、糖果等食品中，也用作冷饮食品冰淇淋、雪糕等的稳定剂，另外，果胶可与多价金属离子生成不溶于水的化合物，因此可以作为铅、汞、砷等重金属中毒的良好解毒剂和预防剂。

（4）明胶　明胶是动物的皮、骨、韧带、肌腱及其他结缔组织含有的胶原蛋白经部分水解后得到的多肽聚合物。明胶生产有碱法、酸性、盐碱法和酶法四种。普遍采用的是碱法，将分类整理后的原料用碱水蒸煮，再用 HCl 中和后水洗，在 $60 \sim 70 ℃$ 熬制成胶水，再经防腐、漂白、凝胶、刨片、烘干制成成品。明胶为白色或浅黄色半透明薄片或粉末，属于亲水性胶体，溶于热水，冷却后形成透明的、富有弹性和柔软性的热可逆凝胶，$30 ℃$ 左右熔化，$20 \sim 25 ℃$ 凝固。水溶液长时间煮沸会分解而失去凝胶性。氯化物对明胶凝胶的透明性、黏度等均有影响，含量在 0.1% 以下时，影响不大。在冷饮中利用明胶吸附水分的作用作稳定剂，也可用于糖果中起凝胶作用或用作罐头食品的增稠剂以及酒类的澄清剂（明胶可将酒中浑浊微粒吸附聚集成块而除去）。

（5）羧甲基纤维素钠　羧甲基纤维素简称 CMC，是葡萄糖聚合度为 $100 \sim 200$ 的纤维素的羧甲基取代物。将纤维素用 NaOH 溶解后加一氯醋酸乙醇溶液反应，放冷后用 HCl 乙醇溶液中和，再经洗涤、分离、粉碎、干燥，可制成羧甲基纤维素钠。羧甲基纤维素钠不溶于乙醇、乙醚等有机溶剂，易分散于水中成为溶胶，溶胶黏度随葡萄糖聚合物和溶液 pH 值的不同而不同。聚合度越高，黏度越大；pH 值大于 3 时，随着 pH 值升高，黏度变大；pH 值为 $5 \sim 9$ 时，黏度变化很小，pH 值小于 3 时，有羧基游离出来，黏度变小。另外，盐的存在会使其黏度下降，高于 $80 ℃$ 长时间加热，黏度会降低并形成水不溶物。选择具有不同聚合度和取代度的羧甲基纤维素钠可在多种食品中起改善保水性和食品组织结构、防止析晶等增稠和稳定化作用。

毒性：大鼠经口 LD_{50} 为 27000mg/kg，ADI 为 $0 \sim 35$mg/kg。

（6）海藻酸及其盐和酯　将海带、巨藻、马尾藻等褐藻类切碎，水洗除去沙土杂质，然后加碳酸钠碱液加热（$60 \sim 80 ℃$）2h，使其中藻酸钙形成钠盐而溶于水，经粗滤、乳化漂浮法去渣、精滤后，在精滤液中加入 HCl 至 pH=2，使游离的海藻酸呈凝胶状析出，经 $CaCl_2$ 脱水和压滤后，海藻酸凝胶含水量在 75% 以下。向此海藻酸胶液加入 $6 \% \sim 8 \%$ 碳酸钠溶液、搅匀、静置、过滤、干燥制得海藻酸钠。海藻酸与碳酸钾或氢氧化钾反应可制得海藻酸钾。由海藻酸与环氧丙烷反应（$70 ℃$ 加热，碱催化），可制成海藻酸丙二醇酯（部分羧基被丙二醇酯化），分子量为 3 万左右。它们均可作为增稠剂和乳化稳定剂。结构式为：

M 为 Na、K、$-CH_2CH(OH)CH_3$（或 H）

海藻酸钠又称藻朊酸钠、褐藻酸钠，为白色或浅黄色粉末，几乎无臭无味，缓慢溶于水形成黏稠状溶液，有吸湿性，为水合力很强的亲水性高分子。其黏度与本身聚合度、浓度和温度有关。黏性在 pH 值 $6 \sim 9$ 时稳定，加热到 $80 ℃$ 以上黏性降低。水溶液久置，会缓慢分解使黏度下降。加钙、铅或铜等二价金属离子，可形成相应盐的凝胶。

海藻酸丙二醇酯易吸湿，溶于冷水、温水及稀有机酸溶液，形成黏稠状胶体溶液，另外，海藻酸丙二醇酯分子中存在亲脂基，所以有乳化性，具有独特的稳泡作用。

（7）其他增稠剂　除以上介绍的增稠剂外，常用的食品增稠剂还有卡拉胶、黄原胶、阿拉伯胶等。黄原胶是一种生物高分子聚合物，由菌种发酵得到的高黏度液体；其他各类均为植物或藻类提取物。

第七节　营养强化剂

营养强化剂

营养强化剂是指为增强营养成分而加入食品中的天然或人工合成的属于天然营养素范围的食品添加剂。一般说来，人体所必需的营养成分在正常食物中有广泛的分布，合理搭配饮食可以获得足够的营养。但食品在加工储运及烹调过程中往往会有一部分营养物质遭到破坏和损失。另外，一些特殊人员，如长期处于特殊工作环境中的人员和老弱病幼人员也需补充某些营养物质。因此，在食物中适当地配入强化剂以提高食品的营养价值是有必要的。添加营养强化剂的食品即为强化食品。营养强化剂主要包括维生素、氨基酸和矿物质。

一、维生素

维生素是维持人体正常代谢和机能所必需的一类微量营养素。维生素缺乏会导致机体病变。例如缺乏维生素 C，会使毛细血管变脆，渗透性变大，易引起出血、骨质变脆、坏血病等；缺乏维生素 D 会导致佝偻病、骨质软化病、幼儿发育不良和畸形等。

维生素均为低分子有机化合物，种类繁多，化学结构和生理功能各异，因此无法按化学结构或功能进行分类。目前依据溶解性将维生素分为水溶性和脂溶性两类。水溶性维生素包括维生素 B 族和维生素 C 族；脂溶性维生素有维生素 A、维生素 D、维生素 E、维生素 K。维生素强化剂主要是维生素 A、维生素 B_1、维生素 B_2、维生素 B_5、维生素 C 和维生素 D_2、维生素 D_3 制剂。

（1）维生素 A　维生素 A 是所有具有视黄醇生物活性的 β-紫罗兰酮衍生物的统称，又称抗干眼醇或抗干眼病维生素，有维生素 A_1 和维生素 A_2 两种。主要来源是动物肝脏、鱼肝油、禽蛋等。常用的是维生素 A_1 的制剂。维生素 A_1 即视黄醇，结构式为：

$$\text{H}_3\text{C}\quad \text{CH}_3$$
$$\text{CH}=\text{CH}-\text{C}=\text{CH}-\text{CH}=\text{CH}-\text{C}=\text{CHCH}_2\text{OH}$$
$$\text{CH}_3\qquad\qquad \text{CH}_3\qquad\qquad \text{CH}_3$$

天然维生素 A 可从鳕鱼、鲑鱼、金枪鱼等鱼的肝脏提取肝油，经分子蒸馏法在高真空和 110～270℃下蒸馏浓缩，再经色谱分离精制而得。合成品由 β-紫罗兰酮与氯乙酸甲酯加甲醇钠，经缩合、环化、水解、重排、异构化后，再加六碳醇加成，经催化氢化、酯化、溴化和脱溴化氢而成。一般不用纯品作为添加剂而使用维生素 A 油或维生素 AD 鱼肝油。

（2）维生素 B　维生素 B_1 即硫胺素，又名抗脚气病维生素，结构式为：

$$\left[\begin{array}{c}\text{NH}_2\\ \text{N}\quad\text{CH}_2-\overset{+}{\text{N}}\quad\text{S}\\ \text{H}_3\text{C}\quad\overset{+}{\text{N}}\quad\quad\text{CH}_2\text{CH}_2\text{OH}\\ \text{H}\quad\quad\text{CH}_3\end{array}\right]\cdot 2\text{Cl}^-$$

维生素 B_1 广泛分布于食物中，如动物的肝、肾、心及猪肉中，麦谷类的表皮含维生素 B_1 量也较多。缺乏维生素 B_1 除易患脚气病、神经炎外，常感觉肌肉无力，神经痛，有心律不齐、消化不良等症状。因而常用维生素 B_1 强化面包和饼干。

维生素 B_2 即核黄素，结构式为：

$$\begin{array}{c}\text{OH OH OH}\\ \text{CH}_2|\quad|\quad|\\ \text{H}_3\text{C}\quad\text{CH}_2\text{CHCHCHCH}_2\text{OH}\\ \text{N}\quad\text{N}\quad\text{O}\\ \text{H}_3\text{C}\quad\quad\text{NH}\\ \text{O}\end{array}$$

维生素 B_2 存在于小米、大豆、绿叶菜、肉、肝、蛋、乳等多种食物中，在体内参与氧化还原过程，缺乏时会引起口角炎、舌炎、唇炎、脂溢性皮炎等症。将麦等发酵后可直接提取维生素 B_2，工业生产可由 3,4-二甲基苯胺与 D-核糖合成。

（3）维生素 C　维生素 C 除作为营养强化剂外，还常用作抗氧剂。

（4）维生素 D　维生素 D 是所有具有胆钙化醇（维生素 D_3）生物活性的类固醇的统称。能防治佝偻病，具有这种作用的维生素已发现多种，较重要的是维生素 D_2 和维生素 D_3，常用作食品强化剂，添加于乳制品及火腿香肠中。结构式为：

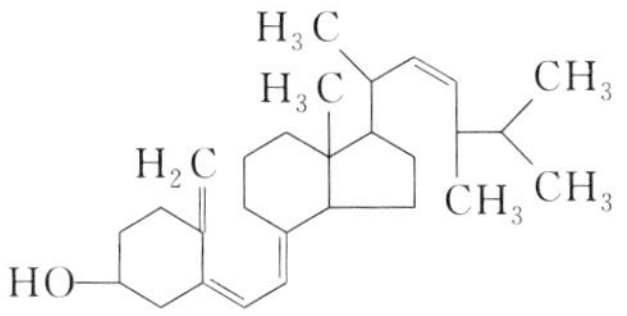

维生素 D_2 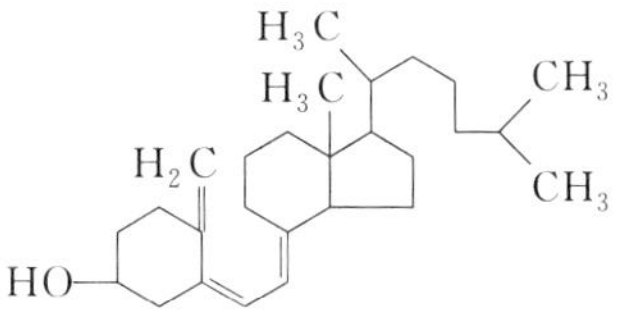　　　　　　　　　　　　　维生素 D_3

二、氨基酸

氨基酸是合成蛋白质的基本结构单元，蛋白质是生命活动不可缺少的物质。构成人体蛋白质的 20 多种氨基酸中大多数可在人体内合成，只有 8 种氨基酸（表 4-6）在体内无法合成，必须从食物中摄取。若是这些氨基酸的摄入种类或数量不足，就不能有效地合成人体蛋白质，这 8 种氨基酸为：赖氨酸、亮氨酸、异亮氨酸、苯丙氨酸、蛋氨酸、苏氨酸、色氨酸和缬氨酸。由于在儿童期内组氨酸和精氨酸的合成量常不能满足儿童生长发育的需要，因此在儿童食品中还需加入精氨酸和组氨酸。

表 4-6　人体必需氨基酸

氨 基 酸	结 构 式	氨 基 酸	结 构 式
L-盐酸赖氨酸	$HCl \cdot H_2NCH_2CH_2CH_2CH_2CHCOOH$ 下 NH_2	L-苯丙氨酸	$CH_2CHCOOH$ 下 NH_2
L-异亮氨酸	$CH_3CH_2CH-CHCOOH$ 下 $CH_3 \quad NH_2$	L-苏氨酸	$CH_3CH-CHCOOH$ 下 $OH \quad NH_2$
L-亮氨酸	$CH_3CHCH_2CHCOOH$ 下 $CH_3 \quad NH_2$	L-色氨酸	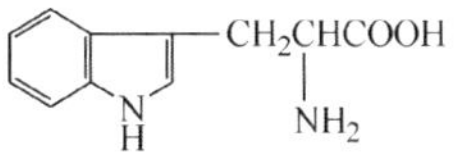 $CH_2CHCOOH$ 下 NH_2
DL-蛋氨酸	$H_3CSCH_2CH_2CHCOOH$ 下 NH_2	L-缬氨酸	$(CH_3)_2CHCHCOOH$ 下 NH_2

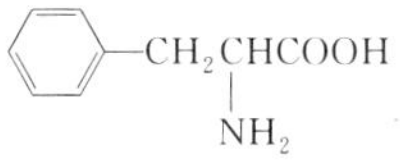

另外，人体对必需氨基酸的吸收是按一定比例进行的，如果食物中一种或两种必需氨基酸含量特别低，则会影响其他氨基酸的吸收利用率，即所谓氨基酸平衡问题。因此在食品中补充该食品严重缺乏的某种氨基酸，可以促进其他氨基酸的吸收利用，提高该种食品的蛋白质品质。例如大米和面粉蛋白质品质低于动物蛋白的重要原因之一是赖氨酸含量偏低，通过食品加工过程添补赖氨酸或混合赖氨酸含量较高的其他谷物，可使其成为类似鸡蛋蛋白的一种理想蛋白质。

三、矿物质

人体内含有 80 多种化学元素，除碳、氢、氧、氮（约占体重 96%）外，主要以有机化合物形式存在，其余统称为矿物质也称无机盐。矿物质对人体细胞的代谢、某些酶的合成、蛋白质和激素的构成及生理作用方式起着重要作用，因此营养价值并不亚于蛋白质、脂肪、淀粉和维生素等。矿物质中含量较多（大于 0.005%）的常量元素有 Ca、Mg、K、Na、P 和 Cl；含量较少的微量元素，目前已确认为人体生理必需的有 13 种：Fe、Zn、Cu、I、Mn、Mo、Co、Se、Cr、

Ni、Sn、Si、V。一般食物中矿物质含量能够满足人体需要，但钙、铁、碘、锌较为缺少，需要通过对食品进行强化加以补充，如在食盐中加碘制成的加碘食盐可以补充碘元素，Ca、Fe、Zn的强化经常采用其有机酸盐或无机酸盐，钙盐有硫酸钙、乳酸钙、葡萄糖酸钙以及活性钙、生物碳酸钙等；铁盐有硫酸亚铁、柠檬酸亚铁、乳酸亚铁和葡萄糖酸亚铁等；锌盐有硫酸锌、乳酸锌、葡萄糖酸锌、氧化锌等。

第八节　其他添加剂

一、发色剂和发色助剂

发色剂是指本身无着色作用，但能与食品中的发色物质作用而使其稳定并在加工保存过程中不致分解、脱色或褪色，或与食品中无色基团作用而产生鲜艳色彩的一类化合物。如亚硝酸盐与肉类中的色素作用而使肉制品保持稳定的鲜艳红色，硝酸盐被硝酸盐还原菌还原成亚硝酸盐后起发色作用。常用的发色剂有亚硝酸钠（钾）和硝酸钠（钾）等。由于硝酸有氧化性，能使亚硝基氧化而抑制了亚硝基肌红蛋白的生成，同时也使部分肌红蛋白被氧化成褐色高铁肌红蛋白，因此在使用硝酸盐与亚硝酸盐的同时并用 L-抗坏血酸等还原物质，可以防止上述氧化过程的发生，使发色剂效果更佳。这类还原物质称为发色助剂，主要有抗坏血酸及其钠盐、异抗坏血酸及其钠盐和烟酰胺等。

上述发色剂和发色助剂广泛用于肉类腌制品。然而在食品加工使用时，极易生成有很强致癌性的亚硝胺化合物，从食品卫生的角度出发，在保证发色的前提下，要严格控制硝酸盐和亚硝酸盐的使用量，并限制在最低水平。为此可采用如下办法。

① 添加氨基酸和肽的组成物，不仅有发色效果，亦可减少亚硝酸钠用量，而且具有防止生成亚硝胺化合物的功能。

② 在腌肉中直接加入一氧化氮水溶液，同时加入抗坏血酸，亚硝酸根残留量少，色泽亦很好。

③ 将抗坏血酸与磷酸盐、柠檬酸及盐、L-谷氨酸及山梨糖等混合使用，可增强抗坏血酸作用，并抑制其氧化。

④ 利用甜菜红色素同时添加抗坏血酸，可使肉制品发色和风味与亚硝酸盐作用相同，完全有可能取代亚硝酸盐。

二、漂白剂

漂白剂是能抑制食品发色，使食品褪色或免于褐变的添加剂。有氧化漂白剂和还原漂白剂两类。国内多用还原漂白剂。

氧化漂白剂主要为双氧水和次氯酸钠；还原漂白剂主要为亚硫酸盐类和二氧化硫，亦有用异抗坏血酸和 L-抗坏血酸钠作漂白剂的，但异抗坏血酸主要是作为抗氧剂，L-抗坏血酸主要是作为营养剂。乙二胺四乙酸盐（EDTA）、次硫酸氢钠甲醛（吊白粉）虽然漂白效果较好，但对人体有毒，国外已明令禁用。

常用的漂白剂有二氧化硫、无水亚硫酸钠、焦亚硫酸钠和低亚硫酸钠（保险粉）等。

① 二氧化硫　是无色有强烈刺激臭味的气体，在 $(2\sim3)\times10^5\,Pa$ 的压力下可液化。无水二氧化硫易溶于水，生成不稳定的亚硫酸。二氧化硫可用作明胶、甜菜糖的漂白剂及干果、干菜、蜜饯等的熏蒸漂白剂。

② 亚硫酸钠　有无水和带七个结晶水的两种，均可用作食品漂白剂。亚硫酸钠的制备是在碳酸钠溶液中通入 SO_2 气体，使其饱和后，再经中和、结晶而得到的。

③ 焦亚硫酸钠　为单斜晶系白色结晶，水溶液呈弱酸性，加热时缓慢分解，在空气中徐徐氧化成硫酸钠。焦亚硫酸钠具有较强的还原性，主要用作食品加工中的漂白剂和保藏剂，国内多用其作为饼干的面团改良剂。

④ 低亚硫酸钠 $Na_2S_2O_4$（保险粉） 为白色带光泽的晶体粉末，性质极不稳定，易氧化和分解析出硫。为了提高其稳定性，通常需要添加稳定剂。低亚硫酸钠的还原性和漂白能力是亚硫酸盐中最高的，主要用在食糖、糖果、饼干等的生产中。

第九节 中国食品添加剂工业的发展趋势

食品添加剂，作为现代食品工业的重要组成部分，在改善食品品质、提升色香味、延长保质期以及满足加工工艺需求方面发挥着不可或缺的作用。随着国民生活水平的提高和健康饮食观念的普及，消费者对食品安全、营养和健康的要求不断提升，食品添加剂行业也迎来了新的挑战和机遇。

一、市场规模的持续增长

近年来，中国食品添加剂行业市场规模持续扩大，表现出强劲的增长势头。中国食品添加剂和配料协会数据显示，2015～2020年间，我国食品添加剂主要品种总产量从996万吨增长到1337万吨，年复合增长率为6.07%；销售额从978亿元人民币增长到1279亿元，年复合增长率为5.51%。这一增长趋势在未来几年内预计将保持下去。

全球范围内，食品添加剂市场规模也在不断扩大。2022年，全球食品添加剂市场规模已达到982.2亿美元，并预计在未来几年内以年复合增长率5.5%的速度持续增长。到2025年，全球食品添加剂市场预计将达到约1400亿美元。与此同时，中国食品添加剂市场规模超过1000亿元人民币，并保持着增长态势。根据中研普华产业研究院发布的报告，预计到2029年，中国食品添加剂市场将继续保持稳定增长。

二、消费者需求的转变

消费者健康饮食观念的普及对食品添加剂行业产生了深远影响。现代消费者不仅关注食品的口感和品质，更加注重食品的安全性、营养价值和健康属性。这一趋势直接推动了食品添加剂行业向绿色、环保、健康方向转型。

（1）天然食品添加剂的需求增加 随着消费者对天然、无污染食品的需求日益增长，天然食品添加剂的市场需求也随之增加。天然食品添加剂是从植物、动物或微生物中提取的物质，如甜菜根粉作为天然色素、姜黄粉作为天然抗氧化剂等。这些添加剂不仅满足了消费者对健康食品的需求，还提高了食品的品质和安全性。

（2）功能型食品添加剂的兴起 消费者对功能性食品的需求不断增加，推动了功能型食品添加剂的发展。功能型食品添加剂具有调节人体机能、增强免疫力、促进健康等作用，如益生菌、膳食纤维、维生素等。这些添加剂在保健食品、功能食品、健康食品等领域得到了广泛应用。

（3）无添加和有机食品的需求 越来越多的消费者倾向于选择无添加、有机、绿色的食品。这一趋势促使食品企业加大无添加和有机食品添加剂的研发和生产力度，以满足消费者的健康需求。例如，许多烘焙品牌已经禁用了脱氢乙酸钠等化学防腐剂，转而使用天然防腐剂如醋酸等。

三、行业竞争格局的变化

中国食品添加剂行业的竞争格局正在发生深刻变化。一方面，国内大型企业通过规模优势和品牌影响力占据了较大的市场份额；另一方面，中小型企业在特定市场和产品领域内通过专业化生产和差异化竞争获得了发展空间。

（1）大企业的规模化优势 大型企业凭借雄厚的资金实力、先进的生产技术和广泛的销售渠道，在市场中占据主导地位。例如，金禾实业、梅花生物、爱普香料集团等企业在生物食品添加剂领域具有较高的知名度和影响力。这些企业通过规模经济效应，降低生产成本，提高市场竞争力。

（2）中小企业的专业化竞争　中小型食品添加剂企业通常专注于某一细分领域或特定产品，通过技术创新和差异化竞争获得市场份额。这些企业虽然规模较小，但灵活性强，能够快速响应市场需求，开发出符合消费者健康需求的食品添加剂。

（3）国际竞争的加剧　随着全球化进程的加快，国际食品添加剂企业纷纷进入中国市场，加剧了市场竞争。这些企业拥有先进的生产技术、强大的研发能力和丰富的市场经验，给国内企业带来了挑战。同时，国内企业也通过技术引进、国际合作等方式，不断提升自身竞争力。

四、政策法规的完善

随着食品添加剂行业的快速发展，政府对食品安全的重视程度不断提高，政策法规日益完善。这些法规不仅规范了食品添加剂的生产和使用，还保障了消费者的合法权益和食品安全。

（1）食品安全法的修订　《中华人民共和国食品安全法》经过多次修订，对食品添加剂的定义、使用范围、限量标准等进行了明确规定。

（2）食品添加剂标准的国际化　2024年3月发布的《食品安全国家标准　食品添加剂使用标准》（GB 2760—2024）对食品添加剂的使用规定进行了修订和完善，进一步提升了食品安全水平。中国积极参与国际食品添加剂标准的制定和修订工作，推动国内标准与国际标准接轨。这不仅有助于提升中国食品添加剂的国际竞争力，还有助于保障进口食品添加剂的质量和安全。

（3）监管力度的加强　政府对食品添加剂的监管力度不断加强，加大了对违法添加、超范围使用食品添加剂等行为的打击力度。同时，政府还加强了食品添加剂的抽检和监测工作，确保食品添加剂的质量和安全。

五、技术创新的推动

技术创新是推动食品添加剂行业发展的重要动力。随着科技的不断进步，食品添加剂的生产技术、产品质量和应用领域都在不断更新和拓展。

（1）高新技术应用　高新技术在食品添加剂生产中的应用日益广泛，如纳米技术、生物技术、真空包装技术、全面杀菌技术等。这些技术不仅提高了食品添加剂的生产效率和产品质量，还延长了食品的保质期和提高了食品的安全性。

（2）绿色生产技术　绿色生产技术是食品添加剂行业的重要发展方向。通过采用环保原料、节能减排的生产工艺和废弃物的循环利用等措施，降低食品添加剂生产过程中的环境污染和资源消耗。同时，绿色生产技术还有助于提高食品添加剂的生物安全性和环境友好性。

（3）智能化生产　智能化生产技术在食品添加剂行业中的应用不断增加。通过引入自动化、信息化和智能化技术，实现生产过程的精准控制和优化管理，提高生产效率和产品质量。智能化生产还有助于实现食品添加剂的定制化生产和个性化服务，满足消费者的多样化需求。

中国食品添加剂工业正面临着市场规模持续增长、消费者需求转变、行业竞争格局变化和政策法规完善等多重挑战和机遇。未来，随着健康饮食观念的普及、技术创新的推动以及法规标准的不断完善，食品添加剂行业将迎来更加广阔的发展空间。

 拓展阅读

食品添加剂与食品安全

在现代食品工业中，食品添加剂扮演着不可或缺的角色。它们不仅提升了食品的品质、口感和营养价值，还延长了食品的保质期，满足了消费者多样化的需求。然而，随着食品安全问题的频发，食品添加剂也时常被推向舆论的风口浪尖，引发了公众的广泛关注和担忧。为了保障食品安全与健康，我们需要正确认识食品添加剂，了解其种类、作用、安全性以及监管措施，从而做出明智的消费选择。

一、国内外滥用食品添加剂造成的食品安全事件

2011年4月，沈阳市公安局皇姑分局破获了一起制售有毒有害食品案。犯罪嫌疑人寨某等在生产豆芽过程中，非法添加了国家明令禁止的亚硝酸钠、尿素、恩诺沙星等有毒、有害非食用物质。这些添加剂的滥用，不仅破坏了豆芽的自然生长过程，还严重危害了消费者的身体健康。

2005年，英国爆发了苏丹红事件。当时，一些食品生产商在食品中添加了工业染料苏丹红，主要用于增加食品的色泽。然而，苏丹红被证实对人体有害，可能导致癌症等健康问题。该事件对英国及全球的食品行业产生了深远影响，导致大量食品被召回和销毁，消费者信心受到严重打击。同时，该事件也促使各国政府加强了对食品添加剂的监测和执法力度。

二、国内食品添加剂法律法规

《中华人民共和国食品安全法》及其实施条例对食品添加剂的生产、使用、销售等环节进行了详细规定。例如，食品生产者采购食品添加剂时，应当查验供货者的许可证和产品合格证明，不得采购或者使用不符合食品安全标准的食品添加剂。食品生产企业应当建立食品添加剂进货查验记录制度，如实记录食品添加剂的名称、规格、数量、生产日期或者生产批号、保质期、进货日期以及供货者名称、地址、联系方式等内容，并保存相关凭证。记录和凭证保存期限不得少于产品保质期满后六个月；没有明确保质期的，保存期限不得少于二年。

此外，国家还制定了《食品安全国家标准　食品添加剂使用标准》（GB 2760—2024），明确规定了各类食品添加剂的使用范围、用量和使用方法。这些标准根据食品添加剂的安全性评估结果制定，旨在确保食品添加剂在合理范围内使用，不会对消费者健康造成危害。

三、食品添加剂的正确认识与监管建议

1. 正确认识食品添加剂

食品添加剂并非洪水猛兽，它们在提高食品品质、改善食品色香味等方面发挥着重要作用。然而，滥用或非法添加食品添加剂则会对食品安全构成严重威胁。因此，我们应该正确认识食品添加剂的作用和危害，避免过度依赖或滥用。

2. 加强监管和执法力度

政府监管部门应加强对食品添加剂的监管和执法力度，严厉打击滥用食品添加剂的违法行为。同时，还应建立完善的食品安全追溯体系，确保食品来源可追溯、质量可控制。

3. 提高消费者安全意识

消费者应提高食品安全意识，学会辨别食品中的添加剂成分和含量。在购买食品时，应仔细查看食品标签和说明书，了解食品的成分和添加剂使用情况。同时，还应关注食品安全新闻和报道，及时了解食品安全动态。

4. 推动食品行业自律

食品行业应积极推动自律机制建设，加强行业内部的监督和管理。企业应严格遵守法律法规和食品安全标准，确保食品质量和安全。同时，还应加强技术研发和创新，开发更加安全、健康、环保的食品添加剂替代品。

我们需要正确认识食品添加剂的作用和危害，加强监管和执法力度，提高消费者安全意识，推动食品行业自律。只有这样，我们才能共同构建一个安全、健康、和谐的食品环境。

思　考　题

1. 按照使用目的和用途分，食品添加剂可分为哪些？
2. 食品添加剂的一般要求是什么？

3. 制定某一食品添加剂标准，应按什么程序进行？

4. 常用防腐剂的品种有哪些？

5. 影响防腐剂防腐效果的因素是什么？

6. 常用的抗氧化剂有哪些？

7. 常用的天然色素有哪些？

8. 什么是营养强化剂？其主要品种有哪些？

第五章　胶　黏　剂

📖【学习目标】

知识目标

（1）了解胶黏剂分类、组成及其应用，理解胶接的基本原理以及胶接的影响因素；

（2）熟悉粘接工艺流程，掌握接头设计、粘接表面处理；

（3）熟悉合成树脂胶黏剂、合成橡胶胶黏剂、无机胶黏剂、天然胶黏剂以及部分特种胶黏剂的性能特征。

能力目标

（1）能根据粘接需要及不同胶黏剂的特性合理选择适合的胶黏剂；

（2）能根据粘接结果对粘接工艺及工艺参数做出合理改进。

素质目标

（1）培养追求知识、严谨治学、勇于创新的科学态度和理论联系实际的思维方式；

（2）培养节能环保、注重安全意识和严格遵守操作规范的职业操守。

第一节　概　　述

胶黏剂是一种媒介，凡能将同种的或不同种固体材料胶结在一起的媒介物质统称胶黏剂，也称黏合剂，或简称胶。胶黏剂是一类重要的精细化工产品，胶黏剂粘接技术是种新颖的连接方法，它已成为某些铆接、焊接、螺接或其他传统连接形式所难以代替的新工艺，广泛用于工农业和人民生活的各个领域中，近几十年来，在国内外发展十分迅速。与传统的连接方法相比，胶黏剂粘接技术有其独特的优点。

认识胶黏剂

① 可实现不同种类或不同形状材料之间的连接，尤其是薄片材料。即使是极小、极脆的零件，都能胶接，这是其他连接方法所无法相比的。又如印刷电路板的金属箔与基体连接，除用胶接外，另无其他连接方法。

② 应力分布均匀，不易产生应力破坏，延长结构寿命。由于胶接面积大，接触处应力分布均匀，完全克服了其他连接方法接点的应力集中所引起的疲劳龟裂。

③ 密封性能良好，有很好的耐腐蚀性能。胶层具有较好的密封性能，可以减少密封结构，提高产品结构内部器件的耐介质性能。同时，胶层将被粘物隔开，可以减少不同金属间连接的电位腐蚀。

④ 提高生产效率，降低成本。胶黏剂可以在几分钟甚至几秒钟内就能将复杂构件牢固地连接起来，无需专门设备，操作人员也不要很高的技术，劳动强度较少，一次完成，既快又经济。而复杂结构的铆接、焊接需多种工序，且需校正及精加工。

⑤ 减轻结构重量。通过交叉粘接能使各向异性材料的强度重量比及尺寸稳定性得到改善，得到挠度小、结构小、重量轻的结构。

⑥ 可赋予被粘物体以特殊的性能。如电容器、印刷线路、电动机、电阻器等的黏合面具有电绝缘性能。

但是，用胶黏剂粘接仍有不足之处，其主要缺点如下。

① 耐候性差。在空气、日光、风雨、冷热等气候条件下，会产生老化现象，影响使用寿命。

② 胶接的不均匀扯离和剥离强度低，容易在接头边缘首先破坏。

③ 与机械物理连接法相比，溶剂型胶黏剂的溶剂易挥发，而且某些胶黏剂易燃、有毒，会对环境和人体产生危害。

④ 胶接质量因受多种因素的影响，不够稳定，而且无损探伤尚没有很好的方法。

一、胶黏剂的发展

粘接技术是一门古老而又年轻的学科。几十年以前，人类已经开始利用天然高分子材料——动物胶和植物胶，作为粘接原料，用于生活用品、生产工具和古代兵器等方面。我国是世界上应用粘接技术最早的国家之一，远在秦朝时，我国就有粘接箭羽、泥封和建筑粘接记录。以糯米浆和石灰制成的灰浆作为万里长城基石的胶黏剂，使得长城至今仍屹立于世界的东方，成为中华民族古老文明的象征。又如采用骨胶和松香或炭黑制墨和黏合弓箭等。直到 21 世纪初，从美国发明酚醛树脂开始，胶黏剂和粘接技术进入了一个崭新的发展时期。

早年使用的胶黏剂基本上属于天然胶黏剂。20 世纪 20 年代，出现了天然橡胶加工的压敏胶，并制成醇酸树脂胶黏剂。30 年代，生产出了以合成高分子材料为主要成分的新型胶黏剂，如脲醛树脂胶、酚醛-缩醛胶等。40 年代，瑞士发明了双酚 A 型环氧树脂，美国出现了有机硅树脂。50 年代，美国试制了第一代厌氧型胶黏剂和氰基丙烯酸酯型瞬干胶。60 年代，醋酸乙烯型热熔胶、脂环族环氧树脂、聚酰亚胺、聚苯并咪唑、聚二苯醚等新型材料相继问世，使胶黏剂品种的研究达到高峰，粘接理论也得到了迅速发展。世界胶黏剂品种已达到 5000 多个，产量现已达到 1000 万吨以上，其中天然胶黏剂、一般合成胶黏剂在产量上占 90%，特种胶黏剂和密封胶占 10%。

我国胶黏剂行业自 21 世纪初进入高速发展期，迄今为止已有 6000 余种胶黏剂产品问世，现已成为全球最大的胶黏剂生产国和消费国。据中国胶黏剂和胶粘带工业协会统计，2021 年我国胶黏剂行业总产量增长至约 763.2 万吨，2022 年我国胶黏剂行业总产量约 788.4 万吨，同比2021 年增长 3.3%。2023 年我国胶黏剂行业总产量约 824.8 万吨，同比增长 4.6%。

二、胶黏剂的组成

一般来讲，构成胶黏剂的组成并不是单一的，除了使两被粘接物质结合在一起时起主要作用的粘料之外，为了满足特定的要求，通常都需加入各种配合剂。

1. 粘料

亦称基料。起粘接作用的主要成分，常用的基料有：天然聚合物、合成聚合物和无机化合物三大类。其中常用的合成聚合物有合成树脂（环氧树脂、酚醛树脂、聚酯树脂、聚氨酯、硅树脂等）及合成橡胶（氯丁橡胶、丁腈橡胶和聚硫橡胶等）；常用的无机化合物有硅酸盐类、磷酸盐类等。从目前情况看，合成聚合物占有绝对的主导地位。

2. 固化剂

亦称硬化剂。它是胶黏剂中最主要的配体材料，它直接或者通过催化剂与主体胶黏物进行反应，使低分子聚合物或单体经过化学反应生成高分子化合物，或使线型高分子化合物交联成体型高分子化合物，从而使粘接具有一定的机械强度和稳定性。对某些胶黏剂（如环氧树脂）来说，固化剂是必不可少的组分，且固化剂的种类和用量对胶黏剂的性能及工艺性有直接影响。因此，要慎重选择固化剂，严格控制其用量。在固化过程中，往往还加入能加快固化反应的促进剂，常用的固化剂有胺类、有机酸酐和分子筛等。

3. 填料

填料是一种并不和主体材料作用，但可以改变其性能、降低成本的固体物质。填料可以起多种作用，如减少线膨胀系数和收缩率，提高导电性，提高胶层形状的稳定性，增加耐热性和机械强度，改变胶液的流动性和调节黏度等。

填料的种类很多。只要不含水和结晶水、中性或弱碱性、不与固化剂或其他组分起不良作用的有机物、无机物、金属或非金属粉末都可以作填料。表 5-1 列出了一些常用胶黏剂填料品种、用量及适用范围。

表 5-1　常用胶黏剂填料品种、用量及适用范围

名　称	相对密度	细度/目	用量/%	备　　注
氧化铝	3.7～3.9	100～300	25～75	环氧胶用
氧化镁	3.40	200～325	30～100	环氧胶、橡胶胶用
氢氧化镁	2.38	200～325	750	
三氧化二铁		200～325	75～100	环氧、橡胶、聚酯胶用
三氧化二锑	5.45～5.9	325	50～100	聚酯胶,可提高胶的自灭性
二氧化钛		200～300		聚氨酯、橡胶、环氧胶用,可提高黏力
氧化铬		200～300		环氧、聚酯橡胶用
氧化锌		200～300	100	聚酯、橡胶胶用
铜粉	8.92	200～300	250	环氧胶,提高导电性
银粉		300	200～300	环氧胶,改善导电性
碳酸钡	4.43	100～325	50～100	橡胶胶用
碳酸镁	2.8	100～325	>50	环氧胶用
碳酸钙	2.70	200～300	<100	聚酯、环氧胶用
氯化萘		200～300	100	聚酯,提高自灭性
金刚砂		50～300		环氧、酚醛胶用
瓷粉		200～300		聚酯、环氧,提高黏力
硅砂	2.32	325		环氧胶,提高抗压性能
白垩粉		200～300		环氧、聚酯胶用
白炭黑			20～100	橡胶、环氧胶用
云母粉	2.8～3.1	200～325	<100	环氧、酚醛、聚酯,提高耐热性能
石膏粉		200～300	10～100	环氧胶用
高岭土	2.58	325	>50	环氧胶用
石墨	2.25	325	>50	
石棉粉	2.4～2.59	1/8～1/2	>250	橡胶、环氧胶用,提高抗冲击、耐热
滑石粉		200	10～100	环氧、橡胶胶用
水泥		200		环氧胶用,提高硬度和抗压性能
铁粉	7.86		<250	环氧胶用

4. 增塑剂

增塑剂是能够增进固化体系的塑性的物质。它能使胶黏剂的刚性下降，提高弹性和改进耐寒性。

增塑剂通常是高沸点的液体，一般不与高聚物发生反应。按化学结构可以分为以下几类。

（1）邻苯二甲酸酯类　此类是最主要的增塑剂，它们性能全面，应用广泛。

（2）脂肪族二元酸酯类　主要作为耐寒的辅助增塑剂。

（3）磷酸酯类　可作为增塑剂，耐寒性较差，且毒性较大，但有阻燃作用。

（4）聚酯类　它们的耐久性、耐热性良好，但相溶性较差。

（5）偏苯三酸酯类　它们的耐热性、耐久性优良，相溶性也好。

胶黏剂中常用的增塑剂见表 5-2。

表 5-2　胶黏剂中常用的增塑剂

名　称	简称	化学式	分子量	相对密度	沸点/℃	外观
邻苯二甲酸二甲酯	DMP	$C_6H_4(COOCH_3)_2$	194.18	1.193	282	无色液体
邻苯二甲酸二乙酯	DEP	$C_6H_4(COOC_2H_5)_2$	222.24	1.118	295	无色液体
邻苯二甲酸二丁酯	DBP	$C_6H_4(COOC_4H_9)_2$	278.35	1.050	335	无色液体
邻苯二甲酸二戊酯	DPP	$C_6H_4(COOC5H_{11})_2$	306.39	1.022	342	无色液体

名称	简称	化学式	分子量	相对密度	沸点/℃	外观
邻苯二甲酸二辛酯	DOP	$C_6H_4(COOC_8H_{17})_2$	396	0.987	382	无色液体
磷酸三乙酯	TEP	$(C_2H_5O)_3PO_4$	182.16	1.068	210	无色液体
磷酸三丁酯	TBP	$(C_4H_9O)_3PO_4$	226	0.973	289(熔点)	无色液体
磷酸三苯酯	TPP	$(C_6H_5O)_3PO_4$	326.28	1.185	48~50	白色结晶液体
亚磷酸三苯酯		$(C_6H_5O)_3PO_4$	310.28	1.184	360	凝固点20~24℃
磷酸三甲苯酯	TCP	$(CH_3C_6H_5O)_3PO_4$	368.36	1.167	240.28	无色液体
己二酸二乙酯	DEA	$C_2H_5OOC(CH_2)_4COOC_2H_5$	202.24	1.009	240	无色液体
癸二酸二乙酯	PES	$[(CH_2)_4COOC_2H_5]_2$	258	0.96~0.966	308	无色液体
癸二酸二丁酯	PBS	$[(CH_2)_4COOC_4H_9]_2$	314.15	0.936	344	无色液体

5. 增韧剂

增韧剂能改进胶黏剂的脆性，提高胶层的抗冲击强度和伸长率，改善胶黏剂的抗剪强度、剥离强度、低温性能和柔韧性等。

通常增韧剂是一种单官能团或多官能团的化合物，能与胶料反应成为固化体系的一部分结构。常用的增韧剂如下。

（1）不饱和聚酯树脂。

（2）聚酰胺树脂。

（3）缩醛树脂。

（4）聚砜树脂。

（5）聚氨酯树脂。

6. 稀释剂

稀释剂是一种能降低胶黏剂黏度的易流动的液体。它可以使胶黏剂有好的渗透力，改善胶黏剂的工艺性能。稀释剂可以分为活性稀释剂和非活性稀释剂两种，顾名思义，活性稀释剂含有活性基团，能参与最后的固化反应。这类稀释剂多用于环氧型黏合剂中，在使用此类稀释剂时，要把固化剂的用量增大，其增大的量要按稀释剂的活性基团数来计算，一般应在5%~20%之内（对树脂的质量比）。而非活性稀释剂没有活性基团，不参与反应，仅起到降低黏度的作用。在胶黏剂固化时有气体逸出，它会增加胶层收缩率，对力学性能、热变形温度等都有影响。它多用于橡胶基、酚醛基、聚酯基和环氧胶黏剂等。其用量依不同胶黏剂而不同，最大用量可达树脂重量的40%。常用稀释剂见表5-3和表5-4。

表5-3 常用活性稀释剂

名称	简称	化学式	分子量	沸点/℃	黏度/Pa·s	用量(相对胶料质量)/%
环氧丙烷	PO	$CH_3-CH-CH_2$ (O环)	58.08	35		5~20
环氧氯丙烷	ECH	$Cl-CH_2-CH-CH_2$ (O环)	92.53	117		5~20
烯丙醇缩水甘油	AGE	$CH_2=CH-CH_2-O-CH-CH_2$ (O环)	114	154	0.012/20℃	5~15
环氧丙烷丁基醚	BGE 或501	$C_4H_9-O-CH_2-CH-CH_2$ (O环)	130	80	0.00638/25℃	5~20
环氧戊烷		$CH_3-CH_2-CH_2-CH-CH_2$ (O环)	86.13			5~10
环氧辛烷		$CH_3(CH_2)_5-CH-CH_2$ (O环)	128.21			5~15

名　称	简称	化　学　式	分子量	沸点/℃	黏度/Pa·s	用量(相对胶料质量)/%
环氧十二烷		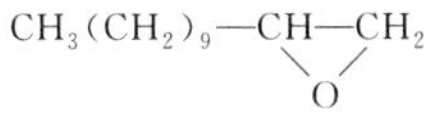 $CH_3(CH_2)_9-CH-CH_2$（环氧环）	184.31			5～10
苯基环氧乙烷	SO	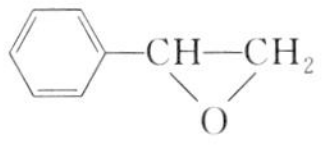 苯基-$CH-CH_2$（环氧环）	120.14	191.1	0.0019/20℃	10～15
环氧丙烷苯基醚	PGE	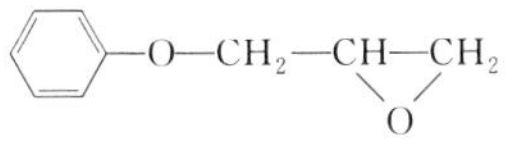 苯基-$O-CH_2-CH-CH_2$（环氧环）	151	245	0.00705/20℃	10～15
甲苯基环氧丙烷醚	CGE	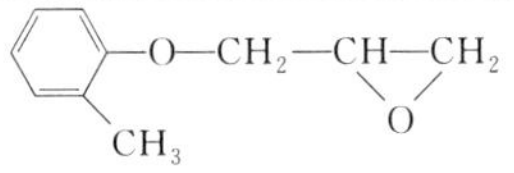 甲苯基(CH_3)-$O-CH_2-CH-CH_2$（环氧环）	164			10～15
二缩水甘油醚	DGE 或 600	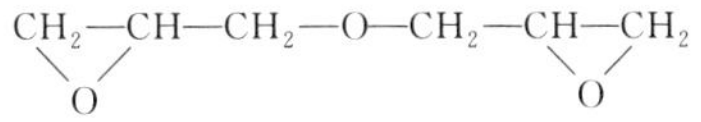 $CH_2-CH-CH_2-O-CH_2-CH-CH_2$（两端环氧环）	130.1	103	0.0105/20℃	10～15
乙二醇二缩水甘油醚	EGDE	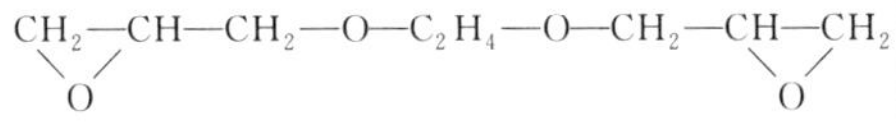 $CH_2-CH-CH_2-O-C_2H_4-O-CH_2-CH-CH_2$（两端环氧环）	174			5～20
乙烯基环己烯环氧化物	VCDE	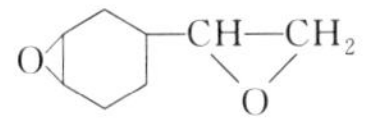 环己烷环氧-$CH-CH_2$（环氧环）	141		0.008/25℃	
1,3-丁二醇二缩水甘油醚	BDDE	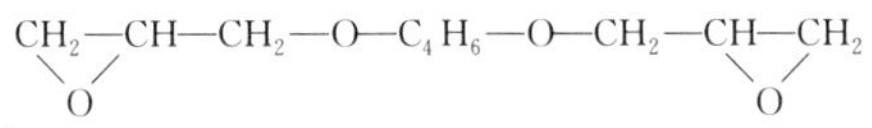 $CH_2-CH-CH_2-O-C_4H_6-O-CH_2-CH-CH_2$（两端环氧环）	202			5～20
甲基丙烯酸缩水甘油酯	GMA	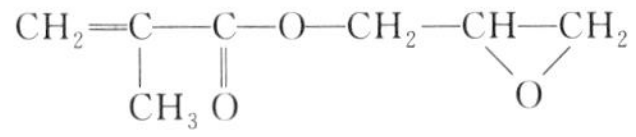 $CH_2=C(CH_3)-C(O)-O-CH_2-CH-CH_2$（环氧环）	142	75		5～10
环氧丙烷异辛基醚	503	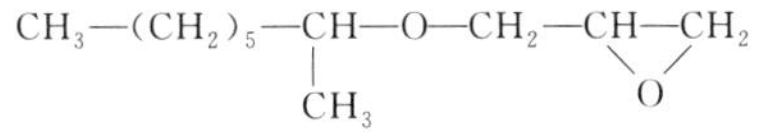 $CH_3-(CH_2)_5-CH(CH_3)-O-CH_2-CH-CH_2$（环氧环）		105～120	0.00775/20℃	5～25
糖醇缩水甘油醚	504	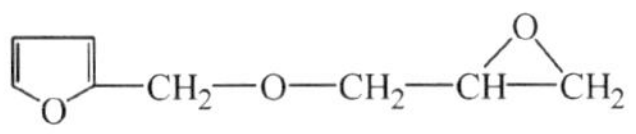 呋喃环-$CH_2-O-CH_2-CH-CH_2$（环氧环）		80～150	0.0089/20℃	5～25
甘油缩水甘油醚	507	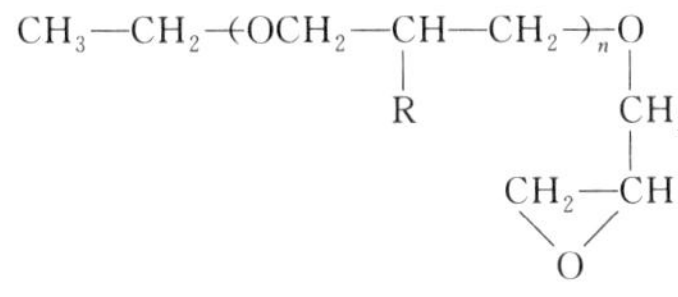 $CH_3-CH_2-(OCH_2-CH(R)-CH_2)_n-O-CH_2-CH-CH_2$（环氧环）			0.3/25℃	20
2-缩水甘油苯基缩水甘油醚		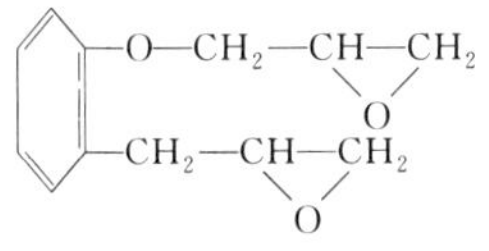 苯基-$O-CH_2-CH-CH_2$ 及 $CH_2-CH-CH_2$（两环氧环）	206			0～25
2,6-二缩水甘油苯基缩水甘油醚	DGPGE	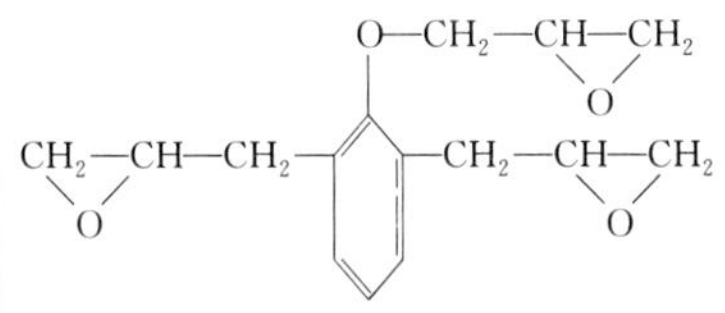 苯基-$O-CH_2-CH-CH_2$ 及两侧 $CH_2-CH-CH_2$（三环氧环）	262			5～20

名 称	简称	化 学 式	分子量	沸点/℃	黏度/Pa·s	用量(相对胶料质量)/%
二甘醇二缩水甘油醚	DEGDE	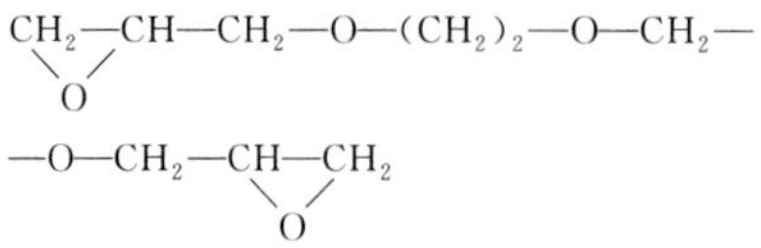 CH_2—CH—CH_2—O—$(CH_2)_2$—O—CH_2— O —O—CH_2—CH—CH_2 O	218			
二环氧丁二烯	BD	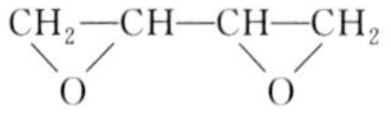 CH_2—CH—CH_2 O O	66			
苯基二环氧乙烷		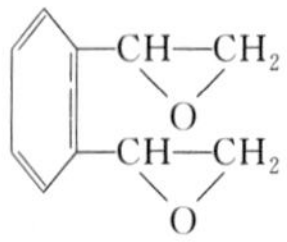 CH—CH_2 O CH—CH_2 O	162			
3,4-环氧-6-甲基环己基甲酸-3,4-环氧环己基甲酸酯		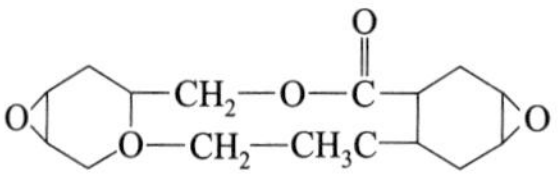 O CH_2—O—C O—CH_2-CH_2C O	280		1600~2000/250℃	
3,4-环氧环己基甲酸-3,4-环氧环己基甲酸酯		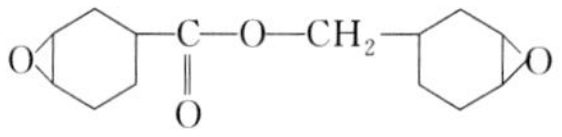 C—O—CH_2 O O	252	198	250~400	
乙烯基环己烯环氧	CMH	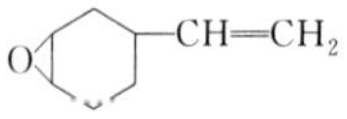 O CH=CH_2	124	169		

表 5-4 常用非活性稀释剂

名称	化学式	相对密度	分子量	沸点/℃	用量(相对胶料质量)/%
丙酮	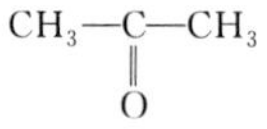 CH_3—C—CH_3 O	0.798	58.08	56.5	7.7
甲乙酮	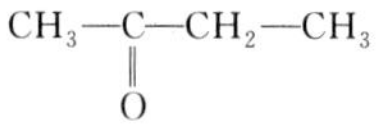 CH_3—C—CH_2—CH_3 O	0.8061	72.10	79.6	4.6
环己酮	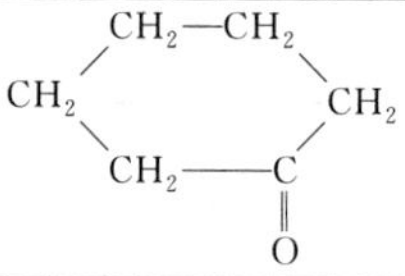 CH_2—CH_2 CH_2 CH_2 CH_2—C O		98.14	115.6	
苯	 ⬡	0.878	78.11	80.1	
甲苯	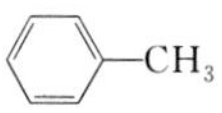 ⬡—CH_3	0.866	92.13	110.8	
二甲苯	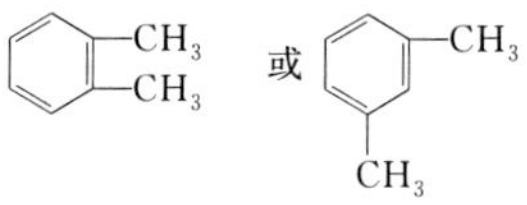 ⬡$CH_3$$CH_3$ 或 ⬡$CH_3$$CH_3$	0.8745	106.16	144	

名称	化学式	相对密度	分子量	沸点/℃	用量（相对胶料质量）/%
正丁醇	C_4H_9OH	0.811	74.12	117	0.5
乙酸乙酯	$CH_3COOC_2H_5$	0.906	88.10	77.1	4.1
苯乙烯	⬡$-CH=CH_2$		104.14	146	
甲基丁基酮	$CH_3COC_4H_9$		100	127	1.0
甲基异丁基酮	$CH_3COCH_2CH(CH_3)_2$	0.8018	100	115.9	1.6
异丙叉丙酮	$CH_3COCH_2CH(CH_3)_2$	0.8546	98	129.5	0.9
甲基戊基酮	$CH_3COC_5H_{11}$	0.818	114	150.6	0.4
乙酸甲酯	CH_3COOCH_3	0.91	74	57.1	6.8
乙酸异丙酯	$CH_3COOCH(CH_3)_2$	0.872	102.13	88.4	3.1
乙酸仲丁酯	$CH_3COOCH(CH_3)CH_2CH_3$	0.865	116.16	112.2	1.8
乙酸戊酯	$CH_3COOC_5H_{11}$	0.8722	130.18	120-145	0.7
甲基醋酸戊酯	$CH_3COOCH(CH_3)CH_2CH(CH_3)_2$	0.857	144	146.3	0.5
乳酸乙酯	$CH_3CH(OH)COOC_4H_9$	0.980	146.13		<0.1
乙二醇甲醚	$CH_3OCH_2CH_2OH$	0.966	76.06	124.5	0.5
乙二醇乙醚	$HOCH_2CH_2OC_2H_5$	0.931	90.12	135.1	0.2
丁基溶纤剂	$HOCH_2CH_2OC_4H_9$	0.902	118.19	171.2	0.1
甲基卡必醇	$CH_3O(CH_2)_2O(CH_2)_2OH$	1.035	120	194.2	<0.1
丁基卡必醇	$C_4H_9O(CH_2)_2O(CH_2)_2OH$	0.995	162	230.4	<0.1
甲基丙基酮	$CH_3COC_3H_7$	0.810	86.13	102	2.0
甲基溶纤剂醋酸酯	$CH_3COOCH_2CH_2OCH_3$	1.005	118.16	144.5	0.3
乙酸乙基溶纤剂	$CH_3COOCH_2CH_2OC_2H_5$	0.974	136.16	156.4	0.2
丁基溶纤剂醋酸酯	$CH_3COOCH_2CH_2OC_4H_9$	0.943	160		<0.1
卡必醇	$C_2H_5O(CH_3)_2O(CH_3)_2OH$	1.027		201.9	<0.1
二异丁基酮	$(CH_3)_2CHCH_2COCH_2CH(CH_3)_2$	0.808	142	168.0	0.3
3,5,5-三甲基环己烯（2）酮	$(CH_3)_2C_6H_5OCH_3$	0.923	138	214.9	0.03
二丙酮醇	$(CH_3)_2C(OH)CH_2COCH_3$	0.9399	116	166	0.2
二氯乙烯	$ClHC=CHCl$	1.259	98.96	83.5	5.8
四氯呋喃	⬠ Cl Cl Cl Cl	0.888	72.10	66	5.8
硝基甲烷	CH_3NO_2	1.139	61.04	101.2	1.4
硝基乙烷	$C_2H_5NO_2$	1.052	75.07	114	1.2
1-硝基丙烷	$C_3H_7NO_2$	1.063	9.09	131.6	0.7
2-硝基丙烷	$CH_3CH(NO_2)CH_3$	0.992	89.09	120.3	1.2
乙醇	C_2H_5OH	0.795	46	78.3	1.9
异丙醇	$(CH_3)_2CHOH$	0.7862	60.09	82.3	1.7
正丙醇	C_3H_7OH	0.864	60.09	97.2	1.1
异丁醇	$(CH_3)_2CHCH_2OH$	0.806	74.12	108.0	0.7
仲丁醇	$CH_3CHOHCH_2CH_3$	0.8079	74.12	99.53	1.0
戊醇	$C_5H_{11}OH$	0.814	88.15	138.5	0.3
甲基异丁基甲醇	$(CH_3)_2CHCH_2CH(CH_3)OH$	0.8079	102.16	131.68	0.3
环己醇	⬡$-OH$	0.937	100.16	161.5	<0.1

7. 增黏剂（偶联剂）

偶联剂为分子两端含有性质不同基团的化合物，两端基团可分别与胶黏剂分子和被粘物反应，起"架桥"作用以提高黏结强度，这样提高难粘或不粘的两个表面黏合能力，增加胶层与胶接表面抗脱落和抗剥离，提高接头的耐环境性能。常用的偶联剂有：硅烷偶联剂、钛酸酯偶联剂等，使用最多的是硅烷偶联剂。常用硅烷偶联剂见表5-5，在具体施工时，使用偶联剂的方式有两种：一种将偶联剂配成1%～2%的乙醇液，喷涂在被粘物的表面，待乙醇自然挥发或擦干后即可涂胶；另一种是直接将1%～5%的偶联剂加到基体中去。

表 5-5 胶黏剂中常用的硅烷增黏剂

名 称	简 称		化 学 式	备 注
	国内	国外		
乙烯基三乙氧基硅烷	A-151	A-151	$CH_2=CHSi(OCH_2CH_3)_3$	用于聚酯胶、聚酰亚胺胶
乙烯基三(β-甲氧基乙氧基)硅烷	A-172	A-172	$CH_2=CHSi(OCH_2OCH_3)_3$	用于聚酯胶、环氧胶
γ-甲基丙烯酸基丙基三甲氧基硅烷	KH-570	A-174	$CH_2=C-C-O(CH_2)_3Si(OCH_2CH_3)_3$（含 CH_3、O 取代基）	
β-(3,4-环氧基环己基)乙基三甲氧基硅烷		A-186	O环己基$-CH_2CH_2Si(OCH_3)_3$	
γ-缩水甘油氧化丙基三甲基氧基硅烷	KH-560	A-187	$CH_2-CH-CH_2O(CH_2)_3Si(OCH_3)_3$（含环氧 O）	用于环氧胶、酚醛胶
γ-硫醇基丙基三甲基硅烷		A-189	$HS(CH_2)_3Si(OCH_3)_3$	
γ-氨基丙基三乙氧基硅烷	KH-550	A-1100	$H_2N(CH_2)_3Si(OCH_2CH_3)_3$	用于环氧胶、酚醛胶、三聚氰胺胶
丙-β-(氨基乙基)-N-氨基丙基三甲氧基硅烷		A-1120	$H_2N(CH_2)_2\overset{H}{N}-(CH_2)_3Si(OCH_3)_3$	
苯胺甲基三乙氧基硅烷	ND-42		苯环$-NHCH_2Si(OCH_2CH_3)_3$	用于环氧胶、酚醛胶、硅橡胶
二乙基氨基甲基三乙氧基硅烷	ND-22		$(C_2H_5)_2NCH_2Si(OC_2H_5)_3$	环氧胶用
苯胺甲基三甲氧基硅烷	ND-73		苯环$-NHCH_2Si(OCH_3)_3$	用于环氧胶、酚醛胶
二乙烯三氨基丙基三乙氧基硅烷	B-201		$H_2NC_2H_4NHC_2H_4NH(CH_2)_3Si(OC_2H_5)_3$	用于环氧胶和酚醛胶
己二氨基甲基三乙氧基硅烷		ATM_3	$H_2N(CH_2)_6NHCH_2Si(OC_2H_5)_3$	用于环氧胶
双β-羟乙基-γ-氨基丙基三乙氧基硅烷	GC-2	X2967 A-111	$(HOC_2H_4)_2N(CH_2)_3Si(OC_2H_5)_3$	用于环氧胶
乙烯基三氯硅烷		A-150	$H_2C=CHSiCl_3$	用于聚酯胶
甲基丙烯酸氯代铬盐	VN	Volan 114 号	$C=C$（含 CH_3、$O-CrCl_2$、OH、$O-CrCl_2$）	用于聚酯、环氧、酚醛胶

8. 防老剂

加入防老剂可使胶黏剂延长使用寿命，提高耐久性，避免胶层过快老化。胶黏剂中常用的防老剂按其化学组成，可分为 5 类。

（1）酮胺缩合物　适当增加这类防老剂对防止空气、臭氧引起的老化有效，如丙酮与二苯胺的低温缩合物。

（2）醛胺缩合物　适当增加这类防老剂用量，还可以提高胶黏剂的耐热性，如醛与甲萘胺的缩合物等。

（3）芳香族胺类化合物　此类具有特效的防老作用，能有效地防止空气和热引起的老化，如苯基萘胺等。

（4）芳香族二胺化合物　它是防止空气引起的老化中最好的防老剂，其效能根据不同取代基而异，如间甲苯二胺。

（5）喹啉衍生物　抗空气引起的老化大都为苯基和萘基的衍生物，抗臭氧引起的老化多为对苯二胺的衍生物。

在合成有机胶黏剂中，除了上述几种配合剂外，胶黏剂中有时还加有引发剂、促进剂、乳化剂、阻聚剂、阻燃剂以及稳定剂等。关于无机胶黏剂将在本章第 6 节中叙述。

三、胶黏剂的分类

胶黏剂品种繁多，目前尚无统一的分类方法，为了便于研究和应用，可以归纳为以下 4 个类别。

1. 按基料分类

以无机化合物为基料的称无机胶黏剂，以聚合物为基料的称有机胶黏剂，有机胶黏剂又分为天然胶黏剂与合成胶黏剂两大类，参见表 5-6。

表 5-6　胶黏剂分类

项　　　　目			举　　　　例
无机胶黏剂	磷酸盐类		磷酸-氧化铜等
	硅酸盐类		水玻璃、硅酸盐水泥等
	硫酸盐类		石膏等
	硼酸盐类		熔接玻璃等
	陶瓷类		氧化铝、氧化锆等
	低熔点金属类		锡、铅等
有机胶黏剂	天然胶黏剂	动物胶	皮胶、骨胶、虫胶、酪素胶、血蛋白胶、鱼胶等
		植物胶	淀粉、糊精、松香、阿拉伯树胶、天然树脂胶、天然橡胶等
		矿物胶	矿物蜡、沥青等
	合成胶黏剂	合成树脂型　热塑性	纤维素酯、烯类聚合物、聚酯、聚醚、聚酰胺、聚丙烯酸酯、α-氰基丙烯酸酯、聚乙烯醇缩醛、乙烯-醋酸乙烯共聚物等
		合成树脂型　热固性	环氧树脂、酚醛树脂、脲醛树脂、呋喃树脂、环氧酸树脂、不饱和聚酯、聚酰亚胺、聚苯并咪唑、三聚氰胺-甲醛树脂、酚醛-聚乙烯醇缩醛、酚醛-聚酰胺、酚醛-环氧树脂、环氧-聚酰胺、有机硅树脂等
		合成橡胶型	氯丁橡胶、丁苯橡胶、丁基橡胶、丁腈橡胶、异戊橡胶、聚硫橡胶、聚氨酯橡胶、氯磺化聚乙烯弹性体、硅橡胶等
		复合型	酚醛-丁腈胶、酚醛-氯丁胶、酚醛-聚氨酯胶、环氧-丁腈胶、环氧-聚硫胶等

2. 按物理形态分类

根据胶黏剂外观上的差异人们常将胶黏剂分为以下 5 种类型。

（1）溶液型　合成树脂或橡胶在适当的溶剂中配成一定黏度的溶液，目前大部分胶黏剂是这一形式。

（2）乳液型　合成树脂或橡胶分散于水中，形成水溶液或乳液。这类胶黏剂由于不存在污染问题，所以以发展较快。

（3）膏状或糊状型　这是将合成树脂或橡胶配成易挥发的高黏度的胶黏剂。主要用于密封和嵌缝等方面。

（4）固体型　一般是将热塑性合成树脂或橡胶制成粒状、块状或带状形式，加热时熔融可以涂布，冷却后固化，也称热熔胶。这类胶黏剂的应用范围广泛，常用在道路标志、奶瓶封口或衣领衬里等。

（5）膜状型　将胶黏剂涂布于各种基材（纸、布等）上，呈薄膜状胶带，或直接将合成树脂或橡胶制成薄膜使用。

3．按用途分类

胶黏剂按用途分类可分为结构胶、非结构胶以及专门用于木材、金属、塑料、纤维、橡胶、建筑、玻璃、汽车车辆、电气和电子工业、生物体和医疗等部门的特种胶黏剂。

① 结构胶黏剂是用于受力结构件胶接，并能长期承受较大动、静负荷的胶黏剂。

② 非结构胶黏剂是适用于非受力结构件胶接。

③ 特种胶黏剂是供某些特殊场合应用的胶黏剂，用以提供独特的用途。

此外，近年来，又出现了无污染胶黏剂等胶黏剂新品种。

4．按应用方法分类（参见表5-7）

表 5-7　胶黏剂分类

室温固化型	溶剂挥发型	胶水、硝酸纤维素等
	潮气固化型	聚氰基丙烯酸酯等
	厌氧型	丙烯酸聚醚等
	加固化剂型	环氧树脂等
热固型	聚氨酯等	
热熔型	聚酯、聚酰胺等	
压敏型	接触压胶泥型	氯丁橡胶等
	自粘（冷粘）型	橡胶胶乳类等
	缓粘（热粘）型	加热起粘接的胶黏带等
	永粘型	玻璃纸胶黏带等
再湿型	水基型	涂布糊精等
	溶剂型	涂布酚醛等

四、胶黏剂应用

胶黏剂既能很好地连接各种金属和非金属材料，又能对性能相差悬殊的基材实现良好的连接。其应用遍及各个工业部门，从儿童玩具、工艺美术品到飞机、火箭、人造卫星的制造等，到处都用到胶黏剂。

胶黏剂最早用于木材加工部门，在不少国家中其用量都占首位，大量用于胶合板、纤维板和刨花板的制造中，主要选用脲醛树脂、酚醛树脂和三聚氰胺树脂。建筑业也是胶黏剂的大户，室内的装修和密封，如大理石、瓷砖、天花板、塑料护墙板、地板、预构建的密封、地下建筑的防水密封等都大量用到胶黏剂。在轻工业方面胶黏剂的应用同样是极其广泛的，如制鞋、包装、装订、家具、皮革制品、橡胶和塑料用品、家用电器、玻璃制品等无一不使用胶黏剂。在航天和航空以及交通运输中，胶黏剂起着极为重要的作用，如波音747大型客机的铝合金蜂窝结构面积达400m²，玻璃钢和金属蒙面面积各为1000m²，这些结构都要采用粘接的方法制造和组装。又如人造地球卫星、载人宇宙飞船的发射和返回，壳体穿过大气层时表面温度高达上千度，需耐高温的烧蚀材料同壳体之间的连接，用铆和焊是无法办到的，只能用高温胶黏剂。在医药上，胶黏剂也展示出了十分诱人的前景，用合成胶黏剂作为填充料预防和治疗龋齿，用粘接法代替传统补牙已十分普遍，在外科手术中用于黏合皮肤、血管、骨骼和人工关节等。在电工电子和仪器仪表的制造中，除了一般性的胶接、定位普遍使用胶黏剂外，还使用了许多具有特殊性的胶黏剂，如电胶、绝缘胶、光学透明胶、真空密封胶等。

由此可见，随着现代科学技术的发展和应用的需要，大力发展胶黏剂的生产，开发优质功能的新品种将是今后必然的趋势。

第二节　胶接的基本原理

胶接是两个不同的物体在接触时发生的相互作用，它是一种复杂的物理、化学过程，其中涉及表面与界面的化学和物理以及胶接接头的形变和断裂的力学，所以从理论上探讨胶接的本质，对胶黏剂的开发及粘接工艺技术的改善有着重要的指导意义。

一、胶接界面

胶接接头是由胶黏剂与被粘物表面依靠黏附作用形成的，胶接接头在应力-环境作用下会逐渐发生破坏。但是，对于胶接接头是怎样形成的，又是怎样破坏的，至今尚没有成熟的理论，主要原因之一是被粘物表面及其与胶黏剂之间的界面极其复杂。如图 5-1 所示，胶接界面由被粘物表面（金属氧化物）及其吸附层（如空气、水、杂物）和靠近被粘物表面的底胶或胶黏剂组成。

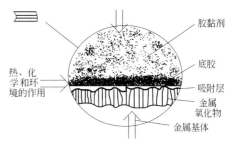

图 5-1　胶接界面示意

胶接界面具有下列特性：界面中胶黏剂/底胶和被粘物表面以及吸附层之间无明显边界；界面的结构、性质与胶黏剂/底胶或被粘物表面的结构、性质是不同的，这些性质包括强度、模量、膨胀性、导热性、耐环境性、局部变形和裂纹扩展等；界面的结构和性质是变化的，随物理的、力学的和环境的作用而变化，并随时间而变化。

胶接界面的结合包括物理结合和化学结合。物理结合指机械联结及范德华力，化学结合指共价键、离子键和金属键等化学键，如表 5-8 所示，虽然化学结合的能量比物理结合的能量大得多，但形成化学键必须满足一定的条件，并不是胶黏剂与被粘物的每个接触点都能成键；而物理结合基本上是整个接触面的作用。因此，人们认为化学键的存在不会改变界面结合总能量的数量级，但化学键抵抗外部应力、防止解吸附和裂纹扩展的能力要比物理键好得多。

表 5-8　各种原子-分子作用力的能量

类　　型	作用力种类	原子间距离/nm	能量/(kJ/mol)
范德华力	偶极力	0.3～0.5	<21
	诱导偶极力	0.3～0.5	<21
	色散力	0.3～0.5	<42
	氢键	0.2～0.3	<50
化学键	离子键	0.1～0.2	590～1050
	共价键	0.1～0.2	63～710
	金属键	0.1～0.2	113～347

影响界面结合的主要因素有：被粘物表面的化学状态和吸附物（气体、水、杂质）；被粘物表面的细微结构（粗糙度）；胶黏剂/底胶分子的键结构（分子量、官能团等）、黏度和黏弹

性；胶黏剂/底胶/被粘物表面的相容性和各组成及其界面对应力——环境作用的稳定性；胶接工艺（包括涂胶方法、晾干温度、晾干时间、固化温度、固化压力、固化时间、升温速率和降温速率等）。

二、胶黏剂对被粘物表面的润湿

胶黏剂与被粘物表面胶合的前提是两者必须达到分子水平的接触，因此，形成优良胶接接头的必要条件是胶黏剂对被粘物表面良好润湿。所谓润湿是指液态物质在固态物质表面分子间力作用下均匀分布的现象，不同液-固间的润湿程度往往差异很大。这里的问题主要表现在以下几点。

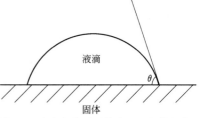

图 5-2　液滴在水平固体表面上的接触角

1. 润湿的热力学问题

液体润湿固体的程度一般用接触角 θ 来衡量，图 5-2 描述了水平固体表面上的一个液滴。接触角 $\theta > 90°$ 时液体不能很好地润湿表面，$\theta < 90°$ 时液体能完全润湿表面，$\theta = 0°$ 时液体能在表面上自发展开。

实际上被粘物表面都不是理想平面，液体在固体表面接触角随表面粗糙度而变化。Wenzel 用式(5-1) 表示接触角和粗糙度的关系：

$$\gamma = \frac{\cos\theta}{\cos\theta'} = \frac{A}{A'} > 1.5 \tag{5-1}$$

式中　γ——粗糙度系数；

A——真实表面积；

A'——表观表面积；

θ——真实接触角；

θ'——表观接触角。

固体表面的真实表面积 A 比表观表面积 A' 大得多。

固体表面的真实表面积 A 比表观表面积 A' 大得多，$\frac{A}{A'} < 1.5$ 的表面实际上是不存在的。由式(5-1) 可见，当 $\theta < 90°$ 时，$\theta' < \theta$，即易润湿的表面由于凹凸而有利于润湿；当 $\theta > 90°$ 时，$\theta' > \theta$，这种难于润湿的表面由于凹凸而更加难润湿。

通常，表面处理可同时改变表面活性和粗糙度，因此，接触角的变化是表面几何面积变化和表面变化两种效果的相加，在绝大多数的情况下，胶黏剂对被粘物的接触角小于 $90°$，在热力学平衡时胶黏剂均能完成浸润被粘物表面。

2. 润湿的动力学问题

固体的表面是波形的、凹凸不平的，有一定的粗糙度，并有裂纹和孔隙。因此，可以近似地用毛细管结构来描述固体表面。如果把固体表面上的缝隙比作毛细管，黏度为 μ、表面张力为 r 的液体流过半径为 R、长度为 L 的毛细管所需的时间为 t；依 Rideal-Washburn 公式有：

$$t = \frac{2\mu L^2}{Rr\cos\theta} \tag{5-2}$$

因为各种有机液体的表面张力相差不会很大，低黏度的液体几秒钟之内就能充满表面上的缝隙，高黏度的液体往往需要几分钟甚至几个小时。胶黏剂对被粘物的润湿有些情况下在固化之前就完成了，有些情况下润湿在固化过程中进行。胶黏剂的黏度随着固化程度增加而不断增大，如果在完成润湿表面之前就失去流动性，那就会出现动力学不完全润湿的情况。

因此，配制胶黏剂时要注意黏度问题，尤其是热熔胶。因为聚合物的熔融黏度随分子量提高而迅速增大，所以必须很好地控制聚合物的分子量。有时为了降低黏度，热熔胶配方中还要加入大量的醋。

3. 表面吸附对润湿的影响

固体表面容易吸附各种气体、水蒸气和杂质而形成吸附层。以金属为例，一般可分为工业的、清洁的和纯净的 3 类。工业金属表面有氧化物、防锈油、加工油、有机物和水分等；清洁金属表面有氧化物、水分；纯净金属表面是指不存在氧化物和有机物的真表面，这种表面只有在超真空中才能存在。

在固体表面上即使吸附了几个分子层的水或极微量的不纯物也会改变其接触角。因此，测定接触角是确认表面污染的一种有用的手段，可以用来判别表面处理的效果。"水膜法"就是检验表面是否清洁的一个简便的应用实例。在处理过的金属表面上滴上水，如果水能润湿金属表面，形成连续的水膜，则表面是清洁的。反之，如果不能形成连续水膜，则表面有油污。

三、黏附机理

胶黏剂的黏合力取决于胶黏剂的内聚力和被黏合材料的强度以及胶黏剂和被黏合材料的黏合力，而这种内聚力和黏合力又受胶黏剂与被粘物之间分子内部结构的影响。最早陈述它的原理是吸附理论，后来相继又提出了扩散理论、静电理论、机械结合理论等。

1. 吸附理论

吸附理论认为由于胶黏剂分子与被粘物之间的吸附力而产生了胶接，这种吸附不但有物理吸附，有时也存在化学吸附。

黏合力包括表面润湿、胶黏剂分子向被粘物表面移动、扩散和渗透，然后胶黏剂与被粘物表面形成物理化学结合导致机械结合等一系列过程。表面张力小的物质易润湿表面张力大的物质，所以，为了使被粘物表面易被润湿就需要清洗处理，除去油污等表面张力小的物质，从而使表面张力大的被粘物更好地与胶黏剂接触，也可以在胶黏剂中加入某些表面活性剂以降低其表面张力，于是胶黏剂分子带极性的部分就能向被粘物表面带相反极性的部分移动，当距离达到 5×10^{-10} m 以下即可发生物理化学结合。这种结合可以通过主价键形式，如电价键、共价键和配位键等化学键，也可以通过氢键和范德华力。

各种不同的粘接剂其分子内都含有极性基团，这种分子内存在的诱导和永久偶极距都有助于黏合，后者更为重要。如聚氨酯胶黏剂具有强极性的基团—N—CO—、—OH 以及脲基等，对各种材料表面具有亲和力，而且分子间能形成氢键，有较高的内聚力；淀粉、糊精和胶水都含有多个羟基，有利于形成氢键。实际上，分子中引入的极性基团越多，胶黏剂的活性越大。根据这一理论，若胶黏剂和被粘物之间都含有极性基团，那么其黏合性能好，若其中一个是极性的，而另一个是非极性的，则黏合力就低。但是不能解释极性的 α-氰基丙烯酸酯胶为什么能黏合非极性的聚苯乙烯材料。

2. 扩散理论

该理论认为，聚合物之间黏合力的主要来源是扩散作用，即两聚合物端头或链节相互扩散，导致界面的消失和过渡区的产生，从而达到粘接。一般来讲，胶黏剂与被粘物两者的溶解度参数越接近，粘接温度越高，时间越长，其扩散作用也越强，由扩散作用导致的粘接力也越高。这种理论最适合聚合物之间的胶接。

3. 静电理论

该理论认为胶黏剂与被粘接材料接触时，在界面两侧会形成双电层，如同电容器的两个极板，从而产生了静电引力，经实验测得黏合功等于此电容瞬时放电能量。在聚合物膜与金属胶接等方面，静电理论占有一定的地位，但不能解释导电胶的作用和非极性黏合等。

4. 机械结合理论

任何物体的表面即使用肉眼看来十分光滑，但经放大后，表面十分粗糙，遍布沟壑，有些表面还是多孔性。胶黏剂渗透到这些凹凸或孔隙中，固化后就像许多小钩和榫头似的把胶黏剂和被粘物连接在一起。

有的还提出了化学键理论，弱的边界层理论。总之，现有的几种理论都有不完善的地方，完整的黏合理论有待于在胶黏剂的应用、开发和研究中去完善。

第三节　胶接工艺

胶接作为三大连接技术（机械连接、焊接和胶接）之一，是一种较新的工艺。如何选择胶黏剂，进行正确的接头设计，做好表面处理工作，以及施胶和掌握粘接条件是实施良好胶接的关键性因素。

一、胶黏剂的选择

胶黏剂的品种繁多，各有其应用范围和使用条件，要想获得好的粘接效果，必须合理使用胶黏剂。一般来讲，应从如下几个方面进行考虑。

① 被粘物的表面性状；
② 胶接接头应用的场合；
③ 胶接过程有关的特殊要求；
④ 胶接效率及胶黏剂的成本；
⑤ 被粘物料的特性。

被粘材料的极性与所选用胶黏剂的关系见表 5-9。

表 5-9　被粘材料的极性与胶黏剂的选用

材料的极性		常用胶黏剂
极性材料	钢、铝	酚醛-丁腈胶、酚醛缩醛胶、环氧胶、聚丙烯酸酯胶、无机胶等
	镍、铬、不锈钢	酚醛-丁腈胶、聚氨酯胶、聚苯并咪唑胶、聚硫醚胶、环氧胶等
	铜	酚醛-缩醛胶、环氧胶、聚丙烯酸酯胶等
	钛	酚醛-丁腈胶、酚醛缩醛胶、聚酰亚胺胶、聚丙烯酸酯胶等
	镁	酚醛-丁腈胶、聚氨酯胶、聚丙烯酸酯胶等
	陶瓷、水泥、玻璃	环氧胶、不饱和聚酯胶、无机胶等
	木材	聚醋酸乙烯乳胶、脲醛树脂胶、酚醛树脂胶等
	纸张	聚醋酸乙烯乳胶、聚乙烯醇胶等
	织物	聚醋酸乙烯乳胶、氯丁-酚醛胶、聚氨酯胶等
	环氧、酚醛、氨基塑料	环氧胶、聚氨酯胶、聚丙烯酸酯胶等
	聚氨酯塑料	聚氨酯胶、环氧胶等
弱极性材料	有机玻璃	聚丙烯酸酯胶、聚氨酯胶、α-氰基丙烯酸酯胶、二氯乙烷
	聚碳酸酯、聚砜	不饱和聚酯胶、聚丙烯酸酯胶、聚氨酯胶、二氯乙烷
	氯化聚醚	聚丙烯酸酯胶、聚氨酯胶
	聚氯乙烯	过氯乙烯胶、聚丙烯酸酯胶、α-氰基丙烯酸酯胶、环己酮
	ABS	不饱和聚酯胶、聚氨酯胶、α-氰基丙烯酸酯胶、甲苯
	天然橡胶、丁苯橡胶	氯丁胶、聚氨酯胶
非极性材料	聚乙烯、聚丙烯	聚异丁烯胶、F-2 胶(氟塑料单组分胶)、F-3 胶(氟塑料胶)、EVA 热熔胶
	聚苯乙烯	甲苯胶、聚氨酯胶、α-氰基丙烯酸酯胶、甲苯
	聚苯醚	聚丙烯酸酯胶、α-氰基丙烯酸酯胶、二氯乙烷
	聚四氟乙烯、氟橡胶	F-2 胶、F-3 胶
	硅树脂	有机硅胶、α-氰基丙烯酸酯胶、聚丙烯酸酯胶
	硅橡胶	硅橡胶胶

二、胶接接头设计

实施材料间良好的胶接，除了选择合适的胶黏剂外，还要进行正确的接头设计。接头设计要遵循的基本原则如下。

① 避免应力集中，受力方向最好在胶接强度最大的方向上。

② 合理地增加胶接面积。

③ 接头设计尽量保证胶层厚度一致。

④ 防止层压制品的层间剥离。

三、胶黏剂配方的影响因素

要制备高强度的胶接接头就必须配制高强度的胶黏剂。为了使胶黏剂具备综合的力学性能，在进行胶黏剂配方设计时就需要考虑影响胶黏剂性能的各种因素，并按照配方准确称取胶的各个组分。现把一些影响胶黏剂性能的因素粗略地归纳在表 5-10 中。

表 5-10　胶黏剂配方中各种因素的影响

影响因素	第一方面的影响	第二方面的影响
聚合物分子量提高	1. 机械强度提高 2. 低温韧性提高	1. 黏度提高 2. 浸润速度减慢
高分子的极性增加	1. 内聚力提高 2. 对极性表面黏附力提高 3. 耐热性增加	1. 耐水性下降 2. 黏度增加
交联密度提高	1. 耐热性提高 2. 耐介质性提高 3. 蠕变减少	1. 模量提高 2. 延伸率降低 3. 低温脆性增加
增塑剂用量增加	1. 抗冲击强度提高 2. 黏度下降	1. 内聚强度下降 2. 蠕变增加 3. 耐热性急剧下降
增韧剂用量增加	1. 韧性提高 2. 抗剥离强度提高	内聚强度及耐热性缓慢下降
填料用量增加	1. 热膨胀系数下降 2. 固化收缩率下降 3. 使胶黏剂有触变性 4. 成本下降	1. 硬度增加 2. 黏度增加 3. 用量过多使胶黏剂变脆
加入偶联剂	1. 黏附性提高 2. 耐湿热老化提高	有时耐热性下降

四、表面处理

为了保证胶接的顺利进行，也为了获得胶接强度高、耐久性能好的胶接制品，通常需要对被粘接面进行表面处理，表面处理的基本原则如下。

① 设法提高表面能。

② 增加粘接的表面积。

③ 除去粘接表面上的污物及疏松层。

表面处理的方法有两种。

① 物理法　如打磨、喷砂、机械加工、电晕处理等。

② 化学法　如溶剂清洗、酸、碱或无机盐溶液处理、阳极性处理、等离子体处理等。

五、胶接工艺步骤

利用胶黏剂把被粘物连接成整体的操作步骤可分为：首先对被粘物的待粘表面进行修配，使之配合良好；其次是根据材质及强度的要求，对被粘物表面进行处理；表面处理之后，可涂覆偶联剂，或进行胶黏剂底涂，即先涂一极薄的底胶，以保护表面；然后涂布胶黏剂，将被粘表面合拢装配；最后通过物理或化学方法固化，实现胶接连接。当然，如何精确、具体地操作，应根据特定品种的使用说明来定。

第四节　合成树脂胶黏剂

合成树脂胶黏剂是当今产量最大、品种最多、应用最广的胶黏剂。

一、热塑性树脂胶黏剂

热塑性树脂胶黏剂常为一种液态胶黏剂，通过溶剂挥发、熔体冷却，有时也通过聚合反应，使之变成热塑性固体而达到粘接的目的。在加热时热塑性树脂胶黏剂会熔化、溶解和软化，在压力下会蠕变。由于此特点，它们一般均用于一些要求粘接强度不太高、粘接后应用条件也不十分苛刻的对象。

衡量热塑性树脂胶黏剂特性的标志是玻璃化温度（T_g）。以 T_g 高于室温的树脂作为胶黏剂，其粘接力很小，柔软性较差；而以 T_g 低于室温的树脂作为胶黏剂，粘接力高，粘接层柔软，成膜性能好。

1. 聚醋酸乙烯酯胶黏剂

聚醋酸乙烯及其共聚物胶黏剂是热塑性高分子胶黏剂中产量最大的品种，价格便宜，用于对纸张、木材、纤维、陶瓷、塑料薄膜和混凝土等的粘接。

聚醋酸乙烯酯是由醋酸乙烯出发，用过氧化物或偶氮二异丁腈作引发剂，通过聚合反应等方法制得，反应式如下：

$$CH_3COOCH=CH_2 \xrightarrow[\triangle]{引发剂} \left[CHCH_2\right]_n$$
$$\underset{OCOCH_3}{|}$$

聚醋酸乙烯是无臭、无味、无毒的热塑性聚合物，基本上是无色透明的。其玻璃化温度为 $25\sim28℃$，线膨胀系数为 $8.6\times10^{-5}/℃$，吸水率为 $2\%\sim3\%$，$20℃$ 时密度为 $1.19g/cm^3$。

作为胶黏剂，聚醋酸乙烯酯胶黏剂可分为溶液型和乳液型两大类。溶液型胶黏剂可以直接由溶液聚合，也可以将固体聚合物溶解在适当的溶剂中配成胶液。这些溶剂一般是低级酮类、芳烃、氯代烷烃以及一些醇类。溶液型胶黏剂由于胶层中包含的溶剂难以挥发，因此强度较低，耐热性较差。它通常用于玻璃、木材、陶瓷等的胶接。在聚醋酸乙烯酯乳液胶黏剂中，除了高分子乳液外，还含有增稠剂、增塑剂、溶剂、填料、消泡剂和防腐剂等。如常用的聚醋酸乙烯酯乳液胶黏剂配方，其组分如下。

配方：

聚乙烯醇	4	邻苯二甲酸二丁酯	6
水	55	辛醇	0.2
醋酸乙烯酯	44	10%过硫酸铵	适量

上述配方在 $66\sim90℃$ 进行乳液聚合，就可以得到一般用途的乳液胶黏剂，这种乳液胶黏剂具有操作条件良好、常温硬化快、使用时不需要加硬化剂、成本低的特点，因而常用于木材之间的粘接。另外在建筑、包装、装订、玻璃、陶瓷、纸制品、皮革等工业部门应用也十分广泛。

在乳液中加入增塑剂、填料、溶剂或增稠剂可调成各种规格产品。用 $8\%\sim12\%$ 的邻苯二甲酸二丁酯为增塑剂，以提高初黏力；填料如高岭土、水泥、轻质碳酸钙等，既可提高黏度又可降低成本；甲苯、氯烃等有机溶剂加入后可给予良好成膜性。天然橡胶、聚丙烯酸酯、羟乙基纤维素、聚乙烯醇等均可用作增稠剂，但一般以聚乙烯醇作保护胶制得的乳液有足够的黏度，可不必再加增黏剂。

聚醋酸乙烯酯乳液胶的缺点是耐热、耐水、耐溶剂性稍差，改进的方法是加入交联剂使其向热固化发展，从发展趋势看，改性乳液胶黏剂将逐渐代替一般的乳液胶黏剂，通常采用的方法是外加交联剂（能使大分子进一步交联的化合物，如酚醛树脂和脲醛树脂）和内加交联剂（能与醋酸乙烯共聚的单体而得到交联的热固性共聚物，如丙烯酸甲酯）。

2. 聚乙烯醇和聚乙烯醇缩醛胶黏剂

由于乙烯醇是不稳定的，因而聚乙烯醇难以由此单体制得，通常是由聚醋酸乙烯在甲醇或乙醇溶液中，以氢氧化钠作催化剂水解而成。

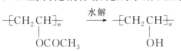

107 胶的合成

聚乙烯醇是一白色粉末，也是一种水溶性高聚物，随着聚合物中羟基的含量增高，溶解度增大。聚乙烯醇胶黏剂通常以水溶液的形式使用。一般是在搅拌下将聚乙烯醇溶于 $80\sim90℃$ 热水中即成。在胶液中还需添加填料、增塑剂、防腐剂及熟化剂等配合剂。

聚乙烯醇能形成坚韧透明的膜，这种膜具有很高的拉伸强度和耐腐蚀性，且具有较高的耐溶剂、耐油性能。主要用于纺织上胶和黏合纸制品，也大量用于建筑、化妆品乳化剂、木材和皮革加工等方面。

当聚乙烯醇与不同醛类进行缩醛反应则制得聚乙烯醇缩醛。

$$\begin{array}{c}-\!\!\!\!\begin{array}{c}CH_2\!-\!CH\\|\\OH\end{array}\!\!\!\!\end{array}_n + RCHO \longrightarrow \begin{array}{c}-\!\!\!\!\begin{array}{c}CH_2\!-\!CH\!-\!CH_2\!-\!CH\\|\quad\quad\quad|\\O\!-\!CH\!-\!O\\|\\R\end{array}\!\!\!\!\end{array}_n \quad (R \text{ 为 } H \text{ 或 } C_3H_7\text{—})$$

缩醛度为 50% 时可溶于水，配制成水溶液胶黏剂，市售的 107 胶水即为其缩甲醛产物，大量用于建筑内墙刷浆，能提高墙粉和水泥砂浆的黏附力及抗冻性，也可用于玻璃、皮鞋、木材、塑料壁纸、瓷砖和织物服饰的粘接。

聚乙烯醇缩丁醛由于对玻璃的黏合力好，耐冲击尤其是耐低温冲击性能好，透明度高，耐老化性出色，特别适宜于作安全玻璃的中间膜。

3. 丙烯酸酯类

包括丙烯酸及其酯、甲基丙烯酸及其酯以及在分子结构上包含丙烯酸酯类的大量的化合物。丙烯酸酯聚合物的结构式为：

$$\begin{array}{c}-\!\!\!\!\begin{array}{c}R\\|\\CH_2\!-\!C\\|\\COOR'\end{array}\!\!\!\!\end{array}_n \quad (R \text{ 为 } H \text{ 或 } CH_3；R' \text{ 为 } H \text{ 或 } CH_3\text{—}、C_2H_5\text{—}、C_3H_7\text{—}，\cdots)$$

丙烯酸酯胶黏剂的特点是：无色透明，成膜性好，能在室温下快速固化，使用方便，粘接强度高，耐一般酸碱，耐老化，适用于多种材料的粘接。丙烯酸酯作胶黏剂时较少使用单独聚合物，一般都用共聚物如甲酯、乙酯、丁酯等相互配合，或与醋酸乙烯、丙烯腈、甲基丙烯酸酯及其他能交联的官能性单体共聚组成各种剂型的聚合物。

(1) α-氰基丙烯酸酯胶黏剂（无溶剂型） α-氰基丙烯酸酯的通式：$CH_2\!=\!\overset{\overset{\displaystyle CN}{|}}{\underset{\underset{\displaystyle}{}}{C}}\!-\!\overset{\overset{\displaystyle O}{\|}}{C}\!-\!OR$，其中 R 为具有 $1\sim6$ 个碳原子的烷基、烯丙基、苯基、烷氧基。由于 α-氰基丙烯酸酯中含有—CN，其极性很强，因而在空气中极微量水分作用下，瞬间发生阴离子的聚合反应而硬化，从而使被粘物牢固粘接。这种胶黏剂使用方便，固化速度快，一般在 $5\sim20s$ 后即可黏合，粘接强度高，适用范围广，因而具有"万能胶"之称。

各种 α-氰基丙烯酸酯都是无色透明的液体，为了配制成便于贮存和使用的胶黏剂，在 α-氰基丙烯酸酯单体中常加入其他的辅助成分。如加入 SO_2 等酸性物质作为稳定剂，以防止贮存时发生聚合；加入苯酚等物质作为阻聚剂，以防止发生自由基型聚合反应。

为了提高 α-氰基丙烯酸酯胶黏剂的韧性，改进黏合强度，人们还对其进行了改性。如：通过加入一定量的二烯或三烯基单体或交联剂，使之与 α-氰基丙烯酸酯共聚，形成更耐热、机械强度更高的网状结构，来提高其粘接强度和稳定性；通过加入增塑剂、增稠剂、填充剂等，以提高其抗冲击强度和粘接强度；通过引入不同的取代基改变 α-氰基丙烯酸酯分子结构来获得改性等。

作为瞬间胶黏剂，随着性能的改进、品种的增加，用途越来越广。它不仅用于玻璃、金属、塑料、橡胶、皮革、织物等制品的粘接，而且用于采矿、电子光学仪器等工业部门，还可用于伤口闭合、组织粘接、连接血管、补牙、器官移植、外科整形等。

（2）溶液型丙烯酸酯胶黏剂　丙烯酸酯溶液胶是以甲基丙烯酸甲酯、苯乙烯和氯乙橡胶共聚制得的溶液，再与不饱和聚酯、固化剂和促进剂配合而形成溶液型胶黏剂。或由各种丙烯酸酯树脂溶于有机溶剂而成，常用的有机溶剂有二氯甲烷、氯仿、二氯乙烷、四氯乙烷、氯苯等。主要用于对有机玻璃的粘接，可使有机玻璃溶解，互相渗透融为一体，粘接力很强，耐水性好、常温固化。

（3）乳液型丙烯酸酯胶黏剂　丙烯酸乳液胶黏剂也是一类应用很广的胶黏剂，它是以丙烯酸酯为主要成分与少量丙烯酸或甲基丙烯酸以及其他氯乙烯、醋酸乙烯等单体在引发剂存在下，经乳液共聚而得到的胶黏剂。此类黏合剂的防老化性、耐水性、柔韧性优良，可以不用增塑剂，丙烯酸酯与苯乙烯、醋酸乙烯、氯乙烯等单体共聚所得的乳液胶黏剂具有内聚力强、黏合强度高等性能。

在织物用的泡沫乳液胶黏剂中，以聚丙烯酸乳液为原料，加入含氟表面活性剂，这样配制的胶黏剂具有良好的湿润性，并且在两种材料间立刻形成泡沫状胶层，特别适用于织物与织物或织物与纸的粘接，以生产粘接织物，这种织物具有优良的透气性。

丙烯酸乳液树脂中加入少量的三聚氰胺，可以在加热条件下固化，其耐水性和耐溶剂性都有显著提高。

丙烯酸乳液型胶黏剂可用于无纺布、织物、植绒、聚氨酯泡沫材料、地毯背衬等方面；在造纸工业中可用作着留剂、涂布剂、增油剂；在建筑方面作为砖石胶黏剂、装饰用胶黏剂及密封剂等；在皮革工业中用作上光剂、整理剂。

（4）反应型丙烯酸酯胶黏剂　反应型丙烯酯胶黏剂也称为第二代丙烯酸酯胶黏剂（SGA）、室温快固丙烯酸酯胶黏剂或 AB 胶等。这是新一类改性丙烯酸酯胶黏剂，它是以丙烯酸酯的自由基共聚合为基础的双组分胶黏剂，通常以甲基丙烯酸酯、高分子弹性体和引发剂溶液为主剂，而以促进剂溶液为底剂。下列举一实例。

配方	A	B	配方	A	B
甲基丙烯酸甲酯	42	52.5	ABS 树脂	25	25
甲基丙烯酸羟乙酯	18	22.5	异丙苯过氧化氢	8	—
二甲基丙烯酸乙二醇酯	15	—	甲基硫脲	—	8
甲基丙烯酸	6	4	邻苯二酚	0.1	—

使用时，将主剂和底剂分别涂在两个黏合面上，两个黏合面接触时，立即发生聚合反应，经过 5～30min 即初步固定，一天后可达到较高强度。

此类胶黏剂可用于金属、塑料、珠宝首饰、玻璃及复合材料的粘接。它具有：使用方便，进行一般的表面处理就可以达到较高的粘接强度，甚至表面有油污的材料也可粘接；室温固化快；粘接强度高，抗冲击性和剥离强度高等优点。同时也存在气味大、有毒、耐热性、耐水性有限等缺陷，当然，这些不足之处正在逐步得到解决和改善。

4. 其他热塑性树脂胶黏剂

热塑性树脂胶黏剂除上述外，还有不少种类，国内也有许多牌号的产品，其中较重要的列于表 5-11 中。

二、热固性树脂胶黏剂

热固性树脂胶黏剂是在热与催化剂单独作用或联合作用下形成化学键，它固化后不熔化，也不溶解。与热塑性胶黏剂不同，热固性胶黏剂具有良好的抗蠕变性能，应用的对象可承受高负荷，并可在各种热、冷、辐射和化学腐蚀的环境中，有良好的耐久性。热固性胶黏剂主要有酚醛树脂、环氧树脂、聚氨酯等。表 5-12 列出了常用热固性树脂胶黏剂的特性及用途。

表 5-11　重要的热塑性树脂胶黏剂品种特性与用途

类型	品种	主要成分	固化条件	特性	用途	国产牌号
氯乙烯类树脂胶	聚氯乙烯胶	PVC、四氢呋喃、环己酮	常温固化，压力0.05～0.1MPa	与 PVC 塑料融为一体	PVC 制品	软、硬 PVC 胶
	过氯乙烯胶	过氯乙烯、二氯乙烷	常温固化，压力0.05～0.1MPa	与 PVC 塑料融为一体	PVC 制品	601胶，641胶
	氯乙烯共聚树脂胶	氯乙烯与醋酸乙烯共聚	0.3～0.5MPa，160℃	对PVC与金属有良好粘接力	金属与PVC复合钢板的制造	乙烯-醋酸乙烯胶
尼龙胶	纯尼龙胶	尼龙树脂、溶剂、苯酚等	微加压、常温	胶层柔软，粘接力强，不耐水	尼龙、金属	Sy-6-1胶
	尼龙-酚醛树脂胶	尼龙树脂，酚醛树脂（热固杯）、溶剂	微加压、常温	对金属粘接力强，耐水性稍差	金属	Sy-7胶
	尼龙-环氧树脂胶	共聚尼龙、环氧树脂、固化剂、溶剂	微加压、常温	对金属粘接性好，韧性好，耐水耐老化稍差	金属	420胶，Sy-8胶
线型聚酯胶	线型聚酯胶	聚酯、溶剂	常温固化、稍加压	对涤纶制品及薄膜粘接力好，单组分，方便	涤纶制品	14，19，28，32，791号胶
硝基纤维树脂胶	硝基纤维素胶	硝基纤维素溶剂	常温固化、稍加压	对赛璐珞、木材、陶瓷有较好粘接力、单组分，使用方便	纸制品	硝基胶黏剂
芳杂环树脂胶	聚酰亚胺胶	聚酰亚胺树脂、溶剂、玻璃布	加压，280℃固化	耐热性好，280℃下长期使用，耐辐射，对金属粘接力强	航空与航天材料	30胶 P-32，P-36胶
	聚苯并咪唑胶	线型聚苯并咪唑预聚体、溶剂、玻璃布	加压，200℃固化	538℃不分解，对金属粘接力强，抗氧性差	航空与航天材料	GW-1胶
氟树脂胶	纯氟树脂胶	共聚氟树脂，溶剂，增黏剂，填料	稍加压，室温或加热固化	单组发，使用方便，耐热性与电性能好	聚四氟乙烯、氟塑料与橡胶及非极性材料	F-2胶F-3胶
	含氟聚酰亚胺	含氟聚酰亚胺酸溶剂	1MPa，高温固化	粘接强度高，耐热性好	耐高温（300℃）及低温（－190℃）金属件粘接	含氟聚酰亚胺胶

表 5-12　常用热固性树脂胶黏剂的特性及用途

胶黏剂	特性	用途
酚醛树脂	耐热、室外耐久；但有色、有脆性，固化时需高温加热	胶合板、层压板、砂纸、砂布
间苯二酚-甲醛树脂	室温固化、室外耐久；但有色、价格高	层压材料
三聚氰胺-甲醛树脂	无色、耐水、加热粘接快速，但贮存期短	胶合板、织物、纸制品
脲醛树脂	价格低廉，但易污染、易老化	胶合板、木材
环氧树脂	室温固化、收缩率低；但剥离强度较低	金属、塑料、橡胶、水泥、木材
不饱和聚酯	室温固化、收缩率低；但接触空气难固化	水泥结构件、玻璃钢
聚氨酯	室温固化、耐低温；但受湿气影响大	金属、塑料、橡胶
芳杂环聚合物	耐250～500℃；但固化工艺苛刻	高温金属结构

1. 酚醛树脂胶黏剂

酚醛树脂是指酚类（苯酚、甲酚、二甲酚等）和醛类（甲醛、乙醛、糠醛等）在酸或碱催化剂作用下经缩聚反应而得到的合成树脂，也是工业化最早的合成树脂。酚醛树脂黏合剂强度较高、耐热、耐老化、价廉，广泛应用于将木屑、碎木板加工成可用的木材，也用于制动器的衬里、离合器的银面以及其他摩擦部分的黏合，在建筑工业和铸造工业中也有广泛的应用。

（1）影响因素　在合成酚醛树脂过程中，原料单体官能度数目，两种单体的摩尔比以及催化剂的类型对合成树脂的化学结构与物理性能有很大的影响。

甲醛与苯酚反应时，由于酚羟基的作用，使苯环活泼，其邻、对位易与甲醛反应。

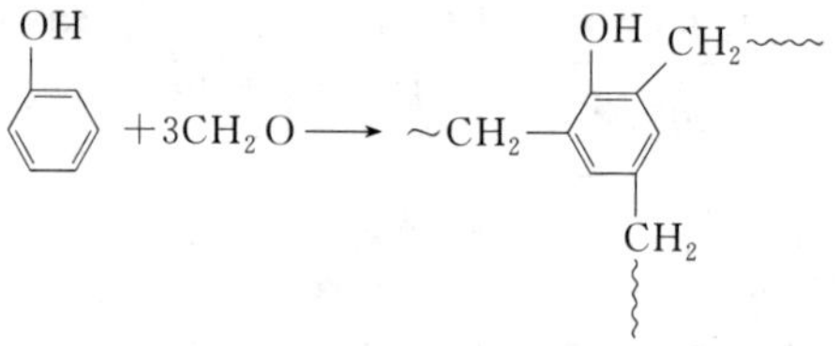

从上述反应不难看出苯酚有三个活性点，当这三个活性点都未被取代时，才会得到交联体型的热固性酚醛树脂。如果一个活性点被 R 取代，即 ，则与甲醛反应只生成支链线型酚醛树脂；如果芳环上有两个活性点被 R 取代，即 则与甲醛反应只生成低分子量的化合物。

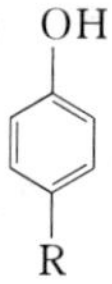

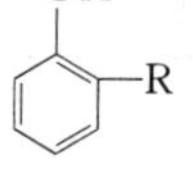

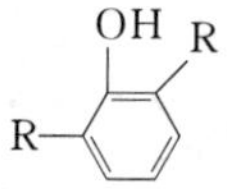

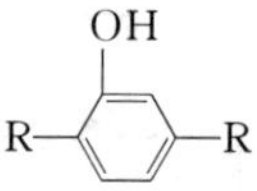

合成热固性酚醛树脂除了上述的苯酚的官能度影响之外，单体的摩尔比以及催化剂的类型也有影响。当酚与醛的摩尔比大于 1（苯酚过量）时，在酸性催化剂作用下，先生成邻羟甲基苯酚和对羟甲基苯酚，因为甲醛不足，反应开始时所生成的羟甲基苯酚就与过量的苯酚反应，然后进一步缩聚得到可熔性和可溶性的线型酚醛树脂。反应式如下：

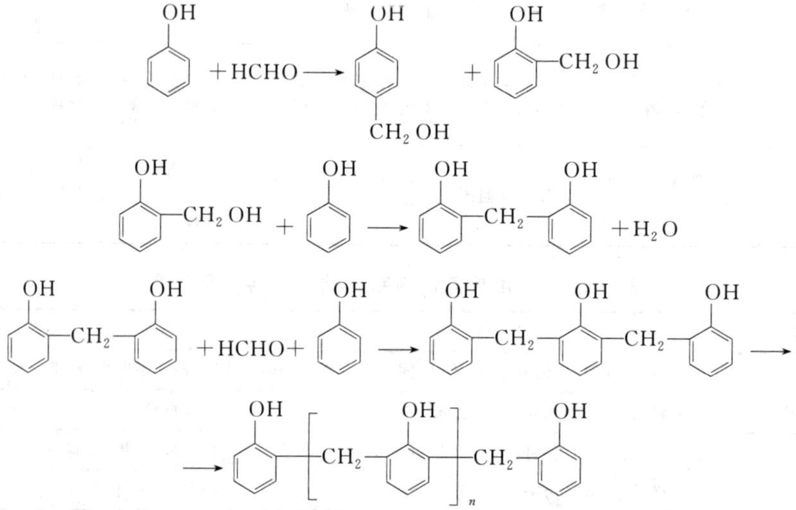

当酚与醛的摩尔比小于 1 时，在碱性催化剂作用下，先生成多羟甲基苯酚，多羟甲基苯酚进行缩聚反应，即可形成 A 阶酚醛树脂，此时的树脂能与水混溶或能溶于热水中，易溶于乙醇、丙酮等有机溶剂中。当它继续反应，分子量不断增大时，发生轻度交联，即变成 B 阶酚醛树脂，此时树脂在乙醇、丙酮中的溶解度减小，稍微有些凝胶化。随着分子间的进一步交联，树脂变得不熔、不溶，即 C 阶酚醛树脂。实际上从 A 阶到 B 阶以及到 C 阶都是逐渐进行的，不存在明显的界线。

线型酚醛树脂在黏合时加入约 10％环六亚甲基四胺（乌洛托品），在 160℃下固化，即可交联成不熔、不溶的胶层。用于胶黏剂的热固性酚醛树脂大都是 A 阶酚醛树脂，在室温和酸催化作用下，固化为坚固的胶层。

酚醛树脂的生产过程可用示意图表示如下：

（2）未改性的酚醛树脂胶黏剂　国内目前通用的未改性酚醛树脂有三种。一是酚钡树脂胶黏剂，它是以氢氧化钡为催化剂制取的 A 阶酚醛树脂，在石油磺酸类的强酸作用下室温固化，在胶黏剂中存在大量游离酚，毒性大，主要用于木材和纤维板的胶接。二是醇溶性酚醛树脂胶黏剂，毒性相对较小，其工艺和性能与酚钡胶相同。三是水溶性酚醛树脂胶黏剂，这是未改性酚醛树脂中最重要的一种，因其游离酚含量低于 2.5%，对人体危害性较小，以水为溶剂节约了大量的有机溶剂，且涂胶过程中易于清洗，除大量用于木材加工中，它还可用于泡沫塑料及其他多孔性材料粘接。

（3）酚醛-丁腈胶黏剂　主要成分是酚醛树脂和丁腈橡胶，酚醛中的酚羟基与丁腈中的不饱和双键、腈基起反应。为了促进反应，在配方中还添加酸性催化剂（如对氯苯甲酸、二氯化锡）、硫化剂（如硫磺或过氧化物）、硫化促进剂（如二硫化二苯并噻唑、巯基苯并噻唑）、无机硫化促进剂（如氧化锌、氧化镁）、补强剂（如炭黑）、防老剂（如没食子酸丙酯、喹啉）和软化剂等。

酚醛-丁腈胶黏剂是改性酚醛树脂胶黏剂中最重要的一种，它既有酚醛树脂的黏附性和热稳定性，又有丁腈橡胶的韧性和耐介质性。其主要优点是有较强的胶接强度、柔韧性、粘接力和剥离强度，可以在 −60～200℃ 范围内使用，具有优良的耐油性、耐溶剂性、抗疲劳性和耐大气老化性能。

它是目前在航空工业和汽车工业中广泛使用的结构胶黏剂之一，可应用于汽车的绝缘材料和顶篷、衬里、刹车片的粘接，飞机制造中飞机结构材料的料接，整体油箱的密封、各种机械的修理等，还可用于金属、陶瓷、非金属、玻璃、塑料等的粘接。

（4）酚醛-缩醛胶黏剂　酚醛-缩醛胶黏剂是最通用的结构胶黏剂之一，用加入聚乙烯醇缩醛类树脂（主要是甲醛和丁醛）来改性酚醛树脂，在固化时酚醛树脂中的羟甲基与聚乙烯醇缩醛分子中羟基发生缩合反应，或者与乙酸酯基发生酯交换反应，形成交联高分子。酸性物质能加速交联的进行。

酚醛树脂和聚乙烯醇缩醛的用量配比可以在很大的范围内变化，并对胶黏剂的性能有较大的影响。两者重量比可从（10∶1）～（1∶2），当酚醛树脂含量增加时，胶黏剂的交联密度随着提高，耐热性提高而柔性下降；反之，则胶黏剂的柔性提高，但耐热性下降。

配制酚醛-缩醛胶黏剂都用可溶性热固性酚醛树脂，其性能还与聚乙烯醇缩醛的分子结构密切相关。如聚乙烯醇缩甲醛与酚醛树脂相配合制成的胶黏剂耐热性能好，但室温下剥离强度低；而由聚乙烯醇缩丁醛配制成的胶黏剂韧性较好，室温下剥离强度较高，但耐热性能低。

酚醛-缩醛胶黏剂具有强度高，柔韧性好、耐寒、耐大气老化等优良性能。广泛用于各种民航和运输机的生产中，以及汽车刹车片、轴瓦以及印刷电路用铜箔板等的胶接。

2. 环氧树脂胶黏剂

环氧树脂是指含有 2 个以上环氧基的多分子性化合物的总称。由这类树脂构成的胶黏剂既可胶接金属材料，又可胶接非金属材料，俗称"万能胶"。它具有多变性、黏着力强、操作性能优良、韧性高、收缩率低、稳定性好等优点，因而在航空航天、卫星、造船、电子、轻工、建筑以及文物古迹的修复与保护等方面都有重要的用途。

（1）环氧树脂的类型　　在常用的环氧树脂中，按其化学结构可分成五类，即缩水甘油醚型、缩水甘油酯型、缩水甘油胺型、线型脂肪族型和脂肪族型。前三类统称为缩水甘油基型环氧树脂，是由环氧氯丙烷与具有活泼氢的多元醇、多元酚、多元酸、多元胺等缩合而成；后二类统称为环氧化烯烃型环氧树脂，是由有机过氧酸使烯烃双键过氧化而得。

工业上应用最多的环氧树脂是双酚 A 环氧树脂，属于第一类，它占环氧树脂总产量的 90％以上，其分子结构如下：

$$CH_2-CH-CH_2-O\left[\underset{CH_3}{\overset{CH_3}{C}}O-CH_2-\underset{OH}{CH}-CH_2-O\right]_n\underset{CH_3}{\overset{CH_3}{C}}O-CH_2-CH-CH_2$$

当 $n=0$ 时，外观为黏稠液体；$n \geq 2$ 时，在室温下是固态的；随着 n 的增大，树脂的黏度升高。如果在反应中适当控制环氧氯丙烷和双酚 A 的比例，则可生成高分子量树脂，此时交联密度减小，不适于作胶黏剂。一般将平均分子量小于 700，软化点低于 50℃ 的环氧树脂用作胶黏剂。在双酚 A 型环氧树脂中，除含有环氧基外，还有羟基和醚键，这些极性基团的存在，使其与被粘物表面产生较强的结合力。

（2）环氧树脂胶黏剂的组成　　环氧树脂胶黏剂的主要成分是环氧树脂和固化剂，为了改进胶黏剂的性能，常加入增韧剂、稀释剂、催化剂或促进剂、填料等。

① 固化剂　　环氧树脂的开环反应通常要在固化剂参与下进行，固化制品的性能不仅取决于环氧树脂的类型、结构，还与固化剂的类型、结构有关。因此，配制环氧树脂胶黏剂时必须选择合适的固化体系。固化剂按其结构一般可分为胺类固化剂、酸酐类固化剂和树脂类固化剂等。

a. 胺类固化剂　　包括脂肪族胺、芳香胺和各种改性胺。主要是通过氨基上的活泼氢与环氧基反应，从而使树脂固化交联。胺类固化剂的用量十分重要，用量过多使游离的低分子胺残留在胶层中，影响粘接强度、耐热性和耐水性，甚至在调胶和涂胶过程中就可能固化，黏合质量不好；用量太少，固化不完全，会降低胶黏剂的物理力学性能，影响粘接强度。

伯（仲）胺类固化剂的用量可按下式计算：

100g 环氧树脂所需胺的克数＝环氧值×胺的分子量/胺中活泼氢的原子个数

举例：用乙二胺（分子量为 60，含有 4 个活泼氢原子）来使 E-42 环氧树脂（环氧值为 0.4）固化，则 100g E-42 所需的乙二胺重量为：0.4(环氧值)×60(乙二胺分子量)/4(活泼氢原子数)＝6（g）。

考虑到胺类的挥发性，以及由于氨基上不同活泼氢的反应能力不同等因素，实际用量一般比上述关系式过量 5％～10％。

叔胺是通过催化作用使环氧树脂本身聚合而成体型结构产物，与伯（仲）胺的机理不同，所以用叔胺作固化剂不需严格计量。常用的叔胺有三乙胺、双氰胺、二甲基氨甲酚等。

芳香胺碱性较弱，又有位阻，单独使用时需加热固化，或加醇、酚、三氟化硼等。常用的芳香族伯（仲）胺有苯二胺、二氨基二苯甲烷、二氨基二苯硫醚等。

脂肪族伯（仲）胺在常温下就能使环氧树脂固化，且速度较快，常用于胶黏剂配方中。但固化时放热量较大，固化树脂耐热性较差。常用的脂肪族伯（仲）胺有乙二胺、二乙烯三胺、三乙烯四胺、二甲氨基丙胺等。

由于胺类化合物有刺激性，固化后胶层较脆、耐热耐候性较差，必须准确称量等缺点，可与环氧乙烷、丙烯腈等改性。胺的改性物可以提供简便的混合比例和室温下所要求的固化速度，改善胶层性能。如固化剂 591 是二乙烯三胺与丙烯腈加成物，固化剂 703 是乙二胺苯酚与甲醛的缩合物等。

b. 酸酐类固化剂　　这类固化剂既可与环氧树脂中的环氧基反应，又可与环氧树脂中的羟基反应，从而使树脂交联固化。与胺类固化剂相比，酸酐类固化剂的反应速度较慢，一般均需加热固化，为促进固化反应，可加入适当的叔胺作催化剂。酸酐固化的环氧树脂有较好的机械强度、耐热性、耐磨性和电学性能，但其耐化学介质、耐湿热环境性能较胺固化剂稍差。常用的酸酐有苯酐、四氢苯酐、顺丁烯二酸酐等。

c. 树脂类固化剂 酚醛树脂、苯胺甲醛树脂等能使环氧树脂缓慢固化，固化后的树脂兼具两种树脂的性能。

② 增韧剂 环氧树脂通常具有较好的黏合性能，但韧性较差。提高韧性的方法是加入与树脂相溶性好的物质，如邻苯二甲酸酯类或能与树脂及固化剂起反应的物质，如液体聚硫橡胶，它是一种常用的增韧剂，分子中的硫醇基与树脂中环氧基反应，形成环氧-聚硫的嵌段共聚物，增加树脂的韧性。另外，液体聚氨酯也可作为增韧剂提高弹性和抗冲击性，又可改善胶接性能与机械强度。

③ 稀释剂 加入适量的稀释剂的目的是降低胶的黏度，便于调胶和涂胶。稀释剂可分为活性稀释剂和非活性稀释剂两类。活性稀释剂能参与环氧树脂的固化反应，对树脂的影响不大，一般是低黏度的带环氧基化合物，如双酚 A 环氧树脂最好采用缩水甘油醚型稀释剂。非活性稀释剂不能参与固化反应，在固化树脂中会不断逸出，影响树脂性能，故用量一般不超过 15%，常用的非活性稀释剂有 DBP、DOP、苯乙烯、甲苯、二甲苯等。

④ 填料 填料的加入可降低胶黏剂的成本，更主要的是降低固化物的收缩率，改善其物理力学性能等。如加入铜粉、银粉等惰性金属粉末，能提高导电性；加入石棉、玻璃纤维、氧化铝、云母粉等，能改善力学性能；添加石墨粉、金属粉等，能提高导热性。这些填料应是中性或弱碱性的，不含水分，并且与树脂亲和性好，沉降少。下列举两个实例。

配方 1 常温固化通用型环氧胶（质量份）

| 618 双酚 A 环氧树脂 | 100 | 二乙烯三胺 | 8 |
| DBP | 200 | 三氧化二铝（200 目） | 50～100 |

这种胶黏剂混合均匀，即可用于粘接铝合金、钢铁等多种材料。

配方 2 中温固化结构型环氧胶（质量份）

| 618 双酚 A 环氧树脂 | 100 | 双氰双胺（200 目） | 9 |
| 液体丁腈橡胶 | 15～25 | 二氧化硅 | 28 |

此胶黏剂在 120℃、接触压力下固化，可用于粘接碳钢。

（3）环氧树脂胶黏剂的使用特点 大多数环氧树脂胶黏剂是双组分体系，即基料树脂和固化剂或催化剂分别以两组分或三组分包装，一般应现配，准确称量，并且要充分搅拌，混合均匀。涂胶时不能过快，以防漏胶和产生气泡，对含有非活性稀释剂的胶黏剂要有一定的晾置时间。对于加温固化的胶种，应缓慢升温至固化温度。

3. 聚氨酯胶黏剂

分子结构中含有氨基甲酸酯基（

$$\overset{\quad \overset{O}{\underset{\|}{C}} \quad}{-HN-C-O-}$$

）的聚合物，简称为聚氨酯。这些聚合物是由异氰酸酯和含羟基化合物如聚醚、聚酯或其他多元醇化合得到。聚氨酯胶黏剂具有强的极性基团—NCO、—OH 以及脲基，因而对各种含有极性基团的材料表面具有亲和力和较高的内聚力，粘接范围广泛，尤其是在耐低温性能方面更为独特。目前主要应用于包装、纺织、制鞋、汽车、建筑、飞机制造等行业中。

（1）异氰酸酯的反应 聚氨酯的主要原料是异氰酸酯，异氰酸酯中的异氰酸酯基团（—N＝C＝O）是极活泼基团，极易与含活泼氢的基团反应。

与羟基反应：

$$\sim\sim NCO + \sim\sim OH \longrightarrow \sim\sim NH-\overset{\overset{O}{\|}}{C}-O\sim\sim$$

此反应可在室温下进行，生成氨基甲酸酯。

与氨基反应：

$$\sim\sim NH_2 + OCN\sim\sim \longrightarrow \sim\sim NH-\overset{\overset{O}{\|}}{C}-NH\sim\sim$$

与水反应：

$$\sim\!\!\sim\!\!NCO + H_2O + OCN\!\!\sim\!\!\sim \longrightarrow \sim\!\!\sim\!\!NH-\overset{\displaystyle O}{\overset{\|}{C}}-NH\!\!\sim\!\!\sim + CO_2\uparrow$$

与氨基甲酸酯反应：

$$\sim\!\!\sim\!\!NCO + \sim\!\!\sim\!\!NH-\overset{\displaystyle O}{\overset{\|}{C}}-O\!\!\sim\!\!\sim \longrightarrow \sim\!\!\sim\!\!NH-\overset{\displaystyle O}{\overset{\|}{C}}-N-\overset{\displaystyle O}{\overset{\|}{C}}-O\!\!\sim\!\!\sim$$

与脲基反应：

$$\sim\!\!\sim\!\!NCO + \sim\!\!\sim\!\!NHCNH\!\!\sim\!\!\sim \longrightarrow \sim\!\!\sim\!\!NH-\overset{\displaystyle O}{\overset{\|}{C}}-NH-\overset{\displaystyle O}{\overset{\|}{C}}-NH\!\!\sim\!\!\sim$$

与酰氨基反应：

$$\sim\!\!\sim\!\!NCO + \sim\!\!\sim\!\!NH-\overset{\displaystyle O}{\overset{\|}{C}}\!\!\sim\!\!\sim \longrightarrow \sim\!\!\sim\!\!N-\overset{\displaystyle O}{\overset{\|}{C}}\!\!\sim\!\!\sim$$

通过上述基本反应可以看出，当多异氰酸酯与多元醇反应时，生成的聚氨酯既可为线型结构，也可为体型结构，因而使聚氨酯成为应用广泛的胶黏剂。

(2) 聚氨酯胶黏剂的类型　按结构形态可将聚氨酯胶黏剂分为 3 类。

① 多异氰酸酯类　多异氰酸酯是合成聚氨酯的原料，它也可做成单组分胶黏剂或与橡胶混用。它对橡胶和金属的粘接机理是：异氰酸酯扩散于金属表面并与金属表面的活性基团发生化学反应，异氰酸酯又可溶于橡胶中，在橡胶中聚合，从而使金属和橡胶间形成强的黏合力。同理，在粘接橡胶和纤维时，异氰酸酯也可与纤维中含活泼氢的基团反应，使橡胶和纤维很好粘接。

这类胶黏剂是非结构胶黏剂，且毒性较大，主要用于橡胶-金属、橡胶-纤维、塑料、皮革的粘接。

② 预聚体胶黏剂类　它是由含多官能活泼氢的化合物与过量的多异氰酸酯反应，生成端羟基或端异氰酸酯基预聚体，其端基有较强的活性，能与被粘材料形成化合链，为了提高胶的强度，还可加入交联剂（如多元醇和多元胺等含有多官能活泼氢化合物）。

这类胶黏剂是聚氨酯胶黏剂中最重要的一种，起始粘接强度较大，可用于金属-金属、金属-陶瓷、橡胶、塑料、木材等的粘接。

③ 改性的聚氨酯胶黏剂　它是以多异氰酸酯与聚酯、聚醚、端羟基聚氨酯、聚乙烯醇等在固化剂作用下反应生成的聚氨酯树脂。

(3) 聚氨酯胶黏剂的组成及使用方法　聚氨酯胶黏剂因原料品种和配比不同，可制得各种性能的产品。现以两个实例作一叙述。

101 聚氨酯胶黏剂是由线型聚酯与异氰酸酯共聚，生成端羟基的线型聚氨酯弹性体与适量溶剂配成 A 组分，再由羟基化合物与异氰酸酯的反应物作为交联剂组分，即 B 组分。配方如下（质量份）：

A 组分　异氰酸酯改性线型聚酯树脂　　　100
B 组分　甲苯二异氰酸酯羟基化合物改性体　5～10

此配方主要用于木材、皮革等的胶接。如用于金属胶接，配比应为 A∶B＝100∶(20～50)。

B 组分用量越多，胶接强度越高，但胶液活性期也越短，一般不宜超过 50%。其使用方法是：将胶液按配比混合均匀，涂于材料上晾干片刻后贴合。在室温下固化需 5～6d；加温固化可缩短时间，100℃下固化需 1.5～2h；130℃下固化仅需 0.5h。

聚氨酯胶黏剂所用溶剂不能与异氰酸酯基反应，且对异氰酸酯基的反应活性应无不良影响。常用的溶剂有甲乙酮、丙酮、甲苯、醋酸乙酯、醋酸丁酯等。

为了改善热膨胀系数、提高耐热性、降低成本等，聚氨酯胶黏剂可适当添加 TiO_2、$CaCO_3$、

SiO_2、铝粉等填料。如下列配方。

配方（质量份）

24 号聚酯	100	丙酮	100
甲苯二异氰酸酯	100	水泥	25

此配方为膏状物，胶液活性期 2h。固化条件 20kPa、100℃，4h。

第五节　合成橡胶胶黏剂

合成橡胶胶黏剂是一类以氯丁、丁腈、丁苯、丁基、聚硫等合成橡胶为主体材料配制成的非结构胶黏剂，这是一类对各种物质都具有良好黏合性能，而且初期黏附力大的胶黏合剂。同时，橡胶具有高弹性、柔韧性、高强度、高内聚力等特性，对不同膨胀系数的材料的体积收缩、对忍受冲击和振动的部件，都有出色的缓冲作用。所以在高分子胶黏剂中橡胶占有十分重要的地位，而且被广泛地用于纺织、造纸、汽车制造等工业中。

合成橡胶黏合剂按剂型可分为：溶剂型、乳胶型和无溶剂型 3 类，各有其优缺点。溶剂型合成橡胶胶黏剂的基体又可分为非硫化型和硫化型两类。

非硫化型是将生胶塑炼后直接溶于有机溶剂，如环化橡胶、再生橡胶等，此类胶黏剂配制方便，价格低廉，但耐热和耐化学介质性能较差。硫化型是于塑炼后的生胶中加入硫化剂、硫化促进剂、补强剂、增塑剂、防老剂等经混炼后，溶于有机溶剂配制而成。硫化型合成橡胶黏合剂又有室温硫化型和加热硫化型两种，室温硫化型合成橡胶黏合剂制造工艺简单，应用范围广泛。

按橡胶基体的组成，合成橡胶黏合剂又可分为氯丁橡胶、丁腈橡胶、聚硫橡胶、丁苯橡胶、硅橡胶等。表 5-13 为主要合成橡胶胶黏剂的品种、特点及应用范围。

一、氯丁橡胶黏合剂

在合成橡胶胶黏剂中，氯丁橡胶胶黏剂是应用最广泛、产量最大的一种胶黏剂，约占合成橡胶黏合剂总量的 70% 以上。它是氯丁二烯的加成聚合物，反应为：

$$nCH_2=CH-\underset{\overset{|}{Cl}}{C}=CH_2 \longrightarrow \left(CH_2-CH=\underset{\overset{|}{Cl}}{C}-CH_2\right)_n$$

其玻璃化温度为 −40～50℃，溶于苯、氯仿，分子结构中有强极性基团—Cl，因而有良好的黏合性和初黏力，且耐日光、耐臭氧老化、耐油性、耐溶剂、耐酸碱和防燃烧等优点，是一种重要的非结构胶。其主要缺点是储存稳定性较差，耐热耐寒性不够好。

表 5-13　主要合成橡胶胶黏剂的性能及用途

胶黏剂种类	性能					用途
	黏附性	弹性	内聚强度	耐热性	耐溶剂性	
氯丁橡胶	良	中	优	良	中	金属-橡胶、塑料、织物、皮革粘接
丁腈橡胶	中	中	中	优	良	金属-织物、耐油制
丁苯橡胶	中	中	中	中	差	橡胶制品粘接
丁基橡胶和聚异丁烯橡胶	差	中	中	中	差	橡胶制品粘接
羧基橡胶	良	中	中	中	良	金属-非金属粘接
聚硫橡胶	良	差	差	差	优	耐油密封
硅橡胶	差	差	差	优	中	耐热密封
氯磺化聚乙烯弹性体	中	差	中	良	良	耐酸碱密封

氯丁橡胶黏合剂按形态可分为溶液型氯丁胶黏剂和乳液型氯丁胶黏剂两类，前者又可分为填料型、树脂改性型和室温硫化型 3 类。

1. 氯丁橡胶胶黏剂的基本组成

氯丁橡胶胶黏剂主要由氯丁橡胶、硫化剂、促进剂、防老剂、补强剂、填料、溶剂等配制而成。

4%的氧化镁与5%氧化锌混合物是氯丁橡胶最常用的硫化剂，它们除了作为硫化剂以外，氧化镁还可吸收氯丁橡胶老化时缓慢释放出的氯化氢，它与树脂预反应可促进初期黏合强度的提高，且能改善耐热性，从而在混炼时能防止胶料焦烧等。

促进剂主要有多异氰酸酯、乙烯硫脲等。

防老剂的加入，不仅可以进一步提高胶膜的热氧化性能，而且还可以改善胶料贮存的稳定性。常用的防老剂有防老剂 D（N-苯基-β-萘胺）和防老剂 A（N-苯基-α-萘胺），一般用量为2%左右。

溶剂的选择与用量直接影响到粘接强度，而且还与胶液黏度、贮存稳定性、涂刷性能、黏性保持期等有关。以通用型氯丁橡胶配制胶黏剂，可用醋酸乙酯和汽油的混合溶剂，其配比一般为（8：2）～（4：6）；对专用型氯丁胶黏剂，可采用甲苯：汽油：醋酸乙酯为 3.0：4.5：2.5 的混合溶剂，胶液的浓度通常在30%左右为宜。

填料的加入可提高粘接强度、调节黏度和降低成本，常用的填料有碳酸钙、硅酸钙、炭黑、陶土等。

2. 氯丁橡胶胶黏剂的制造工艺

氯丁橡胶胶黏剂的制造包括橡胶的塑炼、混炼以及溶解等过程。

生胶的塑炼是在炼胶机上进行的，一般温度不宜超过40℃。目的是降低生胶分子量和黏度，以提高其可塑性。在塑炼过程中，橡胶大分子链断裂，分子量由大到小，从而使分子量分布均匀化。

塑炼后在胶料中依次加入防老剂、氧化镁、填料、氧化锌等配合剂进行混炼，混炼的目的是借助炼胶机滚筒的机械力量将各种固体混合剂粉碎并均匀地混合到胶料中去。为了防止混炼过程中发生焦烧（早期硫化）和粘滚筒的现象，氧化锌和硫化促进剂应该在其他配合剂与橡胶混炼一段时间后再加入。混炼温度也不宜超过40℃，在混炼均匀的前提下混炼时间应尽可能短。

经混炼后的胶料剪切成小块，放入溶解器中，倒入部分溶剂，待胶料溶胀后搅拌使之溶解成均匀的溶液，再加入剩余的溶剂调配成所需浓度的胶液。

3. 填料型氯丁橡胶胶黏剂

填料型氯丁橡胶胶黏剂一般适用于对性能要求不太高而用量又比较大的胶接场合，如木材、织物、PVC、地板革等的粘接。如下述配方。

配方（质量份）

氯丁橡胶（通用型）	100	氧化锌	10
氧化镁	8	汽油	136
碳酸钙	100	乙酸乙酯	272
防老剂	2		

该胶主要用于聚氯乙烯地板的铺设胶接以及橡胶与金属的胶接等。硫化条件为室温下 1～7 天。抗剪强度水泥与硬质聚氯乙烯为430kPa，剥离强度为 1.5kN/m。

4. 树脂改性型氯丁橡胶胶黏剂

加入改性树脂是为了改善纯氯丁橡胶胶黏剂或填料型氯丁橡胶胶黏剂耐热性不好、粘接力低等缺陷。古马隆树脂、松香脂、烷基酚醛树脂等很多树脂可对氯丁橡胶胶黏剂进行改性，其中应用最广的是热固性烷基酚醛树脂（如对叔丁基酚醛树脂）。这种树脂能与氧化镁生成高熔点化合物，从而提高了耐热性，同时由于其分子的极性较大，增加了粘接能力。

用于配制氯丁-酚醛橡胶胶黏剂的对叔丁基酚醛树脂，分子量一般控制在 700～1000，熔点控制在 80～90℃，用量一般在 45～100 份之间，用于橡胶与金属胶接时宜多用些树脂，用于橡胶与橡胶胶接时宜少用些树脂。配方举例如下（质量份）。

甲：氯丁橡胶（专用型）	100	氧化锌	5
氧化镁	4	防老剂	2

| 乙：叔丁基酚醛 | 100 | 水 | 0.5～1 |
| 氧化镁 | 4 | 混合溶剂 | 645 |

将配方甲混炼，同时将配方乙在 25～30℃下反应 16～24h，再将混炼后的配方甲加入预反应的配方乙中，溶解均匀即可。用此配方制成的胶黏剂具有优良的耐热性和初始胶接强度，胶层柔韧性好，可粘接橡胶与橡胶、橡胶与金属以及织物等。

5. 室温硫化型双组分氯丁胶

在氯丁胶胶液中加入多异氰酸酯或二苯硫脲、乙酰硫脲等促进剂，可使胶膜在室温下快速硫化，它既具有氯丁橡胶的弹性，同时又具有高胶接强度和耐热性的特点，由于这类胶液活性大，室温下数小时就可全部凝胶，故一般配成双组分贮存，随用随配。

多异氰酸酯溶液是浓度为 20％的三苯基甲烷三异氰酸酯的二氯乙烷溶液。氯丁胶胶液是将混炼胶溶解在苯、甲苯、汽油和乙酸乙酯等溶剂中。配方举例如下：

甲组分：氯丁橡胶（通用型） 100 份
　　　　防老剂 2 份
　　　　氧化锌 5 份

混炼后溶于乙酸乙酯：汽油＝2：1 的混合溶剂中，配成 20％浓度的胶液。

乙组分：20％三苯基甲烷三异氰酸酯的二氯乙烷溶液

使用前将甲、乙按 10：1 的比例混合，即可使用。

二、丁腈橡胶胶黏剂

丁腈橡胶是由丁二烯与丙烯腈经乳液共聚制得的弹性高聚物。反应式如下：

$$mCH_2=CH-CH=CH_2+nCH_2=CH-CN \longrightarrow +CH_2-CH=CH-CH_2)_m+CH_2-CH)_n$$
$$\hspace{10cm} | \\ \hspace{10cm} CN$$

丁腈橡胶胶黏剂是以丁腈橡胶为基体，加入适合的配合剂配制而成。它具有优良的耐油性、耐热性、贮存稳定性和对极性材料很好的黏附性，缺点是价格较贵且对光和热容易变色。

1. 丁腈橡胶胶黏剂的基本组成

单一的丁腈胶不能作胶黏剂使用，常需加入适合的配合剂才能获得理想的效果。常用的配合剂有：溶剂、酚醛树脂、环氧树脂、硫化剂、增塑剂、防老剂等其他助剂。

丁腈橡胶胶黏剂需要加入适当的有机溶剂，才能制成胶液，常用的溶剂有：丙酮、甲乙酮、甲基异丁酮、醋酸乙酯、苯、二甲苯等。硫磺/苯并噻唑二硫化物/氧化锌是丁腈橡胶常用的硫化体系。丁腈橡胶结晶小，需要加入补强剂以增加内聚强度，同时可增加黏性，调节膨胀系数，降低成本等，常用的补强剂有炭黑、氧化铁、氧化锌、硅酸钙、二氧化硅、陶土等。为提高耐寒性并改进胶料的混炼性能，常加入硬脂酸、邻苯二甲酸酯、醇酸树脂等增塑剂。加入酚醛树脂、环氧树脂等来提高初黏力。添加没食子酸丙酯等作为防老剂。

2. 丁腈橡胶胶黏剂的制造工艺

丁腈橡胶胶黏剂的制备通常有两种形式，即胶液和胶膜。液状胶黏剂主要通过下述步骤：丁腈生胶加热、加入配合剂、混合炼制、切碎、加入溶剂搅拌成浆。膜状胶黏剂的制备方法要根据胶黏剂的物理状态决定，一般可分为干法和湿法两种，干法即无溶剂成膜法，成膜时不需加入溶剂，把胶黏剂基料直接通过压延机连续压延成膜或刮涂在载体上。湿法是溶剂成膜法，先制胶黏剂溶液，经处理后烘干脱溶剂，再在室温下揭膜。

3. 配方举例

丁腈胶黏剂的配方很多。

配方 1（质量份）

丁腈橡胶	100	硫磺	2
氧化锌	5	促进剂 bM	1
硬脂酸	0.5	没食子酸丙酯	1

此配方为通用型丁腈胶。使用时，用醋酸乙酯、醋酸丁酯等溶剂配成 15%～30% 的胶液，加热至 80～150℃ 下硫化。

配方 2

丁腈混炼胶	100	没食子酸丙酯	2
酚醛树脂	150	乙酸乙酯	500
氯化亚锡	0.7		

该配方可用于金属和多种非金属的粘接。

三、其他合成橡胶胶黏剂

除上述氯丁橡胶胶黏剂和丁腈橡胶黏合剂外，还有许多品种，它们各有特性和用途。

1. 丁苯橡胶胶黏剂

丁苯橡胶是由丁二烯和苯乙烯在 25～50℃ 以上（高温丁苯橡胶）或在 10℃ 以下（低温丁苯橡胶）乳液聚合制得的无规共聚物。由于它的极性小，黏性差，很少单独作胶黏剂用，大多采用加入松香、古马隆树脂和多异氰酸酯等树脂改性，增加黏附性能。改性后的丁苯橡胶可用于橡胶、金属、织物、木材、纸张、玻璃等材料的黏合。配方举例如下。

配方

丁苯橡胶	100	防老剂 D	3.2
氧化锌	3.2	炭黑	适量
硫磺	8	邻苯二甲酸二丁酯	32
促进剂 DM	3.2	二甲苯	1000

此配方为通用型丁苯胶，硫化条件为 148℃，30min，主要用于橡胶和金属的胶接。

2. 硅橡胶胶黏剂

硅橡胶胶黏剂是以线型聚硅氧烷为基体的胶黏剂。线型聚硅氧烷的分子主链由硅、氧原子交替组成，其分子结构为：

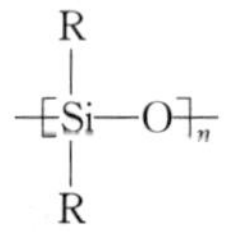

$$\left[\begin{array}{c} R \\ | \\ Si-O \\ | \\ R \end{array}\right]_n$$

硅橡胶胶黏剂具有很高的耐热性和耐寒性，能在 -65～250℃ 温度范围内保持优良的柔韧性和弹性，而且有优良的防老性，优异的防潮性和电气性能。缺点是胶接强度不高及在高温下的耐化学介质性较差。

按照固化的条件，硅橡胶胶黏剂可分为高温固化和室温固化两大类，其中室温固化硅橡胶是以羟基封端线型聚硅氧烷为主体的材料，通过交联剂与羟基作用，使胶黏剂固化。这类胶黏剂操作简单，使用方便，胶接强度也比高温固化型好，因此应用广泛。硅橡胶胶黏剂主要由硅橡胶、补强剂、交联剂、固化催化剂等组成，配方举例如下。

配方

SD—33 硅橡胶	480	甲基三丙肟基硅烷甲苯溶液	560
二氧化硅	120	（二丁基氧化锡：正硅酸乙酯＝1：10）	1.4
二氧化钛	20		

本配方主要用于电子元件的胶接、灌注和密封。抗拉强度为 1MPa；硫化条件为室温下 1～2h。

3. 聚硫橡胶胶黏剂

聚硫橡胶是一种类似橡胶的多硫乙烯基树脂，它是由二氯乙烷与硫化钠或二氯化物与多硫化钠缩聚制得，反应如下：

$$n\,Na_2S_4 + n\,ClCH_2CH_2Cl \longrightarrow [CH_2-CH_2S_4]_n + 2n\,NaCl$$

它具有优良的耐油、耐溶剂、耐氧、耐臭氧、耐光和耐候性，以及较好的气密性能和黏附性能。用于金属与金属、织物与非金属、玻璃与玻璃等之间的胶接。配方举例如下。

配方

聚硫橡胶	100	E-20 环氧树脂	4
半补强炭黑	30	E-35 环氧树脂	4
气相二氧化硅	10	丙酮	5
二氧化锰	1	促进剂 NA-22	1.5
二氧化钛	10		

此配方抗拉强度大于 4MPa，剥离强度大于 40N/cm，使用温度（−50～130）℃。硫化条件为室温下 10 天或 100℃下 8h。可用于铝合金的胶接。

还有其他橡胶黏合剂，如丁基橡胶、氯磺化聚乙烯胶、羧基胶黏剂等。

第六节　无机胶黏剂与天然胶黏剂

一、无机胶黏剂

无机胶黏剂指由无机物组成的胶黏剂。它有着十分悠久的历史，其特点是能耐高温，具有不被氧化、不燃、不老化、毒性小等优点，主要用来胶接刚性体或受力较小的物体。

无机胶黏剂按化学组分可分为硅酸盐、磷酸盐、硫酸盐、硼酸盐和氧化物等。按其固化机理可分为空气干燥型、水固化型、热熔型和化学反应型 4 类。

1. 水溶性硅酸钠（水玻璃）

水溶性硅酸钠由硅石与苛性钠（或苏打灰）加热熔融制得，其中氧化钠：二氧化硅＝(1∶4)～(1∶2)，它是含有水的黏稠的液体，粘接力是由于水分的挥发而产生的，属于空气干燥型无机胶黏剂，其显著的优点是耐热性能好。主要用于玻璃、金属、木材、石棉等的粘接。

2. 水固型胶黏剂

此类黏合剂包括水泥和石膏等，主要用于建筑行业，石膏也常用作外科的固定材料。

水泥由石灰和黏土以 4∶1（质量）混合，在回转窑中煅烧，并加入少量石膏磨碎制得。主要成分是硅酸三钙（$3CaO \cdot SiO_2$）和硅酸二钙（$2CaO \cdot SiO_2$）和铝酸三钙（$3CaO \cdot Al_2O_3$）等。这种水泥是普通水泥。此外还有快干水泥、白水泥、矿渣水泥、氧化铝水泥等。

硅酸盐水泥单独与水混合时，发热较大，收缩厉害，而且强度也不高，应该与砂子、石子相配合，或者与石棉、重晶石、纸筋等混合。一般按容积比以水泥 1 份、砂子 2 份配成泥灰，制混凝土时再以 4 份石子混合。

3. 熔接玻璃或金属类

熔接玻璃的主要成分是以硼酸盐为基础的金属氧化物，主要有 $PbO-B_2O_5-ZnO$、$PbO_2-B_2O_3-ZnO-SiO_2$、$PbO_2-B_2O_3-SiO_2-Al_2O_3$ 等。这些氧化物粉末的细度为 100～200 目，使用时加水调成糊状。这种玻璃软化温度在 200～500℃之间，熔融温度为 400～600℃，能在 500～600℃时呈透明玻璃态黏合，主要用于真空管工业中玻璃、金属、云母的黏合以及显像管的黏合。

将熔接玻璃熔融后进一步加热，使之具有结晶结构，就成为熔接玻璃陶瓷。它的性能比熔接玻璃更好，可用于热胀系数为（85～100）×10^7/℃的铬、铁、不锈钢、铂、50%的镍合金及玻璃、陶瓷等的粘接。

熔接金属是一类低熔点的合金。以 Ag-Cu-Zn-Cd-Sn 为代表，熔点在 450℃以上称为硬合金；以 Pb-Sn 为代表，熔点在 450℃以下称为软合金。主要用于金属与玻璃之间的胶接。

4. 磷酸盐胶黏剂

这是以磷酸或磷酸盐为结合剂，再加固化剂和骨材组成的胶黏剂，一般可分为 4 种类型，即磷酸的硅化物、磷酸锌、磷酸氧化物及其他磷酸盐类。其最大的特点是水溶性好，而且它的耐温性也很出色，最大的缺点是呈脆性。

磷酸硅化物常作牙科用胶黏剂，其热膨胀系数与人的牙齿相同，且耐口腔中各种食物的浸蚀；磷酸锌盐也是一种牙科用胶黏剂；磷酸一氧化铜胶黏剂主要用于陶瓷车刀、硬质合金车刀和铰刀等刀具的胶接；磷酸氧化物与铝、铬等金属之间，在 200℃ 能发生氧化键合，加热至 300℃，在沸水中胶层也不会溶解。

二、天然胶黏剂

天然胶黏剂是指由天然有机物制成的胶黏剂，这是最早进入人类生活领域的胶黏剂，有关天然胶黏剂的应用可以追溯到几千年前的原始社会，原始人用泥浆、兽粪、血液、尿等做组分制成他们需要的胶黏剂，用这些组分特别是它们的混合物构筑窝棚。天然胶黏剂原料易得，价格低廉，无毒或低毒，使用方便，但其粘接力和耐水性等方面一般不如合成胶黏剂。因此，常用有机合成和高分子化学的新成果来改进其性能。

天然胶黏剂按原料来源分，可分为矿物胶、动物胶和植物胶 3 类，按组成可分为淀粉、动植物蛋白、纤维素和天然树脂等。

1. 葡萄糖衍生物胶黏剂

从植物中提取的胶质多数是葡萄糖衍生物，这类衍生物包括淀粉、可溶性淀粉、糊精、阿拉伯树脂及海藻酸钠等。

淀粉不溶于水，仅能在热水中糊化。淀粉用酸、碱、氧化剂、甘油酶或其他化学方法处理后，可制得能溶于热水的透明体，即可溶性淀粉。而可溶性淀粉在一定温度下煅烧便可制得可溶解于冷水的黏稠胶体——糊精。

淀粉类胶黏剂制作简单，使用方便，不污染环境，其最大缺点是耐水性差、抗霉性不好。现在大多通过交联、接枝、共混或加入某些助剂的方法对它进行改性。主要用于木材、织物、纸张的胶接等。

阿拉伯树脂胶是由阿拉伯地区、非洲及澳大利亚等地生长的胶树所得树胶的总称。它配制简单，水溶性好。可用于光学镜片的黏结、邮票上胶、商标标签的粘贴、食品包装的粘贴，还可作药物的赋形剂及印染助剂等。

海藻酸钠胶黏剂是 β-无水右旋甘露蜜醛酸钠的聚合物。其水溶液非常稳定，受热不凝固，遇冷不凝胶。用途十分广泛，可作为乳化剂、增稠剂、分散剂、保护胶体等，尤其适用于作为食用胶黏剂。

2. 氨基酸衍生物胶黏剂

天然氨基酸类胶黏剂主要是指骨胶、鱼胶、干酪素、血胶、植物蛋白等。

骨胶是由动物的骨、皮或腱等经化学处理或熬煮而制得的不透明胶体。骨胶除去杂质，色泽变浅，外观透明的便是明胶，而按其纯度又可分为照相明胶、食用明胶及工业明胶等。骨胶胶黏剂的配制一般需在冷水中浸渍 24h 以上，然后采用水浴在 60℃ 以下溶解，必要时还要加入防霉剂、耐水剂、固化剂及其他改性剂。可用于皮革、纸张、布匹、木材、金属等的胶接。

鱼胶主要由鱼皮制取。它有很长的持续黏性时间，能和很多基质黏合，可用于橡胶与钢、草纸板与铜、软木塞与胶合板的胶接，还可用于瓷器着色和光刻。鱼胶的缺点是带有鱼腥味和耐水性差，前者往往通过加以香料来调整，后者可加入多价离子的盐如硫酸镁、硫酸铝、酸性铬酸盐等，或加入甲醛、戊二醛等进行改性。

干酪素又称酪朊，是从脱脂乳汁中凝固分离而得到的含磷蛋白。其耐水性较差，黏度增加较快，易于形成凝胶而使之失效。碱性物质、石灰、甲醛等可调节其黏度，延长胶液使用期并提高耐水性。特别适用于木材制品的黏合加工，以及木材与金属、陶瓷、塑料、玻璃等异种材料的黏合，此外，酪朊胶黏剂还可作为印染助剂和织物上光剂等。

植物蛋白胶黏剂和血液蛋白胶黏剂都是早期胶合板工业及家具制造业的主要胶黏剂，由于抗霉等性能较差，现已较少使用。

3. 多羟基类胶黏剂

天然多羟基类胶黏剂主要有木质素、单宁、生漆、虫胶等。

木质素的主要来源是造纸废液，纸浆废液经浓缩、羟基化后，在碱性条件下与苯酚、甲醛缩合，便可制得类似酚醛树脂的聚合物，由于其黏度过大、色泽太深，主要用于木材胶接。

单宁是广泛存在于植物的杆、根、叶或果实中的含有多元酚基和羧基的有机物。加入甲醛后，能像酚醛树脂那样进行固化反应而作为胶黏剂。此胶黏合力强、活性期长、抗水性好，其用途与常用的酚醛树脂大致相似，主要用于木材的黏合。

生漆是由漆树的分泌物经浓缩提纯得到的乳白色液体，主要成分40％～70％是漆酚。对木材、纸张、陶瓷、织物都有很好的附着力，而且有很好的耐腐蚀特别是耐土壤腐蚀的特性。纯粹的生漆黏合力较小，一般与小麦淀粉或米粉等混合使用，一方面可提高其初始黏合力和最终胶接强度，另一方面可加快其固化速度，一般在一昼夜间即可固化黏合。

虫胶又称紫草茸、紫胶。是虫胶树上的紫胶虫吸食树汁后的消化分泌物，在树干上凝结干燥而成。主要成分是光桐酸为主的羟基脂肪酸和以紫胶酸为主的羟基脂肪酸以及它们的酯类的复杂的混合物。虫胶膜具有优良的硬度和电绝缘性，出色的耐磨性，较低的收缩率，但质地较脆，耐热性和耐候性较差。主要用于木材、金属、陶瓷、棉布、纸张等的胶接。

4. 天然橡胶黏合剂

天然橡胶是由橡胶树割取的胶乳，经稀释、过滤、凝聚、辊压和干燥等工序制得，俗称生胶。其化学主要成分是顺1,4-聚异戊二烯。它具有良好的黏性和介电性，抗张强度高于合成橡胶，能溶于苯、汽油、氯仿、松节油等。天然橡胶在溶剂的作用下胶胀，成为黏合性液体，再加入硫化剂、促进剂、防老剂及其他添加剂便可配制成含量为10％～16％的溶液型天然橡胶黏合剂。

天然橡胶黏合剂的黏附性强，黏合速度较快，但耐油性和耐溶剂性能很差。为了改善性能，可将其制成天然橡胶衍生物。如将经塑炼的橡胶溶于四氯化碳中，通入氯化氢气体制成盐酸橡胶，或通入氯气制成氯化橡胶，特别适宜于金属和橡胶的胶接。

第七节　特种胶黏剂

特种胶黏剂是一些具有特殊性能、用途、剂型和应用工艺的胶黏剂。这些胶黏剂通常不按基本化学组成的方法来进行分类，按照用途可分为：导热胶黏剂、导电胶黏剂、导磁胶黏剂、密封胶黏剂、灌封胶黏剂、点焊胶黏剂、抗蠕变胶黏剂、水中胶黏剂等。按应用工艺可分为：热熔胶黏剂、压敏胶黏剂、厌氧胶黏剂、光敏胶黏剂和微胶囊胶黏剂等几种。本节对热熔胶黏剂等比较重要的胶黏剂作一简单介绍。

一、热熔胶黏剂

热熔胶黏剂是以热塑性树脂为基体的无溶剂胶黏剂，是一种在热熔状态下进行涂布，冷却后固化实现粘接的高分子胶黏剂。与其他胶黏剂相比，热熔胶不含溶剂，百分之百固含量，可减少污染，且便于贮运；粘接迅速，适于连续与自动化操作；可通过加热和冷却方法反复进行胶接件的装配拆卸。因此，应用范围十

热熔胶黏剂

分广泛。除上述优点外，热熔胶存在着耐热性差、润湿性不好、胶液熔融时流动性小、机械强度偏低等缺陷。

1. 热熔胶组成

热熔胶黏剂一般由主体聚合物、增黏剂、增塑剂、蜡类、稳定剂、抗氧化剂及填料等组成。在各种类型热熔胶中，加入的添加剂的品种及其作用是基本相同的。

聚合物是热熔胶的主要组成部分，赋予了热熔胶粘接强度和内聚力。使用较多的主要是乙烯和醋酸乙烯的无规共聚物、聚酯和聚氨酯等。

加入增黏剂可以降低主体聚合物的熔融温度，控制固化速度，改善润湿性和初黏性，从而提高黏附性能。常用的增黏剂有松香、萜烯树脂、古马隆树脂等，用量一般为30％～50％。

增塑剂的作用是使胶层具有柔韧性和耐低温性能。常用的增塑剂有邻苯二甲酸酯类和磷酸酯

类化合物。但用量不宜过多，否则会引起增塑剂迁移，使粘接强度和耐热性降低。

除聚酯、聚酰胺等少数热熔胶不用蜡外，一般均需加入一定的蜡，其作用是降低熔融温度与黏度，防止自粘，改进操作性能，降低成本，防止胶黏剂渗透基体。常用的蜡有烷烃石蜡、微晶石蜡、聚乙烯蜡等。

稳定剂可以使热熔胶在熔融状态下具有较好的稳定性。常用苯醌等，用量为 0~2%。

抗氧化剂的作用是防止热熔胶在高温熔融状态下热氧化和热分解，保持其性能稳定。常用的抗氧化剂有叔丁基对甲酚、安息香酸钠、4,4'-双(6-叔丁基间甲酚)硫醚(RC)等，用量为 0~1%。

加入填料的目的是防止渗胶，减少收缩率，同时增加胶黏剂的内聚强度，降低成本。常用的填料有碳酸钙、滑石粉、黏土、二氧化钛、硫酸钡、炭黑等，用量为 0~5%，不宜太大。

2. 乙烯-醋酸乙烯的无规共聚物(EVA)热熔胶

乙烯-醋酸乙烯共聚体是典型的无规则高分子化合物，其结晶性较小，极性和柔韧性较高。在加热熔融时具有良好的浸润性，在冷却固化时具有良好的挠曲线、抗应力开裂性和胶接强度。因此，EVA 是十分理想的热熔胶的基体。

EVA 热熔胶主要用于包装、无线装订、家具装饰面和烯烃塑料等的胶接，适用于木材、纸张、塑料和金属等多种材料。配方举例如下。

配方 1

乙烯-醋酸乙烯共聚体	100	滑石粉	20
香豆酮-茚树脂	25	2,6-二叔丁基对甲酚	1
合成石蜡树脂	7		

此胶黏剂为通用型，软化温度 72~80℃，脆化温度在 -40℃ 以下，可在 -40~60℃ 内长期使用。对各种材料都有优良胶接性能。

配方 2

乙烯-醋酸乙烯共聚体	100	聚合松香(软化点＞120℃)	30
石蜡	20	N-苯基-β-萘胺	1

此配方中基体醋酸乙烯含量大于 28%，在 230℃ 左右熔融施工涂布。主要用于拼接木材，也可用于浸渍玻璃纤维。

3. 聚酯热熔胶

由多元酸和多元醇经过酯交换反应、酯化反应和缩聚反应制得的饱和线型热塑性树脂，加入增塑剂、增黏剂、填料、抗氧剂等便可制成聚酯热熔胶。常用的多元酸多元醇有对苯二甲酸二甲酯、间苯二甲酸乙二醇和丁二醇等。聚酯热熔胶的性能与分子量的大小等有关，随着分子量的增加熔融黏度和熔点均有所提高。若在饱和聚酯的分子直链中引入苯基，将提高它的熔点、抗张强度和耐热性，引入烷基和醚键将改善熔融黏度、挠曲性和柔韧性，但这种分子结构还具有高结晶性、浸润性和胶接强度较差等缺点。

聚酯热熔胶具有较高耐热性，良好的耐水、耐候性，弹性好，耐冲击性高，电绝缘性好，耐介质性好等优点。主要用于织物加工、无纺布制造、地毯背衬、服装加工、制鞋等。

配方

聚酯树脂	100	滑石粉	12
低聚苯乙烯树脂	35	2,6-二叔丁基对甲酚	1.5
二甲苯树脂	20		

此胶胶接强度高，对木材、皮革、织物、纸板、塑料等均有良好的胶接效果，尤其对柔韧性好的板材。用于胶接金属，亦能获得良好的初黏性和胶接性能。

4. 聚氨酯热熔胶

聚氨酯热熔胶的主体材料是由末端带有羟基的聚酯或聚醚与二异氰酸酯在链增长剂(如低分子二元醇)作用下进行缩聚反应而制得的线型热塑性弹性体。常用的端羟基聚酯有聚乙二醇己二酸酯、聚丁二醇己二酸酯、聚己二醇己二酸酯等，常用的二异氰酸酯有甲苯二异氰酸酯、4,4-二苯基甲烷二异氰酸酯等。

聚氨酯热熔胶的特点是粘接强度高，富有弹性及良好的耐磨、耐油、耐低温和耐溶剂等性能，但耐老化性较差。主要用于塑料、橡胶、织物、金属等材料，特别适用于硬聚氯乙烯塑料制品的胶接。配方举例如下。

配方

聚乙二醇己二酸酯	5mL	二苯基甲烷二异氰酸酯	150mL
1,4 丁二醇	100mL		

此配方软化点为 $130℃$，胶膜抗张强度 38MPa，伸长率 600%。主要用于织物胶接。胶接织物剥离强度 $250\sim350N/cm$，耐热水性、耐湿热老化性优良。

二、压敏胶黏剂

压敏胶黏剂是指对压力敏感，只需用接触压力就可以把两种不同材料胶接在一起的胶黏剂。其使用是将压敏胶黏剂涂在纸基、布基或塑料等薄型软性基材上，制成标签、胶带、胶片等压敏黏合制品。主要用于包装、办公、车辆、建筑的涂饰、防护、金属、塑料等。

由于压敏型胶带使用最为方便，因而发展也最为迅速。压敏型胶带由压敏胶、底涂剂、基材、背面处理剂和隔离纸等几部分组成。如图 5-3 所示。

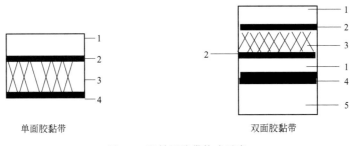

图 5-3　压敏型胶带构成示意

1—压敏胶；2—底涂剂；3—基材；4—背面处理处；5—隔离纸

压敏胶是胶带的最重要的部分，必须具备在外压下使胶黏带与被粘物之间黏合很好的性能。基材是支撑压敏胶的基础，要求有良好的机械强度，较小的伸缩性，对溶剂润湿性好等，常用的是织物、纸带和塑料薄膜。底涂剂的作用是增加胶黏剂与基材之间的黏附强度，常用的底涂剂是用异氰酸酯部分硫化的氯丁橡胶、改性的氯化橡胶等。背面处理剂不仅可以在胶带卷成卷盘时起到隔离作用，有时还能提高基材的物理力学性能，常用的背面处理剂一般由聚丙烯酸酯、聚氯乙烯、纤维素衍生物或有机硅化物等材料配制而成。常用的隔离纸有半硬聚氯乙烯薄膜、聚丙烯薄膜以及涂有背面处理剂的牛皮纸等。

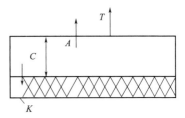

图 5-4　压敏胶黏附的四个力示意

压粘胶带在使用时，应具有粘之容易、揭之容易、剥而不损，在较长时间内不会干固等特点，这些特点取决于如下几个力之间的关系（图 5-4）。好的压敏胶带必须满足 $T<A<C<K$，否则，就没有压力敏感，会产生揭除胶带时胶层破损、胶层脱离基材等质量问题。

黏基力（K）：胶层与基材的黏附力。

内聚力（C）：胶黏剂层的内聚强度。

黏附力（A）：胶带与被粘物进行适当的黏合表现出来的剥离力。

快粘力（T）：用手轻轻接触胶带时显示出来的手感粘力。

根据主体材料的不同，压敏胶可分为橡胶型和丙烯酸酯型两大类。按形态，则可分为溶剂型、乳液型和热熔型等几种。其组成见表 5-14。

表 5-14　压敏胶黏剂的组成

组分	聚合物	增黏剂	增塑剂	填料	黏度调节剂	防老剂	硫化剂	溶剂
用量/%	30～50	20～40	0～10	0～40	0～10	0～2	0～2	适量
作用	给予胶层足够内聚强度和黏接力	增加胶层黏附力	增加胶层快粘性	增加胶层内聚强度,降低成本	调节胶层黏度	提高胶层使用寿命	提高胶层内聚强度、耐热性	便于涂布施工
常用原料	各种橡胶、无规聚丙烯、顺醋共聚物、聚乙烯基醚	松香、萜烯树脂、石油树脂等	邻苯二酸酯、癸二酸酯等	氧化锌、二氧化钛、二氧化锰、黏土等	蓖麻油、大豆油、液体石蜡、机油等	防老剂A、防老剂D等	硫磺、过氧化物等	汽油、甲苯、醋酸乙酯、丙酮等

压敏型胶黏剂配方举例如下。

配方 1

天然橡胶	100	防老剂 D	1.5
古马隆树脂	30～50	汽油-甲苯混合溶剂	适量
氧化锌	30～150		

此配方大量应用于氧化锌橡皮膏带上,其基材为棉布带。

配方 2

丙烯酸丁酯	112.5	丙烯酸	7.5
丙烯酸-2-乙基己酯	116.5	过氧化苯甲酰	0.5
醋酸乙烯	12.5	甲苯	87.5
甲基丙烯酸缩水甘油酯	1.25	醋酸乙酯	162.5

此配方具有很高的内聚力和胶接强度。适用于制备胶黏带、自粘标签及双面胶带等。

三、其他特殊胶黏剂

随着科学技术的发展,世界各国在减少污染、节约能源、开发高性能胶黏剂方面进行了大量的研究开发工作,各种特殊胶黏剂应运而生,除上述介绍的胶黏剂外,尚有许多很有特点的胶黏剂品种。如灌浆用胶黏剂、导电胶黏剂、导热胶黏剂、导磁胶黏剂、超低温胶黏剂、光学功能胶黏剂、水下固化胶、潜性固化胶、静电植绒胶黏剂、应变胶、制动胶等。

这许许多多的胶黏剂作为新型的连接材料和连接技术,在国民经济发展中正发挥着十分重要的作用。无论是在建筑工业还是汽车工业、制鞋工业及人们的日常生活中,胶黏剂都有着广阔的发展前景,并日益受到重视。对胶黏剂技术的开发、革新和应用研究正不断深入,其发展方向是开发室温固化,有极好的耐冲击、剪切和剥离强度,适用范围广,以及耐高温、无溶剂型的胶黏剂。

可以相信,随着科技人员的不断努力,胶黏剂行业必将更加发展壮大。

 拓展阅读

中国光刻胶的研发历程

光刻胶(photoresist)又称光致抗蚀剂,是指通过紫外光、电子束、离子束、X射线等的照射或辐射,其溶解度发生变化的耐蚀剂,是由感光树脂、增感剂和溶剂3种主要成分组成的对光敏感的混合液体。在光刻工艺过程中,用作抗腐蚀涂层材料。半导体材料在表面加工时,若采用适当的有选择性的光刻胶,可在表面上得到所需的图像。光刻胶按其形成的图像分为正性、负性两大类。在光刻胶工艺过程中,涂层曝光、显影后,曝光部分被溶解,未曝光部分留下来,该涂层材料为正性光刻胶。如果曝光部分被保留下来,而未曝光部分被溶解,该涂层材料为负性光刻胶。按曝光光源和辐射源的不同,又分为紫外光刻胶(包括紫外正、负性光刻胶)、深紫外光刻胶、X-射线光刻胶、电子束光刻胶、离子束光刻胶等。

1962年,中国北京化工厂接受中国科学院半导体研究所的委托,着手研究光刻胶,以吡啶为原料,采用热法工艺,制成聚乙烯醇肉桂酸酯胶。

1967 年，中国第一个 KPR 型负性光刻胶投产。

1970 年，103B 型、106 型两种负性光刻胶投产，环化橡胶系负性光刻胶 BN-302、BN-303 也相继开发成功。

2018 年 5 月 24 日，国家科技重大专项（02 专项）极紫外光刻胶项目顺利通过国家验收。

2018 年 5 月 30 日，国家科技重大专项"极大规模集成电路制造装备与成套工艺"专项（02 专项）项目"极紫外光刻胶材料与实验室检测技术研究"，经过项目组全体成员的努力攻关，完成了 EUV 光刻胶关键材料的设计、制备和合成工艺研究、配方组成和光刻胶制备、实验室光刻胶性能的初步评价装备的研发，达到了任务书中规定的材料和装备的考核指标。

2019 年 11 月 25 日，8 种"光刻胶及其关键原材料和配套试剂"入选工信部《重点新材料首批次应用示范指导目录（2019 年版）》。

2024 年 7 月，复旦大学高分子科学系、聚合物分子工程国家重点实验室魏大程团队设计了一种新型半导体性光刻胶，利用光刻技术在全画幅尺寸芯片上集成了 2700 万个有机晶体管并实现了互连，在聚合物半导体芯片的集成度上实现新突破，集成度达到特大规模集成度水平。

思 考 题

1. 胶黏剂主要有哪些种类？
2. 胶黏剂主要包括哪些组分？各组分有什么作用？
3. 如何根据胶黏剂和被粘材料的性能选择和使用胶黏剂？
4. 有哪些因素影响胶黏剂配方？
5. 环氧树脂主要有哪些种类？其主要用途是什么？
6. 什么是热熔胶合剂？其组分有哪些？
7. 胶黏剂粘接技术有哪些特点？
8. 稀释剂在胶黏剂中有何功用？
9. 选择胶黏剂时要考虑哪些因素？

第六章 功能高分子

📖 【学习目标】

知识目标

(1) 了解功能高分子分类、发展趋势，熟悉功能高分子材料的合成方法。

(2) 熟悉离子交换树脂、高分子吸附树脂、高分子试剂、高分子分离膜等典型功能高分子的特性、原理、合成及应用。

能力目标

(1) 能根据功能高分子的性能对其充分合理利用（如超纯水的制备）。

(2) 能运用功能高分子的合成方法，根据产品需求对合成路线及方法提出建议。

素质目标

(1) 增强环保意识，逐步养成运用理论知识解决实际问题的习惯。

(2) 培养了解前沿科技、学习前沿科技及应用前沿科技的兴趣与能力。

第一节 概 述

一、功能高分子分类

近二三十年来高分子化学与高分子材料工业的发展主要有三个方面：一是通用高分子材料向大型工业化方向发展。由于烯烃聚合用高效催化剂的出现，使成本降低 $20\%\sim30\%$，有利于建立年产数十万吨级大厂；二是工程塑料与复合材料的迅速发展，新的高分子材料逐步取代或部分取代原有材料；三是特种高分子材料的兴起，为了适应计算机时代、信息时代、宇航时代的高科技发展的需要，特殊高分子材料得到蓬勃发展。所谓特种是指具有特定的性能，如耐高温、高强度、高绝缘性、光导性等，这类高分子材料品种多、用途较为专一，且产量小，价格贵，与大量生产的有机高分子相对应，称为精细高分子。其中功能高分子（functional polymer）是这个范畴中的一个重要部分，"功能"反映的是这类高分子材料除了力学特性外，另有其他的功能性。如在温和条件下有高度选择能力的化学反应活性、对特定金属离子的选择性螯合、膜的选择性透气、透液性和透离子性、催化性、相转移性、光敏性、光致性、光导性、磁性、生物活性等。所以，人们利用高分子本身结构或聚集态结构的特点，并引入功能性基团，形成具有某种特殊功能的新型高分子材料，通称为"功能高分子"。

功能高分子的研究内容，概括地说就是各种功能的高分子的合成、结构、聚集态等对功能的影响和它们的加工工艺及其应用。由于功能高分子实际涉及的学科十分广泛，如化学方面的分离、分析、催化等，物理方面的光、热、电、磁性等，生命科学的生物、医学、医药等以及非线性光材料等，内容丰富，品种繁多，许多情况下学科之间互相渗透交叉，因而其分类有多种方法。下面仅就其功能作简单分类，并简略介绍各类功能高分子。

1. **具有分离功能的高分子**

这是功能高分子中最令人瞩目的一类，也是应用最早的一类高分子材料。在各种工业特别是化学工业中关于物质分离、分析、浓缩、富集是十分重要的课题，例如硬水的软化、电子工业去离子、超纯水的制备以及液体混合物的分离、混合气体的分离、金属的富集、血液中有毒物质的离析等。寻找新的功能树脂代替现有的耗能而又低效的蒸馏、分馏、淬化、冶炼等手段，并完成一般手段做不到的如血液中有毒物质的离析、手性化合物的分离等，这些都是具有分离功能高分子所需探讨的问题。到目前为止，人们合成了许多品种的离子交换树脂、螯合树脂、吸附树脂、混合气体分离膜、混合液体分离膜、透析用的树脂等，免去了耗能的工艺，提高了效率。选择性螯合或吸附树脂使得各种贵金属和稀有金属得到富集回收，这大大节省了能源和资源。

2. 高分子试剂

使用小分子试剂时常具有易燃、易爆、不易分离回收等问题。将小分子试剂用化学方法或物理方法与一定的聚合物相结合，或者与可聚合基团的试剂直接聚合即可得到高分子试剂，其具有选择性好、使用安全以及可以重复使用等很多优点。同时由于具有自身的一些特性，即高分子效应，常常可以在特殊的化学反应中得到应用。目前已有的高分子试剂除了常见的高分子氧化还原试剂、高分子转递试剂外，还包括固化酶试剂以及固相肽合成试剂等。这种树脂负载试剂的合成方法，还在不断开发中，还有新的聚合物合成出来。如"模板聚合"方法的出现，使人们可以按自己的意图控制合成分子的序列结构，这对于生命科学、医药科学等领域开拓新的合成方法，将会有十分重要的意义。

3. 高分子催化剂

高分子催化剂的应用在化学工业中占有很重要的地位。由最早的无机金属氧化物催化剂过渡到均相的配合催化剂迈出了一大步，而高效性、高选择性的催化剂的合成一直是非常重要的研究问题，近些年来新的高分子催化剂的出现正是朝着这个方向迈进。将催化活性中心负载于高分子上，使该高分子物质具有催化活性，并由于高分子链或聚集态的结构而使其具有选择性，同时使得反应产物与催化剂容易分离，既达到了均相配合催化的高效、高选择性，又解决了均相催化中催化剂难以分离回收使用的问题，甚至还可以避免或减少均相催化中的贵金属流失和设备腐蚀等问题。现在合成的高分子催化剂种类很多，可以用于选择性加氢、氧化、羰基化、异构化等。高分子催化剂的进一步研制正朝着模拟酶催化剂的方向发展，而半人工合成的固定化酶催化剂已在工业上得到了应用。

4. 医用高分子和高分子药物

医用材料和高分子药物的研究，已给并将继续给人类带来巨大的益处。聚甲基丙烯酸甲酯最早应用于医疗，如制作假牙、假肢等，且多为体外用材料。现今要求开发多种体内用材料，为此要解决的主要问题是抗凝血问题。未来的人工脏器材料，如人工肺、人工心脏、人工肾脏等，都希望小型化、内植化、长期使用化，或便携化等。当然，无毒、无生理副作用、不过敏、不致癌等，都是医用材料的最基本要求。目前在医疗方面使用的高分子材料有聚酯、尼龙、聚氨酯、有机硅聚合物等，而人工心脏瓣膜、人造血管、人工关节、隐形眼镜、人工心肺机、血液透析机以及医用缝线、胶黏剂、体外用的医疗胶管、纱布及其他固定材料等亦是功能高分子材料。

在医药方面已合成了少量具有药理功能的高分子药物，随着药理学和高分子化学的进展，特别是通过一些新的高分子合成方法，如模板聚合等，将能合成出更多的具有药理活性的高分子药物。将小分子药物接枝于高分子链上亦可制得高分子药物，它在体内逐步分解，故可长久发挥药效。当然亦可利用高分子胶囊包覆药物，植入人体皮下定向施药，如避孕药等。

5. 其他

除以上所述之外，还有光活性高分子、导电高分子、液晶高分子、磁性高分子、具有能量转换功能的高分子和模拟生物活性的高分子等，均属功能高分子的研究范畴。目前这些领域的研究工作也十分活跃，并取得了一定的成果。

二、功能高分子的合成方法

功能高分子的合成主要有三种方法，一是含有功能基的单体通过聚合或缩聚制备具有某种功能基的聚合物；二是利用现有的天然高分子或合成高分子通过高分子反应而引入预期的功能基；三是通过在高分子加工过程中引入一些小分子化合物或其他添加剂而使高分子具有某些功能性质。

1. 功能单体聚合或缩聚反应

由含有功能基的单体通过聚合或缩聚反应制备功能高分子的途径从理论上讲是容易的，然而在实际上功能单体的合成往往是复杂而困难的，原因是在制备这些单体的过程中必须引入可聚合或缩聚的反应性基团，而又不破坏单体上的功能基；同时功能基的引入也不能妨碍聚合或缩聚反应的进行。例如制备含有对苯二酚功能基的高分子，由于对苯二酚基团有阻聚作用，因而想得到此功能高分子就必须先对单体进行酯化反应保护—OH基，不使其发生阻聚作用，聚合后再水解成—OH基。这种制备方法是非常复杂的，首先单体合成相当困难，其次在具有活泼的乙烯基单体上进行酯化反应极不容易，再次含有微量酚羟基对聚合反应有阻聚作用。但在制得的功能高分子中，其功能基在高分子链上的分布是均匀的，而且每个链节都有功能基，其功能基含量可达到理论计算值，如下式所示：

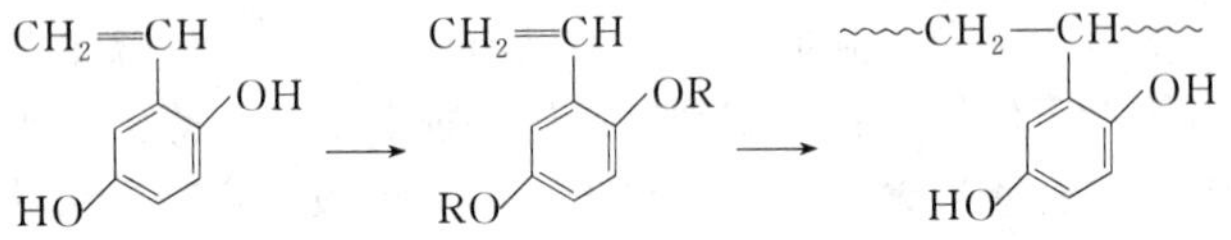

2. 高分子的功能化反应

利用高分子化学反应制取功能高分子是较为方便的一种方法。其主要优点是许多天然高分子或合成高分子都是现成的、价廉易得的原料，可选用的品种也较多。例如天然高分子中的淀粉、纤维素、甲壳素等，合成高分子中的聚苯乙烯、聚乙烯醇、聚丙烯酸、聚丙烯酰胺、聚酰胺等。这些天然或合成的高分子母体链节上都有可进行化学反应的基团，提供进行化学反应的结构。例如淀粉、纤维素或甲壳素上的羟基或氨基、聚乙烯醇上的羟基、聚丙烯酸上的羧基、聚苯乙烯上的苯环等都可发生与小分子相似的反应，从而制备出各种各样的功能高分子。

尽管有众多的高分子骨架可以选用，然而利用最多的还是聚苯乙烯。这是因为苯乙烯单体易得且价廉；此外它可以通过选用不同交联剂和用量，不同致孔剂和用量，以及调节不同的悬浮聚合条件等因素的变化来制得不同类型、不同孔径、不同粒径的苯乙烯聚合物或共聚物；其次，由于聚苯乙烯上的苯环可以像小分子苯环一样进行许多芳族化合物的反应而变化无穷，因而使许多功能高分子都是从聚苯乙烯的高分子功能化反应开始的，聚苯乙烯的功能化反应见图 6-1。

除聚苯乙烯外，通用高分子中的聚氯乙烯的氯原子和聚乙烯醇的羟基也可进行一系列的功能化反应，从而得到功能高分子。

3. 与功能材料复合

高分子与某些添加剂的机械混合也可制成功能高分子。例如，用可导电的乙炔、炭黑与硅橡胶通过机械混合即可制成导电硅橡胶，一些高分子与金属粉混合可以制成导电的胶黏剂等。在制备中高分子链的结构并未变化，高分子本身只起胶黏剂的作用。这种机械混合的方法制备了许多有实际应用价值的功能材料，如磁性材料、医用材料等。故通过高分子加工工艺的变化，而非高分子本身的化学变化亦可制得一些功能高分子。这是一种容易实施的工艺办法。

第二节　离子交换树脂

早在 1935 年就有了离子交换树脂合成的报道。此后虽又提出许多制备方法，但从化学结构上看，都是在高分子骨架上引入离子交换基团，使之具有交换离子的性质。最常用的是以网型聚苯乙烯为骨架，在苯环上引入离子交换基团。在离子交换树脂中，功能基在具有三维空间立体结构的网格骨架上不能移动，但功能基所带的可以离解的离子却可以自由移动，在使用或再生时，不同外界条件下，与基团同电荷其他离子相互交换，所以称为可交换离子。利用这种性质可以进行浓缩、分离和纯化工作。

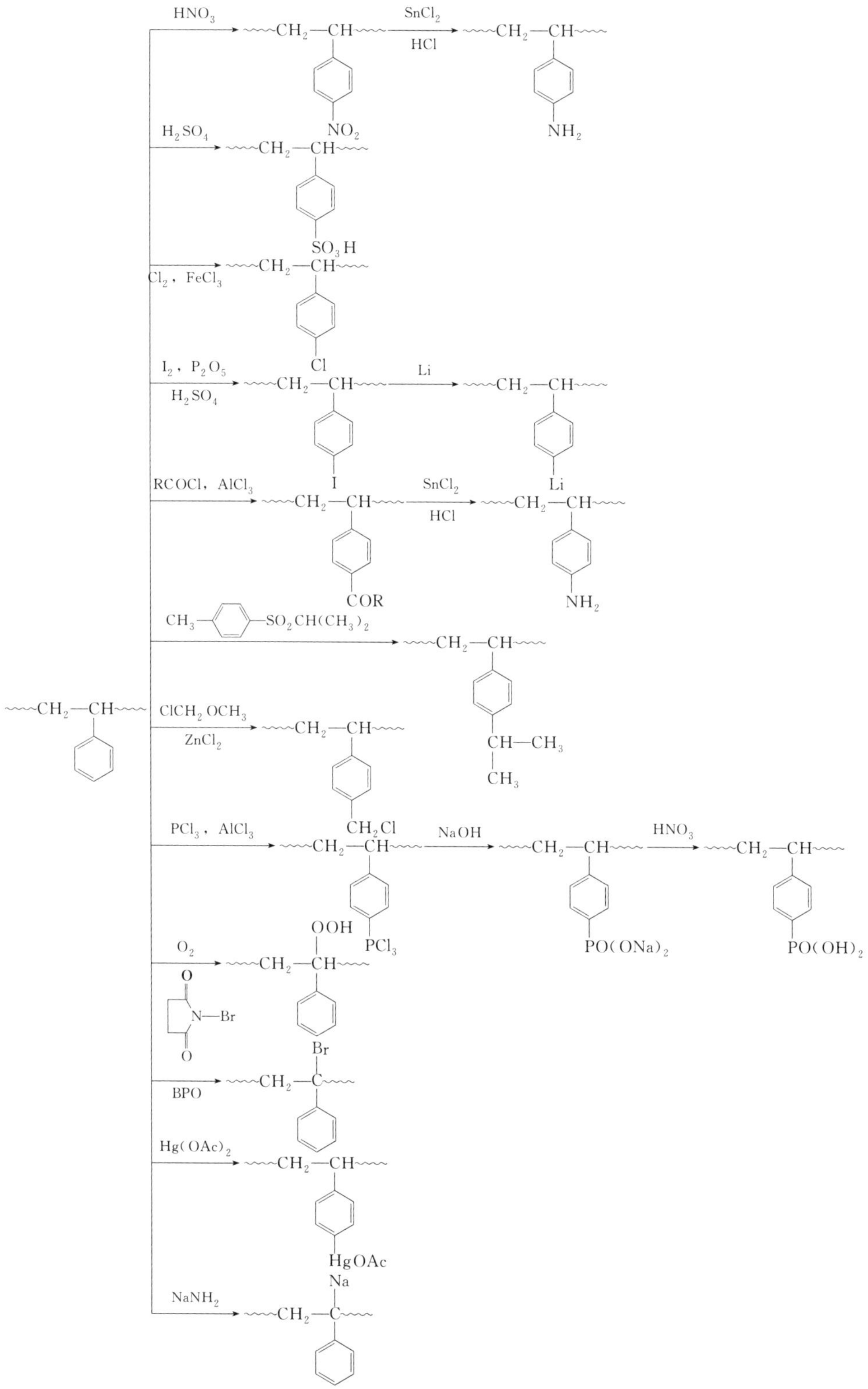

HNO$_3$ SnCl$_2$ / HCl

H$_2$SO$_4$

Cl$_2$, FeCl$_3$

I$_2$, P$_2$O$_5$ / H$_2$SO$_4$ Li

RCOCl, AlCl$_3$ SnCl$_2$ / HCl

CH$_3$—●—SO$_2$CH(CH$_3$)$_2$

ClCH$_2$OCH$_3$ / ZnCl$_2$

PCl$_3$, AlCl$_3$ NaOH   HNO$_3$

O$_2$

N—Br

BPO

Hg(OAc)$_2$

NaNH$_2$

—NO$_2$ —NH$_2$ —SO$_3$H   —Cl   —I   —Li   —COR   —CH$_2$Cl   —PO(ONa)$_2$ —PO(OH)$_2$ —PCl$_3$ —OOH   —Br   —HgOAc   Na

图 6-1　聚苯乙烯的功能化反应

一、离子交换树脂的种类

离子交换树脂由 3 部分组成，即聚合物骨架、功能基和可交换离子。离子交换树脂有不同的分类方法，如按树脂的物理结构可分为微孔型（凝胶型）和大孔型；按聚合反应类型可分为加聚型如苯乙烯和丙烯酸-甲基丙烯酸体系树脂，缩聚型如苯酚-间苯二胺和环氧氯丙烷体系树脂；按照制备高分子基体的原料可分为苯乙烯体系树脂、丙烯酸-甲基丙烯酸体系树脂、苯酚-间苯二胺体系树脂、环氧氯丙烷体系树脂等；按功能可分为高选择性离子交换树脂、多孔性（指分子大小范围）离子交换树脂、螯合性离子交换树脂等。但一般是以功能基的特征进行分类的，如图 6-2 所示。

离子交换树脂
- 阳离子
  - 强酸型：$-SO_3H$，$-CH_2SO_3H$
  - 弱酸型：$-COOH$，$-ArOH$，$-ArO(OH)_2$
- 阴离子
  - 强碱型：$-N(CH_3)N^+Cl^-$，$-(CH_2)_3N^+(CH_2CH_2OH)_2Cl^-$
  - 弱碱型：$-NH_2$，$-NHR$，$-NR_2$，$-S^+R_2Cl^-$，$-P^+R_3Cl^-$
- 特种树脂：螯合树脂，两性树脂，光活性树脂，酶活性树脂等

图 6-2 离子交换树脂的分类

二、离子交换树脂的制备

1. 强酸型阳离子交换树脂的合成

强酸型阳离子交换树脂是以$-SO_3H$作离子交换基团的离子交换树脂，能够交换 Na^+、Ca^{2+} 等阳离子，有缩聚体系和苯乙烯体系两类，目前所有的工业制品都是苯乙烯体系的树脂。

苯乙烯体系强酸型阳离子交换树脂：用苯乙烯和二乙烯基苯（DVB）溶于水中，使用悬浮稳定剂，搅拌聚合得到球状共聚物；然后用硫酸-氯磺酸等磺化剂进行磺化反应而制得。

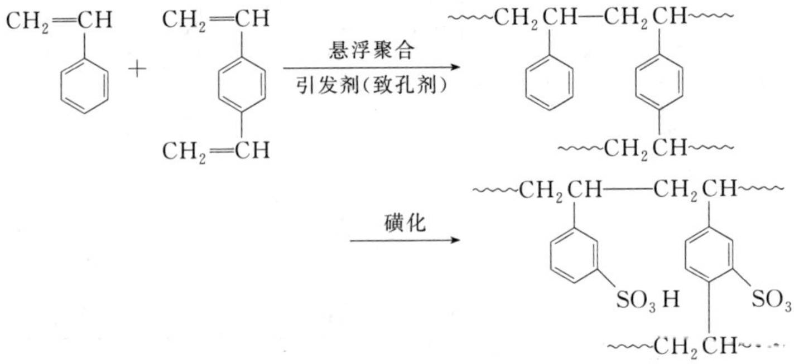

缩合体系强酸型阳离子交换树脂：用硫酸磺化苯酚，使苯环上带有$-SO_3H$基，然后再用甲醛与其发生缩合反应，具体反应如下：

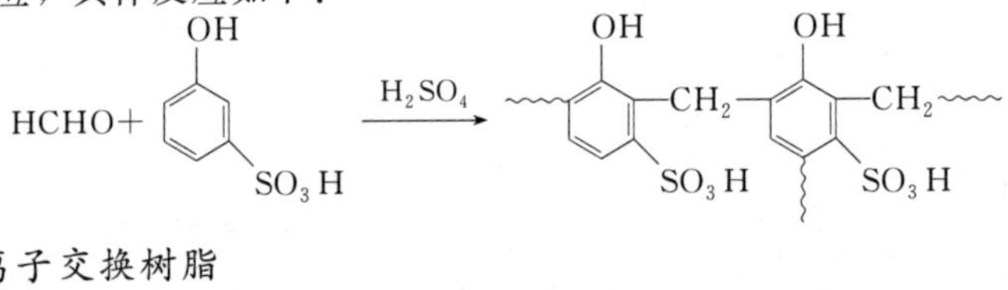

2. 弱酸型阳离子交换树脂

其合成大部分以$-COOH$基作为离子交换基团，此外还有$-PO(OH)_2$、$-AsO(OH)_2$基等。具有$-COOH$基的弱酸型离子交换树脂几乎都是水解丙烯酸酯或甲基丙烯酸酯与 DVB 的共聚物得到的，其反应如下：

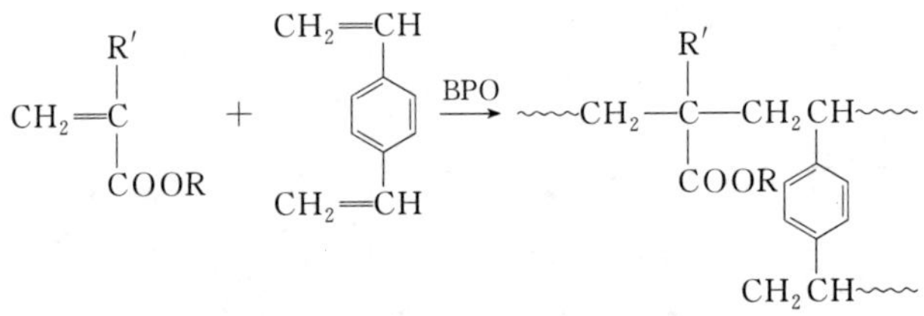

$$R'=H，CH_3，\cdots$$
$$R=CH_3，C_2H_5，\cdots$$

反应的过程之所以采用丙烯酸酯类单体，是由于如果用丙烯酸类单体聚合时，由于丙烯酸是

水溶性的，不能进行悬浮聚合造球。使用其酯类经悬浮聚合成球后，再通过水解反应就形成羧基，即得到弱酸型离子交换树脂。

3. 强碱型阴离子交换树脂

主要以 $\equiv N^+ X^-$ 基作为离子交换基团的树脂，按下式交换 Cl^-、SO_4^{2-} 等阳离子：

$$R_4 \equiv N^+ OH^- + NaCl \longrightarrow R_4 \equiv N^+ Cl^- + NaOH$$

利用乙烯与二乙烯基苯共聚物小球引入强碱性有机胺基团即可制得强碱型离子交换树脂，反应式如下：

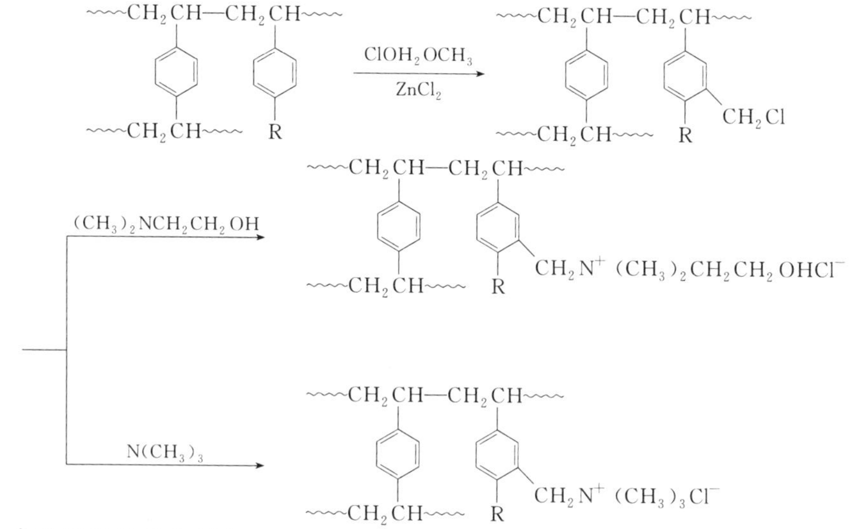

4. 弱碱型阴离子交换树脂

如上述强碱型离子交换树脂的合成方法，引入一些弱碱性基团即可制得弱碱型阴离子交换树脂。反应式如下：

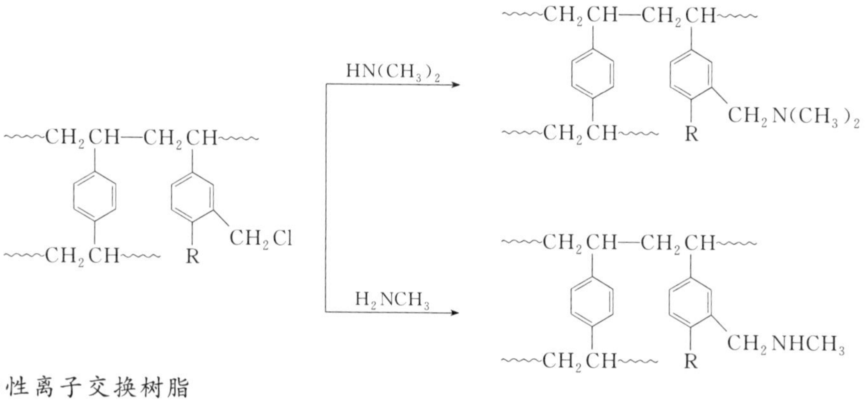

5. 两性离子交换树脂

同一高分子骨架上，如苯乙烯-二乙烯基苯小球上，同时含有酸性基团和碱性基团的离子交换树脂，则称为两性离子交换树脂。

离子交换树脂在工业生产上使用最普遍的是苯乙烯-二乙烯基苯悬浮聚合得到的 $1\sim2mm$ 的小球，这种小球经过磺化、氯甲基化、胺化后可得到不同性质的离子交换树脂。基本结构相同的离子交换树脂又有许多不同的牌号的产品，在此不再详述。

第三节　高分子吸附剂和高吸水性树脂

许多高分子材料对某一类别的物质有专一亲和力，如具有疏水性结构的聚合物，趋向于吸附有机类小分子，特别是空气中的有机污染；带有亲水性官能团的聚合物，如纤维素、聚乙烯醇等含有强极性基团的聚合物为吸水性聚合物；在聚合物骨架上含有配位原子的高分子材料具有强的配合能力，可以选择性吸附各种离子，称为高分子螯合剂；带有阴阳离子基团的离子型聚合物对各种有机和无机离子有吸附作用。这些具有特殊吸附能力的聚合物都称为高吸附性材料。根据用途不同，又可分为螯合剂、吸水剂、干燥剂等，在环境保护中作为高分子絮凝剂有着重要的应用。

一、螯合树脂

螯合树脂（高分子螯合剂）是一类具有螯合功能基并能从含有金属离子的溶液中有选择地捕集、分离特定金属离子的高分子。树脂可再生回收使用，可用于金属离子的富集、分离、分析、回收等。

由于高分子螯合剂具有这种分离特性，因而在湿法冶金、无机化工、分析化学、放射化学、海洋化学、环境化学等方面的应用得到了迅速的发展。此外，高分子螯合剂在螯合金属原子后，所生成的新的高分子配合物具有许多新的特性，在力学性能、光、电、磁、热等性能方面都发生了变化，因而可形成新的耐温材料、半导体材料、光敏材料、磁性材料、胶黏剂等。它们形成的某些金属螯合物也可成为新的高分子催化剂，可作为氧化、加氢还原、水解、缩合、聚合等反应的催化剂。

1. **高分子螯合剂的分类**

（1）**按高分子螯合剂的来源分类**　可分为天然高分子螯合剂和人工合成高分子螯合剂。后者是按人们的意图用合成的方法得到的，数量大，品种多。在自然界中也存在很多天然高分子螯合剂，在植物、动物体内都存在许多天然有机高分子，如纤维素、蛋白质、多肽、海藻酸等。由于这些天然高分子含有不同的功能基，如羟基、羧基、氨基、酰胺基、巯基、磷酸基等，它们极易与金属离子形成配位键，并生成天然高分子金属螯合物。如配合了铁原子的血红素是人体内血液运输氧的基础物质；而同样具有运输氧功能的虾的血液则是蓝色的，其原因在于它的血红素配合的是铜原子；使植物叶呈绿色的原因是在叶子中与血红素配位相似的结构中配合的是镁原子，这些是结构相似的天然高分子螯合剂配合了不同的金属原子的实例。

（2）**按高分子螯合剂的结构分类**　可分两大类，一类是螯合基在主链上，另一类是螯合基在侧链上，如图 6-3 所示，其中 L 代表配位基，M^{n+} 代表金属离子。

$$-L-L-L \quad L-L-L- \longrightarrow \begin{array}{c} -L-L-L-L-L-L- \\ M^{n+} \quad M^{n+} \quad M^{n+} \end{array}$$

配位基在主链上

$$\begin{array}{c} L \; L \; L \; L \; L \; L \\ | \; | \; | \; | \; | \; | \end{array} \longrightarrow \begin{array}{c} L \; L \; L \; L \; L \; L \\ M^{n+} \quad M^{n+} \quad M^{n+} \end{array}$$

配位基在侧链上

图 6-3　高分子螯合剂的结构分类

属于以上二类高分子螯合剂的实例如下：

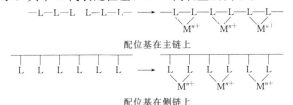

主链含有 β-二酮螯合的高分子螯合剂

侧链上含有双联单吡啶螯合基的高分子螯合剂

（3）按高分子螯合剂的配位基原子或基团分类　配位原子主要为 O、P、N、S、As、Se 等，而较为常见的又为有机基团中多见的 O、N、S 等配位原子，由这些原子构成的功能基不外乎是由氧、硫构成的醇、醚、醛、酮、酸、酯基团或胺、亚胺、羟胺、含氧酸等。许多情况下并非使用一种配位原子或基团，也许是两种或两种以上的配位原子和配位基。这也是高分子螯合剂种类繁多的原因之一。通过对高分子结构、功能基的数量和分布的控制，可以人为地控制高分子螯合剂的结构和性能；通过结构和功能关系的研究就能设计出所需要的用于各种目的的高分子螯合剂。

2. 几种常见的高分子螯合剂

高分子螯合剂的种类繁多，用途各异，其合成方法也多种多样，下面介绍几种常见的高分子螯合剂。

（1）配位原子为氧的高分子螯合剂　配位原子为氧的高分子螯合剂很多，其中最常见的是聚乙烯醇（PVA）。PVA 是合成纤维维尼纶的中间体，是一种易于获得的含有羟基的高分子螯合剂，对它的研究较早，现在仍很活跃，它能与 Cu^{2+}、Ni^{2+}、Ca^{2+}、Co^{2+}、Fe^{3+}、Ti^{3+}、Zn^{2+} 等离子螯合，PVA 与二价过渡金属离子的配合稳定常数按 $Co^{2+} < Ni^{2+} < Zn^{2+} < Cu^{2+}$ 顺序递增。

PVA 虽与 Cu^{2+} 螯合得很牢固，但它与 Cu^+ 并不螯合。将挂有重物的水不溶性 PVA 薄膜放入 $Cu_3(PO_4)_2$ 水溶液中，由于 Cu^{2+} 与薄膜上的—OH 配合，使高分子发生收缩，将下垂的重物提起。当把 Cu^{2+} 还原成 Cu^+ 时，因 PVA 不能与 Cu^+ 配合，则从配合物中释放出铜离子，而使 PVA 薄膜伸长。这是将氧化还原化学能直接变成收缩、伸长的机械能的第一个例子，称为化学-机械能或人工肌肉，这一现象引起了人们对使各种形式的能量互相转换的功能高分子的极大兴趣。

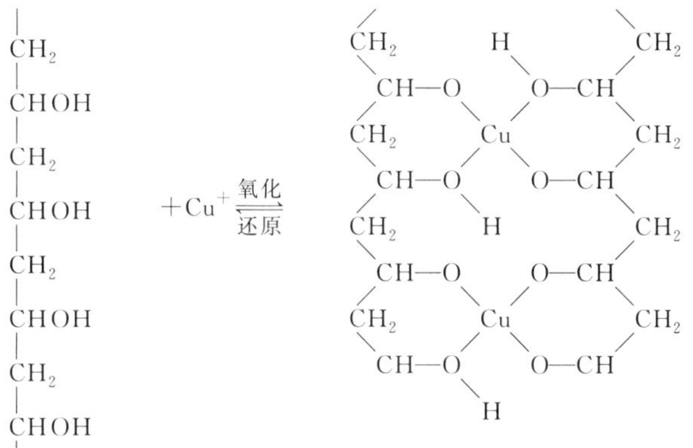

（2）配位原子为氮的高分子螯合剂　配位原子为氮的螯合剂主要有胺、肟、席夫碱、羟肟酸、酰肼、草酰胺、氨基醇、氨基酚、氨基酸、氨基多羧酸、偶氮杂环等，这是一类最为丰富的高分子螯合剂，这类高分子整合剂中席夫碱与金属生成的一些螯合物有的具有良好的热稳定性，是耐温材料。而另一些螯合物因具有半导体的性能而引人注目。

在主链或侧链中含有席夫碱（schiff）结构的高分子，若邻位有—OH、—SH 等配位基则可形成螯合配位体。席夫碱通常是由一级胺与醛反应生成的，因此通过双功能胺与双功能醛缩合反应即可制备这类树脂，如下所示：

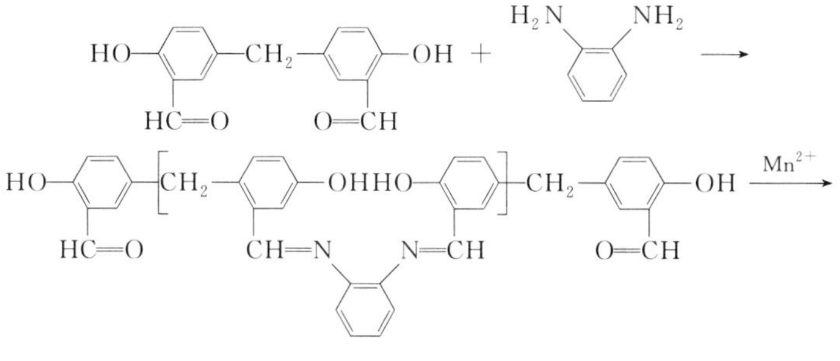

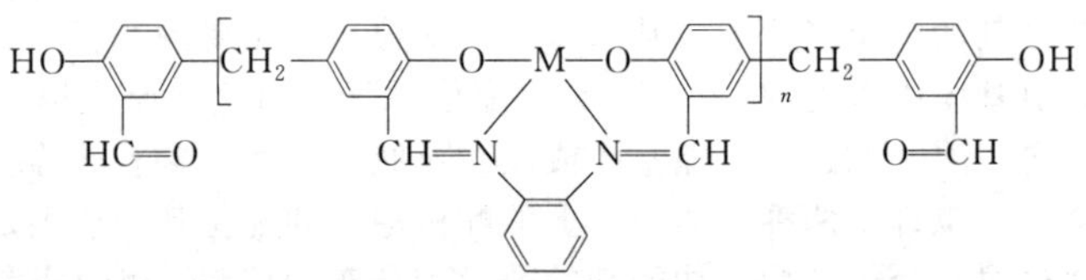

侧链上具有席夫碱结构的高分子螯合剂，其骨架多为聚乙烯型，如聚乙烯胺与水杨醛衍生物缩合成侧链型高分子席夫碱，这种高分子螯合剂易于与过渡金属形成稳定的配合物。以下是侧链型席夫碱的合成路线：

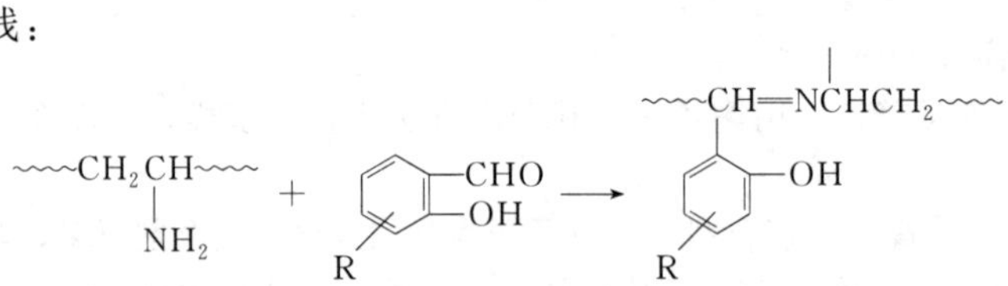

当分子结构中不含酚羟基时，主要依靠氮原子起配合作用。这种类型的含席夫碱结构高分子螯合剂可以由聚对-2,2-二腈基，乙基苯乙烯为原料，经氢化铝锂还原剂将腈基还原成胺，然后与醛进行肟化后得到，这种树脂对 Cu^{2+}、Co^{2+} 有较强的配合作用。

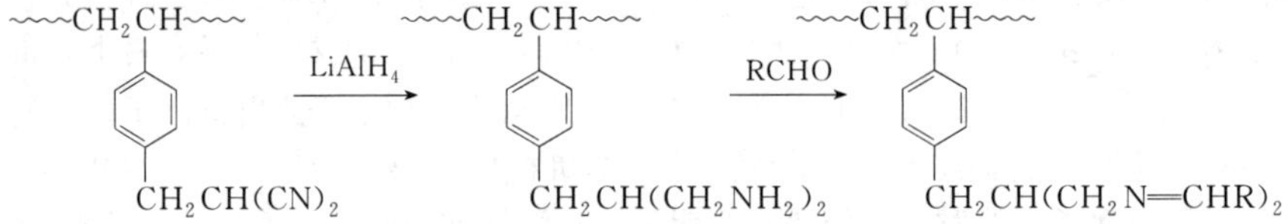

（3）配位原子为磷、硫、砷、硒的高分子螯合剂　这类高分子螯合剂的种类也有很多；如含有巯基、氨荒酸及氨荒酸酯、硫脲、亚硫酸酯、肼酸等配位基团的螯合剂，这些螯合剂对不同金属有不同的螯合能力，如按下列反应可得含有硫醚结构的新型功能性树脂；该树脂在 $0.1\sim2.0mol/L$ 盐酸浓度范围内能选择性地吸附金，对金的吸附容量为 $239.5mg\ Au（Ⅲ）/g$。

（4）具有冠醚结构的大分子配位树脂　由于冠醚能与钠、钾等碱金属配合，若引入聚合物的主链或侧链中，则具有分离碱金属离子的特性，因此引起人们广泛关注。一些具有冠醚结构的碱金属配合物还具有相转移催化剂功能。以下举例说明它的结构：

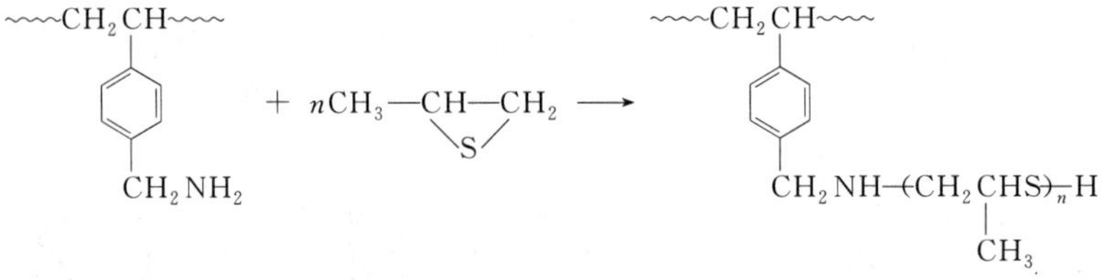

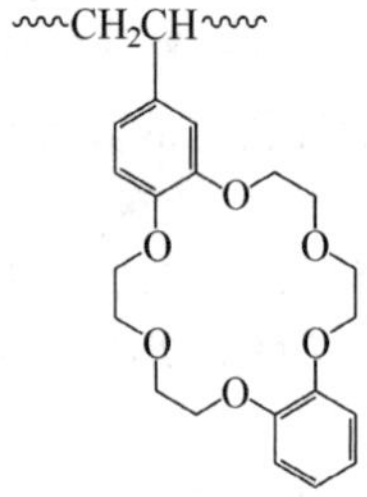

(a)

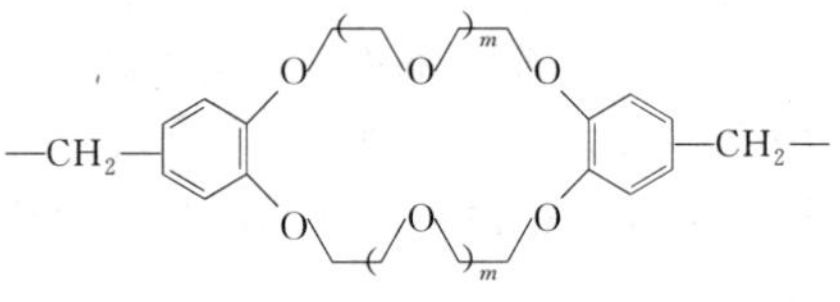

(b)

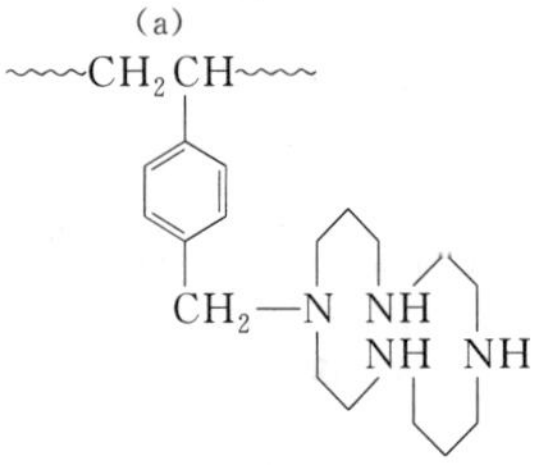

(c)

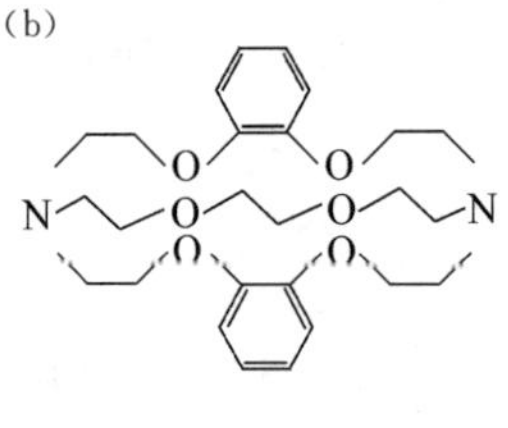

(d)

$$\left[CH \!-\!\!\langle\bigcirc\rangle\!\!-\! CH \begin{array}{c} S \frown S \frown S \\ \diagdown \quad \diagup \\ S \diagdown\!S \diagup S \end{array} \right]$$

(e)

大分子中，冠醚结构可在主链上也可处于侧链上，而构成醚结构的原子可以是氧也可以是硫或氮原子，如上述聚合物（a）、（b）为氧原子构成的冠醚，（c）、（d）为氮原子构成的冠醚，（e）为硫原子构成的冠醚。

在冠醚结构中配位原子及冠醚孔径大小对其性质影响很大，根据配位原子及冠醚结构的不同，所得到的高分子螯合剂可分别用于碱金属的分离、微量水的测定等，还可用作相转移催化剂。

（5）天然高分子螯合剂　自然界中存在许多天然高分子化合物，如纤维瓢簿藻酸、甲壳素、肝素、淀粉、羊毛；蚕丝；核酸、蛋白质和腐殖酸等，由于这些生物大分子中存在着许多可与金属配合的羟基、巯基、羧基、氨基、亚氨基、磷酸基等由氧、硫、氮、磷等配位原子构成的配位基，所以它们也是一大类天然高分子螯合剂。除了直接应用外，还可通过化学改性引入新的螯合基，得到螯合性质不同的高分子螯合剂。

纤维素能与多种金属离子螯合是大家所熟知的。自然界中的各种多糖类化合物也可与多种金属离子配合，因此可以多糖为基础，引入某些人体所需的微量元素，开发新的药物或补剂。当然它也可用于微量金属离子的分析。

甲壳素广泛存在于虾蟹壳中，它除了可用于化妆品等多种用途外，经水解可制成壳聚糖，它也是很好的高分子螯合剂，对金属离子有很好的吸附性，因此可用它作载体合成天然高分子金属配合物，作为有机化学反应的催化剂。

由淀粉制成的高分子螯合剂可吸附 Cu^{2+}、Ni^{2+}、Cd^{2+}、Pb^{2+}、Cr^{3+}、Fe^{3+}、Hg^{2+}、Zn^{2+} 等离子。

综上所述，高分子螯合剂的品种是多种多样的，性能各异。功能基的种类、搭配、结构等因素都影响树脂的性能。另一方面是所生成的带有金属离子的螯合物往往具有许多特性，如催化、光敏、导电、脱氧、吸氧、磁性、能量转化等，这些新的特性已被广泛研究和利用。

二、高吸水性树脂

1969 年国际上开始研究高吸水性树脂，1974 年进入商品市场。翌年，日本多家公司也将高吸水性树脂投放市场。目前日本成为世界上此类树脂研究和应用的中心。

1. 高吸水性树脂的分类

高吸水性树脂的分类见表 6-1。

表 6-1　高吸水性树脂的分类

分类方法	类　　别	分类方法	类　　别
按原料分	1. 改性淀粉 2. 改性纤维素类 3. 合成聚合物：聚丙烯酸酯、聚乙烯醇、聚氧乙烯及其衍生物	按交联方法分类	1. 外加交联剂 2. 自交联 3. 辐射交联
按亲水性分	1. 亲水单体聚合 2. 疏水性聚合物进行羧甲基化反应 3. 疏水性聚合物接枝亲水性基 4. 大分子上氰基、酯基的水解反应	按制品形态分类	1. 粉末状 2. 纤维状 3. 片状

2. 高吸水性树脂的吸水机理

与传统的棉麻纸等材料主要靠毛细管作用吸自由水不同，高吸水性树脂吸水是靠分子中极性基团通过氢键或静电力及网络内外电介质的渗透压不同，将水主要以结合水的形式吸到树脂网络中。由高分子电解质组成的离子网络中都挂着正负离子对，如 $COO^- Na^+$，在未与水接触前，正负离子间以离子键结合，此时树脂网络中的离子浓度最大，与水接触后，由于电解质的电离平衡作用，水向稀释电解质浓度的方向移动，水被吸入网络中。

3. 高吸水性树脂的特性

（1）吸水性　高吸水性树脂最重要的特性就是具有极高的吸水性能，但不同树脂具有不同的吸水倍率，对于同一类高吸水性树脂吸水量多少主要是决定于渗透压和树脂交联度，树脂网络中固定电荷的浓度与被吸收电解质水溶液的浓度差越大，则渗透压越大，吸水量越多；吸水后分子网络扩张受到限制，吸水量就明显下降。

（2）保水性　吸水性树脂进入干燥状态时，表面形成膜，阻隔膜内水分外溢，使干燥速度逐渐下降。在干旱地区，农林业正需要这一特性。把高吸水性树脂添加到土壤中，使土壤的贮水量增加，而且可以延长干燥时间。而且，吸水后的树脂即使加压，水的挤出也很少，可见具有良好的贮水性。这一特性使其可用在需要保持水分的场合，如卫生材料等。

（3）吸水状态的凝胶强度　将吸水后的高吸水性树脂投掷在平板上，表现出容易回弹的弹性行为，即使产生大变形也不破坏。在吸水量低于饱和量时，树脂显示出更大的强度。

（4）热和光的稳定性　醋酸乙烯酯-丙烯酸酯共聚物类的高吸水性树脂在干燥状态时，对 $100℃$ 以上的加热是稳定的。当温度加热到 $120℃$ 以上时，吸水率开始下降，温度升至 $250℃$ 开始分解。而且用氙灯照射 $500h$，吸水率几乎无变化，与其他高吸水性树脂相比，这是一类具有良好的热和光稳定性的高吸水性树脂。

4. 高吸水性树脂的应用

近年来，高吸水性树脂的应用报道很多，归纳起来，主要有以下几方面。

① 卫生材料：如卫生纸、尿布、医疗包扎带等。

② 农林园艺材料：如用作土壤改良剂，掺入量为 0.3%，能提高土壤保墒能力；用作液体播种的材料包覆种子，可提高发芽率等。

③ 有机溶剂的脱水剂。

④ 与其他树脂混合，制得水溶胀性树脂，用于建筑等行业。

⑤ 污泥固化剂。

⑥ 蓄热、蓄冷剂。

⑦ 各种有机、无机物水溶解吸收剂等。

三、吸附性树脂

吸附性树脂是 20 世纪 60 年代中期发展起来的，由于它具有许多独特的优良性能，所以得到较快的发展，1966 年美国 Rohm-hess 公司合成出第一批吸附性树脂后，各种不同性能的高分子吸附剂相继问世，应用领域也随之扩大。

吸附性树脂是一种具有网状结构的功能高分子材料，是通过选择适当的单体合成出来的，结构不同，极性和表面性能亦有很大的变化，一般用来吸附非极性物质。

这种吸附性树脂的典型产品是苯乙烯-二乙烯苯共聚的小球，在工业上由于它未进一步进行化学反应，而俗称为"白球"，相应地称氯甲基化的树脂为"氯球"。其吸附选择性、容量等，主要靠控制交联度、改变单体及配比、选择合适的致孔剂等来控制树脂的孔径、孔型、分布、比表面等，从而达到选择性吸附某种物质的目的。

苯乙烯-二乙烯基苯共聚物是非极性吸附树脂，适用于从极性溶剂中吸附非极性有机化合物。而交联的聚甲基丙烯酸甲酯、聚丙烯酰胺、聚乙烯基吡啶分别为弱极性；极性和强极性的吸附树脂，它们可分别吸附相应极性的有机化合物，因此可选择不同极性的树脂从非极性溶液中选择吸附相似极性的有机化合物。由于这种吸附力很弱，因此它的再生极为方便。

吸附性树脂可以从水溶液、混合有机溶液或混合气体中选择吸附、净化各种有机化合物。由于其高效节能，操作工艺简单，有较大的经济效益，因而得到较广泛的应用。如各种抗生素、维生素 B_2、B_{12} 的分离提纯，处理污水，净化气体中的有机物等。

第四节　高分子试剂

高分子试剂与小分子化学试剂相比有许多优越性，如易于与小分子产物分离，且高分子试剂易于再生回用。由于反应中心的高分子化，在反应过程中高分子造成微环境效应（如极性效应、空间效应等），有利于提高反应的选择性，并减少副反应；一些反应活性中心固定于高分子上，高分子链起着稀释或浓缩的作用，有利于反应的控制；有毒、恶臭、易爆的试剂高分子化后降低了毒性、恶臭以及减除了易爆性；试剂高分子化后可减少环境污染，不易发生分解，高分子在其中亦起着载体和保护基的作用。高分子试剂有多种分类方法，下面按反应类型进行介绍。

一、高分子氧化还原试剂

高分子氧化还原试剂是氧化还原树脂的一种。氧化还原是电子交换的过程，最初称氧化还原树脂为"电子交换树脂"，氧化还原树脂不仅可以作高分子氧化还原试剂，而且还可以作为电子转移催化剂以及用于高分子半导体、光敏氧化还原变色材料、高分子染料、高分子氧化还原指示剂、高分子阻聚剂、高分子稳定剂等。高分子氧化还原树脂不仅具有可塑氧化还原功能，可以回收、再生、重复使用，还可以模拟生物体内的反应。本章主要介绍高分子氧化还原试剂。

在高分子氧化还原试剂中，氧化还原活性基是连接在作为骨架的高分子主链上的，是试剂的主要活性部分，而高分子骨架在试剂中一般只起对活性中心的担载作用。根据结构不同，高分子氧化还原试剂可分为以下 5 种类型。

1. 醌类

反应式为：

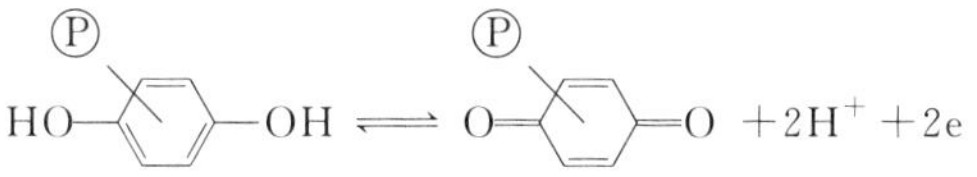

品种实例有：

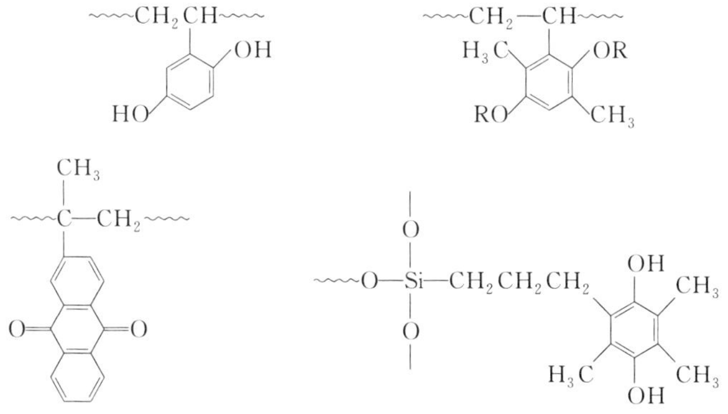

2. 硫醇类

反应式为：

$$2R-SH \rightleftharpoons R-S-S-R+2H^+ +2e$$

品种实例有：

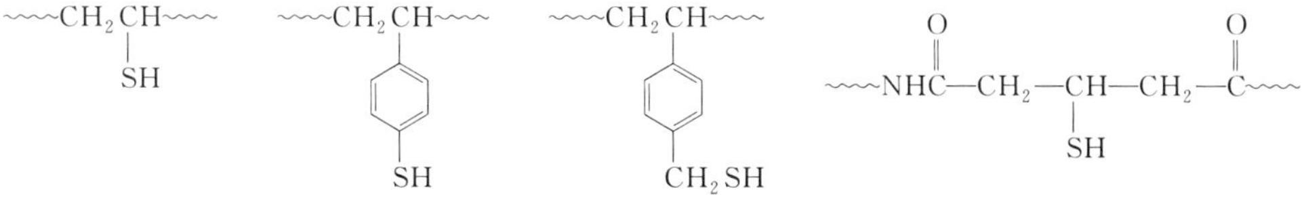

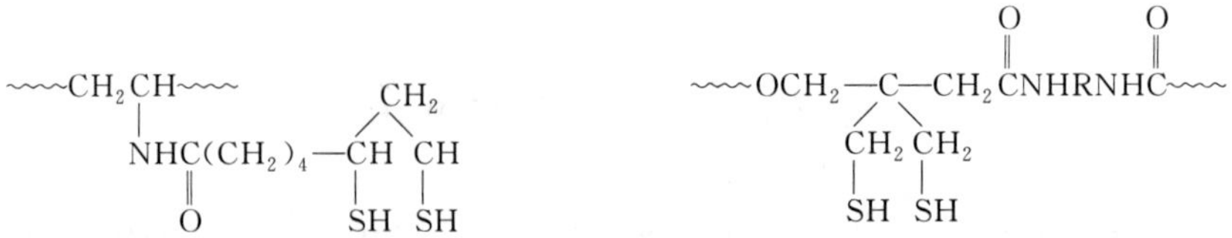

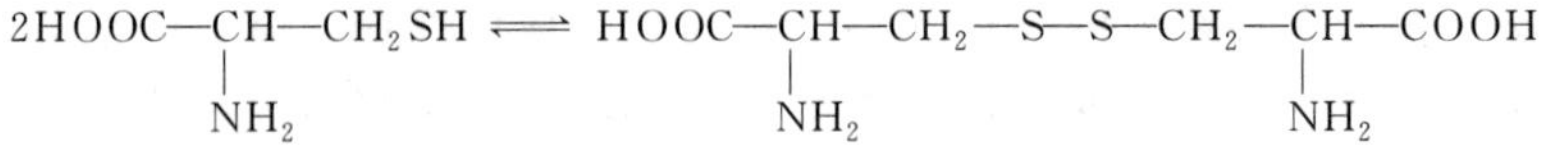

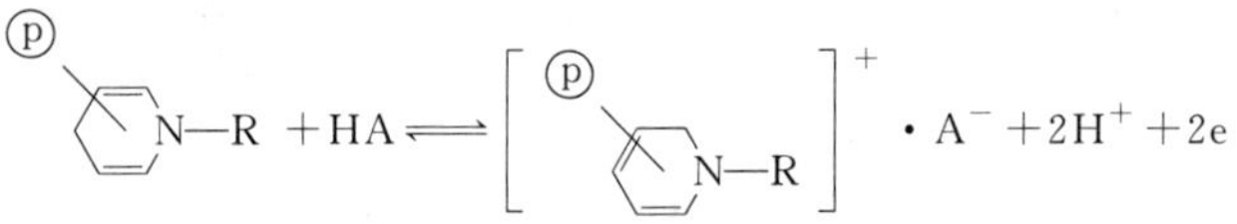

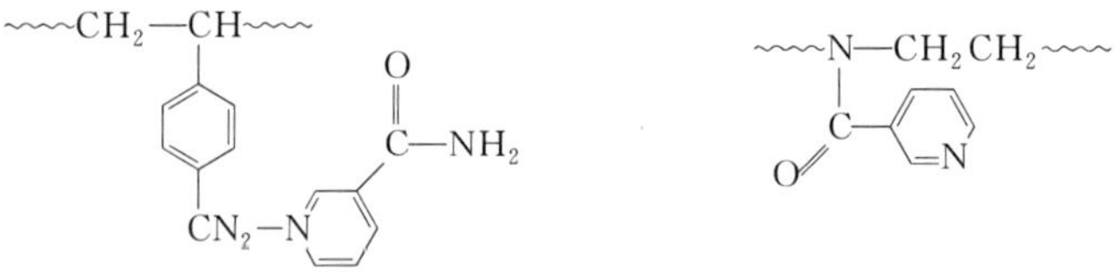

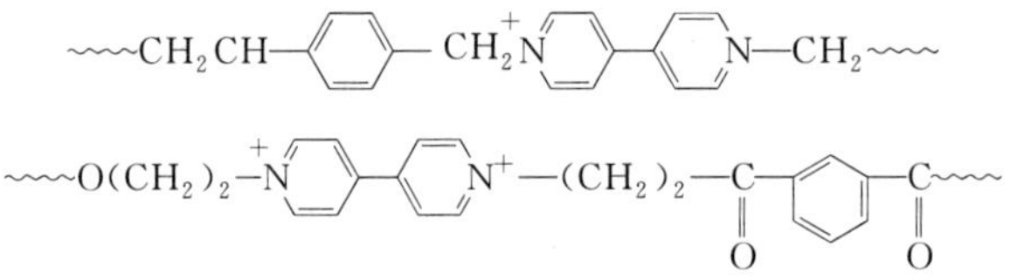

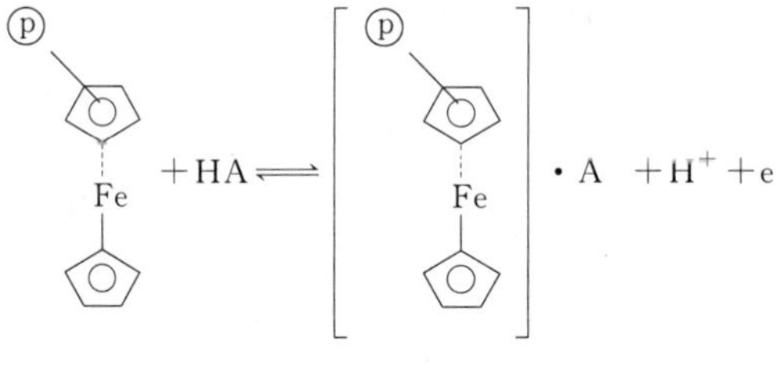

~~~CH₂CH~~~ 结构 (see original)

半胱氨酸、谷胱甘肽、硫辛酸、酶、辅酶、蛋白质等含有巯基，硫醇与二硫化合物通过氧化还原反应能可逆地互相转变。如半胱氨酸与胱氨酸的互相转变：

$$2HOOC-\underset{NH_2}{\underset{|}{CH}}-CH_2SH \rightleftharpoons HOOC-\underset{NH_2}{\underset{|}{CH}}-CH_2-S-S-CH_2-\underset{NH_2}{\underset{|}{CH}}-COOH$$

—S—S—键使蛋白质分子链之间交联，形成二级结构，羊毛富有弹性与此有关。并且人的头发约含有 12% 的胱氨酸单元，若用巯基甲酸 HS—COOH 使之还原，则—S—S—键断裂，毛发变得柔软，以整形后再可逆氧化，恢复—S—S—键。整个过程即为冷烫原理。

3. 吡啶类

反应式为：

$$\left[\text{P}\right]\text{—}\overset{}{\underset{}{\text{N}}}\text{—R} + HA \rightleftharpoons \left[\left[\text{P}\right]\text{—}\overset{+}{\underset{}{\text{N}}}\text{—R}\right]^+ \cdot A^- + 2H^+ + 2e$$

品种实例有：

烟酰胺类

联吡啶类

烟酰胺是乙醇脱氢酶（ADH）的辅酶（NAD）的活性基团，NAD 在生物体内的氧化还原过程中起重要作用。联吡啶类在电流或光的作用下会变色，此色在空气中能保持一段时间，而在水中却很快褪色，回到原来的联吡啶盐的结构，所以这类聚合物具有光致氧化还原变色的性能和感湿性能。

4. 二茂铁类

反应式为：

$$+HA \rightleftharpoons \left[\quad\right] \cdot A + H^+ + e$$

品种实例有:

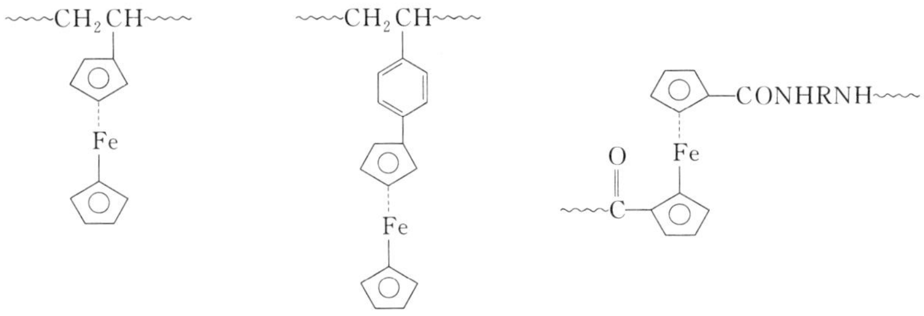

此类树脂在氧化还原过程中也会发生变色。

5. 多核芳烃杂环类

反应式为:

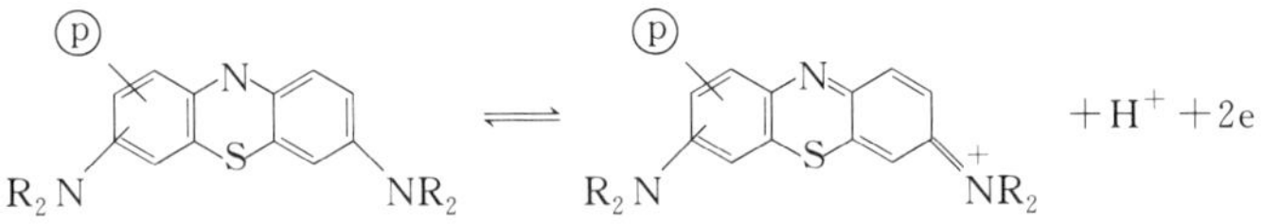

$$+H^+ + 2e$$

如下列结构的大分子具有氧化还原性能:

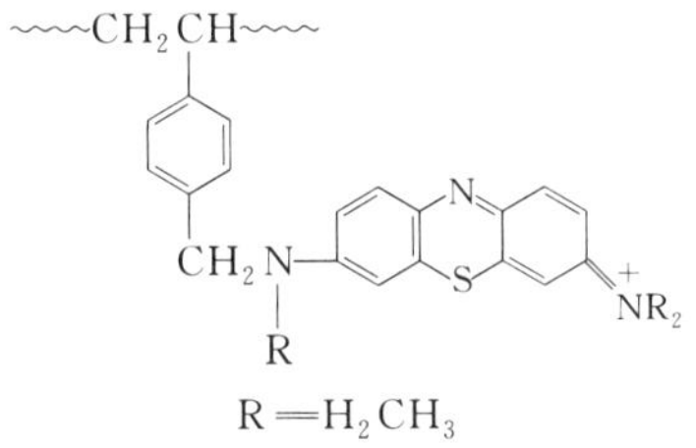

$$R = H_2 C H_3$$

二、高分子氧化剂

1. 高分子过氧酸

低分子过氧酸有不稳定易爆炸的特点,高分子化后稳定性好,不会爆炸,如:

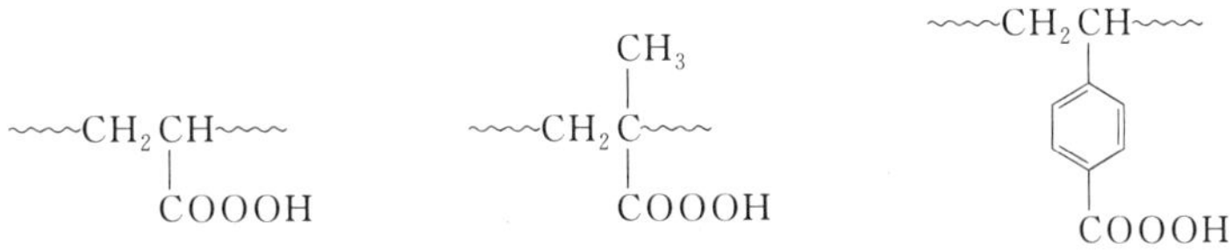

2. 高分子硒氧化物

低分子有机硒氧化物有毒并有恶臭,但高分子硒氧化物却无此缺点,这是一类新发展起来的高分子氧化剂,有良好的选择氧化性,如:

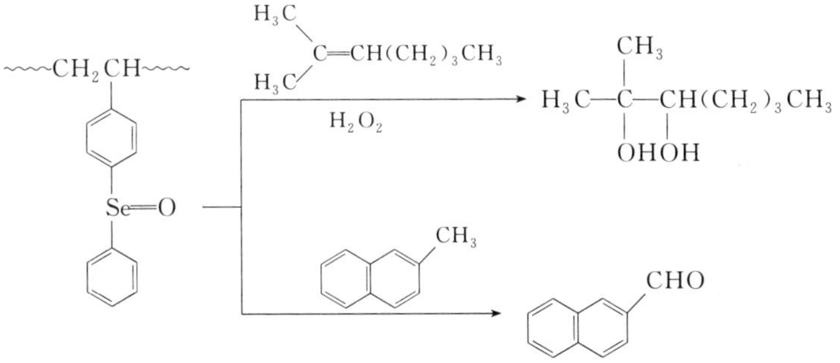

3. 氯化硫代苯甲醚

它可使伯醇氧化成醛,使仲醇氧化成酮,而且对二元醇只选择性的氧化一个羟基而得到羟醛。如将庚二醇（1,7）氧化成 7-羟基庚醛，收率 50.2％。典型氯化硫代苯甲醚的结构式如下：

$$\sim\sim CH_2CH \!\!\!\nmid\!\!\! \diagdown \diagdown \!\!\!-\!\!\! \underset{\underset{Cl}{|}}{\overset{\overset{Cl}{|}}{S}}\!\!\!-\!\!\! CH_3$$

4. N-氯代聚酰胺类

这些氧化剂在温和条件下可使醇氧化成相应的醛酮。如在温和条件下用 N-氯代尼龙-66 可使芳族硫醚及含硫杂环化合物氧化成相应的亚枫，收率 97％～100％：

$$\diagdown \diagdown \!\!-\!\!CH_2S\!\!-\!\!\diagdown \diagdown \xrightarrow[{C_6H_5CH_2OH}]{N-氧代尼龙-66,35℃} \diagdown \diagdown \!\!-\!\!CH_2\underset{\underset{O}{\|}}{S}\!\!-\!\!\diagdown \diagdown$$

5. 配合、离子交换及吸附型高分子氧化剂

可以通过高分子配合、离子交换和吸附的手段制备高分子氧化剂，如下所述。

① 聚乙烯吡啶与低分子氧化剂 HCl-CrO₃ 或溴配合成高分子氧化剂。

② 强碱型离子交换树脂与 CrO₃ 的水溶液，在室温下搅拌 30min 即可得到高分子氧化剂。

③ 强碱型阴离子交换树脂把 $Cr_2O_7^{2-}$ 交换到树脂上可生成高分子氧化剂。

④ 把一些低分子试剂吸附于某些无机高分子载体上也可形成高分子氧化剂。吸附剂可用硅胶、沸石、石墨、Al_2O_3、SiO_2 和分子筛等。

三、高分子还原剂

1. 具有 Sn-H、Si-H 结构的高分子还原剂

具有 Sn-H 结构的高分子还原剂，比相应的低分子的氢化物更稳定，无气味、低毒、易分离，用于还原苯甲醛、苯甲酮、叔丁基酮生成相应的醇，收率为 91％～92％。同时对二元醛的还原有良好的选择性。具有 Si-H 结构的高分子还原剂一般较少单独使用，而是与其他高分子还原剂配合使用。

2. 磺酰肼

$$\sim\sim CH_2CH \!\!\!\nmid\!\!\! \diagdown \diagdown \!\!-\!\!SO_2NHNH_2$$

此高分子还原剂能使烯烃加氢，收率很高，并且在加氢时保留了原有的羰基不被还原，有选择性。

3. 配合、离子交换和吸附型还原剂

和高分子氧化剂一样，聚乙烯吡啶与 BH_3 配合会形成高分子还原剂。

强碱型离子交换树脂与 $NaBH_4$ 溶液搅拌，可得硼氢化季铵盐型高分子还原剂。

此外用阴离子交换树脂交换上一些具有还原性的阴离子，如 $H_3PO_2^-$、SO_3^{2-}、$S_2O_3^{2-}$、$S_2O_4^{2-}$ 等，也可作高分子还原剂。

吸附型高分子还原剂也如氧化剂制备一样，如用 Al_2O_3 吸附 $NaBH_4$ 或异丙醇作高分子还原剂。

四、高分子转递试剂

高分子转递试剂是指一类能将化学基团转递给可溶性试剂的高分子试剂。

1. 高分子试剂

将卤素引入高分子功能基中，生成一些反应活性高的含有卤素的高分子，称为卤化高分子试剂。可通过高分子与小分子卤化剂配合、离子交换等方式，亦可形成负载型高分子卤化试剂。此外，以硅胶、石墨、分子筛等无机高分子为载体配合、吸附卤素或卤化剂，也是很好的卤化剂，如 SO_2Cl_2 硅胶、Br_2 分子筛等。

2. 高分子酰基化试剂

高分子酰基化试剂中，以高分子活性酯在肽的合成中应用最多。所谓高分子活性酯是具有弱酸性羟基以聚合物与羧基脱水形成的高活性酯键，这种活性酯很易与亲核试剂发生酰基化反应，起着酰基传递的作用。如以下结构的试剂：

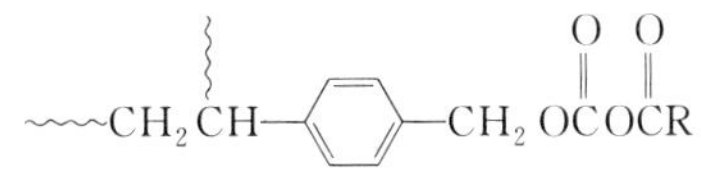

$$\sim\sim CH_2CH \text{—} \boxed{} \text{—} CH_2OCOCOCR$$

可与羧酸、胺、杂环化合物反应生成酸酐、酰胺或杂环中的氨基被酰化。

3. 高分子亲核试剂

强碱型阴离子交换树脂用 $10\% \sim 20\%$ KCN 或 NaCN 处理后可转为 CN¯ 型高分子亲核试剂，若以 KOCN 或 KSCN 处理则会得带有 OCN¯、SCN¯ 基的高分子亲核试剂。

4. 高分子偶氮化试剂

小分子偶氮化试剂受到撞击会立即爆炸，而高分子化试剂则很安全，此试剂偶氮化产率最高可达 $90\% \sim 97\%$。

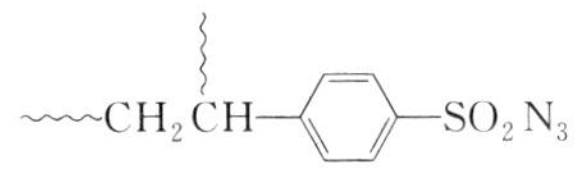

$$\sim\sim CH_2CH \text{—} \boxed{} \text{—} SO_2N_3$$

除上述几种高分子试剂还有高分子烷基化试剂、高分子缩合剂等。

五、高分子载体上的固相合成和模板聚合

1. 高分子载体上的固相合成

1963 年以前，高分子反应的主要目的是改良聚合物的性能，使改性后聚合物的结构性能可以满足某些特殊需要。自 Merrifield 等利用高分子反应在高分子载体上的固相合成后，有机合成掀开了新的一页，因为传统的有机合成反应是在液相中进行的。

固相合成采用在有机溶剂中不溶解的聚合物为载体，合成中首先含有双功能基或多功能基的低分子有机化合物与高分子试剂反应，以共价键的形式与高分子骨架结合，然后与低分子试剂进行单步或多步反应。与高分子反应试剂不同的是整个反应过程自始至终在高分子骨架上进行，在多步反应中，中间产物始终与高分子载体相连接。高分子载体上的活性基团往往只参与第一步和最后一步反应，在其余反应过程中只对中间产物而不是反应试剂起担载作用和官能团保护作用。过量的试剂及反应后副产物可用简单的过滤方法除去，最后将合成好的有机化合物从载体上切割下来。固相合成示意图如下：

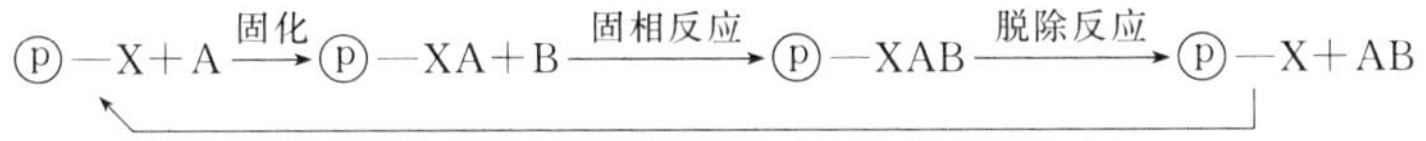

$$\textcircled{P}\text{—}X+A \xrightarrow{\text{固化}} \textcircled{P}\text{—}XA+B \xrightarrow{\text{固相反应}} \textcircled{P}\text{—}XAB \xrightarrow{\text{脱除反应}} \textcircled{P}\text{—}X+AB$$

聚合物主要作为固相合成中的高分子试剂和载体，需要具备下列条件：
① 不溶于常见的有机溶剂；
② 有相对的刚性或柔韧性；
③ 载体能高度地功能基化，功能基在聚合物上的分布须均匀；
④ 聚合物功能基要易于与低分子试剂或溶剂接近；
⑤ 聚合物上的功能基必须与试剂直接作用；
⑥ 聚合物易于处理，且在合成和使用的过程中不破损；
⑦ 聚合物的副产物易于再生，且重复使用时活性不明显降低。

目前固相合成法已广泛用于多肽、低聚核苷酸、某些大环化合物及旋光异构体的定向合成等。多肽的固相合成如下所述：

多肽的固相合成中最常用的载体是氯甲基化苯乙烯-二乙烯苯共聚体。具体步骤是：
① 碱缩合法把第一个氨基酸固定于载体上；
② 加酸脱掉氨基的保护基；
③ 加入第二种氨基得到保护的氨基酸及缩合剂 DCC 进行偶合；
④ 重复以上②③的步骤，每重复一次，肽键就增加一个氨基酸链节，直到合成所需的多肽；
⑤ 用酸（HBr-HOAc 或三氟醋酸 TFA）使载体-肽之间的酯键断裂，同时解除氨基的保护，制得预期序列的多肽。

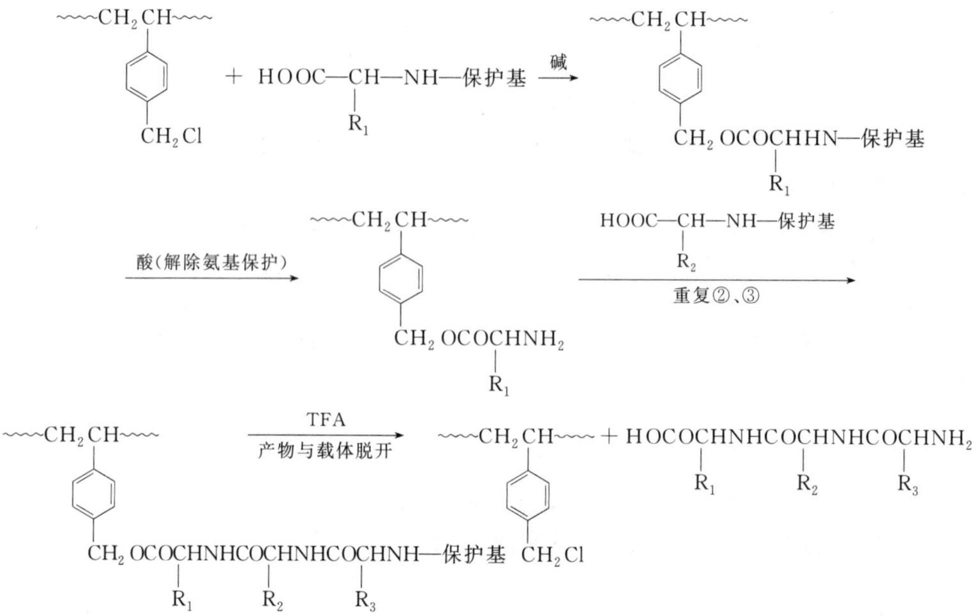

2. 模板聚合

模板聚合是制备聚合物的一种新方法，它是在模板聚合物（或称母体聚合物）存在的条件下，单体在模板聚合物分子提供的特殊环境下进行聚合，生成新的聚合物（即子体聚合物）。所得到的子体聚合物的聚合度、立体规整度、序列结构以及聚合速率等都受到模板聚合物的特殊影响。在生物体内蛋白质的合成，DNA、RNA 等的复制，遗传信息的贮存和复制都与模板聚合过程有密切关系。生物体内高分子的合成有着许多特性，如分子量的单一性、链节序列排列的严格性、立体规整性，在温和条件下反应的高活性和高选择性等，模板聚合的研究有助于从分子水平上来揭示生命现象的本质，而且为高分子设计及仿生学分子的合成提供重要的手段。

在模板聚合过程中，首先单体在模板上进行排列而后引发聚合。单体和模板间的相互作用不同，可以化学键、氢键结合或分子间力结合，它们具有极好的立体选择性。目前已经可以利用模板来进行定序，如顺丁烯二酸酐可和大分子的电子给聚乙烯吡啶（子体）上的吡啶基形成电荷转移配合物，因此在聚-4-乙烯吡啶存在下可在氯仿溶液中聚合，水解后得聚丁烯二酸，聚-4-乙烯基吡啶即为模板。利用天然高分子为模板合成结构与天然高分子完全相同且具有生物活性的聚合物，已有成功的报道，这对于生命科学具有深远的意义。

第五节　高分子催化剂与固定化酶

高分子催化剂
与固定化酶

20 世纪 60 年代，模拟酶合成的高分子催化剂的厂家开始活跃起来，模拟酶是希望用合成方法来模拟酶的结构，以获得高活性、高选择性的催化剂。模拟金属酶的催化剂，称为高分子金属催化剂。有机金属配合物是一类均相催化剂，其活性和选择性都较佳，但在空气中或受潮后容易失去活性，对金属反应釜有腐蚀性，反应后催化剂的回收也比较困难。为克服这些缺点，从 20 世纪 60 年代末，人们开始将金属化合物结合在高分子配位体上，形成高分子金属配合物，而作为化学反应中的催化剂。这类高分子催化剂对于各类化学反应不仅具有很高的活性和选择性，而且分离、回收方便，不腐蚀金属设备，贵重金属流失较少。

一、作为高分子催化剂的离子交换树脂

许多有机化学反应可被低分子酸或碱所催化，如缩合反应、加成反应、消除反应、分子重排反应、酯化水解反应、酯交换反应、高分子缩聚反应等，但反应之后，产品的分离、提纯步骤繁

多。若改用酸性或碱性离子交换树脂来代替低分子酸碱催化剂，不仅反应条件温和，而且反应后只需用简单的过滤方法分离、回收催化剂。产物不需中和，回收的离子交换树脂可以重复使用，费用较低。

在酯化反应中，利用强酸型离子交换树脂作为催化剂，与吸水剂-无水硫酸钙并用，可使反应在室温或较低的温度下进行，尤其是给热不敏酯的合成带来方便，多数情况下，反应是定量的，由于树脂和吸水剂都是不溶性的，所以后处理方便。树脂和吸水剂可再生使用，生产装备也较简单。

$$CH_3COOH + ROH \xrightarrow[CaSO_4,室温]{强酸离子交换树脂} CH_3COOR + H_2O$$

R 为甲基时，反应 10min 乙酸甲酯收率已达 94%，R 为丁基时；反应 17h 乙酸正丁酯的收率接近 100%。

二、高分子金属催化剂

高分子催化剂在分子链上的诸多功能基之间有协同效应，作为催化活性中心的金属原子在链上的高分散和高浓缩效应、取代基提供的静电场、高分子的超分子结构、光活性取代基的存在等，在静电场及立体阻碍两个方面为分子反应提供了特殊的微环境。这也是使高分子催化剂具有温和的反应条件和具有高活性、高选择性的主要原因。

高分子金属催化剂通常以带有功能基或配位原子的有机或无机高分子为骨架，将高分子配位体与金属化合物进行配合而制成的。有机高分子配位体有带功能基的聚苯乙烯、聚乙烯吡啶、聚丙烯酸、尼龙等，而以交联的聚苯乙烯应用得最广泛；无机高分子配位体以多孔性、比表面积较大的硅胶为主体，所配合的金属原子可以是单一的一种，也可以是两种或两种以上的双金属或多金属高分子催化剂，它可催化加氢、氧化、环氧化、硅氢加成、醛化、羰基化、不对称加成、分解、异构化、二聚、齐聚、聚合反应等。其中在催化加氢方面的应用最多。Grubbs 等合成出含铑的高分子金属催化剂，这种催化剂可在 25℃、氢气压力 0.1013MPa 的温和条件下，对烯烃加氢进行催化。通常低分子配合物溶液接触空气就会失去活性，腐蚀金属反应器；而高分子金属配合物，在空气中相当稳定，几乎没有腐蚀性，而且反应完成后可用简单过滤的方法回收。

三、固定化酶

酶是一类分子量适中的蛋白质，存在于所有生物体内的活细胞中，它是天然的高分子催化剂。在性质上有别于合成的催化剂，其表现在 3 个方面。

① 催化效率极高：例如一个甲碳酸酐酶分子在 1s 之内能使 600000 个底物分子转化。

② 特异性：如它对旋光异构体有选择性催化。

③ 控制的灵敏性。

因此从生物体内提取酶并将其用于生化工程具有极其重要的意义。

酶的应用也存在一些问题。酶是水溶性的，在进行酶促反应之后，在酶不发生变性的情况下，回收酶是很困难的，因此存在污染产品、贵重的酶难以重复使用等缺点。为了解决这个问题，人们将酶固定在载体上，使之成为非水溶性的固定化酶，其优点为：贵重的酶可以回收，重复使用；使易变性的酶更趋于稳定；催化剂可从反应混合物中分离，不污染产品；将固定化酶制成膜状或珠状，使酶催化反应操作连续化、自动化。其缺点是酶的活性有所降低，为此需要选用恰当的固定化方法，以最大限度地保持酶的活性。

1. 固定化酶的制备方法

酶固定化方法有化学法和物理法两大类。图 6-4 是酶的固定形式示意。

(1) 化学法　将酶通过化学键连接到合成的或天然的高分子载体上，或连接在无机载体上，用交联剂通过化学键将酶分子交联起来成为不溶物，所选用载体都必须是水不溶性的，并且具有亲水性的活性功能基团，如—N^+X^-、—X、—COCl、—N=C=O、—NH_2、—CHO 等。在酶分子上可以利用游离的末端基或侧基的—NH_2、酚羟基、—OH、—SH、咪唑基等功能基进行化学连接，其反应条件温和，应避免高温、强酸、强碱、有机溶剂。例如以聚苯乙烯重氮盐为载体，连接上淀粉糖化酶、胃蛋白酶、核糖核酸酶：

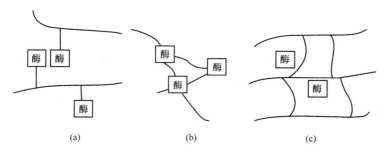

(a)   (b)   (c)

图 6-4　酶的固定化方法

无机高分子载体通常采用多孔玻璃或硅胶，用 γ-氨丙基三乙氧基硅氧烷使之反应，可在载体上引入有悬臂的氨基。氨基在缩合剂双环己基碳二亚胺（DCC）催化下与酶中的羧基反应形成酰胺键，使酶固定在载体上。

$$(\mathrm{SiO_2}) \!\!-\!\! OH + (C_2H_5O)_3\,SiCH_2CH_2CH_2NH_2 \xrightarrow[\text{DCC}]{\text{酶—COOH}}$$

$$(\mathrm{SiO_2})\!-\!O\!-\!\overset{|}{\underset{|}{Si}}\!-\!CH_2CH_2CH_2NH\!-\!\overset{}{\underset{\parallel}{C}}\!-\!酶$$

（2）物理法　通常是采用纯物理吸附或用交联高分子、微胶囊技术等包埋法使酶固定在载体上。所谓微胶囊是指出聚合物构成的微小的中空球，将酶包裹在其中，底层分子透过聚合物半透膜与酶接触，反应生成物再逸出囊外，而酶的分子较大，无法透过半透膜。其特点是在微胶囊内形成时，酶本身没有参与反应，与天然酶相同，而且酶催化反应是在均相水溶液中进行的。

2. 固定化酶的应用

固定化酶的应用范围很广，如淀粉糖化酶、葡萄糖淀粉酶可用于淀粉的糖化、β-乳糖苷酶可促进乳糖的分解、氨基酰化酶可用于生产 α-氨基酸。利用酶催化剂的高活性和高选择性，以酶为催化剂可以制备用常规方法难以或不能合成的有机化合物。如 6-氨基青霉素是生产许多种青霉素产品的主要原料，有多种制备方法，但以固定化酶法为优。这种方法是将青霉素酰胺酶固定于 N,N-二乙基胺乙基纤维素上，以此为固相催化剂分解原料苄基青霉素，产物即为 6-氨基青霉素酸。在反应条件下分子结构中张力很大的四元环和五元环未受影响。经固定化后酶的稳定性增加。由此固定化酶装填的反应柱连续使用 11 周而未见活性降低，这是常规方法所不能比拟的。而且较之传统的微生物法生产的产品纯度更高。

PhCH₂CONH —— S —CH₃ ... CH₃ —COOH $\xrightarrow{\text{固定化酶}}$ H₂N —— S —CH₃ ... CH₃ —COOH

青霉素 G　　　　　　　　　　　　6-氨基青霉素

第六节　高分子分离膜

用天然的或人工的合成高分子薄膜，以外界能量或位差为推动力，对双组分或多组分溶液的溶质和溶剂进行分离、分级、提纯和富集的方法统称为膜分离法。膜分离法可用于水溶液体系、非水溶液体系、水溶胶体系以及含有其他微粒的水溶液体系。

膜应具有两个明显的特性。其一，不管膜有多薄，必须有两个界面。通过两个界面分别与两侧的流体相接触。其二，膜应有选择透过性，膜可以使流体相中的一种或几种物质透过，而不允许其他物质透过。如在一容器中，用膜将其隔成两部分，一侧是溶液，另一侧是纯水，或两侧是浓度不同的溶液，通常小分子溶质透过膜向水侧移动，而纯水透过膜向溶液侧移动的分离称为渗析或透析。如果只有溶液中的溶剂透过膜向纯水侧移动，而溶质不透过膜，这种分离称为渗透。对于只能使溶剂或溶质透过的膜称为半透膜。

要实现膜法分离物质必须要有能量作为推动力，根据所给予能量形式的不同；膜法分离有不同的名称，如表 6-2 所示。

表 6-2　膜法分离推动力与膜技术名称

能量形式	推动力	膜分离技术名称	
		渗析	渗透
力学能	压力差	压渗析	反渗透、超过滤、微滤
电能	电位差	电渗析	电渗透
化学能	浓度差	自然渗析	自然渗透
热能	温度差	热渗析	热渗透、膜蒸馏

膜的制造工艺是十分重要的，即使是同一种膜材料，由于采用不同的膜工艺和工艺参数，所得的膜性能可能有很大的差异。采用物理或化学的方法或两种方法结合起来，可以制成具有良好分离性能的高分子膜。通常可以采用化学法，如聚合、共聚、接枝共聚、嵌段共聚、等离子表面聚合、表面改性、界面缩聚、高分子化学反应或辐射交联、聚合物的共混共溶、聚合物中填充物的加入再溶出以及具有功能基的聚合物的表面涂覆等多种手段，从而得到具有分离性能的高分子膜。成膜工艺可采用流延法、刮浆法、含浸法、浸胶法、抽丝法、切削法、双相拉伸法等方法成膜。

通过以上诸种方法的配合使用，可以制得异相膜、均相膜、半均相膜、复合膜等多种膜材料。

制膜常用的高分子材料有很多种，大致可分为以下几类，如改性的纤维素类、聚酰胺类、聚砜类、聚丙烯酸及其酯类；聚乙烯醇及其缩醛类、聚乙烯类、聚丙烯、聚苯乙烯、聚脲、聚丙烯腈及多种商品高分子材料及其它们的混合物。

一、离子交换膜

从离子交换膜就其化学组成来说，与离子交换树脂几乎是相同的，但由于形态的不同，其作用机理并不一样，如图 6-5 所示。离子交换树脂是在树脂上的离子与溶液中的离子进行交换，间歇式操作，需要再生。而离子交换膜则是在电场的作用下对溶液中的离子进行选择性透过，可连续操作不需再生。

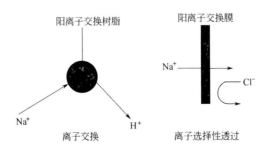

图 6-5　离子交换树脂和离子交换膜的作用机理

我国一般多采用刮浆法生产离子交换膜，高分子材料以聚苯乙烯及聚氯乙烯为主。

离子交换膜主要用于电渗析、电极反应的隔膜、扩散、渗析、离子选择电极、人工肾等。离子交换膜和膜技术是工业上其他的精制方法所不能比拟的，主要特点是：①可分离分子级的电解质物质；②不需外加热能，即可得到浓缩液，这对热敏性物质的分离浓缩和精制尤为适用；③能处理低浓度溶液，分离和回收其中某些微量物质；④适用于一些特定溶质的精制。

二、高分子反渗透膜、超滤膜

目前反渗透膜、超滤膜在许多领域都得到了应用。如咸水、海水淡化及超纯水、医疗用水的制造等。还可用于制造医疗装置，如血液透析膜，可从血液中除去尿毒素、肝毒素、农药等。若采用超滤膜去除尿毒素并补充相当于滤液体积量的无菌水回体内，则能达到去除尿毒素的目的，也能使血压正常，不会发生由于蛋白质损失而引起的体力消耗，而成本比血液透析低。超滤膜已在许多领域获得应用，如在生物制剂和中草药提纯方面可进行人体生长素的超滤提取、浓缩人血清蛋白、中草药的精制等；在食品工业和发酵工业中可用于脱脂乳的浓缩、酱油脱色、果汁浓缩、速溶饮料的制造；在环境工程中对镀镍、铬、铜、金、银、锌、镉等电镀废液进行处理。

第七节　生物医用功能高分子

由于高分子材料在医学上的独特作用，因而在高分子化学上出现了一个分支——医用功能高分子。即用高分子化学的理论、功能高分子的研究方法和高分子材料加工与功能化手段，根据医学的需要来研究生物体的结构、生物器官的功能以及人工器官的应用，医用功能材料的研制涉及基础化学、物理学、生物化学、高分子化学、高分子材料加工学、生物物理学、药物学、制剂学、病理学、护理学、基础医学与临床医学等诸多学科。随着医用功能高分子研究的不断进步，人工脏器制造的逐步完善，人体的脏器都有可能用高分子材料制成的人工脏器所取代，这对于探索人类生命的奥秘、战胜危害人类的疾病、保护人类的健康，都具有重要意义。

生物医用功能高分子主要包括医用高分子材料和高分子药物两方面，下面分别加以介绍。

一、生物医用功能高分子

生物医用高分子从 20 世纪 40 年代的聚甲基丙烯酸甲酯的牙托、假牙到今天人体各部位几乎都涉及了医用高分子。一方面是由于高分子材料的发展，另一方面则是医用方面的需要。

1. 高分子医用材料的要求和种类

医用高分子材料按其使用的范围可分为体内用和体外用材料。例如，人工脏器、人工血管、人工关节等都是在人体内使用的材料；而像富氧口罩、一些医疗用材料都属于体外用材料。

作为医用材料特别是要在体内使用的材料应具备许多特性，或者说需要具备许多必要条件。这由两方面来考虑：一是材料对人体的影响。材料应是无毒，不致癌，不引起过敏反应，不破坏邻近组织，抗凝血，不引起血栓；不引起蛋白质或酶的分解，不会导致体内电解质平衡的破坏或代谢异常等。二是人体对材料的影响。在人体中材料要耐磨耗，不产生力学性能老化，使用中表面状态和形态要稳定，无化学变质或分解，不产生溶出物，不能有吸附或沉淀物出现等。

医用功能高分子材料还应有良好的物理力学性能，使其加工成型容易，耐老化性好，易于消毒，且价格低廉。材料在不同部位使用也有不同的要求，如透过性、弹性、强度、韧度、韧性等。在诸多要求中最重要的是解决材料的血液相容性的问题，或者说材料必须具备抗凝血的特性。因为在体内应用时不论在何种部位几乎都必须接触血液，因而这是医用材料首先要解决的问题。解决上述问题可以有以下几个途径。

① 解决材料表面的光滑性　在血栓形成初期，血浆蛋白吸附变性及血小板的滞留聚集都起了重要的作用，因而医用材料的表面最好做得光滑，从生理因素上避免造成血栓形成的条件。

② 材料表面带负电荷　由于血小板是带负电荷的，因在材料表面带有负电荷则可减少血小板的停滞聚集，从而减少血栓形成的机会。

③ 调节材料表面的亲水性和疏水性的比例　即医用材料表面基团的性质和比例是很重要的，

实验表明，材料表面的自由基会导致血栓的形成。

④ 接枝肝素　肝素是很好的抗凝血材料，因此在材料表面接枝肝素可避免出现凝血现象。

⑤ 选择具有抗凝血作用的微相分离材料　微相分离材料通常是由分散相和连续相两部分构成，它们之间存在相界面，这样使凝聚不致进一步发展形成血栓，因而具有抗凝血作用。

⑥ 体内膜化　即在医用材料表面固定化一些生物活性的物质，如某些多糖等，使其在表面形成一种膜面，具备阻止在材料上凝固因子的活化，而获得抗凝血性。即便在使用初期出现一些稳定的凝固膜，只要不扩展形成血栓即可，从而诱导出血管内壁细胞，而形成体内膜化，以达到永久抗血栓的目的。

2. 常用的医用材料和用途

常用的医用材料有很多，大致可分为以下几大类：如聚丙烯酸羟乙酯等的聚丙烯酯系列、有机硅聚合物、聚乙烯、聚四氟乙烯、聚丙烯腈、尼龙、聚酯、聚砜、纤维素衍生物等。在表 6-3 中所列出的是用于人工脏器的各种高分子材料，由于不同部位的要求不同，所选用材料也不同。

表 6-3　用于人工脏器的高分子材料

人工脏器	高 分 子 材 料
心脏	嵌段聚醚酯(SPEU)弹体，Avcothane，Biomer，硅橡胶
肾脏	再生纤维素，醋酸纤维素，聚甲基丙烯酸甲酯立体复合物，聚丙烯腈，聚砜，乙烯-乙烯醇共聚物(EVA)聚氨酯，聚丙烯(血液导出口)，聚甲基丙烯酸-β-羟乙酯(PHMEMA)(活性炭包囊)，聚碳酸酯(容器)
肝脏	硝酸纤维素塑料(赛璐珞)，PHEMA
胰脏	AmicomXM-50 丙烯酸酯共聚物(中空纤维)
肺	硅橡胶，聚丙烯空心纤维，聚烷砜
关节、骨	超高分子量聚乙烯(分子量 300 万)，高密度聚乙烯，聚甲基丙烯酸甲酯(PMMA)，尼龙，硅橡胶
皮肤	火棉胶，涂有聚硅氧烷的尼龙织物，聚酯
角膜	PMMA，PHEMA，硅橡胶
玻璃体	硅油
乳房	聚硅氧烷
鼻	硅橡胶，聚乙烯
瓣	硅橡胶，聚四氟乙烯，聚氨酯橡胶，聚酯
血管	聚酯纤维，聚四氟乙烯，SPEU
人工红细胞	全氟烃
人工血浆	羟乙基淀粉，聚维酮
胆管	硅橡胶
鼓膜	硅橡胶
喉头	聚四氟乙烯，聚硅氧烷，聚乙烯
气管	聚乙烯，聚四氟乙烯，聚硅氧烷
腹膜	聚硅酮，聚乙烯，聚酯纤维
尿道	硅橡胶，聚酯纤维

目前选用这些材料在人工脏器方面的应用主要是朝着高功能化、长久化、内植化、小型化、便携化的方向发展。

除上述多种材料用于人体外，还有许多在医疗过程中和体外用的聚合物材料，如各种医用胶管、导尿管等均可用无毒、无味、耐高温消毒的硅橡胶管制造。一些一次性注射器、手套和手术衣，以及矫正视力的接触性隐形眼镜的制造等。

在诸多材料中，由于有机硅聚合物具有无毒、无生理不良反应、耐高气温、良好的透气性、加工容易、价廉等优点，所以在医用高分子中占有很重要的地位。

二、高分子药物

目前我们使用的药物大多是小分子药物，这类小分子药物存在许多问题，如通过口服或注射进入人体后，药物在人体内的浓度变化很大，这样忽高忽低的浓度会影响治疗的效果。对指定部位的施药效果则更差。高分子药物通过缓释作用或定向施药、控释施药等方式大大克服了小分子药物的缺点，从而达到平均给药，提高了治疗的效率。

高分子药物大体上可分成两类，一类是高分子链本身可以显示医药活性的高分子药物。另一类是高分子载体药物，它们是一些低分子药物通过共价键与高分子相连，或以离子交换、包埋、吸附等形式形成的高分子药物。这种高分子药物进入人体后，可缓慢持续放出低分子药物。

1. 高分子药物的药理活性

石英粉末吸入人肺中容易患硅肺纤维症，而聚-2-乙烯氧吡啶对这种慢性或急性纤维症有一定的疗效和预防作用。但是与它们相同的小分子或分子量低于 3 万的低聚物却不显示药理活性。这说明由单体聚合成为聚合物时由量变到质变的高分子效应。与此相类似的是一些氨基酸的聚合物有抗菌活性而其相对应的小分子氨基酸却没有任何药理活性。例如，2.5mg/mL 的聚-L-赖氨酸对大肠杆菌有抑制作用，而 L-赖氨酸却没有这种作用，而且二聚体的浓度需要达到前者的 300 倍才显示出同样的效果。某些聚阴离子或聚阳离子也会具有药理活性，如下式聚合物具有很强的镇痉挛作用。

$$\left[CH_3\!-\!\overset{\overset{CH_3}{|}}{\underset{\underset{CH_3}{|}}{N^+}}\!-\!(CH_2)_{10}\!-\!\overset{\overset{CH_3}{|}}{\underset{\underset{CH_3}{|}}{N^+}}\!-\!CH_3 \right] 2X^-$$

研究表明，高分子的药理活性持续时间比相应的小分子长 11～18 倍，而一些共聚物作用强度比相应的小分子高 100 倍。同时也表明，在由小分子制取高分子药物时，要了解其主要作用的活性结构、分子量等与活性和毒性的关系，这样才能获得高效低毒的药物。另外一些阳离子聚合物还具有杀菌性、抗病毒和抑制癌细胞等作用。

在阴离子聚合物中由二乙烯基醚和顺丁烯二酸酐共聚制得的吡喃共聚物有广泛的生物活性。其反应如下所示：

$$CH_2\!=\!CH\!-\!O\!-\!CH\!=\!CH_2 \; + \; \text{（顺丁烯二酸酐）} \longrightarrow$$

它是干扰素诱导剂，能够直接抑制许多病毒的繁殖，抑制多瘤病毒，有持续的抗肿瘤活性，可治白血病、肉瘤、泡状口腔症、脑炎等，它还可以促进肝中钚的排除。

2. 高分子载体药物

对于载体高分子药物，Ringsdorf 等提出了如图 6-6 的模式。

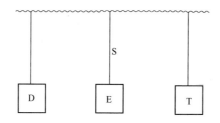

图 6-6　高分子载体药物模型

高分子载体药物包含着四类基团：药（D）、悬臂（S）、输送用基团（T）、使整个高分子链能溶解的基团（E）。药物 D 本身需通过一定方式经过与 S 基团挂接在高分子链上，E 是亲水的，它是能使高分子在水溶液中溶解乳化的基团，T 是将高分子转运到有识别能力基团上的基团。

通过这个模型设计，高分子载体应有以下特点：即把小分子药物固定于一个水溶性的高分子链上，并能有识别能力，以便把药物送到施药部位。高分子载体在酶、水或生物体内环境下，能使小分子缓慢释放出来，即 S 链的断裂，从而使代谢减慢，排泄减少，使药物在体内长时间保持恒定浓度且长效。同时药物治疗效果要好，副作用要小，毒性要小。药物释放后载体高分子本身也应降解，不应在体内积累，水解后被吸收排出体外。这样的高分子药物是最为理想的。制备这类药物也可通过聚合、缩聚、高分子反应等办法实现。这类高分子药物种类很多，如青霉素的结构中含有羧基、氨基，如果在共聚物上含有羟基或胺基，则青霉素分子就可以通过酰胺键与高分子相连成高分子药物，这样不仅使青霉素稳定性增加，而且药物的长效性也有很大提高。

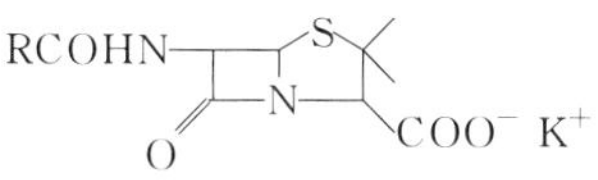

青霉素 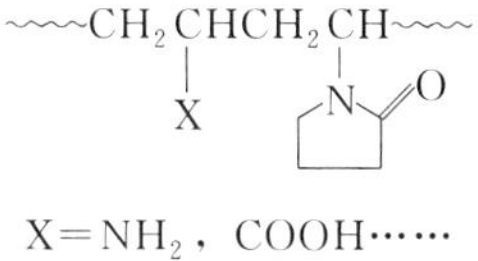　　　　　　　　　　高分子链

又如阿司匹林和一些水杨酸衍生物可与聚乙烯醇或醋酸纤维素进行熔融酯化，使之高分子化。与聚乙烯醇结合的阿司匹林的抗炎症和镇痛活性，比游离的阿司匹林更为长效。

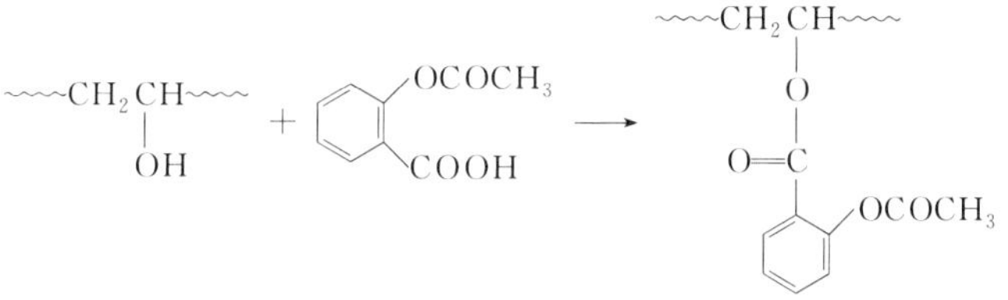

3. 其他高分子药物

除药理活性高分子药物和高分子载体药物外，还有一些其他高分子药物，主要有如下几种。

（1）高分子胶囊、微胶囊和水凝胶　药理活性高分子药物和高分子载体药物是结构型功能高分子药物，而药物利用胶囊、微胶囊或高分子水凝胶包埋或包覆，就可形成复合型高分子药物。例如某些长效避孕药等包埋于硅橡胶胶囊中，埋于皮下，可在一年内有效。此类药物缓释作用与结构型药物不同，胶囊法是药物通过胶囊的膜慢慢使药物扩散出来，从而达到缓释的目的。而微胶囊则是通过部分微胶囊的破裂而放出药物，微胶囊不可能同时破裂，整个破裂过程就是药物的缓释过程。一些水凝胶包裹了某些肠胃药后，可制成内服药，当服药后水凝胶在胃内溶胀，体积变大不易进入肠道，在胃液的作用下，水凝胶球块表面不断被胃液降解溶化，同时包埋的药物也不断放出直至水凝胶直径小于胃幽门出口时进入肠道。利用水凝胶的大小和水解速度就可以控制药物的释放时间，而起到缓释的作用。可见通过用聚合物对药物包埋也同样可起到使药物缓释的目的。但这些聚合物材料在体内应可代谢成二氧化碳和水，以及无毒的乳酸。类似的材料如聚乳酸、聚葡萄糖及乳酸和氨基酸的共聚物等。

（2）控释药物　上述的高分子药物都是把药物高分子化后达到缓释的目的。它们共同的特点是以所谓的刺激应答方式来设计新的高分子药物，如一些解热镇痛药可利用体温来作为控制开关，当人体发烧时，体温升高。此类控释药物在高于某一温度时，由分子链上脱下来，进入血液中，开始产生药效；当体温下降到正常值时，给药停止。以此法控释给药，比缓释给药又前进了一步。

（3）靶性药物　所谓靶性药物又有人称为导弹药物，顾名思义即这种药物有识别能力，对某种脏器或细胞有特殊的亲和性。例如抗癌药，在合成高分子药物时，于高分子链上引入药物基团的同时，也引入有识别能力的基团，一旦给药，这种高分子载体则会把药物运到靶（癌细胞）的部位再行施药，这样可以有效地抑制和杀死癌细胞，从而避免了对正常细胞的毒害作用。

此外，将一些激素、酶等物质固定在高分子上，仍能保留其生物活性且能缓慢释放，是一类发展着的新的潜在的高分子药物。

这里应当说明，药物用聚合物和医疗用聚合物是有区别的，主要在于后者的相互作用主要限于聚合物表面和生物体之间，而前者则存在于生物体与脏器、细胞核心分子等的所有相互作用之中。因此，需要在体内分布、停留时间、排泄、细胞内吸入和生物体内降解等问题上，搞清与聚合物结构的关系。

第八节　功能高分子的发展趋势

功能高分子的研究是直接为人类社会提供各种功能优异特殊的新材料，这些功能材料往往是高科技发展的关键因素。功能高分子的研究应既重视材料的开发，又重视各种宏观功能和微观分子结构之间关系的理论研究，并在以下领域进行研究和开发。

一、先进复合高分子材料

当今材料技术的发展趋势：一是从均质材料向复合材料发展；二是由结构材料往功能和多功能材料并重的方向发展。该发展趋势造就了先进复合材料的迅速发展。先进复合高分子材料是指以一种材料为基体（如树脂、陶瓷、金属等），加入另一种称为增强（或增韧）料的高聚物（如纤维等），这种将多相物复合在一起，充分发挥各相性能优势的结构特征赋予了高分子复合材料广阔的应用空间。今后高分子复合材料的发展和应用重点集中在航空航天、医疗卫生、家居生活、沿海油气田和汽车制造等领域。

二、生物降解及环境友好高分子材料

随着人们对环境问题认识日益加深，生态可降解已不再陌生，与此同时世界各国对材料的生态可降解性的要求也提上日程。在这种背景下，生态可降解的高分子材料的开发和应用也越来越受到各国政府、科研机构和企业的重视。目前，具有生态可降解性的高分子材料主要是发达国家产品，国内处于对国外产品的复制及仿制阶段。因此，开发具有自主知识产权的生物降解及环境友好高分子材料对于国内的相应企业和科研机构是当务之急。研究表明高分子的生物降解过程主要是其在各种生物酶作用下的水解反应，有时是先水解再进一步氧化或先氧化再水解，即易水解的高分子往往具有生物降解性。今后可降解高分子材料研究集中在生物相容性、理化性能、降解速率的控制及缓释性等方面。

三、隐身材料

隐身技术是当今世界各国追求的尖端军事技术之一。以前吸波材料的主要成分是细微粉和超微粒子，实践证明吸收衰减层、激发变换层、反射层等多层细微粉或超微粉在内的微波吸收材料已取得良好的吸波效果。但是该类材料的制备工艺复杂，且存在一定的缺陷。因此，人们把目光转移到了隐身纳米高分子复合材料的研究，并已取得相应的进展。今后研究的方向应该使该类高分子频带更宽、功能更多、质量更轻、厚度更小。

四、智能高分子材料

智能材料是能够感知环境变化，通过自我判断和自我结论，实现自我指令和自我执行的新型材料。该类材料集感知、驱动和信息处理于一体，形成类似生物材料那样具有智能属性。可以利用该类材料容易感知判断环境并实现环境响应的特性来制造传感器、制动器及仿生器等。因此，其将在医疗、环境监测、航空航天及制造业等方面得到广泛应用。

 拓展阅读

神奇的功能高分子

"别看吸附树脂个头小，1粒还不如芝麻大，但它里面有着数不清的孔道——1克树脂的表面积摊开，就有 2 个篮球场那么大。这个领先全球同类产品的'一招鲜'本领，可跨界应用到血液灌流、水污染治理、新型农业种植、新材料纳米涂层、稀有贵金属提炼等多个领域。"

河北省邢台市威县高新区的河北利江生物科技有限公司（以下简称利江生物）是全国唯一一家拥有血液灌流器全产业链生产技术的国家专精特新"小巨人"企业、国家知识产权优势企业、制造业单项冠军企业。他们聚焦高分子树脂吸附材料领域，打破本行业国际技术标准"天花板"，产品吸附率从 12% 提升到 72%，转化率从 40% 提升到 95%，实现了核心技术从行业"跟跑"到世界"领跑"的超越。

在利江生物，被提到最多的王牌产品就是 DJ-95 吸附树脂，它相当于一种"血液清道夫"，广泛应用于尿毒症、急性中毒、重症肝炎等的治疗。DJ-95 吸附树脂取材天然，具有良好的血液相容性，对毒素分子吸附清除效率高，大大减轻了人体的排异反应，被医学界誉为"人工肝肾""ICU 解毒神器"。

利江生物技术总监形象地将吸附树脂的工作原理比作"过筛子"，筛子孔径的大小决定了筛选的结果和效率：筛子孔太大，粗沙细沙皆可通过，导致筛选结果不准确；筛子孔过小，粗沙过不去、细沙流得慢，甚至堵塞筛网，使得筛选效率降低。理想的筛子是，既能精确阻隔粗沙，又能高速通过细沙。

如何创建一个既能吸附特定毒素、又不妨碍血液流动的高效通道，也就是精准确定吸附率，成为研发中首先需要突破的问题。为了解决这一难题，利江生物决定与南开大学联手攻关。南开大学在高分子树脂领域具有雄厚的科研实力，而且双方早就有合作关系，还建立了联合实验室。

2018 年 6 月，南开大学科研团队来到利江生物生产一线，与企业科研人员一起围绕制备技术进行攻关。为了"找到一种精准的筛子"，他们经过了 200 多次实验，终于发现了适合抓取 β_2-微球蛋白的技术载体，借助这种载体，吸附率可提升至 72%。2020 年 6 月，DJ-95 吸附树脂终于研发成功。2020 年底，利江生物与南开大学签署了第二个五年合作协议和新的技术攻关合作项目。此后，联合技术团队数百次优化工艺流程，同时匹配流程进行设备的非标设计和定制，中试的转化率最终达到 95%，为大规模生产 DJ-95 血液灌流器奠定了基础。

凭借过硬的产品质量，利江生物年营业收入从 2014 年建厂之初的 1000 多万元，已增长至 2023 年底的 3 亿多元，产品出口到美国、德国、马来西亚等 20 多个国家和地区。

思 考 题

1. 当今功能高分子材料方向是什么？
2. 功能高分子材料有哪几类？
3. 功能高分子的合成方法有哪些？
4. 什么是离子交换树脂？其组成如何？
5. 高分子螯合物可分为哪几类？并写出常见的高分子螯合物。
6. 什么是高吸水性树脂？它具有什么特性？
7. 离子交换树脂主要有哪几类？
8. 何谓螯合树脂？它主要有哪些用途？
9. 高分子催化剂有哪几类？它具有哪些特点？

第七章　农　　药

知识目标

（1）了解农药的分类、应用及工业发展；

（2）了解农药及其中间体的合成、农药的复配技术；

（3）掌握典型杀虫剂、杀菌剂、除草剂和植物调节剂及其中间体的生产原理、工艺过程及参数控制。

能力目标

（1）掌握化学反应的基本规律以及典型农药生产的工艺条件和工艺过程；

（2）能根据农药生产工艺过程，对农药实施过程产生的问题进行原因分析，并提出解决方案。

素质目标

（1）培养危险化学品安全规范使用意识；

（2）培养农药生产流程中的质量控制意识，逐步形成安全生产、节能环保、遵章守纪的职业操守。

第一节　概　　述

据统计，全世界人口在 1999 年已达 60 亿之多，2006 年达 65 亿，现在已超过 82 亿，2050 年将达 92 亿。如何解决人口不断增长带来的粮食短缺，以满足人们的需求，这将是全球面临的一个严峻的问题。对于我国来说，形势也很紧迫。目前我国人口已超过 14 亿，占世界总人口的 22%，而耕地面积只占世界耕地面积的 7%，人均耕地面积仅约 1.4 亩，不到世界人均占有耕地面积的一半，如何在有限的耕地上满足对粮食不断增长的要求，是我国面临的一大难题。

我国是一个农业大国，农业是国民经济的基础，而农药是现代农业的重要生产资料，它对于保证农作物优质、高产具有不可或缺的作用。在我国人均耕地远远低于世界平均水平的情况下，农业生产水平的提高、农业生态环境的保护和农民收入的增长，更与农药行业的发展密切相关。

农药是指那些具有杀灭农作物病、虫、草害和鼠害以及其他有毒生物或能调节植物或昆虫生长，从而使农业生产达到保产、增产作用的化学物质。它来源于自然界的天然产物和人工合成，它可以是单一物质，也可以是几种物质的混合物及其制剂。20 世纪 20～40 年代，化学农药出现以前，农药是以植物性农药和无机农药为主，随着社会生产力和科学技术的发展，化学农药占了主要地位，并出现了生物农药和农用抗生素以及生物化学农药。

农药广泛用于农林业生产的产前和产后。就绝大多数品种来说，主要是由化学工业生产而用于农林业的化工产品，是农业生产不可缺少的生产资料之一，事实上农药应用远远超出了农林业的范围，有的农药品种同时也是工业品的防蛀、防腐以及卫生防疫上常用的药剂。当农药用于防治农业生产的病虫草等有害生物时则称为"化学保护"或"化学防治"；用于植物的生长发育调节时则称为"化学控制"。

农药可以根据其用途、作用方式和成分不同进行分类。

（1）按农药用途分类　用来防治害虫的叫杀虫剂，它又可分为杀螨剂、昆虫引诱剂、不育剂和驱避剂等；防治病害的叫杀菌剂，它包括杀线虫剂、内吸治疗剂等；能消灭杂草的是除草剂；能促进或抑制植物生长的是植物生长调节剂。

（2）按农药作用方式分类　杀虫剂中有胃毒剂、触杀剂、熏蒸剂、内吸剂和粘捕剂等；杀菌剂中有保护剂、防腐剂和铲除剂等；除草剂中有触杀性和内吸性除草剂。

（3）按农药组成分类　有化学农药（有机氯、有机磷农药等）、植物性农药（除虫菊、硫酸烟碱等）和生物性农药。

化学农药在农业生产中占有突出的地位。近年来我国农药工业产业规模不断扩大，技术不断升级，农药开发向高效、低毒、低残留、高生物活性和高选择性方向发展，已经形成了较为完整的农药工业体系。在整体技术水平不断提升的同时，我国农药行业销售规模不断扩大，保持良好的发展态势。随着耕地面积的减少，人口增长以及人们环境保护意识的增强，如何环保的利用有限的土地资源来提高单位土地面积的粮食产出量，已经成为摆在人们面前的突出难题。农药，特别是高效、低毒、低残留的环保型农药对解决上述问题起到重要作用。随着经济发展水平和模式的转变，全社会的环境保护和食品安全意识不断加强，使得环保治理要求和力度日益提高。我国积极响应全球对于高毒、高风险农药的禁用和限用管理措施，农业农村部等相关主管部门历年来陆续发布了多项关于禁止和限制使用农药的公告，加快淘汰剧毒、高毒、高残留农药。

目前我国农药品种主要以仿制为主，农药企业在自主研发新品种上投入较少，制剂产品的品牌档次与发达国家还存在较大的差距，要达到发达国家对农药产品的高标准，还需要不断加大研发投入，增强新产品的研发后劲。

第二节　杀　虫　剂

杀虫剂（包括杀螨剂）是农药的重要组成部分，无论是应用的品种，还是生产的吨位，在世界农药工业中都占有很大的比重。我国杀虫剂的产量占各类农药的首位。杀虫剂的使用对于控制农作物的虫害起到了有效的保产作用。随着人类对自身生存环境的日益重视，大力发展高效（超高效）、低毒、低残留、安全的新型杀虫剂及生物技术已成为杀虫剂工业的发展方向。今后较长时间内，化学杀虫剂仍然是农作物综合防治的重要手段。杀虫剂的种类很多，主要有以下几种类别。

1. 按其来源和作用方式分类

（1）按来源分类

① 植物性杀虫剂　以野生植物或栽培植物为原料，经过加工而成的杀虫剂。如除虫菊、鱼藤、烟草等。

② 微生物杀虫剂　利用能使害虫致病的微生物（真菌、细菌、病菌等）制成的杀虫剂。如苏云金杆菌、白僵菌等。

③ 化学杀虫剂　化学杀虫剂又可分为无机杀虫剂和有机杀虫剂。无机杀虫剂是指有效成分为无机化合物或利用天然矿物中的无机成分来杀虫的，统称为无机杀虫剂，如砷酸铅、砷酸钙、白砒等。有机杀虫剂通常是指杀虫有效成分为合成有机化合物。

合成有机杀虫剂品种多，用途广，按其化学结构又可分为以下几类。

① 有机氯杀虫剂　如六六六（已禁用）等。

② 有机磷杀虫剂　如甲基嘧啶磷、杀扑磷等。

③ 有机氮杀虫剂　如氨基甲酸酯类甲萘威、沙蚕毒类杀虫双、双酰肼类甲氧虫酰肼等。

④ 拟除虫菊酯类杀虫剂　如四溴菊酯、氯氟氰菊酯等。

⑤ 其他合成杀虫剂　如噻虫醛、氟虫腈等。

（2）按作用方式分类

① 胃毒剂　药剂通过害虫的口器及消化系统进入体内，引起害虫中毒死亡。对刺吸口器害虫无效。

② 触杀剂　药剂通过接触害虫体壁渗入体内，使害虫中毒死亡。适用于各种口器的害虫，对于体表具有较厚蜡层保护物的害虫效果不佳。

③ 熏蒸剂　药剂在常温常压下能汽化或分解成有毒气体，通过害虫的呼吸系统进入，导致虫体中毒死亡。熏蒸剂一般应在密闭条件下使用，除非在特殊情况下，例如土壤熏蒸，否则在大田条件下使用效果不佳。

④ 内吸杀虫剂　药剂通过植物的根、茎、叶或种子，被吸收进入植物体内，并在植物体内输导，害虫危害植物时取食而中毒死亡。仅能渗透植物表皮而不能在植物体内传导的药剂，不能称为内吸性药剂。

2. 按毒理作用分类

（1）神经毒剂　作用于害虫的神经系统，如对硫磷、呋喃丹、除虫菊酯等。

（2）呼吸毒剂　抑制害虫的呼吸酶，如氰氢酸等。

（3）物理性毒剂　如矿物油剂可堵塞害虫气门，惰性粉可磨破害虫表皮，使害虫致死。

（4）特异性杀虫剂　这类药剂不是直接杀死害虫，而是通过药剂的特殊性能，干扰或破坏昆虫的正常生理活动和行为以达到杀死害虫的目的，或影响其后代的繁殖，或减少适应环境的能力以达到防治目的。这类药剂按其不同的生理作用又可分为以下数类。

① 拒食剂　害虫取食后，拒绝取食而致饿死。

② 诱致剂　引诱害虫前来，再集中消灭。

③ 不育剂　破坏正常的生育功能，使害虫不能正常繁殖达到防治目的。

④ 昆虫生长调节剂　破坏害虫正常生理功能致使害虫死亡，包括保幼激素、蜕皮激素、脑激素及抗保幼激素、抗壳多糖合成剂等。

⑤ 驱避剂　药剂不具杀虫作用，能使害虫忌避，以减少危害。

许多杀虫剂兼有多种作用，如不少有机磷杀虫剂兼有胃毒、触杀、内吸和熏蒸几种作用。一般以其主要作用方式为分类标准。

一、有机磷杀虫剂

有机磷杀虫剂为磷酸酯类或硫代磷酸酯类化合物，其结构通式如下：

式中，R^1、R^2 为碱性基团，多为甲氧基（$CH_3O—$）或乙氧基（$C_2H_5O—$）；Y 为氧（O）或硫（S）原子；X 为各种不同的酸性基团。由于代入的基团不同，可以合成许多种有机磷化合物。常用的有：敌百虫、敌敌畏、对硫磷（1605）、甲基对硫磷、内吸磷（1059）、甲基内吸磷、甲拌磷（3911）、乐果、马拉硫磷（4049）等。

这类杀虫剂问世于 20 世纪 30 年代，发展在 50～60 年代。由于其药效高、作用方式好、应用范围广等特点，成为杀虫剂中大吨位品种。具有实用价值的有 200 余种，成为商品的有 60 余种。有机磷农药是目前我国主要的农药品种。高毒有机磷农药的大量长期使用，带来了耐药性、人畜中毒、农产品农药残留超标和环境污染等一系列问题，长期使用高毒有机磷农药，会引起慢性中毒、迟发性神经毒性问题，损害人体器官，引发多种疾病，削减高毒有机磷农药产量成为社会发展的必然要求。我国政府已决定于 2007 年停止生产甲胺磷、久效磷、对硫磷、甲基对硫磷、磷胺 5 个高毒有机磷农药。

按照化学结构的不同，有机磷杀虫剂可以分为以下几个主要类型：

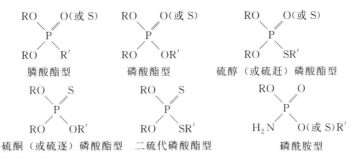

甲苯酸酯型　　　　磷酸酯型　　　　硫醇（或硫赶）磷酸酯型
硫酮（或硫逐）磷酸酯型　二硫代磷酸酯型　　　　磷酰胺型

【举例】　甲基异柳磷生产工艺

甲基异柳磷（又称水胺硫磷）是高效、广谱、新型有机磷土壤杀虫剂，具有很强的触杀和胃毒作用，质量稳定，有效期长，是取代六六六农药的理想品种。

结构式

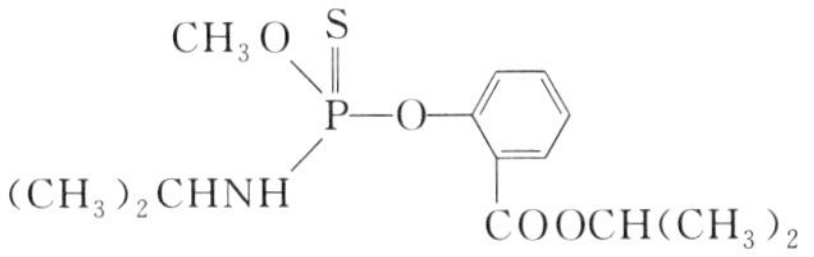

$$(CH_3)_2CHNH \quad \overset{CH_3}{\underset{}{\overset{O}{\underset{}{\overset{S}{P}}}}} \quad O \quad COOCH(CH_3)_2$$

化学名称　N-异丙基-O-甲基-[（2-异丙氧基羰基）苯基]硫代磷酰胺酯。

物化性质　纯品甲基异柳磷为淡黄色油状液体，折射率1.5221，工业品为略带茶色油状液体，易溶于苯、甲苯、二甲苯、乙醚等有机溶剂，难溶于水。甲基异柳磷属高毒农药，其口服毒性，大白鼠LD_{50}雄性为21.52mg/kg、雌性19.18mg/kg，小白鼠LD_{50}雄性24.99mg/kg、雌性33.83mg/kg。其经皮毒性，大白鼠LD_{50}雄性76.72mg/kg、雌性71.13mg/kg。

甲基异柳磷主要用于小麦、花生、大豆、玉米、地瓜等作物，防治蛴螬、蝼蛄、金针虫等土壤害虫，兼治某些地面害虫，对防治地瓜茎线虫病的有优良效果。

1. 主要原料及中间体

（1）主要原料及规格（表7-1）

表7-1　甲基异柳磷合成的主要原料及规格　　　　　　单位：%

名　称	规　格	名　称	规　格
水杨酸	含量≥99.0	甲醇	含量≥98
氯化亚砜	含量≥97.5	三氯硫磷	含量≥98
异丙醇	含量≥98.5 水分≤0.3	二甲苯	含量≥95

（2）中间体

① 二氯化物　O-甲基硫代磷酰二氯

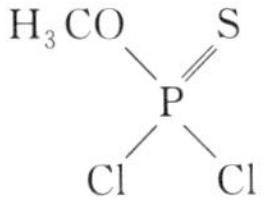

$$\overset{H_3CO}{\underset{Cl}{\overset{S}{P}}} Cl$$

② 水杨酸异丙酯

$$\overset{OH}{\underset{C}{\overset{}{\bigcirc}}} \overset{}{\underset{O}{O}} \overset{CH_3}{\underset{CH_3}{CH}}$$

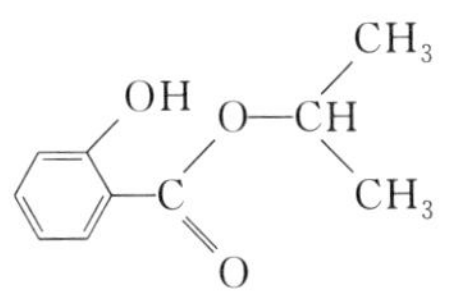

2. 生产工艺

（1）反应原理

① O-甲基硫代磷酰二氯的合成

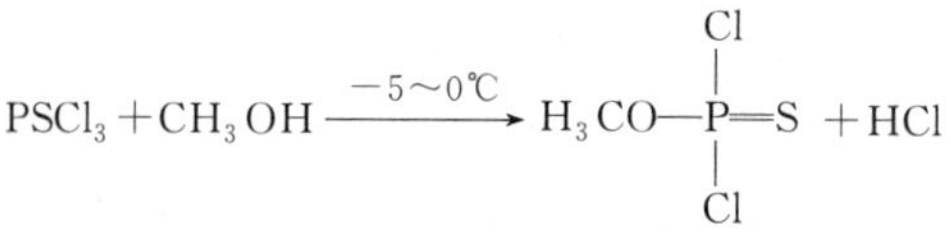

$$PSCl_3 + CH_3OH \xrightarrow{-5\sim0℃} H_3CO-\overset{\overset{\displaystyle Cl}{\|}}{\underset{\underset{\displaystyle Cl}{|}}{P}}=S + HCl$$

② 水杨酸异丙酯的合成

第一步：

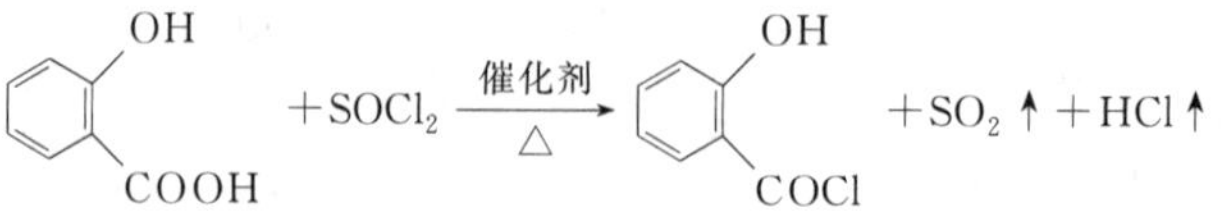

（邻羟基苯甲酸）+SOCl₂ $\xrightarrow[\triangle]{催化剂}$（邻羟基苯甲酰氯）+SO₂↑+HCl↑

第二步：

（邻羟基苯甲酰氯 COCl）+(CH₃)₂CHOH ⟶（邻羟基苯甲酸异丙酯 COOCH(CH₃)₂）+HCl↑

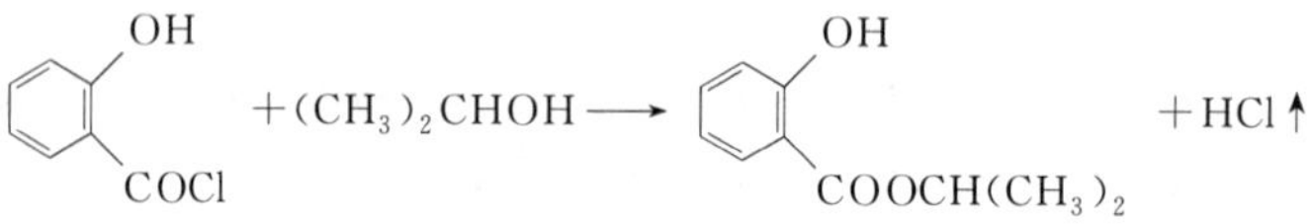

③ 甲基异柳磷的合成

第一步：

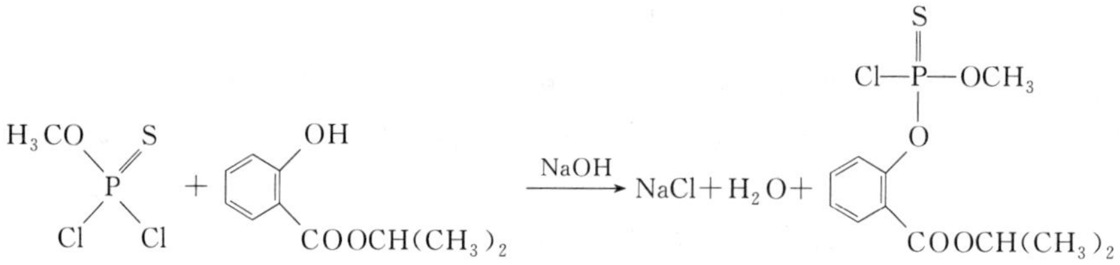

$H_3CO-\overset{S}{\underset{Cl}{\overset{\|}{\underset{|}{P}}}}-Cl$ + （邻羟基苯甲酸异丙酯）$\xrightarrow{NaOH}$ NaCl + H₂O + （产物 Cl—P(=S)(OCH₃)—O—苯—COOCH(CH₃)₂）

第二步：

（H₃CO—P(=S)(Cl)—O—苯—COOCH(CH₃)₂）+ （(CH₃)₂CHNH₂：H₃C—CH—CH₃ 带 NH₂）⟶（H₃CO—P(=S)(NHCH(CH₃)₂)—O—苯—COOCH(CH₃)₂）+ HCl

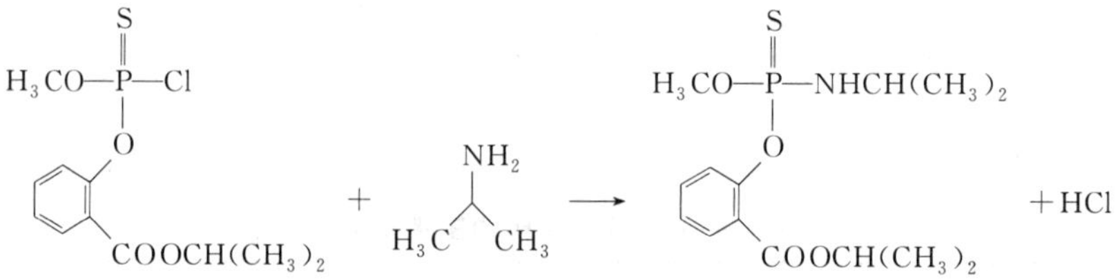

（2）工艺流程

① O-甲基硫代磷酰二氯工序　将 0.4m³ 三氯硫磷一次投入反应釜中，开启搅拌，开冷冻盐水阀门。当反应釜温度降至-5℃以下时，开始滴加甲醇，滴加甲醇的速度以反应温度控制在 −5～0℃ 为宜。保温反应 15min，取样分析二氯化物≥95％时，降温到 −5℃ 以下抽入装有 1200m³ 水的水洗釜，搅拌。10min 后，将物料抽至分水器，抽完后静置分层 20min。将分水器下层二氯化物经二氯计量罐剂量后抽入二氯储罐，供合成工序用。

② 水杨酸异丙酯工序　向反应釜投入 200kg 水杨酸，将 11.5L 催化剂一次投入，将剩余的 800kg 水杨酸投入反应釜，最后将 680L 氯化亚砜一次投入反应釜。当反应釜升温至 30℃ 时，停热水泵，开始酰氯化保温，温度为（30±2）℃，保温 10min。酰氯化取样合格后，升温至 40℃ 以上，滴加异丙醇 650L，滴加速度以反应温度控制在（45±2）℃ 为宜，加完后升温至（50±2）℃保温反应 110min。保温反应取样合格后抽入脱醇釜脱醇。取样分析合格后，供合成岗位使用。

③ 甲基异柳磷工序　水杨酸异丙酯用泵打入计量泵，二甲苯、液碱、异丙胺分别由储罐打入各计量罐。把计量好的异内酯一次加入反应釜中，再加一定量的二甲苯做溶剂，开动搅拌及冷冻盐水阀门降温。用真空将二氯化物抽至计量罐，待反应釜降至 5℃ 以下时，把二氯化物一次投入釜中，开始滴加碱液，加碱控制温度≤20℃，滴加完后保温反应 1h，温度保持在 20～25℃，加料时注意调整异丙胺和液碱的加料速度，尽可能使两种物料同时加完，然后保温 1h，控制温

度 30～40℃，半小时测 pH≥8。pH 值小于 8 时应适当补加一定量的异丙胺，并相应延长保温时间，胺化保温结束后，加水≥300L，搅拌 10min。将合成釜的物料抽至萃取釜，加入一定量的二甲苯萃取，搅拌静置后下层废水放入水罐。

3. 安全注意事项

甲基异柳磷生产具有以下特点：有机原料易挥发、燃烧，个别原料遇水分解，中间体热稳定性差，产品毒性高。因此生产车间防火防爆等级为甲类，夏季温度高时，原料甲醇、异丙胺、异丙醇和二甲苯储罐需喷淋冷水降温，避免原料损失和发生火灾，生产区内严禁火种。三氯硫磷与氯化亚砜遇水分解放出酸性腐蚀性气体，因此严禁与水混合，少量物料泄漏地面上时，要用大量水冲洗，人要站在通风处，严禁用碱性液体冲洗。中间体二氯化物热稳定性差，易分解，高于40℃时，迅速分解，有发生爆炸的可能，因此，应注意在低温下贮存。合成反应的第一步产物缩合一氯化物不稳定，不能存放，应立即接下步胺化反应，否则会发生分解冒料，若遇特殊情况需短时间停车应控制温度低于 25℃，产品甲基异柳磷原油，乳油是剧毒品，应避免皮肤直接接触，取样时一定要戴胶手套。

4. "三废"处理

含有机磷的废水可以采用常压酸性水解，然后用石灰乳中和，使废水中有机磷分解生成无机磷而除去。也可以利用超声波和加入絮凝剂，使废水中的有机物一部分在催化氧化作用下，生成挥发性气体而排出。另一部分被降解后，经调节池进一步稀释、调节、预爆气之后进入接触氧化塔进行生化处理。废水经处理可达到 GB 8978—1996 关于工业污水综合排放标准。

含二氧化硫和氯化氢的废气经尾气导管进入尾气处理装置。先用稀盐酸吸收部分氯化氢气体，再用 20% 液碱吸收二氧化硫气体。尾气放空。

5. 甲基异柳磷技术指标（表 7-2）

表 7-2　甲基异柳磷技术指标

指标名称		指　　标	指标名称	指　　标
有效成分含量/%	≥	35.0(色谱法)	乳液稳定性	合格
水分/%	≤	0.4	冷贮稳定性	合格
酸度(以 H_2SO_4 计)/%	≤	0.3	热贮稳定性	合格

二、氨基甲酸酯类杀虫剂

氨基甲酸酯类化合物的生物活性，很早就引起了人们的注意。最初在非洲西海岸，人们用毒扁豆压出的汁液制作毒箭使用，而后又发现这些毒液能引起瞳孔缩小。直至 100 多年前，这个化合物才被分离出来，称为毒扁豆碱，1931 年确定其化学结构：

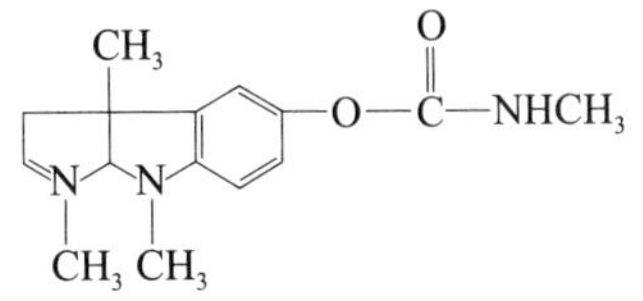

毒扁豆碱

从毒扁豆碱的结构中发现，起缩小瞳孔作用的活性基团是氨基甲酸酯部分，从而对许多简单的氨基甲酸酯化合物进行研究。1953 年联合碳化物公司合成了甲萘威，1956 年肯定它为广谱、低毒、高效的优良杀虫剂。甲萘威的问世，有力地促进了氨基甲酸酯类农药的研究。由于原料易得、合成简便，在短短的几年内就发展成为数万吨级的重要杀虫剂，商品化的品种 60 余种。近年来，主要对其进行低毒化研究。

氨基甲酸酯类杀虫剂具有作用迅速、选择性高、多数具有内吸性、对温血动物毒性低、没有残毒等优点，尤其对叶蝉和飞虱有特效。但有些品种杀虫谱不广，限制了使用范围；少数品种对人畜毒性很高，使用不太安全；某些害虫对氨基甲酸酯类农药会产生抗性，因此不宜长期使用。

氨基甲酸酯类杀虫剂的一般通式为：

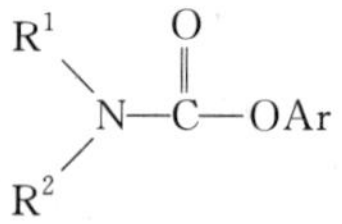

$$R^1-N(R^2)-\overset{\displaystyle O}{\overset{\displaystyle \|}{C}}-OAr$$

式中，Ar 几乎都是苯环、稠环、杂环等基团。R^1 大多数情况下是—CH_3，R^2 大多数情况为—H 或—CH_3。

1. 氨基甲酸酯类杀虫剂可分为下列 3 类

（1）取代酚类-甲基氨基甲酸酯　芳基除苯基外，也可以是萘基以及杂环并苯基等，这类化合物的通式可表示如下：

$$CH_3NH-\overset{\displaystyle O}{\overset{\displaystyle \|}{C}}-OAr$$

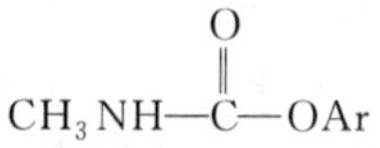

（2）N,N-二甲基氨基甲酸酯　在酯基中含有烯醇结构单元，都是杂环或碳环的二甲基氨基甲酸衍生物，这类化合物的通式可表示为如下：

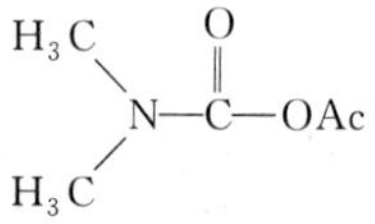

$$H_3C-N(CH_3)-\overset{\displaystyle O}{\overset{\displaystyle \|}{C}}-OAc$$

（3）N-甲基氨基甲酸肟酯　由于肟酯基的引入，使大多数化合物变得高毒、高效。这类化合物的通式可表示如下：

$$CH_3NH-\overset{\displaystyle O}{\overset{\displaystyle \|}{C}}-O-N=C(R)R$$

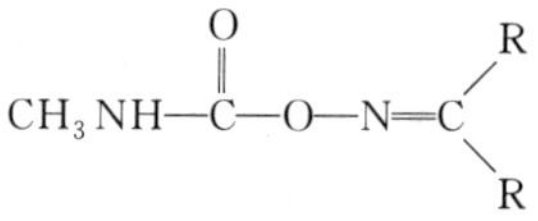

式中 R 也可以是氢。

以上 3 大类中，商品化的主要是第一大类。

许多高效的氨基甲酸酯农药毒性很高，如高毒杀虫剂克百威。引入一个硫原子将一个基团与氨基甲酸酯中氨基上的氮原子连接起来，形成一个新的化合物丁硫克百威，该药具有与克百威相当的杀虫效果，但毒性比克百威低得多。

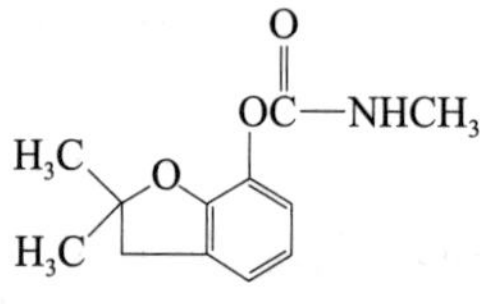

克百威 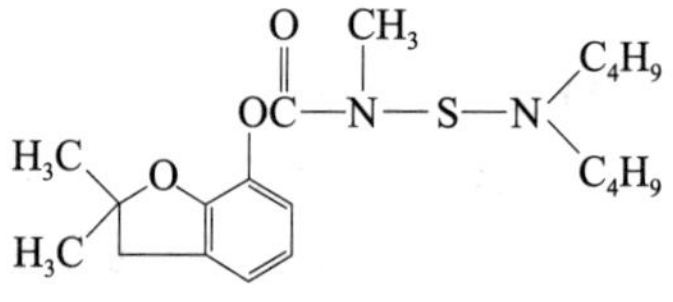　　　　　　　　　丁硫克百威

2. 氨基甲酸酯杀虫剂的制备方法主要有以下 3 种

（1）氯甲酸甲酯法　两步反应都需在低温条件下进行，又称冷法。第一步反应产率通常为 60%～80%，第二步反应产率可达 95%。

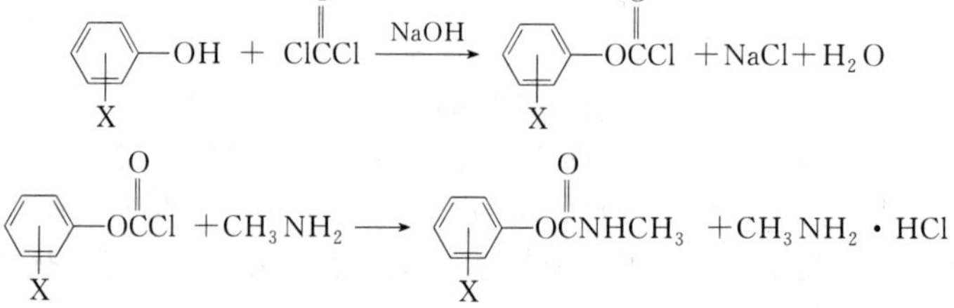

芳基—OH + ClCCl $\xrightarrow{NaOH}$ 芳基—OCCl + NaCl + H_2O

芳基—OCCl + CH_3NH_2 ⟶ 芳基—OCNHCH$_3$ + $CH_3NH_2 \cdot HCl$

（2）氨基甲酰氯法　两步反应都需在加热条件下进行，又称热法。第一步反应产率可达 95%以上，第二步反应产率达 90%以上。

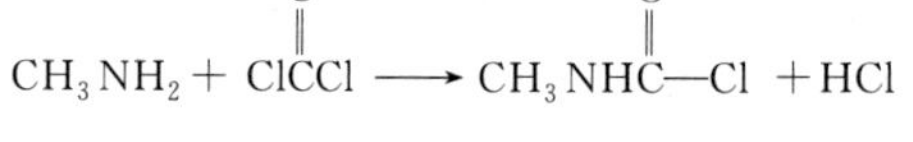

$$CH_3NH_2 + ClCCl \longrightarrow CH_3NHC-Cl + HCl$$

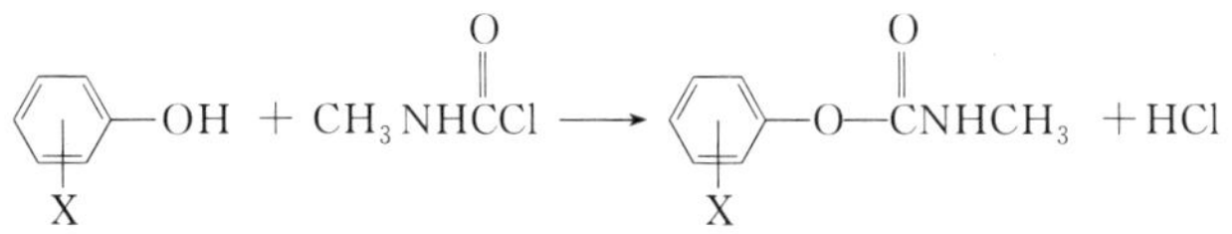

（3）异氰酸酯法　这是制备 N-取代氨基甲酸酯的专用方法，三乙胺为催化剂，产率达 95%以上。

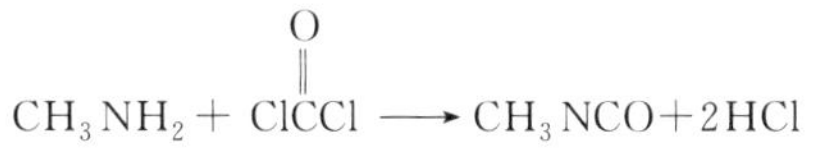

$$CH_3NH_2 + \overset{O}{\underset{\|}{C}}lCCl \longrightarrow CH_3NCO + 2HCl$$

美国杜邦公司现采用连续密闭法，于 550～650℃使空气和甲基甲酰胺反应，生成甲基异氰酸酯和水，分离水分，直接将甲基异氰酸酯制造农药。

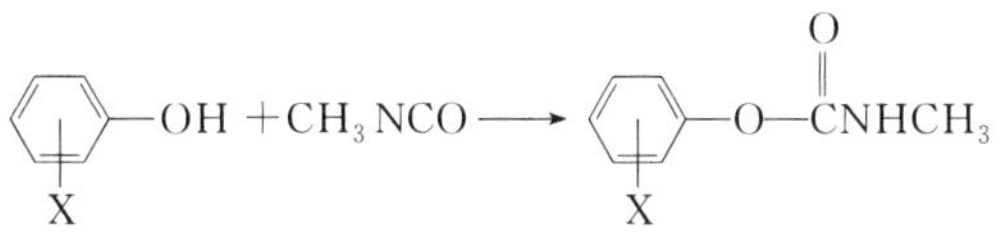

以上 3 种制备方法以第三条工艺路线在技术上较为先进。第一、第二条工艺路线适用于小规模工业生产。

【举例】　仲丁威生产工艺

仲丁威又称巴沙，是一种高效、低毒、低残留氨基甲酸酯类杀虫剂。1959 年首先由德国拜耳公司合成，先后在德国、瑞士、日本等国生产。我国 20 世纪 70 年代开始采用氯甲酸酯法合成仲丁威，近年来采用异氰酸甲酯法生产。

结构式

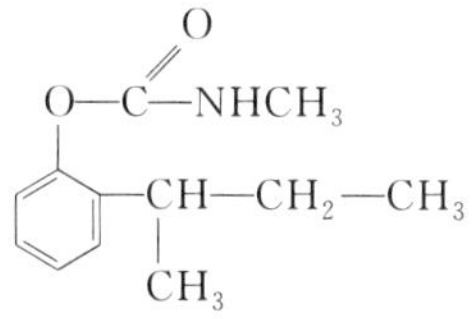

化学名称　N-甲基氨基甲酸-2-仲丁基苯酯。

（1）主要原料及中间体

① 主要原料及规格（表 7-3）

表 7-3　仲丁威合成的主要原料及规格　　　　　　　　　　　　单位：%

名　称	规　格	名　称	规　格
苯酚	工业品≥99	异氰酸甲酯	工业品≥99
2-丁烯	工业品 94	三乙胺	工业品≥98
铝粒	工业品≥98		

② 中间体　邻仲丁基酚：

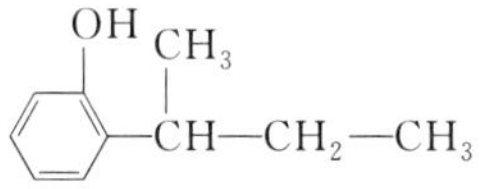

为无色透明液体，熔点 12～15℃，沸点 226～228℃，相对密度（d_4^{25}）0.9804，折射率（n_0^{20}）1.5225，易溶于甲醇、乙醚，微溶于水，在水中溶解度为 0.3g/100g。

（2）生产工艺

① 反应原理

a. 邻仲丁基酚的合成

催化剂三苯氧基铝（简称酚铝）的制备

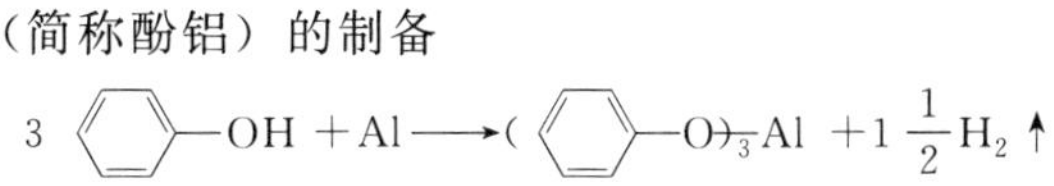

$$3 \bigcirc\!\!-OH + Al \longrightarrow (\bigcirc\!\!-O-)_3Al + 1\frac{1}{2}H_2\uparrow$$

邻仲丁基酚的合成

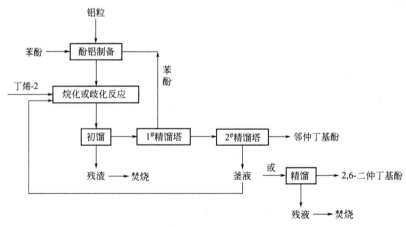

主要副反应

2,6-二仲丁基酚与苯酚可发生歧化反应,生成邻仲丁基酚。

邻仲丁基酚还可以由苯酚汽化后与丁烯-2 混合,在三氧化二铝催化下气相连续烃化制得。

b. 仲丁威的合成

② 工艺流程

a. 邻仲丁基酚工段 (图 7-1)

酚铝的制备:将熔化的苯酚吸入计量罐,计量后投入酚铝反应釜,搅拌加热升温。当温度升到 150℃时,投入计量的铝粒,开始反应并放出氢气,反应液自行升温、升压,温度可达 165~170℃,压力升到 $(3.9~5.9)×10^5$ Pa,维持在 165~170℃反应 0.5h,取样分析酚铝含量≥3% 即为合格酚铝苯酚溶液。

图 7-1 邻仲丁基酚生产工段流程

邻仲丁基酚的合成:将上述合格的酚铝溶液压入烷化反应釜,搅拌下升温到 210℃时开始通入已计量的 2-丁烯,控制反应温度 230~240℃、压力 $(1.3~1.5)×10^6$ Pa。通完 2-丁烯后在 210℃下反应 0.5h。烷化反应液经真空初馏分去残渣后再精馏得未反应的苯酚、邻仲丁基酚(含量≥98%)和含 2,6-二仲丁基酚的釜液。

釜液经歧化,可部分转化为邻仲丁基酚。按上述酚铝制备方法制得合格的酚铝苯酚液和釜液计量投入歧化反应釜，搅拌下升温到 140℃时通入少量 2-丁烯，再升温到 290℃，反应 3h 后降温到 200℃左右，经上述初馏、精馏得未反应苯酚、邻仲丁基酚（含量≥98%）和残液。釜液也可直接经真空精馏制得 2,6-二仲丁基酚。

b. 仲丁威工段（图 7-2）

在缩合反应釜中先投入计量的邻仲丁基酚和三乙胺，搅拌下在 1h 左右滴加完计量的异氰酸甲酯，控制反应温度在 70℃以下，然后在 60～70℃继续反应 1h，再通入氮气赶尽多余的异氰酸甲酯的含量≥97%的仲丁威。

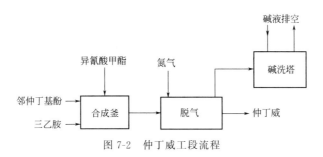

图 7-2　仲丁威工段流程

（3）安全注意事项　异氰酸甲酯为易燃性之剧毒性液体。沸点 37～39℃。受热易起剧烈反应引起燃烧、爆炸。燃烧时会产生氰化氢与氮氧化物等刺激性与毒性气体。因此，必须采用向反应釜中滴加异氰酸甲酯的加料方式。

（4）"三废"处理　仲丁威的合成并不产生废水与废渣，只有在赶净过量的异氰酸甲酯过程中产生少量废气，每吨仲丁威产生含 13.7kg 异氰酸甲酯的废气，经碱洗塔破坏后排空。

邻仲丁基酚生产中废气、废水和废渣量都不大，每生产 1t 邻仲丁基酚产生 8m³ 氢气、10m³ 丁烷以及水喷射泵抽真空时带出的部分低沸点馏分（苯酚与醚类）约 6kg，因为量不大，采取高空排放。废渣，主要是酚铝及高沸物。每吨邻仲丁基酚约有 104kg 废渣，试验证明焚烧后不产生二次污染。废水主要来自水喷射真空泵系统带出的含酚废气被水吸收后所产生的含酚废水。需定期排放补充，此废水排至工厂总污水处理场集中进行生化处理。

（5）仲丁威技术指标　见表 7-4。

表 7-4　仲丁威技术指标　　　　　　　　　　　单位：%

名　称	指　标			名　称	指　标		
	优级品	一级品	合格品		优级品	一级品	合格品
仲丁威含量	98.0	96.0	94.0	水分	0.3	0.5	0.5
游离酚	0.3	0.5	0.5	酸度（以 H_2SO_4 计）	0.10	0.15	0.15

三、菊酯类杀虫剂

天然除虫菊酯都是油菊酸与菊醇构成的，菊醇为环戊烯醇酮化合物，菊酸为环丙烷羧酸类化合物。2,2-二甲基-3-异丁烯基环丙烷羧酸称为第一菊酸。目前，世界各国所生产的除虫菊酯类杀虫剂大部分为第一菊酸系列，即其酸组分为第一菊酸。

在天然除虫菊酯结构研究的基础上，M. S. Schechter，N. Green 及 F. B. Laforge 于 1949 年模拟合成了第一个拟除虫菊酯——烯丙菊酯，并于 1954 年投入工业生产。因此，它是一类仿生农药，具有杀虫活性强、毒性低、使用安全、易分解、无污染、原料来源丰富、价格低廉等优点。

为了寻找结构更加简单、活性更高的优良拟除虫菊酯，人们不断改变它的化学结构。目前，已出现了菊酯系列化合物（如胺菊酯等）、二卤菊酯系列化合物（如溴氰菊酯、二氯苯醚菊酯等）、非环丙羧酸系列化合物（如氟氰菊酯、杀灭菊酯等）、非酯类系列化合物（如醚菊酯、肟醚菊酯等）。

拟除虫菊酯具有驱避、击倒及毒杀 3 种作用，毒杀作用主要表现在触杀和胃毒，也有一些拟除虫菊酯具有内吸和熏蒸作用。

我国拟除虫菊酯的研发水平、产品质量和生产能力均达先进水平,尤其在差向异构、定向合成、旋光异构体化学拆分和酶拆分技术的应用,使立体化学理论、生物技术与拟除虫菊酯的研发和生产得以完美结合。

【举例】 氯氰菊酯的生产工艺

氯氰菊酯是一种高效、广谱、中毒、低残留、对光和热稳定的拟除虫菊酯类杀虫剂。1974年英国 M. Elliott 开发成功。1975 年起先后由英国 ICI、美国 FMC、瑞士 Ciba-Geigy、日本住友和英荷 shell 等公司进行生产。我国自 20 世纪 80 年代以来开始生产和使用。

结构式

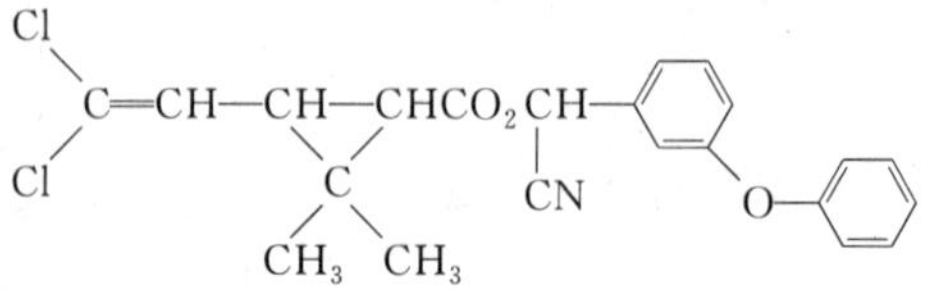

化学名称 (RS)-(α-氰基-3-苯氧基苄基)(RS)-3-(2,2-二氯乙烯基)-2,2-二甲基环丙烷羧酸酯。

1. 主要原料和中间体

(1) 氯氰菊酯主要原料及规格(表 7-5)

表 7-5 氯氰菊酯的主要原料及规格　　　　　　　　　　单位:%

名　称	规　格	名　称	规　格	名　称	规　格
二氯菊酸甲酯	98.5	液碱	30.0	环己烷	工业品
间苯氧基苯甲醛	97.0	催化剂	98.0	甲苯	工业品
氰化钠	98.0	乙醇	95.0	次氯酸钠	工业品
光气	65~75	盐酸	30.0		

(2) 中间体

① (RS)-顺式、反式-3-(2,2-二氯乙烯基)-2,2-二甲基环丙烷羧酸(简称二氯菊酸),纯品为白色晶体,顺式、反式二氯菊酸混合物熔点 65~70℃。难溶于水,溶于乙醇、丙酮、乙醚、甲苯等有机溶剂。本工艺采用 25%~30%的二氯菊酸甲苯溶液,水分含量≤0.1%。

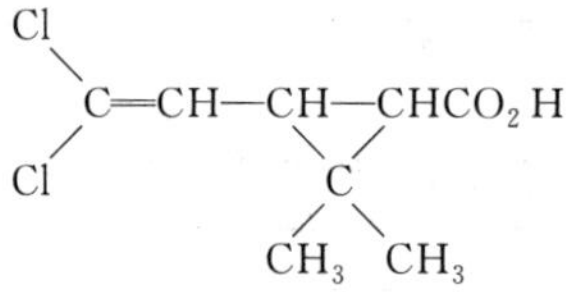

② (RS)-顺式、反式-3-(2,2-二氯乙烯基)-2,2-二甲基环丙烷酰氯(简称二氯菊酰氯),纯品为无色液体,工业品为黄色透明液体,有刺激性气味,b. p. 92~98℃/560Pa,110~122℃/1333Pa,折射率(n_D^9)1.5228。溶于乙醚、丙酮、苯、甲苯等有机溶剂,与水和醇易起反应。本工艺产品含量≥94%。

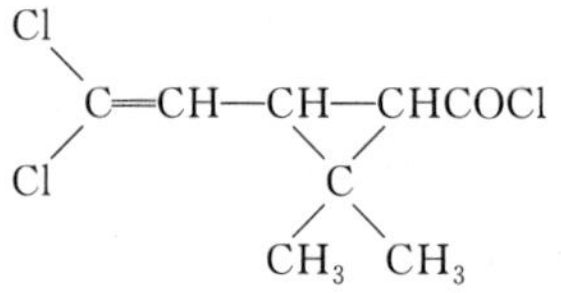

2. 生产工艺

(1) 反应原理

① 二氯菊酸的合成　本工艺采用二氯菊酸甲酯在氢氧化钠乙醇水溶液加热进行皂化、酸化得到二氯菊酸。

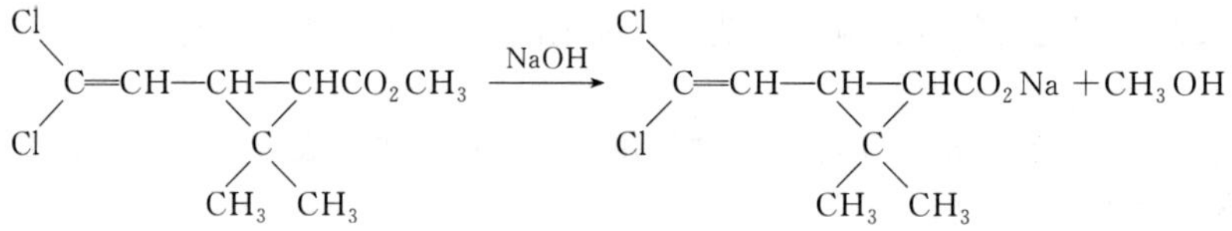

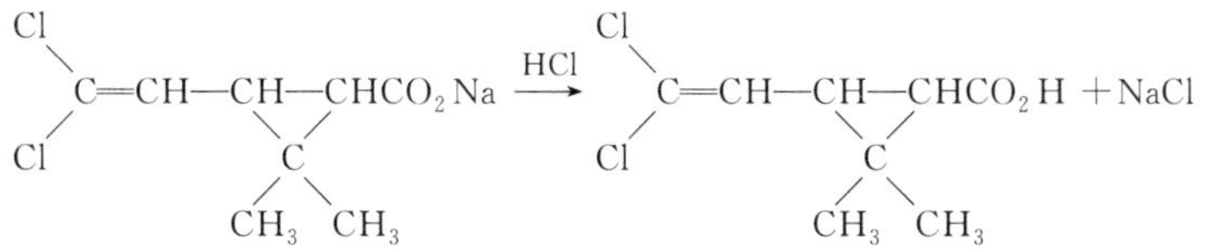

② 二氯菊酰胺的合成　以二氯菊酸与酰氯化剂如氯化亚砜、三氯化磷、三氯氧磷、光气等进行反应得到二氯菊酰氯。

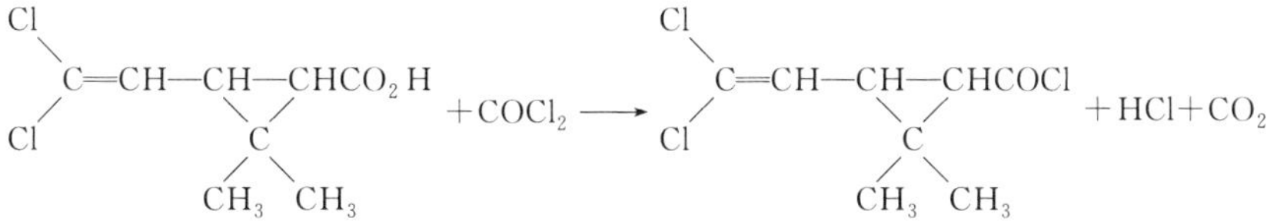

③ 氯氰菊酯的合成　氯氰菊酯的合成文献报道有:酰氯-醚醛法、氰醇法、二氯菊酸钠(钾)等方法。

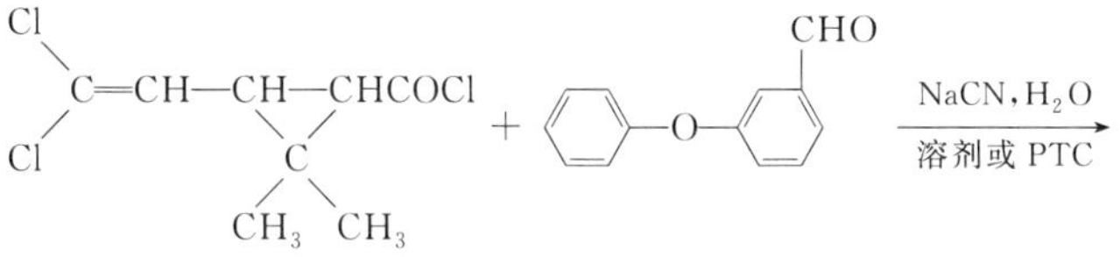

（Ⅰ）

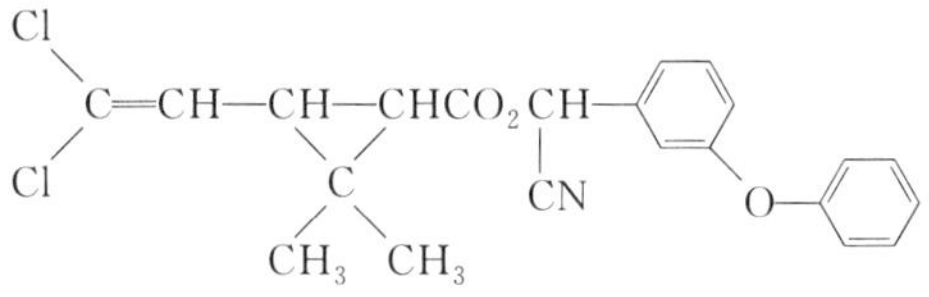

（Ⅱ）

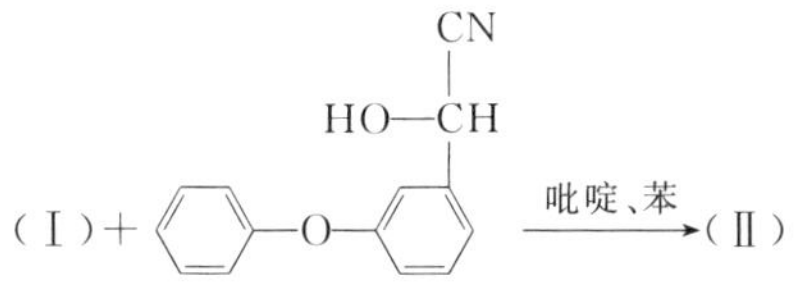

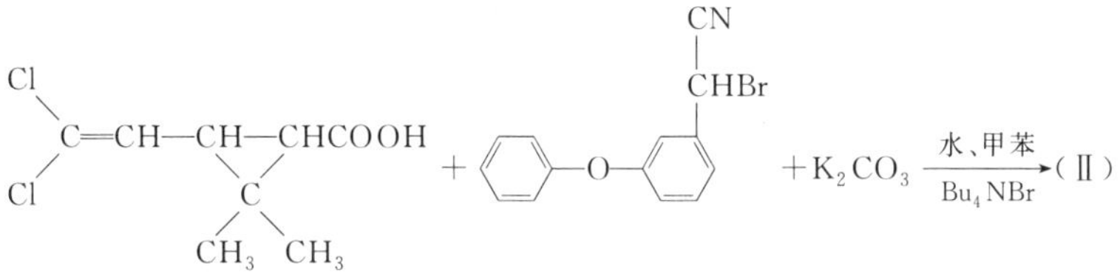

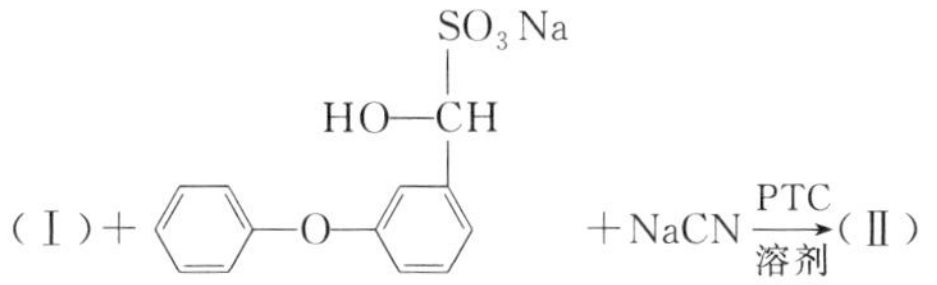

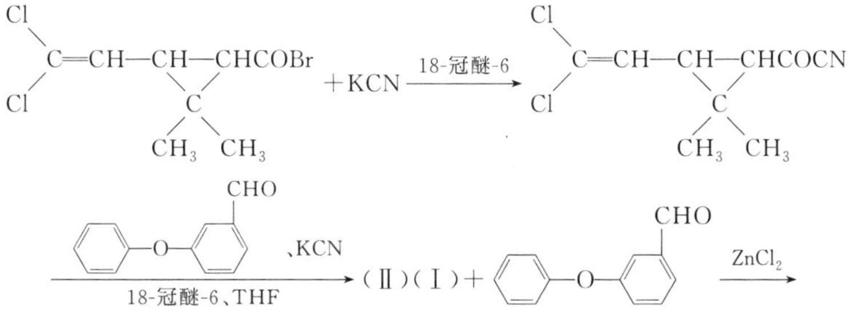

（Ⅰ）+
$$\begin{array}{c} \text{CN} \\ \text{HO}-\text{CH} \end{array}$$
——吡啶、苯——→（Ⅱ）

——水、甲苯／Bu$_4$NBr——→（Ⅱ）

（Ⅰ）+ ··· +NaCN ——PTC／溶剂——→（Ⅱ）

+KCN ——18-冠醚-6——→

——18-冠醚-6、THF——→（Ⅱ）（Ⅰ）+ ··· ——ZnCl$_2$——→

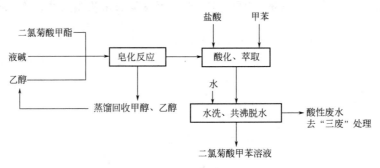

（2）工艺流程

① 二氯菊酸工序（图7-3）　在1500L反应釜中，分别抽入二氯菊酸甲酯、液碱和乙醇，在搅拌下加热回流2h。常压下蒸馏回收乙醇和甲醇。稍冷后加水溶解二氯菊酸钠盐，在常温下加甲苯和盐酸进行酸化，酸化层pH为1～2，搅拌0.5h，静置分出水层。油层放入酸化油层储槽，水层再抽入反应釜中，用甲苯抽提两次，水层放入废水槽去"三废"处理。油层合并抽入1500L脱水釜中，进行共沸得无水二氯菊酸甲苯溶液。计量。取样分析。备用。

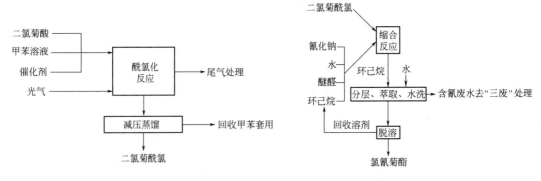

图7-3　二氯菊酸工序流程

② 二氯菊酰氯工序（见图7-4）　在1500L反应釜中抽入二氯菊酸甲苯溶液，加催化剂，在搅拌下加热升温到80℃，开始通光气。光气流量约4m³/h，温度保持在80～90℃，约通1.5h，反应达到终点，停止通光气，冷后通N_2气吹出过量光气。反应尾气由尾气吸收装置装回收盐酸及碱把关处理。停止通N_2气后进行减压蒸馏。回收甲苯，得中间体二氯菊酰氯，严格密封，计量，取样分析，备用。

③ 氯氰菊酯工序（图7-5）　在500L溶解釜中，小心加入氰化钠、水，搅拌溶解后待用。

图7-4　二氯菊酰氯工序流程　　　　　　图7-5　氯氰菊酯工序流程

在2000L反应釜中抽入溶解好的氰化钠水溶液，抽入醚醛和环己烷，在搅拌下冷却到0℃时，滴加二氯菊酰氯，滴加时间约2h。滴完后在0～10℃保温反应6h。反应结束，静置，分出水层，水层每次用环己烷抽提两次。合并油层，用水洗油层，约洗5次至油层不含氰根为止。合并水层（含氰废水）去"三废"处理。油层抽入2000L脱溶釜，在常压下蒸馏回收环己烷，待环己烷蒸完后，稍冷加甲苯，在减压下蒸馏脱水和回收甲苯。冷却到60℃放料，得产品氯氰菊酯，含量≥92%。

3. 安全注意事项

光气化学反应活性较高，遇水后有强烈腐蚀性。人体吸入后引起肺水肿等。当泄漏微量光气时，可用水蒸气冲散；较大量光气泄漏时，可用液氨喷淋解毒。

氰化钠为高毒，具刺激性。遇酸或在潮湿空气中吸收水分和二氧化碳，均能产生有毒气体氢氰酸。吸入、口服或经皮吸收均可引起急性中毒。操作时必须佩戴头罩型电动送风过滤式防尘呼吸器。

4. "三废"处理

氯氰菊酯生产过程中的"三废"有废水和废气。每生产1t产品产生废水约7.5t，其中皂化、酸化工序的酸化废水约3t，缩合工序含氰废水约4.5t；废气为酰氯化工序产生的副产氯化氢和过量光气尾气约0.7t，采用水吸收回收盐酸和碱破坏把关后放空的尾气处理装置。

皂化、酸化废水含有氯化钠和少量盐酸，用碱中和后蒸馏浓缩，蒸出水去生化处理，母液冷却结晶回收氯化钠。缩合废水主要含有过量的氰化钠，用次氯酸钠处理至无 CN⁻ 后，经生化处理达标后排放。

5. 技术指标（表7-6）

表7-6 氯氰菊酯技术指标

指 标 名 称	指标/%
产品总收率(以二氯菊酸甲酯计)	≥84
氯氰菊酯含量	≥92
水分	≤0.1
酸度	≤0.1

第三节 杀 菌 剂

一、概述

植物的病害由于不像害虫和杂草那样容易被人们及时察觉，所以往往造成防治上的忽视和困难，因而其危害就更为严重。据报道，全世界单是由病原真菌引起的植物病害就多达一万种，所造成的损失占农作物年度总损失的 $10\% \sim 30\%$。如果把病毒、细菌和线虫等引起的植物病害也算在内，其损失就更为可观。19世纪初期，由于马铃薯疫病的暴发，曾使得以马铃薯为主食的一些国家陷于严重饥荒。1958～1959年，先后在欧洲和南北美洲流行的烟草疫病，也曾使当时的一些国家的烟草种植完全毁灭。在土地辽阔的中国，作物种类及其病害更是多种多样，也曾发生过小麦锈病、水稻白叶枯病等严重病害大流行而造成粮食严重损失的事件。

为了满足人们对粮食和其他生活物质日益增长的需要，人们不得不采用化学品以保护作物不受有害生物的侵袭，其中杀菌剂起着重要作用。由于高效内吸性杀菌剂的出现，使得许多粮食作物、蔬菜、果树的严重病害，如各种锈病、黑粉病、白粉病、黑星病等都得到了有效的控制。尽管如此，仍有不少植物病害如棉花黄枯萎病、水稻白叶枯病、蔬菜和烟草的疫病等，仍不能得到理想药剂的有效控制。这对农业生产是一个严重威胁。随着农业生产技术的不断发展，杀菌剂的应用会更加受到重视。中国是一个农业大国，更应重视杀菌剂的研发。

可以预料，今后更加有效的杀菌剂的出现，将和杀虫剂、除草剂等作物化学保护品一起，能够在当代农民与有害生物引起的各种灾害的斗争中，发挥更大的作用。

1. 杀菌剂的定义

杀菌剂（Fungicide）一词起源于拉丁文。从字面上讲的含义就是能够杀死真菌的物质。随着杀菌剂的发展，现在杀菌剂的含义有了新的补充。第一是关于"菌"，它是指一类微生物，包括真菌、细菌、病毒，而不是最初的仅是真菌；第二是不仅仅指"杀死"，而且"抑菌作用""增抗作用"的物质也被列为杀菌剂范围之内；第三是作用对象主要是植物，而药剂主要是指有上述作用的化学物质，而不包括物理性的（如热、紫外光等）和生物性的物质。由此说来，杀菌剂现有的含义应该是：凡是能够杀死或抑制植物病原微生物（真菌、细菌、病毒）而又不至于造成植物严重损伤的化学物质，称为杀菌剂。

2. 杀菌剂的分类

由于对杀菌剂的着眼点不同，对其分类方法有许多种。一般常见的有以下几种。

（1）按化学组成和分子结构分类 这种分类方法是依据药剂分子的化学元素组成和分子结构类型进行划分的。根据这种划分，有无机杀菌剂和有机杀菌剂两大类，其中根据分子中组成元素的种类不同，可分为元素硫、铜、汞及有机硫、有机汞、有机氯、有机磷等杀菌剂。有机杀菌剂中又根据其化学结构的不同，还可再分为二硫代氨基甲酸类、多菌灵类、甲霜灵类等若干小类。

（2）按杀菌剂的使用方式分类 这种分类方法是根据药剂的使用方式进行划分的。如有叶面喷洒剂、种子处理剂、土壤处理剂（播种前处理或作物生长期使用）、根部浇灌剂、果实保护剂和烟雾熏蒸剂等。

（3）按杀菌剂的作用方式划分 该种分类方法是依据药剂对防治对象（如植物）的作用方式进行的分类。具体说有以下几种。

① 保护性杀菌剂 是指仅在病原菌侵入寄主并在其组织内部形成侵染之前施药，从而防止致病菌的侵染，能发挥这种作用的杀菌剂称为保护性杀菌剂。这类杀菌剂一般不能渗透到植物体内，而在植物表面形成毒性屏障来保护植物不受病原菌的侵害。其特点是保护施药处免受病菌侵染。

② 治疗性杀菌剂 是指在病原菌感染后施药，从而消灭或抑制在寄主组织内部形成侵染的病原菌的杀菌剂。

③ 铲除性杀菌剂 是指病原菌已侵染到寄主，然后在感染处施药，从而根除患病处及感染的病菌繁殖点周围的寄主区域的病原菌的杀菌剂。简而言之，这种杀菌剂能够治疗在施药处已形成的侵染。

④ 内吸性杀菌剂 是指能够进入到植物体内，从而产生杀菌或抑菌作用的杀菌剂。它与保护性杀菌剂和局部化学治疗剂（或铲除剂）的不同点在于，它能防止病害在植株上远离施点的部位发展。

内吸性杀菌剂根据其在寄主内的运转和传导方式又可分为共质体内吸剂、非共质体内吸剂以及双流向内吸剂。共质体内吸剂是在植物的韧皮部的筛管里由叶部传至根部。这种传导是下行性的，其运输是需要消耗代谢能量的主动性运输。非共质体内吸剂，又称为非原质体内吸剂，是在植物的木质部的导管里，随蒸腾流很快地由根部传至叶部。这种传导是上行性的，其运输是不需要消耗代谢能量的被动性运输。

内吸性杀菌剂多数都具有保护和治疗作用，有的还具有铲除作用。由于其所具备的内吸特性，所以能耐风雨冲刷。与非内吸性杀菌剂相比，它们的抑菌效果高，选择性强。但较易产生抗药性（即对病原菌作用的不敏感性）。对病原菌的作用机制往往是单一性（单个作用点）的。

⑤ 非内吸性杀菌剂 与内吸性杀菌剂相反，这类杀菌剂不能渗透植物的角质层，故不能被植物吸收和传导。其防病的主要功能是在植物表面形成毒性屏障。因此，未被覆盖的植物表面就得不到保护，对新生长部分需再用药剂覆盖，故用药次数多，其功能一般为保护作用。其杀菌作用机制多为干扰菌体能量代谢过程（抑制呼吸），而且往往是多位点的发生作用，因此不易产生抗药性。

杀菌剂在寄主（植物）体内移动和防治病害时可能的作用，可以归纳为表7-7。

表 7-7　杀菌剂在寄主体内的移动和可能的作用

移动程度	可能作用
不吸收	保护性杀菌剂；表面（病原菌）治疗剂
吸收但不传导	局部化学治疗剂或铲除剂
吸收并传导	内吸性杀菌剂

（4）按对病原菌的作用机制划分　这种分类方法是依据药剂对病原菌的杀灭或抑制的机制或历程，分为能量生成抑制剂和生物合成抑制剂两大类。前者属于干扰能量代谢过程，后者属于干扰物质代谢过程。根据干扰物质代谢过程。根据干扰的具体过程和物质种类不同，上述两大类又各自细分为若干小类。如能量生成（有时也称生物氧化或细胞呼吸）抑制剂又分为巯基（—SH）抑制剂、电子传递抑制剂、氧化磷酸化抑制剂、解抑制剂、脂肪酸 β-氧化抑制剂等；生物合成抑制剂又分为细胞壁功能及其合成抑制剂、细胞膜功能及其合成抑制剂、蛋白质合成抑制剂、核酸合成抑制剂、甾醇合成抑制剂以及酶系统抑制剂等。

二、典型的杀菌剂的生产

1. 二硫代氨基甲酸类化合物

二硫代氨基甲酸类衍生物是杀菌剂中很重要的一类杀菌剂，它是杀菌剂发展史上最早并大量广泛用于防治植物病害的一类有机化合物。它的出现是杀菌剂从无机到有机发展的一个重要标志。1931 年 *Tiadale* 和 *Williams* 首次在美国杜邦公司研究了氨基甲酸类化合物的杀菌活性，10 年后才开始生产商品规模的氨基二硫代甲酸类化合物的杀菌剂。这类杀菌剂由于具有高效、低毒、对人畜植物安全以及防治植物病害广谱等特点，加之价格低廉，因此发展非常迅速，销售量很大，在代替铜汞制剂方面起了很重要的作用。

这类杀菌剂从化学结构上看有一共同点，即它们都是从母体化合物二硫代氨基甲酸衍生而来。具体划分，又分为福美类、代森类和烷酯类。

（1）福美类　福美类的杀菌剂具有如下的结构通式：

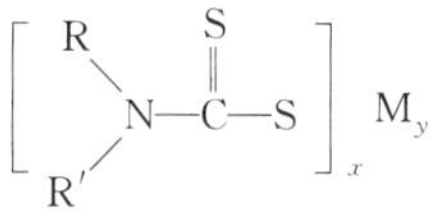

$$\left[\begin{matrix} R \\ N \\ R' \end{matrix} \begin{matrix} S \\ \| \\ C-S \end{matrix} \right]_{x} M_{y}$$

式中，R'＝H，CH_3　　R＝CH_3

　　　M＝Na，NH_4，Ni，Zn，Fe，$AsCH_3$ 等

　　　x＝1～3；y＝0，1

福美双的生产工艺如下。

① 产品的生产工艺

a. 反应原理

福美钠的合成

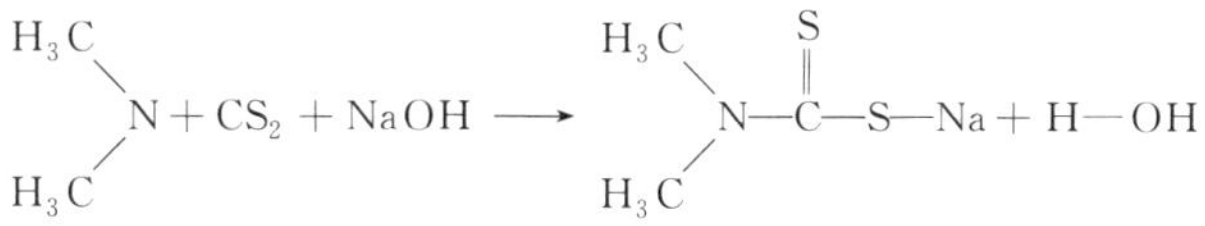

$$\begin{matrix} H_3C \\ \quad \\ H_3C \end{matrix} N + CS_2 + NaOH \longrightarrow \begin{matrix} H_3C \\ \quad \\ H_3C \end{matrix} N - \overset{\overset{\textstyle S}{\|}}{C} - S - Na + H-OH$$

福美双的合成

$$2 \begin{matrix} H_3C \\ \quad \\ H_3C \end{matrix} N - \overset{\overset{\textstyle S}{\|}}{C} - S - Na + Cl_2 \longrightarrow \begin{matrix} H_3C \\ \quad \\ H_3C \end{matrix} N - \overset{\overset{\textstyle S}{\|}}{C} - S - S - \overset{\overset{\textstyle S}{\|}}{C} - N \begin{matrix} CH_3 \\ \quad \\ CH_3 \end{matrix} + 2NaCl$$

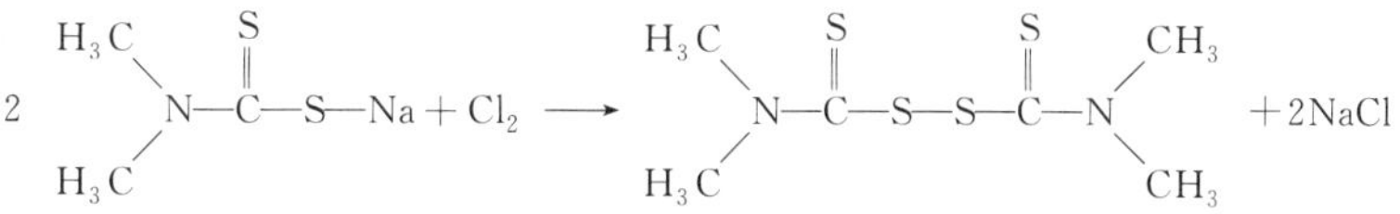

氧化剂除氯气外，还有使用 $NaNO_2$-H_2SO_4 和稀硫酸，也有以氨代碱先合成中间体福美铵，再经氧化制成福美双的工艺。

b. 工艺流程

福美钠工段（图 7-6）：在 3000L 反应釜中加水 1800kg，在搅拌下投入 30% 液碱 430kg，40% 二甲胺 364kg、冷却到 10℃ 以下滴加二硫化碳 250kg，控制滴加的速度使反应温度不超过 30℃。在二硫化碳滴加完毕后，继续搅拌反应 1.5～2.0h，然后静置、分出不溶的残渣，反应液分析含量后打入储罐，供福美双工段用。

福美双工段（见下图 7-6）：在 3000L 反应釜中加水 1000kg，再加 15% 福美钠 1000kg，搅拌并通入空气-氯气混合气，当氯气消耗量达 37kg 后检查反应液的 pH 值，当 pH 值达到 3 时停止通氯，继续鼓空气 10min，反应物料用稀碱水调整 pH 值为 6～7，离心过滤、水洗得福美双湿料，经干燥得福美双原粉。熔点≥146℃，含量≥97％。

所得产品福美双的总收率（以二甲胺计）≥92％，其中福美双的含量≥97％，熔点≥146℃，水分≤1％。

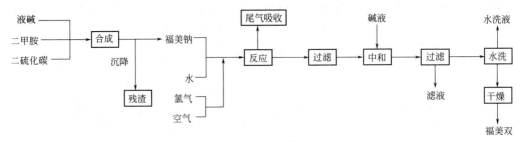

图 7-6　福美双工段流程示意

② 操作要点　在第一步生产福美钠工段中，因二硫化碳极易挥发，且其蒸汽能和空气形成爆炸混合物，因此在滴加二硫化碳的过程中一定要控制在 10℃ 以下进行，滴加完二硫化碳后让系统缓慢自然升温，并控制在 30℃ 以下反应至终点。

在第二步生产福美双工段中，延长反应时间对产品的质量不利。因为福美双长时间和水共热会分解。

③ 安全及环保　福美双生产中有废水、废气及少量废渣。每生产 1t 福美双产生工艺废水及洗料水约 15t，含有机硫化物 0.05％～0.1％，经锌盐处理回收沉淀物后排放。废气主要是反应尾气，含氯气为 0.12％（体积），经碱洗后放空，残渣焚烧处理。

（2）代森类　代森类杀菌剂是继福美类杀菌剂之后发现的又一类重要的保护性杀菌剂。它们多数是亚乙基双二硫代氨基甲酸的衍生物。

下面介绍代森锰锌的生产工艺。

① 产品的性质　代森锰锌是一种高效、低毒、广谱、保护性的有机硫杀菌剂。1961 年由美国罗姆-哈斯公司（Rhom and Hass）与杜邦公司（Du Pont）开发，随后在许多国家注册登记。我国自 20 世纪 80 年代初开始研制，现已大量生产。

它对藻菌纲的疫霉属、半知菌类的尾孢属、壳二孢属等引起的多种植物病害及各种作物的叶斑病、花腐病等均有良好的防治效果。如葡萄、啤酒花灰霉病、霜霉病、黑痘病；棉花铃疫病、棉花苗期病害；甜菜、白菜、甘蓝、芹菜、花生的褐斑病、点斑病、霜霉病、白斑病；瓜类的霜霉病、褐斑病；番茄、茄子、马铃薯的早疫病、晚疫病；茶、橡胶、梨、柿、苹果的黑星病；人参、三七的黑斑病、叶斑病等。

代森锰锌的分子式：$[C_4H_6N_2S_4Mn]_x Zn_y$；分子量：271（平均）；

化学名称：1,2-亚乙基双二硫代氨基甲酸锰和锌离子的配位络合物。

原药为灰黄色粉末，相对密度为 0.62，有霉味，熔点为 192℃（分解），分解时放出 CS_2 等有毒气体，不溶于水和一般有机溶剂，遇酸性气体或在高温、高湿条件下及放在空气中易分解，分解时可引起燃烧。

代森锰锌的原药对大鼠急性经口 LD_{50} 为 10000mg/kg，对小鼠急性经口 LD_{50}＞7000mg/kg，对兔急性经口 LD_{50}＞10000mg/kg，对兔皮肤黏膜有刺激作用，在试验剂量下未发现致突变、致畸作用。

它的主要加工制剂有：80％、70％ 和 50％ 的可湿性粉剂、33％ 水悬剂。另外可以和许多内吸性杀菌剂混配，用于延缓抗性的产生和扩大杀菌谱。国内已生产的混剂有：50％ 疫霜锰锌、70％ 乙磷锰锌、58％ 甲霜锰锌、64％ 杀毒矾、72％ 霜脲锰锌等。

② 产品的生产工艺

a. 反应原理

代森钠的合成：根据文献报道，代森钠的合成有一步法和两步法，其反应式如下。

一步法：

$$\begin{array}{c}CH_2-NH_2\\|\\CH_2-NH_2\end{array} +2CS_2+2NaOH \longrightarrow \begin{array}{c}CH_2-NH-\overset{\displaystyle S}{\overset{\|}{C}}-SNa\\|\\CH_2-NH-\underset{\displaystyle S}{\underset{\|}{C}}-SNa\end{array}+2H-OH$$

两步法：

$$\begin{array}{c}CH_2-NH_2\\|\\CH_2-NH_2\end{array} +CS_2 \longrightarrow \left[\begin{array}{c}CH_2CSSH\cdot H_2N-CH_2\\|\qquad\qquad\qquad|\\CH_2CSSH\cdot H_2N-CH_2\\\text{或 } H_2N-CH_2CH_2NHCSSH\end{array}\right]$$

$$\xrightarrow[2NaOH]{CS_2} \begin{array}{c}CH_2-NH-\overset{\displaystyle S}{\overset{\|}{C}}-SNa\\|\\CH_2-NH-\underset{\displaystyle S}{\underset{\|}{C}}-SNa\end{array}+2H-OH$$

国内均采用两步法，此法有利于控制副产物三硫代碳酸钠的生成。因此产品质量好、收率也高。

代森锰的合成

$$\begin{array}{c}CH_2-NH-\overset{\displaystyle S}{\overset{\|}{C}}-SNa\\|\\CH_2-NH-\underset{\displaystyle S}{\underset{\|}{C}}-SNa\end{array} +MnSO_4 \longrightarrow \begin{array}{c}CH_2-NH-\overset{\displaystyle S}{\overset{\|}{C}}S\\|\qquad\qquad\qquad\diagdown\\ \qquad\qquad\qquad Mn\\|\qquad\qquad\qquad\diagup\\CH_2-NH-\underset{\displaystyle S}{\underset{\|}{C}}S\end{array}+Na_2SO_4$$

在代森锰的整个合成中，可能产生以下副反应：

$$CS_2+2NaOH \longrightarrow Na_2CS_2O+H-OH$$
$$3Na_2CS_2O \longrightarrow 2Na_2CS_3+Na_2CO_3$$

$$\begin{array}{c}CH_2-NH-\overset{\displaystyle S}{\overset{\|}{C}}-SNa\\|\\CH_2-NH-\underset{\displaystyle S}{\underset{\|}{C}}-SNa\end{array} \xrightarrow{\text{稀碱}} \begin{array}{c}CH_2-NH\\|\qquad\qquad\diagdown\\ \qquad\qquad C=S\\|\qquad\qquad\diagup\\CH_2-NH\end{array}+CS_2+H-SH\uparrow$$

代森锰锌的合成

$$\begin{array}{c}CH_2-NHCS\\|\qquad\qquad\diagdown\\ \qquad\qquad Mn\\|\qquad\qquad\diagup\\CH_2-NHCS\end{array} \xrightarrow{ZnCl_2} [-S-CSNH(CH_2)_2-NHC(S)SMn]_x(Zn)_y$$

b. 工艺流程

代森钠工段（图7-7）：在1000L反应釜中，预先加入400L清水，在搅拌下抽入57L的乙二胺，待温度稳定在25℃左右时，开始滴加二硫化碳，同时打开夹套的冷却水，控制反应温度＜35℃。滴加二硫化碳的速度由反应温度而定，滴加二硫化碳的总量为113L。滴加完毕，保持反应物料温度在30℃左右，继续搅拌30min，待反应物料的介质pH≤9时，开始分批向反应釜内加入20%氢氧化钠水溶液。总加入量为376kg。加碱时反应温度控制在35℃左右。每批加氢氧化钠后控制反应液的pH≤9后，才能加下一批氢氧化钠，在全部氢氧化钠加完后继续保温反应

1h。取样观察物料中已无明显油珠即为达到反应终点，降温至25℃以下，停止搅拌、静置，将未反应的二硫化碳分离出来，所得淡黄色液体即为代森钠水溶液。

代森锰工段（图7-7）：将上述所得的代森钠水溶液打入到2000L代森锰合成釜中，在搅拌下，将5%硫酸溶液慢慢地滴加入反应釜中，中和过量的氢氧化钠和分解副产物三硫代碳酸钠。当中和至物料介质的pH值在4～5时停止加酸，向釜中加入5kg保护剂，搅拌下加热升温至30℃，加入25%的硫酸锰水溶液565kg，继续保温搅拌1h，然后降温至25℃进行离心过滤，并用清水洗涤。所得的黄色固体即为代森锰湿品，称重，并取样分析含量与含水量。在中和前应将硫化氢吸收塔的碱液循环泵开动起来，以便吸收所产生的硫化氢气体。

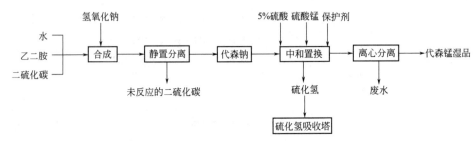

图7-7 代森钠、代森锰工段流程示意

代森锰锌工段（图7-8）：将400L的水加到1000L络合反应釜中，开动搅拌加入32kg的氯化锌使其完全溶解，并调节反应釜内温度至30℃左右，将上述工序所得的代森锰投入络合釜中，在保温下络合反应2h，然后降温至20℃进行离心分离，甩干，出料，转至干燥工序。所得过滤母液循环套用。

将所得的代森锰锌湿品加至1m³的真空耙式干燥机中，开动搅拌加入2kg稳定剂，压紧加料口盖，抽真空使真空度在0.085MPa以上，开始升温。控制蒸汽压力在0.5MPa以下进行干燥，一般需要8h左右即可干燥完毕，降温，卸料。称重、取样分析含量与水分。

所得产品代森锰锌的总收率（以乙二胺计）≥85%，水分≤2%。

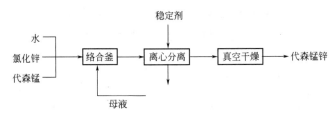

图7-8 代森锰锌工段流程示意

③ 操作要点 在第一步生产代森钠工段中，因原料中使用了二硫化碳，所以选用不锈钢或搪玻璃材质的反应釜。在回流冷凝器处需接一个二硫化碳流入器以回收二硫化碳，以免造成火灾并可减少浪费。流入器与合成反应罐必须用管道密闭连接。流入器在二硫化碳将充满时，必须加一部分水以覆盖二硫化碳的液面，以防挥发。

在第二步生产代森锰工段中，反应设备不可采用钢铁材料，因其会影响产品的色泽和外观，一般使用搪瓷材质。

④ 安全及环保 代森锰锌生产过程中"三废"主要是合成代森锰时产生的废水。每生产1t代森锰锌则产生废水6～7t，其中主要含芒硝外，还有过量的硫酸锰和微量的1,2-亚乙基双二硫代氨基甲酸盐。后者可以用少量的硫酸铜水溶液使其沉淀，过滤后，用碱液或石灰乳调节废水的pH值在9.5～10.5使锰离子转化为氧化锰沉淀，同时残存在废水中的铜离子也可被除掉。废水处理的最好的办法是采用酸分解，回收二硫化碳，再进行亚硝化后进行生化处理。目前，干燥工艺尚不能适应工业化大规模生产的要求。

（3）烷酯类 此类杀菌剂的品种较少，从结构上看也属于二硫代氨基甲酸衍生物。其品种列于表 7-8 中。

表 7-8 烷酯类品种杀菌剂的介绍

名称	化学结构式	性能及用途
棉隆 3,5-二甲基-四氢化-1,3,5-2H-噻二嗪-2-硫酮	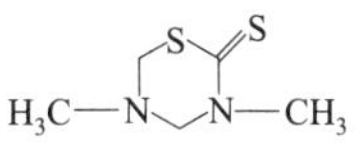 H_3C-N 四氢噻二嗪-2-硫酮环 $N-CH_3$	原药为白色结晶，熔点 99.5℃（分解），难溶于水，可溶于丙酮、氯仿中。本品因土壤中可分解出二硫代氨基甲酸盐和异硫氰酸酯，所以兼有杀线虫、土壤中害虫、真菌如腐霉菌、丝核菌、轮枝菌等作用
地青散 3-（4-苯基）-5-甲基绕丹宁	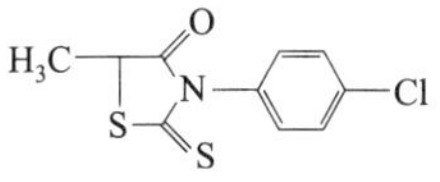 H_3C 绕丹宁环 N—苯基—Cl	纯品为结晶固体，熔点 106～101℃，可溶于丙酮。LD_{50} 为 690mg/kg（小鼠）。兼有杀菌和杀线虫的作用。可用作种子和土壤的消毒剂
噻胺酯 2-噻唑氨基二硫代甲酸-(乙氧甲酰甲基)酯	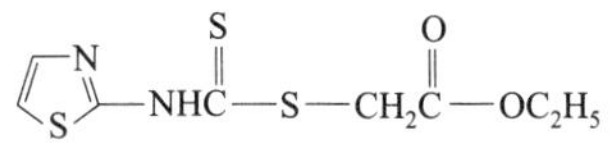 噻唑环 $NHC-S-CH_2C-OC_2H_5$	原药为固体，熔点 164～165℃，可溶于一般有机溶剂。用于防治多种真菌引起的病害，对稻瘟病、稻胡麻斑病、花生褐斑病和蚕豆花腐病等防效显著，对稻瘟病和马铃薯晚疫病的防效远好于福美锌

对于以上三种杀菌剂和合成方法作简要介绍。

其中棉隆的合成方法如下：

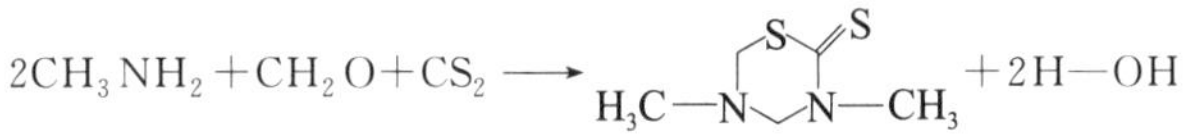

$$2CH_3NH_2 + CH_2O + CS_2 \longrightarrow \text{（四氢噻二嗪硫酮环）} + 2H—OH$$

地青散的合成方法如下：

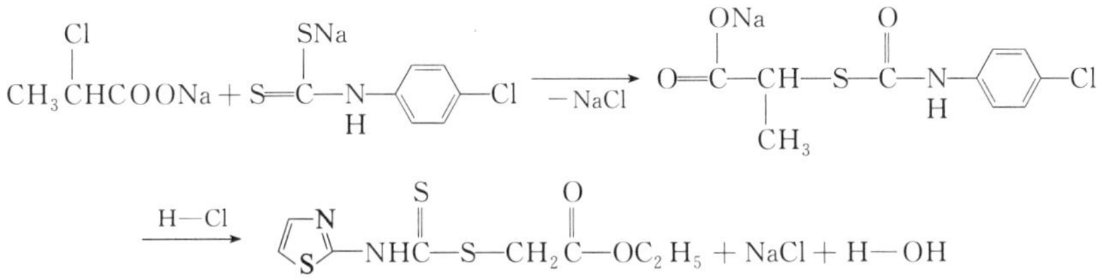

$$CH_3CHClCOONa + \text{（硫脲衍生物）} \xrightarrow{-NaCl} \text{（中间体）}$$

$$\xrightarrow{H—Cl} \text{（噻唑环）}NHC-S-CH_2C-OC_2H_5 + NaCl + H—OH$$

噻胺酯的合成方法如下：

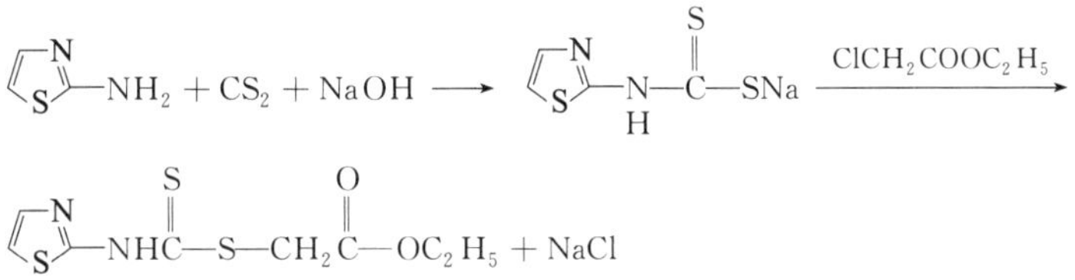

$$\text{（噻唑环）}-NH_2 + CS_2 + NaOH \longrightarrow \text{（噻唑环）}N-C-SNa \xrightarrow{ClCH_2COOC_2H_5}$$

$$\text{（噻唑环）}NHC-S-CH_2C-OC_2H_5 + NaCl$$

2. 多菌灵类化合物

多菌灵类杀菌剂的分子中都含有苯并咪唑母核。

根据咪唑环中 C-2 原子上取代基的不同，大体分为两种类型：第一类是杂环取代基，如噻唑基取代（涕必灵）呋喃基取代（麦穗宁），六氢化二嗪取代（疫菌灵）；第二类是胺基甲酸酯基取代或经过降解可以形成该种形式的化合物，其中包括多菌灵、苯菌灵、托布津、甲基托布津、伐菌灵等。

从杀菌剂发展史上看，本类杀菌剂是很重要的一类杀菌剂。本类杀菌剂具有以下几个特点。

① 高效、内吸。大多数成员的抑菌活性在体内和体外是一致的，而托布津、甲基托布津、伐菌灵在体活性很差，只有在体内才能发挥它们的毒效。

② 广谱。除藻菌纲真菌和细菌病害外，对大多数病害都有效。例如苯菌灵能防治的病害达

百余种之多。除丁烯酰胺类内吸杀菌剂外，此类杀菌剂可谓是得到了最广泛的应用。

③ 由于大多数成员都能转化成共同的抑菌毒物——多菌灵，所以有相似的菌谱和相似的作用机制。当然由于咪唑环中 N-1 原子上侧链的存在，也会由此而赋予在渗透性、抑菌谱、作用机制等方面的差别。

④ 由于作用机制相同，所以一旦致病菌对其中一个成员产生抗性，就会对其他成员产生交互抗性。

下面以典型的多菌灵类化合物多菌灵为例，介绍其生产工艺。

产品的生产工艺如下。

① 反应原理

a. 氯甲酸甲酯的合成

$$CH_3OH + COCl_2 \longrightarrow ClCOOCH_3 + HCl$$

b. 氰氨基甲酸甲酯钙盐的合成

$$2CaCN_2 + 2H_2O \longrightarrow Ca(HCN_2)_2 + Ca(OH)_2$$

$$Ca(HCN_2)_2 + Ca(OH)_2 + 2ClCOOCH \longrightarrow Ca^{2+}(NC-N^-COOCH_3)_2 + CaCl_2 + H_2O$$

c. 多菌灵的合成

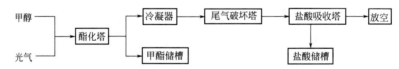

② 工艺流程

a. 氯甲酸甲酯工段（图 7-9）　甲醇自甲醇高位槽经流量计从酯化塔底部的一侧进入酯化塔。光气从合成车间送来，经光气缓冲罐，再经流量计从酯化塔的另一侧进入酯化塔。保持光气对甲醇的摩尔比为（1.05～1.1）∶1，反应温度为 35～40℃，此时合成液中氯甲酸甲酯的含量＞90%。所得的合成液流进甲酯储槽，不必精制可用于氰胺基甲酸甲酯钙盐的合成。气体经冷凝器将夹带的氯甲酸甲酯雾滴捕集后流进甲酯储槽，未冷凝气体含有过剩光气、盐酸气及一氧化碳等气体，经光气破坏塔（即尾破塔）在 SN-7501 催化剂作用下，光气与水反应生成盐酸，经盐酸吸收塔回收，余气高空排放。

```
甲醇 ┐
     ├→ 酯化塔 →┬→ 冷凝器 → 尾气破坏塔 → 盐酸吸收塔 → 放空
光气 ┘          │                              │
                └→ 甲酯储槽                    ↓
                                            盐酸储槽
```

图 7-9　氯甲酸甲酯工段流程示意

b. 氰氨基甲酸甲酯钙盐工段（图 7-10）　向水解釜投入 3200L 水，控制在 35℃左右，开动搅拌向其中投入 400kg 工业石灰氮，然后保持在（35±2）℃，搅拌下继续反应 1h，进行离心分离。滤液经泵打到氰胺化釜中。开动氰胺化釜的搅拌，再向其中加入 400kg 石灰氮，然后经氯甲酸甲酯计量槽滴加氯甲酸甲酯，并向氰胺化釜的夹套与盘管通入冷冻液，严格控制反应温度在（45±2）℃。加入 90%氯甲酸甲酯 760kg 左右，然后再反应 1h，并使反应液的 pH＝6～8。反应结束后，进行离心过滤，滤液输入储槽，澄清、分析含量待用。

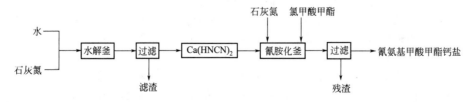

图 7-10　氰氨基甲酸甲酯钙盐工段流程示意图

c. 多菌灵工段（图 7-11）　将已澄清且已知含量的氰胺基甲酸甲酯的钙盐水溶液 1300L（折

1.6kmol）投入 2000L 的多菌灵合成釜中。开动搅拌后投入邻苯二胺 160kg（折 1.35kmol），升温到 40℃，开始滴加盐酸，并严格控制 pH 值不低于 5，当温度升至 70℃左右，有产品析出。关闭水蒸气使温度缓慢上升，随着温度升高，pH 值回升，再不断地滴加盐酸。当温度升至 98～100℃时，应停止加热开始保温，pH 值维持在 6 左右。当母液中邻苯二胺残留量＜5g/L 后，再保温 1h 后关闭蒸汽，打开冷却水降温出料，进行离心过滤。用热水洗涤至洗水无色、甩干、出料、干燥。干燥可采用气流干燥，也可以采用沸腾干燥。产品为灰褐色固体，含量≥95％。

图 7-11　多菌灵工段流程示意

采用此工艺所得产品多菌灵的总收率（以邻苯二胺计）≥85％，其中多菌灵的含量≥95％，水分≤2％，邻苯二胺残留量≤1.0％。

③ 操作要点　石灰氮真空吸料管的粗细要考虑，避免堵塞；邻苯二胺的含量要均匀，否则会影响多菌灵的收率。

④ 安全及环保　在生产多菌灵时有关"三废"的处理应注意以下两方面的情况。

一是酯化产生的含有光气与氯化氢气的尾气，进入尾气破坏系统、光气在 SN-7501 催化剂作用下与水反应分解成盐酸与二氧化碳，盐酸回收，二氧化碳等尾气排空。

二是多菌灵废水来源于多菌灵合成的母液与洗涤水，首先进行清、污分流，浓废水中有机物含量高，生物降解困难，须采用碱解、絮凝，除掉大部分难以生物降解的有机物质，预处理可使 COD 去除 50％～60％，然后与清废水合并用生物接触氧化法处理。

有资料表明采用从该农药生产废水的排放口附近的土壤中分离得到的降解菌经扩大培养后能有效降解废水，COD 的去除率为 62.3％。

3. 甲霜灵类化合物

甲霜灵类化合物按照分子结构来分，应属于酰苯胺类化合物。它们的分子结构特征是含有一个酰苯胺基的骨架：

$$\begin{array}{c} O \\ \| \\ -C-C-N-\bigcirc\!\!\!-X_n \end{array} \qquad X=Cl,\ F,\ CH_3;\ n=0,\ 1,\ 2$$

根据氮原子上的取代情况，酰苯胺类化合物分为两类。

① N-取代二甲酰亚胺类　如纹枯利、菌核利、灰霉利、氟安利、抑菌利、克菌利和防霉因等。此类杀菌剂大多都是非内吸性的，且大都对灰霉病有很好的防治效果。

② N-酰基-α-氨基酸类　如甲霜灵、除霜灵、敌霜灵、异霜灵、苯霜灵等，它们大都是内吸性的，而且大都对藻菌纲真菌引起的病害有特效。

一般说来，杀菌活性顺序为：甲霜灵＞除霜灵＞敌霜灵。

它们的共同特点是：高效、内吸性强，兼有预防和治疗作用；对卵菌亚纲，尤其是对霜霉目真菌病害具有特效；持效期长、如防霜灵为 6 周，甲霜灵为 24 周；在使用方式上，使用浇灌、喷雾、种子处理等方法均可。

下面以典型的甲霜灵为例，介绍其生产工艺。

（1）反应原理

① α-氯代丙酸的合成

$$CH_3CH_2COOH+Cl_2 \xrightarrow{催化剂} \begin{array}{c} Cl \\ | \\ CH_3CHCOOH \end{array} + HCl$$

② α-氯代丙酸甲酯的合成

$$\underset{\text{Cl}}{\underset{|}{CH_3CHCOOH}} + CH_3OH \longrightarrow \underset{\text{Cl}}{\underset{|}{CH_3CHCOOCH_3}} + H_2O$$

③ 氨酯的合成

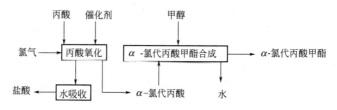

④ 甲霜灵的合成

$$ClCH_2COOH + NaOCH_3 \longrightarrow CH_3OCH_2COONa$$
$$CH_3OCH_2COONa + PCl_3 \longrightarrow CH_3OCH_2COCl$$

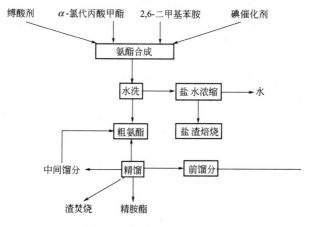

（2）工艺流程

① α-氯代丙酸工段（图 7-12）　在 500L 反应釜中，加入 250kg 丙酸和一定量催化剂，在搅拌和加热下，通入氯气，直到转化率达到要求时为止。反应得到的 α-氯代丙酸可直接用于 α-氯丙酸甲酯的合成。生成的氯化氢气体可用水吸收成盐酸。

② α-氯代丙酸甲酯工段（图 7-12）　将一定比例的 α-氯代丙酸和甲醇加入 1000L 搪瓷釜中。加热反应，同时将反应生成的 α-氯丙酸甲酯和水蒸出。分去水，得到的酯可直接用于氨酯的合成。

图 7-12　α-氯代丙酸和 α-氯代丙酸甲酯工段流程示意

③ 氨酯工段（图 7-13）　将 2,6-二甲基苯胺、α-氯代丙酸甲酯、缚酸剂、碘催化剂共置于反应釜中。在搅拌下加热反应数小时，然后经水洗、分离后，将得到的粗氨酯精馏。前馏分返回用于下次反应，精氨酯用于甲霜灵的合成。

图 7-13　氨酯工段流程示意

④ 甲霜灵工段（图 7-14） 将氯乙酸和溶剂Ⅰ加入反应釜中，在搅拌下按一定配比加入甲醇钠，反应一段时间后，蒸出溶剂Ⅰ，加入溶剂Ⅱ，并加入一定量酰氯化剂 PCl₃，反应数小时后，再按所需配比加入氨酯，反应结束后水洗、脱溶即得甲霜灵产品。

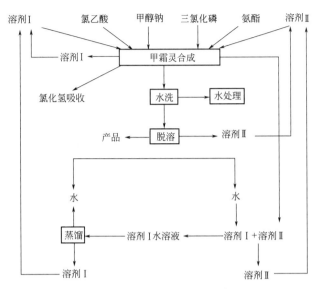

图 7-14 甲霜灵工段流程示意

产品甲霜灵总收率：以丙酸计＞56％；以 2,6-二甲基苯胺＞72％。甲霜灵的含量＞90％。

（3）安全及环保 在生产甲霜灵的过程中会产生废氯化氢气体和废氯气体、含 α-氯代丙酸甲酯的和含氨酯的废水，以及含有 α-氯代丙酸甲酯的蒸馏残液和氨酯的精馏残液。可分别采用以下的处理方法。

废氯处理方法：氯化氢气体经水吸收成＞20％盐酸，可供他用。尾气含氯量很少，以氢氧化钙吸收成漂白粉，可用于废水处理用。

废水处理方法如下。

① 反应生成的少量水与产物分离后可用作氨酯的洗水。

② 氨酯的洗水采用浓缩除盐的办法，蒸出水可循环套用。

③ 甲霜灵洗水，COD＞20000mg/L，可采用漂白粉处理，使硝酸钠变成硝酸钙滤除，供作肥料用，其水溶液 COD 可降至 6200mg/L 以下，然后生化处理。

废液处理方法：α-氯丙酸甲酯蒸馏残液和氨酯精馏残液趁热放出，冷后凝固成沥青状固体，经测定其热值＞50.2kJ/g，其中主要为碳、氢、氧，氮含量＜2％，无腐蚀性，可与其他固体燃料混燃。

第四节　除草剂和植物调节剂

一、除草剂

杂草是目的作物以外的，妨碍和干扰人类生产和生活环境的各种植物类群。主要为草本植物，也包括部分小灌木、蕨类及藻类。全世界约有杂草 8000 种，与农业生产有关的主要只有250 种。按其对水分的适应性分为水生、沼生、湿生和旱生，按化学防除的需要分为禾草、莎草和阔叶草。其生物学特性表现为：传播方式多，繁殖与再生力强，生活周期一般都比作物短，成熟的种子随熟随落，抗逆性强，光合作用效益高等。杂草是栽培作物的大敌。它大量消耗地力，与作物争夺养料、水分、阳光和空间，妨碍田间通风透光，增加局部气候温度，有些则是病虫中间寄主，促进病虫害发生；寄生性杂草直接从作物体内吸收养分，从而降低作物的产量和品质。此外，有的杂草的种子或花粉含有毒素，能使人畜中毒。经调查，严重威胁我国主要农作物的杂草主要有：稗草、马唐、野燕麦、看麦娘、牛繁缕、眼子菜、鸭舌草、异型莎草、黍、千金子、反枝花、香附子、牛筋草以及矮慈姑、扁杆藨草、绿狗尾、播娘蒿、打碗花、猪殃殃等。因此，杂草的防除在农作物生产中起着重要的作用。

目前，世界各地区由于杂草危害造成作物的损失率，北美为 11%～15%，亚洲、欧洲及南美洲为 10%～20%，对于农业落后的国家，这个数值还要大。

根据 2022 年农业农村部发布的《全国农田草害监测报告》及 2023 年中国农业科学院最新研究成果，我国杂草危害形势依然严峻，全国因草害造成的粮食年损失量约 2100 万吨，综合损失率较十年前下降 3 个百分点，现为 11.6%。其中，水稻草害发生面积 1.45 亿亩，占播种面积的43.7%。其中严重危害面积 4800 万亩，年损失稻谷约 820 万吨。小麦草害面积 3.2 亿亩，占比34.5%。恶性杂草节节麦、雀麦等造成的严重危害面积达 6800 万亩，年损失产量约 480 万吨，损失率 12.3%。玉米等杂粮草害总面积突破 1.1 亿亩，其中严重危害面积 2600 万亩。受抗性稗草扩散影响，年损失量升至 310 万吨，损失率 13.5%。其他经济作物，如棉花、大豆、果蔬等也有不同程度的草害。

防除杂草的方法很多，有：①植物检疫（即对国际和国内各地区间所调运的作物种子和苗木等进行检查和处理，防止新的外来杂草远距离传播）；②农业除草法（如精选种子，人工拔草，水旱轮作、合理翻耙、春灌诱发杂草和淹灌杂草等）；③机械除草（如机械中耕除草）；④物理除草（利用水、光、热等物理因子除草）；⑤化学除草（即用药剂除草）；⑥生物除草（利用昆虫、禽畜、病原微生物和竞争力强的置换植物及其代谢产物防除杂草）；⑦生态除草（采用农业或其他措施，在较大面积范围内创造一个有利于作物生长而不利于杂草生长的生态环境）；⑧综合防除（因地制宜地综合运用各种措施的互补与协调作用，达到高效而稳定的防除目的）。

上述各种除草方法都有一定的特点，但化学除草却有其独特的优点。化学除草是一项重要的技术革新措施，它可杀死杂草而不伤害作物，能把杂草连根彻底消灭，并能在土壤中保持一段较长时间，继续发挥药效，不让杂草滋生。化学除草不但可节省大量劳动力，增产增收，并且有利于农业机械化的发展和耕作栽培技术的革新。由于化学除草具有高效、快速、经济的优点，有些品种还兼有促进作物生长的优点，它是大幅度提高劳动生产率，实现农业机械化必不可少的一项先进技术，成为农业高产、稳产的重要保障。

农田化学除草的开端可以上溯到 19 世纪末期，在防治欧洲葡萄霜霉病时，偶尔发现波尔多液能伤害一些十字花科杂草而不伤害禾谷类作物；法国、德国、美国同时发现硫酸和硫酸铜等的除草作用，并用于小麦等的除草。有机化学除草剂时期始于 1932 年选择性除草剂二硝酚的发现。20 世纪 40 年代 2,4-二氯苯氧乙酸（俗称 2,4-滴，2,4-D）的出现，大大促进了有机除草剂工业的迅速发展。1971 年合成的草甘膦，具有杀草谱广、对环境无污染的特点，是有机磷除草剂的重大突破。除草剂即是指使用一定剂量即可抑制杂草生长或杀死杂草，从而达到控制杂草危害的制剂。

目前使用的除草剂大都是人工合成的有机化合物，即化学除草剂，多达 300 种以上，特别是近年来有多种超低用量、新作用点、高选择性的除草剂相继出现，这些超高效除草剂对提高农业生产率、保护生态环境具有极为重要的意义。

综观化学除草剂发展，总的说来，除草剂是向着高效低毒、选择性强、杀草谱广的方向发展。可用下列几点来概括。

（1）品种繁多　全世界目前生产的除草剂品种达 300 多个，结构和活性各不相同，总的发展趋势是向高效、低毒、选择性强、杀草谱广，以及对环境安全的方向发展。另外，从发展土壤处理剂向茎叶处理剂也是目前的一个趋势。

（2）剂型多样化　除草剂新剂型的不断发展，也为其高效、安全、方便、经济地使用创造了条件。目前，一种除草剂原药平均有 10 余种加工剂型。

（3）使用方法多样　用药方法和技术的不断改进，对于提高除草剂的药效、工效及选择性，减少对环境的污染有着重要意义。目前除草剂的使用方法已从传统的喷雾法向控制雾滴喷雾、定向喷雾、气体喷雾、颗粒施药、循环回收喷雾等多元化发展。

（4）产量和使用面积增长快　除草剂生产、销售和使用面积，迅速增长并仍保持上升的势头。目前，我国农田杂草化除面积已达 9 亿亩之多，约占总耕地面积的一半。

（5）混用与混剂应用普遍　除草剂混用因可以取长补短，扩大杀草谱，提高防效，对作物安全性以及降低用量和使用成本等，而得到了迅速发展。目前混剂在除草剂生产中占有相当的比例。

（6）作物安全剂开发和使用进一步兴起　萘二甲酐（NA），CGA-43089（解草胺腈，cyometrimil，concep），CGA-92194（解草腈，oxabetrinil）等除草剂解毒剂的发现和使用，对于减轻除草剂药害，扩大使用范围起了很大作用，目前这一领域的研究仍在积极进行。

由于除草剂对农业的增产增收具有重大意义，世界上除草剂依然占据着最大的农药市场份额。2020 年除草剂全球销售额占比为 40.20％，其后分别是杀虫剂和杀菌剂，分别为 29.49％和 27.35％。2020 年全球除草剂行业市场规模为 244 亿美元，同比上涨 3.39％，年均复合增长速度为 1.1％。预计 2025 年市场规模将达到 265 亿美元。

除草剂的推广使用虽然在农业生产中发挥了巨大的经济效益，但也出现了一些问题。

① 除草剂因挥发和雾滴飘移造成邻近敏感植物的伤害，如双子叶植物棉花、向日葵、油菜、枸杞等对 2,4-D 丁酯非常敏感。

② 长期单一地使用一种除草剂后，引起农田杂草群落的改变，造成耐药性杂草种类和抗性杂草生物型的出现和发展，使除草效果下降，防除费用和难度加大。据报道，全世界已有 $3 \times 10^6 \, hm^2$ 土地出现抗药性杂草。

③ 除草剂残留或降解产物对作物产生的危害以及除草剂使用对环境的污染等，都是在除草剂使用中应加以注意和避免的（主要是使用不当造成的）。

随着现代科学技术和化学除草的深入研究，化学除草剂的研制、开发和使用也在不断发展，例如：计算机模拟开发研制和合成除草剂新品种，利用生物技术研制开发新型天然源除草剂或生物除草剂；利用遗传工程技术筛选和培育抗除草剂作物品种，以提高作物抗药性和扩大除草剂的使用范围等，都必将在以后化学除草剂的研究和应用中得到重视和发展。

1. 苯氧羧酸类

1941 年合成了第一个苯氧羧酸类除草剂的品种 2,4-滴，1942 年发现了该化合物具有植物激素的作用，1944 年发现 2,4-滴和 2,4,5-涕对田旋花具有除草活性，1945 年发现除草剂 2 甲 4 氯。此类除草剂显示的选择性、传导性及杀草活性成为其后除草剂发展的基础，促进了化学除草的发展。迄今为止，苯氧羧酸类除草剂仍然是重要的除草剂品种。

由于在苯环上取代基和取代位不同，以及羧酸的碳原子数目不同，形成了不同苯氧羧酸类除草剂品种。2,4,5-涕（2,4,5-T）曾用作落叶剂大量使用过，因含有致畸物质二噁英而停用了。目前在中国使用的这类除草剂主要有 2,4-滴和 2 甲 4 氯。

苯氧羧酸类除草剂易被植物的根、叶吸收，通过木质部或韧皮部在植物体内上下传导，在分生组织积累。这类除草剂具有植物生长素的作用。植物吸收这类除草剂后，体内的生长素的浓度高于正常值，从而打破了植物体内的激素平衡，影响到植物的正常代谢，导致敏感杂草的一系列生理生化变化，组织异常和损伤。其选择性主要是由于形态结构、吸收运转、降解方式等差异决定的。

苯氧羧酸类除草剂主要作茎叶处理剂，用在禾谷类作物、针叶树、非耕地、牧草、草坪，防除一年生和多年生的阔叶杂草，如苋、藜、苍耳、田旋花、马齿苋、大巢菜、波斯婆婆纳、播娘蒿等。大多数阔叶作物，特别是棉花，对这类除草剂很敏感。2,4-滴可作土壤处理剂，在大豆播后苗前施用。2,4-滴丁酸和 2 甲 4 氯丁酸本身无除草活性，须在植物体内经 b 氧化后转变成相应的乙酸后才有除草活性。豆科植物缺乏这种氧化酶，而对这两种除草剂具有耐药性。2,4-滴在低浓度下，能促进植物生长，在生产上也被用作植物生长调节剂。

苯氧羧酸类除草剂被加工成酯、酸、盐等不同剂型。不同剂型的除草活性大小为：酯＞酸＞盐；在盐类中，胺盐＞铵盐＞钠盐（钾盐）。剂型为低链酯时，具有较强的挥发性。酯和酸制剂在土壤中的移动性很小，而盐制剂在沙土中则易移动，但在黏土中移动性也很小。

在使用这类除草剂时，要注意禾谷类作物的不同生长期和品种对其抗性有差异。如小麦、水稻在四叶期前和拔节后对 2,4-滴敏感，在分蘖期则抗性较强。另外，防止雾滴飘移或蒸气易对周围敏感的作物产生药害。2 甲 4 氯对植物的作用比较缓和，特别是在异常气候条件下对作物的安全性高于 2,4-滴，飘移药害也比 2,4-滴轻。

【举例】 2 甲 4 氯的生产工艺

2 甲 4 氯是适于水、旱田应用的芽后激素型选择性除草剂。首先由英国 ICI 公司生产。它是最早使用的有机除草剂品种之一。至今仍为除草剂的基本品种。我国于 1963 年开始生产。

结构式

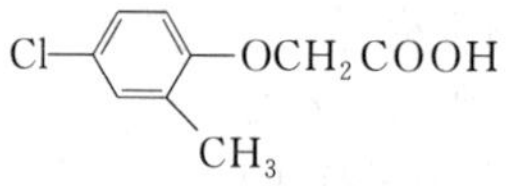

化学名称　2-甲基-4-氯苯氧乙酸。

物化性质　纯品为白色结晶，熔点 118～119℃，工业产品熔点 99～107℃。在下列溶剂中溶解度（g/100mL）：乙醚 77、乙醇 153、正己烷 0.5、甲苯 6.2、二甲苯 4.9、水 0.0825。国产 2 甲 4 氯原药为浅棕色固体，有酚的刺激气味。

主要用于防除水稻、麦类、玉米、高粱、亚麻等作物地的阔叶杂草及一些莎草。其选择性优于 2,4-滴，且比 2,4-滴安全。

(1) 原料及生产工艺　主要原料及规格见表 7-9。

表 7-9　2 甲 4 氯主要原料及规格　　　　　　　　　　　　　单位：%

原料名称	规格	原料名称	规格
邻甲酚	含量 98	氯气	含量 99.5
氯乙酸	含量 96	烧碱	含量 95

(2) 生产工艺

① 反应原理

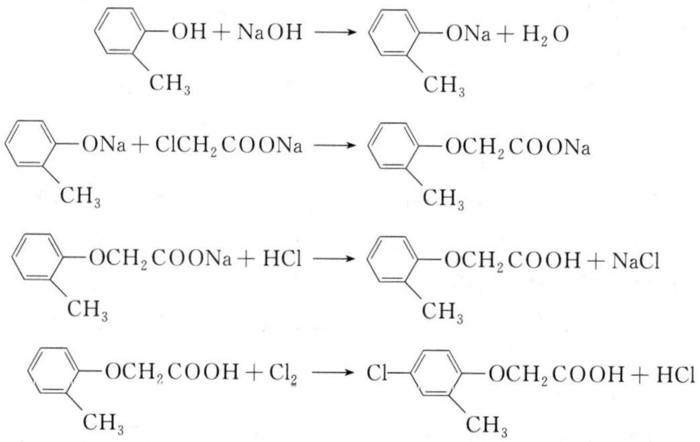

② 工艺流程（图 7-15）　将 157.44kg 邻甲酚、83.4kg 水、164.2kg 35% 液碱投入 1000L 反应釜，反应温度不超过 70℃。

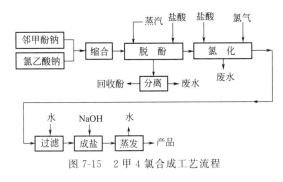

图 7-15　2 甲 4 氯合成工艺流程

将 131.3kg 氯乙酸溶于 250kg 水中，在 25℃ 以下慢慢加入 159.4kg 35% 的液碱，使 pH7～8，配成氯乙酸钠溶液。在搅拌下，在 30min 左右将配好的氯乙酸钠水溶液缓慢均匀地加入反应釜中，在 100～150℃ 保持反应 1.5h，缩合反应即完成。将缩合反应液移入脱酚釜，加适量的盐酸调节 pH 到 5 左右，在 90～95℃ 进行脱酚，除去尚未反应的邻甲酚。脱酚完成后，将反应液移入氯化釜，加盐酸调整 pH 为 1～2，在 60℃ 左右通氯气进行氯化，通氯到终点后，冷却、过滤、水洗即得产品。

将上述所得产品以 40% 的液碱中和成盐（控制 85～95℃），随后进行蒸发，在 60℃ 左右干燥，粉碎，即得 2 甲 4 氯钠盐。

（3）"三废"处理　2 甲 4 氯合成工艺中有废气及废水需要处理。氯化尾气含氯化氢及少量氯气，先用水洗涤以除去尾气中的氯化氢，再通过碱液吸收尾气中的余氯；工艺过程产生含 1500mg/L 酚的废水，采用磺化煤吸附处理方法，使废水含酚降到 5～10mg/L。

（4）2 甲 4 氯技术指标（表 7-10）

表 7-10　2 甲 4 氯技术指标　　　　　　　　　　　　　　　　单位：%

指　标　名　称	指　标	指　标　名　称	指　标
2 甲 4 氯钠盐含量（以干基计）	≥56.0	干燥减重	≤9.0
可萃取酸含量（以 2 甲 4 氯酸计）	≥72.0	水不溶物含量	≤1.0

2. 芳胺衍生物类

20 世纪 40 年代中期，报道了 100 来个芳胺衍生物类化合物具抑制植物生长的作用。50 年代初发现了灭草隆的除草作用后，此类除草剂的许多品种相继出现，特别是在 60～70 年代期间，开发出一系列的卤代苯基脲和含氟脲类除草剂，提高了选择性，扩大了杀草谱，在农业生产中被广泛地应用。我国 60 年代以来，研制了除草剂一号、敌草隆、绿麦隆、莎扑隆、异丙隆等品种，在推广化学除草中起了重要的作用，但现在的使用面积不大。芳胺衍生物类除草剂的化学结构的核心是脲，在脲分子中氨基上的取代基不同，而形成不同除草剂品种。芳胺衍生物类除草剂水溶性差，在土壤中易被土壤胶粒吸附，而不易淋溶。此类除草剂易被植物的根吸收，茎叶吸收少。因此，药剂须到达杂草的根层，才能杀灭杂草。取代脲类除草剂随蒸腾流从根传导到叶片，并在叶片积累，此类除草剂不随同化物从叶片往外传导。

芳胺衍生物类除草剂抑制光合作用系统 Ⅱ 的电子传递，从而抑制光合作用。作物和杂草间吸收、传导和降解取代脲类除草剂能力的差异是这类除草剂选择性的原因之一，但作物和杂草根部的位差，也是这类除草剂选择性的一个重要的方面。

芳胺衍生物类除草剂在土壤中残留期长，在正常用量下，可达几个月，甚至一年多。对后茬敏感作物可能造成药害。在土壤中主要由微生物降解。

大多数芳胺衍生物类除草剂主要作苗前土壤处理剂，防除一年生禾本科杂草和阔叶杂草，对阔叶杂草的活性高于对禾本科杂草的活性；敌草隆和绿麦隆在土壤湿度大的条件下，苗后早期也有一定的效果；异丙隆则可作为苗前和苗后处理剂，在杂草 2～5 叶期施用仍有效；莎扑隆主要用来防除一年生和多年生莎草，对其他杂草活性极低。敌草隆可防治眼子菜。

芳胺衍生物类除草剂的除草效果与土壤墒情关系极大，在土壤干燥时施用，除草效果不好。另外，在沙质土壤田慎用，以免发生药害。

【举例】　毒草胺生产工艺

毒草胺属 α-氯代乙酰胺类除草剂。1965 年由美国孟山都化学公司研制成功并进入工业化生产。国内沈阳化工研究院进行该品种的工业化研究，现已有生产，产品主要用于大豆田、玉米地等除草。

结构式

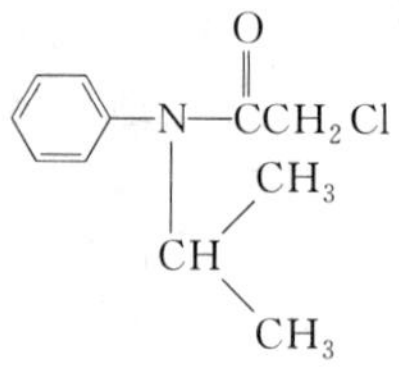

化学名称　　N-异丙基-N-苯基氯乙酰胺。

物化性质　　淡黄褐色固体，熔点 67~76℃，20℃时在有机溶剂中溶解度（％）分别为丙酮 30.9、苯 50、四氯化碳 14.8、乙醇 29.0、甲苯 25.5，水溶解度为 700mg/L。常温下稳定，在酸、碱中受热易分解。

毒草胺是一种广谱、低毒的旱地和水田除草剂，可安全地用于大豆、玉米、花生、甘蔗、棉花及水稻本田作物。水田用量 2.2~5.3g/hm^2，旱地用量 13~35g/hm^2，对一年生单子叶禾本科杂草和许多阔叶杂草有 80％~90％防效。

毒草胺与一般土壤处理剂一样，其药效受土壤湿度影响较大，因此旱地施用时，最好能赶上降雨后或配合灌溉。对毒草胺施药期要求较严，需在杂草出土前施用，才能达到理想效果。

（1）生产工艺　　反应原理如下。

2-氯丙烷的合成：

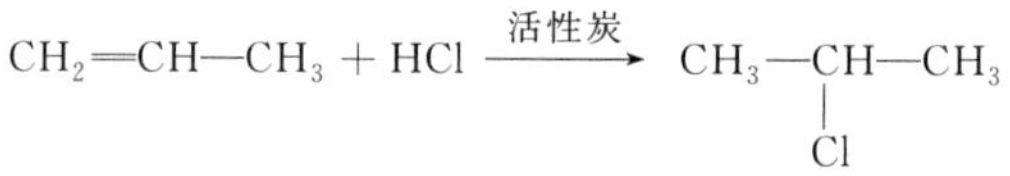

毒草胺的合成：

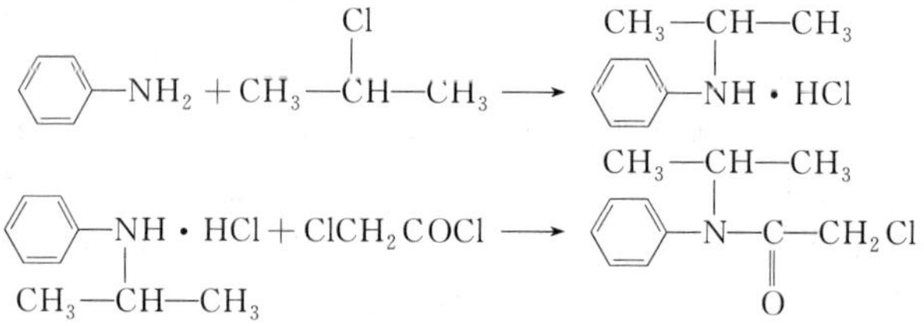

工艺流程：

① 2-氯丙烷的合成　　将 15L 10mm×10mm 瓷环装入 ϕ250mm×1500mm 反应器，再加入催化剂活性炭 100L，开启手孔，升温至 100℃，烘烤 6~7h。同时将 30％工业盐酸 300L 用耐酸泵打入再沸器，将再沸器升温至 105~115℃。用耐酸泵将盐酸打入脱吸塔进行脱吸，塔顶温度控制＜70℃，脱出的氯化氢气体通过冷冻热交换器，再经气液分离器分出，进入捕沫器及干燥器，通过转子流量计以 1490L/h 速度送入混合器。将丙烯储槽阀门微开启，使丙烯通过阻火器，减压阀，然后进入碱洗器。经过 40％NaOH 洗涤的丙烯再经过 CaCl$_2$ 干燥器进入转子流量计，以 1470L/h 速度送入混合器。两种气体混合（HCl 和 C$_3$H$_6$ 摩尔比为 1.2∶1）进入催化反应器，在 120~140℃进行反应。生成的 2-氯丙烷通过冷冻列管式热交换器，液体 2-氯丙烷经计量后，放入储槽。

② 毒草胺的合成　　将 48kg 苯胺、43.5kg 2-氯丙烷分别经计量槽计量后放入 100L 高压釜中，在 130~140℃、压力 1MPa 条件下反应 4h，然后降温至 95℃，排出釜内压力。经计量槽将 70kg 氯乙酰氯缓慢地滴加入反应釜，于 100℃反应 3h，反应时将氯化氢吸收系统打开，经冷却器循环回收吸收塔回收盐酸。反应物抽至水洗釜，加入 200L 水，于 70℃搅拌 1h，然后静置 0.5h，放出下层物料即是毒草胺。

（2）毒草胺技术指标　　含量≥95％。

3. 三氮苯类

三氮苯类除草剂开发较早，1952 年合成了第一个三氮苯类除草剂阿特拉津（莠去津），1957 年商品化，在 20 世纪 50 年代末和 60 年代商品化了多个品种。目前，这类除草剂仍在大量施用，如阿特拉津在很多国家仍是玉米田的当家除草剂品种。

三氮苯类除草剂分两类：一类是均三氮苯类（又称均三嗪类），其除草剂的基本化学结构中的六原环中的三个碳和三个氮是对称排列，目前，多数除草剂品种均属此类。另一类是偏三氮苯类除草剂，其六原环中的三个碳和三个氮是不对称排列。

均三氮苯类除草剂，以均三氮苯环为核心结构，一般可表示为：

$$R^2HN{-}\underset{N}{\overset{N}{\bigcirc}}{-}NHR^3$$

式中，R^1 为 Cl，R^2、R^3 为烷基时，称津类除草剂；R^1 为甲氧基，R^2、R^3 为烷基时，称通类除草剂；R^1 为甲硫基，R^2、R^3 为烷基时，称净类除草剂。

也有一些均三氮苯类除草剂并不完全符合上述通式。

三氮苯类除草剂是土壤处理剂，能被植物根吸收，并通过非共质体传导到芽。有些品种如莠去津、扑草净兼有茎叶处理作用，能被叶片吸收，但不向下传导。这类除草剂属光合作用抑制剂，通过抑制希尔反应而抑制光合作用，影响杂草的生长。

三氮苯类除草剂的选择性主要是由于它们在耐药作物体内降解代谢快，或在谷胱甘肽-S-转移酶的催化作用下迅速与谷胱甘肽轭合成无活性的物质。利用作物和杂草根分布的位置不同，也可达到选择作用。

三氮苯类除草剂是土壤处理剂，大部分兼有茎叶处理作用，可在种植前、播后苗前、苗后早期施用，主要用来防除一年生杂草，对阔叶杂草的效果好于对禾本科杂草，对一些多年生阔叶杂草的生长也有抑制作用。

土壤有机质和水分含量对三氮苯类除草剂的药效影响较大。有机质含量高，土壤吸附这类除草剂的作用强，使之活性降低，为了保证除草效果，需增加施用量。土壤干燥时施药，药剂被土表的土壤颗粒吸附，药剂不能分布到杂草的根层，除草效果也就不理想。

莠去津在土壤中的残留期长，如施用量过大，可能对后茬小麦产生药害。另外，该药易污染地下水，在欧洲的一些国家被禁用。

在生产实际中，这类除草剂很少单用。为了扩大杀草谱，常和其他除草剂（如酰胺类除草剂）一起混用，或和其他除草剂制成混剂，如在中国玉米田大量使用的乙阿（乙草胺＋阿特拉津）、普阿（普乐宝＋阿特拉津）和都阿（异丙甲草胺＋阿特拉津）。

【举例】 西玛津生产工艺

西玛津是均三嗪类除草剂中开发最早的旱田除草剂。1956 年由瑞士汽巴-嘉基有限公司（Ci-ba-GeigyLtd.）开发。其后在世界很多国家推广应用。我国生产、使用已多年。

结构式

$$C_2H_5NH{-}\underset{N}{\overset{N}{\bigcirc}}{-}NHC_2H_5$$

化学名称 2-氯-4,6-二(乙氨基)-1,3,5-三嗪。

物化性质 纯品为白色结晶体，熔点 224～225℃。蒸气压在 20℃为 8.13×10^{-4} MPa。在 20～22℃的溶解度（mg/L）：水中 5、甲醇 400、石油醚 2，微溶于氯仿和乙基纤维素中。在微酸性或微碱性介质中稳定，但在较高温度下，易被较强的酸或碱水解，生成无除草活性的羟基衍生物。该药无腐蚀性。

西玛津为玉米田高效、安全、内吸传导型优良除草剂。也可用于甘蔗、苹果园、茶园、红松苗圃。在机场、铁路路基、仓库区、油田、庭院、森林防火道及国防警戒线等场所，亦可用作非选择性除草。用于选择性除草，使用剂量为 0.5～4kg(a.i.)/hm²；用于禾本科杂草非选择性除草，剂量为 5～20kg(a.i.)/hm²。它有希望用于防除沉水植物和农田水塘水面下植物和藻类。

(1) 主要原料及规格　见表 7-11。

表 7-11　西玛津合成主要原料及规格　　　　　　　　　　单位：%

原料名称	规格	原料名称	规格
三聚氯氰	≥99	液碱	加

(2) 生产工艺

① 反应原理

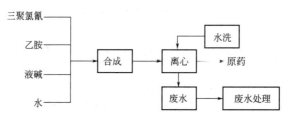

② 工艺流程（图 7-16）　向 3000L 搪瓷合成釜中加入定量的水，开动搅拌，通冷冻盐水降温。当釜内温度降到 0℃时，经手孔投入三聚氯氰，搅拌分散均匀（20～30min），并在此温度下滴加乙胺，反应液温度控制在 -8～-3℃。加完乙胺后，停止通冷冻盐水，维持该温度继续反应 30min。然后往合成釜夹套通水，使反应液温度上升至 3～4℃后放掉冷水，开始滴加液碱。反应液自然升温可达 18℃左右。然后再往合成釜夹套通蒸汽，使反应液的温度在 1h 内匀速上升至 70℃，并在此温度下继续搅拌反应 2h，反应完毕。停止通蒸汽，用冷水降温至 30～40℃，放料离心过滤。滤饼经水洗，离心分离，即得湿西玛津，经干燥得干原药。

图 7-16　西玛津合成工艺流程

(3) 废水处理　西玛津合成工艺中的"三废"只有废水，每吨原药有废水 8.0t，其处理方法的原理与工艺同莠去津。

(4) 西玛津技术指标（表 7-12）

表 7-12　西玛津技术指标

指标名称	指标	指标名称	指标
含量	≥95%	无机盐含量	微量
水分	≤3%		

4. 磺酰脲类

磺酰脲类除草剂的开发始于 20 世纪 70 年代末期。1978 年 Levitt 等报道，绿磺隆（chlorsulfuron）以极低用量进行苗前土壤处理或苗后茎叶处理，可有效地防治麦类与亚麻田大多数杂草。紧接着开发出甲磺隆，随后又开发出甲嘧磺隆、氯嘧磺隆、苯磺隆、阔叶散、苄嘧磺隆等一系列品种。此类除草剂发展极快，已在各种作物田使用，有些已成为一些作物田的主要除草剂品种，而且，新的品种还在不断地商品化。

磺酰脲类除草剂通常由取代芳环、磺酰脲桥和杂环三个部分组成，每个部分对其除草活性都有重要作用。

取代芳环　　　　磺酰脲桥　　　　杂环

（1）取代芳环　邻位有取代基的苯磺酰脲的除草活性较高，多数吸电子基团具有增强活性的作用，但如果该取代基带有酸性质子，如羧基或羟基，则除草活性会大大降低。一般：

$$R=-CO_2CH_3, -SO_2CH_3, -OCF_3, -CF_3, -F, -Cl, -Br。$$

若将苯环用吡啶、噻吩、呋喃或萘环等五元或六元芳香杂环及其相应的苯并稠环代替，化合物也有很高的活性，其邻位取代的芳基的除草活性最强。例如，吡嘧磺隆（pyrazosulfuron）、噻磺隆（thifensulfuron）、烟嘧磺隆（nicosulfuron）、磺酰磺隆（sulfosulfuron）。

（2）磺酰脲桥　带有正常磺酰脲桥的化合物通常活性较大。经修饰后的磺酰脲桥的活性与分子中的芳基及杂环的结构有关。通过对脲桥进行修饰，在脲桥上引入亚甲基、氧原子、亚氨基等，研制出苄嘧磺隆（bensulfuron）、苯磺隆（tribenuron）、乙氧嘧磺隆（ethoxysulfuron）、环丙嘧磺隆（cyclosulfamuron）等。

（3）杂环　当磺酰脲中的杂环部分为嘧啶-2基或1,3,5-三嗪-2基时，且第4、6位带有短链烷基或烷氧基（如有 CH_3、OCH_3、Cl 等取代基）时，化合物活性较高；若第5位引入取代基则活性降低，若卤素取代则活性完全丧失；如以芳烃代替杂环，活性显著下降。究其原因是大多数含氮杂环化合物与靶标生物具有类似结构而致效。一般：

$$X, Y=-CH_3, -OCH_3$$
$$Z=CH, N$$

结构的修饰成为近年来开发新产品的依据。研究证明含氟取代基磺酰脲除草剂有较高的生物活性，分子中引入氟原子，有可能使化合物的生物活性大大增强。如氟嘧磺隆（primisulfuron）和氟酮磺隆（flucarbazone-sodium）。

磺酰脲类除草剂易被植物的根、叶吸收，在木质部和韧皮部传导，其作用靶标是乙酰乳酸合成酶（ALS），而 ALS 是生物合成支链氨基酸缬氨酸、异亮氨酸、亮氨酸的一个关键酶，由于 ALS 的活性严重受到抑制，导致缬氨酸、异亮氨酸缺乏，从而影响植物细胞分裂，使杂草死亡。磺酰脲除草剂对许多作物有良好的选择性，一般认为，其选择性是由不同作物和杂草对该类化合物代谢失活能力的差异造成的，而与吸收和传导量的差异以及 ALS 敏感性的差异无关。

磺酰脲除草剂具有许多优越的性能：高效低量，磺酰脲类除草剂的活性极高，用量特别低，每公顷的施用量只需几克到几十克，因而被称为超高效除草剂；杀草谱广，此类除草剂能有效地防除阔叶杂草，其中有些除草剂对禾本科杂草也有很好的除草效果；施药的时间范围宽，芽前、芽后处理均有效；对哺乳动物毒性低，人及牲畜十分安全；可复配，能与许多除草剂复配成多种制剂使用。

由于此类除草剂具有如此多的优越性能，因而受到世界的广泛重视。目前，磺酰脲类除草剂已有 30 多个商品化品种，年销售值达数十亿美元。我国科研工作者在这一领域做出了可喜的成果。南开大学历经 10 年之久研制成功的单嘧磺隆作为我国创制的第一个具有自主知识产权的旱田除草剂，这是一个重要的标志性成果，显示我国已具有独立创制农药的能力。HNPC-C9908 是国家南方农药创制中心湖南基地研制成功的具有自主知识产权的一种新型除草剂，主要用于小麦田各种阔叶杂草和一些禾本科杂草的防除。

HNPC-C9908

磺酰脲类超高效除草剂的发现，是农药化学发展史上的一个重要的里程碑，尤其是当人们发现这类除草剂的生化作用机制以后，以乙酰乳酸合成酶（ALS）为靶标，以追求高效、低毒、低残留、低污染、低成本为目的，从除草剂构效着手，设计开发新型超高效除草剂已成为当前除草剂化学中一个最重要的研究领域。由于它所带来的巨大的经济效益和社会效益，其发展前景是不可估量的。

磺酰脲类除草剂的合成，一般以芳（杂）环磺酰胺和嘧啶胺（或三嗪胺）通过光气、草酰氯、磺酸酯、氯甲酸酯法生成磺酰脲。主要有以下几种方法制备。

① 磺酰胺与光气（或草酰氯）反应生成磺酰基异氰酸酯，再与杂环胺反应：

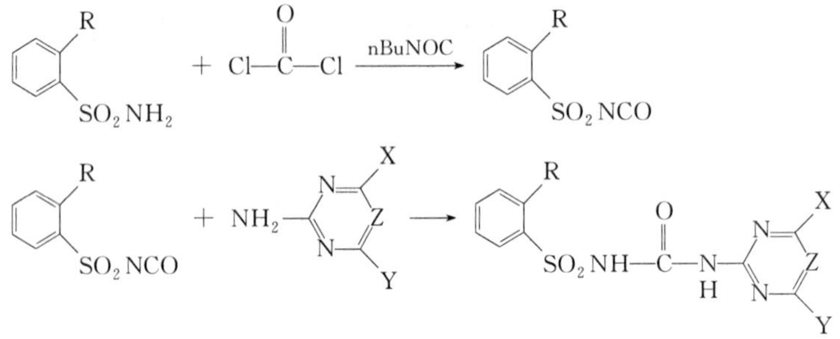

② 磺酰胺与氯甲酸酯反应生成磺酰基氨基甲酸酯，再与杂环胺反应：

$$ArSO_2NH_2 + ClCOOR \longrightarrow ArSO_2NHCOOR$$

$$ArSO_2NHCOOR + H_2N—Het \longrightarrow ArSO_2NH—\underset{\underset{O}{\|}}{C}—NH—Het$$

③ 磺酰胺直接与杂环异氰酸酯反应：

$$ArSO_2NH_2 + OCN—Het \longrightarrow ArSO_2NH—\underset{\underset{O}{\|}}{C}—\underset{H}{N}—Het$$

④ 磺酰胺直接与杂环氨基甲酸甲酯或苯酯反应：

$$ArSO_2NH_2 + CH_3O—\overset{\overset{O}{\|}}{C}—\underset{H}{N}—Het \longrightarrow ArSO_2NH—\underset{\underset{O}{\|}}{C}—\underset{H}{N}—Het$$

⑤ 磺酰胺直接与杂环氨基甲酰氯反应：

$$ArSO_2NH_2 + Cl—\underset{\underset{O}{\|}}{C}—\underset{H}{N}—Het \longrightarrow ArSO_2NH—\underset{\underset{O}{\|}}{C}—NH—Het$$

目前经济而又方便的方法是采用异氰酸酯路线，即取代芳香磺酰胺首先与光气反应生成磺酰基异氰酸酯，然后再与三嗪或嘧啶等杂环胺反应得到磺酰脲化合物。异氰酸酯法的缺点是技术要求复杂，设备费用高，更重要的是光气常温下是气态，挥发度高、剧毒，制备、存储、运输都比较困难，对环境污染严重。因此异氰酸酯法在工业生产中需要特殊的安全装置，副产物盐酸需要处理，过剩的光气需要回收，这些给磺酰脲类除草剂的开发与生产带来一定的制约。

【举例】 吡嘧磺隆生产工艺

吡嘧磺隆是磺酰脲类超高效广谱、低毒、高活性内吸选择性稻田用除草剂。1985 年由日本日产化学公司开发成功。

结构式

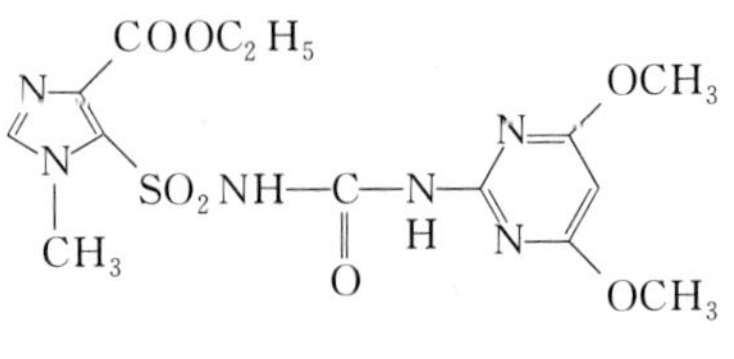

化学名称 5-(4,6-二甲氧基嘧啶-2-基氨基甲酰基氨磺酰)-1-甲基吡唑-4-甲酸乙酯。

物化性质 原药为灰白色晶体,熔点 181～182℃,蒸气压 $2.5 \times 10^{-7} \times 133.322Pa$ (25℃)。20℃时,在水、正乙烷、氯仿、苯、丙酮中溶解度分别为 $1.4 \times 10^{-2}g/L$、0.2g/L、234.4g/L、15.6g/L、31.7g/L。对高等动物低毒,大小白鼠急性经口 LD_{50} 均>5000mg/kg(雄雌)。大小白鼠急性经皮 LD_{50} 均>2000mg/kg。大白鼠急性吸入 LD_{50}>3.9mg/L。对兔眼睛和皮肤无刺激作用。

本品主要被杂草根部吸收,并在体内迅速传导,抑制杂草氨基酸合成,使其芽和根很快停止发育。用量为 150～300g/hm²,主要用于移栽稻田、秧田和直播稻田防除鸭舌草、节节菜、陌上菜、牛毛草、异型莎草等一年生杂草和部分多年生杂草。对稗草有较强抑制作用,对阔叶杂草有特效。

(1) 主要原料及规格 (表 7-13)

表 7-13 吡嘧磺隆主要生产原料及规格   单位:%

名称	规格	名称	规格
氰乙酸乙酯	≥97	丙二酸二乙酯	≥98
原甲酸三乙酯	≥95	盐酸胍	≥95
甲肼乙醇溶液	≥50	液氨	99
冰乙酸	99	甲醇钠	27～31
氯甲酸乙酯	≥95	三氯氧磷	

(2) 生产工艺

① 吡唑胺的合成

a. 反应原理

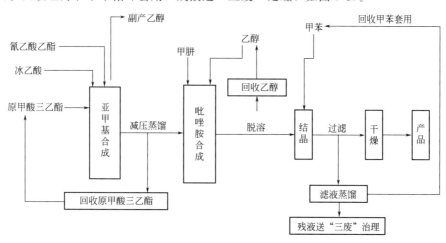

b. 工艺流程 向反应釜投入氰乙酸乙酯、氯原甲酸三乙酯及冰乙酸。加热反应一定时间,蒸出生成的乙醇,减压蒸出原甲酸三乙酯。残留物送吡唑胺合成釜,加入乙醇,低温下缓慢加入甲肼溶液,升温反应。脱除乙醇,加入甲苯,冷却,结晶,过滤、干燥,得黄色片状晶体,含量大于85%。回收乙醇、甲苯循环套用,残液送"三废"处理,如图 7-17。

图 7-17 吡唑胺合成工段流程

② 磺酰胺的合成

a. 反应原理

$$C_2H_5OCH=C\begin{smallmatrix}CO_2C_2H_5\\CN\end{smallmatrix} + CH_3NHNH_2 \xrightarrow{\text{乙酸}} \text{（吡唑环 }CO_2C_2H_5\text{, }NH_2\text{, }CH_3\text{）} + C_2H_5OH$$

$$\text{（吡唑环 }CO_2C_2H_5\text{, }N_2^+Cl^-\text{, }CH_3\text{）} + SO_2 \xrightarrow{CuCl_2} \text{（吡唑环 }CO_2C_2H_5\text{, }SO_2Cl\text{, }CH_3\text{）} + N_2$$

$$\text{（吡唑环 }CO_2C_2H_5\text{, }SO_2Cl\text{, }CH_3\text{）} + 2NH_3 \xrightarrow{\text{二氯乙烷}} \text{（吡唑环 }CO_2C_2H_5\text{, }SO_2NH_2\text{, }CH_3\text{）} + NH_4Cl$$

b. 工艺流程　向反应釜投入吡唑胺、水、乙酸、盐酸和硫酸，使吡唑胺充分溶解。冷冻下滴加亚硝酸钠水溶液进行重氮化反应。反应毕将其缓慢加到预先备好的二氧化硫-乙酸溶液中进行氯磺化反应，反应完成后升温赶气，过量的二氧化硫气体用冰乙酸吸收回用。向反应液中加水，用二氯乙烷萃取，水洗，分离。水相送"三废"处理。

冷却下向上述二氯乙烷溶液中通氨气至碱性，减压蒸出二氯乙烷，加甲苯析晶。过滤、水洗、干燥，得黄色晶体磺酰胺，含量大于95%。母液回收甲苯套用，残液送"三废"处理，如图7-18。

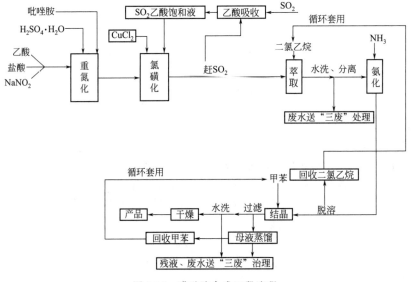

图 7-18　磺酰胺合成工段流程

③ 氨酯的合成

a. 反应原理

$$\text{（吡唑环 }CO_2C_2H_5\text{, }SO_2NH_2\text{, }CH_3\text{）} + ClCO_2C_2H_5 + Na_2CO_3 \xrightarrow{\text{丙酮}} \text{（吡唑环 }CO_2C_2H_5\text{, }SO_2NHCO_2C_2H_5\text{, }CH_3\text{）} + NaCl + NaHCO_3$$

b. 工艺流程　向反应釜投入磺酰胺、无水碳酸钠、丙酮和氯甲酸乙酯，加热反应后脱丙酮，加水溶解固体，滴加盐酸酸析。过滤、水洗、干燥，得黄色晶体氨酯，含量大于97%，如图7-19。

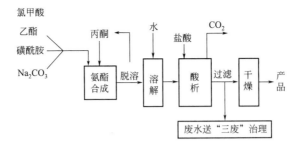

图 7-19　氨酯合成工段流程

④ 二羟的合成

a. 反应原理

$$H_2N-\overset{\overset{\displaystyle NH}{\|}}{C}-NH_2 \cdot HCl + NaOCH_3 \xrightarrow{\text{甲醇}} H_2N-\overset{\overset{\displaystyle NH}{\|}}{C}-NH_2 + NaCl + CH_3OH$$

$$H_2N-\overset{\overset{\displaystyle NH}{\|}}{C}-NH_2 + CH_2(CO_2CH_3)_2 + NaOCH_3 \longrightarrow H_2N-\text{嘧啶}(OH)(ONa) + 3CH_3OH$$

$$H_2N-\text{嘧啶}(OH)(ONa) \xrightarrow{HCl} H_2N-\text{嘧啶}(OH)(OH)$$

b. 工艺流程　向反应釜投入盐酸胍、甲醇钠溶液及甲醇，加热于一定温度下缓慢加入丙二酸二甲酯。保温反应后蒸出甲醇。加水、加盐酸酸析。过滤、水洗、干燥，得白色固体，如图 7-20。

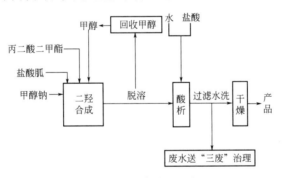

图 7-20　二羟合成工段流程

⑤ 二氯嘧啶的合成

a. 反应原理

$$H_2N-\text{嘧啶}(OH)(OH) \xrightarrow[\text{二氯乙烷}]{POCl_3} H_2N-\text{嘧啶}(Cl)(Cl)$$

b. 工艺流程　向反应釜投入 2-氨基-4,6-二羟基嘧啶、三氯氧磷和二氯乙烷。加热升温，加三乙胺和二氯乙烷混合溶液。保温反应后脱溶，加水水解。过滤、水洗、干燥，得产品淡黄色晶体，含量大于 90%，如图 7-21。

⑥ 嘧啶胺的合成

a. 反应原理

$$H_2N-\text{嘧啶}(Cl)(Cl) \xrightarrow[\text{甲醇}]{NaOH} H_2N-\text{嘧啶}(OCH_3)(OCH_3)$$

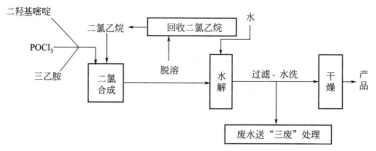

图 7-21　二氯嘧啶工段流程

b. 工艺流程　向反应釜投入 2-氨基-4,6-二氯嘧啶、氢氧化钠和甲醇,加热反应。蒸出甲醇,加水,升温熔融。冷却、过滤、水洗、干燥,得产品淡黄色结晶,含量大于 98%。甲醇循环套用,母液及洗水送"三废"处理,如图 7-22。

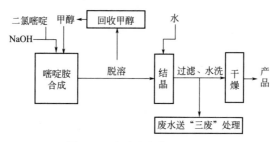

图 7-22　嘧啶胺合成工段流程

⑦ 吡嘧磺隆的合成

a. 反应原理

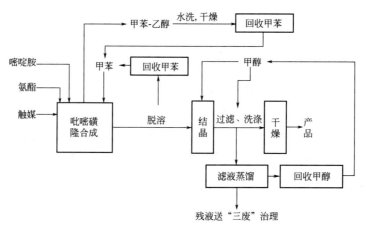

b. 工艺流程　向反应釜投入氨酯、嘧啶胺、触媒和甲苯,加热反应后蒸出甲苯。降温,加甲醇结晶。过滤,甲醇洗,干燥,得白色晶体吡嘧磺隆,含量大于 98%。溶剂经处理循环使用,残液送"三废"处理,如图 7-23。

图 7-23　吡嘧磺隆合成工段流程

（3）"三废"处理

① 废液和废渣 吡唑胺合成、磺酰胺合成和吡嘧磺隆合成工段排放的残液均为有机物，可以焚烧处理。

② 废水 磺酰氯合成废水经浓缩得稀醋酸，经共沸蒸馏脱水得乙酸，送合成使用。残液用石灰乳中和。

二氯嘧啶合成废水经中和、蒸馏得三乙胺和水的共沸物，脱水后得三乙胺，送合成使用。

其他废水送生化池处理。

（4）吡嘧磺隆技术指标（表 7-14）

表 7-14 吡嘧磺隆技术指标

指标名称	指 标
总收率（以氰乙酸乙酯计）	≥34%
含量	≥98%

二、植物生长调节剂

植物种子的发芽、茎叶及根的伸长、开花、结实、种子的休眠等不同生长阶段的连续与交替，是一个十分复杂的过程，但却是按照一定的生命循环进行着，这种循环由遗传信息精密地操作和控制，即由内源生长调节物质来发挥作用。这些生长过程还受外部条件巧妙的调节，如光照、温度、水分等的变化而导致植物内部生长调节物质的质和量发生变化，巧妙地调节了植物的生长、分化、代谢。一些化学物质也可调节植物的生长过程。

1. 植物生长调节剂的定义

国际植物生长物质学会组织明确规定，植物激素是一类由植物体内天然产生的物质。它们是在植物体内合成，并从产生部位运输到其他的部位发挥作用，对植物生长发育能产生显著作用的微量有机物。

英国的 Charles Darwin 在 1880 年进行植物向光实验时发现植物幼嫩的尖端受单侧光照射后会产生的一种影响，能传到茎的伸长区引起弯曲。1928 年荷兰 F. W. 温特从燕麦胚芽鞘尖端分离出一种具生理活性的物质，称为生长素，它正是引起胚芽鞘伸长的物质。1934 年荷兰 F. 克格尔等从人尿得到生长素的结晶，经鉴定为 3-吲哚乙酸。该生长素的合成部位是在植物的幼嫩部分，如茎尖、叶原基、嫩叶和未成熟的种子，合成后再运输到植物体的其他部分。1g 鲜重植物材料一般含有 $10 \sim 100ng$（1ng 是 $10^{-9}g$），3-吲哚乙酸对植物生长的调节作用却很明显，$10^{-10}mol/L$ 就能明显地促进根细胞的生长。

由于植物体内的植物激素含量极低，提取非常困难，这就限制了它的应用。人们采用化学方法合成并筛选出许多具有植物激素生理活性的有机化合物，这些人工合成的、具有植物激素活性的物质被称为植物生长调节剂。至今已合成出了数百种植物生长调节剂。有些植物生长调节剂在化学结构上与植物激素相似，如吲哚丙酸和吲哚丁酸，它们的结构和 3-吲哚乙酸一样，都有吲哚环，只是侧链的长度不同；α-萘乙酸与 3-吲哚乙酸相比，是以萘环替代了吲哚环；它们都具有类似于 3-吲哚乙酸的生理效应，如促进根细胞生长等，属于生长素类植物生长调节剂，有些植物生长调节剂的化学结构与植物激素不同，但也能产生与植物激素相似的生理作用。如天然的细胞分裂素是腺嘌呤的衍生物，而人工合成的细胞分裂素二苯脲就没有腺嘌呤的结构，但它具有细胞分裂素的生理功能。

植物生长调节剂与除草剂之间进行严格的区分是有一定困难的。这里所指的植物生长调节剂是那些能影响植物生长，但却不会使植物致死的物质。因此，"调节生长型除草剂"当排除在外。典型的内源植物生长调节剂如乙烯，在高剂量使用时也可杀死植物；而某些除草剂在低剂量使用时，也能对植物的生长及生理活动产生有益的作用（如用光合作用抑制剂来增加植物中蛋白质的含量）。

2. 植物生长调节剂的分类

根据生理功能的不同，我们将植物生长调节剂分为 3 类：植物生长促进剂、植物生长抑制剂以及植物生长延缓剂。

也有人根据与植物激素相似的性质，把植物生长调节剂分为生长素类、赤霉素类、细胞分裂素类、乙烯类和脱叶酸类植物生长抑制剂等 5 类。

3. α-萘乙酸的生产工艺

（1）产品的性质　α-萘乙酸是 3-吲哚乙酸的类似物，浓度为 15×10^{-6} 时，可用于苹果和梨的疏花、疏果，并防止采前落果。在落花期后，使用浓度在 $0.5 \sim 5.0 g/100 L$ 时，还可用于刺激插条生根。

萘乙酸的分子式：$C_{12}H_{10}O_2$　　　分子量：186.21
熔点：133℃　　　　　　　　　沸点：285℃（分解）

它的纯品为白色针状结晶性粉末，无臭无味。微溶于水、乙醇，溶于苯和乙酸，易溶于热水、丙酮、乙醚、三氯甲烷和碱溶液。

（2）产品的生产工艺

① 反应原理

a. 氯乙酸法

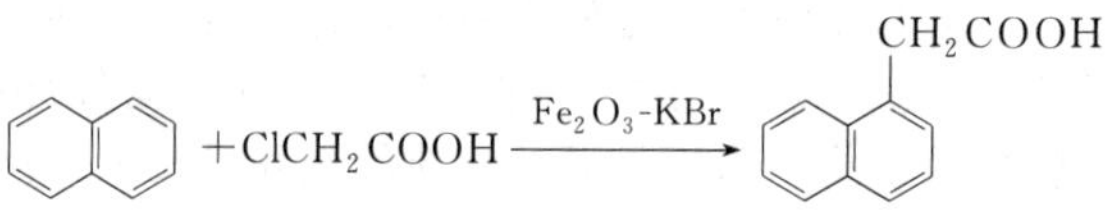

b. 氯甲基化法　萘与甲醛、浓盐酸在氯化锌存在下发生氯甲基化，然后与氰化钠发生取代反应，得到的 α-萘乙腈水解得到 α-萘乙酸。

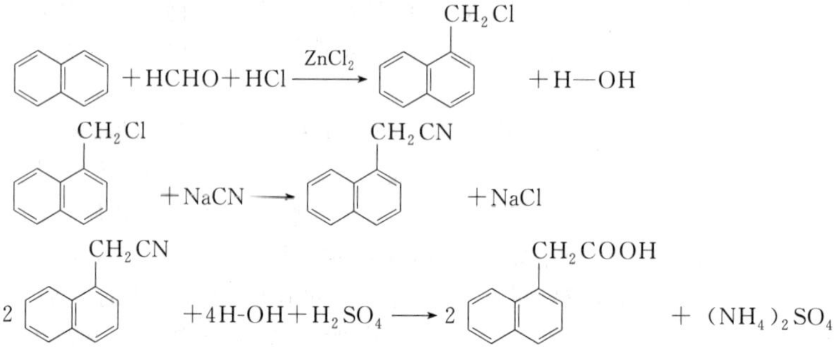

c. 乙酐法　在高锰酸钾存在下，萘与乙酐回流反应 2h，以 45％ 的收率得到 1-萘乙酸。此法为自由基反应历程，具有反应时间短、反应温度低的优点，未反应的酸酐和萘可继续回收套用。

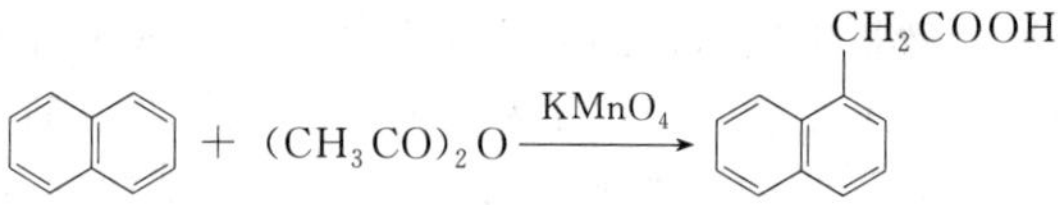

② 工艺流程　以第一种方法为例介绍制备 α-萘乙酸的工艺流程。

a. 氯乙酸法（图 7-24）　将 384kg 精萘和 95kg 氯乙酸（摩尔比 3∶1）投入反应釜中，再加入催化剂三氧化二铁和溴化钾、或纯度 99.8％ 的铝粉，也可采用氯化铁和溴化钾作为催化剂。反应温度控制在 $185 \sim 210 ℃$，反应 $7 \sim 9 h$。反应产生的氯化氢用水吸收。反应混合物用 30％ 氢氧化钠中和碱溶，用水蒸气蒸馏回收过量的萘。过滤后，滤液用盐酸分步酸化至 pH＝7、pH＝5～6、pH＝3，除渣、结晶，过滤后干燥得萘乙酸。收率为 45％～50％。

工业上也常将萘乙酸转变为钠盐：将上述得到的萘乙酸用 30％ 的氢氧化钠溶液中和，得到萘乙酸钠溶液，加少许活性炭脱色，过滤后浓缩、结晶、干燥得萘乙酸钠。

以第二种方法为例介绍制备 α-萘乙酸的工艺流程：

b. 氯甲基化法（图 7-25）　在反应器中，加入 375 份 30％ 甲醛、293.5 份浓盐酸、3 份氯化锌，向其中通入氯化氢至饱和后，加入 250 份精萘，于搅拌下加热至 60～70℃，再通入氯化氢反应 9h，冷却，分出油状物，用水洗至中性，得到含水乳浊油状的 α-氯甲基萘 340～350 份。

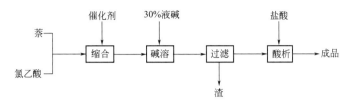

图 7-24　氯乙酸法生产 α-萘乙酸流程示意

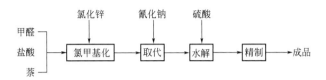

图 7-25　氯甲基化法生产 α-萘乙酸流程示意

在反应器中，加入 345 份 α-氯甲基萘，然后加入由 600 份甲醇、238 份水和 175 份氰化钠组成的溶液，搅拌后，升温回流反应 2h。然后回收甲醇 520 份。冷却、水洗，得 335～340 份黑色油状 α-萘乙腈粗品。

在水解反应器中，加入 85 份 87% 硫酸、800 份 72% 乙酸，加热至沸腾，慢慢加入由 340 份 α-萘乙腈与 800 份 72% 乙酸配成的悬浊液。保持反应温度 100℃ 左右。加完后，继续沸腾回收乙酸，4h 左右，反应温度达 113～119℃。然后加热升温至 130℃，回收残留的乙酸，停止反应，回收乙酸总量达 1330 份。冷至 100℃ 以下，加入 250 份水，80℃ 加入 400 份苯。搅拌，静置。分去下层酸液。上层苯液用水洗后，用 30% 氢氧化钠中和，分出黑色碱液，用硫酸酸化析出 α-萘乙酸。水中重结晶得到 220～225 份萘乙酸，收率为 60%～68%。

③ 操作要点　使用氯乙酸法合成 α-萘乙酸的方法工艺成熟，但反应温度较高，萘易升华，温度难控制，反应时间长。所用催化剂除 Fe-KBr 外，也可采用溴化亚铁，但反应周期较长，溴化亚铁易氧化，影响收率。也可用碘化钾-铝粉作催化剂，反应周期短、收率高，但温度较难控制。

（3）安全及环保　乙酸以白色结晶干燥固体为好，应保持反应容器的干燥，防止氯乙酸水解。由于氯乙酸具有较强的腐蚀性，所以操作人员应戴防毒面具，穿橡胶制的衣服、靴和手套等，移动接触皮肤立即用肥皂水冲洗。少量溢出的萘的饱和蒸汽对人有危害性，吸入后会引起中毒、头疼等症状，所以车间必须有良好的通风设施。

第五节　农药工业的发展

我国是农业大国，农药市场潜力大。农药行业的重点应放在优化和调整产品结构及转变增长方式上，特别是增产防治水稻病虫害的高效品种以及取代乳油的高效环保水性化制剂，加快农药及农药中间体的调整和发展，多产适销对路、价廉优质的农药产品，特别是杀菌剂、除草剂和水稻田用高效杀虫剂，努力扩大出口份额。

一、新农药品种的发展趋势

目前我国农药工业已建成包括原料和中间体配套、原药合成、制剂加工三大部分的比较完整的工业体系。未来农药的发展方向是以持续发展、保护环境和生态平衡为前提。新农药品种的发展趋势必须符合"高效、安全、经济"的标准。

高效：生物活性高且可靠、选择性好、作用方式独特，内吸性强（即在植物中可均匀分布），持效期长而适度，作物耐受性好、抗性产生概率低。

安全：对环境而言，对有益生物低毒、易于降解，在土壤中移动性低，在食品和饲料中无或无明显残留；对使用者而言，施用剂量低、急性毒性低，积蓄毒性低，包装安全、制剂性能优良，使用方便，长期贮存稳定。

经济：花费少、效益高、应用范围广。产品性能独一无二，具有很强的市场竞争力和专利权。发展除草剂，特别是旱田用除草剂是调整我国农药产品结构的方向之一。

二、农药品种具体的发展方向

1. 除草剂

寻找作用机理独特或具有多作用机理的酶或氨基酸抑制剂（主要是为解决抗性的问题）、灭生性除草剂（主要是为了转基因植物）、植物生长调节剂、解毒剂以及从天然气产物中寻找异株克生化合物等。

2. 杀虫、杀螨、杀菌剂

寻找作用机理独特或具有多作用机理的新型化合物；从天然产物如信息素中获得的免疫或抵御外来害物的化合物如植物活性剂等，或结合生物技术将某种基因引入到植物中，使其可将合成的小分子化合物转化成为天然产物，起到免疫或抵御外来害物的作用；昆虫生长调节剂等。

化学结构方面主要以含氟、含杂环、含氟杂环和单一旋光活性的化合物为主要的方向。

近年来，在国内科研单位、高等院校和生产企业的共同努力下，已开发出了一系列高效、低毒和环境相容性好的农药品种，如三唑磷、毒死蜱、丙溴磷、硅硫磷、二嗪农、嘧啶磷、吡虫啉以及生物农药阿维菌素等，以上这些产品已形成相当的生产规模。从目前国内技术开发的情况来看，取代的品种仍将以有机磷杀虫剂为主，还有拟除虫菊酯类、氨基甲酸酯类和杂环类化合物。除了以上品种外，还有部分品种有较大的发展前景，比如吡唑硫磷、毒虫畏、伏杀硫磷、甘氨硫磷、甲基吡噁磷、磷硫威、稻丰散、噁唑硫磷、甲基噁唑磷、嘧啶氧磷、棉铃威、苯醚威、氟胺氰菊酯、乙氰菊酯等。

 拓展阅读

RNA干扰技术：精准打击害虫的新武器

农药，作为现代农业不可或缺的一部分，在提高农作物产量、保障粮食安全方面发挥着至关重要的作用。然而，传统农药的使用也带来了环境污染、生态破坏和食品安全等一系列问题。随着科技的进步和人们环保意识的增强，农药领域的黑科技应运而生，这些创新技术不仅提高了农药的效率和安全性，还推动了农药行业的绿色转型。

RNA干扰（RNA interference，RNAi）是一项革命性的基因调控技术，它通过特定的双链RNA（dsRNA）诱导目标mRNA的降解，从而抑制特定基因的表达。在农药领域，RNAi技术为害虫防治提供了一种全新的策略。与传统的化学农药相比，RNAi农药具有高效、特异、环保等优点，能够精准打击害虫，而对非目标生物和环境的影响较小。

RNAi农药的工作原理是通过害虫取食含有dsRNA的食物，dsRNA在害虫体内被识别并切割成小分子RNA，这些小分子RNA与目标mRNA结合，导致其降解，从而阻断害虫的生长发育过程。由于RNAi技术的特异性，它可以选择性地针对害虫的某个关键基因进行干扰，而对其他生物无害。这种精准打击的能力大大减少了农药对非目标生物和环境的影响。

目前，RNAi技术在农药领域的应用还处于起步阶段，但已经展现出巨大的潜力。例如，一些研究团队已经成功利用RNAi技术开发出针对棉铃虫、玉米螟等害虫的农药产品。这些产品不仅具有显著的杀虫效果，而且对环境友好，有望成为未来农药行业的重要发展方向。

思 考 题

1. 何谓农药？如何分类？

2. 何谓农药的残留与降解？

3. 农药的哪些理化性质会影响农药对环境安全的评价？如何影响？

4. 何谓绿色农药，发展的趋势如何？

5. 杀虫剂按来源是怎样分类的？

6. 杀虫剂按作用方式是怎样分类的？

7. 什么是胃毒作用？

8. 什么是触杀作用？

9. 什么是内吸作用？

10. 什么是熏蒸作用？

11. 有机磷杀虫剂的结构特点是什么？

12. 简述 O-甲基硫代磷酰二氯的合成原理及生产工艺。

13. 简述水杨酸异丙酯的合成原理及生产工艺。

14. 简述甲基异柳磷的合成原理及生产工艺。

15. 氨基甲酸酯类杀虫剂的结构特点是什么？

16. 简述氯氰菊酯的合成原理及生产工艺。

17. 根据化学组成和分子结构可以把杀菌剂分为哪几种？写出典型代表物的结构简式，并介绍其用途和解释其对病原物的毒理。

18. 写出福美双的合成路线，并简要介绍其生产过程。

19. 怎样才能抑制代森锰锌生产过程中的副反应？

20. 写出甲霜灵的合成路线，并简要介绍其生产过程。

21. 写出多菌灵的合成路线，并简要介绍其生产过程。

22. 杂草有哪些危害？

23. 防除杂草的方法有哪些？常用除草剂有哪些品种？

24. 简述毒草胺的合成原理及生产工艺。

25. 简述均三氮苯类除草剂的结构特点。

26. 植物生长调节剂分为哪几类？并举例写出它们的结构简式，并介绍其用途。

27. 查阅相关资料简述植物生长调节剂矮壮素的使用方法。

第八章　其他精细化工产品

📖 【学习目标】

知识目标

(1) 了解涂料、染料等其他精细化学品的生产状况及应用状况；

(2) 熟悉涂料、染料等其他精细化学品的生产原理、生产方法及生产工艺。

能力目标

能合理选择涂料、染料等其他精细化学品的生产方法，同时熟悉产品实施的基本方法及步骤。

素质目标

(1) 严格按操作规程操作，养成良好的工作习惯；

(2) 形成团队合作意识及个人合理竞争意识。

第一节　涂　　料

一、概述

涂料是指涂覆到物体表面后，能形成坚韧涂膜，起到保护、装饰、标志和其他特殊功能的一类物料的总称。它在工农业、国防、科研和人民生活中起到越来越广泛的作用。

人类生产和使用涂料已有悠久的历史，我国几千年前已经使用天然原料树漆、桐油作为建筑、车、船和日用品的保护和装饰涂层。国外在埃及木乃伊的箱子上就使用了漆。由于当时使用的主要原料是油和漆，所以人们习惯上称它们为油漆。随着社会生产力的发展，特别是化学工业的发展及合成树脂工业的出现，使能起到油漆作用的原料种类大大丰富，性能更加优异多样，因此"油漆"一词已不能恰当反映它们的真正含义，而比较确切的应该称为"涂料"。

现在的涂料已广泛地采用石油工业、炼焦工业、有机合成化学工业等部门的产品为原料，品种越来越多，应用范围也不断扩大，逐步形成一个独立的、重要的生产行业，因为涂料具有四个方面的作用。

(1) 保护作用　金属、木材等材料长期暴露在空气中，会受到水分、气体、微生物、紫外线等的侵蚀而逐渐被毁坏。涂料能在物件表面形成一层保护膜，防止材料磨损和碰撞以及隔绝外界的有害影响。对金属来说，有些涂料还能起到缓蚀作用，例如磷化底漆可使金属表面钝化，富锌底漆则起到阳极保护作用。一座钢铁结构的桥梁如果不用涂料，只能有几年寿命，若用涂料保护并维修得当则可以使用百年以上。

(2) 装饰作用　涂料可以起到装饰的作用。随着人们物质文化生活的不断提高，对商品的外表及包装要求档次越来越高，尤其是对如钟表、自行车、家具、电器等日用消费品，其外观的装饰好坏直接影响到商品的价格。对于机器和设备，涂料不但可使其美观，更可方便清洗和擦拭。

(3) 色彩标志作用　涂料可作为管道、机械设备上的标志。比如蒸汽管用红色，上水管用绿色，下水管用黑色，以使操作人员易于识别和操作。工厂的化学品、危险品也用涂料做标志，另外道路的划线标志，交通运输部门通常用不同色彩来表示警告、危险、前进、停止等信号，以保证安全。目前国际上对涂料作标志正逐渐标准化。

（4）功能作用　涂料还具有某些特殊功能，如船舶被海洋生物附殖会影响航行速度，加速船体的腐蚀，涂上专用的涂料，海洋生物就不再附殖。电器设备涂上导电涂料，可移去静电，绝缘涂料可起绝缘作用。电阻大的涂料可用于加热、保温。侦察飞机需涂上能吸收雷达波和红外线的涂料，航天器需涂上吸收和反射辐射能的涂料。另外还有示温涂料、感湿涂料等。

二、涂料的分类和组成

1. 涂料的分类及命名

涂料的分类有几种方法，第一种是以涂料产品的用途为主线，并辅以主要成膜物质的分类方法。将涂料产品划分为三个主要类别：建筑涂料、工业涂料和通用涂料及辅助材料（表8-1）。

表8-1　涂料的第一种分类方法

主要产品类型			主要成膜物质类型
建筑涂料	墙面涂料	合成树脂乳液内墙涂料 合成树脂乳液外墙涂料 溶剂型外墙涂料 其他墙面涂料	丙烯酸酯类及其改性共聚乳液;醋酸乙烯及其改性共聚乳液;聚氨酯、氟碳等树脂;无机黏合剂等
	防水涂料	溶剂型树脂防水涂料 聚合物乳液防水涂料 其他防水涂料	EVA、丙烯酸酯类乳液;聚氨酯、沥青、PVC胶泥或油膏、聚丁二烯等树脂
	地坪涂料	水泥基等非木质地面用涂料	聚氨酯、环氧等树脂
	功能性建筑涂料	防火涂料 防霉(藻)涂料 保温隔热涂料 其他功能性建筑涂料	聚氨酯、环氧、丙烯酸酯类、乙烯类、氟碳等树脂
工业涂料	汽车涂料 （含摩托车涂料）	汽车底漆(电泳漆) 汽车中涂漆 汽车面漆 汽车罩光漆 汽车修补漆 其他汽车专用漆	丙烯酸酯类、聚酯、聚氨酯、醇酸、环氧、氨基、硝基、PVC等树脂
	木器涂料	溶剂型木器涂料 水性木器涂料 光固化木器涂料 其他木器涂料	聚酯、聚氨酯、丙烯酸酯类、醇酸、硝基、氨基、酚醛、虫胶等树脂
	铁路、公路涂料	铁路车辆涂料 道路标志涂料 其他铁路、公路设施用涂料	丙烯酸酯类、聚氨酯、环氧、醇酸、乙烯类等树脂
	轻工涂料	自行车涂料 家用电器涂料 仪器、仪表涂料 塑料涂料 纸张涂料 其他轻工专用涂料	聚氨酯、聚酯、醇酸、丙烯酸酯类、环氧、酚醛、氨基、乙烯类树脂
	船舶涂料	船壳及上层建筑物漆 船底防锈漆 船底防污漆 水线漆 甲板漆 其他船舶漆	聚氨酯、醇酸、丙烯酸酯类、环氧、乙烯类、酚醛、氯化橡胶、沥青等树脂

	主要产品类型		主要成膜物质类型
工业涂料	防腐涂料	桥梁涂料 集装箱涂料 专用埋地管道及设施涂料 耐高温涂料 其他防腐涂料	聚氨酯、丙烯酸酯类、环氧、醇酸、酚醛、氯化橡胶、乙烯类、沥青、有机硅、氟碳等树脂
	其他专用涂料	卷材涂料 绝缘涂料 机床、农机、工程机械等涂料 航空、航天涂料 军用器械涂料 电子元器件涂料 以上未涵盖的其他专用涂料	聚酯、聚氨酯、环氧、丙烯酸酯类、醇酸、乙烯类、氨基、有机硅、氟碳、酚醛、硝基等树脂
通用涂料及辅助材料	调合漆 清漆磁漆 底漆 腻子 稀释剂 防潮剂 催干剂 脱漆剂 固化剂 其他通用涂料及辅助材料	以上未涵盖的无明确应用领域的涂料产品	改性油脂；天然油脂；酚醛、沥青、醇酸等树脂

注：主要成膜物质类型中树脂类型包括水性、溶剂型、无溶剂型、固体粉末等。

第二种是除建筑涂料外，主要以涂料产品的主要成膜物为主线，并适当辅以产品主要用途的分类方法。将涂料产品划分为两个主要类别：建设涂料、其他涂料及辅助材料（表8-2～表8-4）。

表8-2 涂料的第二类分类方法-建筑涂料

	主要产品类型		主要成膜物质类型
建筑涂料	墙面涂料	合成树脂乳液内墙涂料 合成树脂乳液外墙涂料 溶剂型外墙涂料 其他墙面涂料	丙烯酸酯类及其改性共聚乳液；醋酸乙烯及其改性共聚乳液；聚氨酯、氟碳等树脂；无机黏合剂等
	防水涂料	溶剂型树脂防水涂料 聚合物乳液防水涂料 其他防水涂料	EVA、丙烯酸酯类乳液；聚氨酯、沥青、PVC胶泥或油膏、聚丁二烯等树脂
	地坪涂料	水泥基等非木质地面用涂料	聚氨酯、环氧等树脂
	功能性建筑涂料	防火涂料 防霉（藻）涂料 保温隔热涂料 其他功能性建筑涂料	聚氨酯、环氧、丙烯酸酯类、乙烯类、氟碳等树脂

注：主要成膜物质类型中树脂类型包括水性、溶剂型、无溶剂型等

表8-3 涂料的第二类分类方法-其他涂料

	主要成膜物质	主要产品类型
油脂漆类	天然植物油、动物油（脂）、合成油等	清油、厚漆、调合漆、防锈漆、其他油脂漆
天然树脂漆类	松香、虫胶、乳酪素、动物胶及其衍生物等	清漆、调合漆、磁漆、底漆、绝缘漆、生漆、其他天然树脂漆

主要成膜物质		主要产品类型
酚醛树脂漆类	酚醛树脂、改性酚醛树脂等	清漆、调合漆、磁漆、底漆、绝缘漆、船舶漆、防锈漆、耐热漆、黑板漆、防腐漆、其他酚醛树脂漆
沥青漆类	天然沥青、(煤)焦油沥青、石油沥青等	清漆、磁漆、底漆、绝缘漆、防污漆、船舶漆、耐酸漆、防腐漆、锅炉漆、其他沥青漆
醇酸树脂漆类	甘油醇酸树脂、季戊四醇醇酸树脂、其他醇类的醇酸树脂、改性醇酸树脂等	清漆、调合漆、磁漆、底漆、绝缘漆、船舶漆、防锈漆、汽车漆、木器漆、其他醇酸树脂漆
氨基树脂漆类	三聚氰胺甲醛树脂、脲(甲)醛树脂及其改性树脂等	清漆、磁漆、绝缘漆、美术漆、闪光漆、汽车漆、其他氨基树脂漆
硝基漆类	硝基纤维素(酯)等	清漆、磁漆、铅笔漆、木器漆、汽车修补漆、其他硝基漆
过氯乙烯树脂漆类	过氯乙烯树脂等	清漆、磁漆、机床漆、防腐漆、可剥漆、胶液、其他过氯乙烯树脂漆
烯类树脂漆类	聚二乙烯乙炔树脂、聚多烯树脂、氯乙烯醋酸乙烯共聚物、聚乙烯醇缩醛树脂、聚苯乙烯树脂、含氟树脂、氯化聚丙烯树脂、石油树脂等	聚乙烯醇缩醛树脂漆、氯化聚烯烃树脂漆、其他烯类树脂漆
丙烯酸酯类树脂漆	热塑性丙烯酸酯类树脂、热固性丙烯酸酯类树脂等	清漆、透明漆、磁漆、汽车漆、工程机械漆、摩托车漆、家电漆、塑料漆、标志漆、电泳漆、乳胶漆、木器漆、汽车修补漆、粉末涂料、船舶漆、绝缘漆、其他丙烯酸酯类树脂漆
聚酯树脂漆类	饱和聚酯树脂、不饱和聚酯树脂等	粉末涂料、卷材涂料、木器漆、防锈漆、绝缘漆、其他聚酯树脂漆
环氧树脂漆类	环氧树脂、环氧酯、改性环氧树脂等	底漆、电泳漆、光固化漆、船舶漆、绝缘漆、划线漆、罐头漆、粉末涂料、其他环氧树脂漆
聚氨酯树脂漆类	聚氨(基甲酸)酯树脂等	清漆、磁漆、木器漆、汽车漆、防腐漆、飞机蒙皮漆、车皮漆、船舶漆、绝缘漆、其他聚氨酯树脂漆
元素有机漆类	有机硅、氟碳树脂等	耐热漆、绝缘漆、电阻漆、防腐漆、其他元素有机漆
橡胶漆类	氯化橡胶、环化橡胶、氯丁橡胶、氯化氯丁橡胶、丁苯橡胶、氯磺化聚乙烯橡胶等	清漆、磁漆、底漆、船舶漆、防腐漆、防火漆、划线漆、可剥漆、其他橡胶漆
其他成膜类涂料	无机高分子材料、聚酰亚胺树脂、二甲苯树脂等以上未包括的主要成膜材料	

注: 主要成膜类型中树脂类型包括水性、溶剂型、无溶剂型、固体粉末等。
天然树脂包括直接来自天然资源的物质及其经过加工处理后的物质。

表 8-4　涂料的第二类分类方法-辅助材料

主要品种	
稀释剂	脱漆剂
防潮剂	固化剂
催干剂	其他辅助材料

2. 涂料的组成

涂料由不挥发成分和溶剂两部分组成。涂饰后，溶剂逐渐挥发，而不挥发成分干结成膜，故称不挥发成分为成膜物质，它又分为主要、次要、辅助成分3种。涂料组成中没有颜料的透明液体称为清漆，加有颜料的不透明体称为色漆（磁漆、调合漆、底漆），加有大量颜料的稠厚浆状体称为腻子。涂料组成列于图 8-1。

涂料调色

（1）成膜物质　成膜物质具有能粘着于物面形成膜的能力，因而是涂料的基础，有时也叫作基料和漆料，它主要有以下几种。

① 油脂　用于涂料的主要是各种植物油，其主要组成是高级脂肪酸与甘油生成的酯，高级脂肪酸包括月桂酸、硬脂酸、软脂酸、油酸、亚油酸、亚麻酸、桐油酸、蓖麻油酸等。根据它们

图 8-1 涂料的组成

主要成膜物质
- 油脂
  - 动物油：鲨鱼肝油、带鱼油、牛油等
  - 植物油：桐油、豆油、蓖麻油等
- 树脂
  - 天然树脂：虫胶、松香、天然沥青等
  - 合成树脂：酚醛、醇酸、氨基、丙烯酸、环氧、聚氨酯、有机硅等

次要成膜物质
辅助成膜物质
- 颜料
  - 无机颜料：钛白、氧化锌、铬黄、铁蓝、铬绿、炭黑等
  - 有机颜料：甲苯胺红、酞菁蓝、耐晒黄等
  - 防锈颜料：红丹、锌铬黄、偏硼酸钡等
  - 体质颜料：滑石粉、碳酸钙、硫酸钡等

挥发物质
- 助剂：增塑剂、催干剂、固化剂、稳定剂、防霉剂、湿润剂、防结皮剂、引发剂等
- 稀释剂：石油溶剂（如 200 号油漆溶剂油）、苯、甲苯、环戊二烯、醋酸丁酯、醋酸乙酯、丙酮等

的干燥性质，又可分为干性油、半干性油和不干性油。早期的涂料，人们都是用天然油脂为基料进行调配而成。它们的特点是原料易得，涂刷流动性好，有较佳的渗透力，膜层具有一定伸缩性。但由于天然油脂存在许多缺点，如耐酸、耐碱性差，不耐磨，干燥速度慢等，因此第二次世界大战后逐渐被以后出现的各种树脂所代替。

② 树脂　按树脂的来源可分为天然树脂和合成树脂。

用于涂料的天然树脂有松香及其衍生物、纤维素衍生物、氯化天然橡胶、沥青等。由于松香软化点低，故常将松香与石灰、甘油、顺丁烯二酸酐反应制得松香衍生物，然后与干性油炼成涂料，其涂膜硬度、光泽、耐水性方面有很大改观，常用于普通家具、门窗、金属制品的涂装。纤维素包括硝酸纤维素、醋酸纤维素、乙基纤维素等。它们制成的涂料干燥迅速，涂膜光泽好，坚硬耐磨。氯化橡胶制的涂料耐化学性、耐水性、耐久性都较好，但不耐高温和油。沥青则常用于制造各种金属及木材的防腐涂料，它的耐水性和耐化学性都较好。

合成树脂是目前涂料工业中大量使用的成膜物质，它们通常是无定形、半固体或固体的聚合物。常用的合成树脂有酚醛树脂、醇酸树脂、氨基树脂、丙烯酸树脂、环氧树脂、聚氨酯树脂等。由于合成树脂的发展，为涂料工业提供了广泛的新型原料来源，它们制成的涂料在耐化学性、耐高温、耐老化、耐磨性、耐水、耐油性及光泽度等方面达到了天然树脂根本无法实现的程度。

（2）颜料　颜料是为了赋予涂膜许多特殊的性质，如使涂膜呈现色彩，遮盖被涂物表面，增加厚度和光滑度，提高力学强度、耐磨性、附着力和耐腐蚀性等。它们通常是固体粉末；自己本身不能成膜，但溶剂挥发后会留在涂膜中。常用的颜料有以下几种。

① 白色颜料　主要有钛白、锌白和锌钡白。

钛白粉化学成分是二氧化钛（TiO_2），其遮盖能力非常好，耐光、耐热、耐酸碱，无毒性，是最常用的白色颜料。锌白即氧化锌，它着色力较好，不易粉化，但遮盖力较小。锌钡白又称立德粉，是硫化锌和硫酸钡的混合物，遮盖力和着色力仅次于钛白，缺点是不耐酸，不耐暴晒，不宜用于室外涂料。

② 黑色颜料　主要有炭黑和氧化铁黑。

炭黑是一种疏松而极细的无定形炭末，具有非常高的遮盖力和着色力，化学性质稳定，耐酸碱、耐光、耐热。氧化铁黑分子式为 $Fe_2O_3 \cdot FeO$，其遮盖力较高，对光和大气作用稳定，并具有一定防锈作用。

③ 彩色颜料　包括无机类和有机类两种。

无机彩色颜料主要是各种具有色彩的金属无机化合物，如铬黄（铬酸铝及其硫酸铝的混合物）、铁黄（$Fe_2O_3H_2O$）、铁红（Fe_2O_3）、铁蓝〔又称普鲁士蓝，$FeK[Fe(CN)_6]_n H_2O$ 或 $FeNH_4[Fe(CN)_4]_n H_2O$〕等。无机彩色颜料性能好，价格低廉，但不及有机颜料色彩鲜艳。有机颜料为可发色的有机大分子化合物，它们色彩鲜艳，色谱齐全，性能好，如钛青蓝、耐晒黄、

大红粉等，但一般价格较高。

④ 金属颜料　主要为金属的超细粉，如银粉（铝粉）、金粉（铜锌合金粉）等。

⑤ 体质颜料　又称填料，用于增加涂膜的厚度和体质，提高涂料的物理、化学性能，常用的有重晶石粉（天然硫酸钡）、碳酸钙、滑石粉、石英粉等。

⑥ 防锈颜料　主要用于防锈涂料中，它们的化学性质较稳定，例如氧化铁红、云母氧化铁、石墨、红丹（Pb_3O_4）、锌铬黄、偏硼酸钡、铬酸锶、磷酸锌等。

（3）助剂　涂料中应用的助剂很多，它们的用量一般很小，但对涂料的性能却有很大的影响。若按其功能分，可有以下几种。

① 催干剂　是一种能加速涂膜干燥的物质，对干性油膜的吸氧、聚合起催化作用。常用的催干剂是钴、锰、铅、铁、锌和钙等的金属氧化物、盐类和它们的有机酸皂，如环烷酸钴等。

② 增塑剂　它们是一类与成膜物质具有良好相溶性而不易挥发的物质，其作用是增加涂膜的柔韧性、强度和附着力。常用的增塑剂如邻苯二甲酸二丁酯、邻苯二甲酸二辛酯、磷酸三苯酯、氯化石蜡等。

③ 表面活性剂　又称湿润剂和分散剂，它们能改善液体和固体的表面张力，增加液体与固体表面的润湿性，促进固体粒子在液体中的悬浮，使分散体稳定。常用的有脂肪酸皂、磺酸盐阴离子表面活性剂和烷基酚聚氧乙烯醚类非离子表面活性剂等。

另外还有防沉剂、防结皮剂、防霉剂、消光剂、抗静电剂、消泡剂、流干剂等。

三、涂料使用的基本原理

一种性能优良的涂料，必须具备两项最基本的要求，一是要与被涂物能很好黏结，并且具有一些相应的物理化学性能，二是涂膜应具有相应良好的固化过程。

1. 涂料的黏结力和内聚力

一般来说，低极性、高内聚力的物质（如聚乙烯）有很好的力学性质，但黏结力很差，这种物质由于不能黏附在基质上，且常常很难溶解，因此不能作为涂料。而有低内聚力的物质具有低度薄膜完整性，例如高黏度的压敏胶，几乎可以黏附在任何基质上，但却不能给被黏附物提供任何保护作用。这种黏附膜对摩擦几乎没有任何抵抗力，不具备硬度和张力强度，没有对溶剂的抵抗力和抗冲击强度，而且对气体是可渗透的，这些性质都是由于它是低内聚力物质所致，因此也不能作为涂料。

一种物质作为涂料的另一个条件是应该具有尽量小的收缩性。当溶剂（也可是水）蒸发时高分子薄膜必然收缩，对于不饱和聚酯或环氧树脂涂料使用时会发生聚合，也就是固化。高分子固化时伴随着收缩，收缩引起了张力，破坏了黏合，造成薄膜从基质上剥离。假如黏合力很强，它就能收缩平衡，颜料和其他填充剂特别是无机化合物也有相同的作用。如果薄膜有一定伸缩性，即内聚力较小，收缩也小。例如环氧树脂的黏结力强，收缩性很小，而不饱和聚酯的收缩性则较大。

2. 涂膜的固化机理

涂膜的固化机理有三种类型，一种为物理固化、两种为化学型固化。

（1）物理固化　是一种物理干燥过程，依靠涂料中液体（溶剂或分散相）蒸发而得到干硬涂膜层的干燥过程。聚合物在制成涂料时已经具有较大的分子量，失去溶剂后就变硬而不粘，在干燥过程中，聚合物不发生化学反应。

（2）涂料与空气发生反应交联固化　氧气能与干性植物油和其他不饱和化合物反应而产生游离基并引起聚合反应。水分也能和异氰酸酯发生聚合反应，这两种反应都能得到交联的涂膜。

（3）涂料组分之间发生反应的交联固化　涂料在贮存期间必须保持稳定，可以用双罐装涂料法或是选用在常温下互不发生反应，只是在高温下或受辐射时才发生反应的组分。

四、涂料的主要种类

1. 油脂漆类

油脂漆是以具有成膜能力的油类制造的油漆的总称，它是一种较为古老而又是最基本的油漆材料。油脂来自植物种子和动物脂肪，在涂料工业中用得最多的是植物油，如亚麻仁油、桐油、椰子油等。

油脂是油脂漆的主要部分，它是由不同种类的脂肪酸的混合甘油酯组成的，反应式如下：

$$
\begin{array}{c}
CH_2OH \\
| \\
CHOH \\
| \\
CH_2OH
\end{array}
+ 3HOC\!-\!R \xrightarrow{\quad}
\begin{array}{c}
O \\
\| \\
CH_2OCR \\
O \\
\| \\
CH_2OCR \\
O \\
\| \\
CH_2OCR
\end{array}
+ 3H_2O
$$

三甘油酯

脂肪酸的种类不同，其化学结构不同，三甘油酯的性质也不同。油脂中脂肪酸的化学结构中含双键的多少，即不饱和程度的高低常以碘值表示。按碘值的高低，可将油脂分为 3 种类型：干性油，碘值约为 150 以上，如桐油、亚麻仁油等；半干性油，碘值为 110～150，如豆油等；不干性油，碘值在 110 以下，如蓖麻油、椰子油等。一般来说，油脂分子结构中含不饱和双键越多，当其暴露在空气中时，双键会打开与氧发生氧化聚合作用，这种作用越强，则成膜性越好。植物油中除含有脂肪酸外，还含有许多杂质，如磷脂、蛋白质、色素等，因此必须精制，俗称为漂油，然后加入颜料、催干剂等调配成涂料。我国有丰富的油脂漆的原料，成本较低，使用方便，有较佳的渗透力，涂层虽经干燥，但迟缓的氧化过程仍在进行，直到涂层老化为止，故有一定的室外耐候性，但由于它干燥较慢，且不耐酸碱和溶剂，故目前已使用不多。

2. 天然树脂漆类

天然树脂是以干性植物油与天然树脂经过热炼后制得的涂料，加有颜料、催干剂、溶剂。可分为清漆、磁漆、底漆、腻子等。从成膜物质组成来看，主要是干性油和天然树脂两部分，其中干性油赋予漆膜韧性，树脂则赋予漆膜以硬度、光泽、快干性和附着力，因此天然树脂漆的性能较油脂漆有所改进。

作为天然树脂漆的天然树脂主要有松香、沥青、虫胶等。所用油脂有桐油、梓油、亚麻仁油、豆油及脱水蓖麻油等。天然树脂漆的生产方法主要是热炼法，即是将精制干性油或聚合油与树脂在高温下进行反应，使油和树脂互相结合起来，并聚合成高分子，达到一定程度后，冷却并加入溶剂稀释，再经过滤净，便制成漆料。如要制成清漆，则在炼制的漆料中加入催干剂，如制磁漆，则还需加入颜料、体质颜料等。根据确定的配方不同，可分别制成有光漆、半亚光漆、亚光漆和底漆等。

天然树脂漆施工简便，原料易得，制造容易，成本较低，与油脂漆相比，其保护与装饰性能有所提高，可广泛应用于质量要求不高的家具、民用建筑、金属制品的涂覆，其最大缺点是耐久性不好，故不能作高级涂层。

3. 醇酸树脂涂料

醇酸树脂涂料是以醇酸树脂为主要成膜物质的涂料。它是由多元醇、多元酸和脂肪酸（油脂）为原料，通过酯化作用缩聚制得的，也称为聚酯树脂。典型的醇酸树脂的结构形式如下：

耐洗涮仪

$$
\sim\!\!OCH_2CHCH_2O\overset{\displaystyle O}{\overset{\|}{C}}\underset{}{\bigcirc}\overset{\displaystyle O}{\overset{\|}{C}}OCH_2CHCH_2O\!\sim
$$

OR   OR

亚麻仁油的主要成分是亚麻酸：

$$CH_3CH_2CH\!=\!CHCH_2CH\!=\!CHCH_2CH\!=\!CH(CH_2)_7COOH$$

制造醇酸树脂的多元醇可以是乙二醇、新戊二醇、丙三醇、季戊四醇等。多元酸如邻苯二甲酸酐、间苯二甲酸、对苯二甲酸、梓油、豆油等。如果采用干性的不饱和脂肪酸为原料，则制成的树脂称为干性油醇酸树脂，它们可在室温下与空气中的氧作用生成干性涂膜，如亚麻油醇酸树脂、豆油醇酸树脂、梓油醇酸树脂等。这类树脂的耐水性、耐候性都较好。如果采用不干性的饱和脂肪酸作为原料，则制成的树脂称为不干性醇酸树脂，它本身不能在室温下固化成膜，需要与其他树脂经过加热发生交联反应，才能固结成膜，椰子油及蓖麻油醇酸树脂就是这一类的代表。椰子油改性醇酸树脂色极浅，烘烤不泛黄，常与氨基树脂并用，制成白色烘漆。

醇酸树脂制造方法有醇解法，它是直接以油为起始原料，例如用亚麻油和甘油先进行醇解生成亚麻油酸酯，再与邻苯二甲酸酐反应制得一种近似线型的高分子，成为涂料用的醇酸树脂。如果用脂肪酸代替油来完成类以上述反应，则称为脂肪酸法。

醇酸树脂可以制成清漆，也可制成色漆。醇酸树脂涂料干燥后形成高度的网状结构，不易老化，耐候性好，光泽能持久不退，漆膜柔韧而坚牢，并耐摩擦，抗矿物油、抗醇类溶剂性良好。烘烤后的漆膜耐水性、绝缘性、耐油性都大大提高，而且它与其他各种树脂的混溶性好，因此可与其他树脂混合使用以提高和改进涂层的物理和化学性能。所以醇酸树脂涂料在涂料工业中是产量最大、品种最多、用途广泛的优良涂料。

4. 丙烯酸树脂涂料

丙烯酸树脂涂料一般是应用甲基丙烯酸酯与丙烯酸酯的共聚树脂制成涂料。为了改进共聚树脂的性能和降低成本，在配方组成上除了采用甲基丙烯酸酯、丙烯酸酯外，往往还采用一定比例的其他不饱和烯烃单体与之共聚，如丙烯腈、（甲基）丙烯酰胺、（甲基）丙烯酸、醋酸乙烯、苯乙烯等。由于制造树脂时所用单体不同，丙烯酸树脂涂料可分为热塑性涂料和热固性涂料两大类。

丙烯酸树脂涂料是一种性能优异的新型涂料。它具有优良的色泽，可制成水白色清漆及色泽纯白的磁漆，具有良好的保色保光性能，在大气及紫外光照射下，不易发生断键、分解或氧化等化学变化，因此其颜色及光泽可长期保持稳定。它耐热性能良好，热塑性丙烯酸涂料一般可在180℃以下使用，热固性丙烯酸涂料耐热性能更好。另外丙烯酸树脂涂料耐化学性能良好，可耐酸、碱、醇、油脂及盐雾、湿热等。它可制成中性涂料调入金粉、银粉，可改变配方和工艺，通过自身交联和外加交联剂来控制漆膜的硬度、柔韧性、抗冲击强度、耐水抗油性等。丙烯酸树脂涂料广泛应用于航空、汽车、机器、仪表、建筑、轻工产品的涂饰，如在电冰箱、医疗器械、电风扇、缝纫机、自行车、家具以及皮革行业等做涂饰剂。

丙烯酸树脂还可以用来制造无毒、安全的水乳胶涂料及水溶性涂料，这是涂料工业发展的方向，如丙烯酸-醋酸乙烯酯乳液是我国建筑涂料使用较多的乳液品种。此外丙烯酸树脂还可作为其他树脂的改性剂，以提高它们的保色、保光性能及其他性能。如丙烯酸改性醇酸树脂就可改进醇酸树脂的干燥速度、颜色和光泽的耐久性。丙烯酸树脂可作为氯乙烯涂料和硝基涂料的中间涂层，以解决这两种涂料之间黏附不牢的缺点。

丙烯酸树脂涂料是一种比较新型的涂料，虽然目前在涂料总产量中所占比重不是很大，但是由于石油化工的迅速发展，合成丙烯酸树脂的单体品种大大增加，成本也大幅度下降，丙烯酸树脂涂料将成为发展最快的合成树脂涂料之一。

5. 聚氨酯树脂涂料

聚氨酯树脂是以多异氰酸酯和多羟基化合物反应制得的含氨基甲酸酯的高分子化合物。多异氰酸酯是一种活性很大的化合物，含有一个或多个异氰酸根，可与含有活泼氢原子的化合物进行反应。

多异氰酸酯与端羟基聚醚或聚酯在催化剂作用下加成聚合即成为各种聚氨酯。常用的多异氰酸酯有芳香族多异氰酸酯（如甲苯二异氰酸酯 TDI、二苯基甲烷二异氰酸酯 MDI 等）和脂肪族多异氰酸酯（如六亚甲基二异氰酸酯 HDI 和二聚酸二异氰酸酯等）。多羟基化合物可以用聚醚（如环氧氯丙烷聚醚、三羟甲基丙烷聚醚等）、聚酯（如己二酸一缩乙二醇、三羟甲基丙烷聚酯等）和蓖麻油等。同时要加入扩链剂使分子量变大及控制结构形态。

由于成膜物质聚氨酯的化学组成不同，所以固化机理也不同，可分为湿固化型、封闭型、羟基固化型以及催化固化型等。在生产上为适应它们的固化特点，分为单包装和多包装两种形式。聚氨酯涂料具有以下特点：涂膜坚硬耐磨、韧性强、柔性好，有优异的耐化学腐蚀性能，良好的耐油、耐溶剂性，涂膜光亮丰满，具有较好的耐热性和附着力。它可用于室内家具、地板的装饰，也可用于金属、水泥表面及橡胶、皮革等方面的装饰。聚氨酯涂料也有一些缺点，如用芳香族甲苯二异氰酸酯制成的聚氨酯涂料保光、保色性差，涂膜长期暴露于阳光下，易失光失色，但用脂肪族聚氨酯涂料则无此缺点。

6. 环氧树脂涂料

涂料黏度测试

环氧树脂种类很多，目前产量最大、用途最广的是由环氧氯丙烷与双酚 A 在碱性条件下合成的双酚 A 环氧树脂。

环氧树脂涂料就是以环氧树脂为基料，再加入其他树脂及固化剂等辅料配合而成，它可以做成烘干型、气干型和光固化型等。其固化剂可以是多元胺类，如乙二胺、二乙烯三胺、聚酰胺类以及合成树脂类。

环氧树脂可以和含羟基的树脂交联，制成如环氧酚醛树脂涂料，它的抗化学性很好，但色泽较差，常用于罐头的容器内壁涂层。也可制成环氧脲醛树脂涂料，它的抗化学性和色泽较好，常用作金属卷材底漆。环氧树脂可以和含羧基的树脂交联，发生酯化反应，制成如环氧丙烯酸树脂涂料，可提高耐用性，常用于家具涂层。由环氧树脂改性的丙烯酸酯水乳液可提高涂层硬度，改善乳胶漆的回黏性。它与硅溶液胶配制的复合涂料，既体现了硅溶胶的强附着力，又显示了环氧树脂的高黏结力，加之聚丙烯酸酯的优异保光、保色性，使涂膜的综合性能大为提高。

环氧-三聚氰胺甲醛-醇酸树脂涂料黏着力高，柔韧性好，并抗腐蚀、抗水、抗划痕、抗磨，常用于家具涂饰。环氧树脂粉末涂料是一种新型品种，它采用高分子量的固体环氧树脂，再加入交联剂（如氨基树脂、聚酰胺树脂）以及固化剂、颜料、填料等其他助剂，使用时经喷涂后高温烘烤成为涂膜。粉末涂料附着力强，耐腐蚀，无溶剂毒性，公害小，便于实现流水线自动化施工，已成为涂料工业中一门独立的门类。

反射率测定仪

高速分散机使用

聚醋酸乙烯酯乳胶涂料的制备

7. 聚乙烯树脂涂料

在聚乙烯树脂涂料中，聚醋酸乙烯系列涂料是其中最主要的品种，它多为乳液型。聚醋酸乙烯过去由乙炔和乙酸合成，而目前则由乙烯合成：

$$CH_2{=}CH_2 + CH_3COOH + O_2 \xrightarrow[CuCl_2]{PbCl_2} \underset{OOCCH_3}{CH_2 = CH} \longrightarrow \underset{OOCCH_3}{[CH_2{-}CH]_n}$$

聚醋酸乙烯可以做成均聚型乳胶涂料，它是以醋酸乙烯为单体，加入引发剂、乳化剂、胶乳保护剂，在一定温度和条件下进行聚合，最后加入增塑剂、消泡剂、填料、色料，再经研磨而成，此种涂料大量用于建筑物内的平光涂料。它制造容易，价格较低，但耐水、耐候、耐擦性较差，目前已逐渐被别的涂料所代替。

醋酸乙烯与顺丁烯二酸二丁酯共聚，制成共聚乳液，由于起到内增塑作用，与均聚乳液相比，共聚乳液的耐碱性、耐候性提高，可适合于制成建筑室外用涂料。醋酸乙烯与丙烯酸酯共聚所得共聚乳液耐水性、耐碱性、耐光性、耐候性都比较优越。另外在共聚液中引入官能团单体，如三羟甲基丙烷三丙烯酸酯和引入含氮单体，如甲基丙烯酸氨基乙酯，可增强涂膜的附着力，它可用于制成建筑内用或外用平光、半亚光或高光的乳胶涂料。在醋酸乙烯系乳液涂料中，醋酸乙烯-丙烯酸共聚乳液涂料目前具有较重要的地位。

8. 特种涂料

由于应用部门使用涂料的目的不同，要求一些涂料除了具有一般的装饰和保护作用外，还应具有一些其他特殊的功能，这些涂料在组成和使用的原料上与一般的涂料有所不同，习惯上称这些品种为特殊涂料。现在普遍使用的有美术涂料、船舶涂料、绝缘涂料、耐高温涂料、防水涂料、示温涂料等品种。

（1）美术涂料　此种涂料是为了装饰物件表面而得到美丽的图案花纹。它不是由描绘制成，而是由涂料本身经过施工而自然形成。此种涂料称为美术漆，它有以下几种。

① 皱纹漆　它的涂膜经干燥后会形成美丽有规则的皱纹，起到装饰外观、隐蔽物件粗糙表面的作用。常用的有油基漆料和醇酸树脂制成的皱纹漆，它们的漆料中含有聚合不够的桐油和较多的钴催干剂。若桐油聚合度不够，经过烘烤就易于起皱，同时较多的钴催干剂，使涂膜表面干得快、里层干得慢，增加了涂膜起皱的效应。另外还有乙烯基树脂皱纹漆，则是由于加入了如聚二甲基丙烯酸乙二醇酯的作用，而使涂膜产生皱纹。

② 锤纹漆　这种漆膜干固后形成如同锤击金属表面形成均匀花纹而得名。其涂膜是光滑的，但直观效果具有凹凸不平的感觉，不像皱纹漆真的是皱褶不平。这种漆用不浮型铝粉和快干、较稠、不易走平的漆料制成，利用溶剂挥发得快，在涂料干燥时使涂膜形成旋涡状，铝粉随旋涡固定，形成盘状，再加上施工时采用喷溅操作而形成锤击花纹。

（2）船舶涂料　船舶由于长期在内河或海洋中航行，受河水及海水长时间浸蚀，环境非常苛刻，为了保护船体，延长寿命，需要各种特殊涂料。

① 水线漆　是涂饰在船舶水线附近船壳的专用漆，这部分漆有时在水下，有时露出水面，所以这些漆既要能抵抗海水的浸蚀，又要能耐风吹暴晒，耐摩擦冲击。一般采用酚醛树脂或醇酸树脂涂料配制，聚氯乙烯-醋酸乙烯树脂、氯化橡胶或环氧树脂也是常用的原料。

② 船底防锈漆　是涂刷船底部分的底层漆，用以防止钢板锈蚀，常用的有沥青、酚醛树脂、聚氯乙烯-醋酸乙烯树脂、氯化橡胶和环氧树脂等类型涂料。这些涂料具有防锈能力强，附着坚牢，抗水性强，耐海水浸蚀的优良性能。其中环氧富锌底漆和无机富锌底漆的性能是目前较突出的，一般寿命可达十几年。

③ 船底防污漆　是涂刷在船底用以杀死附在船底的海洋生物，防止船底被腐蚀。这种漆含有毒剂，可以慢慢释放出来，使附着的生物中毒死亡，而不再附殖。常用的毒剂是铜、汞的化合物，或者为有机锡化合物、滴滴涕、六六六、甲酚等。近年来，荷兰西格玛涂料公司研制成功了新型不含锡的防污涂料，它的抛光性与现有的含锡涂料相同，但其防缩孔性和防开裂性大大优于其他含锡的防污涂料。

（3）绝缘涂料　这是涂饰电机、电线以及电工器材的一类专用涂料，它们的涂膜要求具有良好的绝缘能力、耐热能力，良好的力学性能，即附着力强，柔韧性好，硬度高，耐摩擦，并具有良好的耐化学性、耐水性、耐溶剂性、耐油性能等。常用的绝缘漆为漆包线漆和浸渍漆。

过去常用的漆包线漆为油基清漆和酚醛清漆，但它们的涂膜强度较差。聚乙烯醇缩醛树脂漆和聚氨酯漆包线漆的强度和耐热性较好，对苯二甲酸酯漆则是目前使用比较广泛的品种。而最近用聚酰亚胺树脂制造的漆包线漆性能更为优越，它可在220℃下长期使用，同时具有优良的抗辐射性能、耐水和耐溶剂性，能适合于原子能工业和宇宙航空的需要。

适合做浸渍漆的品种也很多，虫胶清漆、沥青清漆是最早用来做浸渍漆的，它们的耐热度低，使用量较小。而使用酚醛树脂、氨基树脂、醇酸树脂、环氧树脂、聚氨酯等制作的浸渍漆耐热度较高，要使耐热度更高，可使用有机硅树脂清漆、聚酰亚胺树脂。目前的浸渍漆都是几种树脂合用，互相改性，取长补短，以满足不同要求。

（4）耐高温涂料　耐高温涂料通常在工业上是涂刷各种加热设备，如锅炉、热交换器、烟囱等。这方面的耐热要求不太高，因此一般是用酚醛树脂、醇酸树脂等涂料加入铝粉、石墨等耐热色料制成。随着航天、航空工业的发展，需要耐特高温度的涂料，这就促进了耐高温涂料的迅速发展。

近来，通用的耐高温涂料是用有机硅树脂和有机钛树脂制成的。有机硅树脂制成的耐高温涂料能在 250～300℃温度保持一定时间，加入铝粉制成的色漆后，耐温可提高到 500℃左右。在有机硅树脂中加入磁粉，可将耐温性更为提高。在有机钛树脂中加入金属色料后，耐温可达 500～700℃，但它的耐候性比有机硅树脂差。最近为了适应更高的耐高温要求，又发展了杂环高分子聚合物高温涂料，已采用的有聚酰亚胺树脂、聚苯并咪唑、聚苯并吡酮、聚苯并噻唑等。这些聚合物一般耐高温可达 600～700℃。

（5）防火涂料　防火涂料主要用于易着火的物件表面，如仓库、油轮等。当物体表面遇火时，能在一定时间内延缓燃烧情况的发展，防止火势蔓延，但它不能阻止燃烧或消灭火灾。

防火涂料一般是采用不燃烧或难燃烧的树脂制成，常用的有过氯乙烯树脂、氯化橡胶、聚氯乙烯-醋酸乙烯树脂、酚醛树脂、氨基树脂等，另外如丙烯酸乳液、醋酸乙烯乳液也可。最近根据溴化氢能抑制火焰生成、中断燃烧的道理，制造出一些新型树脂。如用四溴苯二甲酸酐制成的醇酸树脂，它在受热时能分解出溴化氢，使火焰熄灭，这种树脂称为自熄性树脂。

为了得到更好的效果，防火涂料中常加入适当的辅助材料，以促进防火的效果。可在涂料中加入能产生不燃烧气体（如二氧化碳、氨）的辅料，这些气体可隔断空气，以达到熄火的目的。这类材料有氯化石蜡、五氯联苯、磷酸铵、磷酸三甲酚等。也可在涂料中加入低熔点无机化合物，遇火熔化成玻璃层，以隔绝火路，如硼酸钠、硅酸钠、玻璃粉等。还可在涂料中加入遇热生成不可燃烧泡沫层的材料，使火源隔断。常用的发泡剂有硼酸锌、磷酸三氢铵、淀粉等。随着宇航科学的发展，对防火涂料提出更高的要求，要求能耐更高温度和延长更长时间，并在阻燃的同时又能保护底层温度处于较低范围。防火涂料的研究在不断深入进行。

（6）示温涂料　示温涂料的涂膜遇热时，可在一定温度范围内改变颜色，用来指示被涂物体的温度，能起到警示和指示操作的作用。如某些长期处于运转的机器的外壳，涂上示温涂料以指示机器是否过热。现在有些防伪商标的制作也加入示温涂料，用手触摸即可使其变色，以防假冒。在国外，在幼儿的奶瓶的制作上利用示温涂料在不同温度下显色的作用，以告诉年轻的母亲，瓶中奶的温度是否适合于儿童吸吮。

示温涂料之所以能变色，是由于在涂料中加入了一些遇热变色的化合物，它们可分为两种：一种叫作可逆性示温涂料，它的涂膜颜色遇热达到一定温度时会变成另一种颜色，撤去后又能恢复到原来颜色。如碘化汞、碘化铜复盐，在常温下为胭脂红色，在 65℃变为咖啡色，温度降低，又恢复原色。另一种叫不可逆示温涂料，它的涂膜遇热达一定温度后变色，温度再降低，颜色不再恢复。如加有氧化铁红的涂料，原来为黄色，在 280℃变为红色，温度再降低，颜色不再恢复。

示温涂料所用的漆料应选用无色或浅色的，以不影响涂膜颜色的变化为要，常用的是油基颜料和醇酸树脂、氨基树脂、丙烯酸树脂等。

五、涂料工业的展望

由于科学技术水平的不断提高，为涂料工业提供了多种新型原材料和技术装备，并且随着应用涂料最广泛的航空、造船、车辆、机械、电机制造、电子工业等部门的迅速发展，促使了涂料工业的生产水平和技术水平迅速提高，同时也对产品的种类和性能提出了新的要求。目前对涂料的研究有 3 个趋势：一是为减少污染、保护环境，涂料品种从溶剂型向水剂型、粉末型发展；二是向应用型连续化、自动化发展；三是为节约能源，涂膜的干燥采用各种物理的（如光、电）或化学反应的形式，使干燥速度加快。

1. 水剂型涂料

水剂型涂料是指其挥发部分的 80％以上为水的涂料。近十年来，由于各国对涂料中挥发性有机化合物及有毒物质的限制越来越严格，促使了对水剂型涂料研究的重视。伴随着新型树脂、新型助剂的开发和配方优化技术的提高，各种水剂型涂料在金属防腐、装饰、建筑涂料等方面的应用越来越广泛。

作为水剂型涂料的树脂可以是醇酸树脂、环氧树脂、聚氨酯树脂、丙烯酸树脂及乙烯树脂等。其中以苯乙烯-丙烯酸、乙烯-醋酸乙烯-丙烯酸等组成的水乳胶涂料用量最大。目前人们着重研究解决水性乳胶聚合物对疏水性基材（如塑料、净化差的金属）附着性差、干燥慢以及混合溶液、乳液贮存稳定性差的缺点，通过设计合适的聚合物配方，并选择适当的聚结剂，已开发出聚合物乳胶容易聚结、能很好成膜、干燥速度快的丙烯酸共聚物。它可广泛应用于家具、机器、玩具和各种用具等塑料制品上。带多元羧基侧链的氯乙烯共聚树脂水性涂料，既可用于水性油墨，也可用于难涂底材（如增塑乙烯板材和墙面覆料）用的涂料。水性聚氨酯涂料由于涂膜强度高、耐磨耗，且对环境无污染，又无中毒和着火的危险，现已在纺织、皮革、材料加工、食品、军工、机械、建筑等工业部门获得成功应用。

2. 粉末涂料

1962 年法国开发出静电粉末喷涂法，将粉末涂料均匀地涂装到被涂物体上，它适合于工业化生产线的涂装，以后又发展到使用特殊的喷雾器和流态床技术。由于粉末涂料不用任何溶剂，甚至可采用某些几乎不溶的材料，同时对环境无任何污染，属于无公害、省资源的一种涂料，近年来已成为涂料工业中发展最快的一类。早期粉末涂料主要采用热塑性树脂（如聚乙烯、聚氯乙烯、尼龙等），以后则主要采用热固性树脂。目前粉末涂料的主要品种有环氧树脂粉末涂料、聚酯粉末涂料、丙烯酸粉末涂料、聚氨酯粉末涂料等。近年来又发展的芳香族聚氨酯和脂肪族聚氨酯粉末涂料以其优异的性能令人瞩目。

3. 高固含量涂料

在环境保护措施日益强化的情况下，高固含量涂料因可以使溶剂用量大幅度减少而得到迅速发展，但一般涂料含固化剂量若达 30%～40%，就不能很顺利地形成薄膜，若用低聚物代替高分子以降低黏度，又会造成流变性方面的问题。人们在这方面进行了卓有成效的研究，美国 Mobay 公司最近开发了一种新型汽车涂装流水线用面漆，它属于一种聚氨酯改性聚合物，可用在刚性和柔性底材上，具有优异的耐酸性、硬度及与颜料的捏合性，利用脂肪族多异氰酸酯和聚己内酯，可制成其固体成分几乎为 100% 的聚氨酯涂料。该涂料各种性能均佳，且可用普通方法施工，已成功地用于飞机、汽车、机械等的涂装。

4. 光固化涂料

光固化涂料是指利用特定波长的光辐射（紫外光）固化的涂料。光固化涂料不用溶剂，无公害，且很节省能量。光固化涂料最初多用于印刷油墨，因油墨中的涂层很薄，即使含颜料薄膜也可容易被固化。另一用途则是用于粒状板和胶合板上清漆的固化。近来又开发了聚氨酯光固化涂料，它是将丙烯酸酯端基的聚氨酯低聚物溶于活性稀释剂（光聚合性丙烯酸单体）中而制成的。它既保持了丙烯酸酯涂料的特性，同时又具有良好的柔韧性、附着力、耐化学腐蚀性和耐磨性。此种涂料主要用于纸张、塑料、木器、光导纤维、聚氯乙烯薄膜和聚乙烯泡沫地板等的涂装。

第二节　染料和颜料

一、概述

染料是能使其他物质获得鲜明而坚牢色泽的有机化合物。并不是任何有色物质都能当作染料使用，染料必须满足应用方面提出的要求：要能染着指定物质，颜色鲜艳，坚牢度优良，使用方便，成本低廉，无毒性。现在使用的染料都是人工合成的，所以也称合成染料。染料的应用途径基本有三方面：染色、着色和涂色。染料主要应用于各种纤维的染色，同时也应广泛应用于塑料、橡胶、油墨、皮革、食品、造纸、感光材料等方面。

颜料与染料的差别在于它与被着色物体没有亲和力，只有通过胶黏剂或成膜物质将有机颜料附着在物体表面，或混在物体内部，使物体着色。其生产所需中间体、生产设备以及合成过程均与染料的生产大同小异，因此常将它放在染料工厂中生产。对颜料的性质要求是：正确的颜色；

对于光、热、有机溶剂、水、酸和碱的各种坚牢度；抵抗"渗出"和凝聚。有机颜料和染料的结构与颜色规律以及合成原理等是一致的，也可以互相转化。水溶性染料也可以转为不溶性有机颜料，称为色淀。例如含磺酸钠基的酸性染料，转变为钙盐或钡盐，碱性染料和阳离子染料与丹宁酸或磷、钨、钼、杂多酸结合，都可转变为不溶性的色淀。

二、染料和颜料的基本属性

一个有机化合物是否能够作为一个染料，要看这一化合物是否能够满足染料所需要的一定条件而定的。有机化合物作为染料所需要的主要条件，有下列几项：

① 需要对可视光波中的某一部分或数部分有强烈选择和吸收的能力；

② 需要对某一类或几类纺织纤维具有亲和力；

③ 需要对光线的照射作用，对水的溶解作用，对酸、对碱、对热等的变性作用，具有相当的稳定性；

④ 需要具有能够用简单和便利的方法，使被染物着上颜色的性能。

随着物理化学和理论有机化学的发展，我们已经初步可以从染料的分子构造上，看出其所具的特性，并从染料的分子构造及其特性的关系上，作为寻求合成新染料的指导和参考。作为一类纤维染色用的染料，就需要对某一类纤维具有亲和力，酸性染料适于作为蛋白质纤维染色之用，这是因为这类染料对这类纤维具有亲和力的缘故。直接染料一般是既可以作为植物纤维染色之用，又可作为蛋白质纤维染色之用，这便是这类染料对这两类纤维都有亲和力的缘故。醋酸纤维染料适于作为醋酸纤维、耐纶、涤纶等染色之用，但却不适于蛋白质纤维和植物纤维的染色之用，这便是这类染料对前三类纤维有亲和力，而对后二类纤维没有亲和力的缘故。一般染料对其所染的纤维具有亲和力，或者是由于范德华力所产生的吸附作用，或者是通过化学的反应与纤维化合成牢固程度不等的化合物，所以在染色时，染料是可以被纤维从染液中吸收去的，而吸收的程度，却要看染料和纤维之间亲和力的强弱了。染料对纤维的亲和力越佳，则染色后耐摩擦的坚牢度也越佳。但必须注意的是染料对纤维固然是需要有亲和力，然而亲和力却并不是越高越好的；染料对纤维的亲和力过强了，便在染色时有不匀的现象产生。有些直接染料和还原染料，对纤维素的亲和力是非常好的，但在用来染粘人造纤维的时候，却非常难以得到匀染的效果，因此非在染色时加入匀染剂不可，所以一般说来，染料对纤维的亲和力强，是不容易使颜色染匀的（虽然染色不匀的原因不一定全由于直接性太高）。

一个染料即使具备鲜艳的颜色和对某类纤维有着良好的亲和力，假如没有良好的各项坚牢度，也是不能作为一个良好的染料的。若某类染料需要什么样的坚牢度，是要看其所染纤维的种类而定的。但在各项坚牢度中，应为染料所具备，也可以说是重要的是耐光坚牢度和耐洗坚牢度。在这两种坚牢度中，以耐光坚牢度更为重要，而同一染料在织物上的耐光坚牢度，有时是随着纤维的种类而异的。在羊毛上耐光坚牢度很好的染料，可能会在棉纤维上减低其耐光坚牢度，可是对醋酸纤维和尼龙说来，一般都可用同类染料染色，但有些在醋酸纤维上耐光不佳的染料在尼龙上却是有很好的耐光性。同一染料在织物上的耐光坚牢度还随着浓度不同而不同，浓色的耐光坚牢度较淡色为高。坚牢度〔如耐洗坚牢度、耐碱坚牢度、耐酸坚牢度、耐汗坚牢度、耐漂（或称耐氯）坚牢度等〕用五级表示其坚牢度大小，第一级最差，第五级最佳。

颜料在应用时以固体状态分散于介质中。分散性及分散稳定性是关键因素。颜料粒子太小不仅影响其遮盖力和着色强度，也影响到分散稳定性。粒子下降，着色力和遮盖力均增加，但粒子过少会发生光的绕射，遮盖力反而下降。为了使颜料获得良好的分散状态，对其改性的方法有溶剂处理法、研磨处理法。有时添加松香及其衍生物、有机胺、表面活性剂、超分散剂等对颜料本身进行改性。

三、染料

1. 分类和命名

（1）染料的分类　染料的分类方法有两种：一是按照染料的应用方法，二是根据染料的化学结构。

按染料应用方法可分为以下几种。

① 酸性和碱性染料　在酸性介质中染羊毛、聚酰胺纤维及皮革。

② 中性染料　在中性介质中染羊毛、聚酰胺纤维及维纶等。

③ 活性染料　染料分子中含有能与纤维分子的羟基、氨基等发生反应的基团，在染色时与纤维形成共价键，用以染棉及羊毛。

④ 分散染料　分子中不含有离子化基团用分散剂使其成为低水溶性的胶体分散液而进行染色，以适合于憎水性纤维，如涤纶、锦纶、醋酸纤维等。

⑤ 阳离子染料　聚丙烯腈纤维的专用染料。

⑥ 直接染料　染料分子对纤维素纤维具有较强的亲和力，能使棉纤维直接染色。

⑦ 冰染染料　在棉纤维上发生化学反应生成不溶性的偶氮染料而染色，由于染色时在冷却条件下进行，所以称冰染染料。

⑧ 还原染料　在碱液中将染料用保险粉还原后使棉纤维上染，然后再氧化显色。

⑨ 硫化染料　在硫化碱液中染棉及维纶用染料。

按染料的化学结构分类，可分为偶氮染料、羰基染料、硝基及亚硝基染料、多次甲基染料、芳甲烷染料、醌亚胺染料、酞菁染料、硫化染料等。

（2）染料的命名

染料是分子结构比较复杂的有机化合物，因此一般的化学命名法不适用于染料，另有专用命名法。染料产品的名称由冠称、色称和尾称依次排列组成。

① 冠称　表示染料按应用方法和性能分类的名称。根据 GB/T 6686—2006 的定义，以类别或个别系列名为冠称。共有直接、硫化、还原、反应、酸性、媒介、分散、阳离子、氧化、酞菁素、碱性 11 个冠称，显色染料以系列名（色酚、色基、色盐、快素）直接为冠称命名。

② 色称　表示染料色泽的名称。根据 GB/T 3899.2—2007 评定染料染色色泽所在的色区，确定色称。标准色卡共有 37 个色区、39 个色称。其中深蓝和藏青为同一色区，灰和黑为同一色区。色称如表 8-5 所示。

表 8-5　色称

序号	色称
1～4	荧光黄、荧光橙、荧光大红、荧光红
5～14	艳黄、金黄、艳橙、艳大红、艳红、艳红紫、艳紫、艳蓝、翠蓝、艳绿
15～22	黄、橙、大红、红、紫红、蓝、绿
23～30	深黄、黄棕、红棕、深红、深紫、深蓝、橄榄绿
31～34	橄榄、棕、深棕、灰
35～37	荧光桃红、艳桃红、桃红
38～39	藏青、黑

③ 尾称　表示染料系列、性能和用途等特征。用汉字、字母和数字表示（表 8-6）。

根据 GB/T 6686—2006，当系列名为汉字时，将系列名加在冠称和色称之间。"一般"系列不加系列名。表示系列名的汉字根据 GB/T 6686—2006 定义确定。

表 8-6　表示染料系列名的汉字

类名	系列名
硫化	缩聚、还原
染色	色酚、色基、色盐、快素

在显色类中，当两个"色"字相连时省略一个"色"字；当"显色"与"快素"相连时省略

"快"字。如显色色基为显色基，显色快色素为显色素。

当系列名为字母时，加在色称之后，在尾称的最前面，后随半字线与其他尾称分开。表示系列名的字母根据 GB/T 6686—2006 的定义确定。表示染料系列名的字母见表 8-7。

表 8-7　表示染料系列名的字母

类名	系列名
直接	L、C、A
硫化	S
还原	S
反应	X、KN、KD、K、KE、M、T、W、F、D
酸性	P、EM、NM
分散	E、SE、S、P、RD
阳离子	X、BM、M、D

表示色光、性能、用途的字母及意见如下：R 表示红光；G 表示绿光（所有黄色区）或黄光（其余色区）；B 表示蓝光；N 表示中性灰色或色光特殊；F 表示色光稍亮；C 表示比同类同系列的染料品种有显较高的耐氯牢度；L 表示比同类同系列的染料品种有显较高的耐光色牢度；P 表示适用于印花；S 表示适用于丝绸。

数字一般表示色调变化的程度，而在黄棕、红棕、深红、深紫、深蓝（藏青）、橄榄、棕、深棕、灰（黑）等色色区中，数字表示艳度变化的程度，数字越大表示艳度越高。

2. 纤维素纤维用染料

（1）直接染料　纤维素纤维（棉、麻、人造纤维）不含酸性和碱性基团，因而不形成离子键，但是它含有大量羟基，能和它形成氢键的染料分子染色，这类染料称作直接染料，可在加有电解质的热的中性溶液中染色。由于要保持染料分子着固在纤维上，一个氢键是不够的，所以需要有多个这种键。为了使染料不易被洗掉，它必须有最小的水溶性，只需要满足能够在水溶液中染色。绝大多数的直接染料是多偶氮化合物，或者含有尿素结构的二苯乙烯化合物。尽管努力获得了多个氢键，直接染料不可避免的还是溶于水，因为它的染色是可逆的。它们现在限于用在不需要经常洗涤的织物上，例如外套、装饰布或纸张。

直接染料有四类：普通直接染料，耐晒直接染料，铜盐直接染料，直接重氮染料。普通直接染料主要以联苯胺及其衍生物，或以 4,4'-二氨基二苯乙烯-2,2'-二磺酸为重氮组分的双偶氮或多偶氮染料。但联苯胺现已肯定为致癌物质，自 1971 年以来，世界各国已先后停止生产。因此联苯胺的代用品，是染料工业中目前要解决的问题之一。现在提出了以下几种中间体代替。

4,4-二氨基苯甲酰苯胺

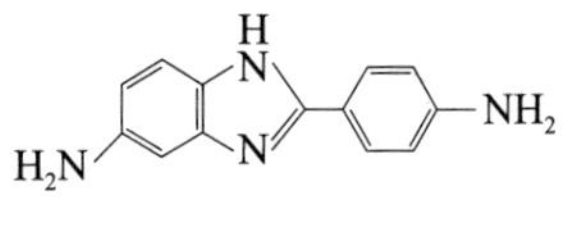

5-氨基-2-(4-氨基苯基)苯并咪唑

4,4'-二氨基二苯脲

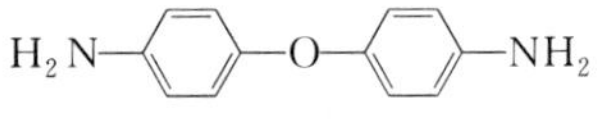

4,4'-二氨基二苯醚

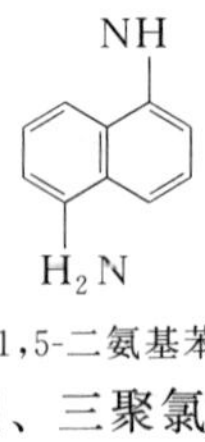

1,5-二氨基萘

耐晒直接染料化学结构较多，有尿素型、三聚氯氰型、噻唑型、二噁嗪型等，耐晒牢度在 5 级以上，例如直接耐晒黑 G：

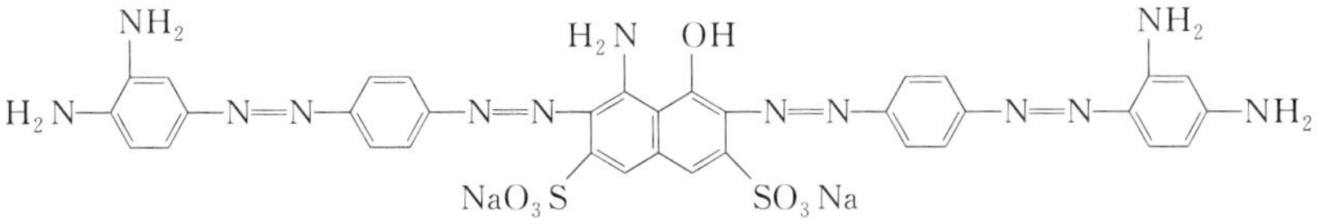

铜盐直接染料分子中含有铜，它是由偶氮型染料，经铜盐处理而得。由于染料与铜离子形成稳定配合物，从而提高了耐晒牢度。例如直接耐晒红玉 BBL：

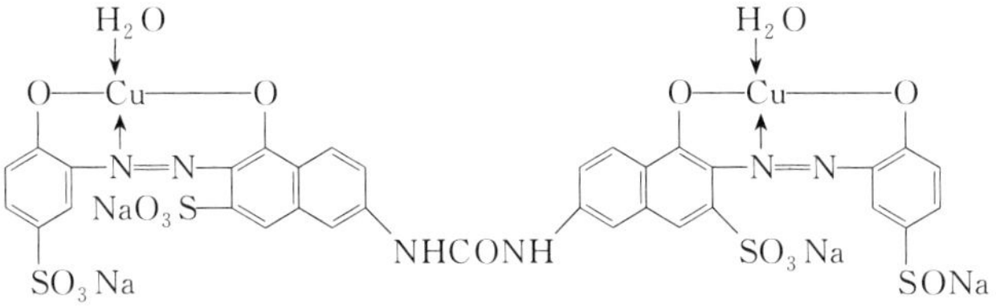

直接重氮染料分子带有伯芳胺基，上染后可以在棉纤维上再进行重氮化，并与偶合组分偶合。例如直接耐晒黑 GF：

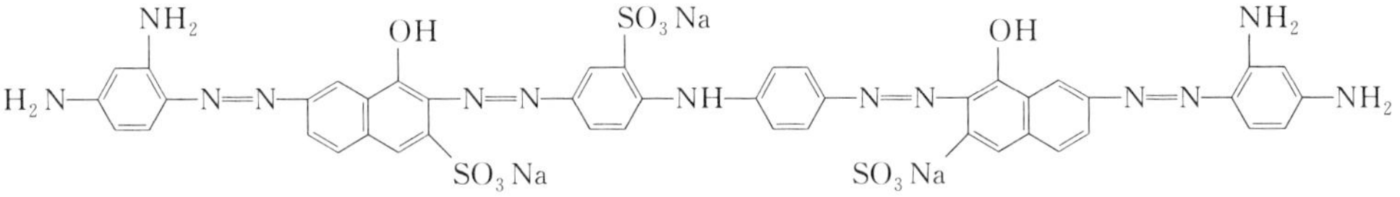

（2）冰染染料 一种在冰冷却条件下，能与织物生成不溶于水的偶氮染料。通用的方法是将织物先用偶联组分（色酚）碱性溶液打底，再通过冰冷却的重氮组分（色基重氮盐）的弱酸性溶液进行偶合，即在织物上直接发生偶合反应而显色，生成固着的偶氮染料，从而达到印染的目的。因为重氮化偶合过程都是在加冰冷却条件下进行的，所以这一染色法称为冰染法；用来生成这些染料的化合物统称为冰染染料。鉴于在纤维上生成的这些单偶氮染料是不溶于水的，所以它也称不溶性偶氮染料。

冰染染料色泽鲜艳，色谱齐全，耐晒及耐洗牢度良好、价格低廉、应用方便，但摩擦牢度较差。

冰染染料分子结构是以不含可溶性基团为特征的，按照使用形式可分为色酚和色基，这两类都以独立形式作为成品；快色素类，即稳定重氮化合物与偶联组分的混合配剂。

冰染染料的偶合组分，又称打底剂，用来与重氮组分在棉纤维上偶合生成不溶性偶氮染料的酚类称色酚，大多为不含磺酸基或羧基等水溶性基团，而含有羟基的化合物。常用品种有：

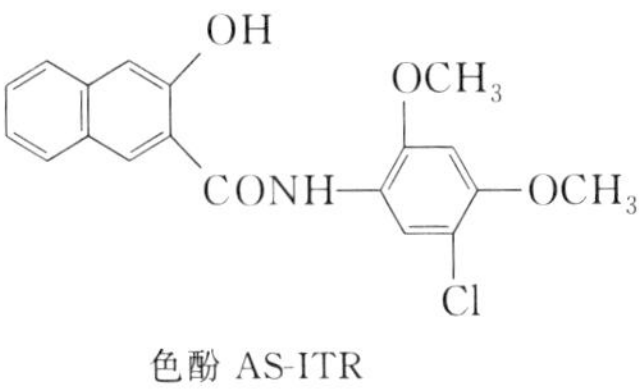

色酚 AS-ITR

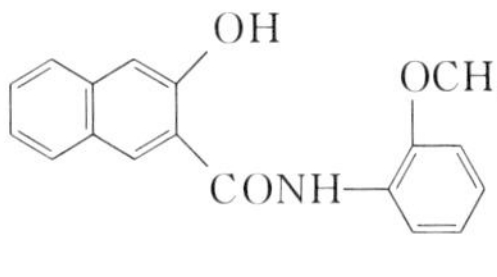

色酚 AS-D

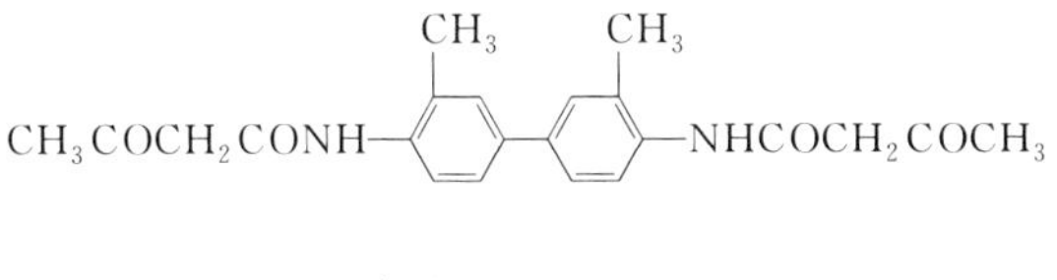

色酚 AS-G

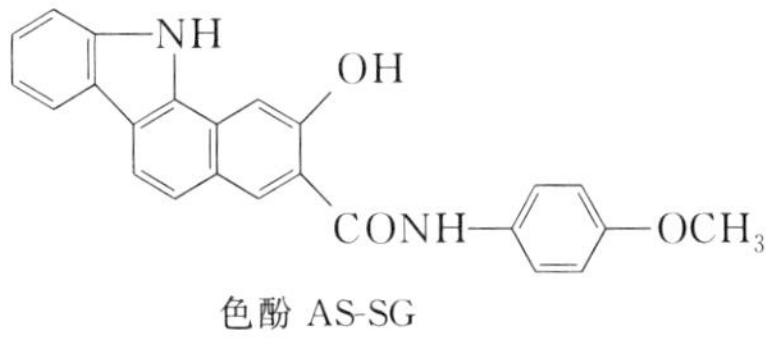

色酚 AS-SG

色基又称显色剂，是冰染染料的重氮组分，是不含磺酸基或羧基等水溶性基团，而带有氯、硝基、氰基、三氟甲基、芳胺基、甲砜基、乙砜基或磺酰胺基等取代基的芳胺类化合物。主要品种有：

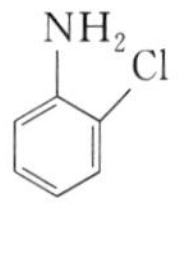

黄色基 GC 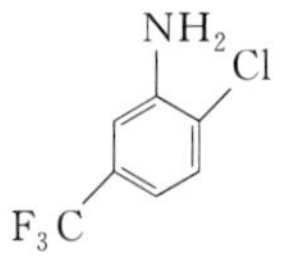 橙色素 RD 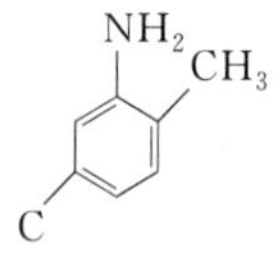 红色基 KB 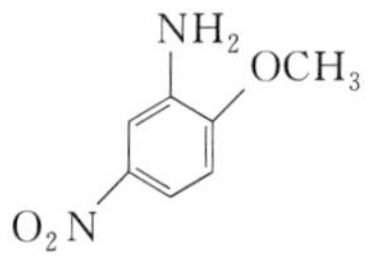 大红色基 RG

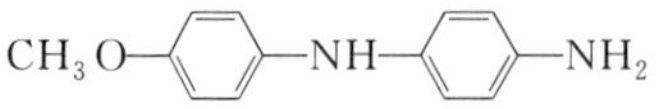

变色基 VB（凡拉明蓝色基 B） 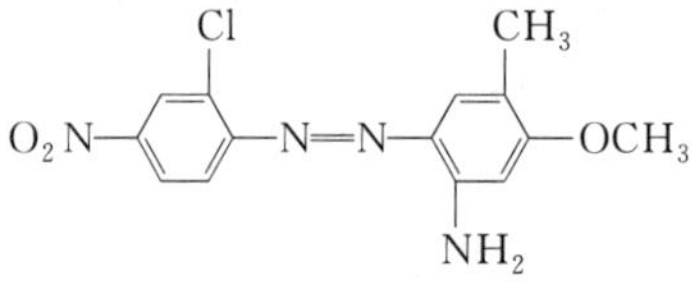 棕色基 V

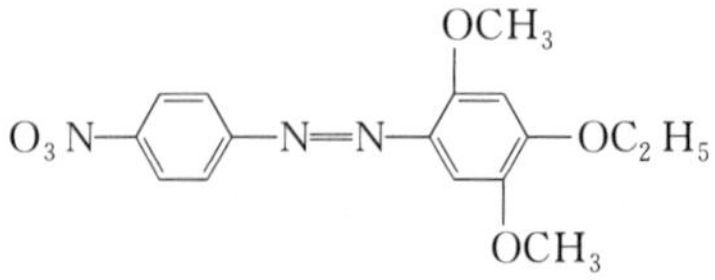

黑色基 K 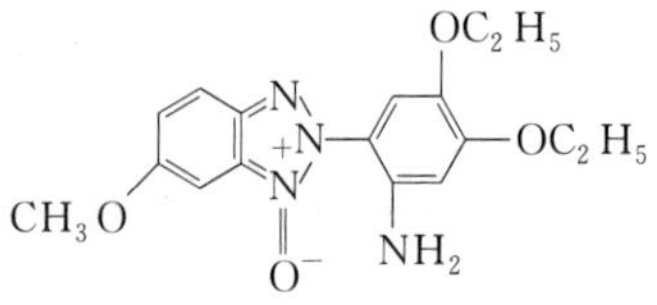 橄榄绿色基（Variogen Base Ⅲ）

快色素呈亚硝酸铵形式，是稳定重氮盐和色酚的混合物，如红色基 KB 的重氮盐用碱处理变成亚硝酸铵后与色酚 AS-D 混合配成快色素红 FHG。应用快色素印花，要用汽蒸然后在酸性浴中处理才显色，也能通过含酸的蒸汽处理而显色。它的缺点是稳定性差，对酸有高度敏感性，甚至空气中二氧化碳也会使其生成染料，因此不宜久藏。

（3）还原染料　还原染料和冰染染料性质相似，它也主要用于染棉。其耐晒和耐洗牢度优越，色谱齐全，是一类优良品种染料。按化学结构不同通常分为：靛类染料、蒽醌和蒽酮染料及可溶性还原染料。

靛类染料是从古老的植物染料靛蓝发展而来的，目前植物靛蓝已被合成靛蓝所代替。靛类染料包括靛蓝和硫靛的衍生物，前者只有蓝色，是氮杂茚的衍生物，后者有橙、红、紫、棕、灰等颜色，是苯并硫茂的衍生物。

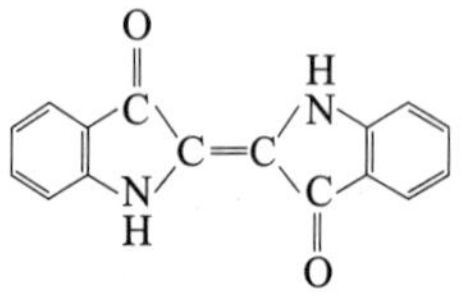

靛蓝 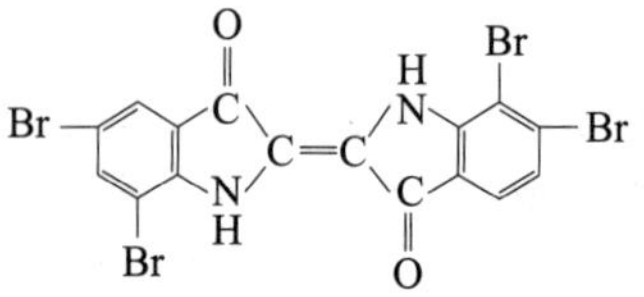 溴靛（5,5',7,7'-四溴靛蓝）

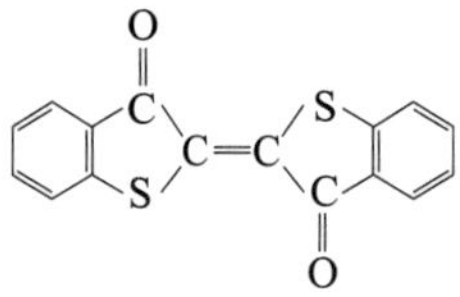

硫靛 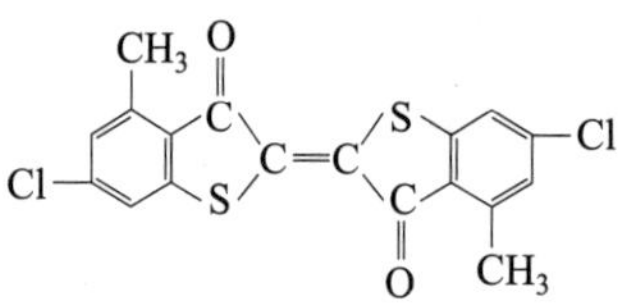 还原桃红 R

蒽醌和蒽酮染料是还原染料的重要类型，染品色泽鲜艳，有优良的坚牢度，主要有蓝、绿、棕、灰等颜色。

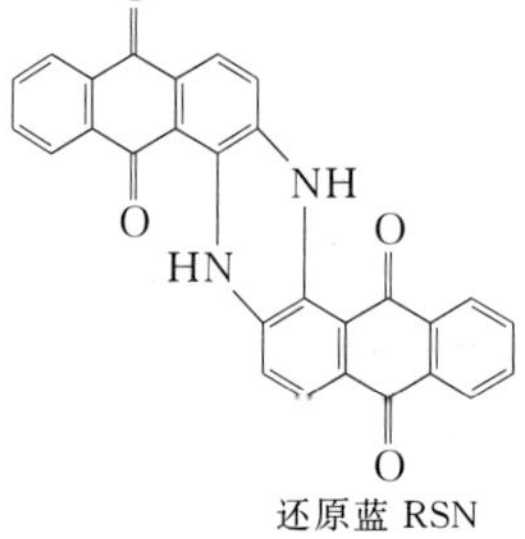

还原蓝 RSN 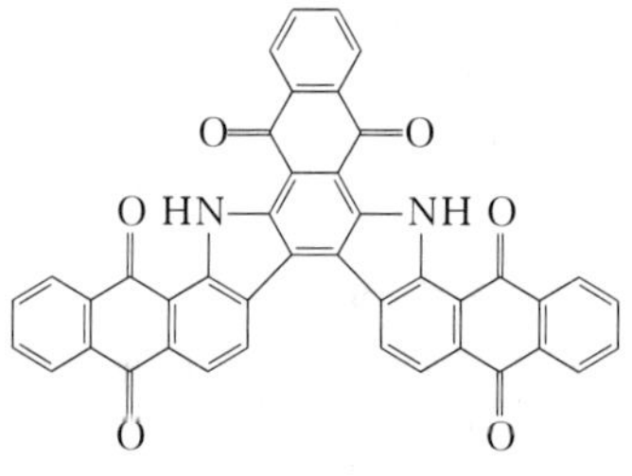 还原棕 BR

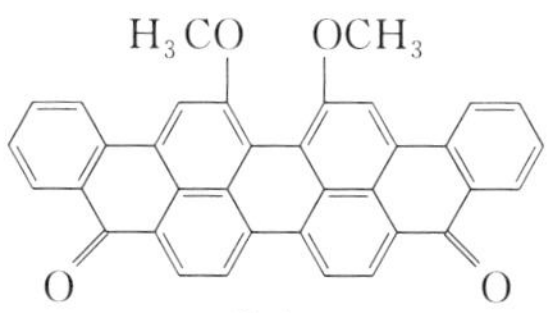

还原艳绿 FFB

可溶性还原染料有溶靛素和溶蒽素两类，它们是靛族还原染料和蒽醌还原染料隐色体的硫酸酯盐。由于可溶性还原染料染色时不需进行还原，也不用碱，因此应用范围可扩大到其他纤维。它的合成方法大多采用将还原染料直接加入叔胺和氯磺酸的混合液中，然后加入金属粉末，被还原生成的染料隐色体，立刻酯化生成可溶性还原染料。

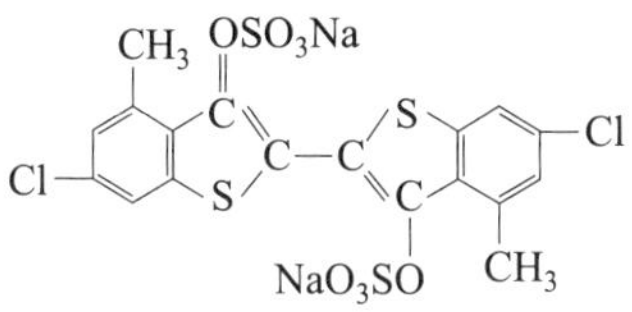

溶靛素桃红 IR

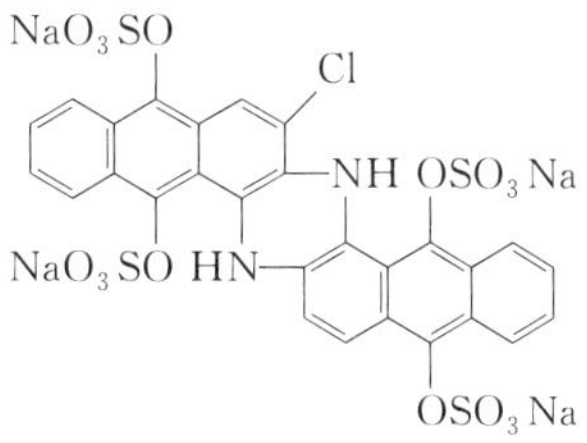

溶蒽素 IBC

(4) 硫化染料　硫化染料是由芳烃的胺类、酚类或硝基物与硫磺或多硫化钠通过硫化反应生成的染料。硫化染料不溶于水，染色时需使用硫化钠或其他还原剂，将染料还原成可溶性隐色体盐。它对纤维具有亲和力，纤维经氧化后显色，恢复其不溶状态而固着在纤维上。所以硫化染料也可称是一种还原染料。

硫化染料可用于棉、麻、粘胶等纤维，能染单色，也可拼色，耐晒牢度好，耐磨坚牢度较差，色谱中少红色、紫色，色泽较暗，适合染深色。

由于硫化染料常呈胶状，不能结晶，更不易提纯，故而它们的分子结构也难以测定。

硫化染料工业生产方法有两种：第一种方法称烘焙法，将原料芳烃的胺类、酚类或硝基物与硫磺或多硫化钠在高温下烘焙，以制取黄、橙、棕色染料；第二种方法又称煮沸法，将原料芳烃的胺类、酚类或硝基物与多硫化钠在水中或有机溶剂中加热煮沸，以制取黑、蓝、绿色硫化染料。

这类染料中最重要的品种是硫化黑、硫化黑 T。它的制备是以 2,4-二硝基苯酚和多硫化钠水溶液共热，吹入空气使所有还原体都氧化成为不溶性染料。芳香环与二硫键和二硫氧键相连，在吹空气时，生成副产硫代硫酸钠，它是一个重要的照相定形试剂。在应用时，硫化钠破坏二硫键或二硫氧键，在芳香环上留下—SNa 基。这种较小的分子可溶于水，在空气中可再氧化为原来的不溶性物质。

(5) 活性染料　染棉和其他纤维素纤维最好的办法是应用活性染料。英国卜内门公司在1965 年发明了此法，它是染料工业中最重要的进展之一。活性染料又称反应性染料，即能与纤维发生化学反应的染料。活性染料分子中含有能与纤维素纤维中的羟基和蛋白质纤维中的氨基发生反应的活性基团，在染色时与纤维形成化学键而结合，生成"染料-纤维"化合物。活性染料具有色泽鲜艳，均染性良好，湿处理牢度好，工艺适应性宽，色谱齐全，应用方便和成本较低等特点，广泛用于棉、麻、黏胶丝绸、羊毛等纤维及其混纺织物的染色和印花。

活性染料分子结构包括母体染料和活性基团两个部分，活性基通过某些联结基与母体染料相连。按母体染料不同一般可分为偶氮型、蒽醌型及酞菁型等。按活性基团分类，有均三嗪型、乙烯砜型、嘧啶型、喹噁啉型及膦酸型。常用染料如下：

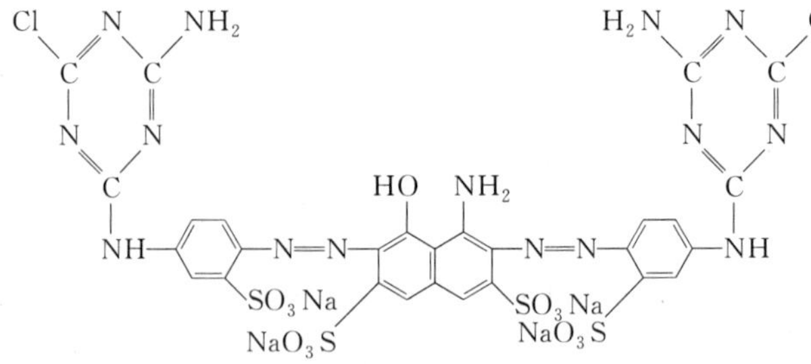

Cl   N   NH₂
　　C　　C
　N　　　N
　　C

H₂N   N   Cl
　　C　　C
　N　　　N
　　C

NH —〔benzene ring〕— N=N —〔naphthalene〕 HO NH₂ — N=N —〔benzene ring〕— NH

SO₃Na NaO₃S   SO₃Na NaO₃S

双偶氮活性黑绿 KD-B

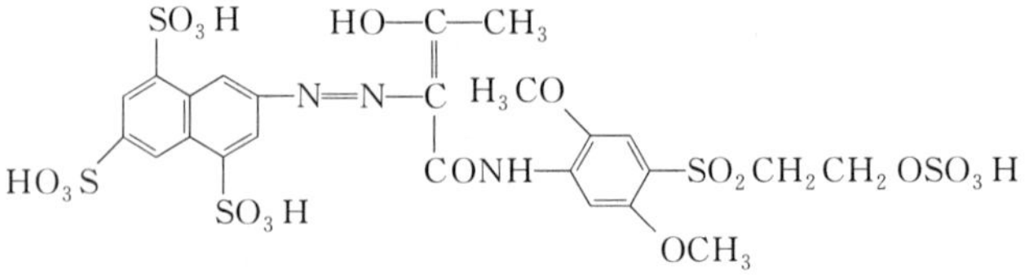

SO₃H
　　　　　HO—C—CH₃
HO₃S —〔naphthalene〕— N=N—C   H₃CO
　　　　　CONH —〔benzene〕— SO₂CH₂CH₂OSO₃H
SO₃H   OCH₃

活性嫩黄 KN-7G

SO₃H   HO   NH   F
　　　　　　　　　　　　N   C   N
〔benzene〕—N=N—〔naphthalene〕— 　C   C
HO₃S   SO₃H   Cl   CH₃

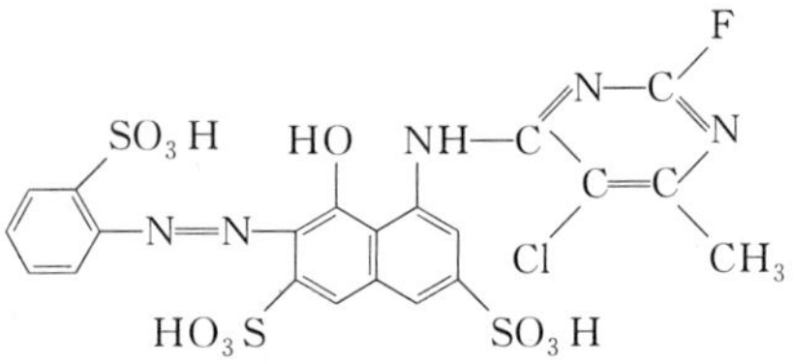

活性艳红 PN-B

虽然活性染料主要用于纤维素纤维，但也发展了用于羊毛和尼龙的系列产品。羊毛和尼龙都有可反应的氨基。Procinyl 尼龙染料据认为是来源于 1-氯-2-羟基-丙烷。它们在弱酸中染色，这种与分散染料相似的染色条件阻止了染料和纤维反应，从而保证了均染，然后碱化染浴生成共价键。

活性染料具有色泽鲜艳、均染性能好、湿处理牢度较好、色谱齐全、工艺适应性强、应用方法简便而成本较低等特点。近十年来，在其他多数染料用量下降的情况下，活性染料的用量显著增长，并在近期有些新进展。如发展了 P 型活性染料（含磷酸基团的活性染料，在双氰胺的催化作用下，可在弱酸介质中固色的，专用于与 PC 型分散染料混合对涤/棉-浴染色）、F 型活性染料（含二氟一氯嘧啶基团的活性染料，染料-纤维键结合牢固，采用低碱用量固色工艺印花，能与 PC 型分散染料混合后用于涤/棉混纺织物）、KD 型活性染料（由直接染料接三聚氯氰而得，对棉亲和力高，上色率高，染法简便，浸染易获得深浓色泽，是我国自行设计的）和混合型活性染料。

3. 蛋白质纤维用染料

（1）酸性和碱性染料　蛋白纤维包含 α-氨基酸单元 RCH(NH₂)COOH 的长链，它含有游离—COOH 和—NH₂ 基，因此能够和酸性或碱性染料分子形成离子键。这些染料被称作酸性或碱性溶液中应用。

酸性和碱性染料染色是可逆的离子交换过程。这对于均染很有利。它的缺点是耐洗牢度不高（指湿处理牢度）。含有憎水性基团的染料较含有亲水性基团的染料耐湿处理，高分子量化合物也较低分子量化合物为佳。

在纸张的着色中耐光和耐洗不是重要因素，因此可采用鲜艳和高强度的三苯甲烷染料，其他蛋白质物质诸如丝和皮革也可用酸性和碱性染料染色。

酸性染料又可分为强酸性染料和弱酸性染料。强酸性染料是最早发展起来的酸性染料，分子结构简单，分子量低，在羊毛上能匀移，可染得色泽均匀，但牢度比较低。弱酸性染料是在强酸性染料基础上增加分子量而获得的，分子结构较复杂，分子量较大，和羊毛分子间以离子键和非极性范德华力相结合，对羊毛亲和力较大，耐洗牢度有所提高，且不损伤羊毛，但染料的溶解度较低。碱性染料通常是季铵盐化合物，它很容易给出阳离子。此类染料的例子有：

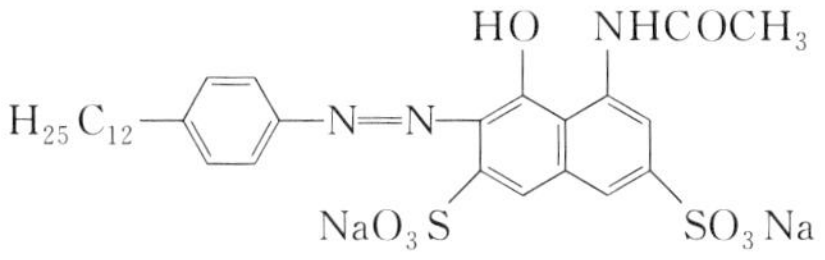

CI 酸性红 138

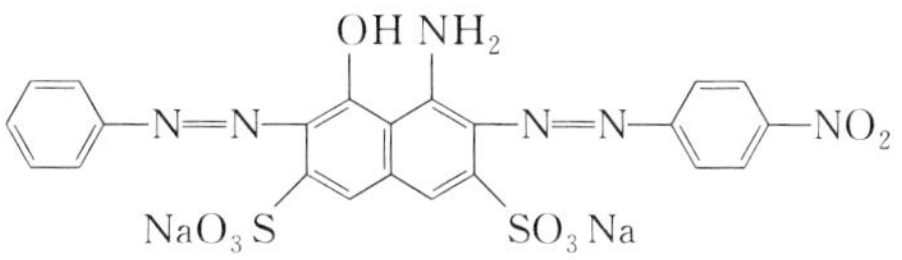

CI 酸性黑 1

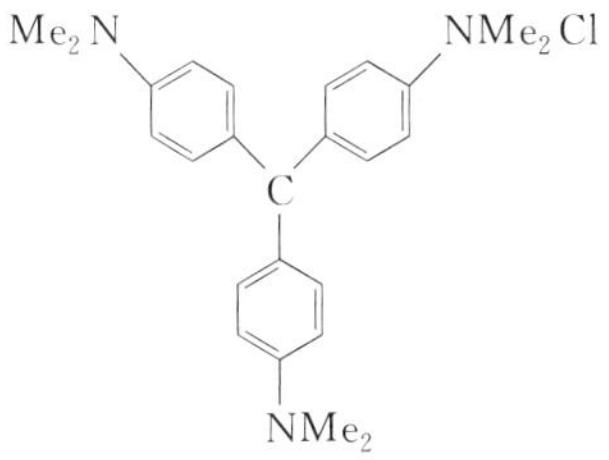

CI 碱性紫 3

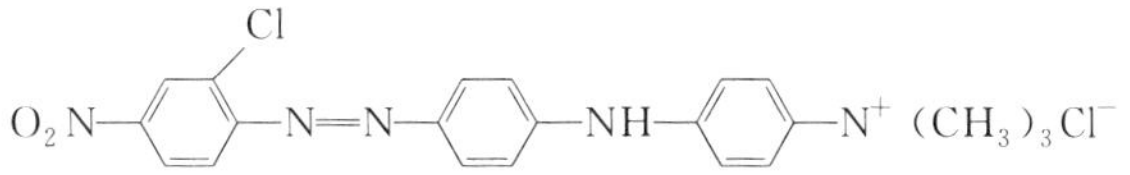

Ciba 聚丙烯腈用碱性染料（未见于染料索引）

（2）金属媒染与络合染料　酸性染料染色后，用某些金属盐（如铬盐、铜盐等）为媒染剂处理后，由于在织物上形成络合物，而提高了耐晒、耐洗、耐摩擦牢度。但色光较暗，经媒染剂处理后，织物会发生色变，而不易配色。

在制备染料时，将金属原子引入染料母体，形成染料的络合物，它的母体与酸性媒介染料相似。这种染料称金属络合染料，金属原子一般为铬、钴等，其染品耐晒、耐光等性能优良。金属原子与染料分子比为1∶1，称为1∶1金属络合染料，染色时不需要再用媒染剂处理。而当染料分子中不含有磺酸基，含有磺酰氨基等亲水基团，染料分子中金属原子与染料分子比为1∶2时，称为1∶2金属络合染料。它在中性或弱酸性介质中染色，所以又称中性染料，它适用于皮革、羊毛、聚酰胺纤维染色。例如：

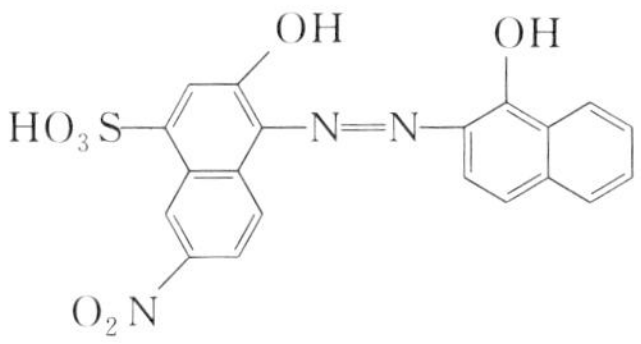

酸性媒介黑 T

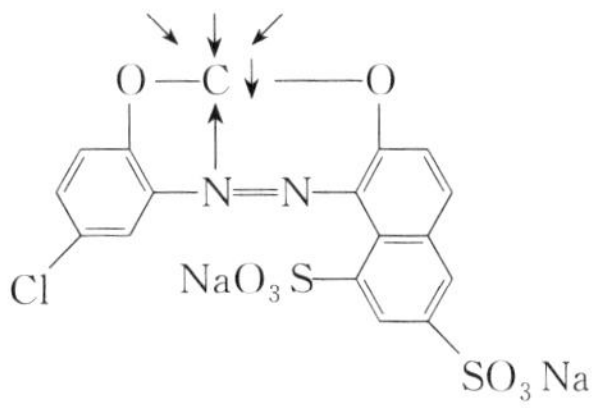

酸性络合紫 SRN

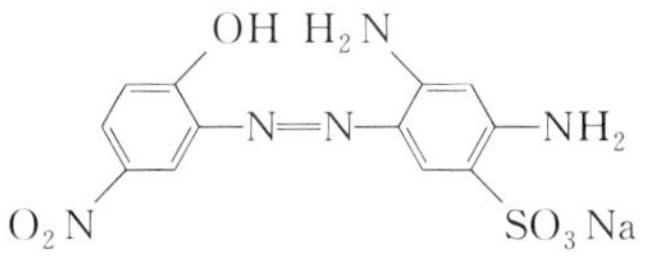

酸性媒介棕 RH

4. 合成纤维用染料

合成纤维的发展对染料工业提出了很苛刻的要求，其原因在于它们的高分子链上缺乏活性基团，合成纤维的结构又缺少羊毛和棉那样的空隙，而最大的问题是它们具有显著的憎水性，因此它们通常要用分散染料染色，分散染料也是憎水性的，一般很难溶解于水。它们须用阴离子或非离子型分散剂，使其产生稳定的水悬浮液，并在高温下染色。染料在悬浮液中迁移到纤维上，于纤维中形成固体溶液，并被次价键所固着。

按化学结构的不同，分散染料主要可分为偶氮型及蒽醌型两种；从色谱来看，单偶氮染料具有黄、红至蓝各种色泽，蒽醌型染料具有红、紫、蓝和翠蓝色。双偶氮型、硝基型、甲川型分散染料大多数为黄色及橙色。按分散染料的应用性能可分为三类：适用于竭染法染色的 E 型分散染料，它均染性好，但耐热性能差；适用于高温热熔染色的耐升华的 S 型分散染料和性能介于两者之间的 SE 型分散染料。例如：

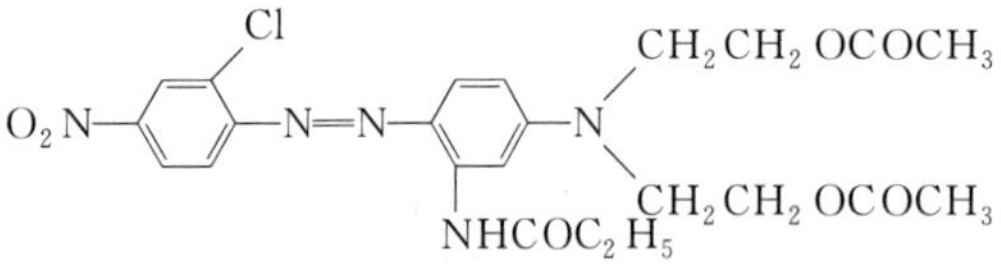

O₂N—⟨⟩—N=N—⟨⟩—N(CH₂CH₂OCOCH₃)(CH₂CH₂OCOCH₃) ... 分散红玉 S-2GFL

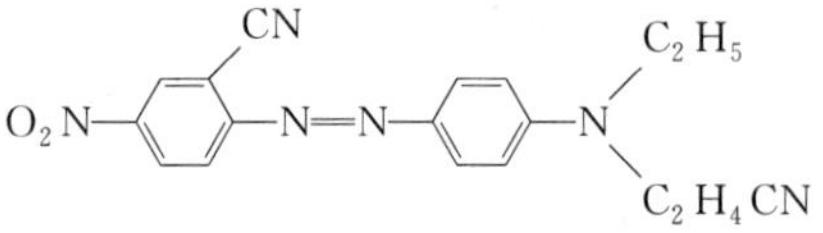

O_2N—Ar(Cl)—N=N—Ar—N(CH₂CH₂OCOCH₃)₂, NHCOC₂H₅

分散红玉 S-2GFL

分散红玉 SE-GFL

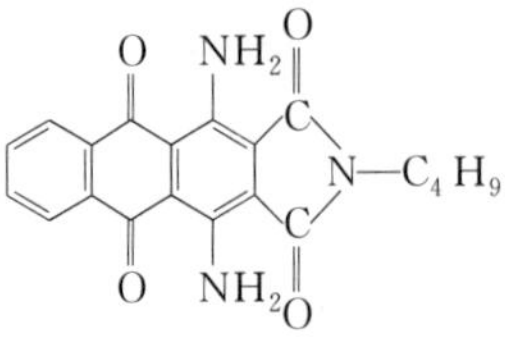

分散翠蓝 BGF

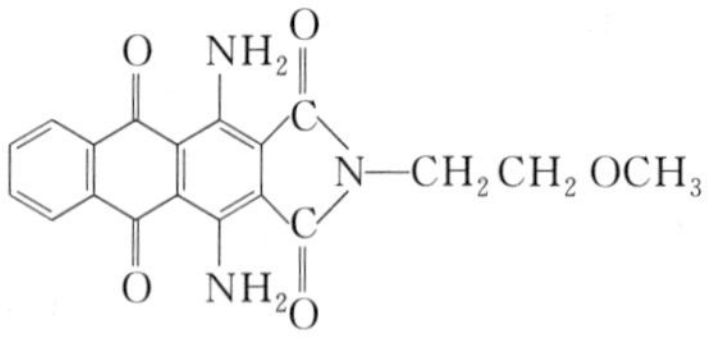

分散湖蓝 G

分散染料近期发展的一个趋势是引入杂环结构，引入杂环后染料色泽鲜艳，各项牢度有所改进。另一个是发展为混合分散染料；结构相似的分散染料拼混后使用，比单独使用效果好，可以染成深浓色，色泽更丰满，而且染色温度也可以降低，缩短染色时间。

涤/棉混纺一浴染料近来也发展得很快。有两种常用的类型，一种是分散活性混合染料；另一种是涤/棉混纺单一染料。它们是分子量较大的非离子型染料，在热溶时进入聚酯纤维，借膨化的帮助进入棉纤维。单一结构的活性分散染料尚处于研究阶段，目前还无商品问世。分散型阳离子染料和分散染料同浴染涤/腈混纺织物，可以解决聚丙烯腈染色均匀的问题。

5. 光电性能染料

光电磁功能材料种类繁多，功能各异，其巨大的应用前景越来越受到人们的重视。其中已产业化的是利用有机光导现象制备激光打印机和复印机的感光鼓涂层，利用压敏、热敏变色技术，用于传真、彩色和数字影像记录系统、无碳复写等。下面介绍常见的几种材料。

（1）有机光导体　目前全世界复印机中 70% 以上采用有机光导鼓打印机，彩色复印机中几乎全部采用了有机光电材料。一般分为以下几大类：多偶氮染料、多芳烃和胺类、芘酮二胺、蒽酮、酞菁类等。典型的材料有蒽酮醌类、偶氮类、芳酸类、菁染料、酞菁等化合物。其中酞菁系列开发得很多，如无机金属酞菁、萘酞菁、吡啶环酞菁以及新型杂环酞菁、不对称酞菁、水溶性喷墨用色素、溶剂性喷墨用色素，举例如下。

水溶性喷墨用色素：

红色

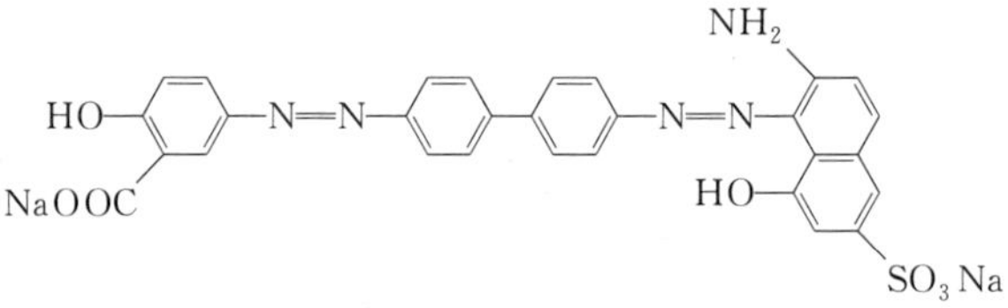

黄色

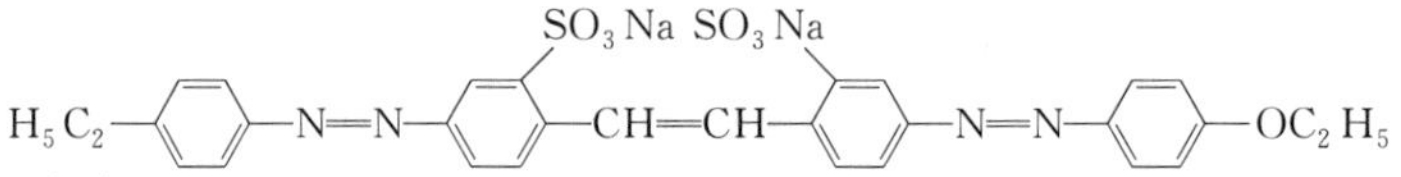

溶剂性喷墨用色素：

红色

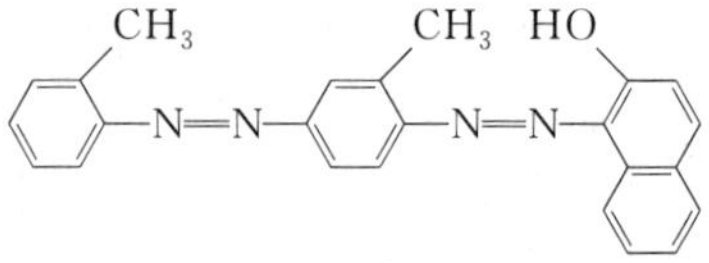

黄色

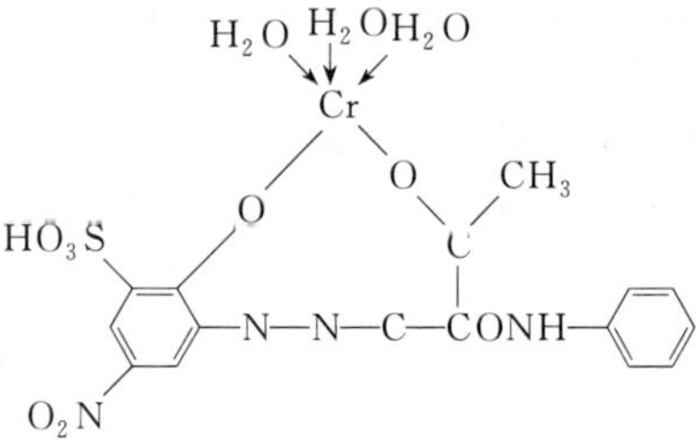

（2）有机固体激光材料　有机固体染料激光提供了在可见光区域中直接的低成本激光。如早期主要是将染料掺杂到 PMMA 中而获得，可是这种固体材料热传导性和光学均匀性较差，影响其应用。目前，人们对 PMMA 的性能进行改善，发展了有机改性硅胶 ORMOSIL 以及纳米多相结构材料等，增加其光学均匀性，在 1997 年，用改进的新型若丹明加入共聚物形成固体激光材料，将坚固耐用的有机固体激光材料带入商品化阶段。

（3）有机激光记录介质　有机激光 CD-R 光盘记录介质所用的染料主要是菁染料和酞菁，使染料膜能强烈吸收激光光源，有高的记录灵敏度，热传导率低，记录时形成较陡的凹坑。可以用真空镀膜法或旋涂法将染料制成均匀的薄膜，该薄膜对热、光湿度的稳定性好，保存的稳定性好，毒性也较低，化合物结构如下。

多次甲基菁染料：

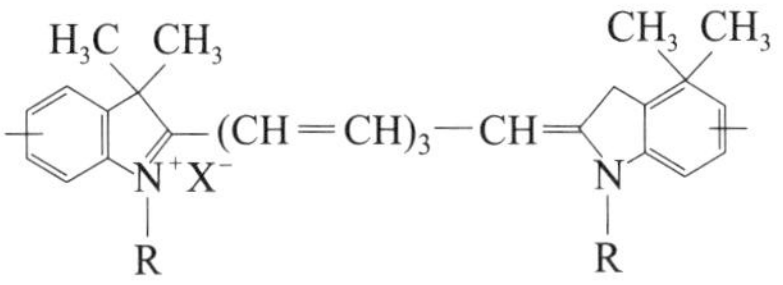

酞菁光盘记录介质：

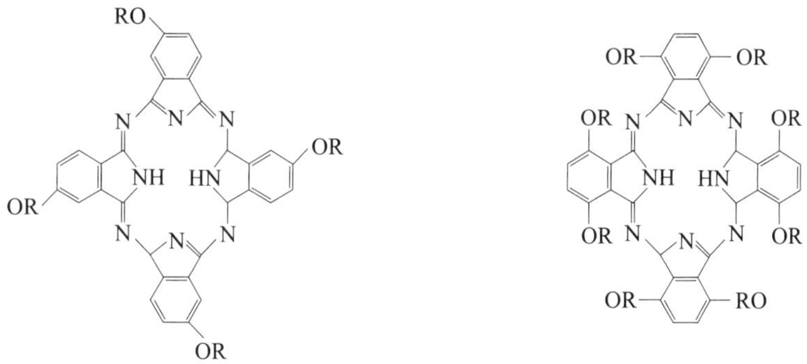

此外的热敏材料用于感热记录纸，无色染料通常用苯甲酸内酯类化合物。如：升华转印记录中将有升华性色素的色带和接受纸接触，在发热元件感应图像信号时热色素升华而转移在接受纸上。色素是升华性的分散染料、油溶性染料、碱性染料等。

6. 生物性能染料

生物性能染料广泛用于动植物组织、细胞、血液及蛋白质等的生物染料，临床疾病检验用的各种染料，如孔雀绿、吖啶橙、茜红等。甚至在 DNA 测序中也用到生物性能染料，呫吨类、菁类荧光染料，标记 DNA 指针，具有在线、实时、安全、操作简便并能用计算机进行信息加工的优点，最为常用的有荧光素和罗丹明及其衍生物。光敏生物活性染料已逐步被用作光敏杀菌剂、杀虫剂，用于皮肤病治疗、抗癌、抗艾滋病等以及用作核酸结构的探针。例如：

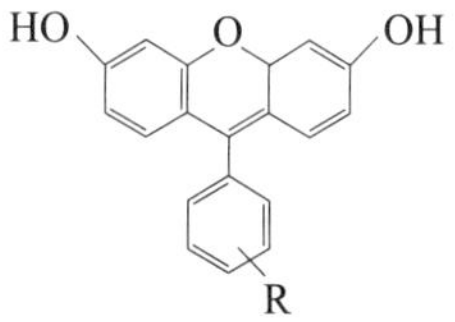

荧光素

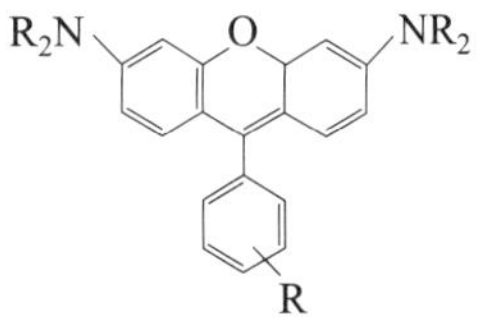

罗丹明

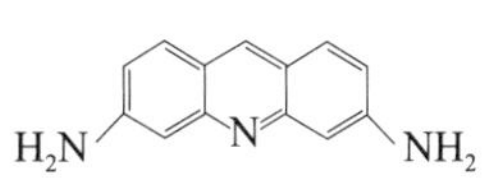

二氨基吖啶

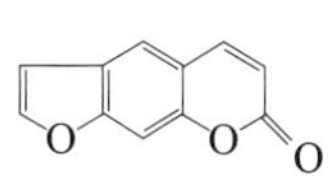

呋喃香豆素

四、有机颜料

随着全球石化工业向绿色化转型，新型环保合成材料对高性能着色剂的需求持续增长，推动有机颜料技术向环境友好方向发展。根据 2023 年修订的《染料索引》数字版显示，全球已注册有机颜料品种逾 800 种，其中具备商业化生产规模且通过欧盟 REACH 认证的核心品种约 120 个。中国作为全球最大颜料生产国，年产万吨级以上的主导产品仅 20 余种，行业集中度显著，其中高性能杂环颜料占比已提升至 35%，而传统偶氮颜料虽在耐候性方面存在局限，但因色谱齐全、成本优势，仍在包装油墨、建筑涂料等领域保持 60% 以上的应用份额。

从全球消费结构来看，数字化印刷的普及使油墨用颜料占比下降至 28%（2022 年数据），而工程塑料着色剂需求快速增长，已占据总消费量的 25%。值得注意的是，水性涂料用环保颜料年增长率达 8.7%，显著高于行业平均水平。在可持续发展趋势下，无重金属颜料、生物基颜料等新兴品类正以每年 15% 的增速扩张市场份额。

有机颜料按化学结构可分为七大类：偶氮颜料、色淀、异吲哚啉酮、喹吖啶酮、二噁嗪、酞菁以及还原颜料。

1. 偶氮颜料

分子结构中含有偶氮基（—N＝N—）的水不溶性的有机化合物，在有机颜料中是品种最多和产量最大的一类。

偶氮颜料是由芳香胺和杂环芳香胺经重氮化再与乙酰芳胺、2-萘酚、吡唑啉酮、2-羟基-3-萘甲酸或 2-羟基-3-萘甲酰芳胺等偶合组分偶合，生成不溶性沉淀，即为一般的偶氮颜料。其合成方法与偶氮染料基本价格相同，但后者是水溶性的。这类颜料色泽鲜艳，着色力高，制造方便，价格低廉，但牢度稍差。

（1）单偶氮及双偶氮颜料　使用不同的偶合组分，可以制得不同的偶氮颜料。如：以乙酰乙酰芳胺为偶合组分，生成汉沙系黄色单偶氮颜料；以 3,3'-二甲基联苯胺（联苯胺为致癌物质，常用替代物 4,4'-二氨基苯甲酰苯胺）为重氮组分，与乙酰芳胺偶合，制得透明度甚佳，着色力高，印刷性能优越的黄色颜料；以吡唑啉酮为偶合组分也能生成黄、橙色颜料；以萘酚或色酚 AS 为偶合组分可制得红色颜料。例如：

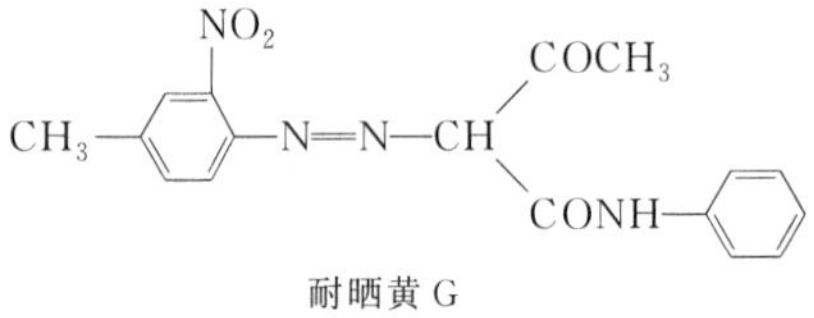

耐晒黄 G 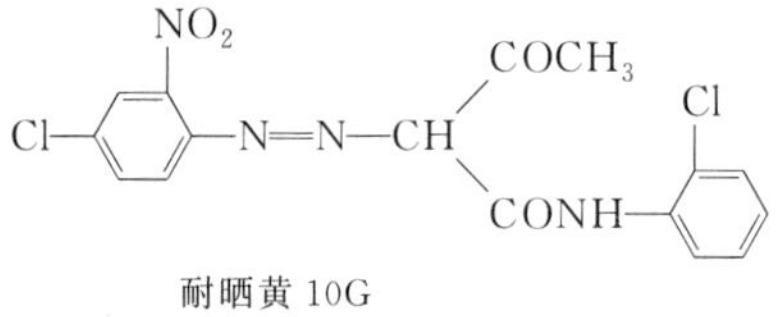　　　　　　　　　　　　　　耐晒黄 10G

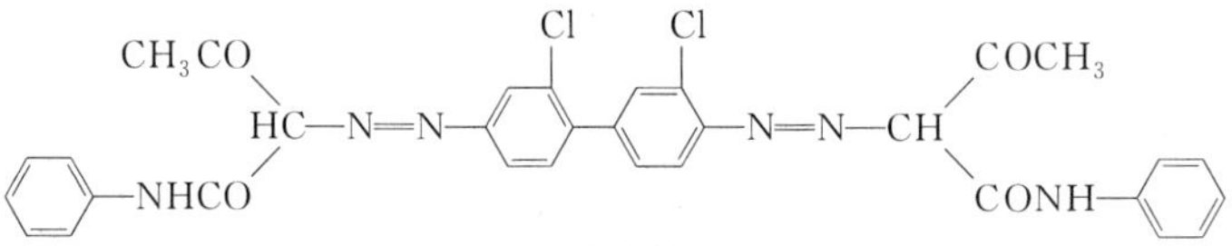

联苯胺黄

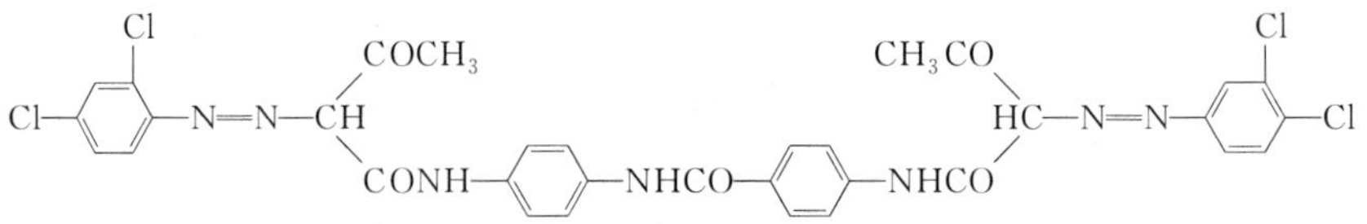

4,4'-二氨基苯甲酰苯胺代替联苯胺制得的黄色颜料

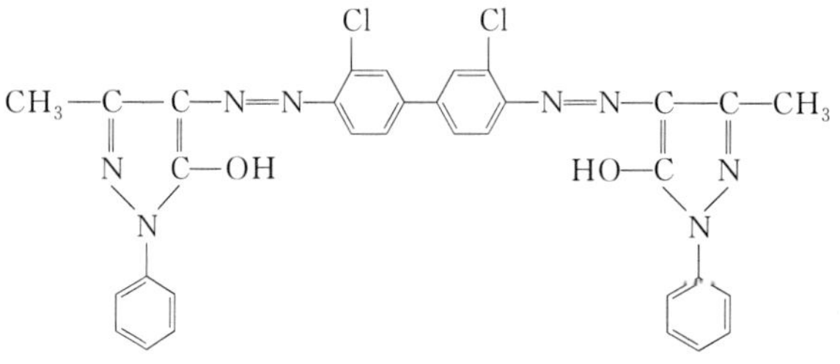

永固橙 G 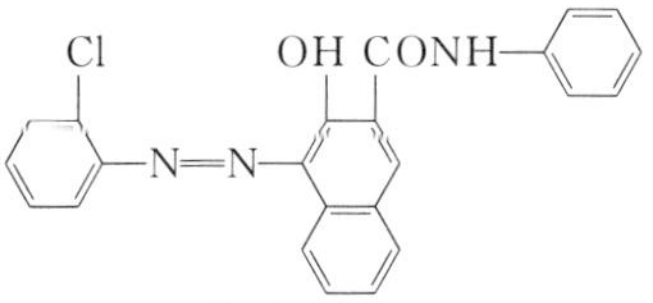　　　　　　　　　　　　　　永固红 FR

（2）缩合型偶氮颜料　一般偶氮颜料使用时，有渗色和不耐高温等缺点，为提高耐晒、耐热、耐有机溶剂等颜料性能，可以通过芳香二胺将两个分子缩合成为大分子，这样制成的颜料称为大分子颜料，或缩合偶氮颜料，俗称固美脱颜料。

用对苯二胺的衍生物制备成双乙酰乙酰芳胺，作为偶合组分，和分子中具有羧基的重氮组分重氮化后偶合，可制得一系列黄色缩合型偶氮颜料。例如：

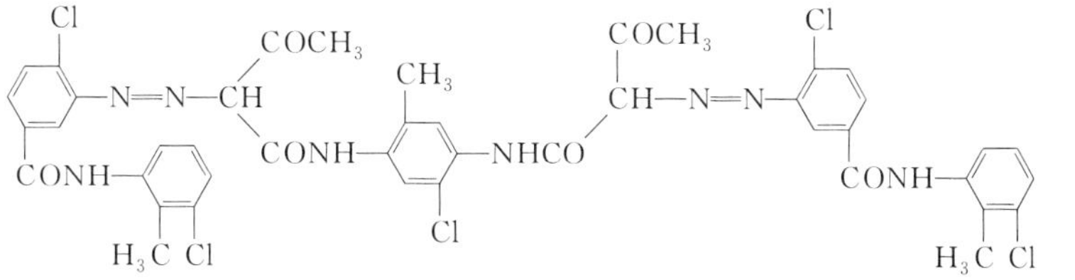

固美脱黄 3G

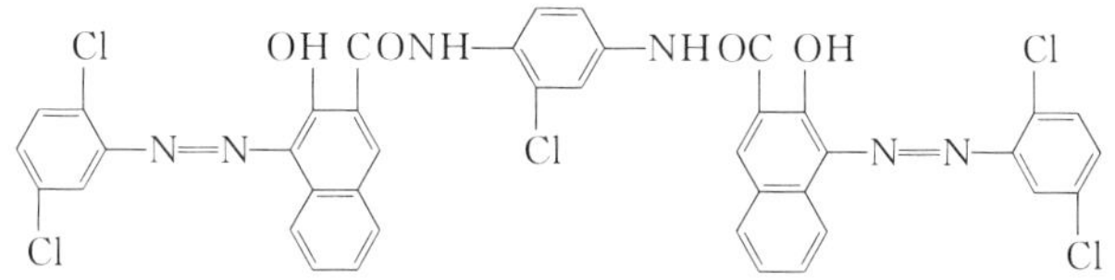

固美脱红 BR

（3）苯并咪唑酮偶氮颜料　以苯并咪唑酮类结构为偶合组分的单偶氮颜料，其耐热性，抗迁移性，耐有机溶剂等性能良好，可用于塑料着色。使用不同的偶合组分可合成黄色颜料及红色颜色。例如：

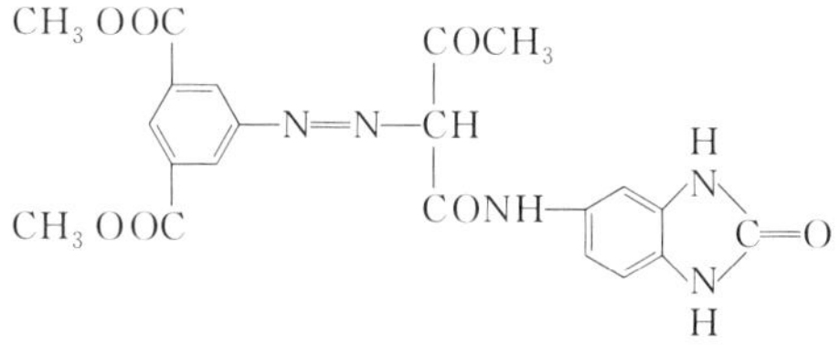

PV 坚牢黄 H2G

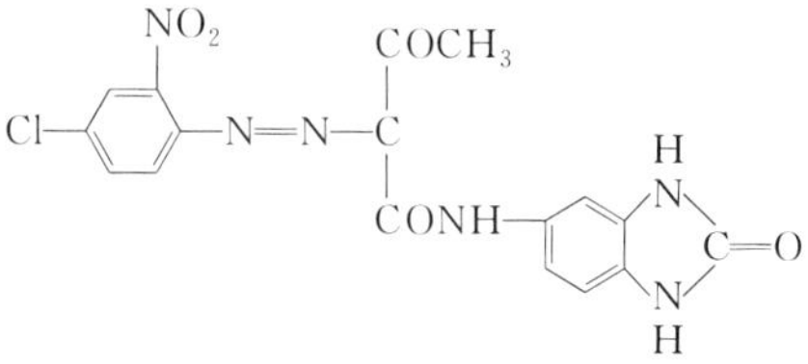

PV 橙 HL

2. 色淀

色淀是水溶性染料（如酸性、直接、碱性染料），经与沉淀剂（酸、无机盐、载体等）作用生成的水不溶性颜料。制备色淀方法一般把具有磺酸基、羧酸基等的染料，和硫酸钠、硫酸铝混合，然后加入氯化钙或氯化钡作为沉淀剂，使生成的染料钙盐、钡盐、沉淀在硫酸钡或氢氧化铝上而成为色淀。色淀的色光较艳、色谱齐全、成本低廉，它的耐晒牢度比原水溶性染料高。偶氮色淀用结构简单、颜色鲜明的偶氮染料，分子中含有磺酸基，加入氯化钡为沉淀剂（如用氯化钙作沉淀剂则色淀色光偏蓝），其着色力高、遮盖力差、耐晒、耐酸、一般耐热性，并微有水渗性。三芳甲烷色淀是用三芳甲烷染料和酸沉淀剂、磷酸-钼酸、磷酸-钨酸、单宁酸等作用生成不溶性色淀，其色泽鲜艳、质地柔软，具有良好耐晒性，耐热性也好。酞菁色淀是由酞菁磺酸钡沉淀在硫酸钡或铝钡白等底粉上而成。

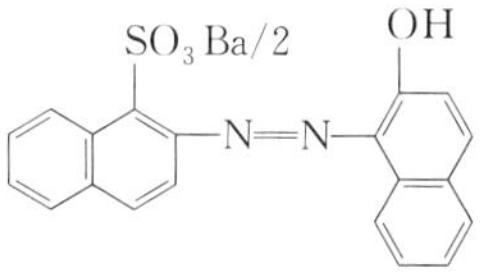

立索尔大红

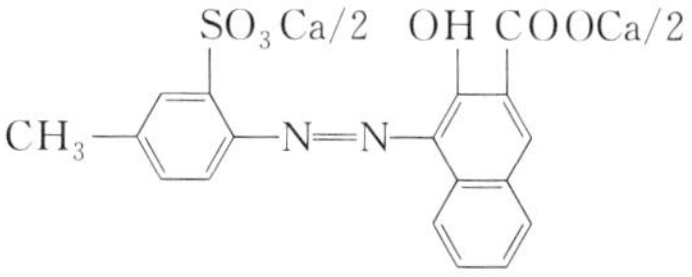

立索尔宝红

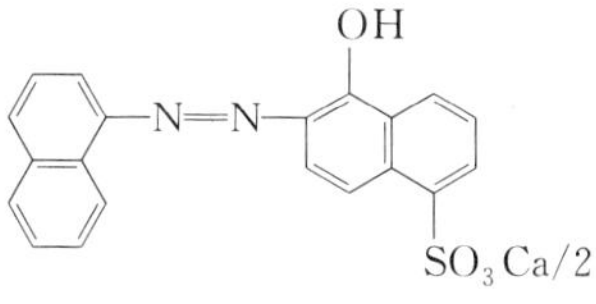

色淀紫酱 BLC

3. 酞菁颜料

酞菁染料是水不溶性有机物，主要为蓝色和绿色颜料。结构上有 4 个吲哚啉结合而成一个多环分子，与叶绿素、血红素等相似，为一平面分子，金属原子位于对称中心。酞菁分子较为稳定，耐浓酸和浓碱的侵蚀，色泽为纯正的翠蓝色。酞菁颜料具有色泽鲜艳、着色力高。具有耐高温和耐晒的优良性能，颗粒细，极易扩散和加工研磨，应用广泛。此外又是制造活性染料、酞菁直接染料等的原料，在染颜料工业中占有重要地位。如酮酞菁，它是鲜艳的带绿光蓝色颜料，是国内目前有机颜料中产量最大、应用最广的优秀品种。其制法有两种：苯酐尿素法和苯二腈法。

酞菁绿是由铜酞菁氯化而成，色光鲜艳，各项性能优越，是重要的绿色颜料。当酞菁分子引入 8 个以上氯原子时，则色泽渐转绿，当引入 14～15 个氯原子时，即得性能非常优良的酞菁绿。还常用溴代替部分氯生成溴化酞菁以增加其黄光。除铜酞菁外，酞菁分子中金属原子由钴、铁、镍代替，可得不同颜色的酞菁。而钴酞菁本身也可作为还原染料使用，它与保险粉作用能生成可溶性隐色体盐，对棉纤维有亲和力而上染，氧化后又生成不溶的蓝色钴酞菁。例如：

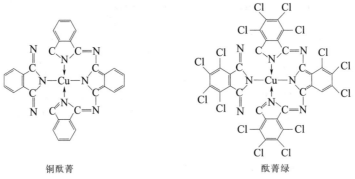

铜酞菁　　　　　　　　　　　酞菁绿

4. 其他颜料

喹吖啶酮颜料得耐热、耐晒、鲜艳度等性能与酞菁系颜料相当，故商品称酞菁红，其实两者分子结构完全不同，广泛应用于高级油墨、油漆、喷漆、合成纤维的原浆着色以及塑料的着色。分子结构如下：

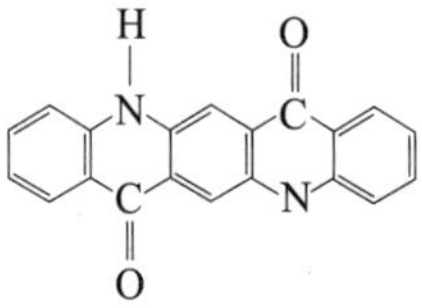

二噁嗪类颜料，具有较高的着色力，色光鲜艳，是一类重要有机颜料。其通式为：

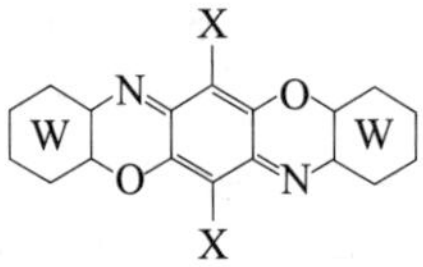

式中，W 为具有取代基的苯核，X 常为氯原子（为亮紫色颜料），如在两侧苯核上引入不同取代基，可得不同色光的紫色颜料。如：

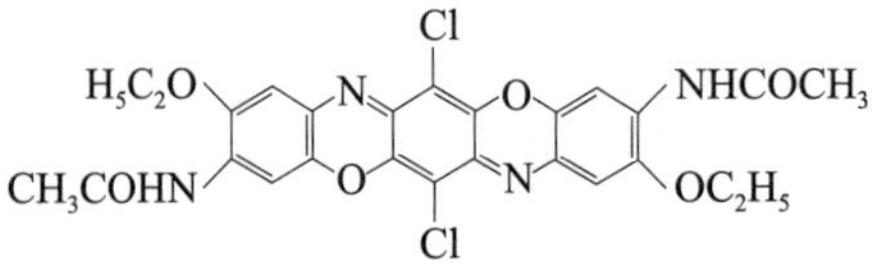

红光紫

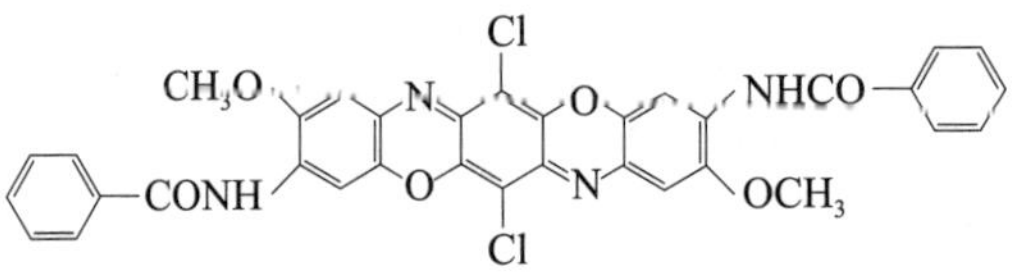

紫

异吲哚啉酮是继喹吖啶酮及二噁嗪后又一类颜料新品种，具有优良耐光、抗迁移性能和耐热性，着色力比酞菁稍差，主要应用于塑料着色，另外用在高级油墨、油漆中。此类颜料分子的对称性是决定其性能优良的主要因素。如：

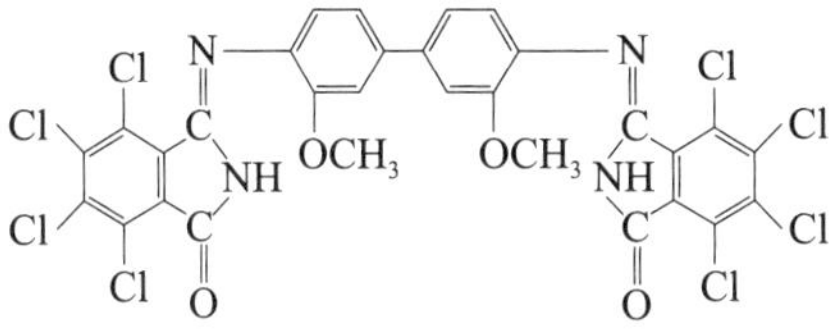

伊佳净红 2BLT

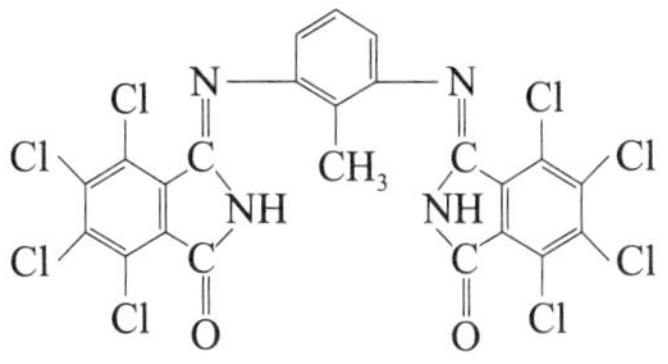

伊佳净黄 2GLT

此外，某些还原染料能应用于塑料、涂料等的着色，作为有机颜料使用，具有较好的耐热、耐晒、抗溶剂、抗迁移等性能。重要品种有：

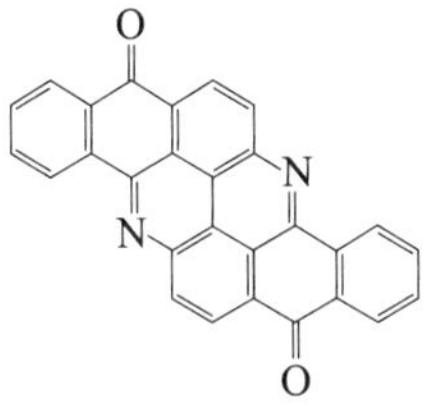

还原黄 G

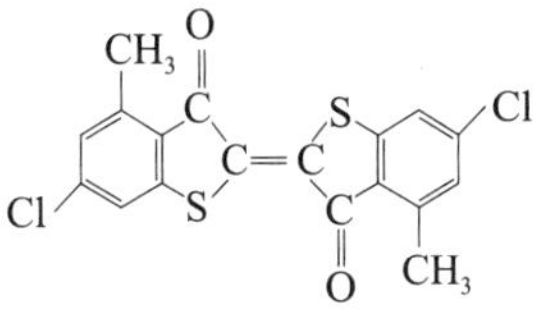

还原桃红 R

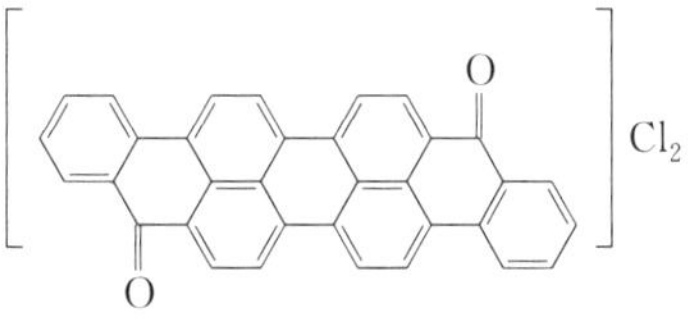

还原艳紫 RR

五、染料和颜料的工业展望

染料和颜料作为重要的化工原料，在国民经济各个领域发挥着举足轻重的作用。随着全球经济的发展和环保意识的提高，染料和颜料工业面临着前所未有的机遇和挑战。数据显示，全球染料类市场规模在不断扩大。2023 年，全球染料类市场规模达到 2470.39 亿元人民币，预计到 2029 年，这一数字将增至 3104.56 亿元，年均复合增长率为 3.5%。中国作为全球最大的染料生产国和消费国，其市场规模在 2023 年达到 988.16 亿元，占据全球市场的显著份额。

随着消费者需求的多样化和个性化趋势的加强，染料和颜料行业将更加注重产品的多样化和差异化。未来，行业将开发更多符合市场需求的新产品，满足下游行业对染料和颜料性能、颜色、环保等方面的要求。亚洲、非洲等新兴市场的经济快速发展和人口增长为染料和颜料市场提供了新的增长点。特别是亚洲地区对纺织品的需求激增，推动了染料市场的扩张。中国作为这一地区的重要经济体，将继续引领染料和颜料市场的发展。未来，染料和颜料行业的发展及主要的面临挑战如下。

1. 技术创新

（1）数字化与智能化发展　随着数字化和智能化技术的不断发展，染料和颜料行业也将逐步向这一方向转型。通过引入数字化和智能化技术，行业将实现生产过程的自动化、智能化和精细化管理，提高生产效率和产品质量。例如，数字染料印花和印刷技术的发展将改变染料市场的格局，实现个性化染色、短期生产和减少废弃物。

（2）新材料与新技术的研发　新型功能性染料和颜料，如导电颜料、智能颜料、纳米颜料和荧光颜料等，因其独特的性能而逐渐成为市场上的新星。这些新材料和新技术的研发将推动染料和颜料行业的技术创新和产品升级。

（3）产业链协同创新　中国染料工业协会等行业协会将积极推动产业链协同创新，围绕新材料、新兴领域开展关键技术攻关。通过产学研用深度融合，推动染料和颜料行业与上下游产业的协同发展，提高整个产业链的竞争力。

2. 环保要求

（1）绿色环保化趋势　随着全球环保意识的增强和环保法规的日益严格，染料和颜料行业将更加注重绿色环保化的发展。这包括生产过程的绿色化，如采用清洁生产技术、提高资源利用效率、减少废弃物排放等；以及产品的绿色化，如开发环保型染料、生物基染料等。环保染料和颜料将成为市场的主流，满足下游行业对环保、安全、健康的需求。

（2）环保政策的推动　我国政府持续推动绿色发展政策，包括限制高污染工业活动和鼓励使用环保材料。这些政策对染料和颜料行业产生了深远影响，促进了行业向更加绿色、低碳的方向转型。未来，行业将加大环保技术投入，提高资源利用效率，减少环境污染。

（3）国际环保标准的接轨　随着国际贸易的不断发展，我国染料和颜料行业将加强与国际环保标准的接轨和合作，提高产品的国际竞争力。通过引进国际先进的环保技术和标准，推动行业的技术升级和绿色发展。

3. 产业结构

（1）产业集中度提升　经过市场竞争的不断淘汰和整合，我国染料和颜料生产的集中度不断提高。大型染料和颜料制造企业凭借自身在环保投入、生产成本、产品质量等方面的优势保持了较强的可持续经营能力，其市场份额将保持上升趋势。未来，随着环保政策的进一步收紧和市场需求的不断变化，行业将进一步整合，产业集中度将得到进一步提升。

（2）龙头企业效应　在染料和颜料行业中，一些大型跨国化学公司以其强大的研发能力和供应链优势占据市场主导地位。同时，中国本土的一些新兴企业也蓬勃发展，不断提升其技术水平和产品质量。例如，浙江龙盛、闰土股份、吉华集团等大型染料生产企业的产量占全行业总产量超过50%，显示出行业内的龙头企业效应。这些龙头企业将引领行业的发展方向，推动整个行业的升级和转型。

（3）产业集群的形成　我国一些地区已经形成了具有竞争力的染料和颜料产业集群。例如，浙江省汇聚了众多染料行业的龙头企业，形成了具有竞争力的产业集群。江苏、山东及湖北等地则集中了众多中间体及小型染料企业，各具特色。这些产业集群将促进区域内的资源共享和协同发展，提高整个行业的竞争力。

4. 面临的挑战与应对策略

（1）环保压力加大　随着环保法规的日益严格，染料和颜料行业面临着越来越大的环保压力。企业需要加大环保投入，提高环保技术水平，确保生产过程的环保合规性。同时，也需要积极开发环保型染料和颜料产品，满足市场的需求。

（2）市场竞争加剧　染料和颜料市场竞争激烈，市场份额分散。企业需要加强技术创新和产品研发，提高产品质量和附加值，增强市场竞争力。同时，也需要加强市场营销和品牌建设，提高产品的知名度和美誉度。

（3）国际贸易环境变化　国际贸易环境的变化对染料和颜料行业产生了一定的影响。企业需要密切关注国际贸易政策的变化，加强风险预警和应对能力。同时，也需要积极拓展多元化的国际市场，降低对单一市场的依赖风险。

我国染料和颜料工业面临着前所未有的机遇和挑战。在市场需求多样化、个性化趋势加强的背景下，行业需要加快技术创新和产品研发步伐，提高产品质量和附加值。同时，在环保要求日益严格的形势下，行业需要加大环保投入和技术创新力度，推动绿色环保化发展。此外，在产业结构调整和国际化发展方面也需要做出积极努力。通过这些措施的实施，我国染料和颜料工业将迎来更加广阔的发展前景。

第三节　合成材料助剂

一、概述

"助剂"也常称作"添加剂"或"配合剂"。在塑料、橡胶、合成纤维等合成材料以及纺织、印染、涂料、食品、农药、皮革、水泥、石油等工业部门，都需要各自的助剂。广义地说，助剂是某些产品或材料在生产或加工过程中所需添加的各种辅助化学品，用以改善生产工艺和提高产品的性能或赋予产品某种特性。大部分助剂是添加型的，是在加工过程中添加于材料或产品中的。

1. 助剂的分类

随着合成材料的飞速发展，加工技术的不断进步和用途的日益扩大，助剂的类别和品种也日趋增加，成为一个品种十分繁杂的化工行业。从助剂的化学结构看，既有无机物，又有有机物；既有单一的化合物，又有混合物；既有单体物，又有聚合物。从助剂的应用对象看，有用于塑料的，有用于橡胶的，也有用于合成纤维等方面的。目前比较通用的是按助剂的功能分类，在功能相同的一类中，再按作用机理或化学结构分成小类。合成材料所用的助剂按照其功能分类大致可归纳如下。

（1）稳定化的助剂　也称为稳定剂，主要是为了防止或延缓聚合物在加工、贮存和使用过程中老化变质。由于引起老化的因素较多（氧、光、热、微生物、高能辐射和机械疲劳等），以及老化的机理各异，所以稳定化助剂又分为下面几类，见表8-8。

表8-8　稳定化助剂

名称	分类	化学类型	说明
抗氧化剂	自由基抑制剂	胺类和酚类	又称为主抗氧化剂
	过氧化物分解剂	硫代二羧酸酯和亚磷酸酯	又称为辅抗氧化剂，通常与主抗氧化剂并用
光稳定剂	光屏蔽剂	炭黑、氧化锌、无机颜料	受阻胺类光稳定剂则具有自由基、猝灭激发态分子等多种能力
	紫外光吸收剂	水杨酸酯类、二苯甲酮类、苯并三唑类、取代丙烯腈类、三嗪类	
	激发态能量猝灭剂	镍的有机螯合物	
热稳定剂	主稳定剂	碱性铅盐、金属皂类和盐类、有机锡化合物	主稳定剂与辅助稳定剂、其他稳定化助剂组成的复合稳定剂，在热稳定剂中占据很重要地位
	有机辅助稳定剂	环氧化合物、亚磷酸酯、多元醇	
防霉剂		元素有机化合物、含氮有机物、二硫代氨基甲酸盐、三囟代甲基硫化物、有机卤化物和酚类衍生物等	由于加工中添加了增塑剂、润滑剂、脂肪酸皂类热稳定剂等可以滋生霉菌的物质，从而具有霉菌易感受性

（2）改善力学性能的助剂　合成材料的力学性能包括抗张强度、硬度、刚性、热变形性、冲击强度等。例如，树脂的交联剂可以使高聚度的线型结构变成网状结构，从而改变高聚物材料的机械和理化性能。这个过程对橡胶来说，习惯称为"硫化"，其所用的助剂有硫化剂、硫化促进剂、硫化活性剂和防焦剂等。又如，为了改善硬质塑料制品抗冲击性能而添加的抗冲击剂；在塑料和橡胶制品中具有增量作用和改善力学性能的填充剂和偶联剂等。

（3）改善加工性能的助剂　在聚合物树脂进行加工时，常因聚合物的热降解、黏度及其与加工设备和金属之间的摩擦力等因素，使加工困难。增塑剂也有改善聚合物加工性能的作用。塑解剂、软化剂主要用于橡胶加工。润滑剂可以改善聚合物加热形成时的流动性和脱模性，包括烃类、脂肪酸及其酰胺、酯、金属皂等衍生物。脱模剂涂布于模具表面，使模制品易于脱模，并使其表面光洁，常用的如硅油。

（4）柔软化和轻质化的助剂　在塑料（特别是聚氯乙烯）加工时，需要添加增塑剂，以改善其塑性和柔软性。增塑剂是消耗量最大的助剂，以邻苯二甲酸酯类为主，其他还有脂肪族二元酸酯、偏苯三酸酯、磷酸酯、环氧酯、聚酯、烷基磺酸苯酯和氯化石蜡等类。另外，在生产泡沫塑料和海绵橡胶时要添加发泡剂。发泡剂包括物理发泡剂和化学发泡剂两大类。其中以化学发泡剂，尤其是有机发泡剂的应用最广。常用的发泡剂有偶氮化合物、亚硝基化合物、磺酰肼等类。用于调整发泡剂分解温度的发泡助剂，有尿素类、有机酸类和脂肪酸皂类。

（5）难燃助剂　"难燃"包含不燃和阻燃两个概念。目前使用的难燃助剂主要指阻燃剂。阻燃剂有添加型和反应型两大类。添加型阻燃剂分为无机类和有机类，无机类阻燃剂如氢氧化铝、氧化锑、氢氧化镁、聚磷酸铵等；有机类阻燃剂如氯化石蜡、环状脂肪族氯化物、有机溴化物、磷酸酯、含卤磷酸酯等。反应型阻燃剂如卤代酸酐、卤代双酚和含磷多元醇等类。

（6）改善表面性能和外观的助剂　防止制品在加工及使用过程中产生静电危害的抗静电剂、防止食品包装用及农业温床覆盖用塑料薄膜内壁形成雾滴的防雾滴剂以及着色剂等都属于此类助剂。

以上，按照主要助剂的基本功能，把它们归纳为六大类。当然，这种归纳的方法不是唯一的。

2. 助剂的选择和应用中应注意的几个问题

（1）助剂与聚合物的相容性　如果相容性不好，助剂就容易析出。固体助剂的析出，俗称"喷霜"；液体助剂的析出，称为"渗出"或"出汗"。助剂析出后即失去助剂的作用，而且影响塑料制品的外观。但是，润滑剂的相容性就不宜过大，否则就会起增塑剂的作用，使聚合物软化。

（2）助剂与聚合物在稳定性方面的相互影响　助剂必须长期稳定地存在于塑料制品中，因此应该注意助剂与聚合物在稳定性方面的相互影响。有些聚合物（如聚氯乙烯）的分解产物带酸碱性而分解助剂；也有一些助剂能加速聚合物的降解。

（3）助剂的耐久性　助剂的损失主要通过三条途径：挥发、抽出和迁移。挥发性的大小取决于助剂的结构，例如，由于邻苯二甲酸丁酯的分子量小于邻苯二甲酸二辛酯，故前者的挥发性较后者大得多；助剂的抽出性与其在不同介质中的溶解度直接相关，应根据制品的使用环境来选择适当的助剂品种；迁移性是指助剂由制品中向邻近物品的转移，其迁移可能性的大小与助剂在不同聚合物中的溶解度相关。

（4）助剂对加工条件的适应性　加工条件对助剂的要求，主要是耐热性，即要求助剂在加工温度下不分解、不易挥发和升华。同时，还要注意助剂对加工设备和模具可能产生的腐蚀作用。

（5）制品用途与选择助剂的关系　选用助剂的重要依据是制品的最终用途。不同用途的制品对所采用助剂的外观、气味、耐久性、污染性、电气性能、热性能、耐候性、毒性等都有一定的要求。特别是食品和药物包装材料、医疗器械、水管、玩具等塑料制品的卫生安全问题越来越受到人们的重视。各国对上述塑料制品所采用的助剂，严格规定了品种及其用量。

（6）助剂的协同作用和相抗作用　在同一聚合物中的多种助剂，如配合适当，助剂之间常会相互增效，起"协同作用"；配方选择不当，则有可能产生助剂之间的"相抗作用"，而且不同助剂之间可能发生化学变化、引起变色等情况也应避免。

3. 国外塑料助剂发展的动向与特点

（1）大吨位品种向连续化大型化方向发展　增塑剂邻苯二甲酸酯类向连续化大型化生产的方向发展。邻苯二甲酸酯连续化生产最大装置的生产能力已达 10 万吨/年。

（2）品种构成发生重大变化　高效和低毒的品种所占的比重日益增大。热稳定剂和防老剂的毒性问题日益受到重视，促使品种结构发生变化。例如钡镉热稳定剂，由于镉的严重毒性，各国对其使用加以限制，以致其产量大幅度下降。而无毒的钙锌稳定剂增长迅速，还有直链醇的邻苯二甲酸酯增塑酯、偏苯三酸酯增塑剂、有机锡稳定剂、钡锌复合稳定剂等增长速度也比较快。

（3）阻燃剂和填充剂发展迅速　随着建筑、汽车、航空、家用电器、包装材料等部门对阻燃塑料和填充塑料的需求急剧增加，阻燃剂和填充剂迅速发展。阻燃剂的产量和消耗量仅次于增塑剂而居第二位，而添加型阻燃剂占 90%，反应型阻燃剂占 10%。填充剂在不影响塑料质量的前提下，不仅能降低成本，而且能赋予塑料以阻燃、耐热、耐微生物和改善物理力学性能，因此发展迅速。在热塑性塑料填充改性蓬勃发展的今天，填充剂的重要性已充分显示出来。

（4）研究动向

① 稳定化助剂　高效、低毒、耐热、耐抽出的稳定化助剂，是研究开发的主要方向。在抗氧化剂方面，研究开发的方向是寻求高效、低毒、价廉的新品种，例如大分子量的、含磷的、多功能抗氧化剂的研究格外引人注目；在光稳定剂方面，高效的受阻胺类仍是研究开发的重点；而

热稳定剂中的有机锡稳定剂、复合稳定剂，预期将有新的发展。

② 阻燃剂的研究　对于阻燃效果好、用量少，并且能抑制发烟的阻燃剂的研究开发极受关注。无机阻燃剂新品种，如氢氧化镁和钼化合物的研究开发特别受关注；有机阻燃剂方面，无卤阻燃剂、磷氮阻燃剂、大分子量的磷系化合物以及低聚物新品种的研究日益活跃。溴系阻燃剂主要是开发综合性能优良的高分子型阻燃剂。溴系阻燃剂虽然发烟量较大，但其阻燃效果好，用量少，故在今后相当长的时间内仍为主要的阻燃剂品种。对于阻燃系统的配方研究也是阻燃技术研究的重要内容。

③ 冲击改性剂和加工助剂的研究　其研究目的是改善塑料的冲击强度和树脂的加工性能，可以改善加工温度较高的某些工程塑料以及聚丙烯、硬质聚氯乙烯的加工性能，这方面的研究不断有所报道。

增塑剂 DBP 的合成

二、增塑剂

1. 概述

增塑剂是在合成材料中增加塑性物质，所谓塑性是指聚合物材料在应力作用下发生永久变形的性质。增塑剂的主要作用是削弱聚合物分子间的范德华力，从而增加聚合物分子链的移动性，降低聚合物分子链的结晶性，亦即增加合成材料的塑性。这样，合成材料的伸长率、曲挠性和柔韧性都得到提高，而硬度、模量、软化温度和脆化温度都下降。

增塑剂分为内增塑剂和外增塑剂。内增塑剂是在聚合物的聚合过程中引入的第二单体。由于第二单体共聚在聚合物的分子结构中，故降低了聚合物分子链的结晶度。内增塑剂的另一种类型是在聚合物分子量上引入支链（或取代基或接枝的分枝），而支链可以降低聚合物链与链之间的作用力，从而增加了合成材料的塑性。内增塑剂必须在聚合过程中加入，它的使用温度范围比较窄，故通常仅用于略可挠曲的塑料制品中。外增塑剂一般为高沸点的较难挥发的液体或低熔点固体物质，绝大多数是酯类有机化合物，通常不与聚合物起化学反应，在温度升高时和聚合物的相互作用主要是溶胀作用，与聚合物形成一种固熔体。外增塑剂的性能较全面，生产和使用方便，应用广泛。常说的增塑剂均指外增塑剂。

增塑剂的用途非常广泛。除用于聚氯乙烯外，还用于纤维素、聚醋酸乙烯、ABS、聚酰胺、聚丙烯酸酯、聚氨基甲酸酯、聚碳酸酯、不饱和聚酯、环氧树脂、酚醛树脂、醇酸树脂、三聚氰胺树脂和某些橡胶。增塑剂主要用在聚氯乙烯树脂中。

2. 主要品种

(1) 苯二甲酸酯类　苯二甲酸酯是工业增塑剂中最重要的品种，品种多，产量大，特别是能使 PVC 得到优异的改性，满足多方面的应用的需要；同时由于配合用量大，使苯二甲酸酯类成为增塑剂工业大规模生产的中心品种系列。苯二甲酸酯是一类高沸点的酯类化合物，它们一般都具有适度的极性、化学稳定性好、生产工艺简单、原料便宜易得、成本低廉等优点。具体见表 8-9。

表 8-9　苯二甲酸酯类增塑剂的性能与用途

	品种	缩写或牌号	用途	特性
邻苯二甲酸酯类	二甲酯	DMP	CA,CAB,CAP,CN,CP	对 CN 有高溶解能力。与纤维素酯相容性好。用于赛璐珞制成的专用料或软片。光稳定,高挥发性
	二乙酯	DEP	CA,CAB,CAP,CN,CP	性能与 DMP 类似,挥发性稍小
	二丁酯	DBP	CN、CAB、CAP、CA、(有限)、PVC、PVAC	对 CN 有高溶解能力,是 PVC 和 PVC 良好的凝胶剂。耐光耐高温好。在 PVC 增塑糊中引起增稠,较易挥发。只作 PVC 的辅助增塑剂
	二己酯	DHXP	CN、CAB、PVC、PVCA	对 CN 的溶解能力中等,是 PVC 和 PVCA 良好的凝胶剂。较易挥发。通常只作 PVC 的辅助增塑剂
	2-乙基己酯	DOP	CN、CAB、PVC、PVCA 属通用型	与 CN 仍有良好的相容性。PVC 和 PVCA 的标准增塑剂,特点是挥发性低、耐热、耐低温、耐水、高凝胶能力和良好的电性能

品种		缩写或牌号	用途	特　性
邻苯二甲酸酯类	二庚酯	DHP	CN、CAB、PVC、PVCA	性能接近 DOP，但价格略低于 DOP。可作 DOP 代用品
	二正辛酯	DNOP	CAB、PVC、PVCA	凝胶化性能比 DOP 稍差。耐低温性好得多，增塑作用好，其他与 DOP 类似
	二异辛酯	DIOP	CABPVCPVCA	与 DOP 类似。增塑剂作用稍差，电性能较好
	二异癸酯	DIDP	CAB、PVC	挥发性极低，耐热，电性能极好。特别适用于电缆专用料。增塑作用比 DOP 差得多。需要较高的凝胶化温度。在有高热应力的用途中需加双酚 A
	二异十三烷基酯	DITP DITDP	PVC	凝胶化作用差，要求高的加工温度。增塑作用低。可使 PVC 具有高的抗疲劳强度。电性能好，特别适用于电缆专用料
	T苯酯	BBP	广泛用于 PVC 地板料、人造革、电线、PVCA，亦是聚醋酸乙烯和聚氨酯较理想的增塑剂	加工性良好，耐迁移和霉菌。是 PVC 优良的凝胶剂。和 DOP 相比，有较低的柔软性。挥发性低于 DBP。用于发泡增塑剂 PVC 极有价值
	二苯酯	DPP	CN、PVC（主要用于硬 PVC 制品）、PVCA	用于制硝酸纤维素软片，略具柔软性。生产硬 PVC 泡沫时作助剂用
	$C_7 \sim C_9$ 烷基酯，来自线性为主的醇		通用型，主要用于 PVC	增塑作用比 DOP 强。挥发性较低，耐寒性良好，耐水性高。电性能稍差
	$C_9 \sim C_{11}$ 烷基酯，来自线性为主的醇		通用型，主要用于 PVC	增塑作用比 DOP 弱。耐寒性好，耐水性高，耐老化性优。电性能稍欠佳
对苯二甲酸二己酯		DOTP	汽车内制品、家具	挥发性低、低温性、增塑糊黏度稳定性及电性能都较好，可以作为耐迁移增塑剂；用来代替 DIDP 具有更好的低温性能
间苯二甲酸二己酯		DOIP	日用品家具	挥发度、耐油抽出性、溶剂化能力等比对苯二甲酸酯稍好些，原料有限，大量发展受限制

（2）脂肪族二元酸酯　脂肪族二元酸酯的化学结构可用如下通式表示：

$$R^1{-}O{-}\overset{\displaystyle O}{\overset{\displaystyle \|}{C}}{-}(CH_2)_n{-}\overset{\displaystyle O}{\overset{\displaystyle \|}{C}}{-}O{-}R^2$$

式中 n 一般为 $2 \sim 11$，即由丁二酸至十三烷二酸。R^1 与 R^2 一般为 $C_4 \sim C_{11}$ 烷基或环烷基，R^1 与 R^2 可以相同也可以不同。常用长链二元酸与短链一元醇或用短链二元酸与长链一元醇进行酯化，使总碳原子数在 $18 \sim 26$ 之间，以保证增塑剂与树脂获得较好的相容性和低挥发性。

脂肪族二元酸酯的产量约为增塑剂总产量的 5%。我国生产的这一系列品种主要有癸二酸二丁酯（DBS）、己二酸二（2-乙基己基）酯（DOA）、己二酸二异癸酯（DIDA）和癸二酸二（2-乙基己基）酯（DOS），其中 DOS 占 90% 以上。DOS 的耐寒性最好，但价格比较昂贵，因而限制了它的用途。在己二酸酯中，DOA 分子量较小，挥发性大，耐水性也较差，而 DIDA 分子量与 DOS 相同，耐寒性与 DOA 相当，而挥发性少，耐水耐油也较好，所以用量正在日益增加。在美国己二酸酯广泛用于食品包装。

由于脂肪族二元酸价格较高，所以脂肪族二元酸酯的成本也较高。目前，从制取己二酸母液中所获得的尼龙酸作为增塑剂的原料受到人们注意。据称这种 C_4 以上的混合二元酸的酯类用作 PVC 增塑剂具有良好的低温性能，且来源丰富，成本低廉。癸二酸除了传统的蓖麻油裂解法生产外，还可以用电解己二酸的方法生产，国内还进行了用正癸烷发酵生产的试验。

（3）磷酸酯　磷酸酯的化学结构可用如下通式表示：

$$O{=}P\overset{\textstyle O{-}R^1}{\underset{\textstyle O{-}R^3}{-}O{-}R^2}$$

式中，R^1、R^2、R^3 为烷基、卤代烷基或芳基。磷酸酯与聚氯乙烯、纤维素、聚乙烯、聚苯乙烯等多种树脂和合成橡胶有良好的相容性。磷酸酯最大的特点是有良好的阻燃性和抗菌性。芳香族磷酸酯的低温性能很差；脂肪族磷酸酯的许多性能均和芳香族磷酸酯相似，但低温性能却有很大改善。另外，磷酸酯类增塑剂挥发性较低，多数磷酸酯都有耐菌性和耐候性。但其主要缺点是价格较贵，耐寒性较差，大多数磷酸酯类的毒性都较大，特别是 TCP，不能用于和食品相接触的场合。

（4）环氧化合物　作为增塑剂的环氧化物主要有环氧化油，环氧脂肪酸单酯和环氧四氢邻二甲酸酯三大类，在它们的分子中都含有环氧结构 $\overset{\displaystyle +CH-CH+}{\underset{\displaystyle O}{\diagdown\ \diagup}}$，主要用在 PVC 中以改善制品对光和热的稳定性。它不仅对 PVC 有增塑作用，而且可以使 PVC 链上的活泼氯原子稳定化，阻滞了 PVC 的连续分解，这种稳定化作用如果是将环氧化合物和金属盐稳定剂同时应用，将进一步产生协同效应而使之更为加强。环氧化油的原料是含不饱和双键的天然油，其中最重要的是大豆油，由于产量多，价廉制成的增塑性能好，因此环氧化大豆油占环氧增塑剂总量的 70%，其次是亚麻油、玉米油、棉籽油、菜籽油和花生油等。

在环氧增塑剂中，较突出的有环氧化-1,2-聚丁二烯。它因为分子含有多个环氧基及乙烯基，用离子反应或自由基反应能使这些官能团进行交联反应，因而所得到的制品具有优良的耐水性和耐药品性。此外因具有环氧基，故使树脂配合物也有良好的黏合性，能用于涂料、电气零件以及天花板材料中。用于 PVC 增塑糊中，不仅增塑糊的黏度贮存稳定性好，而且能帮助填充剂的分散，使高填充量成为可能。

（5）聚酯增塑剂　聚酯类增塑剂是属于聚合型的增塑剂，它是由二元酸和二元醇缩聚而制得，其结构为：

$$H(OR^1OOCR^2CO)_nOH$$

式中，R^1 与 R^2 分别代表二元醇（有 1,3-丙二醇，1,3-丁二醇或 1,4-丁二醇、乙二醇等）和二元酸（有己二酸、癸二酸、苯二甲酸等）的烃基。有时为了通过封闭基进行改性，使分子量稳定，则需加入少量一元醇或一元酸。聚酯增塑剂的最大特点是其耐久性突出，因而有永久型增塑剂之称。近些年来一直在稳步发展，年产量约占增塑剂总消耗量的 3%。其中大部分用于 PVC 制品上，少量用于橡胶制品，胶黏剂和涂料中。

目前的研究方向是尽力解决耐久性与加工性、低温性之间的矛盾，研制出具有较低黏度和较好低温性能的聚酯。

（6）含氯增塑剂　含氯化合物作为增塑剂最重要的是氯化石蜡，其次为含氯脂肪酸酯等。它们最大的优点是具有良好的电绝缘性和阻燃性；其缺点是与 PVC 相容性差，热稳定性也不好，因而一般作辅助增塑剂用。高含氯量（70%）的氯化石蜡可作阻燃剂用。氯化石蜡对光、热、氧的稳定性差，长时间在光和热的作用下易分解产生氯化氢，并伴有氧化、断链和交联反应发生。要提高稳定性，可以提高原料石蜡的含正构烷烃的纯度（百分比）；适当降低氧化反应温度；加入适量稳定剂以及对氯化石蜡进行分子改性（引入—OH、—SH、—NH$_2$、—CN 等极性基团）。此外，氯化石蜡耐低温，作为润滑剂的添加剂可以抗严寒，当含氯量在 50% 以下时尤为突出。

（7）其他类别的增塑剂　除上述的增塑剂种类以外，还有烷基磺酸苯酸类（力学性能好，耐皂化，迁移性低，电性能好，耐候等），多元醇酯类（耐寒）；柠檬酸酯（无毒）、丁烷三羧酸酯（耐热性和耐久性好）、氧化脂肪族二元酸酯（耐寒性、耐水性好）、环烷酸酯（耐热性好）等。

3. 增塑剂的选择应用

要想选择一个综合性能良好的增塑剂，要考虑的因素是很多的，必须在选用前全面了解增塑剂的性能和市场情况（包括商品质量、供求情况、价格）以及制品的性能要求等。为了满足制品的多种性能，有时还要采用两个或两个以上增塑剂按一定比例混合来形成综合性能。有时一种增塑剂虽然较好，但由于性能上的某种缺陷（如相容性差或塑化效率差）而只能作辅助增塑剂用。

当 PVC 塑料用于作为食品包装材料、冰箱密封垫、人造革制品时，就要选用无毒和耐久性好的聚酯、环氧大豆油、柠檬酸三丁酯等，但后者的价格较贵，影响了其使用价值。在选择增塑剂时，价格因素往往是关键性条件。因此价格和性能之间的综合评价就显得很重要。

对于增塑剂的最大使用对象 PVC 制品来说，DOP 由于其综合性能好，无特殊缺点，价格适中，生产技术成熟、产量大等特点成为 PVC 的主要增塑剂。一般情况下，对无特殊性能要求的增塑 PVC 制品都可采用 DOP 增塑剂，其用量主要根据对制品性能的要求来确定，此外，还要考虑加工性能问题。DOP 用量越大，则制品越柔软，PVC 软化点下降越多，则流动性越好，但过量添加会使增塑剂渗出。当 PVC 增塑中还要加入填料、颜料等其他成分时，这些组分对增塑剂的用量是有影响的。因为这些填料和颜料都具有不同的吸收增塑剂的性能，因而使增塑剂量有不同程度的增加，以获得同样柔软程度的制品。

应该指出，在选用某种增塑剂来部分或全部代替 DOP 时，一般应注意下述问题。

① 新选用的增塑剂在主要性能上要满足制品的要求，但在其他性能上最好不下降，否则就需要采取弥补措施。

② 新选用的增塑剂必须与 PVC 相溶性好，否则就不能取代 DOP，或只能部分取代。

③ 由于增塑效率不同，因而用新增塑剂去取代 DOP 的量必须经过计算。

④ 由于增塑剂选用的影响因素很多，因此配方经过调整以后，还需经各项性能的综合测试才能最后确定，不能光用数学计算来进行配方设计。

三、阻燃剂

1. 概述

阻燃剂是用以提高材料抗燃性，即阻止材料被引燃及抑制火焰传播的助剂。阻燃剂主要用于阻燃合成和天然高分子材料（包括塑料、橡胶、纤维、木材、纸张、涂料等）。含有阻燃剂的材料不能成为不燃材料。它们在大火中仍能猛烈燃烧，不过它们可防止小火发展成灾难性的大火，即只能减少火灾危险，但不能消除火灾危险。

阻燃剂的制备

为了使被阻燃材达到一定的阻燃要求，一般需加入相当量的阻燃剂，但这往往较大幅度地恶化材料的物理力学性能、电气性能和热稳定性，同时还会引起材料加工工艺方面的一些问题。因此，人们应当根据材料的使用环境及使用需求，对材料进行适当程度的阻燃，而不能不分实际情况，一味要求材料具有过高的阻燃级别。换言之，应在材料的阻燃性及其他使用性能间求得最佳的综合平衡，而不能以过多降低材料原有优异性能的代价，来满足阻燃性能过高的要求。

此外，在提高材料阻燃性的同时，应尽量减少材料热分解或燃烧时生成的有毒气体量及烟量，因为此两者往往是火灾中最先产生且最具危险性的有害因素。现有的很多阻燃体系，往往增加有毒气体和烟的生成量，所以阻燃技术的重要任务之一是抑烟、减毒，力求使被阻燃材料在这方面优于或相当于未阻燃材料。由于这个原因，目前的抑烟剂总是与阻燃剂相提并论的；也就是说，当代"阻燃"的含义也包括抑烟。

阻燃剂中最常用且最重要的是含磷、溴、氯、锑和铝等元素的化合物。阻燃剂分为添加型和反应型两大类。添加型阻燃剂主要包括无机化合物，如氧化锑、氢氧化铝、氢氧化镁、滑石粉等；有机卤素化合物，如十溴联苯醚、四溴双酚 A、氯化石蜡（含氯 70%）；有机磷化合物，如磷酸三（2,3-二氯丙基）酯、磷酸三（2,3-二溴丙基）酯等。

阻燃剂的作用机理是复杂的，但其作用总是以通过物理途径和化学途径来达到切断燃烧循环为目的。

2. 阻燃剂的分类及基本要求

按阻燃剂与被阻燃基材的关系，阻燃剂可分为添加型及反应型两大类。前者系在被阻燃基材（一般为高聚物）的加工过程中加入的，与基材及基材中的其他组分不发生化学反应，只是以物理方式分散于基材中而赋予基材以阻燃性，多用于热塑性高聚物。后者系在被阻燃基材制造过程中加入的，它们或者作为高聚物的单体，或者作为交联剂而参与化学反应，最后成为高聚物的结构单元而赋予高聚物以阻燃性，多用于热固性高聚物。显然，以添加型阻燃高聚物的工艺简单，能满足使用要求的阻燃剂品种很多，但需要解决阻燃剂的分散性、相容性、界面性等一系列问题；

而采用反应型阻燃剂所获得的阻燃性则具有相对的永久性，毒性较低，对被阻燃高聚物的性能影响也较小，但工艺复杂。

按阻燃元素种类，阻燃剂常分为卤系、有机磷系及卤-磷系、磷-氮系、锑系、铝-镁系、无机磷系、硼系、钼系等；前三类属于有机阻燃剂，后几类属于无机阻燃剂。目前在工业上用量最大的阻燃剂是卤化物、磷酸酯（包括含卤磷酸酯）、氧化锑、氢氧化铝及硼酸锌。近年来，出现了一类新的所谓膨胀型阻燃剂，它们是磷-氮化合物或复合物。

一个理想的阻燃剂最好能同时满足下述条件，但这实际上几乎是不可能的。所以选择实用的阻燃剂时大多是在满足基本要求的前提下，在其他要求间折中和求得最佳的平衡。

① 阻燃效率高，获得单位阻燃效能所需的用量少。

② 本身低毒或基本无毒，燃烧时生成的有毒和腐蚀性气体量及烟量尽可能少。

③ 与被阻燃基材的相容性好，不易迁移和渗出。

④ 具有足够高的热稳定性，在被阻燃基材加工温度下不分解，但分解温度也不宜过高，以在 $250 \sim 400℃$ 间为宜。

⑤ 阻燃基材的加工性能和最后产品的物理力学性能及电气性能不恶化。可以认为，现有的阻燃剂和阻燃工艺无一不或多或少地对被阻燃高聚物的某一性能或某几种性能会产生不利的影响，而且阻燃剂用量越多影响越大，所以性能优良的阻燃剂和合理的阻燃剂配方将能在材料阻燃性与实用性间求得和谐的统一。

⑥ 具有可接受的紫外线稳定性和光稳定性。

⑦ 原料来源充足，制造工艺简便，价格低廉。因为阻燃剂的用量一般比较大，所以它的价格也是一个不可忽视的考虑因素。一个性能较优而价格偏贵的阻燃剂在与一个性能尚能满足使用要求但不甚理想而价格低廉的阻燃剂竞争时，前者往往败北。

3. 阻燃剂的主要产品

阻燃剂有磷系阻燃剂、卤素阻燃剂和无机阻燃剂。下面只叙述主要品种的性能与生产技术。

（1）磷系阻燃剂　磷系阻燃剂可分为有机磷系阻燃剂和无机磷化物两大类。无机磷化物将放在无机阻燃剂中介绍。

① 磷酸酯类　此类阻燃剂可以由氧氯化磷和酚类或醇类反应制取，其反应式为：

$$POCl_3 + 3ROH \longrightarrow O=P \begin{matrix} OR \\ OR \\ OR \end{matrix} + 3HCl$$

式中的 R 可以是相同或不相同的芳基或烷基。如：磷酸二苯异辛酯，磷酸三丁酯等。磷酸二苯异辛酯几乎能与工业用的所有树脂相容，与 PVC 的相容性更优；挥发性低、耐候性和耐寒性好；这是唯一允许用于食品包装材料的磷酸酯。

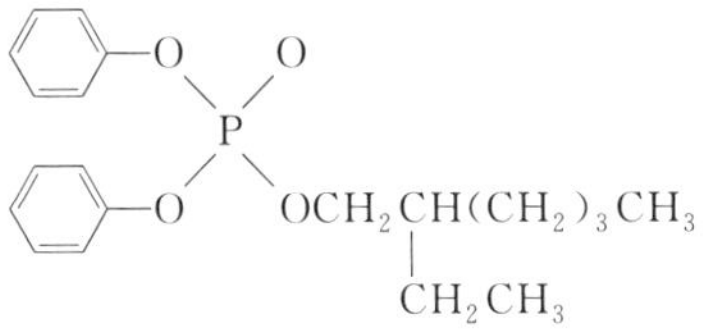

磷酸二苯异辛酯（ODP） 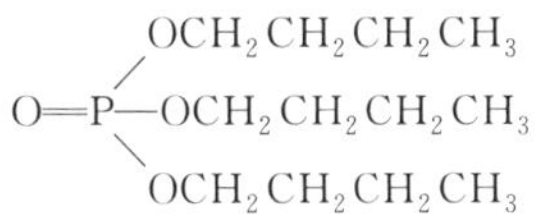　　　　　　　　　　磷酸三丁酯（TEP）

② 含卤磷酸酯类　含卤磷酸酯分子中含有卤素和磷，由于卤和磷具有协同作用，所以阻燃效果好，是一类优良的添加型阻燃剂。主要品种有磷酸三（2,3-二氯丙基）酯、三（2,4,6-三溴苯酚）磷酸酯、Antiblaze 19 以及用于聚氨酯阻燃的多元醇。

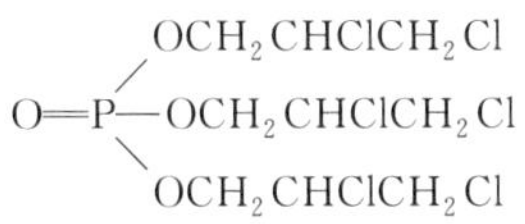

磷酸三(2,3-二氯丙基)酯 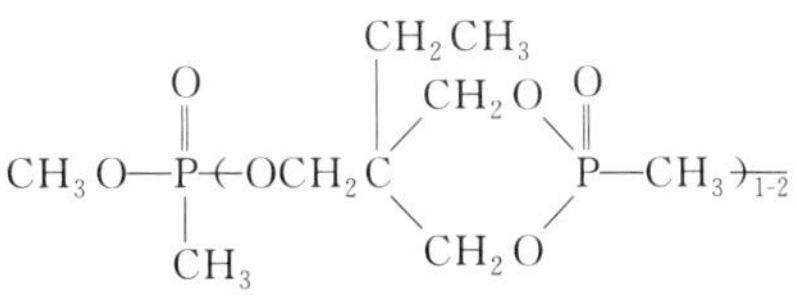　　　　　　　　　　Antiblaze 19

$$\left(Br_3C_6H_2O\right)_3P{=}O$$

$$CH_2CHClCH_2O-\underset{\underset{O}{\parallel}}{P}-[OCH_2\overset{\overset{OH}{|}}{CH}CH_2O(CH_2\overset{\overset{OH}{|}}{CH}O)_nH]_2$$

三(2,4,6-三溴苯酚)磷酸酯   含磷阻燃聚醚多元醇

磷酸三(2,3-二氯丙基)酯为应用广泛的添加阻燃剂,挥发性小,耐油性和耐水性好,阻燃效能高。适用于软质和硬质聚氨酯泡沫塑料、聚氯乙烯、环氧树脂、不饱和聚酯、酚醛树脂等塑料。在 PVC 中添加本品 10%;在聚氨酯泡沫塑料中添加本品 5% 即可自熄,添加 10% 可达到离火自熄或不燃。三(2,4,6-三溴苯酚)磷酸酯阻燃效果好,还具有抗静电、增塑和防老化作用,并有良好的稳定性和抗冲击性能。主要用于各种聚酯和工程塑料的阻燃。Antiblaze 19 是涤纶的耐久性阻燃整理剂,适用于 100% 涤纶织物,阻燃效果较好,毒性好。由美国 Mobil 化学公司开发。也可用于棉、人造丝、合成纤维的阻燃,添加 1% 就能产生很好的阻燃效果只是成本较高。

(2)卤素阻燃剂　卤素阻燃剂是阻燃剂中的一个重要系列,特别是溴化物在阻燃剂中占有特别重要的位置。

氯化聚乙烯有两类产品,一类含氯 35%~40%,另一类含氯 68%,无毒。由于本身是聚合材料,故作为阻燃剂使用不会降低塑料的物理力学性能,其耐久性良好。本品可作聚烯烃、ABS 树脂等的阻燃剂。据日本专利介绍,氯化聚乙烯的制法是将粉末状的中压聚乙烯及乳化剂和水在加压下于 120℃ 氯化而制得。

(3)无机阻燃剂　无机阻燃剂的阻燃机理主要是通过吸收热量和稀释氧气或可燃气体两种途径达到阻燃效果。它们大多为元素周期表第 V、Ⅶ 和 Ⅲ 族元素的化合物,即氮、磷、锑、铋、氯、溴、硼、铝等的化合物,硅和钼也有阻燃作用。在无机阻燃剂中占主导地位的是三氧化二锑和氢氧化铝。

三氧化二锑已成为发展工程塑料和其他树脂的重要品种。三氧化二锑用作阻燃剂时,将其添加到树脂中去,对固体粒度要求很高。一般均在 $0.5\mu m$ 以下,对特殊需要的品种,已出现有 $0.02\mu m$ 超微粒子新品种。氢氧化铝主要用于聚酯、环氧树脂等热固性树脂以及聚氯乙烯、聚乙烯、聚苯乙烯和乙烯-乙酸乙酯共聚物等热塑性树脂的阻燃。其特点是燃烧时不产生有害气体。现在也有用金属氧化物(如 ZnS、ZnO、Fe_2O_3、硫脲乙酸锌、SnO_2)与卤系阻燃剂共用代替三氧化二锑,以产生协同效应。

由于无机阻燃剂稳定性较高,不易挥发,低毒,消烟作用突出,随着超细化和表面处理技术的进一步发展,无机阻燃剂的复配将成为阻燃领域的研究重点。

4. 阻燃剂的应用和发展

随着工程塑料、化学建材用量的增加,对阻燃剂需求量也大增,阻燃剂研究的新动向大致如下。

(1)多种阻燃剂的协同　阻燃体系前景看好,有磷系和卤系的复配,溴系和磷系复配除保持自身阻燃特性外,在燃烧过程中会产生溴磷化合物及其水合物,这些气相物质具有更大阻燃效果;卤系和无机阻燃剂的复配,此复配体系集中了卤系阻燃剂的高效和无机阻燃剂的抑烟、无毒、价廉等功能,典型例子是锑氧化物和卤化物的复配,不但具有协同效应,提高材料的阻燃性能,并减少了卤系阻燃剂用量,无机阻燃剂间复配,如 ATH 与氢氧化镁或硼酸锌复配。用硼酸锌和磷酸锌增效的氯化物有机阻燃剂,密度低,不结垢,紫外稳定性好,可添加于 PS 中。

(2)消烟、无粉尘、低毒或无毒、非卤系阻燃剂　如生态学阻燃剂的研究;PVC 用金属氧化物、金属水合物产生低烟化效果;水合金属化合物减量助剂研究;无卤素、低发烟的硅酮系阻燃剂的研究,如硅酮聚合物、发烟二氧化硅、有机铅化合物对聚烯烃的阻燃化,硅酮聚合物粉末的阻燃化,硅酮胶粉与碳酸钾对聚合物的阻燃化等。

(3)多功能化、防止二次污染的新型阻燃剂　除了具备阻燃性能外,还兼具有良好的流动

性、加工性、力学强度、耐热性、耐老化性、着色性、稳定性和不结垢、不喷霜等特点。同时要保护好环境，防止二次污染。

四、抗氧化剂

高分子材料在保存和使用过程中，由于光、氧、热等因素的作用，造成聚合物的自动氧化反应和热分解反应，从而引起聚合物的降解。由于自动氧化反应可以在较低的温度下发生，因而氧化降解比纯热降解更为重要。

为了延长高分子材料的寿命，抑制或者延缓聚合物的氧化降解，通常使用抗氧化剂。所谓抗氧化剂是指那些能减缓高分子材料自动氧化反应速度的物质（橡胶行业中，抗氧化剂也称为防老剂）。抗氧化剂除了用于塑料、橡胶外，还广泛用于石油、油脂及食品工业。

抗氧化剂品种繁多，按照其功能不同可分为链终止型抗氧化剂（或称自由基抑制剂）和预防型抗氧化剂（包括过氧化物分解剂、金属离子钝化剂等），前者称为主抗氧化剂，后者称为辅助抗氧化剂。抗氧化剂按照化学结构不同，可分为胺类、酚类、含硫化合物、含磷化合物等类。其中，胺类抗氧化剂主要用于橡胶工业，其中对苯二胺类和酮胺类产量最大。酚类抗氧化剂主要是受阻酚类，发展最景气，其增加速度超过胺类抗氧化剂，主要用于塑料和浅色橡胶。胺类抗氧化剂和酚类抗氧化剂属于主抗氧化剂。而硫代酯类和亚磷酸酯类抗氧化剂属于辅助抗氧化剂、如与酚类抗氧化剂并用，能产生协同作用，主要用于聚烯烃。

高分子聚合物使用的抗氧化剂应满足如下要求：有优越的抗氧化性能；与聚合物相容性好；不影响聚合物的其他性能、不与其他化学助剂发生反应；不变色，不污染或污染小，无毒或低毒。

1. 抗氧化剂的主要品种

胺类抗氧化剂可分为醛胺类、酮胺类、二芳基仲胺类、对苯二胺类、二苯胺类、脂肪胺类等。胺类抗氧化剂对氧、臭氧的防护作用很好，对热、光、铜害等的防护也很好。因此，广泛应用于橡胶工业中。但因其污染性，故在塑料工业中仅用于电缆护层、机械零件等方面。

醛胺类防老剂是防老剂中最老的品种；酮胺类是一类极重要的橡胶防老剂，对热、氧和疲劳老化有显著的防护效果；二芳基仲胺类中防老剂苯基萘胺有很好的抗热、抗氧、抗挠曲老化的性能，只是毒性严重，故国外的产量下降；二苯胺类防老剂的性能不够全面，因而应用不广。对苯二胺类的防护作用很广，对热、氧、臭氧、机械疲劳、有害金属均有很好的防护作用。例如，目前橡胶工业常用的防老剂如：

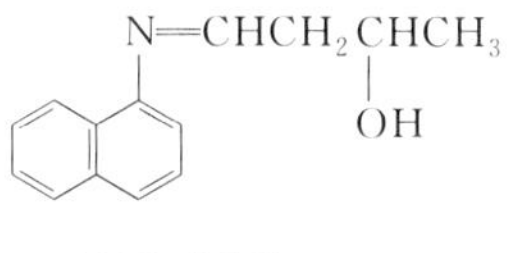

丁间醇醛萘胺

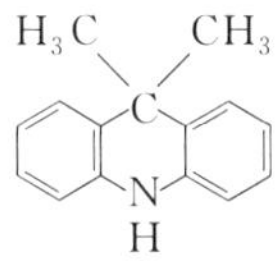

防老剂 BLT

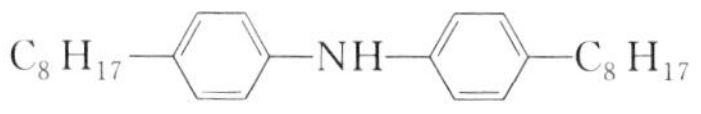

防老剂 OD

防老剂 H

酚类抗氧化剂具有不变色、不污染之特点，因而大量用于塑料工业。大多数酚类抗氧化剂带有受阻酚结构。受阻酚类抗氧化剂包括烷基单酚、烷基多酚（亚烷基双酚）、硫代双酚等。酚类抗氧化剂还包括多元酚、氨基酚衍生物。其中，烷基单酚不变色、不污染，但挥发和抽出损失较大；烷基单酚没有抗臭氧效能，烷基单酚中的烷基主要是叔烷基和仲烷基，也可以是芳基。烷基多酚类是抗氧化剂最好的一类，其挥发和抽出损失较小，热稳定性好。硫代双酚类抗氧化剂有不变色、不污染的优点，且抗氧化效率较高，与紫外线吸收剂、炭黑有良好的协同作用，故广泛地用于橡胶、乳胶及塑料工业。多元酚衍生物的防老化性能与烷基单酚相似，但有轻微的污染及喷霜，它多用于浅色乳胶制品中。其代表产品有：

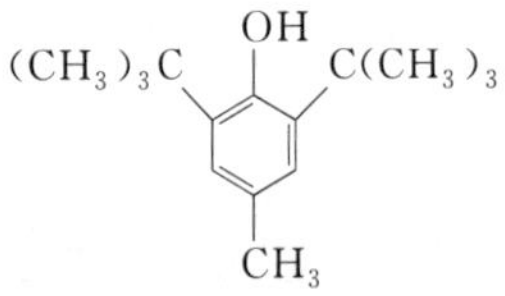

抗氧化剂264

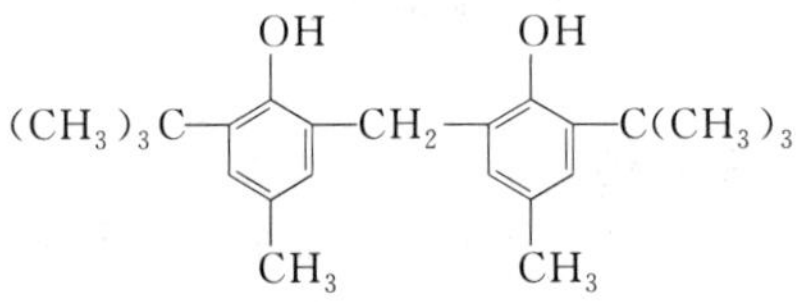

抗氧化剂2246

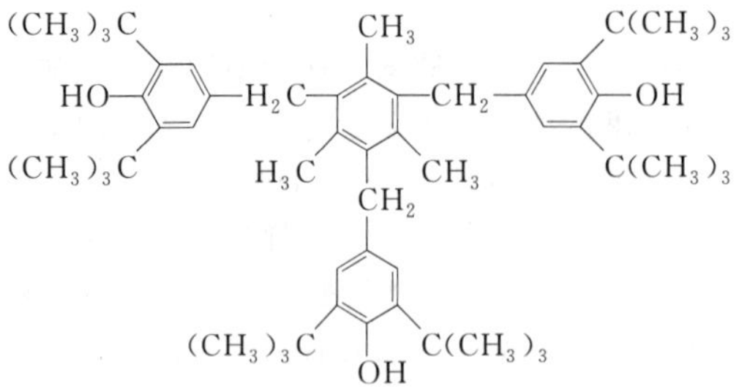

抗氧化剂330

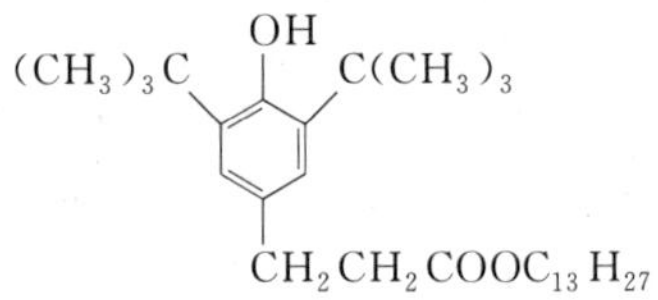

抗氧化剂1076

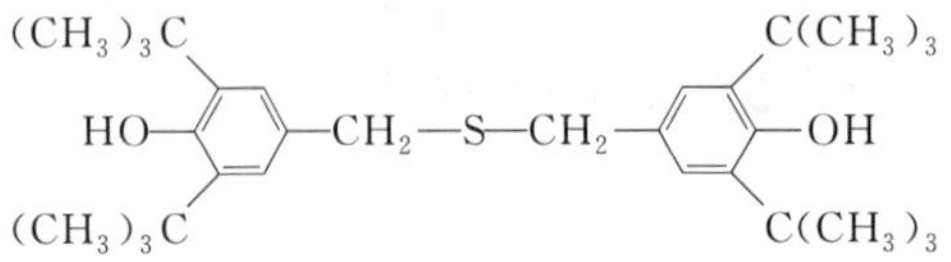

抗氧化剂亚甲基-4426-3

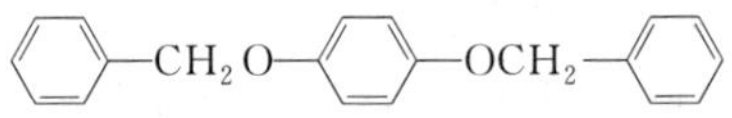

防老剂DBH

硫代酯及亚磷酸酯是高聚物氢过氧化物分解剂，使其生成稳定的非活性产物，终止链反应，又称辅助抗氧化剂。它们能分解大分子氢过氧化物，产生稳定结构，从而阻止氧化作用。

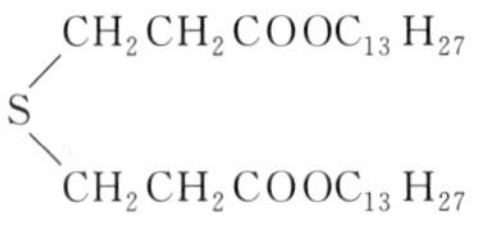

抗氧化剂DSTP

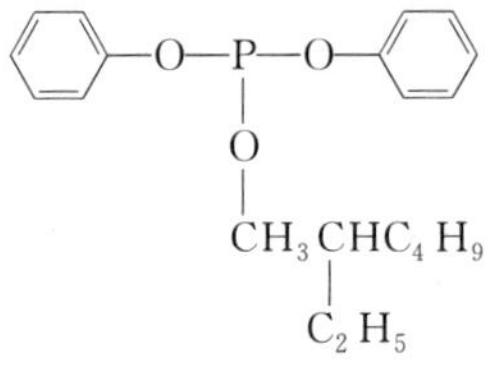

抗氧化剂ODP

2. 抗氧化剂的选择应用

抗氧化剂及其用量，与聚合物的类型、加工条件应用条件，以及抗氧化剂本身的性能（如抗氧化效率、挥发性、相容性、毒性等）有关。随着塑料及其他高分子材料的增长，抗氧化剂亦相应增长。

（1）抗氧化剂的性质

① 污染性（变色性）　选择抗氧化剂首先应考虑它的污染性和变色性能否满足要求。作为一种抗氧化剂应该是无色的，应用于塑料制品中长期使用后可能出现的包污现象应该极少。抗氧化剂的污染性与抗氧化剂的化学性质、流动性和迁移性有关。胺类抗氧化剂由于有较强的变色性及污染性，故不宜用于浅色塑料制品。而酚类为不污染性抗氧化剂（无色或浅色），故可用于无色或浅色的塑料制品。如果制品中添加了炭黑，则可选用效率极高、污染性也大的胺类抗氧化剂。当然，导致变色污染的原因较为复杂，应事先研究清楚。对于许多类型的变色均可通过添加某种亚磷酸酯或硫醚的办法予以克服。

② 挥发性　挥发性与物质的分子结构和分子量有密切关系，分子量较大的抗氧化剂，其挥发性较低。挥发性还和温度、暴露表面的大小、空气流动情况有关。如果其他条件相同，分子量较大的抗氧化剂，挥发性较低。受阻酚和某些胺的衍生物有较大的挥发性，而受阻多元酚在较高温度下的挥发性较低。

③ 溶解性与迁移性　抗氧化剂的溶解性：要求其在聚合物中的溶解度高，在其他介质中的溶解度低，相容性取决于抗氧化剂的化学结构、聚合物种类、温度等因素。相容性是抗氧化剂的重要性质之一。所谓相容性小，是指在没有喷霜的情况下，只有少量的抗氧化剂被溶解。某些高

聚物如低密度聚乙烯和聚氨酯，经常出现喷霜现象。添加剂在高聚物中如果呈过饱和溶液且能以较高的扩散速率向表面进行迁移，就可能出现喷霜现象。聚丙烯、高密度聚乙烯和低密度聚乙烯对喷霜的敏感度的比例关系，大致是 1∶10∶100。

抗氧化剂在水中或其他溶剂中的溶解度如何，十分重要。例如，橡胶制品因长期存放于水中，其中的防老剂 4010NA 将被萃取出来，降低了其抗氧化效率。抗氧化剂的迁移速度取决于抗氧化剂的分子量和溶解度。

④ 稳定性　抗氧化剂对光、热、氧、水的稳定性非常重要。胺类抗氧化剂在光和氧的作用下变色。受阻酚不能在酸性物质存在下加热，否则将发生脱烃反应，造成抗氧化效率下降。亚磷酸酯类抗氧化剂的水解稳定性较差，高分子里亚磷酸酯发生水解的速度较小。为解决亚磷酸酯应用中可能出现的水解，可采取如下措施：尽量采用高纯度的芳香族亚磷酸酯抗氧化剂，因为芳香族亚磷酸酯的水解稳定性优于脂肪族亚磷酸酯；掺入少量碱以改善其贮存稳定性；渗入一定量的防水蜡或其他适当的憎水化合物。

实际采用的各种抗氧化剂在 300～320℃温度下，都具有短时间的热稳定性。

⑤ 其他　抗氧化剂的物理状态也是应该考虑的因素之一。应该优先选用液态的、易乳化的抗氧化剂。如果以液体形式添加抗氧化剂，可用辅助抗氧化剂（如亚磷酸酯或硫醚）作其溶剂。对于 ABS 乳液聚合工艺，抗氧化剂最好配制成乳剂添加。如果在聚合物合成阶段添加抗氧化剂，也可以溶解于单体或聚合溶剂的形式进行添加。抗氧化剂的毒性也是一个重要因素，特别对于与食品等接触的塑料制品，必须选择符合卫生标准的抗氧化剂品种。

（2）影响选择抗氧化剂的因素

① 聚合物结构的影响　不同结构的聚合物具有不同的抗氧化能力，在选择抗氧化剂时应考虑这种差异。线型结构的聚合物比支链结构的聚合物有较大的抗氧化能力。分子量分布越广的聚合物越易氧化。

② 热影响　热的影响极其重要。温度每上升 10℃，氧化速度大约提高 1 倍。100℃时的氧化速度将是室温（20℃）时的 256 倍。故经常在较高温度下工作的塑料制品，必须选择高温性能良好的抗氧化剂品种。二氢喹啉及吖啶类在高温下有良好的抗氧化能力，而受阻酚抗氧化剂的耐高温性能较差。

③ 疲劳影响　考虑到疲劳影响。以及产生的热造成的加速氧化作用．必须选用耐热性好的抗氧化剂。

④ 金属离子的影响　微量存在的变价金属离子如铜、锰、铁会加速聚合物的氧化。应采用金属离子钝化剂进行抑制。

⑤ 臭氧的影响　大气中的臭氧与塑料分子间的双键反应很快。可以采用石蜡及微晶蜡的物理防护法及添加抗臭氧剂的化学防护法进行防护。

（3）抗氧化剂的配合　链终止型抗氧化剂如胺类或酚类与过氧化物分解剂（如亚磷酸酯）配合使用可提高聚合物抗热氧老化的性能，产生协同效应。协同效应是指两种或两种以上的抗氧化剂配合使用时，其总效应大于单独使用时各个效应的总和。具有相同机理但活性不同的两个化合物之间的协同效应称为均协同效应。具有两个或几个不同机理的抗氧化剂之间的协同效应称为不均匀协同效应。前者如邻位上不同取代基的两个受阻酚之间的协同效应、两个不同结构的胺类之间的协同效应，以及仲芳胺类与受阻酚类之间的协同效应。后者如 2,6-二叔丁苯-4-甲酚与硫代二丙酸二月桂酯之间的协同效应，以及 2-硫醇基苯并咪唑与胺或酚类的协同效应。

有时几个抗氧化剂配合使用时，也会产生一种有害的效应，称为抗氧化剂的对抗作用。如仲芳胺、受阻酚与炭黑在聚乙烯或弹性体中并用胺或酚的抗氧化能力将下降。

由上述可见，选择抗氧化剂时也应考虑协同效应和对抗效应。

（4）抗氧化剂的使用量　塑料制品中抗氧化剂的用量取决于聚合物的种类、交联体系、抗氧化剂的效率、协同效应，以及制品的使用条件和成本等因素。大多数抗氧化剂都有一个最适宜的浓度和相应的最适宜用量。超过适宜浓度则有不利影响。此外，还要考虑许多次要过程的影响，如抗氧化剂的挥发、油出、氧化损失等。在这些情况下，应该增加抗氧化剂的用量以保证最适宜的浓度。例如挥发性大的抗氧化剂和高温等环境条件下，应加大抗氧化剂的用量。不饱和度大的聚合物亦需要较多的抗氧化剂。

五、热稳定剂

热稳定剂是合成材料加工时所必不可少的一类助剂。它能防止高分子材料在加工过程中由于热和机械剪切所引起的降解，还能使制品在长期的使用过程中防止热、光和氧的破坏作用。热稳定剂必须根据加工工艺的需要和最终产品的性能要求来选用。热稳定剂是随着塑料的发展而发展的。

热稳定剂要求具有耐热性、耐候性和易加工性等基本性能，此外还应考虑它的透明性、机械强度、电绝缘性、耐硫化性、毒性，以及热稳定剂与其他助剂的相互作用等性能。

结构（链端双键、分子量和分子量分布）、氧、残存单体和引发剂、共聚、接枝和共混、添加剂和其他共混材料、溶剂，这些因素都会对高分子材料的稳定性有影响。下面介绍主要的热稳定剂。

铅类热稳定剂是热稳定剂的主要类别。我国铅类热稳定剂占各类热稳定剂总量的 65%。两价的铅具有形成配合物的能力。氧化铅与氯化氢的结合能力很强，而且形成的氯化铅对 PVC 的稳定性无有害作用，因而添加辅助稳定剂并不能使稳定效率有多大提高。铅类热稳定剂的主要特点是：热稳定性优良；电绝缘性好；有润滑性；价格低廉。它主要用于 PVC 管材、板材等硬质不透明制品及电缆护套，其主要特点是有毒性和耐候性差。有毒性表现在加工毒性和使用毒性这两方面。可以将铅类热稳定剂制成润湿性粉末、膏状物或粒状物而消除加工毒性。应避免将铅类热稳定剂用于水管制造，以免由于铅从塑料中析出而产生毒性。耐候性差的缺点现在尚无有效对策。总的来说，亚磷酸盐的耐候性优于亚硫酸盐的耐候性，更优于硫酸盐的耐候性。二碱式亚磷酸铅的耐候性最好。最常用的铅类热稳定剂是三碱式硫酸铅和二碱式硬脂酸铅，其次是二碱式亚磷酸铅、水杨酸铅、硅酸铅/硅酸共沉淀物、碱式碳酸铅等。

金属皂类热稳定剂是高级脂肪酸金属盐的总称，其品种极多。金属基一般是 Ca、Ba、Cd、Zn、Mg，脂肪酸基有硬脂酸、$C_8 \sim C_{16}$ 饱和脂肪酸、油酸等不饱和脂肪酸、蓖麻油等置换脂肪酸，此外还有非脂肪酸的烷基酚等。Cd、Zn 皂的主要功能是捕捉 HCl 和置换丙基氯，但在置换烯丙基氯的同时还生成金属氯化物。它是路易斯酸，对聚氯乙烯脱氯化氢有催化作用，能加速其劣化，特别是 $ZnCl_2$，会产生所谓的"锌烧"。Ba、Ca 及 Mg 皂能捕捉 HCl，但不能置换烯丙基氯，因此单独使用时缺乏多烯链生长的能力，不能抑制着色。但它们所生成的氯化物不会促进 HCl 的脱除。这两大类金属皂的稳定性各不相同，将它们组合使用有协同效应。将金属皂与许多有机稳定助剂并用也有协同效应。Cd/Ba 系稳定剂具有优良的稳定性，但因有毒性，故已渐渐被其他稳定剂所取代。低毒性的稳定性的稳定剂组合以 Ba/Zn 和 Ca/Zn 为基础，但存在着"锌烧"的缺点，故可在体系中加入亚磷酸酯、环氧化合物、多元醇（最好是加入硫代二丙酰乙醇胺、次氮基三醋酸三烷基酰胺脂）等作为高锌配合物中的添加剂。β-二酮化合物则可以作为低锌配合的着色改良剂。无毒的配合物是以 Ca/Zn 组合为基础，并利用环氧化大豆油、4,4-异亚丙基二苯基亚磷酸四烷基（$C_{12} \sim C_{15}$）酯、亚磷酸三壬基苯酯、硬脂酰苯甲酰甲烷、多元醇等作为有机稳定助剂。

有机锡类热稳定剂有含硫有机锡和有机锡羧酸盐。含硫有机锡稳定剂主要是硫醇有机锡和有机锡硫化物，是目前最有效和最通用的热稳定剂。硫醇单烷基锡和二烷基锡常常并用，以改进 PVC 的初期着色和长期稳定性。它可以用于所有均聚物的稳定，具有完全的结晶般的透明性，而且所有有机锡稳定剂都可通过适当的配方做到这一点。含硫的锡稳定剂没有足够的自润滑作用，要使透明性好，加工温度就要高。如果不加入适当的润滑剂，可能会使热熔体黏附在加工设备上。硫醇锡若与镉或铅稳定剂合用，会产生硫污染，生成镉或铅的硫化物。有机锡稳定剂在硬质 PVC 中极少迁移，而且毒性低，因此有些品种已被批准用于食品包装和饮用水管上，如双（巯基乙酸异辛酯）二正辛基锡。有机锡羧酸盐主要有脂肪酸锡盐和马来酸锡盐。与硫锡稳定剂相比，羧酸锡能赋予制品优良的光稳定性，如果配方合适，可以获得高透明性。通过加入抗氧化剂，可以提高无硫锡稳定剂的效率。低挥发性的受阻酚最适用，已被指定用于露天使用的软、硬PVC制品中。

有一些含氮化合物、含硫化合物、含磷化合物可以作为主稳定剂使用，可以改善聚合物复配物在熔融加工过程中的色稳定性，其黑化时间延长，可以减少加工中气泡的形成，可以降低高温下熔体指数的改变。辅助热稳定剂本身不具热稳定作用，但能改进热稳定剂体系的效能，如磷酸酯（亚磷酸酯）、环氧化合物（环氧增塑剂）、多元醇和酚类抗氧化剂。有机亚磷酸酯是重要的辅助稳定剂，尤其是与钡-镉、钡-锌和钙-锌体系并用时效果更佳。它能螯合金属离子，防止金属氯化物的催化降解，从而提高制品的耐热性、着色性、透明性、压析结垢性及耐候性。以环氧化合物为基础的最普通的辅助稳定剂有环氧大豆油、油酸和妥尔油脂肪酸的环氧酯，偶尔使用环氧化的蓖麻子油、亚麻子油、葵花籽油和环氧树脂。

近年来热稳定剂的发展很快，从总体看有以下趋势。

1. 提高稳定化效能

提高稳定化效能不仅能延长制品使用寿命，而且可改善高温加工性，减少稳定剂的添加量。特别是在一些无毒稳定剂的开发中，将发展新型的有机辅助稳定剂。同时，要提高复配技术，创优质产品，开发耐候性助剂和光稳定剂的复配技术。开发无金属稳定剂，减少金属皂，特别是锌皂的使用量。

2. 降低成本

提高稳定化效能，无疑可以降低成本，但人们还在继续努力，将生产集中化、自动化、开发一级多能的优良稳定剂新品种，以降低成本。另外，应充分利用廉价原料。但它的缺点是耐候性差，这需要克服。目前锑产品的销售量正在增加。稀土热稳定剂是当今世界稳定剂系列中的一枝新秀，且无污染、无毒性，具有良好的光、热稳定性。我国稀土资源十分丰富，应加强这方面的研究。最近研究开发的复合稀土系PVC热稳定剂，其效果比单一组分好得多，并具有广阔的应用前景。

3. 提高安全性

热稳定剂的安全性问题已越来越受到人们的重视。热稳定剂的安全性应从三方面考虑，一是使用原材料加工者的安全，二是成品使用者的安全，三是废弃物对环境的安全。关于加工者的安全防护，可通过稳定剂的液状化、膏状化、颗粒化等措施加以解决。对于使用者的安全防护，可将稳定剂高分子量或制备反应性稳定剂来提高其耐抽出性，但考虑到稳定化作用是分子级的化学反应，最好的方法还是选用高安全性的稳定剂。在选择稳定剂时，还必须考虑稳定化过程中树脂与稳定剂，或稳定剂相互间发生反应所生成的化学物质的安全性。从各类稳定剂的安全性看，镉类稳定剂在不久的将来预计会停止使用。铅类稳定剂因其抽出性极小，故使用时的安全性不成问题，但存在危害环境的安全性问题。因而各国铅类稳定剂的市场正在缩小。

六、发泡剂

发泡剂是具有微孔结构的泡沫塑料，它具有固体和气体的典型特性，有质轻、隔声、隔热、良好的电性能和优良的机械阻尼特性，用途十分广泛。发泡剂是一类能使在一定黏度范围内的液态或塑性状态结构的塑料、橡胶形成微孔结构的物质，它们可以是固体、液体或气体。根据气孔产生的方式不同，发泡剂可以分为物理发泡剂和化学发泡剂两大类。

物理发泡剂是依靠发泡过程中其本身物理状态的变化来达到发泡目的物质。它包括压缩气体（如氮气、二氧化碳等）、挥发性液体以及可溶性固体等。其中挥发性液体，特别是常压下沸点低于110℃的枝芳烃和卤代脂肪烃最为重要。低沸点的醇、醚、酮和芳香烃也可以作为发泡剂。目前，氟代烃类（即氟利昂类）因对大气臭氧层有破坏作用，故正逐渐被淘汰。常用的发泡树脂，有聚苯乙烯、聚氨酯、聚乙烯、聚氯乙烯等。就挥发性的液体发泡剂而言，理想的物理发泡剂应满足无味、无毒、无腐蚀、不燃、不破坏聚合物的物理及化学性质、有热稳定性和化学惰性、常温下蒸气压低、具有较快的蒸发速率、分子量小、密度大、气态下通过聚合物的扩散速率必须比空气低而且价廉易得的要求。

化学发泡剂产生发泡气体有两种方法。一种是发泡的气体从聚合物的基体中发生；另一种方法是采用化学发泡剂产生发泡的气体。化学发泡剂是一类无机或有机的热敏性化合物，在一定温度下热分解而产生一种或几种气体，从而使聚合物发泡。发泡剂必须使用简便，易于发泡。理想的发泡剂应具备如下条件：分解产气温度范围窄，且可以调节；释放气体的时间短，速度可调；放出的气体无腐蚀（最好是 N_2）；发气量大而稳定；易分散于聚合物体系中，最好是可以溶解于其中；贮存性好；无毒无公害；不污染树脂，无残存臭味；分解时放热少；对硫化和交联无影响；压强不影响分解速度；分解残渣不影响聚合物材料的物理和化学性能；粒径小而均匀，易分散；分解残渣与聚合物材料相溶。其中分解温度和发气量是化学发泡剂的两个重要特性。发泡剂的分解温度不仅决定一种发泡剂在各种聚合物中的应用范围，而且还限定了发泡和加工时的条件。化学发泡剂包括无机发泡剂和有机发泡剂两大类。无机发泡剂主要包括碳酸铵、碳酸氢铵和碳酸氢钠等；有机发泡剂主要包括亚硝基化合物（如二亚硝基五亚甲基四胺）、偶氮化合物（如偶氮二甲酰胺、偶氮异丁氰、偶氮二碳酸二异丙酯）和磺酰肼类（如对甲苯磺酰肼、二磺酰肼二苯醚）等。亚硝基化合物主要用于橡胶方面，偶氮化合物和磺酰肼类则主要用于塑料方面。

凡与发泡剂并用，能改变发泡剂的分解温度和分解速度的物质，称为发泡助剂，也可称作发泡促进剂或发泡抑制剂。能改进发泡工艺、稳定泡沫结构和提高发泡体质量的物质，也可称为发泡助剂或辅助发泡剂。常见的发泡助剂有尿素、尿素硬脂酸复合物（包括 N 型、A 型、M 型发泡助剂）、有机酸、金属氧化物和金属的脂肪酸盐、水溶性硅油（发泡灵）等。

发泡剂已经开发出了许多不同类型的品种，但近期的研究开发主要集中在几类主要品种的成本降低和性能改善等方面。偶氮二甲酰胺的用量不断增加，已取代 DPT 而居发泡剂的主要地位。今后期望开发出适用于各种聚合物，能在较宽的温度范围内自由分解，只释放氮气，分散性好，且能制造微孔泡沫制品的发泡剂。

七、抗静电剂

抗静电剂是添加在树脂中或涂覆在塑料制品表面，以防止塑料静电危害的一类化学助剂。抗静电剂的作用是将体积电阻高的高分子材料表面层的电阻率降低到 $10^{10}\Omega \cdot cm$ 以下，从而减轻塑料在加工和使用过程中的静电积累。

一般高分子材料的体积电阻都非常高，在 $10^{10} \sim 10^{20}\Omega \cdot cm$ 的范围，这作为电气绝缘材料是非常好的。但在其他场合，其表面一经摩擦就容易产生静电，从而产生静电积累。静电可使空气中的尘埃吸附于制品上，降低了其商品价值。在塑料进行印刷和热合等二次加工时，静电常会造成不良的加工结果。静电还能使油墨或染料的附着不均，造成印刷和涂装质量不佳。静电还会导致放电现象，而放电作用常会引起电击、着火、粉体爆炸等事故。静电将尘埃吸附于唱片上会引起杂音，损害音响效果，这是日常生活中常遇到的现象。电子计算机迅速普及，由于静电作用而导致运转失调的问题也时有发生。据报道，美国的塑料电子部件于贮存过程中受静电破坏的部分，其废品率高达 50%，损失达 50 亿美元。我国石化企业中也发生过较大的静电事故，有些损失达百万元以上。

为防止塑料的静电危害，一方面要求减轻或防止摩擦，以减少静电荷的产生；另一方面应让已经产生的静电荷尽快泄漏，以避免静电的大量积累。塑料抗静电的方法，包括通过电路直接传导、提高环境的相对湿度和采用抗静电剂。

抗静电剂主要是表面活性剂，其分子结构中同时含有亲水性和亲油性两种基团，通过调整亲水基和亲油基的比例就可随意制造油溶性或水溶性的抗静电剂。根据亲水基电离时带电性的不同，可分为阴离子型、阳离子型、非离子型和两性抗静电剂。按使用方法不同，则可分为外部抗静电剂和内部抗静电剂。外部抗静电剂在使用时通常配成 0.5% ～ 2.0% 的溶液，然后用涂布、喷雾、浸渍等方法使其附着在塑料表面。一个理想的外部抗静电剂应具备的基本条件是：有可溶或可能分散的溶剂；与树脂表面结合牢固，不逸散，耐摩擦、耐洗涤；抗静电效果好，在低温、低湿的环境中也有效；不引起有色制品颜色的变化；手感好，不刺激皮肤，毒性低；价廉。内部抗静电剂是在树脂加工过程中，或在单体聚合过程中添加到树脂组分中去的，所以又称混炼型抗静电剂。一个理想的内部抗静电剂应满足以下基本要求：耐热性良好，能经受树脂在加工过程中的高温（120～300℃）；与树脂相容，不发生喷霜；不损害树脂的性能，即树脂不因抗静电处理而导致性能变劣；容易混炼，不给加工过程造成困难；能与其他添加剂并用；用于薄膜、薄板等制品时不发生粘着现象；不刺激皮肤，无毒或低毒；价廉。

抗静电剂的种类很多，其分类方法也很多，可以根据使用方法不同（分为外部抗静电剂和内部抗静电剂）；根据抗静电剂分子中的亲水基能否电离（分为离子型和非离子型）；根据电离后亲水基的带电情况（可分为阴离子型、阳离子型和两性型抗静电剂）；根据化学结构（分为硫酸衍生物、磷酸衍生物、胺类、季铵盐、咪唑啉和环氧乙烷衍生物等）。

下面介绍常用的抗静电剂。

阴离子抗静电剂的种类很多，在塑料中主要采用酸性烷基磷酸酯、烷基磷酸酯盐和烷基硫酸酯的胺盐等。作为抗静电剂使用的有机硫酸衍生物，包括硫酸酯盐（—OSO_3M）和磺酸盐（—SO_3M）。硫酸酯盐的水溶性比较大，宜作乳化剂和纤维处理剂，但对氧和热不太稳定。而磺酸盐用途虽比较有限，但对于氧和热却比硫酸盐稳定得多。作为抗静电剂使用的磷酸衍生物，主要是阴离子型的单烷基磷酸酯盐和二烷基磷酸酯盐。它们是由高级醇、高级醇环氧乙烷加合物，或烷基酚环氧乙烷加合物与三氯氧磷、五氧化二磷或三氯化磷等反应，然后用碱中和而制得。磷酸盐酯具有阻滞静电堆积和促使静电快速放电的作用。因为长链脂肪醇基有优良的抗静电剂，故磷酸酯盐广泛用作高疏水和高亲水系统的抗静电剂。其抗静电效果一般要比硫酸酯盐优越得多，而且它还可降低聚酯表面的摩擦系数，使聚酯变得平滑，减少了摩擦引起的静电，因而是纺织工业不可缺少的抗静电剂，广泛用作纤维的油剂成分，也可作为塑料的内部抗静电剂和外部抗静电剂使用。但当用于高密度聚氨酯泡沫时，磷酸盐阴离子会催化泡沫的形成，产生令人满意的泡沫结构，会造成不良的力学性能。高分子量阴离子型抗静电剂的主要品种有聚丙烯酸盐、马来酸酐与其他不饱和单体共聚物的盐和聚苯乙烯磺酸。据专利称，可用作纤维的耐久性抗静电剂和塑料的外加型及内加型抗静电剂，能克服吸湿性无机盐和吸湿性表面活性剂作为抗静电剂时所存在的缺点。

高级醇硫酸酯盐代表品种

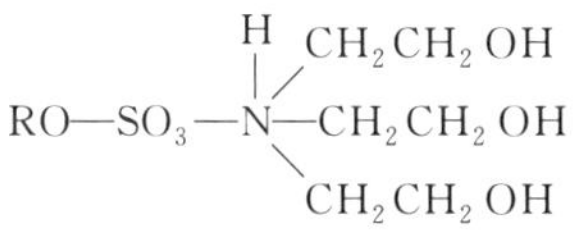

高级醇或烷基酚与环氧乙烷加合物的硫酸酯盐代表品种

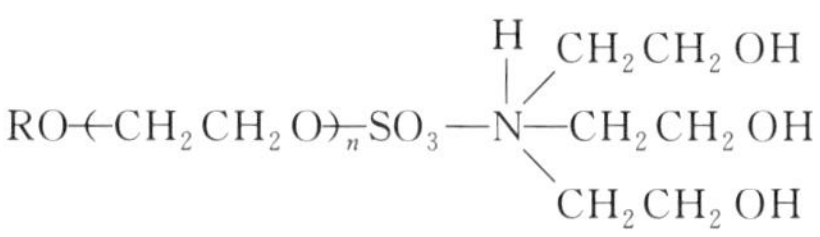

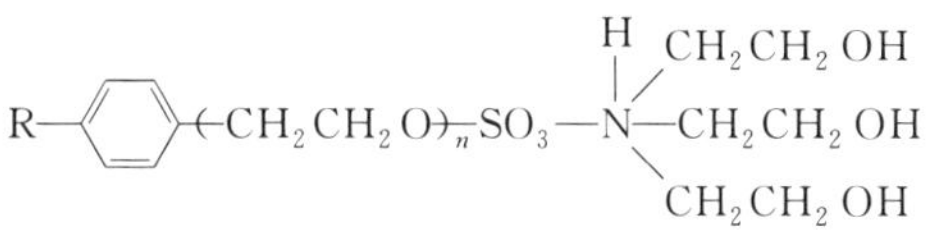

二烷基磷酸酯盐

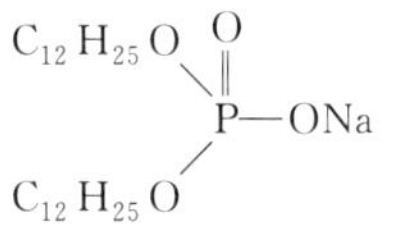

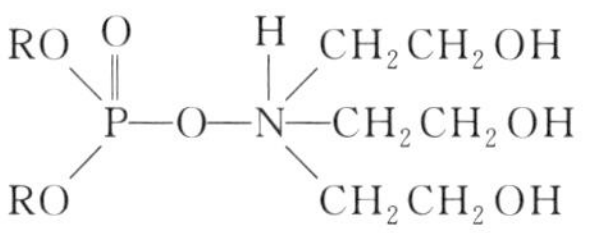

醇或烷基酚的环氧乙烷加合物的酸性磷酸酯及盐代表性品种

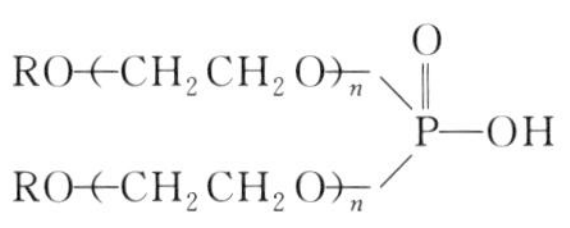

阳离子型抗静电剂是抗静电剂中最重要的一类。其种类很多，主要包括各种胺盐、季铵盐和烷基咪唑啉等，其中又以季铵盐最重要。季铵盐是阳离子抗静电剂中附着力最强的，它与去污剂和抗污剂一起使用时比使用其他类型抗静电剂为好，作为外部抗静电剂使用有优良的抗静电性，但季铵盐对热不稳定，作为内部抗静电剂使用时要注意。季铵盐除可直接作为塑料的内部抗静电剂使用外，也可先以叔胺的形式添加到塑料中，待成型后再用烷基化剂进行表面季化。阳离子型抗静电剂中的代表性品种有：胺盐类、烷基咪唑啉盐、季铵盐类。如：

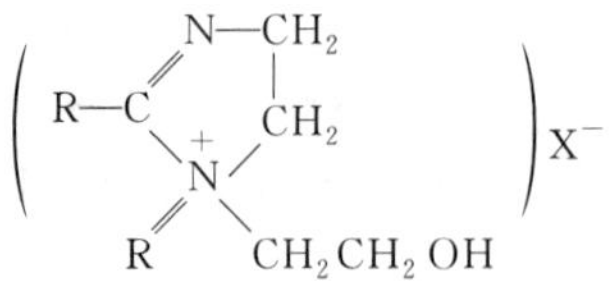

1-羟乙基-2-烷基-2-咪唑啉盐 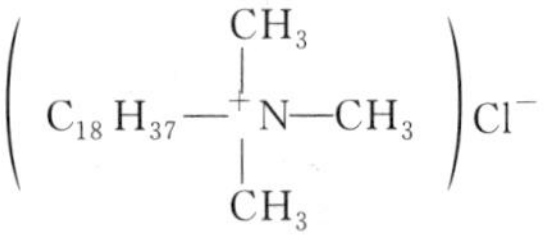　　　　　　　　　　硬脂基三甲基氯化铵

非离子型抗静电剂本身不带电，因此其抗静电效果比离子型抗静电剂差，故使用量较大。但其热稳定性优良，也没有容易引起塑料老化的缺点，因此常作内部抗静电剂使用。主要品种有聚环氧乙烷烷基醚、聚环氧乙烷烷基苯醚、聚环氧乙烷脂肪酸酯、山梨糖醇酐脂肪酸酯、聚环氧乙烷山梨糖醇酐脂肪酸酯和胺或酰胺的环氧乙烷加合物。

两性离子型抗静电剂的最大特点是既能与阳离子型又能与阴离子型抗静电剂配合使用。其抗静电效果类似于阳离子型，但耐热性能不如非离子型。它主要包括季铵内盐两性烷基咪唑啉盐和烷基氨基酸等。

在对颜色没有要求的场合下，炭黑可以作为塑料的内部抗静电剂。膨化石墨与聚烯烃共混也可以得到抗静电性能相当好的产品，其表面电阻值不受环境湿度的影响。

将金属加到塑料中能制造出许多种类的抗静电导电塑料，主要有两种类型。一是金属纤维，二是表面镀有金属的碳纤维。金属纤维系的导电塑料，主要用来分散静电荷和进行屏蔽，用于电子仪器元件。

随着塑料的广泛应用和发展，抗静电剂的研究开发和应用技术也取得了相应的进展。目前正在开发新型抗静电剂品种，尤其是抗静电浓缩母料和功能化系列化产品，并向着降低添加量、综合利用填料的各种性能、革新加工工艺、提高和稳定抗静电性能的方向发展，同时大力研制高分子型抗静电剂，从而促使抗静电剂的应用向更高水平迈进。

抗静电剂已从单独使用向着各种抗静电剂复配或与其他试剂复配使用的方向发展，从而提高了产品的力学性能，改善表观性能，降低电阻率。将短链烷基硫酸盐与其他表面活性剂复配，作为抗静电剂用于聚氯酯模制品时，可以获得低电阻率、良好的机械强度和表观性能的聚氨酯模塑制品。将高氯酸季铵盐与高氯酸金属盐复配，可以大大降低电阻率，并且不会影响产品的颜色。将柠檬酸盐或硼酸与阴离子表面活性剂一起使用，可以增强织物的柔软性和抗静电性。今后在抗静电剂复配方面的研究开发工作，将会受到更大的重视。

第四节　催　化　剂

近年来，化学工业随着新型催化剂的研究成功和广泛应用获得了迅速发展。据统计，现代化学工业中约有80％的化学反应与催化剂有关，催化剂已成为化学工业的中枢。它不仅能决定化学反应的速度，而且还能左右化工生产过程的经济效益。此外，催化剂对有效利用资源和能源、消除环境污染等许多方面，均有着极为重要的作用。因此，催化剂的研究工业应用是很有发展前途和引人瞩目的领域。

一、概述

1. 催化剂作用的基本特征

无论何种催化剂，其基本特征主要有四点。

① 催化剂是一种能够改变化学反应速度，而它本身并不进入化学反应计量的物质　由于催化剂在参与反应的中间过程之后，又能恢复到原来的化学状态而循环作用，所以一定量的催化剂可以促进大量的反应物起反应而生成产物。例如，氨合成所用的熔铁催化剂，可以使用5～10年。每吨催化剂能产生2万多吨氨。

② 催化剂对反应具有选择性　催化剂不仅对反应类型，而且对反应方向和产物的结构均具有选择性。例如，SiO_2-Al_2O_3 催化剂对酸碱催化反应是有效的，但它对氨合成加氢反应就无效了，这就是催化剂对反应的选择性。从同一反应物出发，在热力学上可能有不同的反应方向，生成不同的产物。如由 CO 和 H_2 出发，热力学上可能得到甲醇、甲烷、合成汽油、固态石蜡等不同的产物，人们利用不同催化剂，可以使反应有选择性地向某一个所需要的反应方向进行，生产所需的产品，这就是催化剂对反应方向的选择性。从同一反应物乙烯出发生产聚乙烯，使用不同的催化剂，所得到的产物，其主体规则性不同，性能也不同。这就是催化剂对产物结构的选择性，如：

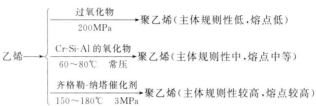

③ 催化剂只能加速热力学上可能进行的化学反应，而不能加速热力学上无法进行的反应例如，在常温常压、无其他功的情况下，H_2O 不能变成 H_2 和 O_2，因而也不存在任何能加快这一反应的催化剂。

④ 催化剂只改变化学反应速度，而不能改变化学平衡这意味着催化剂对正、反方向的反应都有有效的催化作用。

2. 催化反应的基本原理

根据热力学计算，由 H_2 和 O_2 生成 H_2O 的可能性很大。但在常温常压下，如果把 H_2 和 O_2 放在一个容器中，根据分子碰撞理论计算，即使放上 106 亿年，也只有 0.15% 的水生成；倘若在容器中放入铂黑催化剂，实验表明，只需 1s 时间 H_2 和 O_2 便可全都化合为 H_2O。

为何催化反应与非催化反应有如此巨大的差别呢？显然，这与影响化学反应的速度和方向的各因素有关。

（1）化学吸附　20 世纪 20～30 年代，泰勒等提出"活性中心"的概念。认为固体催化剂的表面上存在活性中心，反应分子被吸附在活性中心上，发生"变形"，并生成活化配合物，这是催化剂能加速反应的原因。并提出，催化剂之所以具有选择性，是由于不同催化剂或同一催化剂的不同表面上，有着不同的活性中心。他们还指出，只有化学吸附才能产生催化作用。

（2）能量因素　反应分子在固体催化剂表面上进行化学吸附时，首先是改变了反应的能量因素。因此可以认为：

① 只有能量比活化能 E_a 大的分子（称为活化分子）才能越过这一顶峰，变成最后产物；

② 当 E_a 一定时，温度越高，活化分子的百分数就越大；

③ 在一定温度下，E_a 越小，活化分子百分数就越大；

④ 不同反应途径，有不同的活化体，因而也有不同的活化能。

催化剂之所以能够加快化学反应速度，是由于催化剂参与了化学反应的某些中间过程，提供了一条新的反应途径，降低了反应的活化能。

（3）极性因素（电子因素）　在化学反应进程中，由于分子的极性有利于吸附和其他分子的进攻，因而可加快反应速度。例如，在合成氨的反应中，氨分子被熔铁催化剂吸附后发生强烈极化，甚至可以离解，这就大大有利于氨的生成。

不同催化剂，其活性中心的结构不同，它们对结构较复杂的反应分子的不同基团吸附的强弱不同，因而对其极性程度的影响也不同。因此，某一种（或数种）催化剂在一定的条件下（如某一温度范围），常能导致反应系统的分子向某一特定生成物方向进行，表现出高度的选择性。

（4）空间因素　由于空间因素引起的分子内部张力称为空间张力。张力的存在，使得分子中化学键比正常的键处于较紧张的状态，使分子的稳定性降低。当反应分子中存在空间张力时，常能使活化能降低，反应速度增大。

在特定的固体催化剂表面上，其活性中心常能对反应分子的特定基团产生较强的化学吸附，于是被吸附的分子稳定性降低，有利于气相中的分子向被吸附分子进攻，从而克服非催化剂反应中存在的空间障碍。当两个或两个以上的反应分子同时被吸附在表面活性中心上时，所有的被吸附分子的稳定性都降低了，从而有利于表面反应的进行。

当某一催化剂表面具有不同的活性中心，而这些活性中心在表面上的分布又有利于被吸附的反应分子克服生成某一反应物的空间障碍，不利于克服生成别的化合物的空间障碍时，即表面反应主要方向比较专一时，也会表现出良好的选择性。

二、气固相接触催化

目前，工业上最广泛利用并取得巨大经济效益的是反应物为气相、催化剂为固相的多相催化过程。这是因为固体催化剂具有寿命长，易活化，易再生，易与产物分离，以及便于化工生产连续化操作等特点。由于上述原因，近年来还出现了均相催化剂"固体化"的趋势。因此，本节主要介绍固体催化剂。

气固相接触催化反应是将气态反应物在一定的温度、压力下，连续地通过固体催化剂的表面而完成的。

1. 固体催化剂的性能

固体催化剂的性能，主要是指它的活性、选择性和稳定性。这是衡量催化剂质量的最直观、最有现实意义的参量，人们称之为催化剂的三大指标。催化剂的研究和生产单位，一般都要进行这些性能的测试，才能对催化剂的质量做出正确的评价。

（1）活性 催化剂活性（催化活性）是表示催化剂加快化学反应速度的一种量度。通常所说催化剂活性大小，是指在一定实验条件下，催化剂对某一特定反应的反应物转化能力的大小。催化剂的活性，可以用催化反应的比速度常数来表示，其中包括表面比速度常数（单位表面催化剂上的速度常数）、体积比速度常数（单位体积催化剂上的速度常数）、质量比速度常数（单位质量催化剂上速度常数）。

为了避免速度常数的某些不足之处，有人引用酶催化剂中的转化数来表示活性。转化数定义为单位时间内每个活性中心上生成目的产物的分子个数，它的特点是不涉及具体的每个过程（基元），因而不需要了解反应的基元步骤和速度方程。为了方便起见，人们经常以某种主要反应物在给定反应条件下的转化百分率，直接表示催化活性。此法虽然意义上不够确切，但因计算简单方便，在工业生产上特别常用。

（2）选择性与收率 催化剂并不是对热力学所允许的所有反应都能起催化作用，而是特别有效地加速平行反应或串联反应中的一个反应。催化剂对这类复杂反应有选择地发生催化作用的性能，称为催化剂的选择性（催化选择性）。

选择性（S）的量度有两种：一种是主产物的产率（或称选择率），目前应用得最广，另一种是选择因子（或称选择度）。

例如，有一主反应：

$$a\text{A}+b\text{B}=\!\!=\!\!=c\text{C}+d\text{D}$$

A、B、C 分别为主要反应物和目的产物。若以反应物 A 的反应量来衡量，则产率（Y）可定义为：

$$Y_c=(a/c)\times(\text{目的产物 C 的摩尔数/已转化的反应物 A 的摩尔数})\times100\%$$

假设主副反应的速度常数分别为 k_1 和 k_2，则选择性因子的定义为：

$$S-k_1/k_2$$

用真实反应速度常数比表示的选择性因子称为固有选择性（真实选择性）；以表观速度常数比表示的选择因子称为表观选择性。

收率（Z）是衡量催化剂活性的综合指标。只有同时具备高活性和高选择性的催化剂，才有可能得到高收率的目的产物。$Z =$（已转化为主产物的反应物摩尔数/反应物的总摩尔数）$\times$ 100％收率(Z)与转化率（X）及产率（Y）之间有如下关系：

$$Z = XY$$

则收率等于转化率与产率的乘积。

（3）稳定性 催化剂的稳定性通常以寿命来表示。指催化剂在使用条件下维持一定活性水平的时间（单程寿命），或者活性每次下降后，经再生而又恢复到一定活性水平的累计时间（总寿命）。

① 耐热稳定性 一种良好的催化剂，应能在高温苛刻的反应条件下长期具有一定水平的活性。然而，大多数催化剂都有极限使用温度，超过一定温度范围，活性便会降低，甚至完全失去活性，影响使用寿命。这主要是因为高温易使催化剂活性组分微晶烧结长大（重结晶过程），引起比表面、活性晶面或活性点减少的结果。改善催化剂耐热性的常用方法，是将活性组分分散在耐热的载体表面上。

衡量催化剂的耐热稳定性，是从使用温度开始逐渐升温，看它能够忍受多高的温度和维持多长时间而活性不变。耐热温度越高，时间越长，催化剂的耐热稳定性越好。

② 抗毒稳定性（抗毒性） 由于有害杂质（毒物）对催化剂的毒化作用，使催化剂的活性、选择性或稳定性降低、寿命缩短的现象，称为催化剂中毒。催化剂对有害杂质毒化的抵制能力称为催化剂的抗毒稳定性。

催化剂的中毒现象可以粗略地解释为：表面活性中心吸附了毒物后进一步转化为较为稳定的表面化合物，使活性中心钝化，因而降低了催化活性；毒物可加快副反应的速度，降低催化剂的选择性；毒物降低了催化剂的烧结温度，使催化剂的晶体结构受到破坏等。

衡量催化剂抗毒稳定性的标准有以下几条：

a. 在反应物中掺入一定量的有关毒物，让催化剂中毒后，再用纯净的原料气进行性能测试，观其活性和选择性能否恢复及恢复的程度；

b. 在反应物中逐量加入有关的毒物，使活性和选择性维持在给定的水平上，视毒物的最高允许浓度；

c. 将中毒后的催化剂通过再生处理，视其活性和选择性能否恢复及其恢复的程度。

③ 机械稳定性（机械强度） 固体催化剂颗粒抵抗摩擦、冲击，重力作用及温度或相变所产生的应力作用的能力，统称为机械稳定性或机械强度。机械稳定性高的催化剂，能够经受得住颗粒与颗粒之间、颗粒与流体之间、颗粒与器壁之间的摩擦，催化剂运输、装填期间的冲击，反应器中催化剂本身的重量负荷，以及活化或还原过程中突然发生温度或相变所产生的应力变化，而不明显粉化或破碎（包括活化组分的脱落、载体的破裂）；尤其是流化床和移动床反应器所采用的催化剂，由于频繁的循环，对耐磨性能要求特别高。

④ 气体流通性 催化剂床中气体流动性（流体动力学特性）一般要求床层压力降小（动力消耗小），气体分布均匀（无沟道、不短路、无粉尘、不阻塞），内外扩散影响不大（表面利用率合适）。

2. 固体催化剂的化学组成

催化剂研制过程中，为了满足工业生产对催化剂的种种要求，往往通过化学组分和含量的调整来改善催化剂的性能。大部分工业催化剂都是由多种化合物组合而成的混合物（多组分催化剂）。

固体催化剂一般包括：催化活性组分（主催化剂）、助催化剂和载体三部分。

（1）主催化剂的作用 主催化剂是催化剂的主要成分——活性组分。没有它，就不能对化学反应起催化作用。例如，在氨合成催化剂 $Fe\text{-}Al_2O_3\text{-}K_2O$ 中 Fe 是主催化剂。倘若没有 Fe 这个成分而只有 $Al_2O_3\text{-}K_2O$，就根本没有催化活性，也就是说，不能由 N_2 和 H_2 合成大量的氨。应当指出，催化剂在使用前和使用时，主催化剂的形态不一定相同，如表 8-10 所示。

表 8-10　工业催化过程及其催化剂示例

过程名称	催化剂组分	主催化剂状态使用前	主催化剂状态使用时	助催化剂	载　体
加氢脱硫	CoO,MoO_2,Al_2O_3	CoO,MoO_2	Co_2S,MoO_2	CoO	Al_2O_3
脱硫	ZnO,MgO	MgO,ZnO	ZnO,ZnS,MgO,MgS		$MgAl_2O_4$
蒸气转化	NiO,$MgAl_2O_4$	NiO	Ni		
中变	Fe_2O_3,Cr_2O_3	Fe_2O_3,Cr_2O_3	Fe_3O_4	Cr_2O_3	
低变	CuO,ZnO,Al_2O_3	CuO	Cu	ZnO	Al_2O_3
甲烷化	NiO,Al_2O_3	NiO	Ni		Al_2O_3
氨合成	Al_2O_3,Fe_2O_3,K_2O,CaO	Fe_3O_4	α-Fe	Al_2O_3,K_2O,CaO	
萘氧化	V_2O_5,K_2O,Al_2O_3	V_2O_5	V^{5+},V^{4+}	K_2SO_4	SiO_2
烃类脱氢	Cr_2O_3,K_2O,Al_2O_3	Cr_2O_3	Cr^{3+},Cr^{6+}	K_2O	Al_2O_3
苯酚加氢	NiO,Al_2O_3	NiO	Ni		Al_2O_3
苯氧化	V_2O_5,MoO_2,SiC	V_2O_5	V^{5+},V^{4+}	MoO_2	SiC

（2）助催化剂的作用　助催化剂是催化剂的辅助成分，它本身一般没有活性，但可以改变主催化剂的化合形态和物理结构，因而改善催化剂性能。

加入助催化剂后，催化剂可能会在化学组成、化学结构、离子价态、酸碱性、结晶结构、表面构造、孔结构、分散状态、机械强度等诸方面发生变化，进而影响催化剂的活性、选择性以及寿命。

助催化剂可以元素状态加入，也可以化合物状态加入。

助催化剂有时只加一种，有时可加入多种。一种助催化剂可以单独对活性组分起作用而影响催化剂性质；多种助催化剂则可能借互相作用对活性组分起作用。一种助催化剂可能产生多种作用，而不同的助催化剂也可能产生同一种作用。

助催化剂的种类、用量以及加入方法的不同，得到的效果也不同。通常可以把助催化剂分成：结构助催化剂——其作用是把主催化剂加以分散，增大表面积，防止晶粒生长而稳定其结构；电子助催化剂——其作用是改变主催化剂的电子状态，提高催化性能；选择性助催化剂——其作用是对有害的副反应加以破坏，提高目的反应的选择性，扩散助催化剂——其作用是使催化剂变成多孔性并促进反应物或产物的扩散；另外还有增加吸附的助催化剂以及降低熔点的助催化剂等。

（3）载体及其作用　载体是支持主催化剂的固体。一般情况下，载体本身是没有催化活性的物质，它在催化剂中的含量比较高。把主催化剂负载在载体上所制成的催化剂称为负载型催化剂。

载体的作用主要是改变催化剂的形态构造，对主催化剂起分散作用和支承作用，从而增加催化剂的有效表面积、提高机械强度、提高耐热稳定性、并降低催化剂造价。

如果载体本身对反应具有某些活性，则制成的负载型催化剂可能成为多功能催化剂。例如，硅铝胶 $Al_2O_3 \cdot SiO_2$ 是一种具有酸性的物质，它对烯烃的异构化等离子型反应具有活性，如把铂负载在它上面，制成的负载型催化剂 $Pt/Al_2O_3 \cdot SiO_2$ 就成为一种多功能催化剂。

综上所述，催化剂的性能不仅与主催化剂、助催化剂和载体等物质的种类有关，而且与它们之间的数量比例、制造方法和使用条件也有关。只有采用最适当的比例，选用最好的制造方法，制造出来的催化剂才有最佳性能。

3. 固体催化剂的制备方法

固体催化剂的催化性能主要取决于它的化学组成和结构。固体催化剂尽管成分、用量完全一样，但由于制备方法的不同，所制得的催化剂其催化性能可能有很大的差异。

对于某种催化剂制备条件的取舍，必须以原料符合国情、生产工艺简单易行、催化性能良好为前提，兼顾操作无毒、环境卫生、成本低廉等问题。

浸渍法制备催化剂

催化剂的制备方法是多种多样的，本节主要介绍沉淀法、离子交换法、熔融法。

（1）沉淀法　本法借助于沉淀反应，用沉淀剂将可溶性催化剂组分转化为难溶化合物，经过分离、洗涤、干燥、煅烧、成型或还原等工序，制得成品催化剂。

由沉淀法制得的催化剂，其活性主要由两个因素决定：首先是沉淀条件，即沉淀过程中金属盐水的浓度、温度、pH 值、加料顺序和干燥方法等；其次是原料盐和碱的性质。碱阳离子与盐阴离子常会以杂质形式存在，而影响催化剂的活性。

① 沉淀剂和金属盐类的选择　最常用的沉淀剂是氨气、氨水或铵盐等。这是因为铵盐在洗涤和热处理过程中容易除去。在氧化还原反应中，一般不宜用 KOH 和 NaOH 作为沉淀剂，是因为钠离子会阻碍催化剂表面的还原，阻碍电子向催化剂的氧化物结构转移，而 KOH 价格又较贵。通常用硝酸盐来提供所需要的阳离子，因为用其他盐类（如氯化物或硫酸盐等），其阴离子会引起催化剂中毒。

② 溶液浓度的影响　在溶液中生成沉淀的过程是固体（即沉淀物）溶解的逆过程；溶液中开始生成沉淀的首要条件之一是其浓度超过饱和浓度。如以 c^* 表示饱和浓度，c 为过饱和浓度，则溶液的饱和度 α 为：

$$\alpha = c/c^*$$

溶液浓度超过饱和浓度的程度为溶液的过饱和度，以 β 表示之，则：

$$\beta = \alpha - 1 = (c - c^*)/c^*$$

溶液的过饱和度达到什么数值才会有沉淀生成呢？这在目前还只能根据大量的实验来估计。

当溶液达到一定的过饱和浓度后，会在瞬时生成大量晶核，然后这些晶核继续增大。若原料初期浓度越大，瞬时生成的晶核数目越多，生成沉淀颗粒越小。

③ 温度的影响　提高温度，有利于提高晶粒长大的速度；另外，温度增加，动能增加，能促进小颗粒晶体溶解并重新沉积在大颗粒晶体的表面上。提高温度，还能加快反应速度，如缩合脱水反应。但温度太高，对于生成稳定的晶核反而不利。所以，一般说来，低温沉淀有利于细小结晶的形成，高温沉淀有利于较大结晶的形成。

④ 加料顺序的影响　沉淀法制备催化剂，由于加料顺序的不同，对沉淀物的性能会产生很大影响。加料顺序大致有两种：正加法（将沉淀剂加到金属盐类的溶液中）和倒加法（将金属盐类的溶液加到沉淀剂中）。如用沉淀法制备 Cu-ZnO-Cr_2O_3 催化剂时，正加法所得铜的碳酸盐比较稳定；倒加法得到的碳酸铜则由于来自较强的碱性溶液而易于分解成氧化铜。

加料顺序还会影响沉淀物的结构，从而也会改变催化剂的活性。

⑤ pH 值的影响　沉淀法常用碱性物质做沉淀剂，沉淀物的生成在相当程度上必须受到溶液 pH 值的影响。特别是制备活性高的混合催化剂更是如此。此类催化剂的制备，经常采用共沉淀法。

由盐溶液用共沉淀法制备氢氧化物时，各种氢氧化物不是同时沉淀出来的，而是在不同 pH 值下，分别沉淀出来的。由于各组分的溶度积不同，如果不考虑形成氢氧化物沉淀所需 pH 值相近这一点的话，那么很可能制得的是不均匀产物。

⑥ 沉淀物的洗涤　沉淀后续的各项操作。例如，过滤、洗涤、成型、干燥、煅烧等，同样会影响催化剂的质量。

沉淀洗涤是为了洗去沉淀表面吸附的杂质和混杂在沉淀中的母液。洗涤既要达到除去杂质的目的，又要尽量减少沉淀物的溶解损失，并避免形成胶体溶液，因而需要选择合适的洗涤液，选择洗涤液的一般原则如下。

a. 对溶解度很小又不易形成胶体的沉淀，可用蒸馏水或其他纯水洗涤。

b. 对溶解度较大的晶体沉淀，宜用沉淀剂稀溶液来洗。但是只有易分解并含有易挥发组分的沉淀剂才能使用，例如用 $(NH_4)_2CO_3$ 稀溶液洗涤 $CaCO_3$ 沉淀。

c. 对溶解度较小的非晶形沉淀，应该选择易分解、易挥发的电解质溶液洗涤。例如，水合氧化铅沉淀宜用硝酸铵稀溶液来洗。

d. 用温热的洗涤液容易将沉淀洗净（因为杂质的吸附量随温度的提高而减小），还能防止胶体溶液的形成。

⑦ 沉淀法制备催化剂的实例——CuO-ZnO-Al$_2$O$_3$ 系催化剂的制备　CuO-ZnO-Al$_2$O$_3$ 系低压合成甲醇的催化剂。生产中是将给定浓度和比例的 Cu(NO$_3$)$_2$＋Zn(NO$_3$)$_2$＋Al(NO$_3$)$_3$ 混合溶液与 Na$_2$CO$_3$ 沉淀剂并流加入沉淀槽，在强烈搅拌的同时，注意调节加料流速，以控制沉淀介质的 pH 值稳定在 7.0±0.2 之间，沉淀温度为 70℃。洗涤 Na$^+$ 以后，于 110℃下将沉淀滤饼烘干，并在空气中于 300℃下煅烧。然后将煅烧过的粉末以 50MPa 的压力压缩成为圆柱体（ϕ15mm×80mm），破碎筛分后选取 1～2mm 的颗粒作为实验试验产品。Al$_2$O$_3$ 组分也可以在铜、锌两组分共沉淀之后加入，进行湿式混合。

根据活性中心模型和合成反应机理，可以认为催化剂的活性相是溶入了足够 Cu$^+$ 的 ZnO（Cu$^+$-ZnO）。ZnO 活化吸附 H$_2$ 分子，CuO 活化吸附 CO 分子，构成二元活性中心，在两者的协调作用下，甲醇合成反应才能顺利进行。由此可见，CuO 和 ZnO 都是催化剂的主要成分。

在催化剂制备过程中还要抓住关键环节。这里，首先是要保证 CuO 与 ZnO 组分充分接触，构成密度较高的 CuO-ZnO 二元活性中心；其次应尽可能使 Al$_2$O$_3$ 比较均匀地分散在催化剂之中，发挥稳定结构的作用。

实践证明，共沉淀过程中不同的加料方式对催化剂的性能影响很大。对于低压合成甲醇催化剂，采用酸碱并流加料方式最理想。这是由于此法介质的 pH 值基本恒定，沉淀离子浓度比较稳定，可以制出活性最高的催化剂。无疑，以这种加料方式，如操作得当，可望得到组分分布、粒度分布更加均匀的共沉淀物。

（2）离子交换法　原理如下。相当数量的固体催化剂是由离子交换法制备的。其原理是将离子交换物质中的某种离子同具有催化性能的金属离子进行交换，依此得到的催化剂具有高活性和高选择性。通常，离子交换剂是载有可交换离子（即反离子）的不溶性固态物质，当离子交换剂与电解质溶液接触时，这些离子能与同符号等摩尔的其他离子相互交换。前者进入溶液中，后者被吸取到交换剂上。载有可交换阳离子的交换剂称为阳离子交换剂；载有可交换阴离子的交换剂称为阴离子交换剂；能进行阳、阴离子交换的交换剂称为两性离子交换剂。

离子交换剂反离子含量（即离子交换容量）是恒定不变的，由骨架电荷所决定。离子交换剂吸附反离子是有选择性的，其原因是：

a. 带电骨架与各种反离子之间的静电作用力取决于反离子的大小，尤其取决于它的价数；

b. 各种反离子与环境介质之间的相互作用不同；

c. 各种反离子与交换剂微孔之间的相对大小有差别。

此外，能与交换离子作用形成配合物或难溶化合物的离子优先交换；高分子量的有机离子或金属配合阴离子，一般结合力都较强。

离子交换树脂的骨架（间架）是由无规则、大分子、三维网络的烃链所构成。骨架载有 —SO$_4^{2+}$、—COO$^-$、—PO$_3^{3-}$ 等离子基团则属于阴离子交换树脂；阳离子交换树脂的骨架载有 —NH^{3+}、NH$_2^+$、N$^+$、—S$^+$ 等离子基团。因此，离子交换树脂是交联的高分子电解质。

固定离子基团的性质也影响树脂的选择性。如带—SO$_4^{2-}$ 基团的树脂优先选择 Ag$^+$；带—COO$^-$基团的树脂优先选择碱土阳离子；而带螯合基团的树脂优先交换若干重金属阳离子。

合成无机离子交换剂最优良的代表是各类合成沸石分子筛，它是一种人工合成的高效铝硅酸盐。分子筛的化学组成可用下式表达：

$$(M^{n+})_{2/n}O \cdot Al_2O_3 \cdot mSiO_2 \cdot pH_2O$$

式中，M 代表金属离子，n 代表金属离子的价数；m 代表 SiO$_2$ 的摩尔数，显然也是 SiO$_2$ 和 Al$_2$O$_3$ 摩尔比，或简称硅铝比；p 是水的摩尔数。

首先制得的人工合成子筛是 Na$^+$ 分子筛，即：

$$Na_2O \cdot Al_2O_3 \cdot mSiO_2 \cdot pH_2O$$

由于分子筛的硅铝比可以在一定范围内变化，并可用其他金属和 Na^+ 此分子筛种类很多，达几十种，其中常用的有 A 型、X 型、Y 型和丝光沸石等几种。它们的化学组成硅铝比见表 8-11。

表 8-11　不同类型分子筛中的硅铝比

分子筛的类型	A 型	X 型	Y 型	丝光沸石
硅铝比	0.0～2.0	2.2～3.0	3.1～5.0	9.0～11.0

不同硅铝比的分子筛，其酸和热稳定性均不同。相应的结构也不同。一般硅铝比越大，耐酸性和热稳定性越好。分子筛是酸性催化剂，由于硅铝比不同，因而影响了表面酸性，也影响其催化性能。

利用合成沸石的离子交换性质，可以调节晶体内的电场和表面酸性，从而改善它的吸附和催化特性。例如，将钠-A 型沸石交换为钙-A 型沸石时能吸附丙烷；钠-Y 型沸石经离子交换制得的脱阳离子型沸石，不但可以改善催化活性，而且可提高热稳定性。

可用离子交换法制备催化裂化用分子筛催化剂。在石油的催化裂化及加氢裂化中，合成沸石分别作为固体酸催化剂及双功能催化剂而大量应用。一般来说，制备这种催化剂需要经过成型、离子交换和活化 3 个主要过程。离子交换在成型前进行的叫预交换。

① 成型过程　人工合成所得的粉末状分子筛无法在工业上直接使用。因此，需要将粉末状的分子筛（仅占 5%～25%）掺和在所谓"母体"中，制成一定大小及形状的工业用催化剂。母体一方面起稀释作用（抑制活性），另一方面可以改善催化剂的扩散性能和力学性能，最常用的母体是硅铝小球催化剂，此外，也可应用白土、氧化铝、氧化硅等。

② 离子交换过程　离子交换过程在分子筛催化剂的制造中占有极其重要的地位。催化裂化用的分子筛催化剂最常见的是 X 型和 Y 型分子筛，少数也有用丝光沸石的。在人工合成这些分子筛时，一般都制成钠型。为了使钠型的 X 及 Y 型分子筛具有所需的催化性能，必须用离子交换的方法以某些多价的阳离子代替钠离子。例如用含 Ca^{2+}、Mg^{2+}、Zn^{2+}、Cd^{2+} 或 Ga^{3+}、Co^{3+} 等离子的溶液和 Na-X 或 Na-Y 进行交换，然后再经水洗、干燥和焙烧，可获得含多价阳离子的 X 型或 Y 型分子筛，使其催化性能大大改善。也有用铵盐溶液的，如用 NH_4Cl 或 NH_4NO_3 溶液和 Na-X 或 Na-Y 进行离子交换，使部分 Na^+ 被 NH_4^+ 置换。然后再水洗、干燥及焙烧。在焙烧过程中，NH_4^+ 分解放出 NH_3，H^+ 质子留在分子筛上，这样就可获得活性特别高的所谓氢型分子筛（H-X、H-Y）。对丝光沸石来说，由于它的耐酸性能特别强。在制备氢型分子筛时，可用酸（如盐酸）直接处理，用 $[H^+]$ 直接把 Na^+ 交换下来。

一般的氢型分子筛对热很不稳定，但若在水蒸气或氨气存在下，将其经过高温处理后，对热和水蒸气就变得非常稳定。这种分子筛叫作"超稳定型分子筛"，目前也用来制备裂化催化剂。

用多价金属离子溶液和铵盐溶液先后或同时与钠型分子筛进行交换，然后经水洗、干燥和焙烧，也可获得既含有多价阳离子、又含有质子的所谓金属-氢型分子筛。

③ 活化过程　将成型及离子交换后的分子筛催化剂在一定条件下进行焙烧，使其具有活性的过程。在焙烧以前，还必须进行干燥。活化过程的温度、升温速率、时间及周围介质残存的水分，都会影响催化剂的最终性能。

(3) 熔融法

① 原理　熔融法是制备催化剂较特殊的方法。它是借高温条件将催化剂的各个组分熔合成为均匀分布的混合体——合金固熔体或氧化物固熔体，以获得高活性、高热稳定性和高机械强度等性能。熔融常在电阻炉、电弧炉、感应炉或其他炉中进行。

熔炼温度、熔炼次数、环境气氛、熔浆冷却速度等对催化剂的性质都有一定的影响，操作时应予以充分注意。提高熔炼温度，一方面可以降低熔浆的黏度，另一方面可以增加各个组分质点的能量，从而加快组分之间的扩散，弥补缺乏搅拌的不足。采用高频感应电炉具有自动搅拌的作用。熔炼 Ni-Al 合金应尽量避免与空气接触，采用冷却工艺，让熔浆在短时间内迅速淬冷，以产生一定的内应力，这样，可以得到晶粒细小、晶格缺陷较少的晶体，也可以防止不同熔点组分的分步结晶，制得分布尽可能均匀的混合体。实践证明，由显微结构细小的合金制成的骨架催化剂，具有高活性。

② 骨架催化剂的制备　骨架催化剂的制备一般分为 3 步：合金的制备、粉碎及溶解。

合金的制备：将活性组分的金属和不活泼的金属在高温下混合熔融成合金。Fe、Co、Ni、Cu、Cr 等常作为活性组分，而 Al、Sn、Mg、Zn 等常用作要除去的非活性组分。

合金的粉碎：上述得到的合金直接用碱处理，有时不方便，常常先经粉碎。粉碎难易程度与合金的成分有关。例如，50%Ni 与 50%Al 的合金性能较脆，易于粉碎，随着 Al 含量的增加，合金变得富有延展性而不易粉碎。遇此情况，常将大块合金切为碎块，再进一步粉碎。

合金的溶解：粉碎的合金需经进一步处理，以除去其中不活泼的组分。最常使用的方法是将合金用氢氧化钠溶液处理，除去 Al 等不活泼组分。

③ 制备实例——骨架镍催化剂　骨架 Ni 催化剂可用于裂解气的甲烷化。其制法是：先将纯的金属镍和铝按 3∶7 的比例混合，在 900～1000℃ 下熔化，熔化浇铸成柱形体，经粉碎，用化学分析方法测定合金的准确组成。

制得合格的 Ni-Al 合金用一定浓度的 NaOH 溶液处理，使其中的 Al 以 NaAlO$_2$ 的形式进入溶液而同 Ni 分开。在此操作中，NaOH 溶液的浓度和 NaOH 与合金的质量比，对制得的骨架 Ni 催化剂的性能有很大影响。例如 NaOH 与合金质量比为 0.32 时，用 NaOH 溶液处理 48h，会有白色沉淀 [Al(OH)$_3$] 析出，表明碱量不够。当质量比为 0.48 时，经 72h 处理，也会有白色沉淀析出。继续增加质量比至 0.64，则无沉淀析出，表明碱量已够。此外，在用碱处理合金时，为防止反应过猛，需配成稀浓度的碱溶液，以浓度在 3% 为宜。有时，按不同的要求，仅需除去合金中的部分不活泼组分。

用碱处理后所得的骨架催化剂，由于金属原子非常活泼，加之催化剂表面上吸附有氢，氢易于在空气中自燃。因此应采取措施，使氢除净或部分除掉。一般是将制好的骨架镍催化剂经水煮或用乙酸浸泡，以除去吸附氢，而后再放入乙醇中。

骨架镍催化剂除了在间歇式反应器中以粉末状态使用外，也加工成粒状催化剂，用于连续生产的固定床反应器，如催化加氢。骨架镍粒状催化剂的活性高，热导性好，对腈和羰基化合物的固定床加氢反应特别有效，反应可在低温下进行，副产物少。

4. 固体催化剂的活化和再生

把制备好的钝态催化剂经过一定方法处理后，变为活泼态催化剂的过程叫作催化剂的活化。一般包括燃烧和还原两个过程。

催化剂的再生是指将失活的催化剂再活化的过程。活化和再生从原理上讲有不少相似之处，因此，将再生操作归入本节讲授。

（1）燃烧　经干燥后的催化剂，通常还是以氢氧化物、氧化物或硝酸盐、碳酸盐、草酸盐、铵盐和醋酸盐的形式存在。一般来说，这些化合物既不是催化剂所需要的化学状态，也尚未具备较为合适的物理结构；既没有一定性质和数量的活性中心，对反应也不能起催化作用，这种形态称催化剂的钝态。当把钝态进行燃烧或进一步地还原、氧化、硫化、羟基化等处理时，催化剂将具有一定性质和数量的活性中心，而转化为催化剂的活泼态。

燃烧的第一作用是通过这些基本物料的热分解反应，除去化学结合水和挥发性杂质（如 NO$_2$、CO$_2$、NH$_3$ 等），使之转化为所需的化学成分和化学价态，例如异丁烯脱氢反应所用的催化剂 Cr$_2$O$_3$-K$_2$O-Al$_2$O$_3$，其干燥物料在空气气氛中于 550℃ 下燃烧时发生下列的化学变化：

$$Al_2O_3 \cdot H_2O \longrightarrow Al_2O_3 + H_2O$$
$$4CrO_3 \longrightarrow 2Cr_2O_3 + 3O_2$$
$$2KNO_3 \longrightarrow 2KNO_2 + O_2$$

$$2KNO_2 \longrightarrow K_2O + NO + NO_2$$

CrO_3 转化为 Cr_2O_3 的分解温度是 $434 \sim 511℃$，低于这个温度范围时，可能得到三、四、五、六价铬氧化物的混合物。

燃烧的第二个作用是在热分解的同时，通过控制一定温度，使基体物料向一定晶向或固溶体转变。

燃烧的第三个作用是可以改变催化剂的酸性。用硅胶、铝酸、硅铝酸、沸石分子筛等制成的物料都具有固体酸性。在制备这类催化剂或用这类物质做催化剂载体时，要注意燃烧温度对酸性的影响，因其酸度往往也有催化功能，酸度变化会引起催化剂活性的变化。

燃烧还可能起着第四个作用：即在一定的气氛和温度条件下，通过再结晶过程和烧结过程，控制微晶晶粒数目与晶粒大小，从而影响催化剂的孔结构与比表面。

（2）还原　经过煅烧后的催化剂，相当多数是以高价氧化物形态存在的，尚未具备催化活性，必须用氢或其他还原性气体还原，使其成为活泼的金属或低价氧化物。

影响还原的因素大体有还原温度、压力、还原气组成和空速等。

① 还原温度　温度过高，催化剂微晶增大，比表面下降；温度过低，还原速度太慢，延长还原时间，增加反复氧化还原互解机会，使催化剂质量下降。每一种催化剂都有一个特定的开始还原温度、最佳还原温度、最高允许的还原温度。因此，还原时应根据催化剂的性质选择还原温度并控制升温速率。

② 还原气体　有些催化剂，用不同的气体还原，效果是不一样的。例如，把铜箔反复氧化和还原以制备铜催化剂，当分别用氢气和一氧化碳还原氧化铜时，得到的两种金属铜，活性有所差异。前者优于后者。这是因为氢的热导率约为一氧化碳的 7 倍，使用氢气还原剂时散热比较容易，且新还原的金属所遭受的温度要比使用一氧化碳还原时的低，从而减少了再结晶引起的比表面积下降。

同一种还原气，因组分含量或分压不同，还原后催化剂的性能也是不同的。当催化剂含有少量的次要成分时，要制得大的金属表面积，应在高的氢气分压条件下还原。相反，如果用含有高水蒸气分压的氢气还原，又要得到高的金属表面积，那么只有载体含量大的催化剂才能达到。

还原气体的空速和压力也会影响还原质量。因为催化剂的还原是从颗粒的外表面开始，而后向内扩展。还原气体的空速大，气相水汽浓度低，水汽扩散快，催化剂孔内的水分就容易逸出，这样可把水汽效应减到最小；另外，高空速也有利于还原反应平衡向右移动，提高还原速度。还原气体的压力高，也能提高还原速度。如果还原是分子数变小的反应，则压力的变化将会影响还原反应的平衡移动，提高压力，可以提高催化剂的还原度。

③ 催化剂组成和粒度　催化剂的组成与催化剂的还原行为有关，加进载体的氧化物比纯粹的氧化物料所需的还原温度往往要高些。

催化剂颗粒的粗细也是影响还原效果的一个因素。在催化剂床层压力许可的条件下，使用颗粒较小的催化剂，可以减轻水分对催化剂的反复氧化还原作用，从而减轻水分的毒化作用。

（3）再生　催化剂失活时要更换新的催化剂，或进行催化剂再生操作以恢复活性。催化剂活性衰减的原因有 3 种情况：积碳、金属烧结及污染物质沉积。此外还有催化剂主体的流失。

再生的方法多种多样，可视催化剂的不同而异。像 Al_2O_3、ThO_2、Cr_2O_3 等具有热稳定性的催化剂，可在空气或氧气中用燃烧的方法再生，以除去其中的含碳物质。催化剂再生时应严格控制温度，常用氮气或水蒸气将气体稀释以控制温度，否则可能会出现由于温度过热而导致晶体增大的情况，使活性降低。镍和钴催化剂采用氧化还原法再生，即先将催化剂小心地用空气氧化，随后再将生成的氧化物还原。此外，还有用浸渍的处理方法进行再生的，即用酸和碱浸渍催化剂表面，以及将失活的催化剂进行再浸渍和再沉淀等。

5. 固体催化剂的应用实例

这里，举例介绍活性氧化铝催化剂，以加深学生对工业催化的认识。

活性氧化铝是一种具有吸附性能和催化性能的多孔状且比表面大的氧化铝。它广泛地用于炼油、橡胶、化肥等工业中，作为催化剂或催化剂的载体、吸附剂等。例如乙醇脱水制乙烯催化剂和三聚氰胺催化剂都是 $\gamma\text{-Al}_2\text{O}_3$；$\gamma\text{-Al}_2\text{O}_3$ 也可用作加氢精制催化剂的载体；重整催化剂还使用 $\gamma\text{-Al}_2\text{O}_3$ 或 $\eta\text{-Al}_2\text{O}_3$ 作载体。此外，在干燥，脱色，脱水过程中氧化铝也都有不少应用。

活性氧化铝的生产是通过氢氧化铝加热脱水完成的。依据氢氧化铝制造方法的不同，活性氧化铝的生产可分为以下几种类型。

（1）酸中和法 酸中和法是以铝酸钠为原料，在搅拌情况下加入一定浓度的酸或者通入二氧化碳，得到氢氧化铝凝胶。

$$\text{NaAl(OH)}_4 + \text{HNO}_3 \longrightarrow \text{Al(OH)}_3 \downarrow + \text{NaNO}_3 + \text{H}_2\text{O}$$
$$\text{NaAl(OH)}_4 + \text{CO}_2 \uparrow \longrightarrow \text{Al(OH)}_3 \downarrow + \text{NaHCO}_3$$

用硝酸中和铝酸钠生产 $\gamma\text{-Al}_2\text{O}_3$ 的流程如图 8-2 所示。

生产中是将配制好的铝酸钠溶液、硝酸溶液和纯水经计量加入带有搅拌的中和器内进行中和反应。反应物在中和器内停留 10～20min 后进入收集器贮存，即可进行过滤、浆化洗涤。洗净的滤饼经干燥、粉碎、机械成型，最后在煅烧炉中经 500℃ 煅烧活化得到成品活性氧化铝。酸中和法生产活性氧化铝设备比较简单，原料来源方便，而且产品质量也较为稳定。

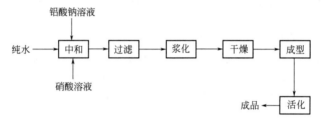

图 8-2 $\gamma\text{-Al}_2\text{O}_3$ 的生产流程示意

酸中和法生产中，中和沉淀是重要的操作环节。要保证搅拌均匀、接触充分。中和的 pH 值和温度要严格控制在允许的范围内，在中和器和收集器中停留时间也不宜过长。控制这些操作是生产合格 $\gamma\text{-Al}_2\text{O}_3$ 的重要条件。

（2）碱中和法 碱中和法是将铝盐溶液用氨水或其他碱液中和，得到氢氧化铝凝胶。

$$\text{AlCl}_3 + 3\text{NH}_3 + 3\text{H}_2\text{O} \longrightarrow \text{Al(OH)}_3 \downarrow + 3\text{NH}_4\text{Cl}$$

用氨水中和氯化铝溶液生产 $\eta\text{-Al}_2\text{O}_3$ 的流程如图 8-3 所示。

生产中用氨水中和三氯化铝溶液是将配制好的三氯化铝溶液先加入中和器，在搅拌情况下加入氨水，反应完毕后即可进行过滤和浆化洗涤。水洗后的滤饼在 40℃、pH＝9.3～9.5 下老化 14h。老化后滤饼经酸化滴球成型，得到的小球再干燥煅烧，得到 $\eta\text{-Al}_2\text{O}_3$ 成品。

在 $\eta\text{-Al}_2\text{O}_3$ 生产中老化操作是非常重要的环节，经过老化操作才能得到铝石。同时应注意控制老化条件，如温度、pH 值等，这样才能得到较纯的 $\eta\text{-Al}_2\text{O}_3$。

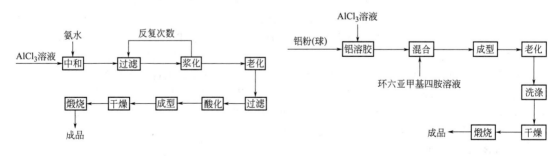

图 8-3 $\eta\text{-Al}_2\text{O}_3$ 的生产流程示意   图 8-4 铝溶胶法生产流程示意

（3）铝溶胶法 铝溶胶法制氧化铝是将金属铝煮解在盐酸或氯化铝溶液中，得到透明无色的铝溶胶。而后将铝溶胶与环六亚甲基四胺溶液混合，滴入在热油柱中胶凝成球，再经老化、洗涤、干燥、煅烧制得氧化铝。

铝溶胶法生产氧化铝流程如图 8-4 所示。

金属铝粉或细粉分批加在 100～105℃下的三氯化铝溶液中，煮解制得透明黏稠铝溶胶。铝溶胶与环六亚甲基四胺溶液在 5～7℃下均匀混合后在 80～95℃热油柱中成球，然后在 130～140℃加压老化，经洗涤、干燥、煅烧后制得产品。

铝溶胶法制得的 $\gamma\text{-}Al_2O_3$ 小球，其特点是低密度、大孔容，而且强度较好，生产中小球洗涤方便，且省掉了过滤工序，易于实现连续化。

（4）醇铝水解法　有机醇铝性质活泼，易溶于水并生成氢氧化铝。

$$(RO)_3Al + 3H_2O \longrightarrow Al(OH)_3 \downarrow + 3R\text{—}OH$$

醇铝水解制得的氢氧化铝纯度高、比表面大、不含电解质、催化活性高。通常用异丙醇铝为原料进行水解：

$$Al[OCH(CH_3)_2]_3 + 3H_2O \longrightarrow Al(OH)_3 \downarrow + 3CH_3\overset{\overset{\displaystyle O}{\|}}{—C}—CH_3$$

异丙醇铝的水解温度和老化条件对氧化铝孔结构有显著的影响。

从上述几种氧化铝生成方法中可以看到，它们的生成过程具有以下的共同点：

① 通过反应（中和反应、煮解）制得氢氧化铝胶体；

② 凝胶经洗涤、老化，成为具有一定晶型和结构的氢氧化铝；

③ 氢氧化铝经干燥、成型、煅烧等处理后，制得活性氧化铝。

这三点对于氧化铝的晶型、孔结构及表面物化性质有重要影响。

三、相转移催化

发生双分子反应的最起码条件是两个反应物分子之间必须发生碰撞。如果两个分子不能彼此靠拢，那么不管其中一种分子的能量有多大，它也不能和另一种分子发生反应。例如，溴辛烷与氰化钠在一起共热 2 周也不发生反应，是因为氰化钠完全不溶于溴辛烷的缘故。对于无机盐与有机物的反应，传统的解决办法是使用既具有亲水性、又具有亲油性的溶剂。例如，甲醇、乙醇、丙酮、二氧杂环己烷等。但是这也有一定困难，因为无机盐在这些溶剂中的溶解度很小，而有机物又常常难溶于水。后来发现非质子极性溶剂对无机盐有一定的溶解度，它能使二元盐中的阳离子专一性溶剂化，从而使阴离子成为高活性的裸阴离子；而对于亲核取代反应又是良好的溶剂。但是使用这类溶剂也有缺点：主要是价格贵，难于精制和干燥，不易长期保存在无水状态，有时少量水会对反应产生干扰，反应后难回收，有毒且操作不便。

20 世纪 60 年代末，发展了一种"相转移催化"的有机合成新办法。它的优点是：①可以不用上述特殊溶剂，并且常常不要求无水操作；②由于相转移催化剂（PTC）的存在，使需要参加反应的阴离子具有较高的反应活性，从而降低反应温度，缩短反应时间，简化工艺过程，提高产品的收率和质量，并减少"三废"；③具有通用性，可广泛应用于许多单元反应。其缺点是相转移催化剂的价格较贵，只有在使用相转移催化剂能显著提高收率、改善产品质量、取得较好经济效益时，才具有工业应用价值。尽管如此，它在工业上已经越来越显示出它的价值。

1. 相转移催化的原理

在阴离子反应中，常用的相转移催化剂是季铵盐 Q^+X^-，例如 $C_6H_5CH_2N^+(CH_3)_3Cl^-$ 等。它的作用原理如图 8-5 所示。

在图示互不相溶的两相体系中，亲核试剂 M^+Nu^- 只溶于水相，不溶于有机相；有机反应物 R—X 只溶于有机溶剂，而不溶于水相。两者不易相互靠拢而发生化学

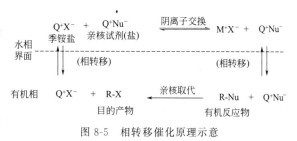

图 8-5　相转移催化原理示意

反应。如果在该体系中加入季铵盐 Q^+X^-，其季铵阳离子 Q^+ 具有亲油性，因此季铵盐既能溶于水相，又能溶于有机相。当季铵盐与水相中的亲核试剂 M^+Nu^- 接触时，亲核试剂中的阴离子 Nu^- 可以同季铵盐的阴离子 X^- 进行交换，生成 Q^+Nu^- 离子对。这个离子对可以从水相转移到有机相，并且与有机相中的反应物 R—X 发生亲核取代反应而生成目的产物 R-Nu。同时生成的 Q^+X^- 离子对又可以从有机相转移到水相。从而完成了相转移的催化循环，使上述亲核取代反应顺利完成。

在相转移的催化循环中，季铵阳离子 Q^+ 并不消耗，只是起着转移亲核试剂阴离子 Nu^- 的作用。因此只需要催化剂量的季铵盐，就可以很好地完成上述反应，在这里，季铵盐又叫作"相转移催化剂（PTC）"，上述反应过程则叫作"相转移催化"。

在上述催化循环中，从有机反应物 R-X 上脱落下来的 X^- 并不要求和原来季铵盐中的 X^- 相同，只要脱落下来的 X^- 能随 Q^+ 进入水相，并且能与阴离子 Nu^- 进行交换，而且在两相中始终都有季铵阳离子存在就可以了。

在亲核试剂 M^+Nu^- 中，M^+ 是金属离子，Nu^- 是希望参加反应的亲核基团，它可以是 F^-、Br^-、Cl^-、CN^-、OH^-、CH_3^-、$C_2H_5O^-$、ArO^-、$\overset{\displaystyle O}{\underset{\displaystyle \|}{-C-O}}$ 等。因为 R-X 和 M^+Nu^- 都可以是许多种类型的化合物，所以相转移催化可用于许多亲核取代反应，甚至还可用于某些其他类型的反应，例如氧化等。

2. 相转移催化剂

相转移催化剂是将少量季铵盐阳离子当做一种反应物的载体，将该反应物通过界面可转移到另一相，与另一反应物进行反应，并反复循环进行，催化剂本身并无消耗。

相转移催化剂至少要能满足以下两个基本要求：一个是能将所需要的离子从水相或固相转移到有机相；另一个是要有利于该离子的迅速反应。当然，一种具有工业使用价值的相转移催化剂还必须具备以下条件：

① 用量少，效率高，自身不会发生不可逆的反应而消耗掉，或者在过程中失去转移特定离子的能力；

② 制备不太困难，价格合理；

③ 毒性小，可用于多种反应。

大多数相转移催化反应要求将阴离子转移到有机相；但是有些反应则要求将阳离子（例如重氮盐阳离子）或中性离子对（例如高锰酸钾）转移到有机相。

对于阴离子的转移，最常用的催化剂是季铵盐和叔胺（例如，吡啶、三丁胺等）。因为它们的制备不太困难，价格也不太贵。其他的季盐，例如季鏻盐、季钟盐、季锑盐、季铋盐和季锍盐等，则由于制备困难、价格昂贵，仅用于实验研究工作。

另一类相转移催化剂是聚醚，其中主要是链状聚乙二醇，它的二烷基醚和环状冠醚。这类催化剂的特点是能与阳离子络合形成（伪）有机阳离子。例如：

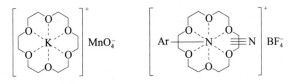

18-冠醚-6的伪有机阳离子　　　　　18-冠醚-6的有机阳离子

这类相转移催化剂不仅可以将水相中的离子转移到有机相，而且可以在无水状态或者在微量水存在下，将固体的离子对转移到有机相。

冠醚的催化效果非常好，但是制造困难，价格太贵。只有当季铵盐在反应中不稳定时，才考虑使用冠醚。因此，目前也只用于实验研究工作。

开链聚醚的催化效果虽然不如季铵盐，但是它价廉、易得、使用方便、废液易处理，是一种有发展前途的相转移催化剂。聚乙二醇的催化效果有时优于季铵盐，另外它还可以催化某些异构化反应。

3. 相转移催化的应用

根据相转移催化原理可以看出，凡是能与相转移催化剂形成可溶于有机相的离子对的多种类型化合物，均可采用相转移催化法进行反应。

(1) 二氯卡宾的生产和应用　二氯卡宾（：CCl₂）又名二氯碳烯或二氯亚甲基，它的原子周围有 6 个电子，是一个非常活泼的缺电子试剂，容易发生各种加成反应。但二氯卡宾极易水解，在水中的生存期不到 1s。生产二氯卡宾的传统方法要求绝对无水并有一些其他很不方便的条件。但在相转移催化剂的存在下，则可以由氯仿与氢氧化钠浓溶液相作用，产生稳定的二氯卡宾。其反应历程大致如图 8-6 所示。

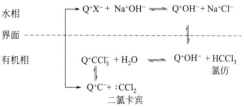

图 8-6　在相转移催化剂由氯仿生成二氯卡宾的反应历程

即在水相中季铵盐 Q^+X^- 与 NaOH 作用，生成季铵碱离子对 Q^+OH^-，它被萃取到有机相，与氯仿作用而生成二氯卡宾。在有机相中二氯卡宾水解很慢。因为有机相中二氯卡宾与三氯甲基季铵盐处于一个平衡体系中，如果：氯卡宾不发生进一步反应，它在有机相中仍然能保持活性达数日之久。当有机相中存在有烯烃、芳烃、碳环、醇、酚、醛、胺、酰胺等试剂时，则可以发生加成反应，生成多种类型的化合物。

例如，在相转移催化剂 TEBAC 存在下，苯甲醛在氯仿溶液中与 50％氢氧化钠作用，可一步制得扁桃酸（医药中间体）。

$$\text{PhCH=O} + :CCl_2 \xrightarrow{\text{加成}} [\cdots]\longrightarrow$$

$$\xrightarrow[-2NaCl, -H_2O]{+3NaOH(\text{水解})}$$

扁桃酸钠

此法与老的合成路线相比，原料易得，操作简便、安全，收率好。

(2) O-烃化（醚类的合成）　对硝基苯乙醚是由对硝基氯苯与氢氧化钠的乙醇溶液相互作用而制得的。其反应式如下：

$$C_2H_5OH + NaOH \Longrightarrow C_2H_5O^-Na^+ + H_2O$$

$$O_2N-C_6H_4-Cl + C_2H_5O^-Na^+ \longrightarrow O_2N-C_6H_4-OC_2H_5 + NaCl$$

按老工艺，O-芳基化反应（烷氧基化反应）要在压热釜中加热几十小时，对硝基氯苯的转化率只有 75％；还要用减压蒸馏法回收未反应的对硝基氯苯，能耗大；另外，有水解副反应发生，生成对硝基酚钠，废液多。按消耗的对硝基氯苯计，对硝基苯乙醚的收率只有 85％～88％。

加入相转移催化剂，可在常温、常压下只需几个小时反应，对硝基氯苯的转化率即达到 99％以上，对硝基苯乙醚的收率可达 92％～94％，纯度达 99％以上。显然这是因为相转移催化剂季铵盐 Q^+X^- 将原来难溶于对硝基氯苯的乙醇钠转变为易溶于对硝基氯苯和对硝基苯乙醚 $Q^+C_2H_5O^-$ 离子对的缘故。

许多 O-烃化反应，采用相转移催化剂，都可以取得良好效果。

(3) O-酰化反应（酯类的合成）　例如，从二乙氧基硫代磷酰氯与对硝基苯酚钠在甲苯-氢氧化钠水介质中制备乙基对硫磷（有机磷杀虫剂）时：

$$(C_2H_5O)_2\overset{\displaystyle S}{\underset{\displaystyle \|}{P}}-Cl + Na^+\ ^-O-\!\!\!\!\!\!\bigcirc\!\!\!\!\!\!-NO_2 \xrightarrow{\ \text{O-酰化}\ } (C_2H_5O)_2\overset{\displaystyle S}{\underset{\displaystyle \|}{P}}-O-\!\!\!\!\!\!\bigcirc\!\!\!\!\!\!-NO_2 + NaCl$$
乙基对硫磷

如果不加入相转移催化剂，反应速度很慢，而且有水解副反应。但只要加入很少量的三甲胺或季铵盐，在 25～40℃ 反应 1h，对硫磷的收率可达 95%～99.5%。显然，在这里季铵盐 Q^+X^- 的作用是将不溶于甲苯的对硝基酚钠离子对转变成易溶于甲苯的 $Q^{+\ -}O-C_6H_4-NO_2$ 离子对的缘故。

三甲胺的催化作用是它先与二乙氧基硫代磷酰氯作用生成锚盐，后者也是相转移催化剂。

$$(C_2H_5O)_2\overset{\displaystyle S}{\underset{\displaystyle \|}{P}}-Cl + N(CH_3)_3 \longrightarrow \left[(C_2H_5O)_2\overset{\displaystyle S}{\underset{\displaystyle \|}{P}}-N(CH_3)_3\right]^+ Cl^-$$

相转移催化现已广泛用于许多有机磷杀虫剂的生产。另外，还用于其他酰氯与醇钠（酚钠）的酯化反应。

4. 液-固-液三相相转移催化

考虑到相转移催化剂价格贵，难回收，又发展了固体相转移催化剂。它是将季铵盐、季𬭩盐、冠醚或开链聚醚连接到聚合物上而得到的不溶于水和一般有机溶剂的固体相转移催化剂。相转移催化反应在水相、固体催化剂和有机相这三相之间进行，所以这类催化剂又叫作"三相催化剂"。它的优点是：操作简便，反应后容易分离，催化剂可定量回收。另外，这种方法所需费用和能源都很低，并适用于自动化连续生产。20 世纪 60 年代，这种催化剂已成功地用于合成氰醇、氰乙基化和安息香缩合等反应，并引起工业界的极大兴趣。另外，这种催化剂还可用于氨基酸立体异构体的分离，手性冠醚聚合物催化剂适用于不对称合成。

四、均相络合催化

均相络合催化是指用可溶性过渡金属络合物作为催化剂，在液相对有机反应进行均相催化的方法。这种方法在工业上有重要应用。

1. 均相络合催化剂

均相络合催化之所以能够用于多种不同类型反应，其奥秘在于许多过渡金属原子能以不同的价态出现，并能与多种不同的配位体以共价键或配位键的键型相结合，而给出多种多样功能不同的催化剂。这类催化剂是分子态的，它能与各种反应物发生特定的一系列反应，并通过催化剂循环而得到目的产物，重新再生成催化剂。对于不同的反应，其催化剂分子不仅需要特定的过渡金属原子，而且还需要结合特定的配位体，才能使催化剂具有高效率和高选择性。

对于烯烃的加氢、加成、齐聚以及一氧化碳的羰基合成等反应，所用的催化剂分子中一般要用软的或可极化的配位体来稳定过渡金属原子的低价配合物。这类配位体主要有：一氧化碳、胺类、膦类、较大的卤素阴离子和 CN^- 阴离子等。软的配位体常常是通过 σ-给予键和 π-受体键的相互作用与金属原子结合的。

对于氧化反应的催化剂，通常用"硬的"或不可极化的配位体来稳定高价的金属阳离子。这类配位体主要有水、醇、胺、氢氧化物和羧酸根阴离子等。它们是通过简单的 σ-给予键（通常是完全的离子键）连接到金属阳离子上的。

生产中，有时在反应液中加入不具有催化活性但价廉易得的过渡金属盐，让它在反应过程中转变成具有活性的催化物种。例如，在从乙烯、一氧化碳和水进行羰基化（亦称氢羧化）反应制取丙酸时：

$$CH_2\!=\!CH_2 + CO + H_2O \xrightarrow[\substack{20\sim24MPa}]{\substack{Ni^0(CO)_3 \\ 270\sim320℃}} CH_3-CH_2-\overset{\displaystyle O}{\underset{\displaystyle \|}{C}}-OH$$

加入反应液中的"催化剂"是丙酸镍，但真正起催化活性物种的则是零价的三羰基镍。

$$Ni^1 \xrightarrow[\text{还原}]{CO} Ni^0 \xrightarrow[\text{配合}]{4CO} Ni^0(CO)_4 \xrightarrow[\text{解离}]{-CO} Ni^0(CO)_3$$

在均相络合催化剂分子中，参加化学反应的主要是过渡金属原子，而许多配位体只是起着调整催化剂的活性、选择性和稳定性的作用，并不参加化学反应。因此，在书写反应式时，为了简便，常常将过渡金属原子用 M 表示，将不参加反应而结构复杂的配位体用 L 表示。并且用 ML 或 M 表示均相络合催化剂。

2. 均相络合催化的基本反应

在均相络合催化的反应历程中所发生的单元反应，都是配位化学和金属有机化学中的一些基本反应。将这些基本反应适当组合，组成催化循环，得到目的产物，并重新生成催化剂。主要的基本反应有以下几种。

(1) 配合与解离　配合指的是一个配位体以简单的共价键与过渡金属原子结合而生成配合物的反应。它是均相络合催化中不可缺少的反应。例如，以含膦螯合配位体的氢化镍为催化剂（以 M—H 表示），在乙烯低聚制高碳 α-烯烃时，其第一步基本反应就是乙烯与镍配合。

$$M—H+CH_2=CH_2 \xrightleftharpoons[\text{解离}]{\text{配合}} \begin{array}{c} M—H \\ | \\ CH_2=CH_2 \\ \pi\text{-配合物} \end{array}$$

解离是配合的逆反应，即金属-配位体之间的共价键或配位体发生断裂使该配位体从配合物中解离下来的反应。它是均相络合催化中经常遇到的反应。

(2) 插入和消除　插入指的是与过渡金属原子配合的双键（例如烯烃、二烯烃、炔烃、芳烃和一氧化碳等配体中的双键）中的 π-键打开，并插入到另一个金属-配体键之间。例如，上述乙烯低聚的第二步基本反应就是乙烯插入 M—H 键之间。

$$\begin{array}{c} M\!\!+\!\!H \\ CH_2=CH_2 \end{array} \xrightarrow[\text{(或氢转移)}]{\text{乙烯插入}} M—C_2H_5 \xrightarrow[\text{配合}]{CH_2=CH_2} \xrightarrow[\text{(或乙基转移)}]{\text{乙烯插入}} \begin{array}{c} M\!\!+\!\!C_2H_5 \\ CH_2=CH_2 \end{array}$$

$$M—CH_2—CH_2—C_2H_5 \xrightarrow[\text{配合,乙烯插入}]{nCH_2=CH_2} M—CH_2—CH_2—(C_2H_4)_n—C_2H_5$$

上式中，直虚线表示将要断裂的键，直虚箭头表示将要形成的键；
弯虚箭头表示电子对的转移方向。

插入反应也可以看作是一个配体从过渡金属原子上转移到一个具有双键的配体的 β-位上。因此插入反应也叫作配体转移反应或重排反应。

消除指的是一个配体上的 β-氢（或其他基团）转移到过渡金属原子的空配位上，同时该配体-金属之间的键断裂，使该配体成为具有双键的化合物，从金属上消除下来。例如，上述乙烯低聚反应的最后一步基本反应就是消除。

$$M\!\!+\!\!CH_2—CH(C_2H_4)_n—C_2H_5 \xrightarrow{\beta\text{-氢消除}} \underset{\text{催化剂}}{M—H} + \underset{\text{目的产物,高碳}\ \alpha\text{-烯烃}}{CH_2=CH—(C_2H_4)_n—C_2H_5}$$

(3) 氧化和还原　在氧化/还原反应中，络合催化剂中的过渡金属原子通常是在两个比较稳定的氧化态之间循环，它们都是单原子循环。另外，金属原子也可以在零价态和氧化态之间循环，它们是双电子循环。氧化/还原反应可分为简单的电子转移和配体转移两类。

(4) 氧化加成和还原消除　氧化加成指的是一个分子断裂为两个配体，并同时配合到一个过渡金属原子上。

还原消除是氧化加成的逆反应，即两个配体同时从过渡金属原子上解离下来，并相互结合成一个分子。

从上述制备高碳 α-烯烃的实例可以看出，在均相络合催化剂的存在下，将几种不同类型的基本反应以适当的方式结合起来，就可以从起始反应物得到所需要的目的产物。因为在整个过程中，催化剂又可以重新生成，所以又叫作"催化循环"。

3. 均相络合催化的应用

均相络合催化在工业上应用较多，上述的制备高碳 α-烯烃的反应就是一个例子。这里将丙烯氢甲酰化制正丁醛的催化循环表示如图 8-7［催化剂 H—Co(CO)₃ 用 H—Co 表示］。

从图 8-7 可以看出：∶C ═O 的配合不是发生在碳、氧双键上，而是发生在碳原子的孤电子对上。另外，CO 的插入也不是发生在碳氧双键上，而是发生在碳、钴双键上。

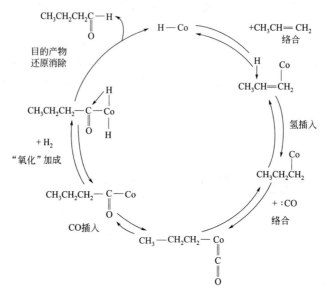

图 8-7　丙烯氢甲酰化制正丁醛的催化循环

4. 均相络合催化的优缺点

(1) 均相络合催化的优点

① 催化剂选择性好　因为在这个体系里，催化剂是以分子状态存在的。每一个催化剂分子都是具有同等性质的活性单位，而且一般都是按照其结构，突出一种最强的配位作用。另外，分子态催化剂的尺寸很小，对于多官能团的有机反应物分子，在同一瞬间只能有一个或少数几个官能团靠近催化剂分子而处于有利于反应的位置。这对于反应的良好选择性提供了条件。而多种固体催化剂则不同，它们的表面是非均一的，具有多种不同的活性中心，可以同时发生多种不同方向反应，这对于催化剂的选择性有影响。

② 催化剂的高活性　对于均相络合催化剂，由于对中心过渡金属原子和配体的精心筛选，使每个催化剂分子不仅具有很高的选择性，而且有很高的活性。因此，溶液中络合催化剂的浓度远远低于固体催化剂表面活性组分的浓度。

③ 催化体系的预见性好　均相络合催化剂在结构上分为中心过渡金属原子和配体两部分，在研究和设计催化体系时，就按照改变中心金属原子和改变配体的思路来调整其性能。这比气固相接触催化中对助催化剂的筛选有较好的预见性。

(2) 均相络合催化的缺点

① 催化剂回收问题，在使用贵金属催化剂时这一点显得特别重要。

② 大多数均相络合催化剂在 250℃ 以上是不稳定的，因此反应温度不宜过高。

③ 均相络合催化一般是在酸性介质中进行的，常常要求使用特种耐腐蚀材料。

④ 有许多反应，特别是以一氧化碳为起始原料的羰基合成反应，常常需要高达 30MPa 的操作压力，对材质要求高。

5. 均相络合催化剂的固载化

为了解决均相络合催化剂的回收问题，多年来又开展了均相络合催化剂固载化的研究。固载化的方法主要有以下几种。

① 把络合催化剂浸渍在多孔性载体上。

② 把络合催化剂化学结合到无机载体上。

③ 把络合催化剂化学结合到有机高聚物载体上。

络合催化剂的固载化虽然已取得一定成果，但是要在工业上广泛应用，还要做很多工作。

第五节　精细陶瓷

一、概述

陶瓷是一种非金属材料。人类最早开始制造和使用陶瓷可追溯到几千年前的陶瓷时代，中国半坡原始部落遗址中就出土有大量的陶器用品。最初人们是以天然的瓷土为原料（硅酸盐矿石），经过烧结成为生活用的器皿以及装饰用品。随着社会的进步和发展，陶瓷的应用已远远超出生活用品和工艺品的范围，各种具有电磁功能、光学功能、力学功能、耐高温功能及生物功能的新型陶瓷被研制出来，并广泛地应用于电子、机械、原子能工业及医药等方面。这些具有特殊功能的陶瓷已和传统的陶瓷在制造的原料上、制造工艺上有着极大的区别，于是就分支出了精细陶瓷的新概念。所谓精细陶瓷，目前尚无统一认可说法，但一般认为，凡采用高度精选的原料，具有能精确控制的化学组成，按照可以进行结构设计和控制的方法进行制造、加工的，并具有优异特性的陶瓷称为精细陶瓷。

精细陶瓷的原料不同于传统陶瓷所用的黏土、长石、石英等无机天然物质，而是使用经过精制的高纯度人工合成原料，如锆、钛、硅、钴、钨等的碳化物、氮化物、硼化物和氧化物，它的配料都经过精密计算，制造过程均需精密控制，因而所成产品的微细结构均能准确控制。它们有着普通陶瓷无法比拟的优良特性，成为一种具有耐高温、高强度、高硬度、低磨损、低膨胀系数、高压绝缘性优良的新型结构材料，可应用于机械切削、燃气轮机、发动机、电子工业、原子能工业、医疗及航天等领域。

精细陶瓷的类型按化学组成可分为氧化物及非氧化物两大类。氧化物为铝、硅、镁、钛、铋等金属氧化物，非氧化物为碳化物、氮化物、硼化物、硅化物等。如按其特性和用途则可分为电子陶瓷、工程陶瓷和生物陶瓷三大类。

二、精细陶瓷的特性

精细陶瓷作为陶瓷工业分支的一类新型精细化工产品，和传统陶瓷有着很多不同。

（1）原料的制备　原料制备在可精密控制的人工合成及提纯的方法下进行。由于精细陶瓷具有硬度大，耐磨性能好，耐热及耐腐蚀性能优异等特点，因此必须制成高纯度和高超细原料的粉体。原料粉体的纯度、粒径分布的均匀性、凝聚特性及粒子的各向异性等，都对产品的微细结构和性能有极大影响，为此原料粉体制备采用以下合成的方法。

① 固相合成法　采用固态物质高温下反应。如碳化硅粉体的合成可采用二氧化硅粉末与碳粉在惰性气体中加热到 $1500 \sim 1700℃$ 进行固-固反应制得。氮化硅粉体则采用高纯度二氧化硅粉末与碳粉通入氮气加热，进行固-气反应制得。

② 液相合成法　以液相反应制取粉体原料。如通过化学反应产生难溶盐的超细沉淀，然后经热分解，生成氧化物粉体。或通过水解法，如钛酸钡粉体，是将水加到异丙醇钡的戊醚钛乙醇溶液中，经反应、沉淀、干燥、煅烧获得。也可通过溶液蒸发法，使粉体悬浮液增浓，最后用喷雾干燥法获得球状粉体。

③ 气相合成法　此法是将原料加热至高温使之汽化，然后骤冷，凝聚成微粒物料，称为蒸发凝聚法。它适用于制备一氧化物和复氧化物、碳化物或金属微粒粉。或者通过气相反应法，使

易挥发性的金属化合物加热变成蒸气，进行化学反应合成，以此制得氮化物、碳化物、硼化物、金属氯化物等。

（2）成型烧结工艺　精细陶瓷的成型烧结工艺是在独特精确的控制下进行。为了使精细陶瓷具有优异的性能，其微细结构必须进行精密控制，因此在成型烧结工艺中，必须减少形体上的气孔，增强颗粒之间的致密程度，从而提高力学强度。其成型烧结法可采用以下几种方法。

① 热压烧结法　将粉体置于压模中，在 10～50MPa 的压力作用下，一边加压一边加到烧结的高温。此方法可形成高密度、高强度、低孔隙的制品，适于切削工具等的制造。

② 热静压法　粉体置于能承受 50～200MPa 压力和 2000℃ 高温的真空容器中，以惰性气体为压力介质，采取边加热边从各方向加压压缩使粉体成型。此法不用模具可制得形状复杂的制品，且产品硬度高，韧性强。

③ 化学气相沉积法　是将气化的原料加热，使其发生化学反应形成陶瓷沉积于基片上。此法可形成高致密度的陶瓷层。

④ 反应燃烧法　是将加热的硅粉置于所需形状的容器中，通入氮气、氢气混合气体，使之与硅反应，在生成氮化硅的同时被烧结。

⑤ 等离子体喷射法　将陶瓷粉体通过电子枪或燃烧枪使其熔化，在压力作用下喷射基片表面并固化。此法也称为热喷涂。

（3）具有优异的特性　由于精细陶瓷是在精确控制的高技术下生产，所以具有传统陶瓷无法比拟的优异特性。

① 耐高温、高强度　精细陶瓷能在超高温下工作，并保持强度不变。例如热压氮化硅可在 1400℃ 的高温下承受 620MPa 的抗弯强度不变形。而在此条件下，任何超级合金都会损坏。美国生产的牌号为"Sialon"的氮化硅陶瓷其室温抗弯强度高达 1050MPa，1300℃ 时仍可达 700MPa，有人称其性能"轻如铝，强如钢，硬若金刚石"。

② 独特的功能　使用特殊的配料和工艺处理，可制成具有光电、介电、压电、半导体、透光性、化学吸附、生物适应性等各种性能优异的功能性精细陶瓷。例如陶瓷的电阻率很高，一般在 $10^7 \sim 10^{20}\Omega$，是优良的绝缘材料，而且它耐高温、耐腐蚀性优良，具有极高的介电强度，这也是其他非陶瓷材料无法达到的，因此可用于制造超高压材料。

三、新型精细陶瓷的种类及应用

高温高强度陶瓷中主要是氮化硅和碳化硅。氮化硅陶瓷可用来制作耐腐蚀涡轮叶片、涡轮转子、柴油发动机的热衬、晶体管模具等。利用它的耐磨性及高硬度，可制作切削工具、滚珠轴承座、密封磨环圈等。利用它优良的耐腐蚀性，可制造球阀及耐腐蚀部件。在冶金工业中作为接触熔融金属的部件模芯，测量高温的热电偶套管。利用它的绝缘性，在电子工业中可制成绝缘部件，冲制成各种形状，再经烧结作电子管的云母片等。碳化硅陶瓷具有与氮化硅相同的特性，也可用于制造汽轮机叶片。另外，它具有较高的热导率，适合作高温下的热交换器的材料，做核反应堆中核燃料的包装材料、火箭喷管的喷嘴及防弹用品等。

1. 延性陶瓷

普通陶瓷的特点是耐高温，硬度高，但性脆是它的最大缺点。而用金属和陶瓷制成的延性陶瓷（它是精细陶瓷的一种），不但具有陶瓷的高刚性、耐高温性，而且又具有金属的韧性和抗弯性。如氧化锆陶瓷具有优异的性能，它的热导率比氮化硅低五分之四，膨胀曲线与铸铁和铝相近。它可制成柴油机的活塞顶、汽缸盖。利用氧化锆在高温下的导电性；可制作高温发热元件、塑料薄膜切割机、非铁加工用冲模、精密水泵用柱塞、粉碎用轧辊等。

2. 电子陶瓷

电子陶瓷是利用不同种类的陶瓷对于环境温度、压力、光、气体等的变化产生不同的电磁特性而制作的精细陶瓷，它可分为以下几种。

（1）介电陶瓷　物质的不导电性称为介电性，它是用物质在电场作用下产生电子、离子、原子和偶极子取向的总极化率——介电常数来衡量的。陶瓷是优良的介电材料，如橡胶的介电常数

为 $2.0 \sim 3.5$，纯净的 $BaTiO_3$ 陶瓷的介电常数为 1600，如果在其中加入 $SrTiO_3$、$CaZrO_3$、$Mg\text{-}ZrO_3$ 等，其介电常数会增大至 9500。因此，介电陶瓷大量被用来制作陶瓷电容器。随着电子电路的微型化，正在开发小型、大容量的电器，如叠层陶瓷片是集成电路 IC 元件，这种电容器每片厚度为 $20 \sim 40 \mu m$，它将对微波技术的发展产生极大的推动作用。

（2）压电陶瓷 当晶体受到压力作用产生应变时，晶体两端会出现正负电荷现象，称为极化。反之，当受到外加电压时，则会产生应变，这种现象称为压电效应。具有压电效应的陶瓷称为压电陶瓷，它可以进行电能和机械能的转化。目前应用最广泛的压电陶瓷是 ABO_3 型化合物、钛酸钡系陶瓷、钛酸铅系陶瓷及锆钛酸系陶瓷等，它们可作为振子应用，有压电振子、复合振子、滤波器、压电变压器等。作为陶瓷换能器，广泛用于超声波清洁器，超声波破损检验，雷达的延迟天线，彩色电视的拾音器、水听器，各种探伤仪加速度表等。它还可用于高电压发生器、导弹和炮弹的引信和各种武器的触发器，压电点火式气体打火机、照相机闪光灯以及加速测力器、高频探头等。

（3）半导体陶瓷 在陶瓷中加入某些过渡金属氧化物，它们的电阻率将随温度、电压、周围气体环境的变化而变化，这一类陶瓷称为半导体陶瓷。利用半导体陶瓷的电阻率随温度上升显示不同数值的特性，可制成各种类型的热敏电阻，用于恒温发热器、过热保护器，以及测量温度的电阻温度计。还可制成变阻器、电路稳压器。利用半导体陶瓷电阻率随周围环境气氛而变化的特点，可制成气敏电阻元件，以代替人鼻的作用，用于化工系统危险气体装置泄漏报警等。

（4）生物陶瓷 用于生命与生物工程方面的陶瓷称为生物陶瓷。它们主要有磷灰石陶瓷、磷酸钙陶瓷、碳素陶瓷及氧化铝陶瓷等。由于这些陶瓷除具有高硬度，高强度，耐磨性好，耐腐蚀好等优点外，对生物体有良好的适应性和稳定性，因此可被用于制作人工骨骼、关节、牙齿及人造器官的材料。如羟基磷灰石陶瓷置于人体后不会引起排斥反应，可直接与人体组织强有力结合，它的耐压强度、抗拉强度要比自然人骨、人齿、珐琅大数百倍，弹性模量大两倍，是制造人造骨、人造齿的绝好材料。又如碳素陶瓷因无化学活性，其化学组成与构成人体的基本元素（C）相同，因此无毒性，无排斥反应，与机体亲和性好。可用于制造人体的心脏瓣膜、人造肌腱、人造血管、人造咽喉管、人造胆管等。

（5）透明陶瓷 一般陶瓷为不透明体，这是由于陶瓷中晶粒和气泡的散光性所造成。由于精细陶瓷可制成微晶化和高压成型不含气泡，因此可制成透明陶瓷，如透明氧化铝陶瓷可用于高压钠灯发光管。

四、精细陶瓷展望

精细陶瓷是近年来出现的一种性能优异的新型工业材料，由于其资源丰富应用广泛，因此发展迅速。有人预言，精细陶瓷将成为 21 世纪材料工业的基础。目前，世界上对精细陶瓷研究成绩最突出的是日本，其次是美国、德国、加拿大和意大利等，许多国家都已将精细陶瓷的研究列入国家的重点计划。用精细陶瓷制作的汽车发动机部件可大大延长使用寿命，省却了冷却系统，节能 13%，且可使排气温度上升，回收废气热能，使热效率从 30% 提高到 40%～48%，并能减少汽车的重量，降低价格。当前，精细陶瓷的研究一方面在于提高其专用性能，扩大应用范围，另一方面至关重要的是进行高纯度物质超微粉体的生产工艺研究。因为当物质逐步微细化到 $1 \sim 100nm$ 颗粒范围时，就成为超微颗粒，这时它在性能上出现与原固体颗粒完全不同的行为，成为"物质的新状态"，这表现在磁性、电阻性、对光的反射性、溶剂中的分散性及化学反应性都与原物质有很大的差异。我国的陶瓷制造有着悠久的历史，但对精细陶瓷的研究起步较晚，与世界发达国家相比，还有很大的差距。目前许多科研单位、大专院校已开始了这方面的研究，可以相信，经过努力这种差距将会逐渐缩小。

第六节 生物化工

生物技术亦称生物工程，是应用生物学、化学和工程学的基本原理，利用生物体（包括微生物、动物细胞和植物细胞）或其组成部分（细胞器和酶）生产有用物质或为人类进行某种服务的一门科学技术。生物技术是当今迅速发展的一个高技术领域。

采用生物技术生产精细化工产品是精细化工发展的重要方向之一。一些精细化工产品如采用化学方法合成，存在反应步骤冗长、副反应多、反应速度慢及产物的分离精制困难等工艺上的不足。而采用生物催化剂——酶，特别是经过基因工程获得的"工程菌"所提供的生物酶，可使一些精细化工产品的合成、分离和精制得以顺利实现。这是利用酶对底物（反应物）和对反应类型的高度选择性的结果。例如：十三烷基二元酸的生产、甾体激素的羟化和脱氢、6-氨基青霉烷酸和丙烯酰胺的生产，以及近年投放市场的胰岛素、干扰素和乙肝疫苗等。有些精细化工产品是无法用化学合成法生产的，如美国军方研究用生物技术生产一种用于制造降落伞的蚕丝蛋白质，其韧性和强度均为其他材料无法比拟；日本的 TDK 公司研究的应用微生物生产新型磁性材料等，都显示了生物技术在精细化工生产中的重要性。预计与生物技术有关的产品其最大市场将是由医药品和调味品（包括酸味剂、甜味剂、鲜味剂等）及染料、香料、色素和农药等组成的精细化工产品领域，这类产品产量低、价格高，其中以人生长激素、人胰岛素、干扰素等为代表的产品已捷足先登，进行了工业化生产。

自 20 世纪 90 年代后期，我国的生物化工有了长足的发展，部分化工产品正在向生物技术作战略转移，且国家也相当重视，建立了生命科学研究中心，集中人力、物力、财力进行生物技术的开发。

本节就几个典型的生物产品的生产作介绍。

一、氨基酸

氨基酸的生产方法有发酵法、化学合成法、水解抽提法和酶促合成法四种。由于发酵法生产成本低，原料来源丰富，所以是目前氨基酸生产的主要方法。据报道，目前工业上可用发酵法生产的氨基酸已有十多种，但产量较大的是谷氨酸和赖氨酸等几种。

1. 谷氨酸

（1）谷氨酸的生物合成途径　谷氨酸的化学名称为 α-氨基戊二酸，它有 L 型、D 型和 DL 型三种旋光异构体，其中只有 L-型谷氨酸单钠才具有强烈的鲜味。以葡萄糖为原料生物合成谷氨酸的代谢途径大致为：葡萄糖进入微生物细胞后，经酵解作用（EMP 途径）和磷酸戊糖支路（HMP）两种途径生成丙酮酸，再氧化生成乙酰辅酶 A，然后进入三羧酸循环（TCA），生成 α-酮戊二酸。再在 NH_4^+ 存在下，经谷氨酸脱氢酶的作用生成 L-谷氨酸；或在天门冬氨酸存在下，经氨基转移酶的作用生成 L-谷氨酸。

由葡糖生物合成 L-谷氨酸总的反应式如下：

$$C_6H_{12}O_6 + NH_3 + 3/2O_2 \longrightarrow C_5H_9O_4N + CO_2 + 3H_2O$$

从以上反应式可知，由葡糖生成 L-谷氨酸的理论得率为 81.6%，而目前生产上实际转化率仅为 50% 左右，所以提高谷氨酸得率的潜力还是很大的。

（2）谷氨酸生产工艺　利用淀粉水解糖为原料通过微生物发酵生产谷氨酸的工艺，是当前国内外最成熟、最典型的一种氨基酸生产工艺，其工艺流程如图 8-8 所示。

2. 赖氨酸

赖氨酸即 2,6-二氨基己酸，是人体必需的氨基酸之一，有促进生长发育、增强体质的作用。赖氨酸主要用于饲料工业，其次是食品、饮料及医药工业。

（1）赖氨酸的生物合成途径　目前赖氨酸发酵生产菌株主要是细菌。细菌赖氨酸生物合成途径主要是由以大肠杆菌 K12 为材料来完成的。合成起始物是天门冬氨酸，经激酶等作用形成天门冬氨酸半醛，后者与丙酮酸经醛醇缩合与脱水二步反应生成环状中间产物 2,3-二氢吡啶二羧酸，此后又形成 L-α,ε-二氨基庚二酸，后者脱羧生成 L-赖氨酸。由葡糖生物合成 L-赖氨酸的总化学反应式如下：

$$3C_6H_{12}O_6 + 4NH_3 + 4O_2 \longrightarrow 2C_6H_{14}N_2O_2 + 6CO_2 + 10H_2O$$

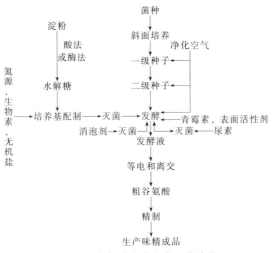

图 8-8　谷氨酸发酵生产工艺流程

从以上反应式可知，理论转化率约为 2/3。

（2）赖氨酸的发酵生产工艺　赖氨酸工业化发酵生产通常以各种淀粉水解糖或甘蔗糖蜜作为碳源，氨水、铵盐或尿素为氮源。由于赖氨酸生产菌株都是营养缺陷型突变株或抗代谢物变异株，所以培养基中必须提供相应的生长因子，这些生长因子的浓度通常是生长所需的亚适量浓度。利用谷氨酸产生菌的诱变株，也需提供生物素。赖氨酸发酵过程中培养基也需维持中性 pH，可以通过滴加氨水或尿素来控制，也可加入 $CaCO_3$ 来维持。

赖氨酸生产工艺流程如图 8-9 所示。

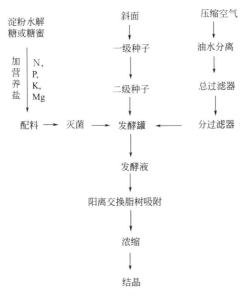

图 8-9　赖氨酸发酵生产工艺流程

3. 其他氨基酸

其他种类的氨基酸的发酵工艺与上述大同小异，也均属于代谢控制发酵。通常，在利用营养缺陷型菌株进行氨基酸发酵时，在培养基中加入所要求的氨基酸量，必须为菌体最大生长的亚适量，才能积累大量的某种氨基酸。如使用高丝氨酸缺陷型的赖氨酸产生菌，发酵时应控制高丝氨酸的量，使赖氨酸得以积累。

氨基酸的提炼，主要有结晶法、离子交换法、电渗析法、溶剂萃取法等。配合菌体分离、浓缩、脱色、结晶、干燥等工艺操作，构成完整的工艺流程。离子交换法是从氨基酸发酵液中分离精制氨基酸时广泛采用的方法，其提取工艺流程如图 8-10 所示。

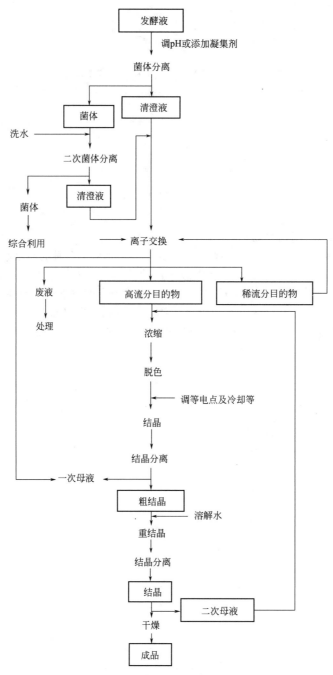

图 8-10　氨基酸的提取工艺流程

二、核酸类

核酸类物质主要有 $5'$-肌苷酸（$5'$-IMP）、$5'$-鸟苷酸（$5'$-GMP）、肌苷、辅酶 A 等。前两种是助鲜剂，主要用作强力味精、复合味精的配制，后两种用于医药。

1. 肌苷酸

肌苷酸由核糖、磷酸和次黄嘌呤组成，为白色结晶粉末状或颗粒状，味鲜、无臭，易溶于水。肌苷酸产物在生产中以肌苷酸钠形式存在，其化学式为 $C_{10}H_{11}O_8N_4Na_2P \cdot 7.5H_2O$，分子量为 527.2。我国上海冠生园（集团）有限公司的 20t 罐肌苷酸发酵工艺流程如下：

斜面(谷氨酸产生菌 2305-265 菌株)→摇瓶种子培养→二级种子罐培养→

三级种子罐培养→发酵→板框压滤→脱色→活性炭吸附→浓缩结晶→精制

目前除采用发酵法生产肌苷酸外，酶解法也是主要生产方法之一。核糖核酸（RNA）经 5′-磷酸二酯酶降解可得到腺苷酸（5′-AMP），后者经 AMP 脱氨酶转化即可得到 5′-IMP。另外，采用发酵法生产肌苷，再经磷酸化后也可制得肌苷酸。

2. 鸟苷酸

鸟苷酸（GMP）由鸟嘌呤、核糖和磷酸三部分组成，其分子式为 $C_{10}H_{12}N_5O_8P$，为白色晶体或粉末状，溶于冷水中，生产中多以钠盐形式出现。

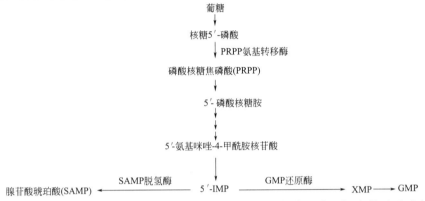

由于目前选育出的菌种鸟苷酸产率还不高，因而国内外多采用酵母提取核酸后进行酶解生产鸟苷酸。该法工艺简单，得率高，副产物也为医药制品。

酶解法生产 5′-核苷酸的技术关键是筛选到产生 5′-磷酸二酯酶的菌株。该酶可催化 RNA 成寡核苷酸分子的核糖上 3′碳原子羟基与磷酸之间形成的二酯键断裂，随之生成 4 种 5′-单核苷酸。酶法生产 5′-GMP 的工艺流程：

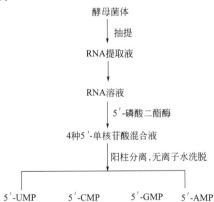

5′-磷酸二酯酶可采用固体或液体深层培养法获得，使用菌种为桔青霉。液体法工艺流程如下：

斜面（橘青霉）→种子培养（培养基同斜面菌种，去琼脂）→发酵培养→滤液（酶活性可达 600U/mL）。

5′-GMP 与 5′-IMP 有相同的助鲜作用，而且与适量的谷氨酸钠按不同比例混合时，其鲜味更优于 5′-IMP。当普通味精中添加 2％、3％、4％、6％、8％ 和 12％ 的 5′-GMP 时，其鲜味分别提高 4.6 倍、5.5 倍、6.2 倍、7.4 倍、8.4 倍和 9.9 倍。

3. 肌苷

肌苷无毒、无副作用，对不同类型的心脏病及肝脏病都有较好的疗效。肌苷还是唯一能替代人体内辅酶 A 功能的药物。除直接作为药品外，肌苷经磷酸酯化后可生成 5′-IMP。

肌苷使用菌株大多为枯草芽孢杆菌变异株，在培养基组成、发酵流程上都大同小异。其生产工艺流程如下：

斜面菌种 $\xrightarrow[18\sim24h]{35℃}$ 摇瓶种子液 $\xrightarrow[12h]{30℃}$ 二级种子液 $\xrightarrow[10\sim12h]{34℃}$ 发酵培养 $\xrightarrow[43\sim48h]{35\sim37℃}$ 放罐 $\longrightarrow$ 树脂吸附 洗脱 $\longrightarrow$ 炭柱吸附、洗脱 $\longrightarrow$ 洗脱浓缩液 $\longrightarrow$ 粗结晶 $\longrightarrow$ 重结晶 $\longrightarrow$ 成品

4. 辅酶 A

辅酶 A 可用于治疗动脉硬化等多种疾病。它是由 3′,5′-二磷酸腺苷、4′-磷酸泛酸与 β-巯基乙胺的缀合体，化学式为 $C_{21}H_{36}O_{16}N_7P_3S$，分子量为 767.54。

辅酶 A 可采用化学合成法、菌体细胞抽提法和微生物发酵法生产。发酵法生产工艺简单、成本低、产率高，已成为国内外生产辅酶 A 的主要方法。其工艺流程如下：

斜面菌种（产氨短杆菌）→ 种子摇瓶 → 种子罐 → 发酵罐 → 发酵液离心 → 提取 → 精制 → 成品

辅酶 A 的提取方法有铜盐工艺、树脂吸附法等。一种提取和纯化辅酶 A 的新工艺过程如下：

辅酶 A 发酵液 → 板框压滤 → 大孔树脂吸附 → 离心浓缩 → DEAE-sephadesA_{25} 吸附 → 氯化锂解吸 → 薄膜浓缩 → 葡聚糖胶提纯 → 辅酶 A 浓缩液 → 沉淀 → 过滤 → 干燥 → 成品

三、有机酸

采用生化法生产的有机酸种类多、用途广。现仅以柠檬酸、乳酸为代表，进行介绍。

1. 柠檬酸

柠檬酸的化学名称为 2-羟基丙烷-1,2,3-三羧酸（或称为 3-羟基-3-羧基-1,5-戊二酸），别名枸橼酸，分子式为 $C_6H_8O_7 \cdot H_2O$。

（1）柠檬酸生物合成途径　利用黑曲霉发酵生产柠檬酸的机理不完全统一，但多认为与三羧酸循环（TCA）密切相关。乌头酸酶或异柠檬酸脱氢酶可由于某些因素（如金属离子的缺乏或代谢毒物）的存在而受到抑制，造成柠檬酸的大量积累。另有试验表明，在发酵过程中只有当培养基中的氮耗尽时才开始产柠檬酸，这有力地说明柠檬酸是由菌体中的碳转变而来的。

（2）柠檬酸生产工艺　柠檬酸生产工艺流程如图 8-11，包括种母醪制备、发酵、提取、空气净化等部分。

① 种母醪制备　将浓度为 12%～14% 的甘薯淀粉浆液放入已灭菌的种母罐 22 中，用表压为98kPa 的蒸汽蒸煮糊化 15～20min，冷至 33℃，接入黑曲霉菌 N-588 的孢子悬浮液，温度保持在32～34℃，在通无菌空气和搅拌下进行培养，5～6d 完成。

② 发酵　在拌和桶 1 中加入甘薯干粉和水，制成浓度为 12%～14% 的浆液，泵送到发酵罐3 中，通入 98kPa 的蒸汽蒸煮糊化 15～25min，冷至 33℃，按 8%～10% 的接种比接入种醪，在33～34℃下搅拌，通无菌空气发酵。发酵过程中补加 CaCO₃，控制 pH＝2～3，5～6d 发酵完成。发酵液中除柠檬酸和大部分水分外尚有淀粉渣和其他有机酸等杂质，故应设法提取、纯化。

柠檬酸在食品工业中广泛用于饮料、果汁、果酱和糕点等食品中；在医药工业中用于制造糖浆或药品的调味剂、油膏的缓冲剂和补血剂等；在化学工业中用作缓冲剂、配合剂和化工原料等。

2. 乳酸

乳酸的化学名称为 α-羟基丙酸，产销量仅次于柠檬酸，在食品、饮料、医药、化工等工业部门中广为应用。

（1）生物合成途径　工业乳酸发酵一般使用德氏乳杆菌为菌种，进行同型发酵，葡糖几乎全部生成乳酸。代谢过程大致为：葡糖经糖酵解（EMP）途径降解为丙酮酸，丙酮酸在乳酸脱氢酶催化下，被还原型辅酶Ⅰ（NADH₂）还原成乳酸。

（2）发酵生产工艺　国内乳酸发酵常使用玉米粉（或大米粉、山芋粉）为原料，工艺流程

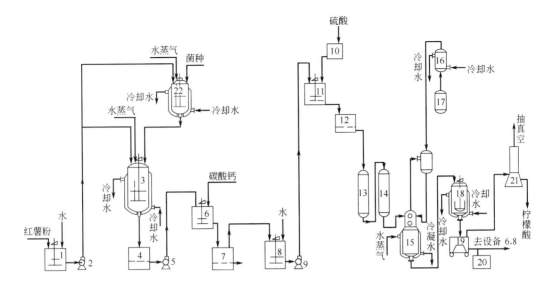

图 8-11　柠檬酸生产工艺流程

1—拌和桶；2,5,9—泵；3—发酵罐；4,7,12—过滤桶；6—中和桶；8—稀释桶；10—硫酸计量槽；
11—酸解桶；13—脱色柱；14—离子交换柱；15—真空浓缩锅；16—冷凝器；17—缓冲器；
18—结晶锅；19—离心机；20—母液槽；21—烘房；22—种母罐

如下：

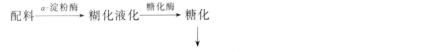

该法工艺简单，设备投资少（大池发酵），收效快，一般产乳酸钙可达 13％ 以上，对糖转化率达 90％ 以上。

四、酶制剂

酶是生物体内产生的具有催化作用的蛋白质。已发现的酶有近 3000 种，在不同领域得到应用的约有 2500 种，但已工业生产的有价值的商品酶仅 50～60 种，其中产量较大的有淀粉酶、糖化酶和蛋白酶等十余种。

1. 淀粉酶

淀粉酶是水解淀粉的酶类之统称，包括 α-淀粉酶、β-淀粉酶、葡糖淀粉酶（糖化酶）、异淀粉酶和环状糊精生成酶等，其中较重要的是 α-淀粉酶和糖化酶。

（1）枯草杆菌 BF7658 α-淀粉酶生产工艺　该种淀粉酶是我国目前产量最大、用途最广的一种液化型 α-淀粉酶，主要用于食品加工、制药、纺织等领域。其生产工艺流程如图 8-12 所示。

（2）黑曲霉 AS3.4309 糖化酶生产工艺　糖化酶与 α-淀粉酶一起可将淀粉转化为葡糖，即所谓"双酶法"制糖，可广泛应用于葡糖工业、酿酒工业和氨基酸工业等领域。

黑曲霉 AS3.4309 是国内糖化酶活性最高的菌株之一。菌种用蔡氏蔗糖斜面于 32℃ 培养 6d 后，移植在以玉米粉 2.5％、玉米浆 2％ 组成的一级种子培养基中，于 32℃ 摇瓶培养 24～36h，再接入（接种量 1％）种子罐（培养基成分同摇瓶发酵），并于 32℃ 通气搅拌培养 24～36h，然后再接入（接种量 5％～7％）发酵罐。发酵培养基由玉米粉 15％、玉米浆 2％、豆饼粉 2％ 组成（先用 α-淀粉酶液化），发酵温度 32℃，在合适的通气搅拌条件下发酵 96h，酶活可达 6000U/mL。

滤液浓缩即为液体酶,如再盐析或加酒精使酶沉淀,并压滤、烘干则可制成商品酶粉。

2. 蛋白酶

微生物蛋白酶按最适作用 pH 分为酸性、中性和碱性蛋白酶三类。酸性蛋白酶是生产历史较长,工艺比较成熟并为较典型的一种蛋白酶,其最适 pH 为 2～5。例如,黑曲霉 3.350 酸性蛋白酶的生产工艺流程如下:

茄子瓶斜面菌种→500L 种子罐→5000L 发酵罐→$(NH_4)_2SO_4$ 盐析

→滤窜压榨→$(NH_4)_2SO_4$ 废液作农肥

装盘→烘干→磨粉→包装

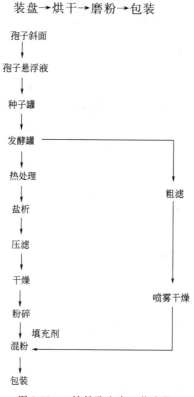

图 8-12 α-淀粉酶生产工艺流程

(1)发酵 种子罐培养采用由豆饼粉 3.65％、玉米粉 0.625％、鱼粉 0.625％、NH_4Cl 1.0％、$CaCl_2$ 0.5％、Na_2HPO_4 0.2％及豆饼粉或蚕蛹粉水解液 10％组成的培养基,通风比 1∶0.6,发酵 72h,酶活可达 2500～3200U/mL。

(2)提取 将培养液滤去菌体,用盐酸调节 pH 至 4.0 以下,加入$(NH_4)_2SO_4$ 使浓度达 55％,静置过夜。倾去上清液,将沉淀通过压滤除去母液,于 40℃干燥 24h,烘干后磨粉、包装,即得工业用粗酶制品。如作为医用或啤酒工业用酶,则需进一步精制。

蛋白酶的应用非常广泛,涉及发酵工业、食品加工、日化、纺织、制革、水产加工、医药等行业。酸性蛋白酶主要用作消化剂、消炎剂、啤酒澄清剂,也可供毛皮软化工业等应用。

五、维生素

维生素是动物和人类生命代谢活动所必需的一类生理活性物质的总称,有上百种制品,但目前能用发酵法生产的主要是维生素 B_2(VB_2)、维生素 B_{12}(VB_{12})和维生素 C(VC)等几种。

1. VB_2 发酵生产工艺

VB_2 又称维生素 G 或核黄素,由一个黄色素(光色素)和一个还原形式的核糖所组成,结构式

为

$$CH_2(CHOH)_3CH_2OH$$

（结构式图）。VB_2 可由表面培养、深层培养和直接提取三种方法生产，均以农产品和食品工业的副产品如小米、玉米及豆渣等为原料通过培养微生物获取。深层培养在发酵罐中进行，适宜工业化大规模生产，其工艺流程如图 8-13 所示。

2. VB_{12} 发酵生产工艺

VB_{12} 是一群具有复杂化学结构的化合物，分子式为 $C_{63}H_{90}CoN_{14}O_{14}P$，有着共同的抗恶性贫血的效应，其中最重要的并有代表性的是氰钴铵。工艺流程如图 8-14 所示。

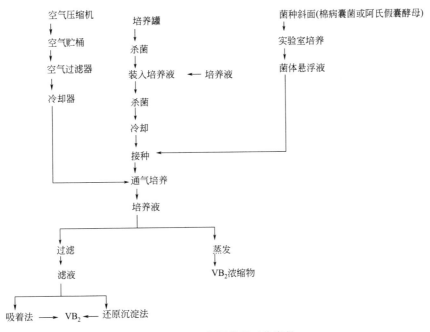

图 8-13　VB_2 深层发酵工艺流程

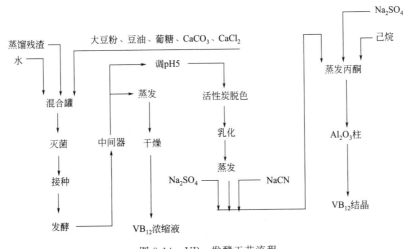

图 8-14　VB_{12} 发酵工艺流程

3. VC 发酵工艺

VC 又称 L-抗坏血酸,结构式为:CH_2—CH—CH—CH—C=C—C (OH OH OHOHO, O) ,是人体所必需的一种水溶性维生素。

以 D-山梨醇为原料,经弱氧化醋酸杆菌一步发酵生成 L-山梨糖,再经化学合成法制备 VC,国内外通称"莱氏法"。由于该法反应步骤长,连续操作困难,目前我国等已研制成功二步发酵法,其 VC 生成过程如下:

D-葡糖 $\xrightarrow{H_2/催化}$ D-山梨醇 $\xrightarrow{弱氧化醋酸杆菌}$ L-山梨糖 $\xrightarrow{双菌混合发酵}$ 2-酮基-L-古龙酸 $\xrightarrow[H^-]{MeOH}$ 甲基-2-酮基-L-古龙酸盐 $\xrightarrow{MeO^-}$ L-抗坏血酸

当 D-山梨醇经过第一步醋酸菌发酵后,必须对生成的 L-山梨糖(醪液)于 80℃加热 10min,以杀死第一步发酵的微生物细胞,再加入一定比例消过毒的玉米浆、尿素、无机盐等辅料,开始第二步的混合菌株发酵。第二步发酵产物 2-酮基-L-古龙酸通过化学转化生成 VC 是第三级过程,总周期 70～80h。VC 二步发酵法生产工艺流程如图 8-15 所示。

图 8-15 二步发酵法生产 VC 工艺流程

六、抗生素

抗生素是一类具有抑制或杀灭别种微生物生长繁殖性能的化学物质。它具有重要的医疗作用和经济价值,在工农业和医药卫生等方面得到了广泛的应用。

抗生素生产方法包括生物合成法、化学合成法、生物合成加化学合成法,其中生物合成法是主要的方法。微生物发酵法生产抗生素的主要原理是:抗生素产生菌在适宜环境(包括物理化学环境、生态环境等)下,最有效地利用发酵培养基组分进行抗生素的生物合成。

1. 抗生素发酵工艺

生物合成抗生素生产过程大致为:

菌种→孢子制备→种子制备→发酵→发酵液预处理→提取与精制→成品包装

抗生素发酵工艺控制区别于一般微生物发酵过程的主要原因是:抗生素是微生物的次级代谢产物。抗生素的合成一般有两个阶段,第一个阶段是产生菌细胞在生长代谢过程中,产生各种初级代谢的中间体;第二阶段是在初级代谢的基础上进一步合成抗生素。这就形成了抗生素发酵工艺控制的特殊性。整个抗生素发酵全过程主要是由菌种、培养基和发酵条件组成,抗生素的理论产量不能用物料衡算求得。例如,青霉素生产的常用菌种为产黄青霉,当前生产能力可达 30000～60000U/mL。按其在深层培养中菌丝的形态,可分为球状菌和丝状菌。今以常用的绿色丝状菌为代表,将其发酵工艺流程描述如图 8-16。

其他抗生素还有链霉素、红霉素、卡那霉素、庆大霉素、制霉菌素、创新霉素和多肽类抗生素等,其生产工艺和技术与青霉素类同。其中,创新霉素的生产菌种是我国首先筛选到并组织生产的。

2. 抗生素的用途

抗生素主要用作医药,其临床应用已有 50 年历史,是人类战胜各种疾病的有效武器。近 20 年来,由于癌症给人类带来的死亡威胁,抗生素在抗肿瘤方面也有了较大的发展。

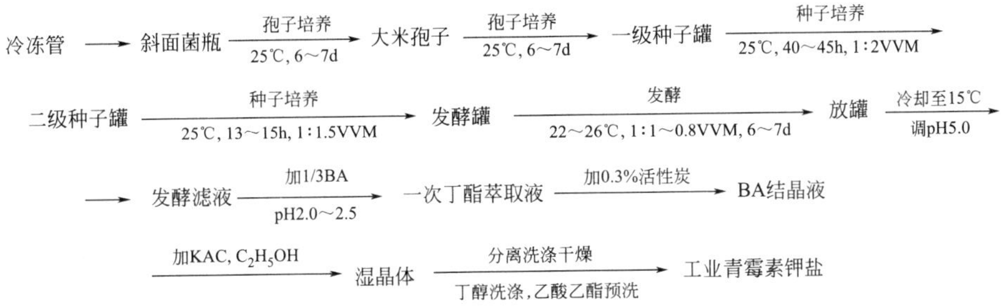

图 8-16　绿色丝状菌发酵生产青霉素工艺流程

抗生素在农牧业和食品保藏等方面还有着广泛的用途。如春雷霉素防治水稻稻瘟病，内疗素防治苹果腐烂病，大多数抗生素能在畜牧业上使用防治动物传染病。总之，抗生素的用途十分广泛。

七、生理活性物质

生理活性物质包括维生素、抗生素、甾体激素、酶抑制剂和生长激素等，本节将讨论后三类产品。

1. 甾体激素

医疗上有实用价值的甾体激素主要有皮质激素、性激素等。这类药物的工业生产是用天然甾体化合物为原料，一般以化学合成法为主，其中用化学方法难以解决的关键反应是采用微生物酶对底物的专一作用而得的。微生物转化具有专一性、产量高、反应条件温和等特点，其一般工艺流程如下：

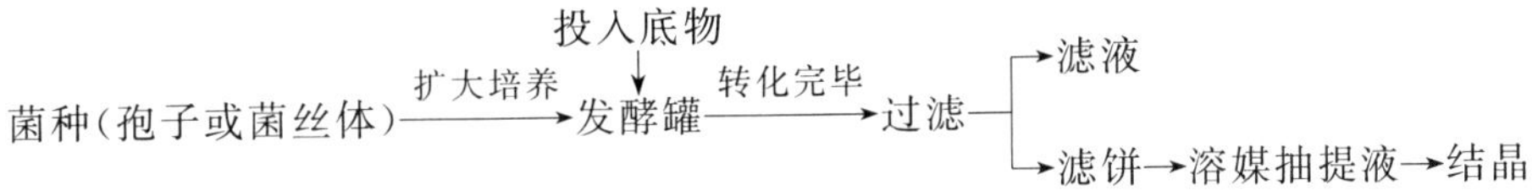

如果产物溶于发酵液中，则取滤液经过树脂吸附甾体化合物，用洗脱剂洗脱、减压、浓缩以后进行结晶。

（1）皮质激素　皮质激素以氢化可的松为代表，又称可的松类。在微生物发酵法制造皮质激素中，最重要的转化开始物是孕甾酮和 Reichstein 物质 S，由它们开始，可以产生一系列甾体化合物。

微生物转化方法有两种，一种是先培养微生物，收集成熟的微生物再进行转化反应；另一种是微生物生长和转化在同一发酵罐内进行。

（2）性激素　性激素为性腺分泌的激素，包括雌激素、黄体激素和雄激素三类。

雌激素又有雌酮、雌二醇和雌三醇。以雌酮为例，它是以胆甾醇为原料通过侧链切断反应而制成的。如用 CSD-10 细菌由 19-羟基胆甾醇-3-醋酸酯生成雌酮，收率可达 72%。

2. 酶抑制剂

酶抑制剂是一种可以抑制生物体内与某种疾病有关的专一酶活性，从而获得疗效的物质。迄今已发现的酶抑制剂多达 100 种以上，有的已在临床上使用。

（1）蛋白酶抑制剂　蛋白酶抑制剂有抑胃酶剂、抑糜酶剂等多种，不同类型的蛋白酶都有相应的酶抑制剂。

以抑胃酶剂为例，其产生菌是介壳链霉菌，培养基组成（%）为：葡糖 1，淀粉 1，蛋白胨 0.75，牛肉膏 0.75，NaCl 0.3，$MgSO_4$ 0.1，微量元素少量。发酵液中产品用甲醇抽提法，甲基化后加入三乙胺沉淀，皂化后用丁醇抽提，然后用 AmberliteXAD-2 层析甲醇层。

（2）糖苷酶及淀粉酶抑制剂　主要有异黄酮鼠李糖苷、吡啶吲哚、泛涎菌素、抑唾液酶剂等。以后者为例，产生菌是轮丝链霉菌，培养基组成（%）为：淀粉 1.0，葡糖 1.0，牛肉膏 0.75，多胺 0.75，$MgSO_4$ 0.1 和微量元素。提取方法为：活性炭吸附，Amberlite IR-120 吸附，氨水洗脱，硅胶柱层析。

3. 生长激素

以赤霉素为典型，它是一种植物生长激素，常称作"九二〇"，它对动物和微生物并无活性，而是植物生长部位的感应物质。

赤霉素生产可用藤仓赤霉（稻恶苗病菌）。除此以外，由麦根腐长蠕孢的培养液中分离出的麦根腐长蠕孢素的氧化物——麦根腐长蠕孢酸对莴苣等植物有促生作用。

八、微生物农药、菌肥和植物生长激素

利用生物发酵法生产微生物农药、菌肥和植物生长激素等，一般不需要特别设备，具有投资少、易于推广等特点，发展潜力较大。上述产品与化学农药、化肥相比，其最大的优点是对人、畜安全，保护天敌。使用中既不破坏土壤结构及其物理化学性质，也不会对植物产生药。

1. 微生物农药

微生物农药主要包括微生物杀虫剂和农用抗生素。前者的商品型已有 20 余种，其代表是苏芸金杆菌制剂；后者主要有春雷霉素、庆大霉素等。

（1）苏芸金杆菌制剂　苏芸金杆菌制剂是目前国内外广泛使用的细菌杀虫剂。当施用苏芸金杆菌制剂后，菌体制剂所含有的芽孢、晶体、外毒素及卵磷脂酶等致病物质，被昆虫取食后，引起昆虫肠道等病症，使昆虫致死以达到消灭害虫的目的。我国主要采用液体深层发酵生产苏芸金杆菌制剂，其生产工艺流程如下：

菌种 $\longrightarrow$ 斜面培养 $\xrightarrow[72h]{30℃}$ 克氏瓶培养 $\xrightarrow[72h]{30℃}$ 三角瓶液体振荡培养 $\xrightarrow[20h]{30℃}$ 发酵罐 $\longrightarrow$ 通气搅拌培养 $\xrightarrow[20h]{30℃}$ 添加吸附剂 $\longrightarrow$ 浓缩塔 $\longrightarrow$ 浓缩 $\longrightarrow$ 喷雾干燥 $\longrightarrow$ 粉制剂 $\longrightarrow$ 成品检验 $\longrightarrow$ 包装

碳源除可用玉米粉、葡糖、蔗糖以外，还可用丙酮、丁醇废醪等。氮源以豆饼粉、玉米浆、鱼粉、蚕蛹粉等有机氮为好，pH 要求中性。一般认为发酵培养基中总营养物含量在 5% 左右，C：N＝（4~5）：1 为宜，这样配比的最后发酵液中芽孢量为 20 亿~50 亿个/mL。

固体浅盘培养法既易于控制发酵物的温湿度，又能保持无菌条件，避免杂菌污染，特别适合我国一些地方的中小型农药厂生产苏芸金杆菌，其工艺流程如下：

菌种 $\longrightarrow$ 斜面种子 $\xrightarrow[1d]{28~30℃}$ 三角瓶振荡培养 $\xrightarrow[6~8d]{28~30℃}$ 接种 $\longrightarrow$ 固体浅盘培养 $\xrightarrow[3d]{28~30℃}$ 干燥 $\xrightarrow{60℃}$ 贮存 $\longrightarrow$ 待用

苏芸金杆菌制剂的剂型主要有液剂、粉剂、可湿性粉剂和颗粒胶囊剂，可具体选用。其使用范围相当广泛，用于防治粮食、果树、蔬菜、森林、牧草及卫生害虫，效果良好。苏芸金杆菌及其变种对百余种害虫有防治作用，如稻苞虫、稻纵卷叶螟、稻螟虫、玉米螟、菜青虫、刺蛾、甘薯天蛾、高粱条螟、棉铃虫、茶毛虫、松毛虫和米蟥等。

（2）春雷霉素　春雷霉素是小金色链霉菌所产生的一种抗生物质，具有内吸性，在植株体内产生运转作用，因此在稻株体内维持的药效较长，花期使用不影响结实，耐雨水冲洗能力较强，但遇碱性物质即分解而失效，故切忌与碱性农药混用。春雷霉素主要用于防治稻瘟病，对苗稻瘟、叶稻瘟和穗颈稻瘟均有防治效果。在医学上，春雷霉素还是抗绿脓杆菌的有效抗生素。

该抗生素既可以液体深层发酵，也可以固体发酵获得。前者工艺流程如下：

菌种 $\longrightarrow$ 斜面培养 $\xrightarrow[10d]{30℃}$ 茄子瓶培养 $\xrightarrow[7~10d]{30℃}$ 种子罐培养（一级） $\xrightarrow[1d]{28℃}$ 种子罐培养（二级） $\xrightarrow[1d]{28℃}$ 发酵罐培养 $\xrightarrow[7d]{28℃}$ 放罐 $\longrightarrow$ 发酵液 $\longrightarrow$ 过滤 $\longrightarrow$ 浓缩 $\longrightarrow$ 真空干燥 $\longrightarrow$ 成品

2. 菌肥

菌肥就是以微生物菌体及其代谢产物制成的有肥效作用的肥料。目前我国广泛使用的是"5406"菌肥。"5406"菌是一种好气性的放线菌，其生产主要有饼土母剂培养法和孢子粉法

两种。

（1）饼土母剂培养法生产工艺流程

砂土管菌种 → 斜面培养 $\xrightarrow[5\sim6d]{28℃}$ 斜面菌种 → 瓶装饼土培养基 $\xrightarrow[5\sim7d]{28℃}$ 原种母剂 → 曲盘装饼土培养基 $\xrightarrow[5\sim7d]{28℃}$ 再生母剂 → 饼土培养基准 $\xrightarrow[5\sim7d]{堆制}$ 菌肥成品

（2）孢子粉法生产工艺流程

砂土管菌 → 斜面培养 $\xrightarrow[5\sim6d]{28℃}$ 斜面菌种 → 液体摇瓶培养 $\xrightarrow[24\sim36d]{28\sim30℃}$ 固体吸附 $\xrightarrow[4\sim5d]{30℃}$ 阴干 → 成品

"5406" 菌肥具有刺激作物生长、抗病驱虫、改良土质等作用，可作基肥、追肥，也可浸根、浸种、拌种以防止烂种、促进出苗，增加分蘖和生根，减轻病害。

3. 植物生长激素

植物生长激素有人工化学合成和微生物发酵产物两类。前者如 2,4-D、萘乙酸等，后者的代表是赤霉素，俗称 "920"。工业大量生产赤霉素多采用液体深层通气发酵法和固体发酵法。前者工艺流程如下：

菌种 → 斜面培养 → 孢子悬浮液 → 三角瓶液体振荡培养 $\xrightarrow[3d]{25\sim28℃}$ 菌丝体（一级种子）→ 种子罐培养 $\xrightarrow[2d]{25\sim28℃}$ 二级种子 → 发酵罐通气培养 $\xrightarrow[160h]{25\sim28℃}$ 放罐 → 过滤 → 滤液 → 溶剂提取 → 赤霉素结晶

赤霉素是一种高效植物生长刺激素，其特点是用量少、效应大、作用快、应用范围广，有 "植物生长刺激素之王" 之称。施用赤霉素对杂交水稻、小麦和黄瓜、韭菜、柿椒、芥菜、大白菜、萝卜、西红柿等蔬菜均有明显增产效果，如与 "5406" 菌肥混用则增产效果更为显著。

 拓展阅读

魅力精细，伴随你我

在浩瀚的科技与工业海洋中，精细化工如同一颗璀璨的明珠，以其独特的魅力和广泛的应用领域，深刻地影响着我们的日常生活和社会进步。从高端制造到日常生活，从环境保护到医疗健康，精细化工的身影无处不在，它不仅代表着科技进步的前沿，更是推动经济社会发展的重要力量。

在日常生活中，精细化工产品无处不在，它们不仅为我们提供了便捷，还增添了生活的美好。从厨房到卧室，从办公室到户外，精细化工产品以其独特的功能性和实用性，成为我们生活的一部分。

1. 厨房与家居清洁

洗洁精、洗衣液、消毒液等家用清洁剂，是精细化工产品的典型代表。它们利用表面活性剂、杀菌剂等成分，有效去除污渍、杀灭细菌，保持家居环境的清洁与卫生。同时，这些产品还注重环保和安全性，减少对环境的污染和对人体的伤害。

2. 个人护理与美容

在美容和个人护理领域，精细化工产品同样发挥着重要作用。洗发水、沐浴露、护肤品等，通过精细的化学配方和工艺，满足人们对清洁、保湿、美白、抗衰老等不同方面的需求。这些产品不仅提升了我们的生活质量，还让我们在忙碌的生活中保持健康和自信。

3. 食品与营养

精细化工技术在食品工业中的应用也极为广泛。食品添加剂、防腐剂、营养强化剂等，通过改善食品的口感、延长保质期、增加营养价值等方式，提高了食品的品质和安全性。同时，一些功能性食品的开发，如益生菌、膳食纤维等，也满足了人们对健康饮食的追求。

精细化工以其独特的魅力和广泛的应用领域，深刻地影响着我们的日常生活。在未来，随着科技的进步和社会的进步，精细化工将继续展现其无限的潜力和价值，为我们创造更加美好的生活。

思 考 题

1. 涂料具有哪些作用？
2. 涂料的主要种类有哪些？
3. 染料与颜料的区别是什么？染料如何分类，请写出十种染料产品的分子式和名称。
4. 我国染料工业在发展中应注意哪些问题？如何应对？
5. 合成助剂按功能分应分为哪几种？
6. 什么是增塑剂？其主要作用是什么？有哪些品种？并举例。
7. 阻燃剂靠什么阻燃，成为阻燃剂的条件是什么？
8. 农药如何分类？我国在农药工业发展中应注意些什么？
9. 催化剂作用有哪些基本特征？
10. 何谓催化剂的选择性？何谓催化剂的稳定性？催化剂的稳定性主要包括哪些方面？
11. 固体催化剂的组成一般包括哪几部分？各部分的主要作用是什么？
12. 沉淀法制备催化剂时，沉淀条件如何影响催化剂活性？
13. 离子交换法生产催化剂的原理是什么？合成分子筛的化学组成如何表示？分子筛硅铝比的不同对分子筛性能有何影响？
14. 骨架催化剂的制备一般包括哪些步骤？各步骤的主要作用是什么？
15. 催化剂的活化一般包括哪些过程？各过程的主要作用是什么？
16. 何谓相转移催化剂？相转移催化的原理是什么？
17. 均相络合催化的基本反应有哪些？
18. 哪些陶瓷属于精细陶瓷？它们有何特性？
19. 什么是生物技术？利用生物技术生产精细化工产品有哪些优点？
20. 简述肌苷酸、鸟苷酸的生产方法及用途。酶解法生产 $5'$-核苷酸的关键酶是什么？该酶产生菌是什么？
21. 简述柠檬酸的发酵的生产工艺要点。柠檬酸及其盐类有哪些重要的用途？
22. 生化法生产其他有机酸的原理及工艺特点是什么？

参 考 文 献

［1］ 郭清泉．精细化工工艺学［M］.5 版．北京：化学工业出版社，2024.

［2］ 靳永利，张纵圆．阻燃材料的发展现状与趋势浅析［J］.石化技术，2016, 23 (11)：218-219.

［3］ 郝丽娜，李莹莹．功能高分子材料的应用及发展前景［J］.现代盐化工，2021, 48 (06)：16-17.

［4］ 朱春雨，郭轶琼.2019 年国内白炭黑产业发展现状及展望［C］//2020 年全国无机硅化物行业年会暨行业高质量发展研讨会.中国无机盐工业协会，2020.

［5］ 史倩．食品防腐剂的研究进展［J］.食品安全导刊，2024, (21)：179-182.

［6］ 周美丽．食品防腐剂的使用现状、存在问题及使用注意事项分析［J］.现代食品，2023, 29 (24)：155-157.

［7］ 刘德峥．精细化工工艺学［M］.2 版．北京：化学工业出版社，2008.

［8］ 宋启煌．精细化工工艺学［M］.4 版．北京：化学工业出版社，2018.

［9］ 李和平．精细化工工艺学［M］.4 版．北京：科学出版社，2023.

［10］ 姚蒙正．精细化工产品合成原理［M］.2 版．北京：中国石化出版社，2010.

［11］ 陈必链．微生物工程［M］.北京：科学出版社，2010.

［12］ 黄肖容．精细化工概论［M］.2 版．北京：化学工业出版社，2015.

［13］ 朱正斌．精细化工工艺［M］.北京：化学工业出版社，2008.

［14］ 李文鹏，高展鹏，侯翠红．"双碳"背景下河南省精细化工行业转型升级现状及发展建议［J］.当代化工研究，2023, (05)：188-190.